STATISTIQUE

ÉLÉMENTAIRE

DE LA FRANCE.

STATISTIQUE

ÉLÉMENTAIRE

DE LA FRANCE,

Contenant les Principes de cette Science et leur application à l'analyse de la Richesse, des Forces et de la Puissance de l'Empire français ;

A l'usage des Personnes qui se destinent à l'Étude de l'Administration ;

Par M. Jacques PEUCHET,

Ancien Membre du Conseil de Commerce et de celui du département de la Seine ; de la Société d'Agriculture, Commerce et Arts de Caen ; de celle d'Agriculture du département de Seine et Oise ; Membre du Collége électoral de l'arrondissement de Pontoise, de l'Académie de Législation ; Archiviste de l'Administration des Droits-Réunis.

Sed mihi studium fuit adolescenti rempublicam capessere, atque in eâ cognoscendâ multam magnamque curam habui : non ita uti Magistratum modò caperem, quem multi malis artibus adepti erant, sed etiam ut rempublicam domi militiæque, quantumque armis, viris, opulentiâ posset, cognitum haberem.

(SALL. AD CÆS. *de Repub. ord.*)

A PARIS,

Chez GILBERT et Compagnie, Libraires, rue Haute-Feuille, n°. 19.

1805.

AVERTISSEMENT.

Quelques changements que nous avons faits à la partie de la Statistique qui traite des finances, pendant l'impression de l'Ouvrage, nous ont déterminés à le diviser en dix chapitres, au lieu de huit, comme nous l'annoncions dans notre Introduction. Cette légère irrégularité, dont nous avons cru devoir prévenir le lecteur, loin de rien ôter à l'ordre et à la méthode que nous avons adoptés dans notre travail, a contribué, au contraire, à rendre l'un et l'autre plus simples et plus commodes.

PLAN

DE L'OUVRAGE.

Les personnes qui, par les fonctions qu'elles remplissent ou par leur goût particulier, sont portées à prendre connaissance des objets qui composent la Statistique, se plaignent avec raison que l'on n'ait aucun ouvrage élémentaire qui développe les principes de cette science et leur application à l'administration et à l'économie politique de la France.

Elles observent que le peu de livres français qui ont paru jusqu'actuellement sur la Statistique, sont surchargés de détails géographiques ou de règlements d'administration qui ne peuvent que grossir les volumes, sans ajouter à l'étendue réelle de la matière que l'on y traite.

Enfin elles remarquent que la plupart des bons ouvrages en ce genre, n'ont pour objet qu'un petit nombre des parties de la France et la connaissance des détails qui s'y rapportent;

Mais que personne ne s'est encore occupé de réunir les éléments de cette science, de les appliquer à l'analyse des forces, de la richesse et de la puissance de l'Empire français ; que c'est en cela que consiste la Statistique, et l'utilité que l'on en peut tirer pour l'étude du droit public, et du gouvernement économique de ce grand et magnifique État.

Aucun ouvrage n'offre en effet à la jeunesse française une instruction sommaire et suffisante sur la connaissance politique de son pays, et à cet égard la pénurie est telle, que les instituteurs et les professeurs ne savent quelle direction indiquer à leurs élèves qui ont besoin de se former à ce genre d'études.

On a observé, avec une égale justesse, que le peu d'auteurs qui ont écrit en France, sur la Statistique, soit locale, soit générale, ont hérissé leurs livres de calculs, de tableaux, qui coupent le fil et la succession des idées, nuisent à la clarté de la narration, et ne laissent que de légères traces dans la mémoire.

L'expérience a appris qu'une science *écrite*, c'est-à-dire développée dans un discours clair et méthodique, gagne autant qu'elle pourrait perdre à la difficile méthode des tableaux ; remarque qui peut d'autant mieux s'appliquer à la Statistique, qu'étant presque toute en résultats, on en ferait un squelette sans substance et sans attrait, si on ne la traitait pas avec une élocution convenable à la matière.

Si l'on veut faire goûter une étude, il faut chercher à soutenir l'attention et l'intérêt du lecteur par un style au moins tolérable, sans lui tourmenter l'esprit par de continuels renvois à des tableaux compliqués, et souvent énigmatiques.

L'on a suivi cette manière de voir dans la rédaction de l'ouvrage que nous présentons.

En dégageant la Statistique française des parties qui appartiènent à la Géographie, à la Jurisprudence ou aux autres sciences dont on a voulu mal-à-propos la surcharger, le volume que nous offrons en contiendra toute la substance, les développements nécessaires, et surtout l'application à la connaissance de l'Empire.

On pourra ainsi offrir aux jeunes gens le riche tableau de la puissance nationale; ils pourront acquérir une idée vraie de leur pays, et ne plus vivre au milieu d'une si opulente nation, sans connaître les sources et les moyens de sa grandeur.

Nous avons voulu faire un livre élémentaire et classique; c'est pourquoi nous nous sommes attachés à le rendre clair et méthodique, à le dégager de tout étalage scientifique, ainsi que des accessoires que l'on n'aurait pu y présenter qu'en les étranglant, et que tout lecteur peut, avec bien plus de fruit, étudier dans les écrits qui en traitent expressément.

Au reste, nous n'entendons déprécier le mérite d'aucun ouvrage par tout ce que nous venons de dire : chacun a le sien, et nous nous sommes

efforcés de donner au nôtre le caractère qui noùs
a paru convenir et à la science qu'on y traite, et
aux personnes à qui il est destiné.

« Il est divisé en huit parties.

» Dans la premiere, nous exposons la division
» du territoire, après avoir fait connaître son
» étendue avant et depuis les conquêtes qui l'ont
» accru.

» Dans la seconde, nous présentons l'estimation
» de la population, ses rapports à l'étendue terri-
» toriale, aux diverses classes, à la mortalité, aux
» naissances, aux mariages et aux levées militaires.

» Dans la troisième, nous indiquons les produc-
» tions du territoire, de la pêche et des mines, qui
» forment les principales richesses de la France.

» Nous nous attachons dans cette partie, à ins-
» truire le lecteur des tentatives que l'on a faites
» pour introduire dans notre culture les produc-
» tions étrangères, et des succès que l'on en a
» obtenus.

» L'industrie fait l'objet de la quatrième partie :
» nous y exposons le système d'industrie fran-
» çaise, l'histoire de son administration, et l'ap-
» perçu des immenses bénéfices que le travail
» répartit entre toutes les classes de la société :
» c'est là qu'on peut se convaincre de cette vérité,
» qu'une grande nation qui consomme beaucoup,
» est pour elle-même le plus grand et le plus
» sûr débouché que l'on puisse lui offrir.

» Le commerce et les moyens mis en usage
» pour l'exercer, le soutenir, le protéger, oc-
» cupent la cinquième partie. Nous y présen-
» tons le tableau de sa prospérité en temps de
» paix, et de son état actuel; c'est un des prin-
» cipaux objets de la Statistique, que cette con-
» naissance.

» La navigation marchande occupe à elle seule
» la sixième; nous en traçons le système poli-
» tique, l'étendue et les bénéfices qu'elle donne
» aux divers agents qu'elle emploie.

» Les revenus de l'État font la septième partie
» de l'ouvrage ; nous en avons exposé les di-
» verses espèces, leur forme de perception, les
» frais qu'elle entraîne ; enfin le produit des
» charges, contributions, impositions, qui com-
» posent le revenu de l'État. »

Après la levée des hommes de guerre, cette
branche de la Statistique est une des plus utiles
connaissances de l'administration.

« Nous avons réservé notre dernière partie à
» l'exposé des forces de terre et de mer, ainsi
» que des éléments ou différents corps qui les
» composent. »

On conçoit bien que nous n'avons pas dû imiter
quelques auteurs, qui, en traitant ce dernier
sujet, sont entrés dans les détails de la discipline
des corps et de la police des armées : nous n'avons
dû présenter que l'estimation des forces militaires

et maritimes ; et nous croyons, à cet égard, avoir donné au lecteur une connaissance vraiment politique de ce grand moyen de puissance nationale, porté aujourd'hui au plus haut degré en France, par l'organisation de l'armée.

En suivant une autre marche sur notre système militaire, nous aurions fait un ouvrage semblable à ceux qu'on appelait autrefois *États de la France*, qui changeaient presque chaque année, et n'offraient aucun résultat qui pût servir de base à l'appréciation des forces de l'Empire.

Une autre attention que nous avons eue, c'est d'avoir accompagné, autant que cela nous a été possible, les sujets que nous avons traités, des faits ou considérations historiques qui pouvaient en faciliter l'étude, ou les graver dans la mémoire.

Nous desirons avoir atteint notre but, et contribuer à rendre utile et agréable une science dont il semble que jusqu'aujourd'hui l'on ait chez nous méconnu l'objet et outrepassé les limites, mais qui, rappelée à sa destination et au caractère qui lui convient, est une des plus importantes connaissances dont on puisse faire emploi dans l'économie politique et l'exercice de l'administration.

28 brumaire an XIII. — 1804.

PRÉFACE.

Quelques ouvrages imprimés depuis une trentaine d'années en France, y ont fait connaître la science désignée sous le nom de Statistique. Avant cette époque, il n'y avait guère que les personnes au fait de la littérature de nos voisins, surtout de celle des Allemands, qui en eussent quelqu'idée. Mais enfin elle s'est répandue, et l'on a vu paraître différents traités destinés à l'enseigner, sans cependant qu'aucun en ait posé les bases, et déterminé les limites et l'emploi d'une manière satisfaisante.

Quelques écrits mêmes, qui semblaient ne devoir embrasser que ce qui constitue proprement cette science, l'ont surchargée de détails, sinon étrangers, au moins entièrement séparés de l'objet qu'on s'y propose ; enfin, la mode se mêlant de ce nouveau genre d'étude, on a appliqué le mot Statistique à des descriptions topographiques exécutées quelquefois avec assez d'inexactitude.

Le gouvernement, qui sentait le mérite d'une connaissance aussi utile aux travaux de l'administration et à la recherche des faits qui doivent lui servir de bases, prit différentes mesures pour perfectionner la Statistique, et obtenir de bons matériaux sur chacune des branches qui la composent.

A l'imitation de ce que fit, au commencement du dernier siècle, le ministère de Louis XIV, il adressa des instructions aux préfets et aux savants répandus dans les départements, pour leur demander des éclaircissements sur la population, les productions et les établissements d'industrie ou de commerce des lieux de leur résidence.

Cette démarche produisit un heureux effet : les préfets envoyèrent au ministre, et le gouvernement ordonna l'impression de plusieurs Mémoires statistiques, où l'on donnait avec assez d'exactitude des notices sur les diverses branches des revenus et de la richesse des départements.

Des écrivains habitués à ces sortes de travaux, publièrent aussi des essais, parmi lesquels on en distingue plusieurs véritablement propres à donner des notions utiles, et à contribuer aux progrès de la Statistique.

Mais, soit que le plus grand nombre n'ait eu que des idées confuses de cette science, en ait mal connu les limites et l'objet, ou ne se soit pas donné le temps de la traiter convenablement, on ne vit paraître presqu'aucun ouvrage qui ne présentât plus ou moins d'inexactitude, et surtout de la confusion dans les matières.

Le gouvernement prit donc le parti de tracer un nouveau plan, d'après lequel les préfets travailleraient à la Statistique de leur département respectif, et feraient passer au ministre, des Mémoires détaillés sur la richesse territoriale, la population, le commerce, et les autres objets qui sont du domaine de l'administration.

Il est résulté de cette mesure plusieurs grands Mémoires imprimés dans le format *in-folio*, où l'on s'apperçoit du soin et de l'intelligence qui ont présidé à leur rédaction.

Mais par la manière dont ce travail s'exécute, on peut présumer qu'il se passera encore bien des années avant qu'il soit porté à son terme, et que l'on ait une description statistique et détaillée de toutes les parties de la France.

Heureusement que par la comparaison des ouvrages qui existent déjà, par le dépouillement des états ou annuaires publiés sur les lieux par les membres des autorités et par des savants distingués, on peut acquérir les connaissances nécessaires, sinon à une topographie minutieuse et descriptive, du moins à l'analyse des forces réelles, de la puissance territoriale et des richesses de la France, ce qui forme le véritable but et l'objet de la Statistique.

C'est le travail que nous nous proposons d'exécuter ; il doit entrer dans le plan des études
aujourd'hui : tous les Français ont un égal droit ,
et des espérances égales aux emplois publics ;
ils doivent, par conséquent, se former de bonne
heure aux connaissances qu'ils exigent ; et la
Statistique est , sans contredit, la plus importante dans l'ordre des travaux administratifs.

Il est d'ailleurs pénible d'ignorer l'état politique de son propre pays , ou de n'en avoir que
des notions tellement superficielles , qu'il est
souvent impossible de répondre avec elles aux
questions que peut faire un étranger.

A cela l'on doit ajouter que c'est à l'aide des
principes de la Statistique et des résultats qu'elle
présente, que l'on peut mettre de la rectitude
dans les projets d'économie publique , et leur
donner ce caractère positif et solide qu'on ne
peut attendre de l'esprit de système et d'abstraction.

La Statistique a des rapports très-étroits avec
la science des mœurs et la philosophie. C'est
à l'aide des comparaisons établies sur les listes
des divorces , des mariages , des suicides , des
banqueroutes , et sur celles des établissements
d'instruction et d'industrie , que l'on peut juger
de l'empire de la morale et de l'influence des
lois.

La Statistique guide le législateur, le pontife, le monarque, comme elle préside aux décisions des conseils appelés à prononcer sur le sort des nations policées.

Mais, pour être utile, cette science doit avoir ses limites : prétendre en faire une encyclopédie de connaissances géographiques et locales ; y entasser la description des animaux, des plantes, et les réglemens d'administration, c'est perdre son objet de vue, c'est oublier qu'elle est une science de résultats ; que les principes qui la constituent consistent dans la manière de l'appliquer à l'estimation de la valeur d'une nation, c'est-à-dire de sa puissance et de sa richesse.

On doit donc trouver étrange que des écrivains, d'ailleurs instruits, ayent pu se méprendre à cet égard, et que l'on ait attaché à des ouvrages d'ailleurs estimables, un titre qui ne leur convenait nullement.

La Statistique n'a point à prendre connaissance de l'organisation des parties physiques d'un état ; elle n'en doit voir que les rapports avec la force et la richesse ; et lorsqu'elle fait l'énumération de chaque source de puissance publique, c'est pour en montrer la solidité et l'étendue, c'est comme preuves des résultats indiqués, mais non pas comme partie intégrante de la science, qu'elle en traite.

Il est bon cependant de partager les points de vue sous lesquels on considère l'objet de la Statistique, c'est-à-dire, qu'encore que l'on ait atteint le but que l'on se propose en donnant par un résultat général la somme des forces, de la puissance et de la richesse d'un grand empire, il y a aussi de l'utilité à faire pour chaque grande division territoriale de l'état, la même estimation, et présenter les mêmes résultats.

Il y a plus, c'est que l'analyse de chacun des éléments politiques de la puissance nationale, ajoute à la certitude des données, en fait ressortir l'application, et donne lieu à des apperçus qu'un cadre trop général n'aurait pas permis de saisir.

Ces considérations nous serviront de guide dans le travail que nous entreprenons.

D'un côté nous éviterons les longueurs, les inutilités et tous ces détails où se sont laissés aller ceux qui ont traité la même matière que nous. Ce ne sera ni une géographie, ni un recueil de réglemens, de descriptions locales ou de tableaux de fabriques et de population ; ce sera un ouvrage succinct, méthodique, et où les éléments de la science et leur application seront renfermés dans une étendue convenable.

Mais, d'un autre côté, cette forme laconique et serrée ne privera le lecteur d'aucun des développements et des éclaircissements utiles qu'il a droit d'attendre de nous.

Nous pensons même que la méthode que nous adoptons, en retranchant de notre ouvrage tout ce qui n'est point de son objet, nous donnera l'aisance nécessaire à traiter tout ce qui en fait essentiellement partie.

C'est un ouvrage élémentaire et classique que nous voulons offrir au public : il doit par conséquent réunir la précision à la clarté ; dans une pareille matière ce sont là les conditions qu'on cherche dans le style d'un auteur ; tout autre serait un ornement superflu ou une recherche déplacée.

Nous aurons soin aussi d'épargner au lecteur ces éternels tableaux dont on hérisse, à peu près inutilement, les ouvrages de Statistique ; on ne les lit pas ; souvent l'on n'y entend rien ; ils coupent par des renvois continuels l'ordre et la succession des idées ; ils nuisent à l'instruction ; ils sont sujets à manquer, dans la réalité, de l'exactitude rigoureuse que les chiffres y indiquent.

Nous avons préféré d'écrire tout l'ouvrage, de fondre dans le discours ce que d'autres mettent en tableaux, ou plutôt de n'en présenter que les résultats et l'analyse des éléments dont ils se composent.

Il résultera de cette manière de traiter la Statistique, que son objet en sera mieux saisi, son utilité mieux sentie, son étude et son application facilitées ; qu'en un mot l'on aura un corps de doctrine élémentaire dégagée des nombreux et inutiles accessoires dont on l'a mal-à-propos surchargée.

Notre ouvrage sera divisé en huit parties, chacune partagée en chapitres et paragraphes plus ou moins nombreux, suivant l'étendue des matières.

Dans la première partie nous traiterons de l'étendue et de la division de l'Empire français ;

Dans la seconde, de la population et de son rapport à l'étendue territoriale ;

Dans la troisième, des productions du sol et des richesses dont elles sont la source ;

Dans la quatrième, de l'industrie et des bénéfices qu'elle donne à ses nombreux agents ;

Dans la cinquième, du commerce français, de ses moyens et des richesses dont il est la source nécessaire ;

Dans la sixième, de la navigation marchande ;

Dans la septième, du revenu de l'État ;

Enfin, dans la huitième, des forces de terre et de mer.

Nous nous attacherons dans chacune de ces divisions, à rapprocher les principes administratifs et les maximes admises dans l'économie publique, des résultats que présente la Statistique : c'est un moyen de la rendre immédiatement utile, et de la fixer à l'objet qui la caractérise ; c'est le seul pour lequel on la cultive dans les états où la fortune publique et l'emploi des hommes réclament une économie et des soins dont ne peuvent même s'affranchir impunément les grandes nations territoriales ou maritimes.

Nous avons cherché à fixer les faits dans la mémoire, par la comparaison que nous nous sommes permis quelquefois de faire des forces et de la puissance de la France, avec celles des nations voisines ; et l'on verra à l'aide de ces rapprochements, que le bonheur individuel n'est pas toujours en raison de la gloire et de la prospérité nationales.

Enfin, nous pensons que les jeunes gens trouveront dans cet ouvrage, avec une instruction solide, des motifs de plus d'étudier la science qu'on y traite ; que les personnes placées dans l'administration aimeront à y voir réunie dans un discours non plus hérissé de tableaux inutiles, l'analyse claire et méthodique des forces de l'empire ; que le public applaudira aux efforts que nous avons faits pour le rendre intéressant et utile, et contribuer par-là à introduire un nouveau sujet d'enseignement dans le cours des études politiques.

Nous avons cru aussi que nous travaillerions à

atteindre ce but, si nous faisions précéder le corps de l'ouvrage d'un discours sur la Statistique en général, sur la manière de l'étudier, et sur l'utilité que l'on peut retirer des différents auteurs français qui en ont traité.

DISCOURS

SUR L'ÉTUDE

DE LA STATISTIQUE.

LA science de gouverner paraît aussi ancienne que la société. Du moment que plusieurs hommes ont été réunis, il a fallu qu'une police s'établît au milieu d'eux, pour réprimer les passions brutales et les effets de la vengeance : dès-lors un chef a commandé au nom et avec la puissance de tous , quoique long-temps encore le pouvoir de faire des lois fût le partage exclusif de la communauté.

De cet ordre de choses naquirent la constitution et l'indépendance politique de chaque état ; ils eurent chacun leurs droits, leurs prétentions, leur système d'intérêt, souvent opposés à ceux de leurs voisins.

Les peuplades de l'Afrique nous offrent encore des vestiges de cette primitive origine de nos sociétés : une multitude d'hommes armés , sous un roi qui gouverne avec plus ou moins d'autorité , une police grossière et des mœurs guerrières , forment le tableau de leur existence politique. Toujours en guerre avec les peuplades voisines , leur civilisation n'avance que lentement ; elle recule quelquefois, lorsque des calamités publiques, une disette, l'invasion ennemie, ont détruit les liens qui commençaient à se former, et les habitudes domestiques.

Mais lorsque sous de plus heureuses influences, l'organisation sociale fait des progrès, que la guerre devient un

art, la police un système de perfection, et la justice la règle
des magistrats, alors le chef de l'état porte son attention
sur les moyens d'établir la prépondérance et la supériorité
du peuple qu'il gouverne, au-dessus des autres peuples.
Telle est la tendance naturelle de l'esprit de société, celle
de tous les hommes, comme de toutes les nations.

La guerre nous présente, dès l'origine, des rivalités
meurtrières, des combats, des actions d'éclat, qui tiènent
à cet esprit d'ambition : long-temps il fut le mobile de
toutes les déterminations politiques, et ce ne fut que
lorsque l'égalité de puissance se trouva établie par la force
des choses entre plusieurs états, que des principes paci-
fiques et l'esprit de gouvernement succédèrent aux habitudes guerrières, incompatibles avec les progrès de la
civilisation.

C'est alors que les chefs du pouvoir public, les législateurs et les généraux commencent à calculer les forces,
les ressources et la puissance de l'état, par l'étendue de
son territoire, par sa population, par ses richesses : ainsi
naquit la Statistique.

A la vérité, ce nom n'est connu que depuis un petit
nombre d'années, soit qu'il viène de *statera* (balance),
parce que la Statistique pèse, balance la force et les
richesses d'un état, par comparaison avec sa situation
antérieure, ou avec celle des autres nations ; soit que,
comme quelques auteurs le prétendent, Statistique viène
de *status*, parce que cette science présente le tableau d'un
état, sa situation actuelle ; ou enfin que *stadt*, mot allemand qui signifie ville, en soit la véritable origine, parce
que les premiers qui ont employé le mot Statistique, s'en
sont servis pour exprimer l'examen et l'analyse des forces
et de la richesse d'une ville.

Mais quelle que soit l'étymologie ou l'époque du nom,

la chose a dû être aussi ancienne que les formes de gou‑
vernement connues.

Quand Romulus fit faire le dénombrement des citoyens
et de leurs fortunes, lorsqu'il jeta les premières bases de
ce majestueux édifice qui survit encore à sa destruction,
il donna un exemple de l'emploi qu'on peut faire des con‑
naissances statistiques ; sans elles son ouvrage eût été
hasardé, et jamais il ne fût parvenu à cette distribution
du peuple en tribus, qui par la suite fut le fondement de
tout le système politique des Romains.

Tant que dura la république, et même sous ceux des
empereurs qui ne foulèrent pas aux pieds tous les prin‑
cipes de justice et d'ordre public, les dénombrements des
citoyens furent toujours regardés comme un moyen de
parvenir à la connaissance de la prospérité ou de la fai‑
blesse de l'état ; on s'en servait aussi pour apprécier la
quantité d'hommes que l'on pouvait enrôler, afin de ne
point arracher aux arts et à la culture les bras qui leur
étaient utiles.

On voit par le tableau des finances de l'Attique, que
nous devons à la plume élégante de Xenophon, que chez
les Grecs on savait peser et comparer les forces de la ré‑
publique pour en connaître le degré de puissance ; que les
calculs économiques entraient dans la manière de rai‑
sonner sur la fortune publique, et qu'enfin les hommes
d'état, les orateurs, se formaient à la connaissance des
principes et des faits qui composent la science appelée
aujourd'hui Statistique.

Ils ne l'avaient pas à la vérité réduite à la stérile nomen‑
clature du nombre des habitants et du produit du terri‑
toire ; ce n'était point un système de topographie orné
de quelques descriptions d'herbes ou d'animaux ; c'était
un examen réfléchi et énuméré de toutes les sources de la

2.

richesse et de la puissance nationale ; c'était un compte qu'ils se rendaient de leur situation intérieure et extérieure , par une sorte d'inventaire des biens à leur disposition ; et sans réduire cette connaissance en système scientifique , ils n'en possédaient pas moins les éléments et les résultats dont ils faisaient emploi dans les affaires d'état.

Pline le naturaliste nous a conservé plusieurs détails des arts, et quelques recherches sur la culture et le commerce, qui nous font connaître que de son temps et avant, on s'était occupé de calculer et comparer les diverses sources de richesse.

Nous voyons par ce qui nous reste de renseignements sur l'administration des finances romaines , que l'on tenait un état exact du nombre des habitants de chaque province de l'empire , des revenus territoriaux , et des différentes branches de la fortune publique.

C'était toujours par la connaissance de la situation de la république, que les chefs du gouvernement commençaient leur administration.

Cet usage s'est soutenu et développé chez les peuples modernes , à mesure que la fortune et la liberté des sujets se sont trouvées protégées par les lois , contre les fantaisies de ceux qui commandaient.

Dans les monarchies même les plus absolues, on a souvent cherché à connaître l'étendue des facultés et de la richesse des particuliers , avant d'établir l'impôt : l'on a comparé les diverses branches du commerce et de l'industrie par leur résultat, pour savoir celles qui pouvaient été chargées et celles qui avaient besoin d'encouragement.

Voyez dans les mémoires de Sully , avec quelle sagacité , quelle attention ce grand homme porte l'examen dans les différentes parties de la fortune de l'état ! comme il cherche à connaître les ressources de la culture, du commerce, et les progrès ou les pertes de la population, pour juger de celles du royaume !

Lorsque sous Louis XIV on sentit que la continuité des guerres et le progrès des charges de l'état avaient dû opérer des changements dans la situation économique des provinces, le monarque voulut que son petit-fils, appelé à lui succéder, prît connaissance de tout ce qui pouvait le guider dans le cours de son règne.

Les intendants eurent ordre de transmettre au conseil, des mémoires détaillés sur les richesses, la population, le commerce et l'état des familles de leurs généralités respectives.

Il résulta de ce grand travail quelques renseignements utiles ; mais la mort du prince à qui on les destinait, le relâchement introduit dans l'administration sous la régence, enfin l'ignorance ou la manque de zèle de la part des intendants, empêchèrent qu'on ne retirât de ce projet l'utilité qu'on devait en attendre.

Il en reste une collection manuscrite, appelée les *Mémoires des Intendants*, et dont le laborieux comte de Boulainvilliers a donné un abrégé fort bien fait, imprimé en 1730.

La nécessité d'avoir une connaissance positive des richesses et de la population de l'état s'est fait sentir depuis, d'une manière plus réelle encore ; et les travaux pour y parvenir, ainsi que les ouvrages pour la faciliter, se sont multipliés en France avec rapidité depuis une cinquantaine d'années principalement.

Mais tous n'ont pas eu pour objet particulier la Statistique générale ; la plupart se bornaient à des recherches sur quelques-unes de ses parties ; comme la population, le produit des terres, l'estimation des bénéfices du commerce et de l'industrie ; tous objets sans l'étude desquels on ne peut ni apprécier son pays, ni prononcer sur les causes qui constituent sa force au-dedans et sa puissance au-dehors.

Dans le nombre des écrits qui parurent, et des travaux qui furent ordonnés, on ne sépara pas entièrement la Statistique de l'économie politique, c'est-à-dire qu'on associa la connaissance des résultats aux considérations qu'ils faisaient naître pour l'accroissement de la prospérité publique.

Cette manière de présenter la science n'avait rien qui pût lui nuire ; on peut même dire qu'on en aurait retiré de l'utilité, si l'esprit de système et d'exagération ne s'était emparé à une certaine époque de presque tous ceux qui se mêlaient d'écrire sur l'administration.

On voit bien que je veux parler des économistes, secte qui n'a eu pour elle que ses bonnes intentions, mais dont les principes étaient tellement absolus et si peu propres à l'ordre des choses, que malgré l'évidence apparente des raisonnements et des conséquences, on se trouvait toujours, dans l'exécution, loin du but que l'on s'était proposé.

C'est que, comme on l'a dit avec vérité, les économistes voyaient les choses autrement qu'elles ne sont, quelquefois comme elles pourraient être, et qu'ils outraient les conséquences lorsque d'ailleurs le principe était bon.

On sait que cette secte joignait à ses prétentions à l'infaillibilité, un grand mépris pour tout ce qui ne pensait pas comme elle ; et qu'à force de crier mal-à-propos contre des abus insignifiants, elle était parvenue à jeter la plus fâcheuse incertitude dans l'administration, par l'absence de toute base et de principes de conduite.

L'économie politique doit être distinguée de ces folies

consignées dans tant d'ouvrages dont les titres seuls annoncent la présomption de leurs auteurs.

Le commentateur de Smith, M. Garnier, la définit : une connaissance qui a pour objet de considérer les lois de l'organisation des sociétés et de rechercher les moyens qui peuvent les rendre heureuses et puissantes.

Cette définition de l'économie politique l'embrasse dans sa plus grande étendue; dans le sens ordinaire, cependant, on ne la regarde que comme une science fondée sur les faits et le raisonnement, occupée de la recherche et de l'examen des causes immédiates de la richesse et de la prospérité des nations, en se bornant dans cet examen aux causes qui tiènent à la culture, au commerce, à l'industrie, à l'emploi des fonds et aux charges de l'état. Ses divisions ne s'étendent point aux actions morales, à la distribution des pouvoirs politiques, au régime religieux, civil ou militaire, qui entrent dans la composition du gouvernement.

On ne regarde pas non plus la science des relations extérieures, ou la diplomatie, comme faisant partie de l'économie politique; celle-ci compose en grande partie la politique proprement dite; cependant l'on donne ce dernier nom d'une manière assez générale à l'ensemble du gouvernement d'un état.

C'est dans ce sens que l'on peut dire que la politique a pour objet les personnes et les institutions dans leurs rapports avec les lois du pouvoir et de l'obéissance, et l'économie politique, les choses et les institutions dans leur rapport avec la richesse et la prospérité territoriale ou financière de l'état.

L'économie politique appuyée de l'expérience et de la connaissance des faits, est devenue une science motivée. Elle n'est plus cette métaphysique embrouillée et susceptible de toutes les applications comme de toutes les erreurs; c'est un corps de doctrine également propre à la solution d'un problème d'administration, et à la tenue d'un bon régime financier.

Cet avantage, elle le doit en partie à l'étude de la Statistique, à l'heureuse association de ces deux sciences; et à la certitude des résultats qu'elles ont présentés depuis ce moment.

Il ne faut cependant pas les confondre comme font quelques écrivains. Elles ont chacune leurs limites et leur objet fixe. La première, l'économie politique, conçoit, enfante, applique à l'exécution les vérités ou les principes d'administration dont elle a reconnu l'utilité par le raisonnement appuyé de la comparaison des faits; la seconde, la Statistique, s'occupe de préparer les éléments propres à guider l'esprit; elle recueille les connaissances de détail dont elle forme un ensemble et des résultats fondés sur une analyse assez complète pour produire une certitude morale, la seule à laquelle on peut prétendre en matière d'administration.

La Statistique diffère aussi de l'arithmétique politique. Celle-ci ne procède pas dans ses opérations par voie d'analyse; elle ne cherche point à obtenir des résultats par l'énumération des objets; elle substitue le calcul à ces moyens, et d'une donnée plus ou moins probable ou certaine elle tire une conséquence qu'elle établit en fait.

C'est ainsi que par la connaissance de la quantité de grains consommés annuellement dans un pays, l'arithmétique politique parvient à savoir quel en doit être le nombre d'habitants, parce qu'il est évident que si des données particulières font connaître quelle est annuellement la consommation d'un individu, on aura le nombre des consommateurs en divisant la quantité consommée annuellement, par celle qui est particulière à chacun d'eux. Réciproquement on connaîtra la quantité de grains récoltés par l'opération inverse, c'est-à-dire en multipliant la consommation individuelle par le nombre des consommateurs connus.

En pareille circonstance la Statistique procède par voĭe de dénombrement, et c'est en quoi elle diffère de l'arithmétique politique.

Il ne faut pas cependant regarder celle-ci comme sans utilité; elle peut suppléer quelquefois au défaut de renseignements, et avec de la prudence et de la justesse dans les apperçus d'estimation, on peut souvent, par son moyen, arriver à des résultats satisfaisants.

Il paraît qu'un des premiers qui en ait parlé avec quelqu'étendue, est le chevalier Petty, anglais, qui fit imprimer un livre sur cette matière sur la fin du dix-septième siècle. Il a été depuis imité par MM. Davenant, Arthur Young et Gents, dans l'évaluation des richesses de la Grande-Bretagne. M. Chalmers, dont l'excellent ouvrage parut en 1788, s'en est également servi dans l'analyse des forces de l'empire britannique, qu'il a présentée avec beaucoup de savoir et de méthode.

Mais en France, ce n'est guère que depuis une vingtaine d'années qu'on s'est livré à ce genre d'étude, ou tout au moins que les progrès y ont été sensibles.

Les travaux ministériels qui ont précédé les évènements de la révolution, je veux dire principalement les recherches et les écrits de M. Necker, ont beaucoup contribué à éclairer les esprits et à les retirer de l'habitude des systèmes où ils s'étaient laissés aller sous l'influence des économistes.

La division départementale du territoire français, et quelques autres opérations de la première assemblée nationale, accrurent encore le goût pour les connaissances statistiques, et les rendirent nécessaires.

On cultiva en même temps l'arithmétique politique, parce que n'ayant point encore assez de faits connus pour établir une nouvelle forme d'administration, soit fiscale, soit économique, on fut obligé de recourir à l'analogie et aux estimations calculées.

Aussi, dès que le gouvernement fut un peu rétabli, et que l'on sentit le besoin de fermer les plaies de la révolution par une sage répartition des charges, on s'occupa des moyens de multiplier les connaissances statistiques, de les appeler au secours des vues d'amélioration que l'on se proposait, et de s'en servir pour connaître les besoins et la véritable situation de la France.

Cette marche, en concourant à accréditer une nouvelle branche d'étude intéressante, mit sur la voie d'une foule de découvertes en économie politique ; elle apprit à juger mieux des choses, et donna l'explication de plusieurs problêmes qui paraissaient inexplicables avec le mauvais état des affaires.

M. de Neuchâteau a d'abord provoqué, auprès des administrations centrales et des hommes instruits des départements, la recherche des connaissances propres à remplir ce but ; il en a obtenu quelques bons mémoires qui ont été imprimés dans le temps. Ses successeurs, MM. Lucien Bonaparte et Chaptal, ont étendu cette mesure et fait un devoir aux préfets de s'occuper, chacun en particulier, de la Statistique de leur département.

Plusieurs le firent avec une grande négligence ; quelques-uns avec du goût et de l'attention, et le plus grand nombre ne s'en occupa pas.

Mais plusieurs hommes de lettres et des membres des administrations profitèrent des matériaux qui se trouvaient dans les bureaux des préfets pour donner au public d'excellents écrits sur cette matière , en sorte qu'aujourd'hui il est peu de départements sur lesquels on n'ait de quoi satisfaire sa curiosité ou son goût pour les études de Statistique.

Les travaux ordonnés par le ministre de la justice, en l'an 9, pour opérer la circonscription des justices de paix, concoururent au même but, et donnèrent lieu à des dénombrements de population qui forment des matériaux propres à cette partie importante de la science dont nous traitons.

Cependant la manière confuse et erronée avec laquelle on vit plusieurs écrivains enseigner la Statistique , aurait jeté de la défaveur et une sorte de ridicule sur ce genre de connaissances , si des hommes instruits dans la matière ne se fussent empressés de rectifier les erreurs et les méprises d'une foule de jeunes gens qui se hâtèrent d'écrire sur une chose qu'ils connaissaient à peine : ils donnèrent le nom de Statistique à des ouvrages qui n'y avaient que peu ou point de rapport. Toutes les géographies furent Statistiques; les descriptions topographiques, les états de population, les hypothèses d'économie politique, devinrent des Statistiques.

C'est ainsi que les Français , entraînés par la mode , dépassent presque toujours les limites de chaque chose , jusqu'à ce que l'expérience et une longue réflexion leur aient appris à revenir sur leurs pas.

Quoiqu'il paraisse encore des ouvrages où l'on veuille faire de la Statistique un accessoire de la géographie , où l'on confonde même ces deux sciences ensemble , il n'en est pas moins vrai que les bases et les limites de la première sont connues et déterminées ; que l'importance et l'utilité en sont généralement appréciées; qu'on la regarde comme une connaissance fondamentale et des plus propres à perfectionner l'économie politique.

La Statistique, considérée sous ce point de vue, entre donc dans le plan d'instruction élémentaire des jeunes gens, soit qu'ils se destinent au barreau, à l'administration ou à l'étude de la législation.

Il est dérisoire d'ignorer son propre pays, d'y être en quelque sorte étranger, de manquer des notions essentielles pour le bien apprécier.

La Statistique est cultivée en Allemagne; c'est de là que nous viennent les premiers ouvrages qui la font connaître sous ce nom : elle a dû y trouver d'autant plus de faveur, que le grand nombre de petites principautés qui partagent ce pays, en ont rendu les recherches plus utiles à chaque souverain, et les ont facilitées.

C'est sur le montant de la population que les princes allemands règlent leur contingent ou leurs levées militaires; ce ne peut être qu'en connaissant les résultats de l'industrie, la quantité des productions et les richesses territoriales, qu'ils peuvent également régler leurs dépenses et établir des impositions.

Ce n'est qu'à l'aide des mêmes moyens que l'on peut évaluer un pays, et connaître jusqu'à quel point il peut entrer dans la balance des compensations; et lorsqu'après de longues guerres l'on entame des négociations pour régler les intérêts opposés, c'est toujours d'après les résultats statistiques que l'on se détermine dans les concessions réciproques.

La diplomatie se trouve ainsi éclairée dans sa marche, et peut à l'avance calculer les avantages qu'elle accorde ou qu'elle reçoit; car, quoiqu'il soit vrai de dire qu'en matière de compensation de conquêtes il ne faille pas considérer seulement un pays en lui-même, mais encore

sous le rapport de sa position et des convenances politiques , néanmoins la première base d'évaluation , dans
ce cas , est certainement la valeur intrinsèque du pays con-
testé , c'est-à-dire celle qui résulte de son étendue , de
la fertilité de son sol , de l'industrie , du nombre et de
la richesse des habitants.

De quelque manière donc que l'on considère la science
dont nous offrons ici les éléments appliqués à la France ;
soit que l'on reporte ses regards sur les institutions des
anciens peuples, dont toute l'économie politique consistait
à connaître la population de l'état et la richesse des particuliers , pour déterminer les charges et la défense nationale ; soit que l'on s'arrête à l'époque du retour de la civilisation et de l'abolition de l'esclavage en Europe, époque où la richesse et le commerce devinrent l'objet de l'attention des
peuples et des rois ; soit que , se rapprochant de notre
temps , l'on fixe son attention sur les progrès de tous les
genres d'industrie , et l'éclat qu'ils jètent sur les nations qui
s'y distinguent, l'on verra que c'est toujours des connaissances statistiques, sous des noms différents à la vérité ,
mais dans la réalité les mêmes, qu'est résultée la stabilité
et la bonté du régime politique.

Il serait déplacé, dans un ouvrage élémentaire comme
celui-ci, d'accumuler les recherches pour appuyer la vérité
de ces faits ; il suffit de les avoir indiqués, pour que ceux
à qui l'histoire des temps anciens et modernes est fami-
lière , puissent en faire l'application.

Mais l'objet sur lequel nous croyons devoir insister ,
c'est le mode d'enseignement le plus propre à faciliter
l'étude de la Statistique : nous en ferons le sujet des considérations suivantes.

DE LA MANIÈRE D'ÉCRIRE

LA STATISTIQUE.

Nous l'avons déjà remarqué, c'est pour ne pas avoir médité leur objet, que plusieurs écrivains français se sont trompés dans la manière de traiter la Statistique.

Les uns la confondant avec la géographie, n'en ont fait qu'un simple accessoire de cette science, et l'ont réduite à la description des lieux, ou à une simple énumération des choses.

Ils ont pris quelques-uns des matériaux de l'édifice pour l'édifice même.

D'autres en ont étendu les limites au-delà des bornes qui lui conviènent : l'histoire naturelle, la botanique, les règlements d'administration, et jusqu'aux richesses d'antiquité, sont devenus des objets de Statistique ; comme si l'on pouvait raisonnablement faire entrer de pareilles connaissances dans l'analyse des forces réelles et de la puissance d'un état !

Enfin la plupart n'ont point saisi la différence qu'il y a entre la méthode de traiter une science avec le secours de toutes celles qui peuvent y concourir, et l'abus de cumuler, en les étranglant, une foule de connaissances positives ou de raisonnements, dans un cadre qui n'est point le leur.

Ce défaut, quoique très-grand, flatte la paresse d'esprit et l'amour-propre des lecteurs. Il leur est agréable de croire qu'ils ont appris cinq ou six sciences dans un même volume ; ils ne s'apperçoivent pas qu'ils n'ont mis que de la confusion dans leurs idées, et qu'ils ne savent rien de manière à pouvoir se rendre compte à eux-mêmes et aux autres des raisons de leur savoir.

Mais comme cet abus de l'enseignement n'est pas particulier à une seule connaissance aujourd'hui, mais à presque toutes, nous ne nous y arrêterons pas, et reviendrons à ceux qui s'appliquent plus immédiatement à la Statistique.

Nous croyons devoir mettre dans ce nombre la sécheresse des écrivains allemands ; au moins leur méthode de nomenclatures sans presqu'aucune application, sans exposé suffisant des causes présumées ou connues de l'état des choses , ne peut convenir à des esprits français , toujours impatients de connaître le but d'un travail, et ne pouvant supporter l'aridité des tableaux , quelqu'exacts qu'ils puissent être.

Il faut que l'enseignement soit plus nourri, si l'on peut parler ainsi ; les considérations générales, les applications utiles, les définitions claires, tout ce qui entretient la méditation par l'attrait des discours et de l'élocution, entre nécessairement dans le mode d'instruction française.

C'est par-là qu'on explique le succès des ouvrages élémentaires sortis de la plume de nos bons écrivains ; ils sont recherchés dans toute l'Europe , parce qu'ils joignent la methode à l'intérêt et à la correction.

La Statistique en est susceptible ; elle n'est pas plus aride de sa nature que le commerce ; et cependant voyez comme Raynal a su donner de l'attrait à celui-ci, malgré les déclamations pueriles et les apostrophes insensées dont il a parsemé son ouvrage !

Si la Statistique a pour but de faire connaître la force, la puissance d'un état, par le tableau de son territoire, de sa population, de ses richesses , on comprend dès-lors que c'est rompre l'unité d'intérêt et manquer son but que de la partager, comme l'ont fait quelques personnes, en Statistique mathématique , topographique , physique et politique.

Sous chacun de ces titres il faut toujours se répéter, ou en revenir à de simples détails géographiques.

Nous n'avons pas suivi cette méthode ; elle n'eût fait qu'ajouter un livre de géographie de plus à tous ceux qui existent déjà, mais elle n'eût pas donné des éléments de Statistique appliqués à la France.

Nous ne laisserons pas ignorer cependant que M. Durand, pasteur du St. Évangile à Lausanne, et membre de l'académie de cette ville, a fait imprimer en 1795, une *Statistique Élémentaire de la Suisse*, où il a suivi cette méthode.

Mais nous n'en sommes pas moins persuadés qu'avec les talents qui le distinguent, il aurait fait connaître son pays d'une manière plus nette et plus simple, si, en élaguant tous les accessoires qui sont du ressort de la géographie, il eût analysé avec ordre les sources de richesses qu'offre ce beau pays.

Les Anglais n'emploient guère, ou n'emploient pas le terme de Statistique ; cependant ils ont d'excellents ouvrages propres à donner une connaissance assez sûre de la richesse de leurs possessions en Europe et dans l'Inde, mais particulièrement de la Grande-Bretagne.

Il est peu d'ouvrages comparables à celui de Chalmers à cet égard ; c'est un tableau raisonné et analytique de la puissance maritime, du commerce et des richesses de l'Angleterre. L'auteur y a parfaitement réfuté les erreurs et relevé les exagérations des écrivains qui depuis un siècle sont en possession de prophétiser et de démontrer la ruine inévitable de l'Angleterre à chaque renouvellement d'année. Mais revenons à la méthode que l'on peut adopter pour écrire la Statistique.

Si nous avons blâmé celle qui la dénature par la confusion et le mélange de connaissances ou étrangères ou inutiles à son enseignement, nous croyons avec bien plus de raison que l'on doit rejeter celle qui par des formules énigmatiques, des calculs algébriques ou des figures de géométrie, voudrait présenter ou analyser ce qu'il est bien plus simple de dire naturellement et sans obscurité.

Un auteur anglais, M. Playfair, a donné un singulier exemple de cette mauvaise habitude d'enseignement. Il s'applaudit dans son ouvrage, intitulé *Éléments de Statistique*, que M. Donnant s'est donné la peine de traduire, d'avoir découvert un principe à l'aide duquel on démontre les ressources de chaque état de l'Europe.

Or ce principe, dont parle M. Playfair comme d'une intéressante découverte, est de représenter en figure circulaire, chaque état de l'Europe, de manière que la proportion relative de leurs forces soit exprimée par le rapport de ces figures entr'elles ; des lignes tirées de ces cercles, et qui vont aboutir à d'autres lignes transversales, indiquent la population et les revenus de chacun de ces états ; les nations maritimes sont désignées par la couleur blanche ; celles de l'intérieur par la couleur rouge.

Mais personne ne croira jamais qu'une semblable méthode puisse en rien servir à l'étude de la Statistique. Ce sont de ces jeux d'esprit aussi étrangers à cette science que les détails d'histoire naturelle ou de topographie, dont d'autres écrivains l'ont mal à propos voulu enrichir.

On ne peut utilement exprimer par des figures géométriques, des connaissances de la nature de celles-ci ; il n'y a rien à gagner pour l'instruction, à traduire en langage de calcul, des résultats ou des apperçus dont l'objet n'est point la quantité en elle-même.

Il en est différemment sans doute dans les sciences mathématiques, parce que c'est la quantité que l'on y considère, et que l'on ne s'éloigne jamais de leur objet lorsque l'on attache les résultats du calcul à des figures , ou qu'on les exprime par des formules.

Mais dans l'économie politique , dans les sciences de législation , de droit, de Statistique , introduire l'usage des signes géométriques pour exprimer des rapports accidentels ou des combinaisons morales , c'est nuire au progrès de la science en la rendant vague et obscure ; c'est fatiguer la pensée sans motif , et faire perdre le fruit de l'étude.

Nous faisons ces remarques d'autant plus à propos, que des personnes d'ailleurs éclairées ont cru de bonne foi avoir contribué aux progrès de l'économie politique et donné de la solidité a ses maximes en l'hérissant de calculs algébriques dont il est impossible de saisir l'application à l'objet de cette science compliquée par elle-même , et qu'on doit éviter d'obscurcir par un surcroît de difficultés et d'abstractions métaphysiques.

C'est peut-être moins des conséquences que des principes qu'il faut s'assurer en matière d'administration politique ; le langage des calculs ne peut jamais y être employé sérieusement à la discussion d'un principe ; tout au plus, il pourrait faciliter la filiation des conséquences et les résumer dans des formules.

Mais ce mode d'enseignement ne sera jamais celui de l'économie politique ni de la Statistique. Chaque science a le sien que l'on ne saurait changer, et tous les efforts tentés par des esprits singuliers pour opérer le renversement de la marche naturelle de l'esprit dans chaque genre d'étude , sont tombés dans l'oubli après avoir un moment occupé l'attention d'un petit nombre d'hommes.

En analysant donc les diverses manières dont la Statistique a été traitée et envisagée, on voit que d'un côté on l'a dénaturée en la confondant avec la topographie des lieux ; que d'un autre , en la réduisant à de simples tableaux de nomenclatures, on lui a ôté son caractère aussi bien qu'en voulant l'assujétir à un mode d'enseignement qui ne peut être le sien.

En évitant ces écarts, l'on parviendra à donner à la Statistique la mesure qui lui convient, et à s'en former une idée juste.

On ne doit point perdre de vue qu'elle a pour objet de faire connaître la force et la puissance d'un état; que c'est par la considération et l'estimation de tout ce qui compose la richesse en hommes, en valeurs et en territoire qu'elle parvient à ce but; que ce n'est point de connaître les choses en elles-mêmes qu'elle s'occupe, mais de leur rapport avec la puissance nationale; qu'elle est l'anatomie de l'état politique, mais l'anatomie raisonnée, qui, en même temps qu'elle présente une partie du grand corps, en fait connaître le jeu et la liaison avec les autres; qu'elle emprunte par conséquent de l'économie politique et de l'arithmétique politique, ce qui lui est nécessaire pour remplir cet objet; qu'ainsi considérée, la Statistique est la base des connaissances administratives et une des plus intéressantes études de la jeunesse qui se destine aux affaires publiques, ou qui est jalouse de connaître son pays.

La Statistique est ou générale ou particulière.

La Statistique générale est celle qui a pour objet de faire connaître la force et la puissance des états de l'Europe par l'estimation de leurs richesses, de leur population, de leurs productions.

La Statistique particulière s'applique à la connaissance d'un pays ou d'un état en particulier; telle est celle de la France, dont nous traitons dans cet ouvrage.

Nous l'avons appelée élémentaire; 1°. parce que nous y remontons aux principes qui constituent les règles d'esti-

3.

mation de la valeur politique des états , et que nous les ap-
pliquons à la France ; 2°. parce que nous ne nous sommes
occupés que des connaissances élémentaires de fait, c'est-
à-dire celles à l'aide desquelles on peut déduire de plus
amples documents sur chaque objet de richesse nationale ; 3°. parce que nous ne nous sommes point laissés
entraîner à trop de développements historiques , ce qui
nous aurait éloignés de l'objet de l'ouvrage ; 4°. enfin
c'est un livre élémentaire par l'emploi auquel nous le
destinons, celui de servir de manuel aux écoles et aux
personnes studieuses qui ne peuvent donner beaucoup de
temps à l'étude de cette partie de la politique.

Nous devons ajouter aux considérations qui précèdent ,
qu'il est important , lorsque l'on veut étudier la Statistique avec fruit, d'avoir une idée nette de la topographie
de son pays , des diverses divisions qui partagent son territoire , et des principaux phénomènes météorologiques
qui altèrent l'atmosphère et donnent un caractère particulier aux saisons.

Ces matières sont l'objet d'ouvrages particuliers , et l'on
ne doit pas plus les confondre dans la Statistique, que la
science des monnaies ou des constructions maritimes, dont
sûrement l'influence sur le système et la puissance nationale est très-sensible et démontrée par l'histoire.

Apperçu historique des Ecrivains qui ont traité de la Statistique française.

Une des parties intéressantes d'une science , c'est la connaissance des écrivains qui s'en sont occupés ; l'on se met
ainsi à portée d'en apprécier les progrès , et de juger les
ouvrages qui paraissent sur le même objet ; l'on évite les
faux jugements sur certains auteurs , et l'on sait à quoi s'en

tenir sur le mérite de ceux qui, affectant de ne citer aucun écrit, voudraient faire accroire qu'ils possèdent l'universalité des connaissances dont ils enrichissent leur travail.

Ces raisons nous ont déterminé à présenter succinctement la notice des écrivains qui ont traité de la Statistique de la France, sous quelque nom que cette science ait été étudiée à l'époque où ils ont écrit.

Nous ne remonterons pas plus haut que le règne de Louis XIV, quoique parmi les auteurs français antérieurs à cette époque il fût aisé d'en trouver qui ont parlé de quelques-unes des branches qui forment la Statistique française, ou même de celle de plusieurs états.

Tout le monde connaît ce qu'on appèle les *Mémoires des Intendants.*

Des fautes en administration avaient appris à Louis XIV à apprécier les connaissances positives qui les font éviter : il voulut que son petit-fils les acquît. Il fit rédiger une instruction pleine de sens et de vues sages, que par ses ordres on adressa aux intendants des provinces. On leur demandait des renseignements sur l'état des provinces, sur celui des familles, des charges du peuple, de la richesse du clergé, du commerce, de la culture et des besoins des villes.

Quelques intendants répondirent aux intentions du monarque, entr'autres M. Lamoignon de Basville, intendant du Languedoc, magistrat dont Boileau parle comme d'un homme plein de zèle pour le bien public. Il adressa au ministre un mémoire très-détaillé sur sa généralité, à l'époque de 1698. Il y fait connaître tout ce qu'on désigne aujourd'hui sous le nom de Statistique ; il y montre de plus beaucoup d'érudition dans l'histoire du droit public de la province.

Mais les autres intendants ne firent pas aussi bien que lui ; leurs mémoires sont restés manuscrits, et le comte de Boulainvilliers, si connu par ses recherches en faveur du gouvernement féodal, qu'il ne faut pas confondre avec les droits féodaux, les a abrégés et en a fait imprimer l'essentiel, en six volumes *in*-12, sous le nom d'*État de la France*, qui parut à Paris en 1723.

On y trouve un tableau assez bien fait de la France, à cette époque ; et cet ouvrage mérite l'attention de ceux qui se livrent à l'étude de l'histoire politique de la France.

M. de Vauban fit paraître, vers ce même temps, un *Projet de Dixme Royale*, ou impôt en nature, qui occupa un moment l'attention des Français, aussi légers à cette époque qu'à celle où nous vivons. Pour établir le système de sa dixme, l'illustre auteur entre dans des estimations de population, de territoire et de consommation, qui par leur ensemble forment une sorte de Statistique française, ou, pour mieux dire, l'apperçu des principales bases sur lesquelles elle repose.

La *Description de la France*, par Piganiol de la Force, imprimée en 1722, et que quelques personnes ont voulu placer au nombre des ouvrages de Statistique, n'est qu'une topographie politique, civile et militaire, et ne présente point de résultats à l'aide desquels on puisse apprécier les forces, les richesses, la puissance de la France à cette époque.

Lorsque quelques années après, les économistes se mêlèrent de régenter le gouvernement et de professer une doctrine particulière sur l'administration, en décriant celle de Colbert et de Seignelai, les écrits sur quelques-unes des branches de l'industrie, de la culture, des richesses nationales, se multiplièrent, et les recueils connus sous les noms de *Journal Économique*, d'*Éphémérides du Citoyen*, sont des ouvrages que l'on peut encore consulter quelquefois avec utilité.

L'abbé Expilly vint ensuite offrir au monde savant et aux personnes livrées à l'étude de l'économie politique, des recherches statistiques très-étendues, dans son *Dictionnaire Universel* de la France et des Gaules, en plusieurs volumes *in*-folio; ouvrage copié par plusieurs écrivains qui ne l'ont pas nommé, et qui n'en ont pas même rectifié les inexactitudes, inévitables dans un aussi grand travail.

Ce fut vers cette époque, 1772, que le gouvernement français, ou plutôt le ministre chargé des finances, s'occupa d'encourager les travaux et les recherches sur la population, partie importante de la Statistique.

Quelques années avant, c'est-à-dire en 1766, M. Messance, receveur des tailles de l'élection de Saint-Etienne, fit imprimer des *Recherches sur la Population des Généralités d'Auvergne, de Lyon, de Riom et de quelques provinces et villes du Royaume*. L'auteur y fait l'application des principes de l'arithmétique politique à l'estimation du nombre des habitants de chaque province, et donne quelques dénombrements ou états des morts et naissances de plusieurs années.

M. Messance avait pour objet de prouver que les déclamations des économistes sur la diminution de la population en France, étaient mal fondées, et que cette diminution n'existait pas.

C'était surtout l'abbé de Bois-Guilbert qui, dans un ouvrage intitulé *Détail de la France*, avait accrédité cette fausse idée quarante ans auparavant. Elle a été depuis soutenue et développée dans un livre anonyme, imprimé en 1756, intitulé *Les Intérêts de la France mal entendus dans son agriculture, dans son commerce, dans ses fi-nances,* en trois volumes *in-*12.

Cette production d'un homme de mauvaise humeur, suffisant et peu instruit, ne prouve rien, n'apprend rien, sinon que le gouvernement d'alors portait la tolérance de la liberté de la presse très-loin, puisqu'aucun homme important n'imagina de tourmenter l'auteur d'un livre où les gens en place étaient maltraités, accusés à chaque chapitre.

Mais de tous les écrivains qui traitèrent la question de la population de la France, c'est-à-dire de savoir si elle était augmentée ou diminuée, aucun ne le fit mieux que M. Moheau.

Son livre, intitulé *Recherches et Considérations sur la population de la France,* imprimé en 1778, est sans contredit un des meilleurs écrits que l'on ait jamais faits avant et depuis sur la même matière. L'auteur fut aidé par le gouvernement dans le travail qu'il fut obligé de faire pour parvenir à bien résoudre la question. Il écrit correcte-ment, clairement, et la plus grande méthode règne dans tout l'ouvrage. Ceux qui ont traité de la population depuis cinq ou six ans, semblent n'avoir pas connu l'ouvrage de M. Moheau. Nous en avons fait usage dans notre *Statis-tique Élémentaire,* non pas pour les bases de calcul, qui sont changées, mais pour le fond et la manière de pré-senter le sujet.

L'administration de M. Necker, en opposant de nou-veaux principes à ceux des économistes, et dirigeant l'at-tention vers les faits et la science des calculs, produisit quelques ouvrages polémiques où l'on analyse la popu-lation, la richesse et les revenus de l'état avec assez de détail ; mais aucun de ceux qui parurent ne peut soutenir de comparaison avec son *Traité de l'Administration des*

Finances de la France, imprimé en 1785. L'esprit de parti, de jalousie et des ressentiments particuliers ont voulu déprimer ce livre ; mais il est resté le seul où l'on puisse prendre une idée juste de l'état économique de la France à cette époque : plusieurs parties de la Statistique y sont exposées avec méthode et clarté. Vingt pamphlétaires ou compilateurs aveugles s'en sont enrichis en le défigurant, et sans le nommer.

L'on trouve dans les Mémoires de l'Académie des Sciences, pour les années 1783, 1784, 1785, 1786, des tables de population dressées par MM. Duséjour, Condorcet et Laplace, sur les dénombrements qui leur furent fournis par les ordres de M. de la Michodière, magistrat aussi distingué par son intégrité que par son amour éclairé pour les sciences.

En suivant à peu près l'ordre des temps, nous trouvons un ouvrage qui est une véritable Statistique à la manière allemande, publié par M. de Beaufort ; il a pour titre, *Le Grand Porte-Feuille Politique*, en un volume *in-folio*. C'est un recueil de tableaux présentant l'étendue territoriale des principaux états de l'Europe en lieues carrées, leurs population, productions, commerce, marine, constitution, religion, mœurs, monnaies et relations politiques extérieures. L'article *France* est tiré de M. Necker ; les autres états, de Busching et quelques autres écrivains allemands.

Cet ouvrage n'a point eu de succès, quoiqu'il ne soit pas sans utilité ; c'est que l'auteur n'y a pas raisonné et appliqué sa matière, et qu'il n'a pas senti qu'une méthode qui pouvait convenir à des Allemands, ne valait rien pour des Français.

Nous ne devons pas passer sous silence un excellent *Mémoire sur la Population de toutes les provinces de France, et de la proportion sous tous les rapports des nais-*

sances, morts, mariages, pendant dix ans, d'après les registres des généralités.

Cette excellente production est de M. le chevalier de Pommelles, lieutenant-colonel du cinquième régiment de l'état-major; il l'a fait imprimer en 1789, pour déterminer la proportion des levées militaires à la population : ce travail plein de maturité et de la connaissance de la matière, a été ignoré des écrivains de Statistique qui ont fait imprimer des livres depuis cinq à six ans.

L'on peut mettre au rang des ouvrages sur la Statistique française, celui de M. Bonvallet Desbrosses, ancien trésorier de la marine et des colonies, à la Rochelle; il est intitulé : *Richesses et ressources de la France, pour servir de suite aux moyens de simplifier la recette et la comptabilité des deniers royaux;* il a été imprimé en 1789, en un fort volume *in-4°.*

Si ce livre était établi sur des bases exactes, ce serait une assez bonne Statistique de la France, quoique trop concise; le résumé de la puissance et de la richesse de l'empire français, qui est placé à la fin, a le défaut d'être trop peu fondé en faits, et par conséquent trop hypothétique pour pouvoir servir à une juste appréciation des forces de la France.

Cela n'empêche pas que ce ne soit un livre bon à examiner, et qu'il ne suppose dans l'auteur beaucoup de recherches et de travaux.

A la même époque à peu près M. de Tolosan, intendant du commerce et des manufactures, fit paraître son *Mémoire sur le commerce de la France et des Colonies.* Il est plein de faits instructifs, et l'auteur y apprécie d'après des bases plus ou moins certaines, la valeur des bénéfices de l'industrie; toutes les personnes un peu au courant de leur sujet, qui ont écrit sur l'économie politique et la

Statistique, ont fait usage du mémoire de M. de Tolosan, qui d'ailleurs contient quelques fausses idées sur plusieurs objets d'administration.

L'assemblée constituante a, par ses travaux, préparé pour ainsi dire tous les matériaux qui peuvent servir à l'histoire de la Statistique française ; mais un petit nombre seulement des mémoires ou rapports qu'elle a fait imprimer, est connu du public ou peut être de quelque utilité, parce que la plupart ne sont que des dénombrements dont l'exactitude n'est rien moins que certaine.

Mais tout le monde connaît l'*Apperçu de la Richesse territoriale* et des revenus de la France, que l'on doit à M. Lavoisier. Il le fit sur l'invitation du comité des finances de l'assemblée, qui le fit imprimer en 1790.

Les renseignements que M. Lavoisier a pu se procurer en sa qualité de fermier-général, jointe à son excellente méthode de raisonner, ont donné un grand degré d'utilité à ce travail, qui est encore très-recherché aujourd'hui, et qui porte principalement sur l'étendue et la somme du revenu territorial de la France.

Nous parlerons ici d'un ouvrage qui eut quelques détracteurs et beaucoup de copistes plagiaires ; c'est le *Dictionnaire universel de la Géographie commerçante.*

Ce grand travail en cinq volumes *in-4°*, est la mine où ont puisé plusieurs écrivains, et le modèle d'après lequel ils ont voulu faire des géographies qui fussent tout à-la-fois commerciales, statistiques, et de plus, mathématiques, civiles et militaires ; en quoi ils ont eu plus de hardiesse que l'auteur original, puisque celui-ci a cru avoir à peine assez de cinq volumes pour traiter la géographie commerçante et la Statistique de quelques états, et que les imitateurs y ont ajouté le civil, le militaire et des abrégés historiques, le tout dans quelques volumes *in-8°*.

Les gens de lettres ne furent pas les seuls qui s'occupèrent de la Statistique : le gouvernement crut devoir favoriser les recherches à cet égard. Mais il n'y eut rien de fait. pendant toute la révolution. Ce ne fut que vers l'an 6 que successivement les administrations centrales de département envoyèrent quelques mémoires utiles et instructifs sur la demande qui leur en fut faite particulièrement par M. François de Neufchâteau, alors ministre de l'intérieur.

M. Bottin est un des premiers qui secondèrent les vues du ministre par un *Annuaire statistique* du département du Bas-Rhin, qui parut en l'an 7 pour la première fois, et que l'auteur a augmenté par la suite en l'améliorant sensiblement. M. Bottin, aujourd'hui secrétaire du département du Nord, a donné l'annuaire de ce département, qui, comme ceux du Bas-Rhin, sont des Statistiques fort détaillées de ces parties de la France.

L'on doit à l'administration du département des Landes une *Description abrégée* de ce département; à celle du département des Hautes-Alpes, une autre description, toutes les deux imprimées en l'an 7. Ces ouvrages pourraient être plus instructifs; il y a de la déclamation et de l'esprit de système dans quelques endroits.

Le mémoire que l'on doit à M. Grétry sur le département de l'Indre, et qui fut imprimé en l'an 8, offre des connaissances de détails très-bien présentées; on en peut dire autant de celui de M. Verneilh pour le département de la Corrèze. L'*Essai de Statistique du département de la Drôme*, de M. Daly, membre de la Société d'Agriculture, Arts et Commerce de ce département, est plutôt un discours qu'un traité méthodique.

En l'an 8, M. Vanrecum publia l'Annuaire statistique

de Rhin et Moselle pour la première fois, et M. Wasser-fall celui de la Roër.

Il parut aussi dans ce temps, sous le nom de M. Eicchoff, sous-préfet de Bonn pendant quelque temps, un *Mémoire sur les départements de la rive gauche du Rhin, sur le commerce et les douanes de ce fleuve;* les écrivains qui rendirent compte de ce travail, que je rédigeai avec beaucoup de soin, en parlèrent comme étant d'un Allemand, quoique l'écrit suppose une connaissance de la langue française, de notre droit public et des intérêts nationaux, qui font assez connaître que c'est l'ouvrage d'un Français.

Ce mémoire peut être mis au rang des écrits propres à inspirer du goût pour la Statistique; c'est un exemple de l'usage que l'on peut en faire pour la discussion des intérêts fiscaux et politiques. Il n'y en eut qu'un très-petit nombre d'exemplaires rendus publics.

MM. Dyanière et Mourgue donnèrent en l'an 8 deux ouvrages, l'un, celui de M. Dyanière, intitulé : *Essai d'Économie politique,* l'autre, *Essai de Statistique,* où M. Mourgue applique au département de l'Hérault, et en particulier à Montpellier, les principes de cette science. Ces deux écrits sont utiles et lumineux, le dernier surtout.

Le département de la Sarthe a eu son annuaire statistique pour la première fois en l'an 8; on le doit aux membres de la Société des Arts établie au Mans; il a depuis paru une Statistique de ce même département par M. Auvray, qui a été imprimée par ordre du ministre.

A la même époque, M. Tarbé, libraire à Sens, essaya la même chose pour le département de l'Yonne; et M. Berriat de Saint-Prix, professeur à l'École centrale de Grenoble, le fit avec beaucoup de succès pour celui de l'Isère, ainsi que M. Gillet, membre de la Société des Arts de Nevers, pour le département de la Nièvre.

Le département de l'Ain a été en partie décrit par M. Riboud, dans l'annuaire de ce département; le Pas-de-Calais, par M. Picquenard, secrétaire-général de la préfecture; le Lycée d'Alençon a publié la Statistique du département de l'Orne; M. Monteil, professeur d'histoire à Rodez, en a donné une assez étendue du département de l'Aveyron; M. Boric, préfet, du département d'Ille et Vilaine; M. Pietry, de celui du Golo; M. Bourgeois-Jessaint, de la Marne; M. Auvray, de la Sarthe; M. Lamarque, du Tarn; M. Barante, de l'Aude; M. Dupuis, des Deux-Sèvres. Outre le mémoire statistique, ce dernier préfet a fait rédiger dans ses bureaux un très-bon *Dictionnaire topographique* de son département. M. Dauchy a donné la Statistique de l'Aisne; M. Huet, secrétaire-général de la préfecture, celle de la Loire-Inférieure; M. Bruslé, celle de l'Aube; M. Delaistre, celle de la Charénte-Inférieure; M. Pyère fils, celle de Lot et Garonne; M. Vergnes, celle de la Haute-Saône; M. Lucay, celle du Cher; M. Huguet, celle de l'Allier; M. Balgueri, celle du Gers; M. Laumond, celle du Bas-Rhin; cette dernière est un recueil de mémoires détachés sur plusieurs branches de la Statistique de ce département.

M. Garnier a donné une très-courte notice de Seine et Oise; M. Cochon, de la Vienne; M. Bonnaire, des Hautes-Alpes; M. Serviez, des Basses-Pyrénées; M. Fauchet, du Var; M. Saussay, du Mont-Blanc; M. la Bretonnière, ingénieur des ponts et chaussées, du département de la Vendée; M. Étienne, médecin, celle de la Batavie, ou Hollande; M. d'Herbouville, les Deux-Nèthes; M. Desmousseaux, l'Ourthe; MM. Perès et Jardrinet, Sambre et Meuse; M. Cavenne, ingénieur des ponts et chaussées, la Meuse-Inférieure; elle a paru sous le nom du préfet, M. Loysel, membre de l'institut national; M. Desgouttes a donné un mémoire statistique sur le département des Vosges; M. Verninac, sur le département du Rhône; M. Jerphanion, sur la Lozère; M. Colin, aujourd'hui directeur des douanes, sur le département de la Drôme: nous avons aussi sur le même département, un mémoire de M. Daly, dont nous avons parlé plus haut.

Nous devons à M. Delfau, secrétaire du département de la Dordogne, un annuaire statistique de ce département; à M. Touquet, une description du département de l'Eure; M. de Cambry, ancien préfet de l'Oise, a fait une description topographique très-étendue de ce département; il l'a accompagnée de très-belles gravures. Nous lui devions déjà un *Voyage dans le Finistère*, qui en est un vrai tableau statistique et agricole; M. Noël de Rouen a donné la *Statistique de la Seine*, et une description du département de la Seine-Inférieure, qui supplée en partie à la Statistique que promet M. Beugnot, le préfet, et qu'il n'a pas encore publiée. Il y a de M. Legrand d'Aussy, une excellente description des départements du Cantal et du Puy-de-Dôme, composés de l'Auvergne; une de M. Lequinio, pour le département du Jura, et de M. Roussel, pour la partie du Calvados appelée le *Bocage.*

A l'époque où M. Chaptal parvint au ministère, les travaux sur la Statistique française étaient déjà commencés; mais ce ministre crut devoir leur donner plus d'activité; il fit rédiger une circulaire adressée aux préfets pour leur recommander cette matière.

Je fus en même temps invité par lui à écrire un essai qui présentât le cadre et les principaux points de division de la Statistique. C'est à la suite de cette invitation que je rédigeai l'*Essai d'une Statistique générale de la France*, que le ministre voulut bien trouver propre à remplir son but, et qu'il appèle même un *ouvrage*, et non pas un *essai*.

Cet écrit, tiré à un petit nombre d'exemplaires, fut envoyé aux préfets et à quelques personnes qui s'occupaient de Statistique; mais comme il ne présentait qu'un apperçu général, il devint insuffisant à mesure que la science fit des progrès; il n'en est pas moins le seul qui, en France, ait, à cette époque, offert un système que l'on put suivre pour l'enseigner méthodiquement.

M. Bourbon-Busset a tenté d'exposer les principes généraux de la politique et de la Statistique, dans un ouvrage imprimé en l'an 9, sous le titre d'*Introduction à l'étude de l'économie politique et de la Statistique générale*. Il nous a semblé, à la lecture de ce livre, qu'il y manquait beaucoup de choses pour remplir son objet; mais les vues de l'auteur sont estimables; ses principes politiques sont purs, et souvent bien énoncés; mais comme livre de Statistique il ne fait qu'effleurer la matière. L'auteur a voulu, sans doute, imiter le livre de Béausobre, intitulé *Introduction à l'étude de la politique, des finances et du commerce*, en trois petits volumes *in-12*, imprimés en 1782; mais il y a une grande différence dans la manière de traiter les choses; Béausobre, sans avoir une élocution comparable à M. Bourbon-Busset, est plus abondant en détails instructifs, qui, au reste, ont beaucoup vieilli.

Nous ne devons pas oublier, dans la liste des écrits destinés à faire connaître la Statistique, les *Annales* de M. Ballois. L'auteur, que la mort a enlevé il y a deux ans, avait fait tout son possible pour donner à ce travail l'utilité qu'on pouvait en attendre. Ce recueil périodique n'était point sans mérite, et il n'y a point à douter qu'il ne fût devenu un bon ouvrage par la suite, si l'auteur avait trouvé des encouragements. La difficulté de soutenir des entreprises de cette espèce en France, n'a pas permis de le reprendre, et il ne paraît plus. La *Bibliothèque commerciale*, sans avoir le même objet que les *Annales de Statistique*, en remplit une partie ; l'auteur y enseigne avec soin et exactitude les matières de Statistique commerciale, qu'il tire surtout des mémoires des préfets, à mesure que le gouvernement les publie.

Ces mémoires doivent être distingués de ceux dont nous avons fait mention plus haut.

Il paraît que le ministre, peu satisfait des premiers travaux des préfets, surtout à cause de leur peu de développement, leur demanda de reprendre de nouveau la matière, et de traiter la Statistique départementale d'une manière plus étendue.

Pour conserver à chaque travail le même cadre et la même méthode, le ministre fit rédiger une instruction détaillée, en germinal an 9.

Elle est très-propre, cette instruction, à donner de la perfection aux recherches des préfets, en les assujétissant à une marche régulière et uniforme. Nous avons déjà sur ce plan six grands in-folio, savoir : la Statistique de la Moselle, par M. Colchem ; celle du Doubs, par M. Jean de Bry ; celle de la Lys, par M. Véry ; celle de Rhin et Moselle, par M. Boucqueau ; celle des Deux-Sèvres, par M. Dupin ; celle de l'Indre, par M. Dalphonse.

Tous ces mémoires sont traités avec le plus grand soin, et imprimés aux frais de l'Etat.

L'on voit par l'énumération que nous venons de faire des ouvrages sur la Statistique française, soit qu'ils en ayent porté le nom ou qu'ils ayent paru sous un titre différent, qu'aucun d'eux ne présente l'analyse des forces, de la richesse et de la puissance de la France, considérée dans son ensemble et dans ses diverses parties.

Les préfets se sont bornés à recueillir les détails topo-

graphiques et les connaissances de la Statistique locale,
et le recueil de leurs travaux formera, quand il sera
achevé, c'est-à-dire dans douze ou quinze ans, trente à
quarante volumes grand *in*-folio. Ce sera une géographie universelle et topographie statistique de tous les lieux
de la France, mais non pas enfin des éléments de Statistique ; il faudra toujours réduire en principes susceptibles d'application, et en résultats positifs, ces matériaux
recueillis sur mille points de l'empire : l'art d'employer
les connaissances est un des plus importants dans les
sciences ; c'est celui que nous nous proposons dans l'ouvrage que nous présentons aujourd'hui au public.

Nous n'avons point parlé de trois autres livres connus
sur la Statistique : savoir ; la *Statistique générale et par-*
ticulière de la France et de ses colonies, en sept volumes
in-8°., avec un bel atlas; c'est un recueil méthodique et
savant des diverses parties de la Statistique ; mais il est
trop volumineux pour des jeunes gens pressés d'acquérir
des connaissances, et n'ayant que quelques années à y
donner. Le second est l'ouvrage de Hoeck, traduit en
français par M. Duquesnoy ; mais comme il n'a pour objet que les États d'Allemagne, nous nous serions écartés
de notre objet en le faisant connaître d'une manière particulière ici. Enfin, le dernier dont nous voulons parler,
est celui de Playfair, anglais, traduit et augmenté par
M. Donnant. On ne saurait regarder l'appendix sur la
France, qu'y a ajouté le traducteur, comme une Statistique de la France ; c'est une topographie enrichie de
quelques détails relatifs au commerce et aux productions
du sol.

On nous annonce dans ce moment un ouvrage en cinq
volumes *in*-4°., intitulé *Dictionnaire universel de géogra-*
phie statistique, commerciale, industrielle, civile, poli-

tique, militaire. Ce livre ne peut avoir aucun rapport avec l'objet que nous proposons ; c'est un dictionnaire, ce ne sont pas des éléments, et d'ailleurs nous avons dit franchement ce que nous pensions de ces ouvrages, qui réunissent tant d'objets sous un seul et même cadre.

Une des choses qui nuisent le plus au mérite des ouvrages savants et destinés à l'instruction, c'est la rivalité d'intérêt qui tourmente la plupart des personnes qui se sont livrées à l'usage de faire des livres ; c'est la précipitation des rédacteurs ; l'esprit mercantile de quelques libraires ; la haine, l'esprit de jalousie qui animent et détériorent la noble profession d'écrire ; c'est le mépris que cette conduite a attiré aux gens de lettres, que la morgue des hommes puissants se plaît à confondre avec les écrivains ignorants.

Les historiens de Rome nous ont donné à peu près les mêmes motifs du peu d'estime que l'on faisait sous les derniers Césars, des auteurs, des orateurs et des philosophes ; de l'insolence avec laquelle des eunuques parlaient à des hommes illustres dans les lettres, qu'ils qualifiaient de *causeurs* et de *fous* ; de l'affectation qu'ils mettaient à associer les noms de vils plagiaires ou écrivains adulateurs, à ceux d'hommes formés à l'école des bons auteurs et de l'antiquité : « Vous avez su distinguer, » dit Pline le jeune au bon empereur Trajan, cette classe » de lettrés mercenaires et bas, de ceux qui méritent » votre estime et votre munificence. »

Nous ne saurions mieux terminer ces réflexions sur la manière d'écrire la Statistique, qu'en rappelant aux auteurs qui veulent éviter les reproches que nous avons faits à plusieurs de ceux qui s'en sont occupés depuis quelques années, qu'ils doivent, avant tout, se former une idée nette des diverses parties de cette science ; ne point s'en rapporter aux compilations et abrégés faits quelquefois sur d'autres compilations; qu'avant d'écrire ils doivent se demander à eux-mêmes s'ils ont quelque chose de nouveau à apprendre au public, soit dans la manière de présenter les faits, d'en tirer des conséquences, ou de relever les erreurs d'autres écrivains.

Ce n'est point assez; en traitant une science telle que la Statistique, ils doivent instruire leurs lecteurs des motifs qui les font écrire; indiquer ceux qui l'ont fait avant eux, et montrer en quoi l'ouvrage qu'ils entreprennent est utile aux progrès des connaissances qui en font le sujet.

Un autre devoir est celui de s'abstenir de ce ton dédaigneux et hautain qu'affectent dans les matières d'économie politique et d'administration, une multitude de jeunes gens mal instruits, et qui trouvent tout aisé, parce qu'ils n'ont rien approfondi ni médité.

Mais passons à la Statistique considérée en elle-même, c'est-à-dire à sa définition et division.

STATISTIQUE

ÉLÉMENTAIRE

DE LA FRANCE.

DÉFINITION, DIVISION DE LA STATISTIQUE.

La Statistique doit être définie par le but qu'on s'y propose, et non par l'étymologie du mot, qui paraît incertaine.

C'est donc une science fondée sur les faits, et qui a pour objet d'apprécier la force, la richesse et la puissance d'un état, par l'analyse des sources et des moyens de conservation, de prospérité et de grandeur que lui offrent son territoire, sa population, ses productions, son industrie, son commerce de terre et de mer, et ses armées.

C'est, en un mot, la science des forces réelles et des moyens de puissance d'un état politique.

Par cette définition, la Statistique cesse d'être une connaissance de simples nomenclatures, un recueil de tableaux de productions territoriales et de population ; elle marche vers un but grand, utile, positif.

Elle forme une science cultivée de tout temps sous des noms différents, soit qu'on la considère comme dérivée de *status*, situation, état des choses ; soit qu'on la regarde comme appliquée à balancer les forces d'un pays avec celles des années antérieures ou des nations voisines, du mot *statera*, balance ; soit enfin que son étymologie viène de *stadt*, ville, état policé, ce qui présente toujours la même idée.

Considérée d'après cette définition, la Statistique n'a

de nouveau que son nom ; son origine est ancienne, et son usage a présidé à la politique et au gouvernement des anciens états, comme nous avons eu occasion de le faire remarquer plus haut.

On l'a confondue avec l'économie politique, parce que celle-ci ayant pour objet de considérer la richesse dans ses mouvements, son mécanisme, et l'action du gouvernement sur la propriété, les points de contact de l'une et de l'autre ont dû être aussi fréquents que ceux de l'histoire naturelle avec la chimie ; mais elles ne peuvent être confondues, et nous en avons assigné les différences dans ce que nous avons dit de l'Étude de la Statistique, au commencement de cet ouvrage.

On voit aussi combien la science que nous venons de définir diffère de la topographie, qui ne peut être, par rapport à la Statistique, que ce qu'est l'ostéologie par rapport à la physiologie ; car il faut bien se servir de comparaisons prises d'objets bien connus, pour faire entendre ceux qui le sont moins.

La Statistique n'est pas toute en faits, quoiqu'elle repose essentiellement sur des résultats qui en dérivent, et qu'à cet égard elle soit fondée sur des faits ; mais elle comporte une analyse raisonnée, elle marche à l'application et s'avance jusqu'aux limites de l'économie politique, qu'elle est autorisée quelquefois à franchir par un utile enchaînement de conséquences.

Une géographie peut être statistique, comme elle est médicale ou civile, sans que pour cela il faille confondre la médecine, la statistique et la connaissance du gouvernement civil avec la description du territoire.

Ces considérations nous ont paru nécessaires et suffisent pour éclaircir les difficultés qu'ont fait naître sur l'objet de la Statistique quelques ouvrages mal conçus à cet égard, quoique sans doute bons et utiles d'ailleurs.

Venons maintenant à la division qui nous a semblé la plus propre à en bien saisir l'ensemble et à en distinguer les diverses parties, sans confusion, sans doubles emplois, et sans cependant oublier aucune des connaissances qu'on doit s'attendre d'y trouver.

Nous l'avons déjà fait connaître plus haut, et nous ne le répétons ici que pour présenter de suite les généralités qui doivent précéder ce que nous allons dire.

Nous divisons donc toute la Statistique en huit parties générales, qui offrent des sous-divisions lorsque la matière l'exige, dans l'ordre suivant :

1°. Etendue et divisions du territoire.

2°. Population, ses divers rapports avec les autres parties de la Statistique et l'économie publique.

3°. Productions du territoire, des mines, de la pêche ; estimation, appréciation des richesses qu'elles répandent.

4°. L'industrie, son importance, ses espèces, ses produits, et la valeur des salaires qu'elle donne.

5°. Le commerce, ses moyens, son étendue, sa division, ses rapports avec les autres sources de richesses.

6°. La navigation marchande, son état, son système, ses résultats dans la balance des forces nationales.

7°. Les revenus de l'état, leurs sources, leur quotité, les frais de perception, et par occasion l'exposé du système de l'administration de nos finances.

8°. La huitième partie est consacrée au tableau de nos forces de terre et de mer, et des différents corps qui les composent.

Nous terminerons cette analyse raisonnée et appliquée à la connaissance immédiate de la France, par le résumé des principaux résultats qui font autant de bases positives de la Statistique élémentaire.

PREMIÈRE PARTIE.

CHAPITRE PREMIER.

De l'Étendue du Territoire.

L'ÉTENDUE, la situation heureuse du territoire d'un état, ne suffisent pas pour donner à sa force et à sa puissance une grandeur proportionnelle.

Comparons l'Espagne, souveraine d'un des plus beaux royaumes de l'Europe et de la plus belle moitié du Nouveau-Monde, avec l'Angleterre, placée sous un ciel ingrat et resserrée entre les limites d'un Océan toujours agité ; et nous sentirons combien la législation a d'influence sur le bonheur des empires, et sait balancer les inconvénients du territoire par les arts du génie et les ressources du commerce.

La Hollande est un autre exemple des prodiges que peut opérer l'industrie pour suppléer à l'insuffisance du sol. Ce pays, d'une très-petite étendue, marécageux et peu fertile, a joué le plus grand rôle dans l'histoire des nations modernes, et n'a dû sa décadence qu'aux guerres où il s'est trouvé engagé avec la France, et surtout à la supériorité que les Anglais ont prise et conservée dans le commerce.

Mais quoique le gouvernement et l'activité des habitants d'un état puissent en quelque sorte corriger l'ingratitude et compenser le peu de valeur du territoire, il n'en est pas moins vrai qu'absolument parlant, c'est sa beauté, sa richesse, sa fertilité et son étendue qui constituent la base de la puissance et de la richesse d'un état.

A ces titres, la France est un des mieux partagés de l'Europe. Située entre les 12°. degré 48 minutes et 25°. degré 15 minutes environ de longitude occidentale du méridien de l'île de Fer, et entre les 42°. et 52°. degrés de latitude, elle embrasse une des parties les plus tempérées du globe.

Sa longueur du nord au sud, depuis la Meuse et le Wahall jusqu'aux frontières de la Catalogne et de l'Espagne, n'est pas moins de 250 lieues, de 25 au degré; et sa largeur de l'est à l'ouest, de Strasbourg à Brest, donne une étendue de 210 lieues en ligne droite.

Ainsi la France a pour limites, au nord la Manche et la république de Hollande; au nord-est, le Rhin qui la sépare de l'Allemagne; à l'est, le Mont-Jura, qui la sépare de la Suisse; au sud, les Alpes, qui la bornent du côté de l'Italie; au midi, la Méditerranée forme ses limites depuis Vintimille jusqu'aux Pyrénées, qui élèvent une barrière entr'elle et l'Espagne; enfin l'Océan la baigne depuis Fontarabie jusqu'aux embouchures de l'Escaut.

Mais ce territoire n'a point toujours eu cette étendue; il s'est accru par les réunions et les acquisitions, surtout par les conquêtes.

On pourrait appliquer à l'Empire Français ce que les historiens anciens ont dit de Rome, qu'il est incroyable qu'avec un territoire originairement si resserré, il ait pu prendre un accroissement si prodigieux, et devenir un des plus grands états du monde.

Ce qui compose la France proprement dite, ne fut en effet d'abord qu'une partie de la Gaule, connue sous le nom de *Transalpine*, pour la distinguer de celle qui, par rapport à l'intérieur de l'Italie, portait celui de *Cisalpine*; elle renfermait la France, la Savoie, la Suisse et les Pays-Bas; le Rhin lui servait de limites au nord et à l'orient.

Ces pays étaient habités par des peuples qui portaient le nom de *Welches* ou *Walli*, auquel les Romains substituèrent le nom de *Galli*, et donnèrent à la contrée qu'ils habitaient le nom de *Gallia*. Ils vivaient dans les forêts, se livraient à la guerre, et firent souvent éprouver leur valeur aux Romains. Ceux-ci résolurent d'en faire la conquête; dès l'an 124 avant l'ère chrétienne, ils s'avancèrent dans la partie située à l'ouest du Rhône, et la nommèrent *Provincia Gallica*, ou simplement *Provincia*, d'où nous avons fait Provence; ensuite ils prirent possession de Narbonne et du pays environnant, auquel ils donnèrent le nom de *Provincia Narbonnensis*.

Lorsque les passions politiques et l'ambition des chefs

commencèrent à menacer la république romaine de la domination absolue d'un maître, César, qui méritait plus qu'aucun autre ce dangereux honneur, demanda et obtint comme un acheminement à la souveraine puissance, le gouvernement des Gaules, et une armée pour achever d'en faire la conquête. Il soumit à la domination romaine tout le pays situé au nord-ouest des Alpes, qui conserva le nom de *Gaule Transalpine*, d'une manière vague.

Mais le conquérant traça des lignes de démarcation entre les diverses contrées de ce pays : il avait appris à en connaître les peuples, il désigna leurs territoires par les noms particuliers à chacun d'eux.

Il appela Belgique le pays occupé par les Belges, et qui s'étendait de la Meuse dans l'intérieur jusqu'à près de dix lieues des rives de la Seine. Les Celtes habitaient le pays situé au midi de celui-ci, jusqu'auprès de la Garonne ; enfin, l'Aquitaine était ce pays compris entre la Garonne et les Pyrénées.

Il n'est pas inutile d'indiquer ce travail géographique de César, parce qu'il porte l'empreinte du génie d'un grand homme, et que l'on retrouve encore dans les peuples qui habitent ces contrées, une partie des caractères que leur a reconnus César.

Mais les empereurs changèrent dans la suite les divisions des Gaules, qui, sous Valence, étaient partagées en dix-sept provinces, au nombre desquelles étaient la Suisse, les Pays-Bas et les Provinces-Unies ; division qui, à l'exception du premier et du dernier de ces états, se rapproche beaucoup de l'Empire Français d'aujourd'hui.

Mais les Gaules ne restèrent point long-temps sous l'autorité des empereurs romains : trop de causes devaient les arracher à leur joug pour qu'ils pussent les conserver. Leur faiblesse, leur luxe puérile, l'insolence et l'ineptie de leurs ministres, l'ignorance et le mépris des hommes devaient, en se réunissant à l'énergie de peuples belliqueux, venger enfin l'humanité de l'oppression où Rome tenait cette partie du monde depuis si long-temps.

Les Bourguignons, les Goths, les Visigoths s'établirent successivement dans les provinces méridionales des Gaules ; mais un chef d'une nation guerrière, Clovis, les vainquit à la tête d'une armée de Francs en 487, s'empara du pays, le convertit à la foi chrétienne, fit une

partie des habitants esclaves, fonda l'empire des Français,
et changea le nom de Gaule en celui de *France.*

Cet empire, après de longues agitations, vit la prospérité,
le règne des lois et la gloire nationale renaître sous l'administration de Charlemagne, un des grands princes
qu'offrent les annales de l'histoire.

Il agrandit le territoire de la France par ses conquêtes,
chercha à y inspirer le goût des arts, encouragea ceux qui
les cultivaient ; conduite qui, chez les princes qui l'ont
tenue, a toujours indiqué le sentiment des grandes choses
et les moyens de les exécuter.

La mort de ce monarque amena la division de son empire en plusieurs petits royaumes, dont les chefs se firent
la guerre et morcelèrent le territoire français souvent en-
vahi par l'ennemi, mais jamais conquis ni soumis long-
temps à une puissance étrangère.

Enfin la monarchie française, revenue de six cents ans
de troubles et d'agitations, vit ses conquêtes s'étendre et
ses possessions s'affermir ; le Rhin et les Pyrénées devinrent ses limites, que dans ces derniers temps la valeur
française a repoussées jusqu'aux frontières de la Hollande
et aux plaines de la Lombardie.

Nous ne croyons pas utile à l'objet que nous nous proposons, d'entrer ici dans des détails topographiques sur les
divisions successives ou l'augmentation progressive du
territoire français ; nous en avons indiqué les limites ;
l'inspection d'une carte apprendra en un clin d'œil tout
ce qu'il est nécessaire de comprendre pour l'intelligence des
chapitres suivants.

Il ne sera pas inutile cependant de donner un apperçu
des diverses divisions territoriales qui ont été successivement établies, soit afin de régler l'administration, de
percevoir les taxes ou de conserver aux provinces les droits
politiques stipulés à l'époque de leur réunion respective.

On ne doit pas perdre de vue que, ne s'agissant point
ici du territoire comme sol productif, mais comme pays
habité et possédé par la nation française, nous ferions
une confusion d'idées et répéterions ce que nous avons
à dire à l'article *productions*, si nous entrions ici dans l'exposé des variétés du sol, de sa fertilité et de son produit
territorial.

C'est par la même raison que nous renvoyons à l'article

cité, ce qu'on peut dire des observations météorologiques, genre de connaissances cultivé avec soin aujourd'hui, et qui offre des rapprochements utiles pour apprécier la certitude et l'abondance des récoltes, et par conséquent la valeur du territoire.

Mais nous ne devons pas terminer ce chapitre, sans donner une estimation de l'étendue territoriale de la France, c'est-à-dire de la superficie de son territoire.

Nous n'entendons par le territoire, que celui situé sur le continent de l'Europe ; cependant la Corse s'y trouve comprise, ainsi que quelques petites îles placées sur les côtes.

On a fait plusieurs travaux pour parvenir à avoir la mesure exacte de l'étendue du territoire français.

Le bureau du cadastre, formé par le gouvernement pour connaître l'étendue réelle de chaque département, a déjà obtenu des résultats suffisants ; mais l'on n'a point encore une connaissance rigoureuse de la superficie ou étendue du territoire.

Il résulte des diverses estimations faites jusqu'à présent, qu'en y comprenant le Piémont et la Corse, la France a une étendue territoriale de 32,000 lieues carrées de 25 au degré.

Si l'on compare cette étendue à celle que M. Necker nous a donnée de la France, du temps de son administration, qui était de près de 27,000 lieues carrées, on verra que la France s'est accrue de plus d'un sixième depuis cette époque.

C'est sans contredit, absolument parlant et sans égard à la fertilité et à la situation du territoire, un des plus grands de l'Europe.

Nous verrons, au chapitre de la population, quel est le rapport de cette étendue au nombre des habitants ; ce n'est pas encore ici le lieu d'exposer ces connaissances.

Dans ce qui précède, nous avons vu la France se former, son territoire s'agrandir, et d'une petite étendue parvenir, à l'époque de 1789, à 27,000 lieues carrées, pour s'élever, à celle où nous sommes, à 32,000 ; c'est le résumé de ce chapitre.

Passons à la division du territoire.

CHAPITRE II.

Des Divisions du Territoire français.

L'ON peut distinguer deux sortes de territoires, le territoire continental et celui des îles, quoique politiquement et civilement parlant ce ne soit qu'un seul territoire, puisque l'un et l'autre sont également soumis à la domination française.

Cependant la différence de situation, de productions, de régime, nous rend utile cette distinction.

Nous parlerons d'abord des divisions du territoire français en Europe.

On les a multipliées en raison des besoins de l'administration fiscale, militaire, maritime ou religieuse.

Nous ne rappèlerons que succinctement les anciennes divisions; 1°. Par rapport au régime fiscal, les provinces étaient ou *Pays d'états*; les charges publiques n'y étaient établies que par des formes soumises jusqu'à un certain point aux délibérations des trois ordres de la province, clergé, noblesse, tiers-état, comme en Bretagne; 2°. ou Provinces *réputées étrangères*, parce qu'elles étaient restées exemptes du tarif des douanes de 1664; tels étaient le Lyonnais, le Dauphiné, la Provence, excepté Marseille, le Languedoc, etc.; 3°. ou *Provinces des cinq grosses fermes*, parce que le régime des fermes s'y exerçait pour l'impôt du sel, du tabac; et telles étaient la Normandie, la Champagne, la Bourgogne, le Poitou, le Maine, le Bourbonnais, etc. Enfin, la quatrième division était des provinces dites de l'*Etranger effectif*; telles étaient l'Alsace, la Lorraine et les Trois-Évêchés.

On peut remarquer sur cette division, qu'elle se réduisait à trois classes, les pays d'états étant placés dans les provinces réputées étrangères.

L'on divisait encore le royaume en généralités et intendances; chaque généralité était divisée en *élections*;

un intendant était à la tête d'une généralité ou inten-
dance ; il avait la police, justice et finance dans sa généralité ; il était très-puissant, et commissaire né du roi pour
tout ce qui tenait à l'administration.

Les intendants étaient surtout chargés de la recette des
deniers de l'état, tels que taille, capitation ; et chaque
généralité était divisée en plusieurs subdélégations confiées
à des espèces de sous-commissaires appelés *subdélégués*,
qui exerçaient leurs fonctions sous la direction de l'intendant.

Il y en avait en France trente-deux, dont vingt étaient
pays d'élection, cinq pays d'états, et huit intendances.

Il y avait une autre division de la France correspondante à peu près à celle des divisions militaires d'aujour-
d'hui ; c'était celle des trente-deux gouvernements, à la
tête de chacun desquels était un gouverneur nommé par
le roi, et chargé de l'administration militaire et du commandement des provinces comprises dans son ressort. Indépendamment de ces trente-deux gouvernements il y
en avait huit petits, dont Paris en formait un à lui seul.

Enfin la division ecclésiastique partageait la France en
cent douze évêchés et dix-huit archevêchés, dont les titulaires étaient nommés par le roi, et obtenaient ensuite du
pape les bulles nécessaires à la prise de possession. Avignon formait une métropole ou archevêché à part, dont
Cavaillon, Carpentras et Vaisons étaient suffragants.
Strasbourg était suffragant de Mayence, et les évêchés
de Metz, Toul, Verdun, Nancy et Saint-Diez, l'étaient
de Trêves, devenue depuis partie du territoire français.

Telles étaient les principales divisions politique, financière et ecclésiastique de la France, lorsqu'en 1790 l'assemblée nationale constituante, qui avait succédé aux
états-généraux convoqués l'année précédente, substi-
tua aux anciennes provinces, aux généralités, gouvernements militaires et diocèses, une division par départements et par districts.

Malgré les changements survenus en France depuis
cette époque, la division départementale a été conservée,
quoique le nombre des départements ait été porté de
quatre-vingt-trois à cent huit, et que les sous-divisions
ayent éprouvé des changements dans l'étendue et dans
la forme d'administration locale.

En vertu de la loi du 15 janvier 1790, chaque département était partagé en un nombre de districts plus ou moins nombreux, suivant les localités, et chaque district avait dans son arrondissement un certain nombre de cantons composés chacun de plusieurs villages ou communes.

Les villes avaient une administration municipale composée d'un conseil-général de commune, d'un maire et d'un bureau de ville.

Les districts étaient les divisions territoriales qui partageaient les départements. Chaque district avait une étendue et une population proportionnées à celle du département.

Ils étaient administrés par un conseil général et un directoire qui avaient la police administrative, la connaissance des réclamations en matière d'imposition, la vente des domaines nationaux, la surveillance de l'exécution des travaux publics.

L'administration départementale était composée du conseil-général du département et d'un directoire formé de cinq membres, et présidée par un d'entr'eux ; elle avait dans ses attributions la haute police administrative, les finances, les travaux publics, les hospices, le commerce, les arts.

Cette division territoriale ne dura qu'autant de temps que la constitution de 1791 ; elle fut changée par celle de l'an 3.

En vertu de cette dernière, la division départementale fut conservée comme dans la précédente, mais les districts furent supprimés ; en conséquence, chaque département fut distribué en cantons, et les cantons en communes.

Chaque département fut confié à une administration centrale composée d'un conseil-général, de cinq administrateurs et d'un commissaire du directoire exécutif.

Les cantons eurent une partie des attributions des districts supprimés, et furent administrés par un président de l'administration, un commissaire du gouvernement et les agents municipaux de chacune des communes du canton.

Cette seconde division politique du territoire a été encore modifiée par la constitution de l'an 8 et la loi du 28 ventôse an 8.

Le territoire de la France fut alors divisé en départements et arrondissements communaux.

C'est cette division qui subsiste aujourd'hui.

L'administration de chaque département est confiée à un préfet ; celle de chaque arrondissement communal à un sous-préfet.

L'arrondissement communal est une sous-division du territoire du département ; on l'appèle quelquefois sous-préfecture.

Il y a depuis trois jusqu'à cinq arrondissements communaux dans chaque département, et 438 dans la généralité de tous les départements.

Outre le préfet, qui est à la tête de l'administration du département, il y a un conseil de préfecture chargé de prononcer sur les réclamations des contribuables, et un conseil-général du département, qui entend les comptes du préfet, admet ou rejète les demandes de fonds dont il a besoin, et propose les améliorations dans les diverses branches du régime économique du département.

Semblablement, chaque arrondissement communal a un conseil d'arrondissement, composé de onze membres, et chargé de prononcer sur les réclamations des contribuables et de proposer les améliorations convenables.

Les uns et les autres s'assemblent une fois par an ; le conseil de préfecture peut s'assembler plus souvent.

Outre ces agents de l'administration, il y a dans chaque arrondissement communal un corps électoral, dont les membres à vie sont choisis par les assemblées de canton ; ils fournissent les membres du corps législatif et du tribunat ; chaque département a aussi un corps électoral, dont les membres à vie, nommés par les assemblées de canton, sont chargés de choisir les candidats au sénat conservateur et au tribunal de cassation.

Quoique dans le plan que nous nous sommes fait de la Statistique, nous n'ayons pas considéré la connaissance des formes du gouvernement et des lois de l'administration comme devant en faire partie, cependant, lorsqu'un apperçu en sera nécessaire pour l'intelligence des matières, nous n'en priverons pas le lecteur, mais nous nous restreindrons à ce qu'il sera indispensable de rapporter.

C'est pour cette raison que nous reviendrons, dans un

autre chapitre, sur la hiérarchie administrative, afin de faire mieux comprendre le régime fiscal et la nature des divers pouvoirs qui dirigent l'action du gouvernement intérieur.

Ce serait ici le lieu de donner une notice de l'étendue territoriale et des objets intéressants qu'offre chacun des cent huit départements de l'empire français ; mais nous avons cru devoir auparavant dire un mot de la division militaire et ecclésiastique actuelle.

On appèle division militaire, une étendue de territoire composée d'un ou plusieurs départements, et soumise à un général de division qui en a le commandement.

Le nombre des divisions militaires a été porté à vingt-six, depuis que le Piémont est réuni à la France.

L'état-major de chaque division militaire est formé du général de division, commandant ; de deux généraux de brigade et d'un adjudant-général. Il y a de plus autant de commissaires ordonnateurs des guerres attachés à la division militaire, que de départements compris dans cette division.

En vertu du concordat passé entre Pie VII et le gouvernement français, en messidor an 9, les évêchés et archevêchés furent rétablis en France, avec la presque totalité des cérémonies et usages du culte catholique.

Il en est résulté une division du territoire français en onze métropoles ou archevêchés, ayant sous eux 57 évêchés ou diocèses, dont les prélats sont à la nomination du gouvernement français, avec la nécessité de l'obtention des bulles en cour de Rome pour l'institution canonique.

Nous ajouterons à ces divisions, celle des prefectures maritimes, sur lesquelles nous reviendrons en parlant de la direction des forces de mer.

Elles sont au nombre de six, Dunkerque, le Havre, Brest, Lorient, Rochefort, Toulon.

De toutes les divisions que nous venons d'indiquer, nous nous arrêterons à celle de la France en 108 départements, ou préfectures, sous-divisées en 438 arrondissements communaux ou sous-préfectures, conformément à la loi du 28 pluviôse an 8, à laquelle division la loi du 9 pluviôse an 9 en a ajouté une en 3,539 cantons ou arrondissements de justices de paix.

5

CHAPITRE III.

Division du Territoire français en cent huit Départements.

Nous suivrons dans l'analyse statistique du territoire français, la division en 108 départements; mais auparavant nous croyons devoir donner une idée des deux autres divisions moins usitées.

C'est de la division physique et agricole que nous voulons parler.

Par division physique on entend celle qui a pour objet de faire connaître l'étendue et la direction des montagnes, l'étendue et la direction des rivières, l'étendue et la direction des vallées; le gisement des côtes et la position des ports.

La division agricole présente deux distinctions: 1°. celle des diverses espèces de sols et de la quantité en mesures agraires de chacune d'elles; 2°. l'emploi du territoire et la quantité des espèces principales de productions.

De ces deux divisions, la seconde appartient à l'analyse des richesses agricoles de la France et au tableau de son agriculture: la première doit trouver sa place ici; elle sert, pour ainsi dire, d'entrée à la division politique en départements. Nous en traiterons dans un paragraphe exprès.

§ Ier. De la Division physique du Territoire français.

Il n'est pas nécessaire, à qui veut connaître les richesses et la puissance politique de la France, d'avoir une connaissance très-détaillée de sa géologie, c'est-à-dire de l'histoire du territoire sous le rapport de la minéralogie et de ses qualités physiques intérieures; il suffit d'avoir une idée nette des différences qui sont à sa surface, et dont il peut résulter plus ou moins de facilité pour la défense,

la navigation, et les communications extérieures et intérieures de l'état.

C'est ainsi que la description physique peut être utile
à l'objet de la Statistique, ce qui indique en même temps
les bornes que l'on doit donner à ces détails, pour ne pas
tomber dans l'inconvénient de la confondre avec la géographie.

Ce sont les montagnes, les fleuves ou rivières, et les
côtes, qui forment les différences les plus marquées de la
surface du sol de la France. L'inspection d'une carte peut
seule aider la réflexion dans cette étude ; et l'on doit en
avoir une sous les yeux.

Un des géographes français qui se sont le plus utilement
occupés de la description physique de la France, est
M. Desmarets, de l'ancienne académie des sciences, aujourd'hui membre de l'institut. Il a appliqué à cette connaissance les grands travaux de Cassini ; et M. Mentelle
a facilité encore cette étude par les bons écrits qu'il a publiés depuis quelques années : c'est donc d'après ces hommes
instruits dans cette matière, que nous traitons cette partie
accessoire de la Statistique française.

L'étendue de la France est semée de grandes chaînes
de montagnes, de chaînes de revers et de montagnes côtières.

Les unes renferment les sources des rivières ; les autres
en déterminent les bassins ; elles suivent chacune la direction des vallées qui leur sont correspondantes.

Les grandes chaînes séparent les terrains inclinés vers
la mer; elles terminent ce qu'on appèle le bassin terrestre
d'une mer, celui qui lui fournit de l'eau.

Les chaînes de revers ou côtières, séparent les terrains
inclinés vers les fleuves, et terminent leurs bassins particuliers.

La France a trois principales chaînes de montagnes,
dont deux lui servent de barrières naturelles : 1°. les
Alpes au sud-est, qui la séparent de l'Italie ; 2°. les Pyrénées au midi, qui la séparent de l'Espagne ; 3°. la troisième chaîne s'étend dans la partie orientale, à peu près
depuis les Pyrénées jusqu'aux Ardennes ; elle traverse la
France du sud au nord.

Les Pyrénées séparent la France de l'Espagne, et s'é-
tendent depuis la Méditerranée jusqu'à l'Océan, dans

l'espace de plus de 90 lieues, où quelquefois elles prennent différents noms.

Les Pyrénées forment une des plus sûres barrières de la France, du côté où elles sont situées ; voilà pourquoi, si l'on en excepte Perpignan et quelques petits forts de peu d'importance, nous n'avons jamais eu besoin de villes fortifiées dans cette partie de la France, comme nous en avons dans la Flandre et sur le Rhin.

Les Pyrénées sont dans la classe des hautes montagnes de l'Europe : le Mont-Perdu, situé à l'extrémité de la vallée de Barège, dans le Bigorre, a plus de trois quarts de lieue de hauteur perpendiculaire ; sa cime, qui est la plus élevée, est toujours couverte de neige.

Quand on jète les yeux sur une carte de France, et que l'on suit la direction de la partie orientale des Pyrénées, on voit, en remontant un peu au nord et allant vers l'est, une chaîne qui s'élève et forme ce qu'on nomme les Cévennes, et va se perdre dans le département de l'Isère.

Cette chaîne de montagnes intérieures donne à la France, de ce côté, une variété de température et de sites qui ajoute à celle des productions et des animaux qui la peuplent. Les Cévennes renferment une espèce d'hommes forts, robustes, trapus, dont la plupart portent le nom d'Auvergnats, et se distinguent par une grande habitude du travail et de la sobriété.

Les Alpes sont le boulevard de la France du côté de l'Italie ; elles commencent du côté de la France, vers les côtes la Méditerranée, près de Monaco, et se terminent au golfe de Carnaro, qui fait partie de celui de Venise.

Les Alpes sont célèbres par plusieurs actions d'éclat, depuis le passage d'Annibal qui fut obligé de les traverser pour se rendre en Italie, jusqu'au passage des Français dans ces derniers temps, qui en ont franchi les sommets avec une audace et une intrépidité extraordinaires.

Depuis que le Piémont fait partie de l'Empire Français, l'on a rendu les communications à travers les Alpes beaucoup plus praticables, en sorte que les voyageurs n'y courent plus, dans certains endroits, les mêmes dangers qu'autrefois.

Enfin, la France se trouve encore fortifiée par la chaîne des Vosges. On donne ce nom à une suite de montagnes couvertes de bois qui séparent l'Alsace de la Franche-Comté, et s'étendent jusqu'aux Ardennes.

Ces montagnes forment, en se prolongeant, diverses ramifications qui contribuent à rendre ce sol de la France propre à des cultures variées; elles facilitent la formation des pluies, et abritent les plaines des vents nuisibles.

La France jouit de la proportion de montagnes et de plaines qui convient à une grande population et à une bonne culture. Plus de montagnes eût nui par le froid, les frimas et les torrents qu'elles eussent entraînés; moins, eût ôté la variété des sites, trop découvert les plaines, et donné une aridité au sol qui eût diminué sa fécondité.

Les montagnes de la France, considérées sous le rapport de la défense naturelle qu'elles offrent en cas d'invasion, et sous celui de la culture et de la variété des productions qu'elles favorisent, sont donc un des avantages qui entrent dans l'estimation des richesses et de la valeur de l'empire.

Les rivières et les fleuves ne méritent pas moins de considérations sous les mêmes rapports, et offrent un plus grand intérêt encore.

§ II. *Des Rivières.*

La France est un des états de l'Europe les mieux partagés par la quantité de fleuves et rivières qui la parcourent.

Les plus petites rivières servent au flottage; les plus fortes, au transport des marchandises et à la communication d'un fleuve à l'autre; enfin ces derniers constituent les grandes divisions ou bassins qui forment le système de la navigation intérieure.

Les uns se rendent dans l'Océan, d'autres dans la Méditerranée; quelques-uns vont au nord, d'autres au sud, enfin plusieurs établissent une communication de l'est à l'ouest, à l'aide des embranchements artificiels qui les unissent.

Sept mille rivières, depuis celles qui portent bateaux jusqu'aux petits ruisseaux, arrosent le sol de la France; sept fleuves ou rivières le partagent en sept bassins, d'après lesquels est odronnée toute la navigation intérieure.

Le premier bassin est celui de la Seine. Cette rivière,

dans un cours d'environ cent soixante lieues, parcourt les départements du centre de la France, et reçoit douze autres rivières principales ; elle établit la communication entre Paris et la Manche, où elle va former un port, dont une barre rend l'entrée difficile.

Le second bassin est celui de la Loire, qui parcourt une étendue de pays plus considérable que la Seine, puisque elle a deux cents lieues de cours et reçoit onze rivières principales dans cet espace ; elle va se jeter dans l'Océan au-dessous de Nantes, où elle forme un port marchand très-considérable ; elle a des embranchements artificiels par le canal de Charollais, qui la fait communiquer avec la Saône, et par celui de Briare qui lui ouvre une autre communication avec la Seine.

Le bassin de la Garonne forme le troisième. Cette rivière a près de cent quarante lieues de cours, reçoit huit rivières principales, et va se jeter dans l'Océan sous le nom de Gironde, après s'être réunie à la Dordogne ; elle forme un port à Bordeaux ; le flux remonte à près de trente lieues par son embouchure. Cette rivière fait communiquer l'Océan à la Méditerranée, et Bordeaux avec Toulouse, par le moyen du superbe canal du Languedoc ou du Midi.

Le Rhône forme le quatrième bassin. Après avoir parcouru environ cent cinquante lieues d'étendue, et reçu onze rivières principales, il se rend dans la Méditerranée par trois embouchures, au-dessous d'Arles. Il fait communiquer les parties orientales et méridionales avec la Méditerranée, et lui-même communique par la Saône et un canal d'embranchement avec la Loire.

Le Rhin, si célèbre par les grands évènements militaires qui se sont passés sur ses bords, et qui sépare la France de l'Allemagne, forme le cinquième bassin ; il parcourt près de trois cents lieues de pays, et reçoit dans son cours onze principales rivières du côté de la France, à l'aide desquelles il communique avec les provinces orientales de l'empire.

C'est aussi par le Rhin que se fait le commerce de la Suisse, de la Hollande et de l'Allemagne, tant pour les denrées coloniales qui, de la Belgique, de la Hollande, sont chargées sur ce fleuve, et de là le remontent pour être déposées à Mayence, à Cologne, à Strasbourg, que pour les vins, chanvres, bois et blés qui forment l'objet d'un commerce considérable dans ces riches contrées.

La Meuse, quoique comprise dans le bassin du Rhin, en fait un véritable à part par son étendue et son importance; elle parcourt environ cent lieues de pays, et reçoit dans son cours trois rivières principales. Elle s'unit au Rhin après être sortie de France, et sert de moyen de communication entre ces deux fleuves et les départements nouvellement acquis à la France.

Enfin, le Pô forme un des sept bassins de l'empire français, puisque le Piémont en est une partie considérable aujourd'hui.

Ce grand fleuve, célèbre dans les annales de l'histoire ancienne, est le grand moyen de communication du nord de l'Italie. Il reçoit dans son cours huit rivières principales, après quoi il va se jeter dans la mer Adriatique, ou golfe de Venise.

Il est aisé de remarquer, par ce que nous venons de dire de la division physique du territoire français, que, si les montagnes peuvent être très-avantageuses pour la culture et la défense, les fleuves et rivières ne le sont pas moins; on y trouve même de grandes facilités pour la communication intérieure et le transport des marchandises; ce qui forme un des puissants moyens de commerce.

Aussi le gouvernement s'est-il occupé d'une manière particulière de la navigation intérieure.

Il a été pris des mesures pour étendre celle des fleuves et rivières, pour la faciliter, pour la mettre à l'abri des entreprises que les propriétaires riverains pourraient faire sur les rives, de manière à détourner ou gêner le cours des eaux.

L'on ne s'est point contenté de ces soins donnés à la navigation naturelle; on en a donné aussi à la navigation artificielle, c'est-à-dire celle qui se fait par *canaux*.

Plusieurs lois d'administration ont été portées pour régler l'une et l'autre; le transport par eau a été assujéti à un droit, afin de fournir un fonds qu'exigent les dépenses de toute espèce, nécessaires à l'entretien des fleuves et rivières.

Nous n'entrerons point ici dans l'exposé de cette partie de l'administration; nous le renvoyons dans l'article des

Moyens du Commerce, parce qu'en effet ce ne peut être que là que nous pourrons placer convenablement l'apperçu du système d'administration fiscale et économique de la navigation intérieure.

Dans la division physique du territoire nous n'avions à faire connaître les fleuves et rivières que comme partie de ce même territoire, et par conséquent sous le seul rapport de leur situation et de leur étendue.

Nous terminerons par observer que l'on distingue en géographie les fleuves des rivières; les premiers sont ceux qui portent leurs eaux directement à la mer; les secondes, celles qui vont se perdre dans une autre rivière ou un fleuve; mais l'usage n'observe guère cette distinction, et l'on suit en quelque sorte l'expression grammaticale qui autorise à dire la rivière de Seine et le fleuve du Rhône, quoïque ni l'un ni l'autre n'ayent rien qui les différencie sous le rapport de fleuve ou de rivière.

L'on donne le nom d'hydrographie à la partie de la géographie qui traite des eaux, soit de la mer, soit des fleuves en général; mais quand il est question de la description d'un état, alors le mot hydrographie signifie la connaissance du cours des fleuves et rivières de cet état.

Par une extension de signification du mot *hydrographie*, il signifie aussi la science du pilotage. Un professeur d'hydrographie est celui qui enseigne le pilotage dans un port, ainsi que l'usage des cartes marines.

Venons maintenant à la division agricole.

§ III. *Division agricole de la France.*

Il est extrêmement difficile d'établir des bases de connaissances exactes sur la division agricole de la France.

On entend par ce mot la circonscription des différentes contrées de la France, classées d'après la nature des productions et le plus ou moins de fertilité du territoire.

Lorsque nous parlerons des richesses que donne l'agriculture, nous ferons connaître particulièrement l'estimation de la quantité de terrain employée aux divers genres de productions agricoles; ici nous nous bornerons à présenter en raccourci et par apperçu, quelques notions assez généralement admises sur les espèces et la nature des terres des différentes régions de la France.

L'abbé Rosier nous paraît avoir été le premier qui se soit occupé de cette grande division de notre territoire en régions agricoles ; mais il n'a pas cherché à en estimer la quantité, de manière que l'on pût en conclure la valeur des productions que l'on y récolte. Son travail, qui se trouve dans son grand dictionnaire, à l'article *agriculture*, est un morceau distingué de savoir et d'intelligence dans cette partie de la science qu'il y traite.

M. Arthur Young, anglais, qui a porté un œil observateur dans le voyage agronome qu'il a fait en France, en a partagé le sol en plusieurs régions, et estimé, autant que cela lui a été possible, la quantité d'arpents que pouvait offrir chacune d'elles.

Ce travail a été employé par l'auteur de l'*Essai de Statistique générale de la France*, et par ceux de la grande *Statistique de la France et des Colonies*, non pas comme offrant avec exactitude la quantité de chaque espèce de sol, mais comme en donnant une idée approximative, de manière à éviter les grands écarts d'appréciation dans cette matière.

Cette connaissance ne fait pas, au reste, essentiellement partie de la Statistique, puisque l'on pourrait s'en passer rigoureusement pour évaluer les forces et la richesse de l'état ; mais elle est propre à donner une idée plus complète de la France, et c'est à ce titre que nous nous y sommes arrêtés.

On estime donc qu'il y a en France :

1°. 28,218,908 arpents environ de *terres grasses et riches* situées dans les départements de Mont-Tonnerre, de la Lys, de l'Escaut, de la Dyle, du Pas-de-Calais, du Nord, de l'Aisne, de Seine et Marne, de la Seine, de Seine et Oise, d'Eure, de la Seine-Inférieure, de la Somme, de l'Oise, du Bas-Rhin, de l'Aude, du Tarn, du Lot, de la Haute-Garonne, de l'Hérault, de la Vendée, des Deux-Sèvres, du Loiret, du Pô, de Marengo, du Tanaro et de la Sésia.

2°. 23,355,004 arpents environ de *terres à bruyères et de landes* situées dans les départements des Deux-Nèthes, de la Roër, de la Loire-Inférieure, du Morbihan, du Finistère, des Côtes-du-Nord, d'Ille et Vilaine, de Mayenne et Loire, de l'Orne, du Calvados, de la Manche, de la Gironde, de la Dordogne, du Lot et Garonne, de l'Arriège, des Hautes - Pyrénées, des Basses - Pyrénées, des Landes, du Gers, de l'Aveyron et du Gard.

3°. 13,544,904 arpents environ de *terres à craie*, telles que celles des départements de la Marne, des Ardennes, de l'Aube, de la Haute-Marne, du Loir et Cher, d'Indre et Loire, de la Charente, de la Charente-Inférieure et de la Vienne.

4°. 3,840,070 arpents environ de *terre à gravier*, telles que celles des départements de la Nièvre et de l'Allier.

5°. 19,016,136 arpents environ de *terres pierreuses*, telles qu'en offrent les départements de la Sarre, des Forêts, de Rhin et Moselle, des Vosges, de la Meurthe, de la Meuse, du Haut-Rhin, de la Côte-d'Or, de la Haute-Saône, du Doubs, de Saône et Loire, du Jura, de l'Aisne, de l'Yonne, du Rhône, de la Loire et de Jemmapes.

6°. 26,249,394 arpents de *terres de montagne*, telles que celles des départements de l'Ourthe, de Sambre et Meuse, de la Meuse-Inférieure, des Pyrénées - Orientales, de la Lozère, du Cantal, de la Corrèze, de la Haute-Loire, de l'Ardèche, de la Drome, des Hautes-Alpes, des Basses-Alpes, des Alpes-Maritimes, du Var, des Bouches-du-Rhône, de Vaucluse, du Puy-de-Dôme, du Mont-Blanc, du Léman, de l'Isère, de Liamone, du Golo, de la Stura, et de la Doire.

7°. 8,303,142 arpents environ de *terres sablonneuses*, telles que celles des départements de l'Indre, du Cher, de la Creuse, de la Haute - Vienne, de la Sarthe et de la Mayenne.

Ces sept divisions agricoles du territoire français n'offrent point avec une exactitude physiquement rigoureuse, nous le répétons, l'étendue proportionnelle de chaque espèce de sol ; 1°. parce que cette estimation, calculée sur les bases présentées par M. Arthur Young, n'a pu être qu'approximative ; 2°. parce que les améliorations qui se font dans les terrains, surtout aux environs des villes, en dénaturent toujours un peu l'espèce.

Cependant il n'en résulte pas moins une instruction qui n'est point à dédaigner, et dont on sentira mieux le prix, lorsque l'on aura médité ce que nous dirons sur la richesse et le produit de l'agriculture française.

Nous terminerons par remarquer que cette division en

sept natures de sol donne pour la France, en mesures agraires, une étendue de 61,258,782 hectares, qui font 122,517,564 arpents des eaux et forêts, à quelques légères différences près dont on peut ne pas tenir compte.

L'ordre des matières que nous avons établi, demande que nous passions maintenant à la division de la France en départements; celle qui forme le cadre et pour ainsi dire la base de tout le système civil et politique de l'Empire Français.

§ IV. *Analyse statistique des cent huit Départements.*

Il paraîtrait naturel de renvoyer à l'organisation judiciaire, la répartition des arrondissements de justices de paix, comme en formant le premier élément, et en quelque sorte l'assiette territoriale; mais outre qu'il sera facile d'en faire soi-même l'application, nous avons pensé qu'attendu que les cantons et les justices de paix sont confondus aujourd'hui comme divisions administratives et judiciaires, nous pouvions réunir les deux dans ce paragraphe.

Quant à la division départementale, les auteurs de topographie française ont suivi différentes méthodes pour en présenter le tableau.

Les uns ont préféré la nomenclature alphabétique, pour présenter la description de chaque département dans l'ordre où il s'y présente. D'autres, divisant la France en régions, et classant dans chaque région un nombre de départements proportionné, ont successivement exposé la topographie de chacun; quelques autres ont donné cette description en suivant le cours des rivières dans l'intérieur, sans égard à l'ordre des régions.

Nous préférons la deuxième de ces méthodes aux autres, parce qu'elle rentre mieux dans notre plan.

En effet, ne voulant donner un apperçu descriptif des départements que pour en faire connaître les rapports avec la force et la richesse de la France, nous n'avons pas besoin d'en faire une description topographique, que l'on étudiera avec bien plus de fruit dans les auteurs qui s'en sont occupés exclusivement, ou dans ceux qui, n'ayant pas eu pour objet spécial de la traiter, se sont cependant assez étendus pour lui donner, dans leurs ouvrages, un développement suffisant.

Nous pouvons indiquer comme remplissant bien ce but; 1°. Les tomes V et VI de la *Statistique générale et particulière de la France*, en 7 volumes *in-8°.*, imprimés chez Buisson, à Paris; 2°. La *Géographie historique, politique et statistique de la France*, en 1 volume *in-8°.*, imprimée chez Bernard, à Paris.

Notre ouvrage étant destiné à enseigner, comme nous l'avons dit, la Statistique dans son application à l'analyse de la puissance et de la richesse nationale, nous serions tombés dans l'inconvénient que nous avons reproché à ceux qui ont confondu cette science avec la géographie, si nous nous étions attachés à donner une description topographique de l'Empire.

En indiquant, au reste, les deux ouvrages que nous venons de nommer, nous n'avons pas prétendu les présenter comme exempts de fautes; nous savons même qu'il y a des inexactitudes de détail assez grandes, des longitudes, des latitudes mal déterminées, des estimations peu sûres et quelques oublis importants; mais ils sont supérieurs de beaucoup à la plupart des géographies modernes, faites par des jeunes gens qui n'ont souvent pas même les premiers matériaux des livres qu'on leur commande.

En divisant donc la France en régions, l'on peut en compter dix distribuées suivant les principaux rumbs de la boussole, et une excentrique formée du Piémont.

Les divisions intérieures sont : 1°. la région dite des Pays-Réunis, au nord-est de la France; elle contient treize départements, les neufs formés de la Belgique et les quatre de la rive gauche du Rhin; 2°. la région du nord, qui en contient onze; 3°. du nord-est ou des sources, dix départements; 4°. de l'est ou du levant, onze départements; 5°. du sud-est ou du Rhône, douze; 6°. du sud, neuf; 7°. du sud-ouest ou de la Garonne, neuf; 8°. de l'ouest ou du couchant, neuf; 9°. du nord-ouest ou des mers, neuf; 10°. du centre, neuf.

Enfin, nous composons la onzième division, du Piémont, qui contient six départements, mais qui, étant en Italie, se trouve hors du plan territorial de la France.

PREMIÈRE RÉGION. — *Pays-Réunis.*

Par la conquête que la France a faite des pays de la rive gauche du Rhin, et de ceux qui composaient les Pays-Bas autrichiens, elle a ajouté prodigieusement à sa puissance, 1°. parce que ces contrées sont riches en territoire, en culture, en hommes, en industrie ; 2°. qu'elles sont situées de manière à offrir une défense assurée contre les attaques extérieures, et ouvrent aux Français la porte de l'Allemagne et de la Hollande ; 3°. parce qu'elles sont de nouveaux canaux de commerce et de circulation avec ces mêmes contrées ; 4°. enfin, parce qu'à ces avantages elles réunissent celui de n'entraîner aucune dépense extrarodinaire pour leur garde et leur entretien.

L'acquisition de la Belgique, de l'évêché de Liége, du duché des Deux-Ponts, du comté de Namur, c'est-à-dire des neuf départements réunis à la France par la loi du 9 vendémiaire an 10, qui sont : la Lys, l'Escaut, Jemmapes, la Dyle, les Deux-Nèthes, la Meuse-Inférieure, l'Ourthe, Sambre et Meuse, les Forêts, forment une étendue territoriale de 1,885 lieues carrées environ, d'un pays excellent et peuplé de 3,028,705 individus, ce qui donne 1,607 individus par lieue carrée à peu près ; proportion qui s'explique par le nombre de villes, et la richesse de ces départements : ils sont au nombre de neuf.

1°. *Le département de la Lys*, formé d'une partie de la Flandre autrichienne. Son nom lui vient de la Lys, qui prend sa source dans le département du Pas-de-Calais, traverse celui qui porte son nom, et va se jeter dans l'Escaut à Gand.

La terre y produit des grains, des légumes ; la culture du sarrasin et du tabac y est pratiquée ; on cultive le houblon dans les environs de Furnes ; on y fait de la bonne bière ; le colza y donne une huile grasse appelée *huile de navette*. Les environs de Courtrai donnent ce beau lin qui sert à faire la toile qui en porte le nom.

L'industrie des habitants s'exerce dans les manufactures de toiles, et dans quelques-unes, mais en petit nombre, de laine et de coton ; il y a quelques manufactures de toiles à carreaux et de basin.

Le commerce résulte principalement des productions du sol, telles que les grains, le tabac, le houblon, les bestiaux, le beurre, et les objets que fournissent les fabriques de toiles de Courtrai, des basins, etc. On y prépare aussi du hareng et de la morue, lorsque la paix permet aux habitants de se livrer à la pêche de ces poissons.

Le chef-lieu du département est Bruges, dont la population est de 33,700 habitants.

Son étendue est de 207 lieues carrées; la population est de 470,707 individus, ce qui donne 2,274 habitants par lieue carrée.

On y compte 54,284 arpents de bois et forêts, dont 6,310 arpents seulement de bois nationaux.

Le gouvernement a levé sur ce département, en contributions directes seulement, pendant l'an 11, 4,915,261 fr.;

Ce qui donne, pour la contribution directe de chaque individu, 10 francs 44 centimes, à quelques centimes près.

2°. *Le département de l'Escaut.* Il est formé d'une partie de la Flandre autrichienne, et tire son nom de l'Escaut, qui communique avec la mer d'Allemagne et l'intérieur de la Belgique.

Il y a beaucoup de beaux canaux dans ce département: celui qui va de Gand à Bruges, et de là à Ostende, est le plus utile et le plus remarquable; il sert au transport des marchandises dans l'intérieur, et à les soustraire en temps de guerre à l'avidité des ennemis.

Le sol du département donne des légumes, des grains; le lin, le chanvre, le colza, le houblon, y sont les principaux objets de culture.

L'industrie consiste principalement en blanchisseries de fils; fabriques de toiles et de cire; fabriques de cobalt servant à faire l'émail de la faïence; de bleu de Prusse, de rubans; des filatures de lin, de chanvre, de coton; des raffineries de sucre; quelques verreries et des papeteries.

Le commerce résulte des productions territoriales, des huiles grasses, des fils de lin et de chanvre.

Gand, ville de 55,160 individus, à 73 lieues de Paris, en est le chef-lieu; il y a en outre 337 autres communes.

L'étendue territoriale est de 159 lieues carrées; sa

population, de 595,258 individus; ce qui donne 3,869 habitants par lieue carrée.

On y compte 34,373 arpents de bois et forêts, dont 14,136 de bois nationaux : le reste appartient à des particuliers.

Les contributions directes de ce département ont produit, en l'an XI, 6,364,176 francs; ce qui donne, pour la contribution directe de chaque individu de tout âge et de tout sexe, 10 fr. 69 cent., à quelques centimes près.

3°. *Le département de Jemmapes.* Ce département est formé de la plus grande partie du Hainaut autrichien et du Tournaisis, de quelques parties du Brabant, de la principauté de Liége, et du comté de Namur. Il tire son nom de la commune de Jemmapes, devenue célèbre par la victoire que les Français y ont remportée le 6 novembre 1792, sous les ordres du général Dumourier.

Le sol du département de Jemmapes n'est pas partout d'une égale fertilité : les environs de Mons et de Tournai sont les plus fertiles; en général, on y récolte bien au-delà des besoins des habitants. Les principales productions consistent en grains, colza, lin, chanvre, bons légumes, fruits, houblon. Il y a dans la partie méridionale beaucoup de forêts qui produisent des bois de charpente et de chauffage. On y exploite beaucoup de mines de houille ou charbon de terre, surtout dans l'arrondissement de Mons et de Charleroy; il y a aussi des mines de fer et de marbre.

Le commerce est considérable : outre celui qui se fait en grains, bestiaux, bois, charbon de terre, il y a des forges, des usines, des faïenceries, papeteries, verreries, quelques manufactures de tapisseries, de bas, de toiles, de dentelles, etc.

Mons est le chef-lieu du département; c'est une ville de 18,290 individus, située à 58 lieues de Paris; on compte en outre 422 communes dans le même département.

Son étendue territoriale est estimée de 220 lieues carrées; sa population, de 412,129 individus; ce qui fait 872 habitants par lieue carrée.

On y compte 134,600 arpents de bois et forêts, dont 62,061 arpents de bois nationaux.

Les contributions directes levées sur ce département,

en l'an 11, ont été de 3,158,038 fr., ce qui donne 7 francs 66 centimes pour la contribution directe de chaque individu.

4°. *Le département de la Dyle* est formé d'une partie du duché de Brabant, et tire son nom de la rivière de Dyle qui le traverse, en passant par Louvain et Malines, et qui va se jeter dans l'Escaut.

Il y a plusieurs canaux considérables et très-utiles au commerce dans ce département, entr'autres celui de *Louvain* et celui de *Bruxelles*.

Le sol est gras et fertile; la culture de tout genre y est bien entendue. Il y croît du froment, du seigle, de l'orge, du sarrasin; il y a de belles prairies naturelles, ainsi que d'artificielles. Ce pays est renommé aussi par la bonne tenue des jardins et par les excellents légumes que l'on y cultive. L'éducation des bestiaux y fait aussi la source d'une richesse considérable, des beurres qui en résultent; il y a de très-beaux chevaux et des bêtes à laine d'une belle espèce. On y trouve très-peu de substances minérales, et l'on n'y exploite aucune mine considérable.

Mais les manufactures y sont nombreuses et riches, quoique bien déchues de l'état de splendeur où elles étaient sous la monarchie autrichienne. Les principales sont des manufactures de basins, de velours de coton, de toiles de lin, de chanvre, des blanchisseries, des chapeaux, des galons, des raffineries de sucre, des tanneries, des dentelles de la plus grande beauté, des brasseries, des fabriques de savon, de tabac, de carrosses d'un goût et d'une élégance distingués.

Le commerce résulte de tous ces objets, et dans la vente des productions du sol, du savon, des huiles de colza, de l'eau-de-vie de genièvre, dont on fait une grande quantité dans le pays; des étoffes de laine et des toiles, ainsi que des dentelles, qui sont aujourd'hui un grand objet de luxe et de consommation.

Bruxelles, chef-lieu du département, est une ville superbe, à 70 lieues de Paris, et peuplée de 66,300 habitants.

L'étendue du département de la Dyle est estimée de 184 lieues carrées; sa population, de 363,956 individus; ce qui donne 1,978 habitants par lieue carrée.

L'on y compte 95,705 arpents de bois et forêts, dont 52,173 de bois nationaux.

Les contributions directes levées sur ce département ont été, en l'an 11, de 4,019,217 francs; ce qui donne 11 francs 4 centimes pour la contribution de chaque individu de tout âge et de tout sexe.

5°. *Le département des Deux-Nèthes*, formé de la partie nord du Brabant, tire son nom des grande et petite Nèthes, deux rivières qui se réunissent à Lierre, et dont les eaux tombent un peu au-dessous dans la Dyle.

Les productions de ce département ne sont point d'une grande valeur, parce qu'en général les terres y sont sablonneuses; elles n'y rendent guère que de l'orge, de l'avoine, du blé sarrasin, beaucoup de lin, des pommes de terre. Les habitants bornent leur culture aux objets nécessaires à leur consommation.

Le commerce du département des Deux-Nèthes n'est plus aujourd'hui ce qu'il était autrefois. Il consiste en chapeaux, en bière, en tapis, mais surtout en dentelles connues sous le nom de *Malines*, qui sont une des belles espèces de ce riche produit de l'industrie.

Anvers est le chef-lieu du département; il est situé sur l'Escaut, à 74 lieues de Paris : on y compte 61,800 habitants.

Les grands travaux que l'on a faits dans ce port, peuvent contribuer à lui rendre le commerce qu'il a perdu depuis que, par le traité de Munster, les Hollandais se sont trouvés autorisés à empêcher les bâtiments de remonter l'Escaut.

L'étendue territoriale des Deux-Nèthes est estimée de 143 lieues carrées; sa population, 249,376 habitants; ce qui donne 1,743 habitants par lieue carrée.

On y compte 22,813 arpents de bois et forêts, dont 6,377 de bois nationaux.

Les contributions directes levées en l'an 11, ont été de 2,667,815 francs; ce qui donne, pour la part de chaque individu à ces mêmes contributions, 10 francs 65 centimes, à peu de chose près.

6°. *Le département de la Meuse-Inférieure* est formé d'une partie de la Gueldre, du pays de Liége et des territoires de Mastricht et de Venloo, cédés à la France par la république de Hollande. Il tire son nom de la

Meuse, qui le traverse du sud au nord, en y entrant près de Mastricht.

Ce département est presque tout agricole; les vallons sont fertiles, mais les hauteurs sont d'un modique rapport; on y plante avec succès des sapins. Le département fournit des grains, mais au-dessous de ce qui est nécessaire à la consommation des habitants. Il y a beaucoup de tourbières dans ce pays, des mines de charbon de terre, quelques-unes de fer, et même de cuivre. Le long de la Meuse on élève beaucoup de bestiaux qui sont d'un grand produit.

Il y a peu de manufactures, parce que les habitants s'occupent plus volontiers des travaux des champs; cependant l'on y trouve quelques fabriques d'épingles, de draps, d'aiguilles, de savon, de garance, des distilleries d'eau-de-vie de grains; mais tout cela ne forme point l'objet d'un commerce important, excepté la garance, qui est recherchée pour les fabriques.

Le chef-lieu du département de la Meuse-Inférieure est Mastricht, située à 94 lieues de Paris, peuplée de 17,960 habitants.

L'étendue territoriale est estimée de 190 lieues carrées; sa population, de 252,662 habitants; ce qui donne à peu près 1,225 habitants par lieue carrée.

On y compte 39,120 arpents de bois et forêts, dont 4,736 arpents de bois nationaux.

Les contributions directes levées en l'an 11, ont été de 1,600,995 francs; c'est 8 francs 85 centimes par tête d'individu.

7°. *Le département de l'Ourthe*, formé d'une partie du pays de Liége et de la totalité du duché de Limbourg, tire son nom de la rivière d'Ourthe, qui prend sa source dans le département des Forêts, traverse celui de l'Ourthe du sud au nord jusqu'à Liége, où elle se jète dans la Meuse.

Le département de l'Ourthe n'offre pas dans toute son étendue la même fertilité, ni le même sol; il y en a une partie en bruyères et landes, où cependant paissent des troupeaux; il y a une autre partie où l'on recueille du blé, et même du vin. On y trouve beaucoup de forêts, des mines de fer, de plomb, de charbon de terre; des carrières, et les célèbres eaux minérales de Spa.

L'Ourthe a beaucoup de fabriques, surtout en fer ; telles sont la manufacture d'armes à feu, celle de clous, une des plus fortes que l'on connaisse ; elles occupent près de sept mille personnes, et alimentent près de quarante usines. La tôle, la poterie en fer, la quincaillerie, y sont aussi des objets de fabrique.

La manufacture de draps de Limbourg, de Verviers, d'Eupen et Ensival, est très-considérable ; la tannerie y forme un autre objet d'industrie productive, et a beaucoup de réputation ; enfin, il y a dans ce même département des fabriques d'acides, de forces à tondre, de verre, de toiles imprimées, de cartons à presser, d'eau-de-vie de grains, de savon et de tabac.

Le commerce d'exportation consiste surtout en armes, clous, draps, cuirs, marbres, pierres à chaux, charbon de terre.

Liége, ville située à 86 lieues de Paris, peuplée de 50,000 habitants, est le chef-lieu du département.

L'étendue territoriale est de 213 lieues carrées ; la population de 313,876 habitants ; c'est 474 habitants par lieue carrée.

On y compte 160,077 arpents de bois et forêts, dont 55,601 de bois nationaux.

Les contributions directes, y compris les 16 centimes additionnels par franc, se sont élevées, en l'an 11, à 2,424,974 francs ; ce qui donne 7 francs 70 centimes par tête d'individu de tout âge et de tout sexe.

8°. *Le département de Sambre et Meuse*, formé d'une partie du comté de Namur, du duché de Brabant et du Luxembourg, tire son nom de la rivière de Sambre qui vient se perdre à Namur dans la Meuse ; celle-ci, de son côté, traverse le département du sud au nord, et lui donne également son nom.

L'on récolte dans ce département des blés, du seigle, de l'épeautre, de l'orge ; le blé n'y vient qu'en petite quantité. On y cultive des pommes de terre ; ainsi que des pois et autres légumes pour la nourriture des bestiaux.

C'est dans ce département que l'on cultive aussi la racine de chicorée, que l'on fait brûler et moudre comme du café, et avec laquelle on le remplace tant bien que

mal dans beaucoup d'endroits de la Belgique et des départemens de la rive gauche du Rhin. Il y a des plantations de tabac et quelques-unes de garance.

On y trouve des mines de fer , de calamine , de
houille, de pierres à chaux ; des terres propres à la poterie , à la faïencerie ; aussi y a - t - il beaucoup de fabriques et d'usines qui travaillent le fer, des coutelleries.
Il y a aussi des manufactures de colle-forte, de savon,
des filatures de chanvre, de lin, des distilleries de grains,
des fabriques d'huile de grains et à brûler : tous ces
objets joints aux laines, bois, houille, chevaux, bestiaux
du pays , composent le fond de son commerce, qui est
important.

Namur , chef-lieu du département, est une ville de
17,000 habitants , située à 73 lieues de Paris.

Son étendue territoriale est de 229 lieues carrées ; sa
population, de 165,192 habitants ; c'est 721 habitants par
lieue carrée.

On y compte 274,377 arpents de bois et forêts , dont
81,474 de bois nationaux.

Les contributions directes, y compris les 16 centimes
additionnels par franc, se sont élevées, en l'an 11, à
1,335,152 francs ; ce qui donne 8 francs 15 centimes ou
environ par tête d'individu de tout âge et de tout sexe.

9°. *Le département des Forêts* , formé de la majeure
partie des duchés de Luxembourg et de Bouillon, tire son
nom de la grande quantité de forêts qui le couvrent.

Le sol de ce département, hérissé de montagnes, est peu
propre à la culture : on y recueille cependant du blé ;
mais le principal produit agricole résulte de l'éducation
des bestiaux. On y cultive aussi la vigne dans les cantons situés vers la Moselle.

Il y a des mines de fer et des forges qui sont l'objet
principal de l'industrie des habitants de ce département.
On y fait aussi commerce de bois, de faïenceries et de
cuirs tannés.

Le chef-lieu est Luxembourg, située à 75 lieues de
Paris , et peuplée de 10,000 habitants.

Son étendue territoriale est de 541 lieues carrées ; sa
population , de 225,549 individus ; c'est 663 habitants
par lieue carrée.

On y trouve 572,873 arpents de bois et forêts, dont 109,972 arpents de bois nationaux.

Les contributions directes, y compris les 16 centimes additionnels par franc, se sont élevées, en l'an 11, à 1,340,663 francs; ce qui donne 5 francs 90 centimes par tête d'individu de tout âge et de tout sexe.

Les neuf départements que nous venons de parcourir forment ceux appelés départements de la Belgique, réunis à la France par la loi du 9 vendémiaire an 4.

L'on peut voir quel accroissement de forces en territoire, en population, en contributions directes, la France a acquis par cette réunion.

Le territoire forme un accroissement de 1,885 lieues carrées de plus; la population, de 3,028,605 habitants de plus; enfin, les contributions directes, un revenu de 27,824,271 francs de plus.

La France a encore acquis, par la réunion des départements de la rive gauche du Rhin, des possessions aussi importantes du côté de la richesse, et plus du côté de la défense de ses frontières.

Ces départements sont :

1°. Celui *de la Sarre*; il est formé d'une partie de l'électorat de Trèves et du Hundsruck, et tire son nom de la rivière de Sarre qui, lui servant de limite, y coule du midi au nord.

L'agriculture de ce département n'est pas très-florissante; on y récolte cependant assez de blé et d'autres productions pour la consommation intérieure du département. Il y a beaucoup d'arbres fruitiers, des forêts immenses, des vignobles considérables le long de la Moselle, dont les vins ont de la réputation, et des pâturages où l'on élève des bestiaux de toute espèce, chevaux et bêtes à cornes.

Il y a des mines de cuivre, de fer, de charbon de terre, de calamine, de mercure, et même d'étain, mais en petite quantité.

On y fabrique des toiles de lin et de chanvre; on en fait qui sont bonnes pour faire des tentes et des voiles. Ce département a aussi des fabriques d'alun et de couleur rouge de très-belle qualité; de sel ammoniac, de bleu de Prusse, d'eau-forte; des fabriques d'acier, fil de fer , et d'autres espèces qui tiènent aux mêmes matières.

Le commerce se compose de la vente de ces objets , dont une partie s'exporte dans l'étranger et les départe-ments environnants.

Trèves, ville de 8,312 habitants, située à 95 lieues de Paris , est le chef-lieu du département , où l'on compte 182 autres communes , villes et villages.

L'étendue territoriale est de 244 lieues carrées; la po-pulation, de 219,049 individus; c'est près de 906 habi-tants par lieue carrée.

On y compte 278,418 arpents de bois et forêts, dont 112,608 de bois nationaux.

Les contributions directes , y compris les 16 centimes additionnels , estimées d'après la répartition de l'an 11 , s'élèvent à 1,718,283 livres ; ce qui donne 7 francs 80 centimes par tête d'individu de tout âge et de tout sexe.

2°. Celui *de la Roër;* il est formé du duché de Ju-liers et de la partie de l'électorat de Cologne située sur la rive gauche du Rhin; il tire son nom de la rivière de Roër qui l'arrose du sud-ouest au nord-ouest.

Le département de la Roër est très-fertile en grains. Il y a des mines de fer, de cuivre, de plomb, de charbon de terre, des sources d'eaux minérales estimées.

Il y a un grand nombre d'usines et fabriques occupées du travail des mines ; il y a aussi des filatures de coton , des manufactures de soieries , de toiles de diverses es-pèces, de velours, d'aiguilles , d'épingles , de tabac , de savon , et de presque toutes celles qui sont de nécessité , ou fournissent à quelques branches de commerce.

Le commerce du département de la Roër est très-étendu , à cause, 1°. de la nature des objets qu'on y ré-colte et fabrique ; 2°. à cause de sa situation, qui lui ouvre des débouchés par le Rhin et la Meuse, avec la Hollande, l'Allemagne et la Suisse.

Aix-la-Chapelle, chef-lieu du département de la Roër, est une ville de 23,400 ames, à 98 lieues de Paris.

Son étendue territoriale est de 259 lieues carrées ; sa population, de 516,287 individus ; ce qui fait à peu près 1,993 habitants par lieue carrée.

On y compte 440,904 arpents de bois et forêts, dont 281,564 arpents de bois nationaux.

Les contributions directes levées en l'an 11 , y compris

les 16 centimes additionnels par franc , se sont élevées à 4,564,150 francs ; ce qui donne 8 francs 80 centimes par tête d'individu de tout âge et de tout sexe.

3°. Celui *de Rhin et Moselle*. Il est formé d'une partie de l'électorat de Trèves , et tire son nom du Rhin qui lui sert de bornes à l'est, et de la Moselle qui le coupe par le milieu , du midi au nord , depuis Trarbach jusqu'à Coblentz , où elle se jète dans le Rhin.

Ce département est extrêmement fertile en grains , et avant la réunion il en fournissait des quantités considérables à la rive droite du Rhin. On y récolte aussi d'excellent vin sur le Rhin, la Moselle , la Nahe et sur l'Ahr, ainsi que beaucoup de chanvre, de lin , de pois, de lentilles.

Il y a des carrières de pierres , de tuf, d'ardoises, de marbre , des mines de fer , des mines de houille , mais qui ne sont point exploitées , ou très-peu. Il y a des forges , des tanneries , des salines , des eaux minérales.

Le commerce consiste principalement en blé , en vins, en huile de navette , en sel et pierre de tuf ; mais le plus considérable résulte du transit des marchandises sur la Moselle et le Rhin.

Coblentz, chef-lieu , est située à 123 lieues de Paris, et peuplée de 10,690 habitants.

Son étendue territoriale est de 290 lieues carrées ; sa population de 203,290 habitants ; ce qui donne à peu près 700 individus par lieue carrée.

On y compte 187,306 arpents de bois et forêts , sur lesquels 84,562 arpents de bois nationaux.

Les contributions levées en l'an 11 , y compris les 16 centimes par franc, ont été de 1,717,463 francs ; c'est 8 francs 40 centimes par tête d'individu de tout âge et de tout sexe.

4°. Celui *du Mont-Tonnerre* , formé d'une partie de l'électorat de Mayence, du Hundsruck, du Palatinat , de l'évêché de Spire, du duché de Deux-Ponts , tire son nom du mont Tonnerre , montagne remarquable qui se trouve au centre du département.

On y récolte en abondance toutes sortes de grains , dont le département ne consomme pas la moitié ; des légumes , des fruits , des châtaignes , des noix. Il y a aussi quantité de beau chanvre et de bon lin : on y recueille du miel et de la cire dont on fait beaucoup de cas.

Il y a des bestiaux de belle espèce, mais la laine y est de médiocre qualité. Les vignobles situés le long du Rhin donnent des vins estimés. On y fait une grande quantité d'huile de lin, de navette, de noix.

Il s'y fait un commerce de bois de chêne assez important avec la Hollande.

Il y a quelques mines où l'on trouve un peu d'or; le Rhin charrie également quelques parcelles de ce métal. On y exploite des mines de fer, de cuivre, de mercure, de charbon de terre, des salines.

Il y a des fabriques et des usines destinées à l'emploi et aux travaux des métaux; on y fait aussi quelques étoffes, de la bonneterie, des toiles, des chapeaux, du savon, du tabac. Il y a des tanneries, blanchisseries, des verreries; une belle manufacture de porcelaine à Franckendal.

Le commerce consiste surtout en grains, en vins, et autres productions du sol, mais peu en ouvrages d'arts et de fabrique.

Mayence, chef-lieu du département, est située sur une hauteur, vis-à-vis de l'embouchure du Mein dans le Rhin, à 137 lieues de Paris; c'est une ville de 21,400 individus.

Son étendue territoriale est de 277 lieues carrées; sa population, de 342,316 habitants; ce qui donne à peu près 1239 individus par lieue carrée.

On y compte 437,576 arpents de bois et forêts, sur lesquels 276,672 de bois nationaux.

Les contributions directes de l'an 11, et les 16 centimes additionnels par franc, se sont élevées à 3,468,473 fr.; ce qui fait 10 francs 10 centimes ou environ par tête d'individu.

En réunissant l'étendue territoriale des quatre départements de la rive gauche du Rhin, leur population et le produit des contributions directes, on voit à quoi se montent la force et la richesse acquises à la France par cette conquête; on peut ajouter que c'est peut-être la partie de la France actuelle où il y a le plus de fortunes particulières solides et considérables.

Les treize départements dont nous venons d'analyser la valeur dans la balance des richesses de la France, composent la première région , que nous avons appelée , des Pays-Réunis : nous allons passer à celle du Nord.

SECONDE RÉGION. — *Du Nord.*

Cette seconde région comprend onze départements; savoir : Pas-de-Calais, Nord, Aisne, Seine et Marne, Seine, Seine et Oise, Eure et Loir, Eure, Seine-Inférieure, Somme, Oise.

1°. *Le département du Pas-de-Calais*, formé de la province d'Artois et des petits pays du Calaisis et du Boulonnais, tire son nom de sa position près le détroit qui sépare la France de l'Angleterre.

Le pays est très-fertile en grains ; il y a beaucoup d'arbres fruitiers , peu de bois , ce qui fait qu'on y brûle de la tourbe et du charbon de terre , dont il y a des mines. Il y a des carrières de marbre peu estimé.

Les fabriques consistent en toiles fines , batistes , linons , dentelles , bas au métier , étoffes de laine ; quelques verreries et manufactures de porcelaines et fer-blanc.

Le commerce consiste surtout en blé , lin , houblon , laine , huile de navette et de colza que l'on y fabrique , savon et bestiaux.

En temps de paix , c'est la pêche , le cabotage , qui forment le principal commerce de ce département.

Arras est le chef-lieu ; c'est une ville de 19,364 individus , située à 45 lieues de Paris.

Son étendue territoriale est de 328 lieues carrées ; sa population, de 566,061 individus ; c'est 1,726 habitants par lieue carrée.

On y trouve 109,311 arpents de bois épars en un grand nombre de positions , sur lesquels il y a 54,889 arpents de bois nationaux.

Les contributions directes de l'an 11 , y compris les 16 centimes additionnels par franc , se sont élevées à 4,558,519 francs; c'est 8 francs 5 centimes par tête d'individu de tout âge et de tout sexe.

2°. *Le département du Nord*, formé de la Flandre française , du Hainaut français et du Cambresis, tire son nom de sa position géographique , parce qu'en effet , à l'époque où la division départementale fut établie en

France, c'est-à-dire en 1790, le département du Nord formait le nord du territoire françois.

Le sol de ce département est un des meilleurs de la France; il produit en abondance des grains, des légumes, des fruits, de très-beau lin, du colza, du tabac : les pâturages y sont excellents, et l'on y élève et engraisse beaucoup de bestiaux.

Il y a quelques manufactures d'étoffes de laine, de tapisseries, de nankins, nanquinettes, toiles fines, batistes, dentelles, toiles ouvrées et damassées, savon blanc et noir, poterie, raffineries de sucre, tanneries.

Le commerce est considérable; il consiste en grains, huile de colza, de navette, de lin, et en produits des manufactures, surtout des dentelles et belles toiles.

Lille est le chef-lieu de ce département; c'est une ville de 54,755 individus, située sur la Deule, à 55 lieues de Paris.

Son étendue territoriale est de 278 lieues carrées; sa population, de 774,000 individus; c'est 2,786 habitants par lieue carrée.

On y compte 110,113 arpents de bois et forêts, dont 83,156 arpents de bois nationaux.

Les contributions directes en l'an 11, y compris les 16 centimes additionnels par franc, s'y sont élevées à 6,736,121 fr.; ce qui donne 8 francs 70 centimes par tête d'individu de tout âge et de tout sexe.

3°. *Le département de l'Aisne*, formé du Vermandois et de la Thiérarche, d'une petite partie de la Champagne, du Dunois, du Soissonnais et de la Brie Pouilleuse, tire son nom de la rivière d'Aisne qui le traverse de l'est à l'ouest.

Ce département est fertile; les terres labourables forment presque les trois quarts de sa surface : la partie située au midi produit du vin; on recueille beaucoup de pommes dans le nord. On y fait du cidre qui, avec la bière, forme la boisson ordinaire des habitants de ces contrées. On y cultive du houblon, et les récoltes en blés et fourrages y sont excellentes.

Il y a beaucoup de prairies naturelles qui fournissent du foin à l'approvisionnement de Paris; il y a aussi du lin en grande quantité, du chanvre et des graines grasses, comme chenevis, navette, colza, avec lesquelles on fait de l'huile. Les bêtes à laine y sont médiocres; la laine en est grossière.

On y trouve beaucoup de carrières de pierres à bâtir, du gypse. Il y a des mines de tourbes ferrugineuses que l'on brûle, et avec lesquelles, on fait une cendre appelée *cendre noire*, qui sert à fumer les terres. On exploite aussi de la tourbe à brûler dans la vallée de la Somme.

Il n'y a point de mines dans le département de l'Aisne; ses manufactures les plus importantes sont celles de linons, de batistes, de toiles, des filatures de coton; la belle manufacture de glaces à Saint-Gobin, plusieurs verreries, des manufactures de vitriol.

Nous remarquerons ici que les fabriques de St.-Quentin, qui se trouve dans ce département, faisaient ci-devant pour 15,000,000 annuellement de batistes et linons, dont une grande partie passait à l'étranger. On y faisait 150 à 160,000 pièces de diverses largeurs; aujourd'hui le nombre des pièces ne passe pas 30,000.

Nous parlerons encore ici de la célèbre manufacture de Saint-Gobin, parce que c'est un des grands objets d'industrie, et une source considérable de salaires pour les nombreux ouvriers qu'on y emploie.

La manufacture des glaces de Saint-Gobin est située au milieu de la forêt de ce nom. Ce fut en 1665 que l'on commença à Paris à fabriquer des glaces; en 1667, cette manufacture fut transportée à Tourlaville, près Cherbourg : les glaces qu'on y soufflait avaient 50 pouces de hauteur, sur 20 à 50 pouces de largeur. En 1688, substituant le coulage au soufflage, on parvint à donner aux glaces 60 à 80 pouces de hauteur, sur 40 de largeur; ce fut en cet état qu'en 1692 fut établie la manufacture de Saint-Gobin. Bientôt, au lieu de la soude en nature, jusqu'alors usitée, on y employa, pour le coulage, le sel extrait de la soude d'Alicante : ce procédé rendit les glaces d'une plus belle eau. On y ajouta encore un nouveau degré de perfection, en leur donnant 120 pouces de hauteur, sur 72 de largeur. En 1763, on renonça entièrement au soufflage, qui n'eut plus lieu qu'à Tourlaville.

L'usine de Saint-Gobin est très-vaste; elle renferme cinq halles : les bâtiments en sont magnifiques. Avant la révolution, elle employait plus de 1,200 hommes; trois de ces halles étaient alors en activité: En 1790, il n'y en eut plus que deux, ensuite une; et enfin, pendant deux ans, les travaux demeurèrent entièrement suspendus; aujourd'hui on vient de les reprendre, mais dans une halle seulement. Cette manufacture a le dépôt de ses glaces à Chauny, où on les embarque sur l'Oise pour Paris, où est le dépôt général des glaces de Tourlaville et de Saint-Gobin. On finit dans cette ville celles qui n'ont pu, faute de bras suffisants, l'être dans ces fabriques.

La manufacture de sulfate de fer, autrement dit vitriol, établie à Urcel, près Laon, fournit annuellement 7 à 8000 quintaux de couperose.

Il y a des fabriques de bonneterie en laine, mais qui produisent peu maintenant; les beaux lins que l'on recueille dans ce département, sont pour la fabrique de Saint-Quentin. Il y a des papeteries et quelques tanneries.

Le commerce roule sur la vente de ses productions et des produits de ses fabriques, tels que grains, légumes, fruits, cidre, linons et batistes, toiles de lin, et quelques cuirs fabriqués : il ne s'y fait point de commerce d'entrepôt.

Laon, chef-lieu, est une ville peuplée de 6,691 individus, à 33 lieues de Paris.

Son étendue territoriale est de 379 lieues carrées; sa population, de 430,628 individus; ce qui donne à peu près 1,136 habitants par lieue carrée.

On y compte 217,517 arpents de bois et forêts, sur quoi 6,980 arpents de bois nationaux.

Les contributions directes de l'an 11, compris les 16 centimes additionnels par franc, se sont élevées à 4,651,498 francs; ce qui fait 10 francs 80 centimes par tête d'individu de tout âge et de tout sexe.

4°. *Le département de Seine et Marne*, formé du Gâtinais français, de la haute et basse Brie, tire son nom de la position de deux grandes rivières, la Seine et la Marne, qui coulent de l'est à l'ouest, l'une dans la partie du nord, l'autre dans celle du midi.

On récolte beaucoup de blé dans ce département : c'est sa principale production; il y a des vins, mais ils sont médiocres, de belles forêts, et les étangs et ri-

vières y fournisssent d'assez beau poisson. Il y a d'excellents pâturages; et l'on y fait les bons fromages connus
sous le nom de *fromages de Brie*.

Il y a des manufactures de verres à vitres, de toiles
peintes, de porcelaine et de poterie anglaise; du beau
papier, des cuirs tannés; enfin, des meules à moulin,
qui s'embarquent à la Ferté-sous-Jouarre.

Melun, chef-lieu, est une ville de 6,124 individus,
à 11 lieues de Paris.

Son étendue territoriale est de 300 lieues carrées; sa
population, de 298,815 individus; c'est 995 habitants
par lieue carrée.

On y compte 150,393 arpents de bois et forêts, dont
80,631 de bois nationaux.

Les contributions directes de l'an 11, y compris les
16 centimes additionnels, ont donné une somme de
5,176,616 francs; ce qui fait 17 francs 30 centimes par
tête d'individu de tout âge et de tout sexe.

5°. *Le département de la Seine*, formé de l'Isle-de-
France, tire son nom de la rivière de Seine qui le traverse de l'est à l'ouest.

Le climat de ce département est tempéré, mais plus
froid que chaud; l'air y est pur, et la vie moyenne des
habitants une des plus longues de la France. Le sol est
coupé de collines et de plaines : on y récolte du blé, du
seigle, de l'orge, de l'avoine, des fruits, du vin, mais
de médiocre qualité. Les pêches, le raisin, les petits
pois, forment pour les villages des environs de Paris un
fonds considérable de bénéfice.

On trouve aussi dans ce département un grand nombre
de fabriques, principalement de tanneries, porcelaineries,
poteries, chapeleries, bonneteries, et surtout une grande
perfection de goût et de talent dans les arts qui appliquent aux usages de la vie les produits des manufactures
de première main.

Paris est le chef-lieu du département de la Seine; il
est situé sur la rivière de ce nom, qui le partage en deux
parties à peu près égales.

L'on a beaucoup exagéré en plus ou moins la population habituelle de Paris : il est des personnes qui la portent sans difficulté à 800,000 habitants; d'autres qui ne

l'élèvent qu'à 500,000, et même 400,000; mais les unes et les autres sont dans une erreur considérable.

Il résulte d'un travail fait il y a deux ans par le gouvernement, que la population totale du département de la Seine, y compris celle des cantons ruraux, s'élève à 629,763 habitants; et comme la population des cantons ruraux est de 82,907, il s'ensuit que la population habituelle de Paris est de 546,856 individus.

Nous avons dit population habituelle, parce qu'il ne faut pas comprendre dans ce nombre, 1°. la troupe plus ou moins nombreuse qui se trouve à Paris; 2°. les étrangers qui vont et viènent continuellement, restent un jour, plus ou moins, à Paris, et s'en vont ensuite.

L'étendue territoriale de tout le département est de 24 lieues carrées; sa population étant, comme nous venons de le voir, de 629,763 individus, cela donne 26,165 habitants par lieue carrée; population excessive, mais qu'on doit regarder comme hors des proportions ordinaires, puisqu'elle résulte de l'amoncèlement des hommes dans Paris, et non de leur juste répartition sur le territoire du département.

Dans ces 24 lieues carrées de terrain, l'on compte 4,535 arpents de bois, dont 4,171 sont des bois nationaux.

En l'an 11, les contributions directes, y compris les 16 centimes additionnels par franc, ont donné 22,499,486 fr.; c'est 34 francs 70 centimes à peu près par chaque tête d'individu de tout âge et de tout sexe.

6°. *Le département de Seine et Oise*, formé du Vexin français, du Hurepoix, du Mantois, tire son nom des rivières de Seine et Oise qui l'arrosent, et qui se réunissent au-dessous de Pontoise.

Le terrain du département est fertile en grains, en fourrages, en fruits, que l'on recueille le long des rivières de Seine et d'Oise, et dont une partie est destinée à l'approvisionnement de Paris; on y élève beaucoup de bestiaux et l'on y fait d'excellent beurre.

Il y a des carrières de pierres à bâtir, et celle de Sailancourt surtout fournit presque toutes les pierres que le gouvernement emploie à la construction des ponts; il y a aussi des carrières de grès et de plâtre. Le bassin de la rivière d'Essone renferme beaucoup de tourbières dont l'exploitation n'est pas en activité.

Il y a des manufactures de plusieurs espèces, particulièrement celle d'armes à Versailles; celle de porcelaine à Sèvres; celle des belles toiles de Jouy; enfin, des fabriques de bonneterie, des filatures de laine et de coton répandues dans ce département.

Le commerce consiste dans la vente des blés, fruits, bestiaux, cidre, et des vins de médiocre qualité que l'on y recueille.

Les fabriques que nous venons de nommer forment aussi une branche de commerce pour ce département.

Le chef-lieu est Versailles, à 4 lieues et demie de Paris; sa population est de 25,000 habitants. C'est une des plus belles villes du monde, et long-temps le séjour de nos rois.

Son étendue territoriale est de 286 lieues carrées; sa population, de 429,523 habitants, ce qui donne 1,502 habitants par lieue carrée.

On y compte 156,715 arpents de bois et forêts, dont 99,646 arpents sont de bois nationaux.

Les contributions directes levées en l'an 11, ont produit, y compris les 16 centimes additionnels par franc, 7,573,685 fr.; c'est 17 francs 15 centimes par tête d'individu de tout âge et de tout sexe.

7°. *Le département d'Eure et Loir*, formé d'une partie de la Beauce, dans laquelle est compris le pays Chartrain, et du Perche, tire son nom des deux principales rivières qui l'arrosent.

Ce département est un de ceux où l'on recueille le plus de blé froment, particulièrement la partie que l'on appèle la Beauce, ce qui fait qu'on la nomme le *grenier de Paris*, parce qu'effectivement il en vient beaucoup de blé et de farine pour la consommation de Paris; il y a de beaux pâturages, d'excellents fruits, et l'on y cultive de très-bon chanvre.

Il y a quelques fabriques de draps peu importantes; d'autres de bonneterie plus considérables, d'aiguilles et épingles à l'Aigle et dans les environs, de papier pour tenture, quelques tanneries et chapèleries.

Le commerce consiste en blé, laine, bétail, et quelques produits des fabriques.

Le chef-lieu est Chartres, situé sur l'Eure, à 22 lieues de Paris; on y compte 14,400 habitants.

L'étendue territoriale est de 3oo lieues carrées; la population, de 259,967 individus; c'est 866 habitants par lieue carrée.

On y compte 90,349 arpents de bois, dont 50,921 de bois nationaux.

Les contributions directes de l'an 11 s'y sont élevées, avec les 16 centimes additionnels par franc, à la somme de 4,192,802 fr.; c'est 16 francs 10 centimes par individu de tout âge et de tout sexe.

8°. *Le département de l'Eure*, formé du pays d'Ouche, partie de la Normandie, tire son nom de l'Eure qui le traverse.

Ce département est fertile en grains; il y a aussi beaucoup de bons pâturages et de fruits; on y récolte une grande quantité de chanvre et de lin.

Il y a des forges de fer; aussi y fait-on beaucoup d'ouvrages de ce métal, tels que des boulets, des bombes et ustensiles de cuisine.

On fait beaucoup de cas des toiles que l'on y tisse, elles sont bonnes pour le ménage, et il y a aussi de belles manufactures de draps à Louviers et aux Andelys; des filatures de laine et coton; des tanneries et plusieurs autres fabriques de moindre importance.

Le commerce consiste dans la vente des grains, cidres, draps, toiles, bétail, cuirs et ouvrages de fer.

Le chef-lieu est Evreux, à 26 lieues de Paris, ville située sur l'Iton, et peuplée de 8,426 individus.

Son étendue territoriale est de 3o7 lieues carrées; sa population, de 415,574 individus; c'est 1,354 par lieue carrée.

On y compte 192,531 arpents de bois et forêts, dont 66,916 arpents de bois nationaux.

Les contributions directes de l'an 11; y compris les seize centimes additionnels par franc, se sont élevées à la somme de 5,574,123 fr.; c'est 12 fr. 90 cent. par tête d'individu de tout âge et de tout sexe.

9°. *Le département de la Seine-Inférieure*, formé du Roumois, du pays de Caux et de Brie, parties de la Normandie, tire son nom de la rivière de Seine qui a son embouchure au Hâvre, dans ce département.

Le département de la Seine-Inférieure est abondant en toutes sortes de grains; il y a d'excellents pâturages, où l'on élève beaucoup de bétail qui donne les beurres de Bray et de Gournay, et les fromages de Neuf-Châtel; il y a aussi de très-beaux chevaux et des haras destinés à entretenir et améliorer les races; les moutons y sont d'une belle espèce.

Les arbres à fruits, surtout les poiriers et pommiers, s'y trouvent en grande quantité et donnent l'excellent cidre de Normandie.

L'industrie y est très-variée, riche et active; elle consiste principalement en belles étoffes de coton, bonneterie, draps, droguets, toiles; passementerie, teinture, chapelerie; cuirs tannés, parchemins; cartes, cartons, verres, faïence, amidon, raffineries de sucre, filatures de coton, de lin, de laine.

Le commerce y est actif, considérable et de deux espèces;

1°. L'un, très-étendu, très-lucratif, se fait des productions et des fabriques du pays;

2°. L'autre, qui peut être appelé d'entrepôt, consiste dans l'importation et dans l'exportation, par les ports du département, surtout ceux du Havre et de Dieppe.

Les importations se font en café, sucre, indigo, coton, bois de teinture et de marqueterie, cire, gomme, morfil de Guinée; soude, vins, laines, huiles, d'Alicante, de Carthagène, de Bilbao; des cuirs secs du Brésil; des oranges de Portugal; des États-Unis d'Amérique, du tabac, des bois, du riz, de l'huile de poisson; du Nord, des bois de mâture, des planches de sapin, des goudrons, du poisson sec, de l'huile de baleine; de Gothembourg, de la Suède, de la Russie, des fers, des cuivres, du chanvre, de la graine de lin.

Enfin, ce département expédie par le Havre, Dieppe et autres ports, des objets de fabrique française, soit aux Colonies, en Guinée ou dans le Nord.

C'est donc un des plus commerçants de la France, et celui où les douanes produisent le plus abondamment.

Le chef-lieu est Rouen, à 31 lieues de Paris, peuplé de 87,000 individus.

Son étendue territoriale est de 357 lieues carrées; sa population, de 642,770 individus; c'est 1,800 habitants par lieue carrée.

On y compte 174,848 arpents de bois et forêts, sur lesquels 117,134 de bois nationaux.

Les contributions directes de l'an 11, y compris les seize centimes additionnels par franc, se sont élevées à 9,104,417 francs, c'est 14 fr. 16 cent. par tête d'individu de tout âge et de tout sexe.

10°. *Le département de la Somme*, formé de l'Amiennois, du Ponthieu, du Vimeux, du Santerre, parties de la Normandie, tire son nom de la rivière de Somme qui le traverse de l'orient à l'occident.

Il produit en abondance des grains, du lin, du chanvre; on y élève des bestiaux dans les pâturages considérables qui s'y trouvent.

Les fabriques travaillent principalement en étoffes de laine, tapisseries, toiles de coton, siamoises, toiles de chanvre, de lin; batiste, bonneterie en laine.

Le commerce consiste en grains, en volailles, en bétail et autres productions du sol; les fabriques, surtout celles de toiles, de bas, de batiste, de toiles de coton, y contribuent principalement.

Le chef-lieu de la Somme est Amiens, ville de 40,289 habitants, à 31 lieues de Paris.

Son étendue territoriale est de 312 lieues carrées; sa population, de 465,034 individus; c'est à peu près 1,490 habitants par lieue carrée.

On y compte 112,752 arpents de bois et forêts, dont 28,018 arpents de bois nationaux.

Les contributions directes de l'an 11, y compris les 16 centimes additionnels par fr., ont donné 5,650,664 fr.; c'est 12 fr. 15 cent. par tête d'individu de tout âge et de tout sexe.

11°. *Le département de l'Oise*, formé du Beauvoisis, partie de l'Isle de France, tire son nom de la rivière d'Oise qui le traverse du nord au sud.

On y recueille beaucoup de blé, chanvre, lin, navette. Il y a de très-bons pâturages où l'on élève du menu bétail. La volaille y fait un objet de commerce pour Paris.

On y fabrique des petites étoffes, laine et coton ou laine et fil, des toiles, des siamoises, des tapisseries, des toiles peintes, de la dentelle noire, blanche, de la poterie, des bois d'éventails qui sont l'objet d'une industrie presque particulière à ce département.

Le chef-lieu est Beauvais, à seize lieues de Paris; on y compte 13,000 habitans.

Son étendue territoriale est de 298 lieues carrées; sa population, de 369,686 individus; c'est 1,238 habitants par lieue carrée.

On y compte 177,315 arpents de bois et forêts, dont 105,725 arpents sont de bois nationaux.

Les contributions de l'an 11, y compris les 16 centimes additionnels par franc, se sont élevées à la somme de 4,714,895 fr. ; c'est 12 francs 75 centimes environ par tête d'individu de tout âge et de tout sexe.

Les onze départements que nous venons d'analyser composent la seconde région, celle que nous avons nommée du Nord; nous allons passer maintenant à celle que l'on nomme du Nord-Est, parce qu'elle est effectivement au nord-est de la France; on la nomme aussi des Sources, parce que plusieurs grandes rivières, comme la Marne, la Saône, la Seine, l'Aisne, y ont leur source.

TROISIÈME RÉGION. — *Nord-Est.*

Les départements qui composent cette région sont ceux des Ardennes, de la Meuse, de la Moselle, du Bas-Rhin, du Haut-Rhin, des Vosges, de la Haute-Marne, de l'Aube, de la Marne, de la Meurthe. Nous en allons suivre l'analyse statistique, comme nous avons fait des précédents.

1°. *Le département des Ardennes*, formé de la principauté de Sedan, du Rhetélois et du Porcien, parties de la Champagne, tire son nom de la forêt considérable qui en occupe la partie septentrionale.

Ce département donne beaucoup de grains dans la plupart des cantons; mais il en est d'autres où l'on ne récolte que du seigle. Il y a de bons pâturages, et il est abondant en bois, en usines, en mines de fer, de charbon de terre, de carrières d'ardoises en exploitation.

On y trouve un très-grand nombre de forges et des aciéries qui font de bon acier.

Il s'y fabrique dans plusieurs villes des serges, de la toile, mais surtout des draps fins et très-estimés, appelés *draps de Sedan*, dont les noirs sont de la plus grande beauté.

Le commerce de ces draps, des fers, des grains, des laines, est assez considérable, surtout celui des fers et des draps, dont il s'exporte de grandes quantités dans l'intérieur.

Le chef-lieu est Mézières, à 56 lieues de Paris; on y compte 3,310 habitants.

Son étendue territoriale est de 278 lieues carrées; sa population, de 264,036 individus; c'est à peu près 953 habitants par lieue carrée.

On y trouve 376,267 arpents de bois et forêts, dont 129,575 sont des bois nationaux.

Les contributions directes de l'an 11, y compris les 16 centimes additionnels par franc, se sont élevées à la somme de 2,591,272 francs; c'est 9 francs 81 cent. par tête d'individu de tout âge et de tout sexe.

2.° *Le département de la Meuse*, formé du Verdunois, du Barrois, parties de la Lorraine, et du Clermontois, tire son nom de la rivière de Meuse qui le traverse du sud au nord.

On y trouve en abondance des grains, du vin, des pâturages, où l'on élève de gros et menu bétail, dont on fait un bon commerce.

Il y a des forges en quantité, des carrières de pierres de taille, beaucoup de tanneries, de chamoiseries; on y fait des toiles, des étoffes de laine, et surtout des confitures, liqueurs, huiles et vins de liqueurs recherchés.

Le commerce consiste dans la vente des grains, des fers, des étoffes de laine, bonneterie et chapeaux, et aussi des confitures et liqueurs de Verdun.

Le chef-lieu est Bar-sur-Ornain ou Bar-le-Duc; c'est une ville de 9,900 ames, à 50 lieues de Paris.

Son étendue territoriale est de 318 lieues carrées; sa population, de 275,898 individus; c'est 867 habitants par lieue carrée.

On y compte 350,886 arpents de bois et forêts, dont 125,952 arpents de bois nationaux.

Les contributions directes, y compris les 16 centimes additionnels par franc, se sont élevées, en l'an 11, à 2,424,922 francs; c'est 8 francs 77 cent. environ par tête d'individu de tout âge et de tout sexe.

3°. *Le département de la Moselle*, formé du pays Messin et d'une partie de la Lorraine allemande, tire son nom de la rivière de Moselle qui le traverse du sud au nord.

Ce pays est comme tous ceux qui sont composés de la Lorraine, fécond en blé et en fruits ; on y élève aussi des bestiaux, et l'on y cultive le chanvre, le lin, mais en petite quantité.

On y trouve des mines de fer, dont un grand nombre sont en exploitation, et des salines.

L'industrie consiste principalement en quelques fabriques de draps, tanneries, forges, faïenceries, verreries ; le commerce en vins, grains, sel, fourrages, bois de construction, merrain, confitures de prunes et autres, qui sont estimées.

Le chef-lieu est Metz, ville de 32,099 individus, à 78 lieues de Paris.

Son étendue territoriale est de 328 lieues carrées ; sa population, de 557,788 individus ; c'est à peu près 1,072 habitants par lieue carrée.

On y compte 341,000 arpents de bois et forêts, dont 147,418 sont bois nationaux.

Les contributions directes, y compris les 16 centimes additionnels par franc, se sont élevées, en l'an 11, à 3,018,085 francs ; c'est 8 francs 53 centimes environ par tête d'individu de tout âge et de tout sexe.

4°. *Le département du Bas-Rhin*, formé de la Basse-Alsace, tire son nom de la pente que suit le Rhin, plus élevé au sud qu'il n'est au nord.

Le département du Bas-Rhin, renfermé entre les montagnes des Vosges et le Rhin, est coupé par des collines et des plaines fertiles : c'est un des plus productifs de la France.

La terre y donne en abondance des grains de toute espèce, des vins qui se conservent très-long-temps, des pâturages, des fruits, du chanvre dont on fait un grand commerce, des bois de construction, du lin, du safran, de la garance en quantité, du tabac, des pavots, de la navette, des graines grasses qui, ainsi que les noix qu'on y récolte, servent à faire de l'huile.

On y trouve beaucoup de mines, parmi lesquelles il y en a d'argent et d'acier naturel.

Les manufactures y sont très-multipliées ; les principales sont de moquettes, de couvertures, de faïences, de
cuirs, de canons, d'armes blanches.

Le commerce y est considérable ; il consiste en bois
de construction, en vins que l'on transporte en partie dans
les États du Nord ; en eaux-de-vie, en vinaigre, chanvre,
safran, garance, grains, huiles. Les blés en font encore
une branche importante, ainsi que les bestiaux ; enfin, le
tabac forme un des plus considérables objets du commerce
de ce département.

Le chef-lieu est Strasbourg, ville de 49,056 individus,
à 121 lieues de Paris.

Son étendue territoriale est de 268 lieues carrées ; sa
population, de 444,858 individus ; c'est 1,660 habitants
par lieue carrée.

On compte dans le département du Bas-Rhin 380,422 arpents de bois et forêts, dont 193,886 de bois nationaux.

Les contributions directes, y compris les 16 centimes
additionnels par fr., ont été en l'an 11, de 3,609,442 fr. ;
ce qui donne 8 francs 11 cent. environ par tête d'individu
de tout âge et de tout sexe.

5°. *Le département du Haut-Rhin*, formé de la Haute-
Alsace, du Suntgaw, du Porentruy, et d'une partie de
l'évêché de Bâle, tire son nom de la position physique du
Rhin, qui, du sud au nord, en forme la limite orientale.

Ce département produit du vin, du seigle, de l'orge,
de l'avoine, du blé, mais de qualité bien mêlée ; des
cantons en donnant beaucoup et de bon, d'autres peu et de
médiocre qualité.

Les pâturages y sont abondants ; les habitants y élèvent beaucoup de gros bétail, qui fait l'objet d'un bon
commerce pour eux.

Il y a des tourbières, des houillères ; leur exploitation
supplée au bois, dont la rareté commence à se faire sentir.

Les mines sont abondantes ; les principales sont celles
d'argent, de cuivre, de fer, de plomb, situées à Sainte-
Marie aux Mines, à Stembach, à Munster et à Giro-
magny.

Les forges, les manufactures de fer-blanc, sont connues par la bonté du travail.

On y trouve aussi des manufactures de toiles de coton,

d'indiennes, de toiles peintes, des garancières, papeteries, forges, fourneaux, ferblanteries.

Le commerce consiste principalement en productions du sol, vins, bestiaux, laines, bois de chauffage, de charpente, fer, cuivre, etc.

Le chef-lieu est Colmar, ville de 13,396 habitants, à 118 lieues de Paris.

Son étendue territoriale est de 280 lieues carrées; sa population de 382,285 habitants; c'est 1,344 habitants par lieue carrée.

On y compte 415,975 arpents de bois et forêts, dont 113,154 arpents de bois nationaux.

Les contributions directes de l'an 11, y compris les 16 centimes additionnels par franc, ont donné 2,857,063 fr.; c'est 7 francs 42 cent. par tête d'individu de tout âge et de tout sexe.

6°. *Le département des Vosges,* formé de la partie méridionale de la province de Lorraine, tire son nom des montagnes qui en occupent une grande partie, et qui sont connues sous le nom de Vosges.

Ces montagnes, couvertes de neige la plus grande partie de l'année, font sentir leur influence dans tout le pays, qui est plus ou moins froid, sec ou humide en raison de la proximité ou de l'éloignement, d'où résulte une différence assez considérable entre les productions du département.

Il est divisé en deux parties, l'une appelée la *montagne*, l'autre la *plaine*, et produit moins dans la première et plus dans la seconde. On y recueille en général du blé, du sarrasin, du seigle, de l'orge, du méteil, du chanvre, du lin, des pommes de terre.

Les prairies sont les principales richesses de la plaine; les bestiaux que l'on y élève donnent beaucoup de beurre et cet excellent fromage appelé *gerardmer* ou *géromé*.

Il y a aussi des mines de fer, d'argent, de cuivre, des carrières de marbre, de granit; des forges, des manufactures de fer-blanc, des usines, des faïenceries, des papeteries; des fabriques de bois merrain, de planches, de pelles, de sabots, et autres ouvrages dits *bois des Vosges*.

On y cultive beaucoup de merisiers, dont le fruit donne par distillation l'eau-de-vie appelée *kirchen-wasser* ou *kirchevase*, et dont on fait une grande consommation dans l'intérieur.

Le commerce consiste en fer, en ouvrages de bois des Vosges, en toiles de coton, papier, fer-blanc, ouvrages de granit travaillés, bestiaux, cuirs, et en kirchen-wasser, dont nous venons de parler.

Le chef-lieu est Épinal, ville de 7,521 individus, à 160 lieues de Paris.

Son étendue territoriale est de 295 lieues carrées; sa population, de 308,052 individus; c'est à peu près 1,044 habitants par lieue carrée.

On y compte 426,243 arpents de bois et forêts, dont 152,793 de bois nationaux.

Les contributions directes, y compris les 16 centimes additionnels par franc, ont donné en l'an XI, 1,839,235 fr.; c'est 5 francs 97 cent. environ par tête d'individu de tout âge et de tout sexe.

7°. *Le département de la Haute-Marne*, formé du Vallage et du Bassigny, parties de la province de Champagne, tire son nom de la position physique du terrain où la rivière de Marne prend sa source.

Ce département offre de belles et abondantes vallées, dans lesquelles on nourrit quantité de bétail. Le terrain y est fertile en grains de toute espèce, en fruits et en vins assez bons.

Il y a aussi des mines de fer, des forges, surtout dans les environs de Saint-Dizier.

On y trouve quelques manufactures de draps, de serges, d'étoffes de laine, de coutellerie.

Les forêts et les mines étant la principale richesse de ce département, elles font aussi l'objet de son plus grand commerce; cependant celui des bestiaux et des grains en fait aussi partie.

Le chef-lieu est Chaumont en Bassigny; c'est une ville de 6,188 individus, à 60 lieues de Paris.

Son étendue territoriale est de 315 lieues carrées; sa population, de 225,550 individus; c'est à peu près 715 habitants par lieue carrée.

On y compte 378,749 arpents de bois et forêts, dont 152,012 arpents de bois nationaux.

Les contributions directes de l'an 11, y compris les 16 centimes additionnels par franc, ont donné la somme de 2,315,762 francs; c'est 10 francs 27 cent. par tête d'individu de tout âge et de tout sexe.

8°. *Le département de l'Aube*, formé d'une partie de la province de Champagne, tire son nom de la rivière d'Aube, qui y coule de l'est au nord-ouest.

La partie de ce département appelée *Champagne pouil-leuse*, et couverte d'un sol crayeux, ne donne que peu de seigle, et est d'une grande stérilité ; celle au contraire qui se trouve au midi de Troyes, est fertile : on y re-cueille des grains, des vins, des fruits en abondance ; on y nourrit du gros et menu bétail, qui fait l'objet d'un grand commerce.

Les fabriques sont considérables, et consistent princi-palement en toiles de coton, basins, piqués, bonne-terie, toiles peintes, draperies, velours et draps de coton, rubans de fil, lacets, verreries, tanneries et quelques forges.

Le commerce du département de l'Aube a pour objet principal la consommation intérieure ; les exportations de la fabrique de Troyes sont tombées ; mais il s'en fait un grand débit en France, particulièrement de la bonneterie, toiles de coton, toiles peintes et cotonades.

Quant au commerce des productions, celui des grains, des vins, des miels, cires, laines, cuirs et bois, est le plus considérable.

Le chef-lieu est Troyes ; c'est une ville de 25,880 ha-bitants, située sur la rive gauche de la Seine, à 39 lieues de Paris.

L'étendue territoriale est de 305 lieues carrées ; sa po-pulation, de 240,661 ames ; c'est à peu près 789 habitants par lieue carrée.

On y compte 165,586 arpents de bois et forêts, dont 57,925 de bois nationaux.

Les contributions directes de l'an 11, y compris les 16 centimes additionnels par franc, ont donné une somme de 2,508,574 francs ; c'est 10 francs 42 cent. par tête d'individu de tout âge et de tout sexe.

9°. *Le département de la Marne*, formé du Rhémois, du Perthois, d'une partie de la *Brie pouilleuse*, dépendant de la Champagne, tire son nom de la rivière de Marne qui le traverse du sud-est à l'ouest.

Le sol du département de la Marne est peu fertile en grains ; cependant on y en recueille une quantité assez considérable, ainsi que du seigle, de l'orge, du sarrasin, de l'avoine. Il y a aussi des prairies qui bordent la rivière de Marne, et où l'on élève beaucoup de bétail.

Mais de toutes les richesses agricoles qu'offre ce département, c'est le vin qui est le plus considérable et l'objet d'un très-grand commerce en France et dans l'étranger.

Les vins qu'on y récolte s'appèlent en général *vins de Champagne ;* il y en a de rouges et de blancs.

Les vins blancs, que l'on appèle aussi *vins de rivière,* sont les plus distingués par leur qualité mousseuse, pétillante et savoureuse ; ils croissent principalement sur la rive droite de la Marne, à commencer à Mareuil, Aï, Disy, Hautvillers, jusqu'à Cumières inclusivement ; et de l'autre côté de la rive gauche, à la distance de deux lieues environ, au Menil, à Avise, Cramaut, Pierry et Epernay.

Les vins rouges, qui portent aussi le nom de *vins de montagne,* se récoltent à Ambonay, Bouzy, Villers-Marmery, Versy, Versenay, Mailly, Rilly, Monbret, Taissy, Sillery ; ils se consomment principalement dans les départements occidentaux et dans l'étranger.

Nous parlerons plus en détail de la richesse qu'offrent les vins en France : nous n'avons dû indiquer ici que ceux que produit le département de la Marne.

Il y a en outre, dans le même département, un grand nombre de forges, des ardoisières, des carrières de pierres à bâtir, des poteries communes.

On y trouve aussi des fabriques importantes, telles que celles d'étoffes de laine croisées, de draps de Silésie, de casimirs, de flanelles, d'étamines, d'espagnolettes, de jarretières en laine et en soie, de couvertures de laine, de la bonneterie, des tanneries, papeteries, des forges en assez grand nombre, des tuileries et verreries.

Le commerce consiste en grains de toute espèce, vins, chanvre écru et façonné ; en foins, bois, charbon, laines, bestiaux, miels, fruits secs, pains d'épices, objets de fabriques, comme casimirs, étamines, serges, espagnolettes, draps de Silésie, couvertures et bonneterie.

Le chef-lieu est Reims, ville de 31,295 âmes, à 38 l. de Paris.

Son étendue territoriale est de 405 lieues carrées ; sa population, de 310,493 individus ; c'est à peu près 766 habitants par lieue carrée.

On y compte 166,245 arpents de bois et forêts, sur lesquels 120,590 arpents de bois nationaux.

Les contributions directes de l'an 11, y compris les 16 centimes additionnels par franc, se sont élevées à la somme de 4,151,188 francs; c'est 13 francs 37 cent. par tête d'individu de tout âge et de tout sexe.

10°. *Le département de la Meurthe*, formé du Toulois et de la partie méridionale de la Lorraine, tire son nom de la Meurthe, qui l'arrose du sud-est au nord-ouest.

Ce département offre en abondance des grains, surtout des blés, des fruits, des vins, des lins, des chanvres, de la navette, avec laquelle on fait de l'huile. L'on y élève des bestiaux et des chevaux : il s'y trouve un superbe haras à Rosières, qui vient du duc des Deux-Ponts, sur qui nous l'avons pris, avec ses États, pendant nos conquêtes.

Il y a plusieurs sources d'eaux salées dans le département de la Meurthe, qui sont d'un assez bon produit et affermées à la régie des salines. On estime que les trois salines de Dieuze, Moyenvic et Château-Salins donnent, année moyenne, 491,500 quintaux de sel.

Les fabriques y sont très-multipliées ; elles consistent principalement en papeteries, verreries, faïenceries, manufactures d'étoffes de laine, toiles de lin et de chanvre, linge damassé, chapèlerie, bonneterie, tannerie, coutellerie, aciérie, faux, alun, sel ammoniac, eau forte, eau-de-vie, vinaigre, huiles de lin, de chanvre, de navette.

Tous ces objets et productions sont l'aliment d'un assez grand commerce, principalement les bois de charpente, l'alun, les huiles grasses, les toiles, les papiers, les bestiaux, le sel et la verrerie.

Le chef-lieu est Nanci; c'est une ville de 29,240 ames, à 84 lieues de Paris.

Son étendue territoriale est de 310 lieues carrées ; sa population, de 342,187 individus ; c'est à peu près 1,105 individus par lieue carrée.

On y compte 444,821 arpents de bois et forêts, dont 186,651 arpents de bois nationaux.

Les impositions directes de l'an 11, y compris les 16 centimes additionnels par franc, ont donné la somme de 2,681,581 francs ; c'est 7 francs 83 centimes par tête d'individu de tout âge et de tout sexe.

Ici se termine l'analyse statistique des dix départements qui forment la région nord-est de la France : nous allons passer maintenant à la quatrième région, composée des départements de l'Est ou du Levant.

QUATRIÈME RÉGION. — *Est* ou *Levant*.

La quatrième région, dite de l'*Est* ou du *Levant*, est formée de onze départements, qui sont, la Côte-d'Or, la Haute-Saône, le Doubs, le Léman, le Mont-Blanc, l'Isère, la Loire, la Saône et Loire, le Jura, l'Ain et le Rhône.

1°. *Le département de la Côte-d'Or*, formé du pays de la Montagne, de l'Auxois, du Dijonnais, parties de la province de Bourgogne, tire son nom d'une chaîne de collines qui s'étend vers le sud-ouest jusqu'au-delà de Châlons-sur-Saône, et que l'on nomme *Côte d'Or*, à cause des excellents vins qu'elle produit.

Le département de la Côte-d'Or produit beaucoup de bons grains, particulièrement des blés dans les plaines; il y a aussi de vastes pâturages, où l'on élève de beau bétail, surtout des bœufs et chevaux.

Mais sa richesse principale consiste en vins excellents, que l'on nomme *vins de Bourgogne*. Nous en parlerons en traitant des vins comme une des richesses territoriales de la France ; nous nous contenterons de remarquer ici que les plus estimés sont ceux de Chambertin, la Romanée, Clos-Vougeot, Saint-Georges, Beaune, Pomard, Vollenay, Morachés, Meursault.

Les forêts de ce département fournissent aussi des bois de charpente, de construction et de chauffage.

On y trouve quelques mines de fer, des carrières de marbre, de porphyre ; des meules pour les taillandiers et les couteliers.

Le commerce du département de la Côte-d'Or consiste en grains de bonne qualité, en vins, bois et fers. Il en sort aussi beaucoup de bestiaux, chanvre, toiles, quelques étoffes de laine.

Le chef-lieu est Dijon, ville de 21,000 individus, à 76 lieues de Paris.

Son étendue territoriale est de 445 lieues carrées ; sa population est de 347,842 individus ; c'est environ 781 habitants par lieue carrée.

On y compte 406,758 arpents de bois et forêts, dont 175,282 de bois nationaux.

Les contributions directes de l'an 11, y compris les 16 cent. additionnels par franc, ont donné 3,905,657 fr. ; c'est 11 francs 22 centimes par tête d'individu de tout âge et de tout sexe.

2°. *Le département de la Haute-Saône*, que l'on prononce *Sône*, formé du territoire du bailliage d'Amont, partie de la province de Franche-Comté, tire son nom de la position physique de la rivière de Saône qui le traverse du nord-ouest au sud-ouest.

Ce département abonde en blé, vins, chanvre, noix et autres fruits, ainsi qu'en prairies où l'on élève de beau bétail, surtout des bœufs et des vaches.

Il y a des mines de fer en quantité ; elles sont très-riches : le fer qu'on en retire rivalise avec ceux de Suède et d'Angleterre.

Quelques papeteries, des forges, des martinets, des fonderies et une belle ferblanterie, des verreries et quelques fabriques de toiles, en font la principale industrie.

Le commerce consiste en blés, avoine, vins, bestiaux, chevaux de trait estimés, fromages dans le genre de celui de Gruyère, beurres fondus, fers, bois de construction, de charpente, de merrain.

Le chef-lieu est Vesoul, ville de 5,417 habitants, à 89 lieues de Paris.

Son étendue territoriale est de 235 lieues carrées ; sa population, de 287,461 habitants ; c'est à peu près 1,224 habitants par lieue carrée.

On y compte 263,301 arpents de bois et forêts, dont 58,889 de bois et forêts nationaux.

Les contributions de l'an 11, y compris les 16 centimes additionnels par franc, ont donné 2,199,713 francs ; c'est 7 francs 65 centimes par tête d'individu de tout âge et de tout sexe.

3°. *Le département du Doubs*, formé du territoire du

bailliage de Besançon, partie de la province de Franche-Comté, tire son nom de la rivière de Doubs, qui l'arrose du midi au sud-ouest, en passant par l'est et le nord, en sorte que l'on peut dire que cette rivière tourne autour du département.

C'est un de ceux qui donnent en abondance des grains, du vin, des bestiaux, du bois.

Il y a des mines de fer d'une excellente qualité, des carrières de marbre, d'agate, de charbon de terre, de tourbes.

L'industrie consiste en fabriques d'armes blanches et à feu; grandes forges, aciéries, travaux pour façonner le fer, verreries, tanneries, papeteries, couvertures, toiles de ménage, mouchoirs de coton, teintureries, fabriques de salins, de salpêtre.

Le commerce se fait de ces divers objets, et principalement de grains, vins, bestiaux, tôle, fer laminé, fer-blanc, ouvrages d'horlogerie, bois de charpente et de chauffage.

Le chef-lieu du département est Besançon, ville de 30,000 habitants, à 98 lieues de Paris.

Son étendue territoriale est de 251 lieues carrées; sa population, de 227,075 individus; ce qui fait 908 habitants par lieue carrée.

On y compte 244,864 arpents de bois et forêts, dont 25,281 de bois nationaux.

Les contributions directes, y compris les 16 centimes additionnels par franc, ont donné, en l'an 11, 1,886,833 francs; c'est 8 francs 31 centimes par tête d'individu de tout âge et de tout sexe.

4°. *Le département du Léman*, formé du pays de Gex, de la république de Genève et de la partie septentrionale de la Savoie, tire son nom du lac nommé par les Romains *Lemanus*, ou Léman, et depuis, *Lac de Genève*.

Ce département, quoique d'une fertilité moins grande que ceux de la même région que nous venons de nommer, produit néanmoins assez abondamment des grains, du vin, des fruits. Il y a des prairies où l'on élève des bœufs, vaches et moutons. On y a introduit des mérinos d'Espagne, c'est-à-dire des moutons à laine fine d'Espagne, pour y améliorer l'espèce du pays : ils y réussissent bien.

Les mines de fer y sont assez abondantes; il y a aussi des mines de houille, mais qui ne sont pas exploitées.

C'est par l'industrie des habitants de Genève que le Léman est remarquable, surtout par les fabriques de toiles peintes, d'horlogerie, de bijouterie, de joaillerie, de galons, de dentelles, d'instruments de mathématiques.

Le commerce du département consiste principalement dans celui de toiles peintes, d'horlogerie, de joaillerie, de quelques fromages, de bétail.

Le chef-lieu est Genève, ville belle, grande et riche, sur le bord du lac Léman. On y compte 23,309 habitants; elle est à 146 lieues de Paris.

L'étendue territoriale est de 129 lieues carrées; la population, de 215,884 individus; c'est 1,673 habitants par lieue carrée.

Les contributions directes, y compris les 16 centimes additionnels par franc, ont donné, en l'an 11, 906,632 francs; c'est 4 francs 20 centimes par tête d'individu de tout âge et de tout sexe.

5°. *Le département du Mont-Blanc,* formé de la Savoie, tire son nom de la plus haute montagne des Alpes, située à l'est, et nommée *Mont-Blanc* à cause de la neige qui en couvre sans interruption le sommet.

Malgré la grande quantité de montagnes dont ce pays est hérissé, et le peu de fertilité des terres, il suffit à la consommation des habitants; il produit du blé, du seigle, de l'orge, de l'avoine, du vin, du chanvre, et des fourrages en abondance, qui donnent la facilité d'élever beaucoup de bestiaux. Les troupeaux de bêtes à laine y sont très-multipliés.

Il est abondant et riche en mines : elles donnent du fer en abondance, du cuivre, de l'argent, du plomb et du charbon de terre. Ses fers sont d'une excellente qualité; ils passent pour avoir autant de malléabilité que ceux de Suède et les meilleurs de France.

Il y a peu de fabriques, qui consistent en quelques papeteries, tanneries et corroieries, poteries, clouteries et instruments aratoires.

Aussi le commerce du département ne consiste-t-il guère qu'en fers bruts et ouvrés, instruments d'agriculture, laines, quelques peaux tannées et du chanvre. Le transit des marchandises de France en Italie et d'Italie en France, par le Mont-Louis, ainsi que les expéditions d'Allemagne et de la Suisse par la même route, forment une des principales branches de ce commerce.

Le chef-lieu est Chambéri, ville de 10,300 ames, à 142 lieues de Paris.

L'étendue territoriale est de 339 lieues carrées ; la population, de 283,106 individus ; c'est environ 858 habitants par lieue carrée.

On y trouve 218,419 arpents de bois et forêts, sur lesquels 11,946 de bois nationaux.

Les contributions directes de l'an 11, y compris les 16 cent. additionnels par franc, ont donné 1,146,333 fr. ; c'est 4 francs 5 centimes environ par tête d'individu de tout âge et de tout sexe.

6°. *Le département de l'Isère*, formé du Grésivaudan et du Viennois, dépendant du Dauphiné, tire son nom de la rivière de l'Isère, qui y coule de l'est à l'ouest.

Les productions du sol du département, qui est très-inégal en fécondité, sont le blé, le vin, les amandes, les soies, le chanvre ; ces deux derniers objets y donnent un produit considérable, et en forment le plus fort revenu. Les vins dits *de l'Hermitage*, que l'on y recueille, sont très-estimés.

Les pâturages sont excellents ; les plus en réputation sont ceux des montagnes de Sassenage et d'Oisane. L'on sait que les vaches qui paissent sur ces montagnes, donnent le lait avec lequel on fait un fromage semblable au Gruyère, et qui est connu sous le nom de *Sassenage*.

On trouve des chamois sur les montagnes de l'Isère ; et des mines d'or, d'argent, mais surtout de fer et de cuivre, de charbon de terre et de vitriol dans l'intérieur.

On fabrique dans ce département quelques étoffes de laine, beaucoup de toiles à voiles et autres, des chapeaux, des soieries, de la ganterie très-estimée, des ouvrages de fer et d'acier.

Le commerce consiste dans la vente des toiles, des soies, des vins, des gants, des marrons et châtaignes ; enfin, des gros ouvrages de fer, comme instruments aratoires, canons, ancres, qui se fabriquent dans les usines qui y sont assez nombreuses.

Le chef-lieu est Grenoble, ville de 23,500 individus, distante de Paris de 142 lieues.

L'étendue territoriale est de 286 lieues carrées ; la

population, de 441,208 individus; c'est 1,543 habitants par lieue carrée.

On y compte 268,758 arpents de bois et forêts, dont 4,029 arpents de bois nationaux.

Les contributions directes, y compris les 16 centimes additionnels par franc, y ont donné, en l'an 11, la somme de 3,546,809 francs; c'est 8 francs 3 centimes à peu près par tête d'individu de tout âge et de tout sexe.

7°. *Le département de la Loire*, formé du Forez, partie du Lyonnais, tire son nom de la rivière de Loire qui le traverse du sud au nord.

La plaine de ce département, qui s'étend des deux côtés de la Loire, donne du blé et beaucoup de beau chanvre; les coteaux dans les environs de Roanne produisent du vin d'une bonne qualité. On recueille dans les montagnes qui avoisinent le département de l'Ardèche, les châtaignes rondes et grosses connues à Paris sous le nom de *marrons de Lyon*.

Il y a un nombre considérable de manufactures en fer et en acier, dont on fait un grand commerce en France et en Europe, particulièrement de canons de fusils et platines pour les armes communes de la fabrique de Saint-Etienne.

On y fait encore de la quincaillerie, de la mercerie, des rubans de soie, des toiles de chanvre, de la tannerie et de la verrerie; il s'y trouve plusieurs fabriques de papier.

Le commerce consiste essentiellement en chanvres, vins, bétail, ouvrages en fer et en acier, rubans, marrons, planches de sapin, clous et quincailleries.

Le chef-lieu est Montbrison, ville de 4,073 habitants, distante de Paris de 108 lieues.

L'étendue territoriale est de 244 lieues carrées; la population, de 292,588 individus; c'est à peu près 1,199 habitants par lieue carrée.

On y compte 72,759 arpents de bois, dont 9,355 sont des bois nationaux.

Les contributions directes, y compris les 16 centimes additionnels par franc, se sont élevées, en l'an 11, à 2,745,417 francs; c'est 9 francs 58 centimes par chaque tête d'individu de tout âge et de tout sexe.

8°. *Le département de Saône et Loire*, formé de l'Autunois, du Charollais, du Châlonnais et du Mâconnais, parties de la Bourgogne, tire son nom de deux grandes rivières qui l'arrosent; l'une, la Saône, du nord au sud; l'autre, la Loire, du sud à l'ouest.

Le sol de ce département, entrecoupé de montagnes, de collines et de plaines, est très-fertile. Il produit du froment, du seigle, des fruits en abondance, des vins très-estimés, du chanvre. Il y a beaucoup de bons pâturages et de belles forêts, ainsi que de grands étangs qui abondent en poissons. On y trouve aussi de belles carrières d'albâtre et de marbres de diverses couleurs, très-estimés; des aiguilles de cristaux naturels; ce qui a donné lieu à l'établissement des fabriques de cristaux de Creuzot et du Mont-Cénis.

On y exploite des mines de charbon de terre à peine suffisantes pour les fabriques que nous venons de nommer, et celles de tôle et de cuivre laminé.

Le principal commerce consiste en grains, vins, bois de charpente, de chauffage, foin, bétail, laines, cristaux, charbon de terre, cuivre laminé et ouvrages de fer. La Loire, qui communique avec la Seine par le canal de Briare, est très-avantageuse à ce commerce.

Le chef-lieu est Mâcon, ville de 5,807 ames, distante de Paris de 107 lieues.

L'étendue territoriale du département est de 134 lieues carrées; sa population, de 447,565 individus; ce qui fait à peu près 1,032 habitants par lieue carrée.

On y compte 330,780 arpents de bois et forêts, dont 105,051 arpents de bois nationaux.

Les contributions directes, y compris les 16 centimes additionnels par franc, ont donné, en l'an 11, la somme de 4,376,459 francs; c'est 9 fr. 77 cent. environ par tête d'individu de tout âge et de tout sexe.

9°. *Le département du Jura*, formé des bailliages de Dole et d'Aval, dépendants de la province de Franche-Comté, tire son nom d'une chaîne de montagnes située à l'est, qui s'étend des Alpes de Suisse aux Vosges, et connue, dès le temps des Gaulois, sous le nom de *Mont-Jura*.

Ce département est entrecoupé de plaines et de montagnes; aussi les productions y sont-elles différentes, en raison de la nature du sol. Les plaines abondent en blé, en vin, en pâturages, en chanvre, en noix et autres fruits;

les montagnes ne produisent guère que des menus grains, tels que l'orge, l'avoine, le maïs : ce dernier sert à faire une farine qui y est connue sous le nom de *gaude*.

Les beurres et les fromages de ce département sont très-estimés, et font l'objet d'un bon commerce; c'est une des principales richesses du Jura.

Les chevaux en sont une autre plus importante; ils y sont beaux et bons pour la cavalerie et le service de l'artillerie : c'est dans les montagnes principalement qu'ils réussissent le mieux.

Les forêts du Jura sont belles et étendues : il y croît de beaux sapins et de très-bon buis.

Les substances minérales qu'on y trouve sont le fer et le sel; les fers sont d'une bonne qualité, et employés dans les manufactures d'armes.

Les sources d'où l'on retire le sel par évaporation, et qui sont affermées à une régie, donnent, année moyenne, 153,000 quintaux de sel.

Il y a aussi des mines de charbon de terre, des carrières de marbre, d'albâtre, et des sables très-propres à la confection du verre.

Les fabriques y sont assez multipliées, sans y être cependant l'objet d'un grand commerce au dehors du département. Les principales sont des fabriques de toiles, de mouchoirs, de grosses draperies; des filatures de coton, des papeteries, des fourneaux et usines pour les travaux des mines et les clouteries; enfin, l'on y travaille à l'horlogerie dans plusieurs villes et villages, surtout aux mouvements bruts.

Le principal commerce consiste dans les productions du sol : sel, salpêtre, bois pour la marine et de charpente, merrain, fourrages, chevaux, ouvrages de fer.

Le chef-lieu est Lons-le-Saunier, ville de 6,041 individus, distante de 105 lieues de Paris.

Son étendue territoriale est de 256 lieues carrées; sa population, de 289,865 individus; c'est 1,132 habitants par lieue carrée.

Les contributions directes de l'an 11 y ont donné, en y comprenant les 16 centimes additionnels par franc, 2,005,226 francs; c'est 6 francs 91 centimes environ par tête d'individu de tout âge et de tout sexe.

10°. *Le département de l'Ain*, formé de la Bresse, du

Bugey, de la principauté de Dombes, dépendant de la Bourgogne, tire son nom de la rivière d'Ain qui le traverse du nord au sud.

Les deux tiers du département de l'Ain sont occupés par des rochers nus, des montagnes, dont les sommets ne rapportent rien, des communaux, des pâturages, des landes : les parties cultivées forment ainsi un tiers de la surface ; mais ce tiers produit suffisamment des grains et des denrées pour la subsistance des habitants ; souvent même il donne un excédant qui fournit aux départements voisins.

Outre les grains, les fruits, les pâturages du département de l'Ain, on y exploite des mines d'asphalte, dont on fait du brai pour la marine, une sorte de graisse propre à enduire les roues des voitures, et de l'huile dite *de pétrole*.

Il y a outre cela quelques fabriques de toiles de coton, de toiles de chanvre, de tapis, de peignes, d'ouvrages au tour, de l'horlogerie, principalement à Nantua.

Le commerce résulte de ces divers objets, surtout du beurre, fromage, volaille, chevaux, bœufs, chanvre, lin, brai, huile de pétrole.

Le chef-lieu est Bourg, ou Bourg-en-Bresse ; c'est une ville de 6,984 individus, à 115 lieues de Paris.

Son étendue territoriale est de 289 lieues carrées ; la population, de 284,455 individus ; c'est à peu près 985 habitants par lieue carrée.

On y compte 131,366 arpents de bois, dont 11,253 de bois nationaux.

Les impositions directes, y compris les 16 cent. additionnels par franc, ont donné, en l'an 11, 1,757,343 fr. ; c'est 6 francs 18 centimes par tête d'individu de tout âge et de tout sexe.

11°. *Le département du Rhône*, formé des provinces du Lyonnais, du Beaujolais, tire son nom du fleuve du Rhône qui lui sert de limites à l'est.

Ce département n'est point du nombre de ceux qui sont remarquables par leur fertilité et l'abondance des productions : on n'y recueille pas assez de blé pour la consommation des habitants ; mais on y cultive la pomme de terre, dont les habitants des campagnes font leur principale nourriture. On y cultive aussi le chanvre, qui y vient

très-beau. Les vins font une des richesses du département ;
ceux que l'on recueille à la droite du Rhône, ont de la
délicatesse et sont recherchés : les plus estimés sont ceux
de Côte-Rôtie, de la Chassagne, de Julienas, de Blacé,
de Millery et de Sainte-Foy.

Les pâturages y sont peu considérables, mais il y a
beaucoup de prairies artificielles.

Ce département a l'avantage de posséder les seules
mines de cuivre dont l'exploitation soit utile ; elles sont,
à ce qu'on assure, ouvertes depuis le temps des Romains.
Il y a aussi des mines de plomb, de charbon de terre,
de cristal de roche, de marbre, de porphyre.

L'on sait que le Lyonnais est un des départements où
se trouve la plus riche industrie ; celle de la fabrique des
soies à Lyon, et des travaux qui s'y rapportent dans les
environs. On y fait aussi de la chapelerie, de la bonneterie, beaucoup de toiles peintes ; il y a des verreries,
des tanneries, une fabrique de vitriol, des filatures de
soie, de coton.

Le commerce du département du Rhône résulte principalement de celui que la ville de Lyon fait avec la France
et l'Europe, ainsi que de la vente de ses vins et de ses
productions minérales, particulièrement du cuivre.

Lyon, chef-lieu, est une grande ville de 109,500 individus, à 115 lieues de Paris.

Son étendue territoriale est de 135 lieues carrées ; sa
population, de 345,644 individus ; c'est 2,560 habitants
par lieue carrée ; proportion qui est due à la grande population de Lyon, renfermée dans un petit espace, et aussi
à celle que font vivre aux environs les fabriques de cette
grande ville.

On trouve dans ce département 23,473 arpents de bois,
dont 466 de bois nationaux.

Les impositions directes de l'an 11, y compris les 16 centimes additionnels par franc, ont donné la somme de
4,391,838 francs ; c'est 12 francs 70 centimes environ par
tête d'individu de tout âge et de tout sexe.

Ici se terminent les onze départements de la région de
l'est où du levant de la France. L'on a pu y voir que
les principales richesses territoriales consistent dans les
grains, vins, bois et substances minérales.

Nous allons passer maintenant à la cinquième région,

dite du *sud-est*, et que quelques personnes désignent aussi par *région du Rhône*.

CINQUIÈME RÉGION. — *Sud-Est*.

Cette région comprend douze départements, qui sont : Haute-Loire, Ardèche, Drôme, Hautes-Alpes, Basses-Alpes, Alpes-Maritimes, Var, Bouches-du-Rhône, Gard, Vaucluse, Golo, Liamone ; ces deux derniers dans l'île de Corse.

1°. *Le département de la Haute-Loire*, formé du Vélay et des Cévennes, parties de la province de Languedoc, tire son nom de sa situation physique par rapport au cours de la Loire, qui coule du sud au nord-est.

C'est un pays de montagnes couvertes de neiges pendant six mois de l'année, ce qui donne à l'air un froid qui s'y fait sentir habituellement.

On y recueille cependant du blé au-delà de la consommation des habitants ; des légumes, des abricots, des fruits, des marrons, dont la plus grande partie est consommée à Lyon.

Il y a beaucoup de bons pâturages où l'on élève des bestiaux qui sont une des richesses principales du pays.

On y trouve des mines de plusieurs sortes, particulièrement de houille et d'antimoine, mais dont l'exploitation n'est pas soignée.

Les fabriques consistent en dentelles, ce sont les principales, couvertures, étoffes de laine, de soie, et des tanneries importantes.

Le commerce résulte de la vente des grains, bestiaux, mules et mulets qui y sont en grand nombre ; enfin en cuirs.

Le chef-lieu est le Puy, ville de 15,915 individus, distante de Paris de 140 lieues.

Son étendue territoriale est de 244 lieues carrées ; sa population, de 257,901 individus ; c'est 975 habitants par lieue carrée.

On y trouve 44,695 arpents de bois, dont 1,978 de bois nationaux.

Les impositions directes de l'an 11, y compris les 16 cent. additionnels par franc, ont donné 1,509,642 fr. ;

c'est 6 francs 34 centimes environ par tête d'individu de tout âge et de tout sexe.

2°. *Le département de l'Ardèche*, formé du Vivarais, partie de la province du Languedoc, tire son nom de la rivière de l'Ardèche, qui, y prenant sa source, coule de l'ouest à l'est.

Ce département, entrecoupé de hautes montagnes et de plaines, n'est pas également fertile. On peut le diviser en deux parties sous ce rapport ; l'une est couverte de montagnes riches, bien cultivées, remplies de châtaigniers, et qui produisent du blé au-delà de la consommation des habitants, des légumes, des fruits, du pâturages ; l'autre, où l'on trouve des montagnes stériles qui ne servent qu'à la nourriture des bêtes à laine, mais donnent aussi une grande quantité de ces châtaignes qui passent à Paris sous le nom de marrons de Lyon ; enfin, la partie du département située au sud-est le long des rives du Rhône, donne beaucoup de soie dans les bonnes années, et des vins, parmi lesquels ceux de Saint-Péray et de Cornus sont les plus estimés.

Il y a beaucoup de manufactures qui ont pour objet le travail de la soie ; on y fabrique aussi des mouchoirs de coton rouge, façon des Indes ; des bas, des bonnets, de la chamoiserie ; il y a des filatures de coton, des papeteries considérables.

Le principal commerce du département consiste dans ses vins, soies, truffes noires, châtaignes, papiers, chanvres et mouchoirs.

Le chef-lieu est Privas, petite ville de 2,023 individus, distante de Paris de 152 lieues.

Son étendue territoriale est de 299 lieues carrées ; sa population, de 267,525 individus ; c'est à peu près 895 habitants par lieue carrée.

On y compte 66,146 arpents de bois, dont 7,704 de bois nationaux.

Les contributions directes, y compris les 16 centimes additionnels par franc, ont donné, en l'an XI, 1,356,194 fr. ; c'est 5 francs 7 centimes par tête d'individu de tout âge et de tout sexe.

3°. *Le département de la Drôme*, formé du Valentinois et du Diois, parties du Dauphiné, tire son nom de la Drôme qui le traverse de l'est à l'ouest.

Une grande partie de ce département n'est pas susceptible de culture ; la sommité des montagnes ne peut donner
que des pâturages. On ne recueille pas dans la généralité
du département, année moyenne, assez de blé pour la
nourriture des habitants ; mais les bords du Rhône sont
riches en vins, ainsi que les montagnes des arrondissements de Die et de Nyons, et leur quantité est fort au-
dessus de la consommation des habitants. Il y a aussi
grand nombre d'oliviers qui donnent de l'huile, et beaucoup de mûriers dont les feuilles sont vendues pour la
nourriture des vers à soie. C'est un objet considérable de
produit, puisque l'on évalue à 5,000,000 de francs la
vente des cocons de soie qui se fait annuellement.

Il y a peu de gros bétail, mais les moutons y sont en
grand nombre, et les laines que l'on en retire servent à
alimenter les fabriques d'étoffes grossières du département.

On fait beaucoup de cas des herbes médicinales qu'on
y trouve.

Il y a encore des chamois dans les forêts, dans lesquelles on trouve beaucoup de bois propre à la mâture.

Le commerce et l'industrie sont assez importants ; ils
se composent, outre les productions, des manufactures
de gros draps, de ratines, de toiles, de papiers, de chapeaux, de feuilles de mûriers, de cocons de soie.

Le chef-lieu est Valence ; c'est une ville située sur la
rive gauche du Rhône, dont la population est de 7,552
habitants ; elle est à 142 lieues de Paris.

Son étendue territoriale est de 311 lieues carrées ; sa
population, de 251,168 individus ; c'est 757 habitants par
lieue carrée.

On y trouve 147,381 arpents de bois et forêts, dont
10,541 de bois nationaux.

Les impositions directes de l'an 11, y compris les
16 cent. additionnels par franc, ont donné 1,840,992 fr. ;
c'est 7 francs 96 centimes environ par tête d'individu de
tout âge et de tout sexe.

4°. *Le département des Hautes-Alpes*, formé du Ga-
pençois, de l'Embrunois et du Briançonnais, parties de la
province de Dauphiné, tire son nom de la position physique des montagnes des Alpes, situées entre la France et
l'Italie.

Ce département n'a rien de remarquable par la quantité

de ses productions; ce sont des blés de bonne qualité, du seigle, de l'avoine, des pommes de terre, beaucoup de noyers qui donnent à leurs propriétaires de l'huile pour leur consommation.

Il y a aussi des vins de qualités mélangées, suivant les lieux; des pâturages où l'on élève des bestiaux, des chevaux, des mulets, des ânes; ces deux derniers y sont l'objet d'un assez bon commerce, parce que l'on s'en sert de préférence dans ce pays de montagnes.

Les moutons des Alpes sont cornus; ils sont grands; leur laine est estimée.

On trouve des mines de plomb, une d'argent, une de cuivre, et plusieurs de charbon de terre, dans le département des Hautes-Alpes.

La *craie de Briançon*, dont on se sert pour ôter les taches, vient de ce pays. La *manne de Briançon* est aussi une production de ce département; on la recueille sur des mélèses qui couvrent les montagnes dans les environs de Briançon.

Le commerce consiste en blé, vin, chanvre, bestiaux, laine, mulets, ânes, ainsi qu'en produits des fabriques, qui sont des ouvrages d'acier, de fer, de plomb, de cuivre; en laines, poteries, tanneries.

Le chef-lieu est Gap, ville de 8,050 individus, à 184 lieues de Paris.

L'étendue territoriale est de 251 lieues carrées; sa population, de 118,522 individus; ce qui donne à peu près 471 habitants par lieue carrée.

On y compte 83,895 arpents de bois et forêts, dont 6,500 de bois nationaux.

Les contributions directes de l'an 11, y compris les 16 cent. additionnels par franc, ont donné 726,131 francs; c'est 6 francs 49 centimes environ par tête d'individu de tout âge et de tout sexe.

5°. *Le département des Basses-Alpes*, formé de la Haute-Provence, tire son nom de la position physique des Alpes qui, à l'est, le séparent du Piémont.

Le département des Basses-Alpes est d'un sol naturellement ingrat et stérile; c'est à l'industrie des habitants qu'est due sa fertilité. On y récolte assez abondamment du blé, du seigle, de l'orge, de l'avoine. Il y a du bois propre à la charpente, dont le flottage se fait par la

Durance. On y nourrit aussi beaucoup de veaux, de vaches; le fromage, le beurre, forment une branche de commerce étendue. On y élève des chevaux, des mulets qui servent dans le pays. La vigne y est d'un assez bon rapport, et les vins du Mées et du Castelet y jouissent de beaucoup de réputation.

Les pommes de terre y font un objet de culture et de consommation intérieure très-considérable; il y a des mûriers pour la nourriture des vers, qui y donnent de la soie dont les habitants tirent un produit utile; enfin, des amandiers, des cotonniers, des orangers, des figuiers. On se sert de mulets et d'ânes pour les transports; les chevaux y sont rares et chers, quoiqu'on en élève dans plusieurs cantons; mais les chèvres et les bêtes à laine y sont communes. On y fait des fromages du lait de ces animaux. Le soin des abeilles y est aussi une source de revenu territorial; la cire et le miel qu'elles donnent sont très-estimés.

Il y a quelques mines de fer, de plomb, de soufre, de cuivre, tenant or et argent; de jayet, de vitriol, de cristaux, qui ne sont point exploitées.

Les fabriques n'ont rien d'important; elles consistent en bonneterie, chapèlerie, tannerie; il y a une manufacture de faïence distinguée à Monastier.

Le commerce suit la nature des objets que nous venons d'indiquer, et consiste principalement dans la vente des huiles, des soies, des laines, bestiaux, comme moutons, chèvres, mulets et ânes.

Le chef-lieu est Digne; c'est une ville de 2,872 individus, distante de Paris de 184 lieues.

Son étendue territoriale est de 373 lieues carrées; sa population, de 140,121 individus; c'est 376 habitants par lieue carrée.

Il y a 109,068 arpents de bois et forêts, dont 35,768 de bois nationaux.

Les impositions directes de l'an 11, y compris les 16 cent. additionnels par franc, ont donné 1,007,311 fr.; c'est 7 francs 18 centimes environ par tête d'individu de tout âge et de tout sexe.

6°. *Le département des Alpes Maritimes,* formé du comté de Nice, tire son nom de la position physique des Alpes, qui aboutissent à la côte de Gênes.

Ce département, couvert de hautes montagnes, est divisé en un grand nombre de petites vallées agréables, où l'on recueille peu de blé, mais des vins, des fruits, des olives, des châtaignes, des amandes, des oranges, des citrons, des limons, des cédrats ; le reste n'offre guère que des pâturages et des bois.

Le commerce principal consiste en soies écrues et filées, en vins, en huiles excellentes, en essences très-estimées et en fruits.

Le chef-lieu est Nice, ville de 18,475 individus, à 125 lieues de Paris.

L'étendue territoriale est de 160 lieues carrées ; la population de 87,071 individus ; c'est 544 habitants par lieue carrée.

L'on y compte 71,681 arpents de bois, dont 8,028 sont de bois nationaux.

Les impositions directes, y compris les 16 centimes additionnels par franc, ont été, en l'an 11, de 622,821 fr. ; c'est 7 francs 15 centimes environ par tête d'individu de tout âge et de tout sexe.

7°. *Le département du Var*, formé d'une partie de la Basse-Provence, tire son nom de la rivière de Var qui y coule au nord-est, et lui sert de limite, en le séparant des Alpes Maritimes.

Ce département, couvert de montagnes dans la partie du nord, ne fournit qu'environ la moitié du grain nécessaire à la consommation de ses habitants ; mais il y a beaucoup de vignes qui donnent des vins de différentes qualités ; des fruits d'une espèce particulière, tels que les prunes, que l'on transporte pelées et séchées dans l'intérieur de la France et en Allemagne, les truffes, les olives, les prugnons, les limons, les ponciras, les grenades, etc.

Un des grands produits de la culture de ce pays est la cire ; le miel en est un autre moins important, quoique d'un assez bon rapport.

Il y a quelques mines, ainsi que des carrières de marbre.

Les fabriques principales sont celles de savon, de papier, de parfumerie, de verre, de sel, de plomb, et quelques draps grossiers.

Le commerce consiste dans la vente des fruits, des

vins, huiles, soies; la pêche du thon et des anchois en forme aussi une branche importante.

Le chef-lieu est Draguignan, ville agréablement située, à 202 lieues de Paris; on y compte 6,561 ames.

L'étendue territoriale est de 378 lieues carrées; la population de 269,142 individus; c'est 712 habitants par lieue carrée.

On y trouve 357,309 arpents de bois et forêts, dont 113,484 sont de bois nationaux.

Les impositions directes de l'an 11, y compris les 16 cent. additionnels par franc, ont donné 2,258,028 fr.; c'est 8 francs 39 centimes par tête d'individu de tout âge et de tout sexe.

8°. *Le département des Bouches-du-Rhône*, formé d'une partie de la Basse-Provence, tire son nom du Rhône qui y a ses embouchures dans la Méditerranée.

Les productions principales sont les blés, les vins, les olives, les fruits, les amandes. Le blé ne suffit point à la consommation du département; Marseille en tire de la Barbarie, qui supplée à ce qui manque; on en fait venir aussi de l'intérieur de la France par le Rhône : mais l'on y recueille des vins en abondance, et plus qu'il n'en faut pour la consommation des habitants; les plus estimés sont ceux de Cassis et de la Ciotat. Les olives forment dans ce département un objet de culture des plus riches, par les excellentes huiles que l'on en fait : cet objet est si considérable, qu'avant la perte des oliviers, arrivée par la gelée en 1789, on exportait du département 100,000 quintaux d'huile, ce qui donnait un revenu de 4,500,000 francs. Les amandes sont une autre production dont le département fait encore un grand commerce : on en peut dire autant des soies. On y nourrit plus de 600,000 bêtes à laine, que l'on nomme *transhumantes*, parce qu'elles quittent les plaines de la Crau, près d'Arles, au moment où la chaleur se fait sentir, pour aller sur les hautes montagnes du département de la Drôme, des Hautes-Alpes, y vivre fraîchement tout l'été, et regagner ensuite le territoire d'Arles au retour des frimas.

Il y a aussi dans ce département des mines de fer, d'alun, de vitriol, et des carrières de marbre.

Le commerce territorial et d'industrie doit être distingué de celui d'entrepôt, qui se fait par Marseille; ce dernier ne peut entrer dans l'estimation statistique du département des Bouches-du-Rhône.

Le premier consiste dans la vente des laines, des vins, des huiles, des soies, des amandes, des liqueurs, des essences, de la graine d'écarlate, de la garance que l'on y cultive depuis plusieurs années.

Marseille et les environs fabriquent de très-beau savon, qui est l'objet d'un commerce considérable; on y fait aussi de la bonneterie, de la corroierie, et différents objets plutôt d'une consommation habituelle que d'exportation.

Le chef-lieu est Marseille, où l'on compte 111,130 ames, à 200 lieues de Paris.

L'étendue territoriale est de 298 lieues carrées; la population, de 320,072 individus; c'est 1,074 habitants par lieue carrée.

On y trouve 61,747 arpents de bois, dont 13,347 de bois nationaux.

Les impositions directes, en l'an 11, y compris les 16 centimes additionnels, y ont donné 3,612,199 francs; c'est 11 francs 28 centimes par tête d'individu de tout âge et de tout sexe.

9°. *Le département du Gard*, formé des anciens diocèses de Nîmes, d'Alais et d'Usès, parties de la province de Languedoc, tire son nom de la rivière du Gardon, que par abréviation l'on prononce Gard.

Le département du Gard, hérissé en partie de hautes montagnes, a un sol assez généralement aride; il est exposé à des vents furieux.

Cependant il offre d'assez abondantes récoltes et productions pour la consommation et le commerce.

Outre des grains, des vins, des fourrages, on y recueille de la soie, des olives, avec lesquelles on fait de l'huile.

Ces nombreux pâturages fournissent à la nourriture des bestiaux; les brebis, outre la laine, y donnent le lait avec lequel on fait un fromage assez estimé, et de la même nature que celui dit *de Roquefort*.

On y trouve des mines de fer, de cuivre, de vitriol, de charbon de terre, de cobalt, d'antimoine, des carrières de marbre.

Le commerce consiste dans la vente de quelques draps, étoffes de soie et bonneterie de Nîmes; vins, eaux-de-vie , eaux de senteur, huiles, verreries, poteries, tous objets dont le plus grand débit se fait annuellement à la fameuse foire de Beaucaire, qui est dans ce département.

Le chef-lieu est Nîmes; c'est une ville de 39,300 habitants, distante de Paris de 169 lieues.

L'étendue territoriale est de 292 lieues carrées; la population, de 509,052 individus; c'est 1,058 habitants par lieue carrée.

On y trouve 93,287 arpents de bois et forêts, dont 24,368 de bois nationaux.

Les impositions directes de l'an 11 , y compris les 16 cent. additionnels par franc, ont donné 2,866,398 fr. ; c'est 9 fr. 27 cent. environ par tête d'individu de tout âge et de tout sexe.

10°. *Le département de Vaucluse*, formé du comtat Venaissin et de la pricipauté d'Orange , tire son nom de la fontaine de Vaucluse, si célèbre par les beaux vers que Pétrarque y fit en l'honneur de Laure.

La fertilité du département n'est point uniforme ; il y a des parties caillouteuses et stériles, d'autres d'un sol gras et productif. Les grains que l'on récolte ne suffisent pas à la consommation des habitants : on tire ce qu'il en manque des départements voisins , par le Rhône.

Les oliviers , qui devraient former une des principales richesses de la culture , ne donnent plus à beaucoup près la quantité d'huile qu'on en retirait il y a une vingtaine d'années.

Il y a beaucoup de prairies artificielles, particulièrement de luzerne. Les vins y sont assez abondants , mais médiocres ; les soies que l'on recueille ont peu de valeur , et cependant forment un des principaux produits; la garance et le safran en forment un autre ; la première surtout est estimée.

Il y a plusieurs mines, telles que charbon de terre, vitriol , terres à poteries , argile de la meilleure qualité.

Les fabriques de soierie sont la principale industrie du département de Vaucluse; il y a aussi quelques papeteries , plusieurs ateliers de toiles peintes , des poteries; des acides vitrioliques, nitriques; des cuivres en feuilles pour la marine; de la faïence jaune et jaspée, et quelques autres objets de peu d'importance.

Ces produits de l'industrie et quelques productions ,

telles que la soie, les essences, la garance, le safran, composent le commerce du département de Vaucluse.

Le chef-lieu est Avignon; c'est une ville de 20,171 ames, à 174 lieues de Paris.

Son étendue territoriale est de 116 lieues carrées; sa population, de 190,180 individus; ce qui fait à peu près 1,639 habitants par lieue carrée.

On y trouve 16,037 arpents de bois, tous bois communaux, c'est-à-dire appartenants en commun à des villes, bourgs ou villages.

Les impositions de l'an 11, y compris les 16 centimes additionnels, ont donné 1,367,701 fr.; c'est 7 fr. 19 cent. environ par tête d'individu de tout âge et de tout sexe.

11°. *Le département du Golo* est un des deux qui composent l'île de Corse, situé dans la partie du nord; il tire son nom de la rivière de Golo qui le traverse de l'ouest à l'est.

Le sol du Golo est montueux, et cependant fertile, sans en excepter les montagnes, si ce n'est les plus hautes. On y recueille en abondance du blé, de l'orge, du millet, des châtaignes; on y récolte de bons vins. Il y a des orangers, des citronniers, des vers à soie, dont le produit occupe et enrichit les habitants. Il y a de belles forêts qui renferment des bois propres à la construction.

Les montagnes contiennent du fer, du cuivre, du plomb, de l'argent, du talc, des émeraudes, du jaspe. On pêche de beau corail le long des côtes.

Il n'y a aucune manufacture remarquable; les habitants font quelques grosses étoffes de laine et des toiles à leur usage. On y trouve aussi quelques mauvaises tanneries.

Le commerce consiste dans l'exportation de l'île, de raisins secs, de châtaignes, olives, huile, soie, vin, bois de construction, et corail.

Le chef-lieu est Bastia, ville de 10,997 ames, à 511 lieues de Paris.

Son étendue territoriale est de 256 lieues carrées; sa population, de 103,466 individus; c'est 404 habitants par lieue carrée.

On y trouve 29,000 arpents de bois et forêts, dont 2,839 de bois nationaux.

Les impositions directes de l'an 11, y compris les 16 centimes additionnels, ont donné la somme de

172,692 francs; c'est un franc 66 centimes environ par tête d'individu de tout âge et de tout sexe.

12°. *Le département de Liamone*, formé de la partie méridionale de l'île de Corse, tire son nom de la rivière de Liamone qui le traverse au nord, de l'est à l'ouest.

Le sol de ce département est montueux comme celui du précédent. On y recueille également du froment, de l'orge, du millet, des châtaignes. On y récolte aussi d'excellent vin; il y a des amandiers, des orangers, oliviers, citronniers, et des mûriers dont on nourrit des vers qui donnent une soie assez estimée.

On n'y trouve aucune fabrique considérable; son commerce consiste dans l'exportation de ses productions, comme blé, huile, vin, soie, bestiaux, bois de charpente et de construction, corail.

Le chef-lieu est Ajaccio, dont la population est de 6,000 individus, à 283 lieues de Paris.

Son étendue territoriale est de 228 lieues carrées; sa population, de 63,347 individus; c'est 277 habitants par lieue carrée.

Les bois et forêts occupent 78,000 arpents, dont 12,343 de bois nationaux.

Les impositions directes de l'an 11, y compris les 16 centimes additionnels, ont donné dans le département de Liamone, 97,866 francs; c'est un franc 54 centimes environ par tête d'individu de tout âge et de tout sexe.

Ici se termine la cinquième région, composée de douze départements; mais la France a acquis une possession dans la Méditerranée, qui, quoique n'étant pas ordinairement dans la division départementale, n'en mérite pas moins d'être connue; c'est l'île d'Elbe.

L'île d'Elbe, voisine de celles de Capraja, de la Pianosa, Palmajola et Monte-Christo, a été réunie à la France par le sénatus-consulte du 8 fructidor an 10. (26 août 1802.)

Cette île ne forme point département, mais est administrée par un commissaire du gouvernement, qui a sous lui plusieurs administrateurs subalternes, pour la perception des impôts, et la police.

L'île d'Elbe est séparée de la Toscane par un canal de quatre lieues, et de la Corse par un de dix lieues.

Il n'y a aucune rivière dans cette île, mais beaucoup de sources, qui y suppléent en partie.

On y trouve plusieurs montagnes couvertes d'arbres odoriférants; les vallées et coteaux sont fertiles; on y recueille des grains, des vins de la nature de ceux d'Espagne, des olives, des figues d'une bonne qualité, des fèves, des pois et peu de grains. Il y a des liéges en grande quantité, et des melons appelés *pastèques*, d'une qualité excellente.

Les pâturages y sont rares, et l'on n'y peut élever de bestiaux. L'île a très-peu de bois, mais la douceur du climat le rend inutile pour le chauffage.

C'est principalement dans ses mines que consiste la richesse de l'île d'Elbe; on y en trouve d'or, d'argent, de cuivre, de fer, de plomb, de marbre, de granit, de vitriol, d'ardoise.

Celles d'or et d'argent sont peu de chose; mais les mines de fer y donnent un grand produit. Le minerai y rend plus que dans toute autre mine de l'Europe, si l'on en excepte celles de Suède, et la qualité du fer y est très-bonne.

Le prince de Piombino, à qui appartenait la mine de fer de Rio, en retirait annuellement un revenu de 200,000 francs.

La pêche est une des branches d'industrie des habitants; celle du thon surtout leur est d'un grand rapport.

Le nombre des habitants va à 12,000, et l'étendue de l'île est de 20 lieues carrées; c'est 600 habitants par lieue carrée.

Le chef-lieu est Porto-Ferrajo, ville de 6,000 habitants, située à 355 lieues de Paris.

L'île de Capraja, voisine de celle d'Elbe, a près de 1,500 habitants; le sol y est stérile; elle n'est habitée en presque totalité que par des pêcheurs. Il y a néanmoins une justice de paix.

Nous allons passer maintenant à l'analyse statistique des départements qui composent la sixième division du territoire français.

SIXIÈME RÉGION. — *Sud* ou *Midi.*

Cette sixième région comprend neuf départements ; savoir : la Corrèze, le Cantal, la Lozère, l'Hérault, les Pyrénées-Orientales, l'Aude, le Tarn, le Lot, l'Aveyron.

1°. *Le département de la Corrèze*, formé du Bas-Limosin, tire son nom de la rivière de Corrèze qui coule en partie du nord au sud, en tirant un peu à l'ouest.

Le sol de ce département est en général plus mauvais que bon ; il est maigre et argileux dans certains cantons ; dans d'autres il est sablonneux et pierreux. Les terres produisent un peu de froment ; mais les seigles et le sarrasin sont les grains qui y abondent le plus ; on y cultive avec succès la rave, qui sert à engraisser les bestiaux. Les pâturages, assez bons, servent à élever des bœufs, des chevaux, des mulets et des bêtes à laine, qui, tous, forment la principale richesse territoriale de la Corrèze. On y recueille du vin, surtout du côté de Brives, qui a de la réputation. Les châtaignes forment aussi un produit assez important.

Il y a des mines de différents métaux et minéraux ; particulièrement de fer, de plomb, de cuivre et d'antimoine, ainsi que des carrières de pierres à bâtir, des bois et du talc.

L'industrie consiste principalement en fabriques à fer, telles que forges, manufactures d'armes à feu, de mouchoirs bon teint, de toiles peintes, de mousselines, de siamoise, de bougies, de papeteries.

Le commerce résulte de la vente des chevaux, bœufs, mulets, huile de noix, ouvrages de fer, d'acier, de fonte, de mouchoirs, papiers.

Le chef-lieu est Tulle ; c'est une ville de 9,000 individus ; elle est à 119 lieues de Paris.

Son étendue territoriale est de 299 lieues carrées ; sa population, de 245,554 individus ; c'est 815 habitants par lieue carrée.

On y trouve 26,591 arpents de bois et forêts, dont 5,484 de bois nationaux.

Les impositions directes de l'an 11, y compris les 16 cent. additionnels par franc, ont donné 1,588,554 fr. ;

c'est 6 fr. et près de 52 centimes par tête d'individu de tout âge et de tout sexe.

2°. *Le département du Cantal*, formé d'une partie de la Haute-Auvergne, tire son nom d'une montagne considérable qui en occupe à peu près le centre.

Le sol est peu fertile en grains; cependant on y récolte du blé, du seigle, de l'orge, de l'avoine, du sarrasin.

Les pâturages y sont excellents, et les bestiaux que l'on y élève forment une des principales richesses du département.

Le fromage que l'on fait dans le Cantal est très-estimé; il s'en vend beaucoup, tant à Paris que dans les départements du midi.

Il y a des mines de cuivre, d'antimoine et de charbon de terre; des carrières de marbre et d'ardoises.

L'industrie du pays, assez considérable, a pour objet les étoffes de laine, les bas de laine, les dentelles, la toile, les tanneries et papeteries.

Le commerce consiste en bestiaux, principalement des bœufs pour l'approvisionnement de Paris, des fromages, connus sous le nom de *fromage d'Auvergne*, de l'huile de noix, un peu de dentelles et quelques grosses étoffes.

Le chef-lieu est Aurillac, ville de 10,397 ames, à 133 lieues de Paris.

Son étendue territoriale est de 294 lieues carrées; sa population, de 237,224 individus; c'est 807 habitants par lieue carrée.

On y trouve 57,097 arpents de bois, dont 10,265 de bois nationaux.

Les impositions directes de l'an 11, y compris les 16 centimes additionnels, ont donné 2,038,302 francs; c'est 8 francs 60 centimes par tête d'individu de tout âge et de tout sexe.

3°. *Le département de la Lozère*, formé des pays de Gévaudan et d'une partie des Cévennes, dépendants de la province de Languedoc, tire son nom d'une petite chaîne de montagnes qui fait partie de celles connues sous le nom de montagnes des Cévennes.

Le sol de ce département est très-varié; il produit en général du seigle en petite quantité, beaucoup de châtaignes, des pommes de terre, du chanvre, un peu de garance, du tabac; on y élève des vers à soie. Les moutons, en assez grand nombre, y donnent une laine de bonne qualité.

Il y a dans les montagnes des mines de fer, de plomb, de cuivre, d'antimoine.

Le travail des laines et de la soie, la filature, forment la principale industrie, qui est peu étendue dans ce département.

Son commerce consiste principalement dans la vente des bestiaux, étoffes de laine, comme cadis, serge, un peu de soie travaillée, quelques chevaux et mulets.

Le chef-lieu est Mende; c'est une ville de 5,014 ames, à 113 lieues de Paris.

L'étendue territoriale est de 269 lieues carrées; la population, de 155,936 individus; c'est 579 habitants par lieue carrée.

On y trouve 42,348 arpents de bois, dont 1,363 sont de bois nationaux.

Les impositions directes de l'an 11, y compris les 16 cent. additionnels par franc, ont donné 892,776 fr.; c'est 5 francs 72 centimes par tête d'individu de tout âge et de tout sexe.

4°. *Le département de l'Hérault*, formé d'une partie du Bas-Languedoc, tire son nom de la rivière de l'Hérault qui le traverse du nord au sud.

Le sol en est extrêmement varié : le territoire à l'est de l'Hérault est généralement sec et aride, et les terres situées à l'ouest sont communément bonnes et fertiles. On y recueille des blés en petite quantité, toutes sortes de fruits, des vins excellents, particulièrement des muscats.

La récolte des huiles y est un objet considérable; mais depuis 1789, que les oliviers ont gelé, elle y est bien diminuée, comme dans tous les départements qui produisent cet arbre. Les mûriers y donnent des vers à soie qui font un objet de richesse; les pâturages y sont abondants, ainsi que le bétail que l'on y nourrit, surtout des moutons.

On fait sur la côte une pêche qui donne un produit utile, particulièrement celle de la sardine, près de Cette.

On y trouve quelques mines d'argent, de plomb, d'azur, de charbon de terre, ainsi que des carrières de marbre.

Il y a beaucoup de fabriques, telles que draperies, soieries, tanneries, poteries, blanchisseries pour les cires, fabriques de vert-de-gris, distilleries d'eau-de-vie.

Son commerce est composé de la vente de ces objets, et surtout des eaux-de-vie, salicor, raisins secs, vins muscats, sardines, verdet ou vert-de-gris, faïencerie et bois pour la construction.

Le chef-lieu est Montpellier; c'est une grande ville de 33,913 ames, à 182 lieues de Paris.

Son étendue territoriale est de 317 lieues carrées; sa population, de 291,957 individus; c'est à peu près 921 habitants par lieue carrée.

L'on y trouve 54,988 arpents de bois, dont 6,913 de bois nationaux.

Les impositions directes de l'an 11, y compris les 16 cent. additionnels par franc, ont donné 4,060,543 fr.; c'est 13 francs 90 centimes par tête d'individu de tout âge et de tout sexe.

5°. *Le département des Pyrénées-Orientales*, formé de la province de Roussillon, tire son nom de la partie orientale des Pyrénées où il est situé.

Le territoire de ce département est fertile en blé, vin qui est assez bon, orge, millet, lin, chanvre, huile. On fait assez ordinairement dans les cantons où les terres s'arrosent, deux, et quelquefois trois récoltes par an. Il y a beaucoup d'orangers, citronniers, grenadiers; des genièvres, des mûriers et quantité de plantes aromatiques : le bois y est rare : on y élève considérablement de moutons dont la chair est excellente et la toison très-fine. La mer qui baigne les côtes, fournit de l'occupation aux habitants, principalement par la pêche du thon et des sardines, qui y est abondante.

Les mines de fer y sont abondantes, et d'une bonne qualité.

Le commerce n'y est pas considérable; il consiste principalement dans l'importation des piastres, dans l'exportation des bestiaux en Espagne, des vins à l'étranger et à l'intérieur, dans la vente des laines, des fers, des soies, du blé, du millet.

Le chef-lieu est Perpignan; c'est une ville forte, de 11,100 ames, à 252 lieues de Paris.

L'étendue territoriale est de 212 lieues carrées; la

population , de 117,764 individus ; c'est 555 habitants
par lieue carrée.

La quantité de bois ne s'y élève qu'à 46,880 arpents ,
dont 5,222 en bois nationaux.

Les impositions directes de l'an 11 , y compris les
16 cent. additionnels par franc, ont donné 1,010,520 fr. ;
c'est 8 francs 58 centimes par tête d'individu de tout âge
et de tout sexe.

6°. *Le département de l'Aude*, formé d'une partie du
Bas-Languedoc, tire son nom de la rivière d'Aude qui y
coule du sud au nord jusqu'à Carcassonne, et ensuite de
l'est à l'ouest.

L'on recueille une assez grande quantité de grains, de
fruits et de vin dans ce département. Il y a des oliviers,
des mûriers pour la nourriture des vers à soie.

Les forêts donnent des bois de charpente et de construction. On y trouve des mines de différents métaux ,
particulièrement de fer ; aussi le nombre des forges et
usines y est-il considérable.

Ce qui ne l'est pas moins , ce sont les fabriques de
draps et lainages, de soieries ; des tanneries et papeteries.

L'on sait que la fabrique de Carcassonne fournit considérablement à la consommation intérieure et à l'exportation.

Aussi est-ce un objet de commerce très-important ,
auquel il faut ajouter celui des grains , des huiles d'olive ,
des vins , des eaux-de-vie , des raisins secs.

Le chef-lieu est Carcassonne , ville de 15,219 ames ,
à 222 lieues de Paris.

Son étendue territoriale est de 324 lieues carrées ; sa
population, de 226,198 individus ; ce qui donne 698 habitants par lieue carrée.

On y trouve 92,635 arpents de bois, dont 53,341 arpents de bois nationaux.

Les impositions directes de l'an 11 y ont donné
2,843,809 francs ; c'est 12 francs 57 centimes environ par
tête d'individu de tout âge et de tout sexe.

7°. *Le département du Tarn*, formé d'une partie du
Haut-Languedoc, tire son nom de la rivière de Tarn
qui y coule de l'est à l'ouest, et le divise en deux parties
inégales, l'une septentrionale, l'autre méridionale.

Ce département , situé partie dans de belles plaines ,

partie dans des montagnes, abonde en denrées de toutes sortes. On y récolte en quantité du froment, de l'orge, du seigle, du sarrasin, de l'avoine, du vin, des pommes de terre, du lin, du chanvre, du pastel, de l'anis, de la coriandre.

Il y a d'assez bons pâturages, mais pas également répartis; ce qui rend la nourriture des bestiaux difficile, et leur nombre moins considérable.

Il y a des mines de fer, de cuivre, de plomb, de manganèse, de charbon de terre, des carrières de marbre, de terres argileuses propres à la faïence, à la porcelaine; des sables pour la verrerie.

L'industrie s'occupe des fabriques d'étoffes de laine, molletons, petites draperies, bonneterie, toiles, chapeaux, papeteries, verreries, forges et martinets.

Le commerce principal consiste en grains, vins, prunes sèches, soies, bestiaux, et dans le produit des fabriques dont nous venons de parler.

Le chef-lieu est Alby, ville de 9,649 individus, à 163 lieues de Paris.

Son étendue territoriale est de 269 lieues carrées; sa population, de 272,163 individus; ce qui fait à peu près 1,012 habitants par lieue carrée.

Les impositions directes de l'an 11, y compris les 16 centimes additionnels, ont donné 2,693,820 francs; c'est 9 francs 90 centimes environ par tête d'individu de tout âge et de tout sexe.

8°. *Le département du Lot*, formé du Quercy, partie de la province de Guyenne, tire son nom de la rivière du Lot, qui, y coulant de l'est à l'ouest, le sépare en deux parties, l'une septentrionale, l'autre méridionale.

C'est un pays extrêmement fertile et abondant. On y récolte une grande quantité de blés et de vins; les blés y sont de bonne qualité; les vins de la côte du Lot sont estimés. On y récolte aussi des menus grains, des fruits en abondance et d'une bonne qualité, du chanvre, du safran, des truffes; on y cultive des mûriers blancs, et la soie que l'on y recueille forme un objet de commerce.

Les fabriques consistent principalement en draps, ratines, cadis, serges, étoffes de soie, bonneteries, toiles, papeteries, faïenceries, verreries.

Il y a des mines de fer et de charbon de terre. Le commerce résulte de la vente des blés, vins, eaux-de-vie, farine, fruits secs, truffes, huile de noix, chanvre, bestiaux, et des produits assez considérables des fabriques.

Le chef-lieu est Cahors, ville de 11,727 ames., à 151 lieues de Paris.

Son étendue territoriale est de 362 lieues carrées; sa population, de 383,683 individus; c'est 1,060 habitants par lieue carrée.

On y compte 73,093 arpents de bois et forêts, dont 4,842 de bois nationaux.

Les impositions directes de l'an 11, y compris les 16 centimes additionnels par franc, ont donné une somme de 3,235,544 francs; c'est 8 francs 43 centimes environ par tête d'individu de tout âge et de tout sexe.

9°. *Le département de l'Aveyron,* formé de la province de Guyenne, tire son nom de la rivière d'Aveyron, qui, coulant de l'est à l'ouest, le sépare en deux parties.

On recueille peu de froment dans ce département, mais du seigle, de l'avoine, du blé noir. Les vignobles y forment une des principales richesses. Le vin qu'ils donnent va beaucoup au-delà de la consommation; il est de médiocre qualité; on en fait de l'eau-de-vie.

On récolte aussi du chanvre, et les prairies abondantes nourrissent des bestiaux, surtout des mules et mulets, qui forment un objet de commerce.

C'est dans ce département que se fait le fromage connu sous le nom de *Roquefort.*

Il y a quelques mines de cuivre, de fer, de plomb, d'alun, de couperose, d'antimoine, mais surtout de charbon de terre.

Le commerce consiste principalement dans la vente des productions du sol, de la laine des troupeaux qu'on y élève, des fromages, des draps et autres étoffes qu'on y fabrique, telles que serges, étamines, burats, cuirs tannés, chapelerie, bonneterie.

Le chef-lieu est Rhodez, ville de 6,233 individus, à 141 lieues de Paris.

Son étendue territoriale est de 474 lieues; sa population, de 328,195 individus; c'est 692 habitants par lieue carrée.

Il y a 116,547 arpents de bois et forêts, dont 13,444 de bois nationaux.

Les impositions directes de l'an 11, y compris les 16 cent. additionnels par franc, ont donné 3,198,635 fr.; c'est 9 francs 75 centimes environ par tête d'individu de tout âge et de tout sexe.

Les neuf départements dont nous venons de présenter l'analyse statistique, forment la sixième région de la France. Nous allons maintenant passer à la septième.

SEPTIÈME RÉGION. — *Sud-Ouest.*

La septième des onze régions, y compris le Piémont, dans lesquelles nous partageons les 108 départements de la France, est celle appelée du *sud-ouest*; on y compte neuf départements, savoir : la Gironde, la Dordogne, le Lot et Garonne, la Haute-Garonne, l'Arriège, les Hautes-Pyrénées, les Basses-Pyrénées, les Landes, le Gers.

1º. *Le département de la Gironde*, formé d'une partie de la province de Guyenne, tire son nom de la rivière de Gironde.

Nous croyons devoir remarquer ici, pour l'intelligence de quelques lois et évènements de la révolution, que depuis le mois de juillet 1793, jusqu'à celui de septembre 1795, ce département a porté le nom de département du Bec d'Ambès.

Le sol y est assez uni, et la qualité du terroir variée. Dans la partie fertile, les grains s'y cultivent avec le plus grand succès; on y recueille aussi beaucoup de chanvre. Dans la partie sableuse et de landes, il croît des pins, des liéges qui forment l'objet d'un commerce utile.

Ce département est distingué par ses vins; ils ne ressemblent ni à ceux de Bourgogne, ni à ceux de Champagne; beaucoup de personnes les préfèrent à ces deux espèces; il s'en fait un immense commerce. La qualité s'améliore sensiblement par le transport sur mer, surtout dans les pays chauds.

On élève beaucoup de bêtes à laine dans le département de la Gironde; il n'y a point de mines qui soient en état d'exploitation utile.

L'industrie s'y porte principalement sur les objets propres au commerce de mer très-étendu qui se fait par Bordeaux avec les Colonies et le Nord.

Ces objets sont les farines, les eaux-de-vie, les armements pour la pêche; mais il y a aussi beaucoup de fabriques de bière, d'eau forte, de cendre gravelée, de salpêtre, fourneaux pour la fonte de boulets et bombes; moulins à poudre, coutellerie, serrurerie, clouterie, raffineries de sucre.

Il y a aussi des manufactures de toiles de ménage, toiles de coton, teintures en étoffes et toiles, fabriques de chandelles, d'amidon, verrerie, corderie pour la marine.

Le plus grand commerce du département consiste en vins dits de *Bordeaux*, de *Médoc*, dont on exporte annuellement près de 100,000 tonneaux; en vinaigre, eaux-de-vie, prunes, fruits, farine, goudron, tabac, riz, fromage dit de *Roquefort*.

Outre cela, Bordeaux fait des armements pour la pêche de la baleine, pour les Colonies et le Nord, ce qui ajoute prodigieusement au numéraire circulant dans ce département, par les bénéfices du commerce que les négocians y versent.

Le chef-lieu est Bordeaux, port de mer considérable, sur la Gironde qui a plus de 600 toises de largeur, formant une espèce de croissant. On y compte 112,844 habitans; elle est à 152 lieues de Paris.

Son étendue territoriale est de 537 lieues carrées; la population, de 519,685 individus; c'est 967 habitans par lieue carrée.

On y compte 195,104 arpens de bois et forêts, dont 52,918 de bois nationaux.

Les contributions directes de l'an 11, y compris les 16 centimes additionnels par franc, se sont élevées à la somme de 5,853,053 francs; c'est 11 francs 26 centimes environ par tête d'individu de tout âge et de tout sexe.

2°. *Le département de la Dordogne*, formé du Périgord, tire son nom de la rivière de Dordogne qui le traverse au sud, de l'est à l'ouest.

Quelques parties de ce département produisent des grains, mais le reste en manque, surtout de blé, auquel on supplée en partie par des châtaignes, au moins pour la nourriture des habitans des campagnes. On recueille aussi du vin, du seigle, des truffes, des noix; il y a quelques pâturages où l'on nourrit beaucoup de bestiaux; on y élève aussi une grande quantité de volailles, particuliè-rement de dindes, dont on fait les dindes dites *du Pé-rigord*.

L'industrie manufacturière du département est peu considérable : le commerce consiste en châtaignes, eaux-de-vie, volailles, cochons ; en bois, quelques bonneteries, faïenceries, qui se consomment dans le pays.

Le chef-lieu est Périgueux ; c'est une ville de 5,733 ha-bitants, à 120 lieues de Paris.

Son étendue territoriale est de 451 lieues carrées ; sa population, de 410,350 individus ; c'est 910 habitants par lieue carrée.

Les bois et forêts forment un total de 133,339 arpents, dont 8,986 de bois nationaux.

Les contributions directes, y compris les 16 cent. ad-ditionnels par franc, ont donné, en l'an 11, 3,171,642 fr.; c'est 7 francs 78 cent. environ par tête d'individu de tout âge et de tout sexe.

3°. *Le département de Lot et Garonne*, formé de l'Agenois, partie de la Guyenne, tire son nom des ri-vières de Garonne et de Lot qui l'arrosent ; la première, du sud-est au nord-ouest, et l'autre, du nord-est à l'ouest.

Ce département produit beaucoup de froment, de seigle, d'orge et d'avoine ; des pois, fèves et légumes.

La culture des vignes y est très-étendue ; mais les vins, à quelques exceptions près, sont d'une qualité médiocre. On recueille beaucoup de chanvre d'une très-bonne qua-lité ; la culture du lin et du tabac y forme aussi une source de richesses.

Les bœufs y sont béaux et bien nourris ; les moutons sont médiocres, et donnent des laines de peu de valeur.

Il y a quelques mines de fer et des carrières à plâtre.

On trouve dans le département de Lot et Garonne quel-ques fabriques d'étoffes peu importantes ; les manufac-tures de toiles à voiles pour la marine le sont davantage. Il y a des tanneries assez bonnes, des fabriques de biscuit pour la marine, d'ustensiles de cuisine, des martinets pour le cuivre, quelques verreries et faïenceries.

Le commerce consiste principalement dans l'exporta-tion de ses denrées ; on fait aussi quelque commerce des objets de fabrique que nous venons de nommer, surtout

de biscuit et d'instruments pour la cuisine ; du cuivre en
plaques, des fruits, du tabac.

Le chef-lieu est Agen, jolie ville de 10,820 individus,
à 162 lieues de Paris.

Les bois et forêts ne forment que 49,532 arpents, dont
1,950 de bois nationaux.

Les contributions directes de l'an 11, y compris les
16 cent. additionnels par franc, ont donné 5,807,413 fr. ;
c'est 10 francs 79 centimes environ par tête d'individu de
tout âge et de tout sexe.

4°. *Le département de la Haute-Garonne*, formé du
Haut-Languedoc, tire son nom de sa position relativement
au cours de la Garonne, laquelle le traverse du sud-est
au nord-ouest.

Le sol de ce département, composé en partie de belles
plaines entrecoupées de rivières et de ruisseaux, et en
partie de hautes montagnes, est très-fertile et produit
surtout du blé, du millet, du pastel, des fruits de diverses espèces.

On y récolte du vin, mais d'une médiocre qualité, et
qui se consomme dans le pays. Il y a de très-beaux pâturages où l'on nourrit beaucoup de gros et menu bétail,
et entr'autres des mulets fort estimés, et dont on fait
commerce avec l'Espagne et les départements environnants.

Les manufactures sont assez nombreuses, surtout en
draps fins et étoffes de laine, couvertures de laine, de
coton, toiles peintes, mousselinettes, basins, velours de
coton, serges en soie et autres étoffes de soie, galons en
soie et en laine ; étain laminé, faïenceries, verreries,
grosses forges, aciéries.

Le commerce consiste en grains, légumes, bois de
construction, bestiaux, chevaux, mulets, et objets des
fabriques dont nous venons de parler.

Le chef-lieu est Toulouse, grande ville dont la population est de 50,171 individus ; elle est distante de Paris
de 179 lieues.

L'étendue territoriale est estimée de 373 lieues carrées ;
la population, de 432,263 individus ; c'est à peu près
1,159 habitants par lieue carrée.

Il y a 95,886 arpents de bois et forêts, dont 36,267 de
bois nationaux.

Les contributions directes de l'an 11, y compris les 16 cent. additionnels par franc, ont donné 4,554,341 fr.; ce qui fait 10 francs 53 centimes environ par tête d'individu de tout âge et de tout sexe.

5°. *Le département de l'Arriège*, formé du comté de Foix et du pays de Sault, tire son nom de la rivière de l'Arriège qui y coule à l'est, du sud-est au nord.

Les productions de l'Arriège sont principalement les grains, les vins, les fruits; ces derniers y sont excellents. Il y a de beaux pâturages où l'on élève une grande quantité de bétail.

On y trouve aussi de bonnes mines de fer; quelques-unes, moins productives, d'argent, de cuivre, de plomb, de charbon de terre; enfin, du marbre, de l'amiante ou lin incombustible, et des turquoises.

Il y a plusieurs fabriques de draps et autres étoffes, de bonneterie, chapeaux, toiles, savon; des filatures de coton, des papeteries, des forges.

Le commerce principal consiste en bestiaux, résine, poix, térébenthine, liége, marbre, jaspe, plantes médicinales; surtout en fer que l'on charge sur des chevaux ou mulets, pour le transporter jusqu'à Hauterive, d'où il descend jusqu'à Toulouse par l'Arriège et la Garonne.

Le chef-lieu est Foix, ville de 3,600 individus, à 200 l. de Paris.

Son étendue territoriale est de 244 lieues carrées; sa population, de 191,693 individus; c'est à peu près 785 habitants par lieue carrée.

Il y a 85,412 arpents de bois et forêts, dont 10,527 de bois nationaux.

Les contributions directes de l'an 11, y compris les 16 centimes additionnels par franc, ont donné un produit de 955,404 francs; c'est 4 francs 98 centimes environ par tête d'individu de tout âge et de tout sexe.

6°. *Le département des Hautes-Pyrénées*, formé du Bigorre, partie de la province de Gascogne, tire son nom de sa position physique dans les monts Pyrénées.

Ce département est tempéré dans les plaines, froid sur les montagnes; les premières sont fertiles en seigle, en orge, en foin, et surtout en millet; mais on n'y récolte pas de froment. Il y a de bons pâturages qui servent à la nourriture des bestiaux, dont la quantité est assez considérable. Les vignes y produisent d'excellents vins ; les mûriers y réussissent très-bien, et les habitants s'adonnent à soigner les vers à soie.

Il y a quelques mines de fer et de plomb, des carrières de beau marbre, de jaspe et d'ardoise.

On y trouve des manufactures d'étoffes de laine très-peu importantes, des tanneries en petit nombre et de peu de valeur, ainsi que des papeteries.

Quant au commerce, le meilleur est celui des bœufs, moutons et mulets, qu'on envoye en France et en Aragon. Le lin et les laines sont encore une branche de commerce assez considérable.

Le chef-lieu est Tarbes ; c'est une ville de 6,777 individus, à 212 lieues de Paris.

Son étendue territoriale est de 235 lieues carrées ; sa population, de 206,680 individus ; c'est 879 habitants par lieue carrée.

On y compte 118,000 arpents de bois et forêts, dont 11,372 de bois nationaux.

Les contributions directes de l'an 11, y compris les 16 centimes additionnels par franc, ont donné 893,637 fr. ; c'est environ 4 francs 32 centimes par tête d'individu de tout âge et de tout sexe.

7°. *Le département des Basses-Pyrénées*, formé du Béarn, de la Navarre, des pays Basques français, d'une partie de la Chalosse et de landes, tire son nom de sa position à l'extrémité occidentale des monts Pyrénées.

Le terroir y est assez ordinairement sec et montueux, et naturellement peu fertile. Les plaines et les vallées produisent du seigle, du froment, de l'orge, de l'avoine, du millet, du maïs, dont les habitants font leur principale nourriture ; des foins, et du lin très-doux et très-fin qui sert à la fabrique des belles toiles connues sous le nom de *toiles de Béarn*.

Il y a des fruits excellents, des vignes qui donnent des vins en abondance, et la plupart fort bons.

Les chevaux que l'on y élève, et que l'on connaît sous le nom de *navarreins*, sont fort estimés.

Les Pyrénées contiènent beaucoup de minès, particulièrement des mines d'argent, de cuivre et de fer de la première qualité ; il y a des carrières de marbre, une mine de soufre, une de cobalt, et deux de charbon de terre.

Les fabriques consistent principalement en grosses draperies, droguets, couvertures, bonneteries, belles toiles de lin, mouchoirs, mousselinettes et basins.

Le commerce se fait de ces objets, et des vins, eaux-de-vie, bois, sel, cochons, chevaux, mulets, laines, salaisons.

Le chef-lieu est Pau, ville de 8,585 ames, à 205 lieues de Paris.

Son étendue territoriale est de 388 lieues carrées; sa population, de 385,708 individus; c'est 994 habitants par lieue carrée.

La quantité de bois et forêts est de 149,273 arpents, dont 3,445 sont de bois nationaux.

Les contributions directes de l'an 11, y compris les 16 centimes additionnels par franc, ont donné la somme de 1,523,760 francs; c'est 3 francs 97 cent. environ par tête d'individu de tout âge et de tout sexe.

8°. *Le département des Landes*, formé d'une partie des Landes et de la Chalosse, tire son nom de la qualité de la plus grande partie des terres qu'il renferme, qui sont presque partout ingrates, sablonneuses et couvertes de bruyères.

Les productions de ce département sont le seigle, peu de froment; d'autres graines, comme millet, sarrasin, maïs. Il y a d'excellents pâturages où l'on nourrit beaucoup de bétail.

Beaucoup de forêts de pins, d'où l'on tire de la résine et de la poix, ainsi que des mâts pour les navires.

L'industrie y est très-peu de chose, et se borne à quelques grosses étoffes et bonneteries pour une partie de la consommation du département.

Le commerce consiste en planches de pin, en goudron, résine, eau-de-vie, brai, vin.

Le chef-lieu est Mont-de-Marsan, ville de 2,866 individus, à 186 lieues de Paris.

Son étendue territoriale est de 468 lieues carrées; sa population, de 228,889 individus; c'est 489 habitants par lieue carrée.

On y compte 287,774 arpents de bois et forêts, dont 790 sont de bois nationaux.

Les contributions directes de l'an 11, y compris les 16 cent. additionnels par franc, ont donné 1,207,597 fr.;

c'est 5 francs 27 centimes environ par tête d'individu de tout âge et de tout sexe.

9°. *Le département du Gers*, formé du Condommois, de l'Armagnac et du Comminges, tire son nom de la rivière du Gers, qui y coule du sud au nord.

Son sol est argileux, pierreux, compacte; les chaleurs y sont violentes, et les fruits tardifs y sont souvent des-séchés.

On y recueille du froment, du seigle, du maïs, de l'avoine; les pâturages y sont très-bons.

Il y a des fabriques de ras, de burats, des tanneries assez belles; on y fait des eaux-de-vie estimées.

Le commerce consiste en fruits, eaux-de-vie, lins, laines, bétail, salpêtre, fruits préparés.

Le chef-lieu est Auch, ville de 7,696 individus, à 198 lieues de Paris.

L'étendue territoriale est de 339 lieues carrées; la po-pulation, de 291,845 individus; c'est 861 habitants par lieue carrée.

On trouve dans le département du Gers, 26,259 arpents de bois et forêts, dont 6,526 sont de bois nationaux.

Les contributions directes de l'an 11, y compris les 16 cent. additionnels par franc, ont donné 2,669,310 fr.; c'est 9 francs 15 centimes environ par tête d'individu de tout âge et de tout sexe.

Ici se termine l'analyse statistique des neuf départe-ments formant la septième région ou sud-ouest de la France.

Nous allons maintenant passer à la huitième région, appelée de l'*ouest* ou du *couchant*.

HUITIÈME RÉGION. — *Ouest* ou *Couchant*.

La huitième région est composée de neuf départements, qui sont la Loire Inférieure, Mayenne et Loire, Indre et Loire, Vienne, Haute-Vienne, Charente, Charente Inférieure, Vendée, Deux-Sèvres.

1°. *Le département de la Loire Inférieure*, formé d'une partie de la Haute-Bretagne, tire son nom du cours de la rivière de Loire, qui le traverse de l'est à l'ouest et s'em-bouche dans l'Océan.

Le sol de ce département produit du froment, du seigle, du blé noir, du lin et du vin ; les meilleures qualités sont exportées ; les médiocres converties en eaux-de-vie, dont il se fait un assez bon commerce. Les pâturages y sont excellents et nourrissent de très-beaux bestiaux.

On y trouve des mines de fer, d'antimoine, de charbon de terre, des carrières d'ardoises et de tourbes.

Les marais salins sont une source de richesse importante pour le département de la Loire-Inférieure. M. Huet, dans ses recherches statistiques sur ce département, estime que l'on y fait 22,432 muids de sel, chaque muid du poids de 5,500 livres, poids de marc ; ce qui donne, en argent, 897,280 francs.

L'industrie consiste en fabriques de cotonnades, indiennes, faïence ; raffineries de sucre ; blanchisseries pour la cire ; verrerie, bouteilles.

Le commerce de la Loire-Inférieure est très-étendu ; il peut être considéré sous deux rapports ; celui qui lui est particulier provenant de l'industrie des habitants, et celui des objets étrangers dont il n'est que l'entrepôt.

Sous le premier point de vue, il consiste en draperies, velours de coton, toiles de lin dites *nantaises*, plomb, fer, antimoine, charbon de terre, vins, eaux-de-vie, sel, etc.

Mais quoique ce commerce soit considérable, il l'est beaucoup moins que celui qui se fait par mer et qui résulte des importations et exportations, qui ont lieu principalement par le port de Nantes.

Le chef-lieu est Nantes, ville de 75,000 individus.

Son étendue territoriale est de 552 lieues carrées ; sa population, de 368,506 individus ; c'est 1,047 habitants par lieue carrée.

L'on y trouve 79,322 arpents de bois et forêts, dont 57,558 sont de bois nationaux.

Les contributions directes de l'an 11, y compris les 16 centimes additionnels par franc, ont donné la somme de 2,900,662 francs ; c'est 7 francs 88 centimes environ par tête d'individu de tout âge et de tout sexe.

2°. *Le département de Mayenne et Loire*, formé de la province d'Anjou, tire son nom des rivières de Mayenne et de Loire, qui y coulent, la première du nord au sud, et la seconde de l'est à l'ouest.

La terre de ce département est fertile en blé, seigle, orge et avoine; en fèves, pois, lin, chanvre, pommes de terre et fruits qui y sont excellents; on y récolte aussi des vins de bonne qualité, surtout des blancs.

On y élève beaucoup de bœufs, de vaches et de moutons, qui sont une des grandes richesses du pays. On y trouve d'assez bons chevaux, mais en petite quantité.

L'industrie du département consiste en fabriques de toiles, étamines, droguets, bougie, salpêtre; exploitation d'ardoises; blanchisseries de cire; raffineries de sucre; verreries; belle fabrique de toiles à voiles, mouchoirs de fil, de coton, bas de fil.

Le commerce a pour objet les grains, vins blancs, chanvres, lins, fruits, surtout de bons pruneaux, miel, confitures sèches, eaux-de-vie, vinaigre, ardoises, bois de charpente, étoffes des fabriques du pays, surtout des toiles et des étamines.

Le chef-lieu est Angers, ville de 33,000 individus, à 73 lieues de Paris.

Son étendue territoriale est de 370 lieues carrées; sa population, de 376,033 individus; c'est 1,016 habitants par lieue carrée.

On y trouve 99,045 arpents de bois et forêts, dont 38,355 de bois nationaux.

Les contributions directes de l'an 11, y compris les 16 cent. additionnels par franc, ont donné 4,182,024 fr.; c'est 11 francs 12 centimes par tête d'individu de tout âge et de tout sexe.

3°. *Le département d'Indre et Loire*, formé de la province de Touraine, tire son nom des rivières de Loire et d'Indre; la première y coule de l'est à l'ouest, la seconde le traverse du sud-est à l'ouest.

Le département, d'une fertilité fort différente suivant les divers sols que l'on y rencontre, produit néanmoins assez généralement les objets propres à la consommation; on y recueille des fruits, de très-beaux blés, du millet, des vins rouges et blancs en abondance, et qui ont de la réputation; mais la récolte en froment et en seigle ne suffit pas à la nourriture des habitants pendant une année. Il y avait autrefois beaucoup de mûriers dans ce département, mais ils ont disparu depuis quelques années, soit que la chute des fabriques de Tours en soit la cause, ou que la soie n'y étant point d'une qualité convenable et d'un produit utile, on l'ait remplacée par une autre culture.

Les chevaux, bœufs, moutons, n'y sont point en proportion des pâturages qui s'y trouvent en assez grand nombre et de bonne qualité.

Il y a quelques mines de fer, et de ces cailloux noirs et mamelonnés dont on fait presque toutes les pierres à fusil de France.

L'industrie, peu considérable, s'occupe de toiles communes ou de ménage, de draps communs et autres étoffes de laine.

Le commerce est tout de consommation intérieure, si l'on en excepte quelques toiles, des fruits, des laines et un peu de fer.

Le chef-lieu est Tours, ville de 22,000 habitants, à 58 lieues de Paris.

L'étendue territoriale est de 373 lieues carrées; la population, de 278,758 individus; ce qui fait 747 habitants par lieue carrée.

Les forêts et bois y occupent 143,553 arpents, dont 59,229 de bois nationaux.

Les contributions directes de l'an 11, y compris les 16 cent. additionnels par franc, ont donné 2,868,779 fr.; c'est 10 francs 29 cent. environ par tête d'individu de tout âge et de tout sexe.

4°. *Le département de la Vienne*, formé du Haut-Poitou, tire son nom de la rivière de Vienne qui y coule à l'est, du sud au nord.

Le sol y est varié, et mêlé de coteaux et de plaines, avec quelques montagnes et beaucoup de landes et bruyères. Du reste, la terre y est généralement fertile en blé, seigle, orge, avoine, vins, pois, chanvres, lins, noix, légumes et fruits. Il y a quelques bons pâturages, mais les bestiaux et les chevaux n'y sont pas aussi nombreux qu'ils pourraient l'être, en grande partie à cause de leur destruction opérée par la guerre de la Vendée.

Il y a quelques mines de fer, d'antimoine, de charbon de terre; des carrières de pierres de taille et de beaux marbres.

L'industrie du département de la Vienne est peu considérable; elle consiste à présent en quelques fabriques de bonneteries, de toiles et de grosses étoffes de laine, de coutellerie, quelques tanneries, et deux ou trois papeteries.

Le commerce est tout en productions du sol et quelques objets de grosses fabriques, principalement des vins, eaux-de-vie, bestiaux, pruneaux, miel, coriandre, laine, chanvre.

Le chef-lieu est Poitiers; c'est une ville de 18,223 individus, à 88 lieues de Paris.

Son étendue territoriale est de 344 lieues carrées; sa population, de 250,807 habitants; c'est 729 habitants par lieue carrée.

Les forêts et bois occupent une étendue de 143,100 arpents, dont 44,070 arpents de bois nationaux.

Les contributions directes de l'an 11, y compris les 16 cent. additionnels par franc, ont donné 1,979,952 fr.; c'est, pour la contribution de chaque habitant de tout âge et de tout sexe, 7 francs 89 centimes.

5°. *Le département de la Haute-Vienne*, formé du Limosin, tire son nom de sa position relativement à la rivière de Vienne qui le traverse de l'est à l'ouest.

Le sol de ce département est médiocrement fertile; il produit peu de froment, davantage de seigle et de sarrasin; mais on y a de bons pâturages, où l'on élève de beau bétail, surtout des bœufs, des chevaux, des mulets, qui y forment une bonne branche de commerce.

Il y a des mines de fer, de plomb, de cuivre, d'antimoine, de charbon de terre, ainsi que des carrières de marbre.

L'industrie manufacturière a pour objets principaux les tanneries, papeteries, grosses draperies, blanchisseries de cire, clouterie pour les chevaux, faïencerie.

Le commerce des productions du sol est le plus important; il consiste en châtaignes, gros bétail, bois de merrain, et les produits des fabriques, principalement clous de chevaux, cuirs, papiers et cire.

Le chef-lieu est Limoges, ville de 20,550 ames, à 97 lieues de Paris.

Son étendue territoriale est de 288 lieues carrées; sa population, de 259,795 individus; c'est 902 habitants par lieue carrée.

Les forêts et bois ne vont qu'à 45,672 arpents, dont 7,750 de bois nationaux.

Les contributions directes de l'an 11, y compris les 16 cent. additionnels par franc, ont donné 1,641,147 fr.; c'est 6 francs 31 centimes, à peu de chose près, par tête d'individu de tout âge et de tout sexe.

6°. *Le département de la Charente*, formé de l'Angoumois, d'une partie de la Saintonge et du Limosin, tire son nom de la rivière de la Charente qui l'arrose presque en sortant de sa source, du sud au nord; puis, en y rentrant, du nord au sud; et enfin, en tournant, de l'est à l'ouest.

Le sol de ce département est généralement calcaire, sec et brûlant : un tiers à peu près est employé en terres labourables; un autre à la culture des vignes, et le reste en prairies, terres incultes, landes et rochers.

On y recueille cependant quantité de froment, du seigle, de l'orge, des avoines, du maïs, du safran, du lin, du vin, du chanvre, toutes sortes de fruits, et beaucoup de truffes.

Il y a des mines de fer abondantes, dont le fer est fort doux, et une mine d'antimoine à Monet.

L'industrie consiste surtout en fabriques d'étoffes de laine et grosses draperies, serges, étamines, blanchisseries de cire, faïenceries; il y a aussi des papeteries très-estimées.

Le commerce résulte de la vente des papiers, des eaux-de-vie, du safran, du vin, du bois de charronnage, du merrain, et du fer coulé et battu.

Le chef-lieu est Angoulême, ville de 14,800 individus, à 118 lieues de Paris.

Son étendue territoriale est de 286 lieues carrées; sa population, de 321,477 individus; c'est à peu près 1,124 habitants par lieue carrée.

L'étendue des bois et forêts est de 45,147 arpents, dont 23,309 de bois nationaux.

Les contributions directes de l'an 11, y compris les 16 cent. additionnels par franc, ont donné 2,978,069 fr.; c'est 9 francs 26 centimes par tête d'individu de tout âge et de tout sexe.

7°. *Le département de la Charente-Inférieure*, formé d'une partie de la province de Saintonge et de celle de l'Aunis., tire son nom de sa situation par rapport au cours de la rivière de Charente qui le traverse de l'est à l'ouest, et se jète dans la mer au-dessous de Rochefort vis-à-vis l'île d'Oléron.

Le sol du département de la Charente-Inférieure est fertile en grains, vins, fruits de toute espèce, pâturages excellents où l'on nourrit beaucoup de bétail, surtout des chevaux fort estimés; chanvres, graines de lin.

Les vins y sont abondants et d'une qualité ordinaire : on en brûle beaucoup pour faire de l'eau-de-vie, qui est d'une excellente qualité.

Les marais salants sont une autre source de richesse très-considérable pour ce département; le sel qu'on en retire passe pour le meilleur de l'Europe.

Outre la pêche qui se fait à la côte, et celle de la morue, à laquelle se livrent les habitants, l'industrie se porte encore sur la fabrication de grosses étoffes, de bonneterie, de poterie fine et commune, creusets de grès, mégisserie; il y a aussi des raffineries de sucre.

Le commerce est intérieur et de consommation, et extérieur ou d'importation et exportation.

Le premier se fait de tous les objets de fabrique et de production; le second se compose uniquement des productions, telles qu'eaux-de-vie, vins, esprit de vin, sel, chanvre, graines de lin.

Il s'y fait des expéditions pour les Colonies, composées en partie des productions que nous venons d'indiquer, et de quelques autres objets, comme outils aratoires, chaudières, étoffes de soie, draps tirés de l'intérieur, sel; les retours consistent en sucre, café, coton, indigo, sirop de mélasse, cacao, bois de teinture.

Le chef-lieu est Saintes, ville de 10,162 individus, à 132 lieues de Paris.

L'étendue territoriale est de 355 lieues carrées; la population, de 402,105 individus; c'est 1,153 habitants par lieue carrée.

Les forêts et bois forment 74,318 arpents, dont 4,850 de bois nationaux.

Les contributions directes ont été, en l'an 11, y compris les 16 cent. additionnels par franc, de 4,105,914 fr.; c'est 10 francs 21 centimes par tête d'individu de tout âge et de tout sexe.

8°. *Le département de la Vendée*, formé du Bas-Poitou, tire son nom de la rivière de la Vendée qui y coule presque en droite ligne du nord-est au sud-est.

Ce département est un des plus fertiles de la France, et l'un des mieux situés pour la pêche littorale et le cabotage.

On y cultive et récolte en abondance des blés, dès seigles, de l'orge, du sarrasin, du lin, du chanvre, et du vin dans quelques cantons. Les pâturages y sont excellents et couverts d'une multitude de bestiaux : les salines y sont d'un grand rapport.

Il y a quelques mines de cuivre et d'antimoine.

L'industrie est peu considérable, parce qu'en général les hommes de ce département s'adonnent beaucoup à la mer. On y fabrique néanmoins quelques toiles de ménage, des grosses étoffes de laine, quelques papeteries; il y a quelques tanneries, mais de peu d'importance.

Le commerce consiste en grains, chanvre, bois, sel, bestiaux, surtout chevaux et mulets, laines, sardines.

Le chef-lieu est Laroche-sur-Yon, ville de 1,200 individus, à 85 lieues de Paris.

L'étendue territoriale est de 373 lieues carrées; la population, de 270,271 individus; c'est 725 habitants par lieue carrée.

On y trouve 40,949 arpents de bois et forêts, dont 15,722 de bois nationaux.

Les contributions directes de l'an 11, y compris les 16 cent. additionnels par franc, ont donné 2,438,463 fr.; c'est 9 francs 2 centimes par tête d'individu de tout âge et de tout sexe.

9°. *Le département des Deux-Sèvres*, formé du Bas-Poitou, tire son nom des deux rivières qui y prennent leurs sources et l'arrosent, l'une au sud, de l'est à l'ouest, et l'autre à l'ouest, du sud au nord, et que l'on distingue par la désignation de *Sèvre nantaise* et de *Sèvre niortaise*; à raison des villes de Nantes et de Niort, vers lesquelles elles dirigent leur cours.

Le département des Deux-Sèvres est très-varié dans ses sites et dans les qualités de son sol; il est en général fertile : l'on y cultive et l'on y récolte en assez grande abondance des grains, des légumes, des fruits, du vin.

Il y a d'excellents pâturages, où l'on élève du gros et du menu bétail, surtout des mulets.

Il y a quelques mines de fer et d'antimoine, des carrières de pierres à bâtir, et de marbre.

On y fabrique quelques étoffes de laine, de la bonneterie, et surtout de la chamoiserie qui a de la réputation.

Le commerce se compose de ces objets, et consiste principalement à fournir à la consommation du département, si l'on en excepte les mulets, la chamoiserie et le bois merrain, qui passent dans les départements voisins.

Le chef-lieu est Niort; c'est une ville de 15,028 individus, à 106 lieues de Paris.

L'étendue territoriale est de 305 lieues carrées; la population, de 242,658 individus: c'est 795 habitants par lieue carrée.

Les forêts et bois y occupent 77,902 arpents, dont 53,976 de bois nationaux.

Les contributions directes de l'an 11, y compris les 16 cent. additionnels par franc, ont donné 2,556,116 fr.; ce qui fait pour la cote de contribution pour chaque individu de tout âge et de tout sexe, 10 francs 55 cent.

Ici se termine l'analyse statistique des neuf départements de la huitième région, dite de l'*ouest* ou du *couchant*. Nous allons maintenant passer à celle de la neuvième, appelée *du nord-ouest* ou *des mers*.

NEUVIÈME RÉGION. — *Nord-Ouest.*

La neuvième région, appelée *du nord-ouest* ou *des mers*, à cause de sa situation sur l'Océan et la Manche, ou de sa position au nord-ouest du centre de la France, contient neuf départements, savoir : la Manche, le Calvados, l'Orne, la Sarthe, la Mayenne, le Morbihan, le Finistère, les Côtes-du-Nord, l'Ille et Vilaine.

1°. *Le département de la Manche,* formé du Cotentin et de l'Avranchin, parties de la province de Normandie, tire son nom de sa position topographique et avancée dans la partie de l'Océan que l'on nomme la Manche.

On y récolte des grains, du lin, du chanvre, des fruits et des légumes. On y élève beaucoup de bons chevaux.

On y engraisse aussi des bœufs qui font une partie principale de la richesse du pays ; les vaches sont l'objet d'une attention particulière ; le lait qu'elles donnent est employé en grande partie à faire de fort bon beurre. Le cidre est la boisson ordinaire.

Ce département a un genre de production qui est particulier à ceux qui sont situés sur la mer ; c'est le goësmon ou varech, que l'on brûle, et avec lequel on fait une soude ou alkali employé dans les fabriques de verre ; le sel est encore une autre production, ainsi que les mines de fer, de cuivre, de houille et de cinabre.

Les fabriques consistent en draps, serges, coutils, glaces, verreries, tanneries, toiles de lin ;

Le commerce, en cidre, chevaux, bœufs, chapons et poulardes que l'on envoie à Paris ; en chanvre, en lin, dont on fait quantité de bonne toile ; avoine, orge, seigle.

Le chef-lieu est Saint-Lô ; c'est une petite ville dont la population est de 6,987 individus, à 60 lieues de Paris.

Son étendue territoriale est de 318 lieues carrées ; sa population, de 528,912 individus ; c'est 1,663 habitants par lieue carrée.

Les forêts et bois y occupent une étendue de 48,400 arpents, dont 26,826 de bois nationaux.

Les contributions directes de l'an 11, y compris les 16 cent. additionnels par franc, ont donné 5,314,741 fr. ; c'est 10 francs 5 centimes par tête d'individu de tout âge et de tout sexe.

2°. *Le département du Calvados* est formé d'une partie de la Basse-Normandie, et tire son nom d'une suite de rochers situés sur la côte, à l'ouest de l'embouchure de la rivière de l'Orne. Ces rochers ont reçu ce nom d'un navire espagnol qui y périt autrefois.

Le sol du Calvados est fertile en grains, en chanvre, en lin, en fruits, en prairies, où l'on élève quantité de bétail, surtout des chevaux qui sont forts, vigoureux et très-estimés.

L'on y fait beaucoup de cidre, de beurre, et des fromages excellents.

On retire des salines, établies sur la côte, de très-bon sel blanc. Il y a aussi dans le département quelques mines de fer et des forges.

L'industrie consiste en fabriques d'ouvrages de fer, d'acier, de fer-blanc; tanneries, faïenceries, toiles unies et ouvrées, fils, draps fins et gros, futaines à poil, serges, ratines, bas au métier et autres, papiers pour l'impression et l'écriture, tanneries.

Le commerce a pour objet la vente des productions du pays et des fabriques, surtout du cidre, du beurre, du fromage, du gros et menu bétail, du poisson frais et salé, de la cire, du sel, du fil, des toiles, des coutils, des serges, des ratines, de la bonneterie, du papier.

Le chef-lieu est Caen, ville de 39,000 individus, distante de Paris de 55 lieues.

Son étendue territoriale est de 288 lieues carrées; sa population, de 480,317 individus; c'est 1,668 habitants par lieue carrée.

On y compte 72,470 arpents de bois et forêts, dont 33,298 de bois nationaux.

Les contributions directes de l'an 11, y compris les 16 cent. additionnels par franc, ont donné la somme de 6,348,465 francs; c'est 13 francs 22 centimes environ par tête d'individu de tout âge et de tout sexe.

3°. *Le département de l'Orne*, formé de la partie méridionale de la province de Normandie et de presque toute celle du Perche, tire son nom de la rivière de l'Orne, qui y coule de l'est au nord-ouest.

Ce département est en général assez fertile, quoique d'un sol varié. Il produit des grains de toute espèce et en abondance, des légumes, du chanvre, du lin, et quantité de pommes dont on fait du cidre.

Il y a plusieurs mines de fer en exploitation, et des pierres brillantes que l'on nomme diamants ou *cailloux d'Alençon*.

L'industrie y est assez active; elle consiste principalement en fabriques de toiles, d'une étoffe qu'on appèle bougran, de bonneterie, de lainage, de lacets de fil et soie, d'épingles, d'aiguilles; tanneries, faïenceries, papeteries.

Les dentelles, connues sous le nom de point d'Alençon et d'Argentan, font une des belles branches d'industrie de ce département.

Le commerce se fait des productions du sol, particulièrement du cidre, blé, fer, des bestiaux, bois; et de celles des fabriques, toiles, dentelles, étoffes de lainage, bonneterie, lacets, fils, aiguilles, épingles, fil de fer.

Le chef-lieu est Alençon, ville de 12,407 individus, à 46 lieues de Paris.

Son étendue territoriale est de 310 lieues carrées; sa population, de 397,931 individus; c'est 1,284 habitants par lieue carrée.

On y trouve 134,923 arpents de bois et forêts, dont 81,335 arpents de bois nationaux.

Les contributions directes de l'an 11, y compris les 16 cent. additionnels par franc, ont donné 3,666,903 fr.; c'est 9 francs 21 centimes par tête d'individu de tout âge et de tout sexe.

4°. *Le département de la Sarthe*, formé du Haut-Maine et d'une portion de la province d'Anjou, tire son nom de la rivière de Sarthe qui y coule du nord-ouest au sud-ouest.

Ce département n'est pas également bien cultivé partout; il y a des landes et des terres incultes; mais celles qui sont mises en culture produisent assez abondamment du froment, du seigle, des avoines, de l'orge, du sarrasin, du maïs; on y récolte aussi du chanvre, du lin, de la cire, des fruits, surtout des pommes dont on fait du cidre. Il y a quelques vignes qni donnent un vin de médiocre qualité.

Les prairies, quoique peu nombreuses, suffisent pourtant à la nourriture du gros et menu bétail, tels que chevaux de la petite espèce, vaches, cochons et une grande quantité de moutons dont la laine est assez estimée. La volaille y forme un objet de commerce important.

Il y a des carrières de différentes espèces de pierres de taille, de grès blanc et roux, des ardoises, des glaises, des mines de sable blanc et de fer.

L'industrie y est assez considérable; elle a pour objet capital la fabrique des étoffes de laine, étamines, serges, droguets, flanelles, toiles de chanvre, de lin, mouchoirs façon de *Chollet;* bonneterie, blondes, tanneries, verreries, papeteries, faïenceries, tuileries, blanchisseries de cire, fabriques de bougies et de savon noir.

Le commerce consiste surtout en grains, volailles, bestiaux, cire, ardoises, bougies, toiles de diverses sortes, et petites étoffes de laine que nous venons d'indiquer.

Le chef-lieu est le Mans, ville située sur la Sarthe, à 50 lieues de Paris, et dont la population est de 17,221 ames.

Son étendue territoriale est de 306 lieues carrées; la population, de 387,166 individus; c'est 1,265 habitants par lieue carrée.

Les forêts et bois y occupent 115,024 arpents, dont 23,899 de bois nationaux.

Les contributions directes de l'an 11, y compris les 16 cent. additionnels par franc, ont donné 3,986,579 fr. ; c'est 10 francs 25 centimes environ par tête d'individu de tout âge et de tout sexe.

5°. *Le département de la Mayenne*, formé du Bas-Maine, tire son nom de la rivière de Mayenne, qui y coule du nord au sud.

Ce département n'est pas également bien cultivé dans toute son étendue; il y a des landes incultes et sablonneuses presque stériles. Le reste est coupé de montagnes couvertes de plantations et de forêts, où l'on trouve des bois propres à la construction.

Il y a peu de bonnes prairies; cependant on élève de bons chevaux de la petite espèce, et des vaches dans les landes. Les abeilles y sont en grande quantité et donnent beaucoup de cire et de miel.

On recueille aussi quelque froment, davantage de seigle, qui est fort beau; du sarrasin, de l'avoine, de l'orge, du chanvre, du lin, des pommes à cidre, des châtaignes et des fruits à noyaux.

On y trouve des mines de fer, des carrières de pierre de taille, d'ardoises, de différents marbres.

L'industrie consiste principalement en fabriques d'étamines, de toiles de lin, de chanvre, toiles peintes, boisselleries, papeteries, tanneries, verreries, forges et fonderies.

Le commerce résulte de la vente des cires, des toiles, des chevaux, des moutons, des fers, des objets de boisselerie et de verrerie.

Le chef-lieu est Laval; c'est une ville de 14,154 individus, à 69 lieues de Paris.

L'étendue territoriale du département est de 266 lieues

carrées; la population, de 328,397 ames; c'est 1,234 habitants par lieue carrée.

Les bois et forêts occupent 50,061 arpents, dont 17,573 de bois nationaux.

Les contributions directes de l'an 11, y compris les 16 cent. additionnels par franc, ont donné la somme de 3,111,618 francs; c'est 9 francs 47 centimes par tête d'individu de tout âge et de tout sexe.

6°. *Le département du Morbihan*, formé d'une partie de la Basse-Bretagne, tire son nom d'un petit golfe que forment au sud les eaux de la mer, et que l'on nomme Morbihan, mot qui, en bas breton, signifie *mer*.

Le climat de ce département est assez tempéré, et le sol, quoiqu'inégal, y est fertile. L'on y recueille des blés, des seigles en abondance, du lin, du chanvre, des fruits.

Les pâturages y sont excellents, et l'on y élève beaucoup de gros et de menu bétail, ainsi que des abeilles dont le miel est recherché.

Il y a quelques mines de plomb et de charbon de terre.

L'industrie du Morbihan consiste dans la fabrique de quelques toiles ordinaires et à voiles; dans celle de quelques grosses étoffes, mais principalement dans la pêche de la sardine.

On comptait autrefois au moins 1,200 bateaux pêcheurs de sardines dans le département du Morbihan, chaque bateau de trois à quatre tonneaux, montés de quatre à cinq hommes chacun. (Le tonneau de mer est un poids de 2,000 livres, poids de marc.) En temps de guerre cette pêche diminue prodigieusement, parce qu'elle ne se fait pas seulement à la cote, mais autour des îles adjacentes, où l'ennemi peut approcher.

La sardine se prend au filet et à l'aide d'un appât nommé *rogue*, qui est fourni par les Danois principalement.

On tire de cette rogue, pour une somme d'environ 250 à 300,000 francs annuellement, pour le service des pêcheurs français en général; car on porte à cinq ou six mille barils la consommation qui s'en fait par an en France; le prix commun des barils est, depuis plusieurs années, d'environ 50 francs.

La sardine, en sortant de l'eau, est livrée par les pêcheurs à de petits bâtiments caboteurs nommés châsse-marées, qui la salent, et la portent en vert tout le long des côtes, depuis Nantes jusqu'à Bordeaux.

On peut, sans exagération, évaluer à 6,000 au moins le nombre des individus de tout âge et de tout sexe qu'emploie la pêche de la sardine dans le département du Morbihan.

Le commerce se fait en outre, des productions du pays, et il ne laisse pas que d'être assez étendu; les toiles, les chanvres, les lins, quelques étoffes, les cuirs, les grains, les bestiaux, en sont les principales branches; beaucoup de ces articles sont exportés dans les colonies et à l'étranger, par les ports de mer, où on les échange contre les denrées coloniales, comme sucre, café, tabac, qui se consomment dans le pays. On vend aussi beaucoup de sardines, comme nous venons de le voir.

Le chef-lieu est Vannes, port de mer et petite ville de 8,722 individus, située sur le canal du Morbihan, à 113 lieues de Paris.

L'étendue territoriale du département est estimée de 528 lieues carrées; la population, de 425,485 individus; c'est 1,297 habitants par lieue carrée.

Les bois et forêts couvrent 37,713 arpents, dont 4,956 de bois nationaux.

Les contributions directes de l'an 11, y compris les 16 cent. additionnels par franc, ont donné 2,327,248 fr.; c'est 5 francs 47 centimes par tête d'individu de tout âge et de tout sexe.

7°. *Le département du Finistère* termine à l'ouest la presqu'île qui comprend la Bretagne; il tire son nom de sa position, la plus avancée en mer sur ce point de la France; cette dénomination lui a été donnée par analogie à celle du cap Finistère, situé au nord-ouest de l'Espagne.

Le sol de ce département est mélangé, et n'est par conséquent pas d'une égale fertilité; il produit en général du froment, du seigle, de l'avoine, du blé noir en quantité, des chanvres, du lin, des fruits. Il y a environ 60,000 arpents de prairies naturelles, et 8,000 de prairies artificielles : on élève dans les unes et les autres des moutons, des vaches, et des chevaux d'une petite espèce.

Le nombre des moutons va à environ 27,000; celui

des bœufs et vaches de tout âge, à 174,544; celui des chevaux, à 61,348. Ces nombres, au reste, ne sont point constants; ils étaient tels en l'an 11, mais ils peuvent avoir diminué ou augmenté; cependant ils donnent à peu près le taux moyen des bestiaux dans le Finistère.

On n'y élève point de vers à soie, mais il y a des abeilles qui donnent de 700 à 750 quintaux de cire, dont 30 à 40 sont consommés dans le pays; le reste est exporté dans l'intérieur de la France : elles donnent aussi 3,000 quintaux de miel, dont un tiers est consommé dans le département.

Les pêches maritimes forment un autre produit dans le département du Finistère; celle de la sardine surtout y est considérable; elle se fait principalement à Concarnau et à Douarnenez; elle commence, dans le premier de ces ports, des 10 au 25 prairial, et finit des 20 vendémiaire au 10 brumaire; dans le second, elle commence des 10 au 25 messidor, et finit vers le 10 frimaire.

Elle se fait dans des chaloupes de trois tonneaux, montées chacune de quatre hommes. Quand le temps est favorable et le poisson abondant, une chaloupe peut prendre depuis quinze jusqu'à vingt milliers de sardines.

Celles qui se pêchent sur les côtes du département y sont en partie consommées fraîches; une autre partie est transportée dans les départements voisins par des chasse-marées; le reste, et c'est la plus forte partie, est déposé dans les magasins des fabricants, qui, après l'avoir salé convenablement, le soumettent à l'action de la presse pour en extraire l'huile.

La sardine ainsi pressée en barils de 170 livres pesant, poids de marc, s'expédie pour la France par Nantes, Bordeaux et Paris, et pour les Colonies. L'huile en barriques de 450 à 500 livres pesant, se consomme en partie dans ce département; le reste s'expédie à Nantes, à Bordeaux, Marseille, le Havre et Rouen; elle s'emploie presque toute dans les tanneries.

La pêche de la sardine, sur les côtes du Finistère, a donné en l'an ix, 41,750 barils de poisson, de 170 livres pesant chaque; elle a donné 528 barriques d'huile, pesant chacune 450 à 500 livres, poids de marc.

En 1789, ces produits avaient été, savoir : le premier, de 85,750 barils, et le second, de 870 barriques.

Le nombre d'hommes employés en l'an 9, a été de 2,855; en 1789, il avait été de 4,958.

Il y a peu de mines dans le département; les seules en exploitation sont celles de Poullaouen et de Huelgoat : ce sont des substances minéralisées de plomb, et du plomb même que l'on y exploite.

Cette exploitation occupe environ mille ouvriers. Elle produit, année commune, environ 6,000 quintaux métriques de plomb; et 870 kilogrammes d'argent. Elles rapportent 50,000 francs de bénéfice aux concessionnaires.

Il y a une mine de houille en exploitation près Quimper.

L'industrie manufacturière du département du Finistère consiste en fabriques de fils, de toiles à voiles dites *mélis*, de toiles *crès* de Morlaix.

La fabrique des toiles à voiles, qui sont de chanvre, et qui est établie à Locronan, est très-importante pour ce département. Elle occupe environ 400 ouvriers, et a 151 métiers montés.

Le lieu d'exportation des toiles à voiles, est Bordeaux principalement, et pour l'étranger, c'est l'Espagne.

On porte la consommation des toiles de toute espèce, dans le département, savoir : celle de lin, à 110,000 aunes, et celle de chanvre à 4,771,000.

L'exportation en France est de 50,000 aunes de toile de lin, et l'exportation à l'étranger de 2,000,000. (L'aune de Bretagne a 52 pouces.)

On doit remarquer qu'à l'exception des toiles à voiles et des crès qui se fabriquent à Morlaix, les autres ne se font pas dans des manufactures particulières; ce sont les paysans qui s'occupent de ce travail dans les moments qu'ils n'emploient pas à la culture des terres.

Il y a aussi de belles corderies dans ce département; on en porte le produit à 9,000 quintaux; dans cette estimation ne sont point compris les cordages fabriqués à Brest, pour la marine, dont les cordiers n'emploient que des matières premières qui ne viennent point du département.

On compte une trentaine de papeteries, qui fabriquent environ 64,000 rames de papier, et consomment 1,500 quintaux de chiffons. Ces fabriques donnent 40,000 francs de salaires aux ouvriers, 55,000 francs de bénéfices aux fabricants. La vente du papier produit 190,000 francs.

Il existe quinze manufactures de tabac dans le départementdu Finistère; elles emploient environ 7,000 quintaux de tabac de Virginie, 50 de Maryland, 240 de Hollande, et 1,500 de Flandre. Le produit de ces manufactures est à peu près de 4,300 quintaux de tabac en carottes, 5,600 quintaux de tabac à fumer; partie des uns et des autres est consommée dans le département, le reste exporté dans l'intérieur. Le produit brut de cette fabrique est de 1,598,000 francs, sur quoi 1,086,000 francs de frais d'achat et de fabrication.

Il y a, outre ces fabriques, des tanneries, quelques chapeleries, blanchisseries de cire; une manufacture de lainage, fil et laine, appelé *berlinge*; enfin, une trentaine de poteries et briqueteries.

Le commerce du département consiste, comme on a pu le voir par ce qui précède, dans la vente de ses toiles, de sa cire, de son miel, du plomb, du tabac qu'on y fabrique, du chanvre, du lin, et des sardines.

Le chef-lieu est Quimper, ville de 6,608 ames, à 138 lieues de Paris.

L'étendue territoriale est de 343 lieues carrées; la population, de 474,349 individus; ce qui donne à peu près 1,383 habitants par lieue carrée.

Les bois et forêts occupent une étendue de 27,590 arpents, dont 7,675 sont de bois nationaux.

Les contributions directes de l'an 11, y compris les 16 cent. additionnels par franc, ont donné 2,458,757 fr.; c'est 5 francs 18 centimes par tête d'individu de tout âge et de tout sexe.

8°. *Le département des Côtes du Nord*, formé de la Haute-Bretagne, tire son nom des côtes qui le bornent dans sa longueur sur le canal de la Manche.

Ce département est couvert de landes en plusieurs endroits, ce qui en rend le sol peu fertile. Il produit dans les parties cultivées, beaucoup de blé, du seigle, du sarrasin, un peu de vin médiocre; des pommes, poires, dont on fait du cidre, des lins en abondance, du chanvre. Il y a des pâturages qui nourrissent des chevaux assez estimés. Il s'y trouve quelques mines de plomb et de fer.

Son industrie consiste en fabriques de toiles de lin, de parchemin, toiles à voiles, fils dits de Bretagne, tamis, papiers, cuirs tannés. La pêche est un article important.

Le commerce se compose de la vente des toiles, de

quelques grains, du cidre, du fil, des produits de la pêche, çire, miel, bestiaux.

Le chef-lieu est Saint-Brieux, ville de 8,090 ames, à 114 lieues de Paris.

L'étendue territoriale est de 353 lieues carrées; la population, de 499,927 individus; c'est à peu près 1,416 habitants par lieue carrée.

Les forêts et bois composent 46,780 arpents, dont 12,147 de bois nationaux.

Les contributions directes de l'an 11, y compris les 16 cent. additionnels par franc, ont donné 2,549,791 fr.; c'est 5 francs 10 centimes par tête d'individu de tout âge et de tout sexe.

9°. *Le département d'Ille et Vilaine*, formé d'une partie de la Bretagne, tire son nom des deux rivières de Vilaine et d'Ille qui l'arrosent, la première en angle droit, de l'est au sud, et la seconde, du nord au sud.

La culture et le sol du département sont médiocres; aussi n'y récolte-t-on, année commune, que quatre pour un en froment, et cinq en seigle, et ces récoltes ne suffisent point à la consommation.

On y cultive du froment, du seigle, de l'orge, de l'avoine, quantité de sarrasin, des pommes dont on fait du cidre; du lin, du chanvre en quantité et d'une qualité distinguée. Les pâturages y sont excellents et abondants le long des rivières; mais partout ailleurs ils sont maigres et pauvres. Il y a aussi quelques prairies artificielles de luzerne et de trèfle.

L'on y nourrit beaucoup de bestiaux, principalement des vaches, dont le lait donne du beurre très-estimé, notamment celui dit *de la Prévalaye*.

Ce département renferme en outre de belles forêts, des mines de fer, de plomb, des carrières de pierre et de grès, des fours à chaux.

Il n'y a point de fabrique de draps dans le département d'Ille et Vilaine, mais seulement de serges grossières pour l'habillement des habitants de la campagne; des manufactures de toiles à voiles, de ménage et d'emballage; une fabrique de chapelerie, une de faïence; des blanchisseries de cire qui sont bien tombées; quelques ateliers de teintures peu actifs; des tanneries qui ont de la réputation.

Le commerce d'Ille et Vilaine s'étend principalement sur les chanvres, les lins, les fils dits de Bretagne, le cidre, les bestiaux, la cire, le miel, les bois de construction, le fer et le plomb.

Le chef-lieu est Rennes, ville de 25,904 individus, à 88 lieues de Paris.

L'étendue territoriale du département est estimée de 347 lieues carrées; la population, de 488,605 individus; c'est 1,408 habitants par lieue carrée.

Les forêts et bois forment un total de 54,944 arpents, dont 39,920 sont de bois nationaux.

Les contributions directes de l'an 11, y compris les 16 cent. additionnels par franc, ont donné 3,014,223 fr.; c'est 6 francs 17 centimes par tête d'individu de tout âge et de tout sexe.

Ici finit la neuvième région, composée en grande partie des départements maritimes, et dont la population se trouve supérieure au total à celle d'un pareil nombre de départements intérieurs, si l'on en excepte ceux qui environnent celui de la Seine.

Nous allons passer à la dixième région, que l'on appele du *Centre*.

DIXIÈME RÉGION. — *Du Centre.*

La dixième région est composée de neuf départements, situés à peu près au centre de la France: ce sont ceux du Loir et Cher, du Loiret, de l'Yonne, de la Nièvre, de l'Allier, du Puy de Dôme, de la Creuse, de l'Indre, du Cher.

Nous en allons donner succinctement l'analyse statistique.

1°. *Le département du Loir et Cher*, formé du Blésois et de la Sologne, faisant partie de l'Orléanais, tire son nom de deux de ses rivières, le Loir, qui l'arrose dans sa partie septentrionale, du nord à l'ouest, et le Cher, qui coule au sud de l'est à l'ouest.

C'est un département entièrement agricole, et dont la partie septentrionale est de beaucoup plus productive que la partie méridionale.

On y recueille des grains de toute espèce et en abondance, des vins, dont une très-grande partie est convertie en eau-de-vie. Les pâturages sont abondants, et nourrissent quantité de bonnes vaches.

Il y a de belles forêts et quelques mines de fer.

L'industrie est peu considérable, et consiste en quelques fabriques de draps communs, de cotonnades, de molletons et couvertures de coton, de la verrerie, coutellerie, ganterie et tannerie.

Le commerce le plus important est celui des grains, vins, eaux-de-vie, bois, bétail, gros draps pour la consommation du département.

Le chef-lieu est Blois, ville de 15,213 individus, distante de Paris de 43 lieues.

L'étendue territoriale est de 319 lieues carrées; la population, de 211,152 individus; ce qui fait 662 habitants par lieue carrée.

Les forêts et bois y occupent 144,270 arpents, dont 52,536 de bois nationaux.

Les contributions directes de l'an 11, y compris les 16 cent. additionnels par franc, ont donné 2,432,733 fr.; c'est 11 francs 52 centimes par tête d'individu de tout âge et de tout sexe.

2°. *Le département du Loiret*, formé d'une très-grande partie de l'Orléanais, tire son nom de la petite rivière du Loiret, qui se jète dans la Loire au-dessous d'Orléans.

Le climat du Loiret est sain et tempéré. C'est un pays de plaine, et très-abondant en toutes sortes de grains, en vins rouges et blancs, légumes, fruits d'une bonne qualité, chanvre, safran, pâturages.

L'industrie consiste en manufactures d'étoffes de laine, bonneterie, filatures de coton, papeteries, tanneries, raffineries de sucre.

Le commerce est fort étendu, parce que Orléans est un lieu d'entrepôt; il consiste en laines, vins, eaux-de-vie, sucre raffiné, grains, arbres pour plantations, bonneteries, safran, bestiaux.

Le chef-lieu est Orléans, belle ville située sur la Loire; on y compte 56,000 ames; elle est à 30 lieues de Paris.

L'étendue territoriale du département est de 224 lieues carrées; la population, de 289,728 habitants; c'est 1,204 habitants par lieue carrée.

L'on y compte 182,595 arpents de bois et forêts, dont 166,449 de bois nationaux.

Les contributions directes de l'an 11, y compris les 16 cent. additionnels par franc, ont donné 3,778,705 fr.; c'est 13 francs 35 centimes par individu de tout âge et de tout sexe.

3°. *Le département de l'Yonne*, formé de l'Auxerrois, partie de la Bourgogne, tire son nom de la rivière de l'Yonne, qui l'arrose du sud au nord.

Le territoire du département de l'Yonne, quoiqu'ayant des parties considérables presque stériles, est cependant en général un des plus fertiles de la France; il produit des grains de toute espèce et en abondance; des chanvres, des légumes. On y recueille beaucoup de bons vins, qui font le principal objet de son commerce. Les pâturages y sont nombreux et excellents; l'on y élève beaucoup de bestiaux.

Il y a plusieurs fabriques, telles que celles de draps communs et autres étoffes de laine; de velours de coton; des filatures de coton, fabriques de basin, tanneries, papeteries, forges, verreries, faïenceries, tuileries, briqueteries; blanc d'Espagne.

Le commerce consiste principalement en vins, grains, foins, bois, charbon, bestiaux, laines, verres, cuirs, tuiles, briques, chaux, dont on amène une assez bonne quantité à Paris.

Le chef-lieu est Auxerre, ville de 12,047 individus, située à 40 lieues de Paris.

L'étendue territoriale est estimée de 373 lieues carrées; la population, de 339,278 individus; c'est 909 habitants par lieue carrée.

On y compte 293,517 arpents de bois et forêts, dont 41,786 de bois nationaux.

Les contributions directes de l'an 11 ont été de 3,093,023 fr.; c'est 9 fr. 12 cent. par tête d'individu de tout âge et de tout sexe.

4°. *Le département de la Nièvre*, formé de la province du Nivernais, tire son nom de la petite rivière de Nièvre qui y coule du nord au sud.

Le sol de la Nièvre produit des grains, des vins, des fruits, beaucoup de bois de chauffage et de charpente, de chanvre et de bétail.

L'on y trouve une grande quantité de mines de fer et de charbon de terre qui sont d'un grand rapport, et qui ont donné lieu à l'établissement d'usines et de forges; il y a aussi des carrières de marbre et de grès.

L'industrie du département de la Nièvre a surtout pour objet les ouvrages de fer et d'acier, tels que coutellerie, quincaillerie, fil de fer, clouterie, manufactures de boutons de métal, fonderies d'ancres et de boulets, faïenceries, verreries, quelques fabriques d'étoffes de laine et de coton à Nevers.

Le commerce consiste en bois de chauffage, charbon de terre, fers, verres, faïences, chanvres et grains.

Le chef-lieu est Nevers, ville de 10,150 individus, à 57 lieues de Paris.

L'étendue territoriale du département est de 352 lieues carrées; la population, de 251,158 individus; c'est 713 habitants par lieue carrée.

Les forêts et bois y occupent une étendue de 295,247 arpents, dont 43,416 de bois nationaux.

Les contributions directes ont donné, en l'an XI, 2,145,555 francs; c'est 8 francs 55 centimes par tête d'individu de tout âge et de tout sexe.

5º. *Le département de l'Allier*, formé du Bourbonnais, tire son nom de la rivière de l'Allier qui y coule du sud au nord.

Le terroir, varié et de fertilité différente, produit en assez grande abondance du froment, de l'orge, de l'avoine, des foins, des légumes, des vins blancs et rouges, des noix dont on fait de l'huile, des graines grasses, des pommes de terre.

Il y a des mines de fer, de plomb, de charbon de terre, d'antimoine; des carrières de marbre veiné et de pierres à chaux.

L'industrie se porte en grande partie, comme dans le département précédent, vers les ouvrages en fer et acier, comme coutellerie, quincaillerie; il y a aussi des fabriques de rubans, de galons; des verreries, faïenceries.

Le commerce se compose de la vente des grains, chanvres, vins, lins, huile de noix et de graines, produits des fabriques que nous venons d'indiquer.

Le chef-lieu est Moulins, ville de 13,200 individus, distante de Paris de 71 lieues.

L'étendue territoriale du département est de 365 lieues carrées ; la population, de 272,616 individus ; c'est 747 habitants par lieue carrée.

Les forêts et bois occupent 208,185 arpents, dont 65,987 de bois nationaux.

Les contributions directes de l'an 11, y compris les 16 cent. additionnels par franc, ont donné 2,208,064 fr. ; c'est 8 fr. 10 cent. par tête d'individu de tout âge et de tout sexe.

6°. *Le département du Puy-de-Dôme*, formé de la Basse-Auvergne, tire son nom d'une montagne située presque au centre, et près de Clermont. (*Puy* signifie *montagne*, dans l'ancien langage du pays.)

Ce département, entrecoupé de plaines et de montagnes, est un des plus fertiles de la France ; il produit abondamment des grains de toute espèce, des fruits, des chanvres, des vins.

Les pâturages y sont nombreux et excellents ; l'on y nourrit beaucoup de bétail, surtout des chevaux, des bœufs, des mulets et des moutons.

Il y a quelques mines de plomb et d'argent, mais qui ne forment point un produit important.

L'industrie est assez considérable ; on y fabrique des toiles, des blondes, des siamoises, des toiles de coton, des serges, des calmandes, des basins, de la quincaillerie, du papier, des rubans.

Le commerce se compose de la vente de ces objets et de celle des productions du sol, particulièrement des chanvres, des bœufs, des cuirs, du suif, des mouchoirs, des toiles, des blondes, des siamoises.

Le chef-lieu est Clermont ; c'est une ville de 30,000 ames, à 93 lieues de Paris.

L'étendue territoriale du département est de 365 lieues carrées ; la population, de 508,444 individus ; c'est 1,393 habitants par lieue carrée.

Il y a 94,562 arpents de bois et forêts, dont 21,999 de bois nationaux.

Les contributions directes de l'an 11, y compris les 16 cent. additionnels par franc, ont donné 3,656,547 fr. ; c'est 17 fr. 19 centimes par tête d'individu de tout âge et de tout sexe.

7°. *Le département de la Creuse*, formé de la province de la Marche, tire son nom de la rivière de la Creuse qui y coule du sud au nord-ouest.

Le sol est médiocrement fertile en blé; mais il produit du seigle, de l'avoine, des fruits, du vin. Il y a d'ailleurs de bons pâturages où l'on nourrit beaucoup de chevaux, de bestiaux, de bêtes à laine.

On y trouve des mines de charbon de terre, des carrières de marbre, et des sources d'eaux minérales.

L'industrie de ce département est remarquable par la fabrique d'Aubusson, qui faisait autrefois beaucoup de ces belles tapisseries appelées *tapisseries d'Aubusson;* mais aujourd'hui l'on n'y fait plus guère, ainsi qu'à Felletin, que des tapis qui sont très-beaux et très-recherchés, et de la tapisserie pour meubles, c'est-à-dire avec laquelle on couvre des chaises, fauteuils, canapés, etc. Il y a aussi quelques fabriques de gros draps et de toiles de peu de conséquence.

Le commerce consiste dans la vente des laines, bestiaux, et du produit des fabriques, principalement des tapis et ouvrages d'Aubusson ; les toiles y entrent aussi pour une partie.

Le chef-lieu est Gueret, ville de 3,125 individus, à 104 lieues de Paris.

L'étendue territoriale du département est de 288 lieues carrées ; la population, de 216,255 individus ; c'est 751 habitants par lieue carrée.

Il s'y trouve 67,938 arpents de bois et forêts , dont 4,241 arpents de bois nationaux.

Les contributions directes de l'an 11 , y compris les 16 cent. additionnels par franc, ont donné 1,266,736 fr. ; c'est 5 francs 85 centimes par tête d'individu de tout âge et de tout sexe.

8°. *Le département de l'Indre ,* formé du Bas-Berri , tire son nom de la rivière d'Indre qui y coule du sud-est au nord-ouest.

Ce département nourrit considérablement de bétail , principalement des bœufs et des moutons, dans les landes et sur les bords des nombreux étangs qui s'y trouvent, et qui donnent abondamment du poisson d'eau douce.

L'on y cultive presque toutes les espèces de blés., et particulièrement de l'orge; les vins y sont de médiocre qualité. La laine y est une source de richesse importante, parce que c'est dans ce département et celui du Cher que se ramassent les laines fines dites *du Berri*.

L'on recueille encore du chanvre, du lin, du sarrasin ou blé noir, des noix en abondance, dont on fait de l'huile d'assez bon goût. On y élève quelques chevaux d'une médiocre espèce.

Il s'y trouve quelques mines et des carrières de belles pierres.

L'industrie a pour objet les fabriques de gros draps dits *de Châteauroux*, dont il se fait une grande consommation en France; la bonneterie, chapèlerie, tannerie.

Ces produits des fabriques, joints aux productions du sol, surtout aux moutons, laines, chanvre, bois et fers, composent les matières de commerce de ce département.

Le chef-lieu est Châteauroux, ville de 8,148 ames, à 64 lieues de Paris.

L'étendue territoriale est de 352 lieues carrées; la population, de 207,911 individus; ce qui fait 591 habitants par lieue carrée.

Les forêts et bois y occupent 200,974 arpents, dont 38,443 seulement de bois nationaux.

Les contributions directes de l'an 11, y compris les 16 cent. additionnels par franc, ont donné 1,652,606 fr.; c'est 7 francs 95 centimes par tête d'individu de tout âge et de tout sexe.

9°. *Le département du Cher*, formé du Haut-Berri, tire son nom de la rivière du Cher qui y coule du sud-est à l'ouest.

On y recueille toutes sortes de grains, des blés surtout en abondance; des vins, quantité de fruits, beaucoup de chanvre et de lin.

Il y a beaucoup de pâturages où l'on élève quelques chevaux de petite espèce. Les moutons, très-nombreux, y donnent des toisons fines et très-estimées. La Loire procure à ce département beaucoup d'aloses et de saumons qui la remontent et passent dans le Cher.

On y trouve des mines de fer et d'ocre de différentes espèces; des carrières de pierres, beaucoup de bois qui fournissent aux nombreuses usines pour le travail des fers.

L'industrie consiste en quelques fabriques de draps, de

serges, de toiles; en verreries assez nombreuses, tuileries, tanneries.

Le commerce résulte de la vente des laines, des chanvres, de la cire, des fers, de la verrerie; enfin, du blé et du vin dont il s'exporte quelque quantité hors du département.

Le chef-lieu est Bourges, ville de 15,340 ames, à 62 lieues de Paris.

L'étendue territoriale est de 369 lieues carrées; la population, de 218,297 individus; ce qui fait à peu près 592 habitants par lieue carrée.

Les bois et forêts y occupent 382,794 arpents, dont 61,391 de bois nationaux.

Les contributions directes de l'an 11, y compris les 16 cent. additionnels par franc, ont donné 1,742,031 fr.; c'est 7 francs 98 centimes par tête d'individu de tout âge et de tout sexe.

Ici finit la dixième région, formée des départements situés au centre de la France; il nous reste à faire connaître celle qui se trouve composée des six départements du Piémont, quoique cette acquisition de la France ne puisse que très-improprement en être regardée comme une région.

ONZIÈME RÉGION. — *Piémont.*

Quoique, comme nous venons de le remarquer, ce ne soit qu'improprement que nous donnons le nom de région au Piémont, puisque cet état est hors des limites du territoire physique de la France, cependant, puisque, considéré politiquement, il en fait une partie connue sous le nom de 27e. division militaire, jusqu'au moment où celle de Paris a été supprimée, et de 26e. division militaire, aujourd'hui qu'il y en a une de moins, nous allons en donner l'analyse statistique, comme nous avons fait des dix autres régions.

Le Piémont, réuni au territoire français par un sénatus-consulte du 8 fructidor an 10, est divisé en six départements, savoir : la Doire, la Sésia, Marengo, Tanaro, Sture ou Stura, et le Pô.

1º. *Le département de la Doire* comprend le duché d'Aoste et le Canavèse, et tire son nom de la grande Doire, rivière qui y coule du nord au sud-ouest.

Tout ce département, arrosé et fertilisé par la grande Doire, abonde en pâturages et en toutes sortes d'arbres fruitiers. La culture du chanvre y est surtout très-étendue et très-multipliée. L'on y récolte aussi du blé et d'autres grains, du vin, des châtaignes, de la soie.

On y trouve plusieurs mines de fer et d'autres métaux.

L'industrie y est peu considérable; elle consiste principalement dans la fabrique de quelques toiles et le travail de la soie.

Le commerce est alimenté par les productions du sol et la vente des bestiaux, particulièrement des bœufs; les chanvres et la soie y entrent aussi pour une partie importante.

Le chef-lieu est Ivrée; c'est une ville de 1,300 ames, distante de Paris de 199 lieues.

L'étendue territoriale est de 200 lieues carrées; la population, de 224,127 individus; c'est à peu près 1,121 habitants par lieue carrée.

Les contributions directes de l'an 11, y compris les 16 cent. additionnels par franc, ont donné 951,159 fr.; c'est 4 francs 24 centimes par tête d'individu de tout âge et de tout sexe (1).

2º. *Le département de la Sésia*, formé de la seigneurie de Verceil et de la principauté de Masserano, tire son nom de la rivière de Sésia qui le traverse du nord-ouest à l'est.

Le sol de ce département, généralement humide et souvent inondé, produit du riz en abondance, du blé, du lin, du chanvre, un peu de vin, de la soie et des fruits de bonne qualité.

L'industrie se borne à quelques fabriques de toiles ordinaires et au travail de la soie; ces deux objets réunis au

____

(1) Nous n'avons point fait connaître la quantité de bois et forêts qui se trouvent dans ce département, ainsi que dans les cinq autres formés du Piémont, parce que le travail que le gouvernement attend sur cette matière, n'est point encore achevé.

riz, chanvre, lin et à la soie, forment l'aliment du commerce de la Sésia.

Le chef-lieu est Verceil, ville de 18,364 ames, à 203 lieues de Paris.

L'étendue territoriale du département est de 120 lieues carrées ; la population, de 204,445 habitants ; c'est 1,703 habitants par lieue carrée.

Les contributions directes de l'an 11, y compris les 16 cent. additionnels par franc, ont donné 1,307,460 fr. ; c'est 6 francs 34 centimes par tête d'individu de tout âge et de tout sexe.

3°. *Le département de Marengo*, formé du Montferrat et de la province d'Alexandrie, du Tortonèse et de la Laumelline, dépendant de la Lombardie, tire son nom du village de Marengo, situé à environ deux lieues d'Alexandrie, célèbre par la victoire que les Français y remportèrent sur les Autrichiens, le 25 prairial an 8 (14 juin 1800).

Le territoire, sujet aux inondations, et d'ailleurs privé par de hautes montagnes de l'influence des chaleurs du midi, n'offre point aux productions qui exigent une température chaude, le moyen de prospérer ; c'est pourquoi l'olivier n'y croît que très-difficilement ; mais son fruit est remplacé par la noix, qui donne une assez bonne huile dont les habitants font usage. On y récolte aussi, comme dans le précédent, de la soie, du blé, du riz, du chanvre, du lin ; mais la principale richesse est en bestiaux, dont on élève une grande quantité dans les pâturages du pays.

C'est du lait des vaches et des chèvres que l'on élève dans ces prairies, qu'est fait ce fromage très-estimé appelé *Lodése* ou *Parmesan*, quoique ce ne soit pas de Parme qu'il vienne ; on prétend que ce nom lui fut donné en France, parce qu'on en vit pour la première fois à Paris, à un repas qu'y donnait une duchesse de Parme.

L'industrie de ce département se borne à quelques fabriques de toiles et quelques gros ouvrages de bonneterie pour la consommation locale ; aussi le commerce consiste-t-il exclusivement dans la vente des productions du sol, c'est-à-dire grains, lin, chanvre, huile de noix, bestiaux, soie, fromage.

Le chef-lieu est Alexandrie, dont la population est de 32,225 habitants, et qui est à 208 lieues de Paris.

L'étendue territoriale est de 160 lieues carrées ; la population, de 232,854 individus ; c'est 2,152 habitants par lieue carrée.

Les contributions de l'an 11, y compris les 16 centimes additionnels par franc, ont donné 2,690,500 francs ; c'est 8 francs 33 centimes par tête d'individu de tout âge et de tout sexe.

4°. *Le département du Tanaro*, formé de la province d'Acqui et du comté d'Asti, tire son nom de la rivière de Tanaro qui y coule du sud-ouest au nord-est.

Le territoire du département du Tanaro, très-aquatique en plusieurs endroits, est fertile en grains, en riz, soie, chanvre, lin, bestiaux, vin médiocre et bons pâturages.

On y fait de grosses étoffes de laine commune ; l'on y travaille aussi la soie ; mais ces objets entrent pour peu de chose dans le commerce, qui consiste presqu'exclusivement en productions, surtout grains, vin, soie, riz, bestiaux et chevaux.

Le chef-lieu est Asti, ville de 21,225 ames, à 200 lieues de Paris.

L'étendue territoriale du département est de 129 lieues carrées ; la population, de 311,458 individus ; c'est 2,414 habitants par lieue carrée.

Les contributions directes de l'an 11, y compris les 16 cent. additionnels par franc, ont donné 1,841,182 fr. ; c'est 9 francs 51 centimes par tête d'individu de tout âge et de tout sexe.

5°. *Le département de la Sture* ou *de la Stura*, formé des districts de Savillan, de Mondovi et de Coni, et des marquisats de Saluces et de Céva, tire son nom de la rivière de Stura qui y coule du sud-ouest au nord.

L'âpreté du climat de ce département le rend peu propre à la culture, ou au moins à l'abondance des productions qu'on y récolte. Ce sont en général des châtaignes, un peu de blé, de seigle, de soie même, d'oranges et de citrons, des truffes très-bonnes.

Les pâturages forment la richesse agricole la plus considérable, et les bestiaux qu'on y élève donnent un laitage très-estimé.

Il y a quelques fabriques d'étoffes de soie, de gaze, de

toiles, dont les produits entrent dans le commerce, ainsi que les soies, truffes, fourrages, bestiaux.

Le chef-lieu est Coni, ville de 16,500 ames, à 205 lieues de Paris.

L'étendue territoriale est de 292 lieues carrées; la population, de 411,669 individus; c'est 1,450 habitants par lieue carrée.

Les contributions directes de l'an 11 se sont élevées à 3,084,664 francs; c'est 7 francs 49 centimes par tête d'individu de tout âge et de tout sexe.

6°. *Le département du Pô*, formé du district de Turin, de celui des Quatre Vallées, et du marquisat de Suze, tire son nom du fleuve du Pô qui l'arrose à l'est, du sud au nord.

Le sol de ce département présente des variétés dans sa nature ainsi que dans les espèces de productions qu'il donne. La plupart des vallées sont surtout d'une grande fertilité. On y recueille, ainsi que dans les plaines, beaucoup de froment, de seigle, de l'avoine, du maïs, de la soie, des châtaignes, un peu de vin, des fruits. Il y a de beaux pâturages, où l'on élève un grand nombre de bestiaux, bœufs, vaches, chèvres, moutons.

On trouve dans les montagnes des mines de fer d'un grand rapport, de cuivre mêlé de fer, de vert de montagne, de manganèse, de plomb ferrugineux.

On y exploite des carrières de marbres de diverses couleurs, des carrières de pierres calcaires, d'ardoises, de terre d'argile très-pure propre à faire de la poterie, et l'on y trouve des terres marneuses qui ne sont pas exploitées.

Les fabriques, surtout celles qui s'occupent de la soie, y sont nombreuses. Elles en font des bas, des gazes, des organsins, qui est un fil de soie formé de plusieurs brins, retord pour la chaîne des étoffes.

Il y a aussi d'autres fabriques de gants de chamois, de toiles, de velours, de cordages; des verreries, papeteries, poteries, tanneries; on y fait d'excellentes liqueurs, et la parfumerie y a de la réputation.

Ces objets et les productions du sol entretiènent dans l'intérieur et au dehors un commerce considérable, principalement en grains, vins, bestiaux, beurre, fromages, bois, châtaignes, charbon, fer, soie, organsin, étoffes de soie.

C'est à Turin que sont les fabriques et le centre du commerce de tout le Piémont ; cette ville en était la capitale ; c'est aujourd'hui le chef-lieu du département du Pô. L'on y compte 75,716 individus ; il est à 191 lieues de Paris.

L'étendue territoriale est de 217 lieues carrées ; la population, de 395,193 individus ; c'est 1,821 habitants par lieue carrée.

Les contributions directes de l'an 11, y compris les 16 centimes additionnels par franc, se sont élevées à la somme de 3,959,021 francs ; c'est 10 francs 2 centimes par tête d'individu de tout âge et de tout sexe.

L'on a pu voir dans l'analyse statistique que nous venons de donner du Piémont, l'importance de cette conquête, sa richesse en population, en territoire et en productions. En voici le résumé total.

Le Piémont, augmenté de quelques parties de la Lombardie, offre une étendue territoriale de 1,108 lieues carrées ; une population de 1,879,746 individus ; ce qui donne 1,696 habitants par lieue carrée, rapport très-avantageux.

Enfin, en l'an 11, les contributions directes, y compris les 16 cent. additionnels par fr., ont donné 13,833,936 fr. ; ce qui fait une contribution, par chaque individu de tout âge et de tout sexe, de 7 francs 36 centimes.

On a pu voir aussi par ce qui précède, que l'on recueille dans le Piémont de beaux blés en assez grande quantité, du seigle, de l'orge, du maïs, des vins d'une médiocre qualité, du riz en abondance, et qui forme une branche considérable de commerce ; des truffes très-estimées. Il y a beaucoup de beaux pâturages qui nourrissent quantité de gros et menu bétail ; cette branche de l'économie rurale y est si importante, qu'on en estime le produit annuel de 3,000,000 de francs. On assure qu'il passe au dehors tous les ans, 90,000 bœufs du Piémont ; c'est surtout avec la Lombardie et les petits états voisins que cette branche de commerce a lieu.

La soie est d'un plus grand produit encore ; elle est la meilleure d'Italie, surtout pour les organsins. On la vend presque toute organsinée, c'est-à-dire retorse et disposée à faire la chaîne des étoffes de soie.

On évalue le produit annuel de cette marchandise à près de 13,000,000 de francs.

On sait que la fabrique des étoffes de soie pour meubles et pour habillement, celle des bas, très-beaux et très-estimés, de velours, de gaze et autres petites étoffes, forme une richesse d'industrie particulière au Piémont.

Enfin, le commerce de cette région, fondé sur des productions d'une utilité constante, et une industrie particulière, est un de ceux qui doivent s'étendre par la paix et l'amélioration intérieure.

Ici se termine l'analyse statistique des 108 départements continentaux. Nous ne parlerons des colonies qu'à l'article du commerce, parce que ces établissements n'ont point d'autre objet dans le système actuel de la politique et du commerce des états de l'Europe.

Mais avant d'abandonner ce sujet, nous croyons devoir donner un résumé général et analytique de l'étendue territoriale, de la population, de leur rapport avec les contributions directes, afin de saisir le tout d'un coup d'œil.

Dans ce qui précède et dans cette analyse sommaire, nous employons le travail fait par le gouvernement pour l'an 11 : 1°. parce qu'il est le plus exact; 2°. parce qu'il donne une idée de la manière dont le gouvernement lui-même apprécie la richesse de la France; 3°. parce que depuis cette époque il ne s'est pas fait d'amélioration en plus dans l'état des fonds et du revenu, vu la continuité de la guerre qui suspend la marche du commerce et fait souffrir tous les genres d'industrie.

§ V. *Résumé statitsique de l'Étendue territoriale, de la Population et des Contributions directes de la France, au commencement de l'an 12.*

L'analyse que nous avons présentée dans les articles précédents, avait pour but d'exposer, avec quelque détail, les sources de la richesse territoriale de la France, et leur répartition sur chacun des points de l'Empire.

On a pu voir que, par la manière dont elles sont distribuées, elles offrent de très-grandes facilités aux établissements d'industrie, et par conséquent à l'emploi des productions. Cet avantage de la France est un de ceux qui contribuent le plus à sa prospérité intérieure, et expliquent comment les fautes nombreuses en administration et l'instabilité dans les institutions publiques, n'ont pas produit chez nous cette pauvreté intérieure et cette dépopulation qui sont les suites ordinaires des erreurs ou des désordres politiques.

Mais ce n'est pas ici le lieu de traiter cette matière ; nous y reviendrons dans un autre chapitre. Nous allons présenter maintenant le résumé statistique de ce qui précède, après que nous aurons dit un mot des accroissements successifs qu'a reçus l'Empire Français.

Le premier agrandissement durable de la France a commencé sous saint Louis. Ce prince a ajouté la Bourgogne à ses états, et elle n'en a pas été séparée depuis. Sous Philippe de Valois, le Dauphiné est devenu une province française, d'état particulier qu'il était. Charles VII a réuni la Guyenne ; François Ier., la Bretagne ; Henri II, les trois évêchés de Metz, Toul et Verdun, et le comté de Calais ; Henri IV, la Basse-Navarre ; Louis XIII, le Roussillon ; Louis XIV, la Flandre, l'Artois, la FrancheComté, l'Alsace, la principauté d'Orange ; Louis XV, la Lorraine, l'île de Corse.

Enfin, depuis les conquêtes commencées en 1793, et continuées jusqu'au traité d'Amiens, la France a acquis la Belgique, Genève, Avignon, la Savoie, la rive gauche du Rhin, c'est-à-dire une partie du Palatinat, l'électorat de Mayence, de Cologne, de Trèves, l'évêché de Worms, de Waire, le duché des Deux-Ponts, une partie de la Gueldre prussienne, le comté de Nice, le Piémont, l'île d'Elbe.

Nous avons fait connaître la valeur statistique de ces conquêtes, en traitant des départements dont elles font partie ; nous n'y reviendrons donc pas, et nous nous bornerons à rappeler l'estimation totale de la France actuelle, en territoire, population et contributions.

Faisons observer d'abord qu'avant les conquêtes de la révolution, la France était ainsi estimée, au rapport de M. Necker, dont les travaux sur ces matières ont tous les caractères d'exactitude qu'on peut desirer.

Suivant lui, l'étendue du royaume était, en 1785, non compris la Corse, de 26,951 lieues carrées, dont la longueur est de 25 au degré, et par conséquent de 2,282 toises $\frac{2}{5}$.

Sa population était, non compris la Corse, de 24,676,000 individus ; ce qui donnait 916 individus par lieue carrée.

Les contributions de la France s'élevaient à 584,000,000 ; ce qui formait une contribution de 21,684 livres par lieue carrée, et de 23 livres 13 sous 8 den. par tête d'individu de tout âge et de tout sexe.

La Corse augmentait cette estimation d'une étendue territoriale de 540 lieues carrées, de 124,000 ames, et de 600,000 livres de contributions ; ce qui donnait 4 liv. 17 sous par tête d'individu de tout âge et de tout sexe dans cette île (1).

En ajoutant cette somme à la précédente, on a 27,491 lieues carrées, et 24,800,000 indiv. pour la France d'alors.

Les contributions de la Corse, jointes à celles du reste de la France, donnent 584,600,000 francs pour la totalité des contributions de la France à cette époque.

L'étendue territoriale de la France, aujourd'hui, y compris la Belgique, les départements de la rive gauche du Rhin, la Corse, l'île d'Elbe, le Piémont, donnent une étendue de 32,026 lieues carrées de 25 au degré.

Ces 32,026 lieues carrées forment une étendue de

____

(1) M. Necker fait la Corse de 540 lieues carrées; elle n'est que de 484. Cependant nous avons conservé les calculs de M. Necker dans la comparaison que nous faisons de la population au territoire de la France, à l'époque de 1785.

640,515 myriares, mesure de superficie, dont chaque côté est de 1,000 mètres ;

Ce qui, réduit en arpents, donne 128,103,000 arpents des eaux et forêts.

L'on sait qu'il faut vingt myriares pour faire une lieue carrée, et que deux arpents valent un hectare environ.

Cette estimation de la totalité du territoire français en Europe étant connue, il nous sera aisé de savoir le rapport de la population au territoire, c'est-à-dire combien il y a d'individus vivants par chacune des divisions du territoire.

Nous pourrions faire la comparaison pour les trois espèces de divisions que nous venons d'indiquer ; mais nous nous bornerons à celles des lieues carrées et des myriares, parce que la première est assez généralement suivie dans les ouvrages de Statistique, et que d'ailleurs elle offre un point de comparaison avec l'ancienne France, et que la seconde est établie dans presque tous les travaux d'administration pour la mesure du territoire français.

Il résulte de l'analyse statistique de chaque département en particulier, telle que nous venons de l'exposer, que la totalité de la population française en Europe est de 34,998,839 individus de tout âge et de tout sexe ; qu'en conséquence, pour avoir le rapport du nombre des individus à celui des lieues carrées et des myriares, il faut diviser cette population par le nombre de ceux-ci ; mais nous remarquerons que le terme moyen serait un peu trop fort, parce qu'il paraît certain, d'après la comparaison que nous avons faite de la population de plusieurs villes, obtenue par dénombrement, avec celle qui est exprimée dans le tableau formé en exécution de la loi du 8 pluviôse an 9, sur les justices de paix, que les estimations ont été dans ce tableau un peu en plus ; ce qui nous porte, avec fondement, à suivre une estimation donnée postérieurement, et qui est d'environ 500,000 individus de moins.

La population portée dans cette seconde estimation à 34,449,351 individus de tout âge et de tout sexe, donne 1,075 individus, plus $\frac{6}{52}$ par lieue carrée.

La même population de 34,449,351 individus donne, pour les 640,515 myriares de la surface du territoire français, 53 individus $\frac{3}{4}$ de tout âge et de tout sexe par myriare.

12.

Nous avons vu plus haut que la population de la France, en 1785, était, y compris la Corse, de 24,800,000 habitants, et son étendue territoriale, y compris la Corse, de 27,491 lieues carrées ; ce qui donne une population juste de 902 habitants par lieue carrée.

Ainsi, la population actuelle de la France est à la population de 1785, comme 1,075 $\frac{21}{32}$ est à 902.

Il nous reste maintenant à connaître quelle est la quotité moyenne des contributions directes que paye chaque individu, pour compléter le résumé statistique que nous avons à présenter ici, la matière devant d'ailleurs nous conduire à traiter le même sujet dans l'article des revenus de l'État.

Les contributions directes de l'an 11, c'est-à-dire la contribution foncière, la contribution personnelle, mobiliaire et somptuaire, les patentes et les 16 centimes additionnels par franc, ont donné 334,000,000 de livres tournois.

Ce qui fait 9 livres 7 sous par tête d'individu de tout âge et de tout sexe, à quelques deniers près.

Cette même somme de 334,000,000, donne 10,429 liv. 7 sous, à quelques deniers près, par lieue carrée.

Tel est le résumé statistique de l'étendue territoriale, de la population et des contributions directes en l'an 11.

Etendue territoriale, 32,026 lieues carrées ; population, 34,449,351 individus.

1,075 individus $\frac{21}{32}$ par lieue carrée ; contributions directes de l'an 11, 334,000,000.

9 livres 7 sous par tête d'individu, et 10,429 livres 7 sous, à quelques deniers près, par lieue carrée.

L'ordre des matières exige que nous passions maintenant à l'exposé de l'organisation politique, administrative, judiciaire et religieuse des départements ou sections de l'Empire, avant d'en venir à la partie de la Statistique qui traite de la population.

CHAPITRE IV.

De l'Organisation politique, administrative, judiciaire et religieuse des Départements.

L'EXPOSÉ que nous avons fait des divisions topographiques et des richesses qu'offrent les départements français, nous conduit à dire quelque chose de leur organisation politique, administrative et judiciaire, c'est-à-dire à faire connaître quelles sont les espèces d'établissements publics destinés à l'ordre politique, à l'administration territoriale et à celle de la justice, chaque département en ayant qui leur sont particulièrement affectés, quoique tous soient formés sur le même plan.

Nous ne parlerons pas ici de l'organisation financière, militaire et maritime : chacune d'elles trouvera respectivement sa place en traitant des revenus de l'État, des forces de terre, et de la marine.

Mais nous comprendrons sous le nom d'organisation administrative, dans ce chapitre, les établissements d'instruction publique ; sous celui de l'administration de la justice, nous parlerons des tribunaux, cours de justice et de cassation ; enfin, nous traiterons de l'organisation religieuse.

Ces objets ne font pas essentiellement partie de la Statistique, rigoureusement parlant, puisqu'ils ne sont ni sources de richesses, ni même moyens immédiats de puissance ; mais ils tiennent à la connaissance des uns et des autres, ou plutôt ils sont, entre les mains du gouvernement, des instruments d'ordre, de justice et d'instruction, sans lesquels la force de l'État ne pourrait ni s'accroître, ni même se maintenir long-temps.

Il ne faut pas s'attendre, au surplus, à trouver ici le détail des réglements sur chacune des parties de l'administration dont nous venons de parler ; il doit suffire de présenter les dispositions générales du système qui les constitue, et qui se trouve principalement établi par le sénatus-consulte du 16 thermidor an 10, et l'arrêté des consuls du 19 fructidor de la même année.

§ Ier. *Organisation politique.*

Chaque département de l'Empire français présente aujourd'hui trois sortes d'assemblées qui en forment l'organisation politique, et qui sont en même temps la base du système représentatif sur lequel repose la constitution de l'état.

Les assemblées élémentaires ou primaires sont celles de cantons; elles se sont composées d'abord des notables communaux du canton exclusivement, et aujourd'hui de tous les citoyens domiciliés dans le canton.

Chacune est formée, 1°. d'un président nommé pour cinq ans par l'empereur; il peut être continué; 2°. de quatre scrutateurs, dont deux sont les plus âgés, et deux les plus imposés des citoyens ayant droit de voter dans l'assemblée; 3°. d'un secrétaire nommé par le président et les scrutateurs. Cette assemblée se divise en sections lorsque le nombre des citoyens l'exige : chaque section a un président nommé par celui du canton, et deux scrutateurs, dont l'un est le plus âgé, et l'autre le plus imposé des citoyens qui ont droit d'y voter. Les fonctions du président de section, lorsqu'il y en a, finissent avec les assemblées sectionnaires, à la différence de celles du président de canton, qui durent pendant cinq ans, et peuvent être indéfiniment continuées à la même personne.

Au reste, les formes, la durée et l'objet de ces assemblées, sont déterminés et ordonnés par le gouvernement à chaque convocation.

Le sénatus-consulte du 16 thermidor an 10, qui a réglé l'organisation des assemblées de canton, a également statué sur leurs attributions constitutionnelles. Elles consistent, 1°. à présenter deux citoyens sur lesquels l'empereur choisit le juge-de-paix du canton; 2°. deux citoyens pour chaque place de suppléant : ces juges-de-paix et suppléants sont nommés pour dix ans; 3°. dans les villes de 5,000 ames, elles présentent deux citoyens pour chaque place du conseil municipal. Dans les villes où il y a plusieurs justices de paix ou plusieurs assemblées de canton (il y a une assemblée par ressort de justice de paix), chaque assemblée présente pareillement deux citoyens pour chacune des mêmes places. Les conseillers municipaux sont pris, par chaque assemblée, sur la liste des cent citoyens les plus imposés du canton ; ces conseillers sont renouvelés tous les dix ans par moitié. L'empereur choisit parmi eux les maires et les adjoints ; ceux-ci sont en place pendant cinq ans., et peuvent être continués en fonctions. Dans les communes au-dessous de 5,000 ames, c'est le préfet qui nomme le maire et l'adjoint.

Enfin, l'assemblée de canton nomme aux colléges électoraux tant d'arrondissement que du département, le nombre de membres qui lui est assigné ; elle ne fait de nouvelles nominations pour ces colléges, que lorsque leurs places sont réduites aux deux tiers de ce qu'elles devraient être.

Telles sont en substance les fonctions et l'organisation de ces assemblées : nous allons passer maintenant à l'exposé des colléges électoraux d'arrondissement et de département, en suivant toujours pour guide le sénatus-consulte du 16 thermidor an 10, et l'arrêté de fructidor même année.

Il y a, comme nous venons de le dire, des colléges électoraux d'arrondissement et des colléges électoraux de département.

Les premiers doivent avoir un membre par cinq cents citoyens domiciliés dans l'arrondissement, et les colléges électoraux de département, un par mille domiciliés dans le département.

Les premiers, c'est-à-dire les colléges électoraux d'arrondissement, ne peuvent toutefois avoir plus de deux cents, et moins de cent vingt membres ; et les seconds, c'est-à-dire ceux de département, plus de trois cents, et moins de deux cents membres.

Ces membres doivent être domiciliés dans leurs arrondissements et départements respectifs ; ils sont à vie : mais s'ils sont dénoncés comme ayant fait quelque acte contraire à leur honneur ou à la patrie, le gouvernement invite leur collége à manifester son vœu, et ils peuvent être privés de leurs places à la pluralité des trois quarts des voix. Ils en sont aussi privés, 1°. lorsqu'ils perdent le droit de cité ; 2°. lorsque, sans empêchement légitime, ils n'ont point assisté à trois réunions successives.

L'empereur nomme les présidents des colléges électoraux à chaque session ; ces présidents en ont seuls la police. Les colléges nomment, à chaque session, deux scrutateurs et un secrétaire.

L'assemblée de canton, dont nous avons parlé précédemment, choisit les membres des colléges électoraux de département sur une liste de six cents citoyens, les plus imposés aux rôles des contributions directes et des patentes dans le département.

L'empereur peut ajouter aux colléges électoraux d'arrondissement, dix citoyens, et à ceux de département, vingt, dont dix pris parmi les plus imposés du département.

Les grands officiers de la légion d'honneur sont membres nés du collége électoral de leur département, et les simples légionnaires, de celui d'arrondissement.

Les fonctions des colléges d'arrondissement sont principalement de présenter à l'empereur deux citoyens domiciliés dans leur ressort, pour chaque place vacante dans le conseil d'arrondissement : un des deux candidats doit être pris hors du collége qui le désigne.

Les conseils d'arrondissement se renouvèlent par tiers tous les cinq ans.

Ces mêmes colléges présentent encore à chaque réunion deux citoyens pour faire partie de la liste sur laquelle doivent être choisis les membres du tribunat : un des deux doit aussi être pris hors du collége, et tous les deux peuvent être pris hors du département.

Toujours en conformité du sénatus-consulte du 16 thermidor an 10, les colléges de département présentent à l'empereur deux citoyens domiciliés dans leur ressort, pour chaque place vacante dans le conseil-général : un de ces citoyens au moins doit être pris hors de leur sein.

Les conseils-généraux de département se renouvèlent par tiers tous les cinq ans.

Les colléges électoraux de département présentent également, à chaque réunion, deux citoyens pour former la liste sur laquelle sont nommés les membres du sénat : un au moins doit être pris hors de leur sein, et tous les deux peuvent l'être hors du département.

Les colléges électoraux de département et d'arrondissement présentent encore chacun deux citoyens domiciliés dans le département, pour former la liste sur laquelle doivent être nommés les membres de la députation au corps législatif: un de ces citoyens doit être pris hors du collége qui les présente. Il doit y avoir trois fois autant de candidats différents sur la liste formée par la réunion des présentations de ces colléges, qu'il y a de places vacantes. On peut être membre tout-à-la-fois d'un conseil de commune et d'un collége électoral; mais non pas d'un collége d'arrondissement et d'un collége de département.

Les colléges électoraux ne peuvent correspondre entre eux. L'époque, l'objet et le lieu des assemblées des colléges sont fixés par le gouvernement, qui a le droit de les dissoudre s'ils s'écartent des bornes prescrites; dans ce cas, ils sont renouvelés en entier.

Chaque département a dans le corps législatif un nombre de membres proportionné à l'étendue de sa population.

Il y a un mode déterminé par la loi, d'après lequel se font successivement les élections pour le corps législatif, en remplacement des membres sortants. Ce mode est établi sur une division des départements en cinq séries.

Il n'est pas de notre objet d'entrer dans de plus grands détails sur l'organisation politique des départements; nous passerons à celle de l'administration, après que nous aurons fait connaître à combien se monte le nombre des colléges d'arrondissement et de département pour toute la France.

D'abord, le nombre des colléges électoraux de département est de 108, autant qu'il y a de départements.

Celui des colléges d'arrondissement est de 438, autant qu'il y a d'arrondissements communaux.

Le nombre des assemblées de canton est de 3,539, autant qu'il y a de cantons ou de ressorts de justices de paix.

§ II. *Organisation administrative.*

L'administration départementale est divisée en deux parties principales; celle qui a pour objet l'exécution, et celle qui a pour objet l'examen et le conseil.

La première partie réside entièrement dans le préfet, les sous-préfets et les maires ;

La seconde, dans les conseils de département, conseils de préfecture, conseils d'arrondissement et de communes.

Les préfets sont nommés par l'empereur. Ils sont chargés de l'administration exclusivement ; ils sont aidés par les conseils de préfecture dans la partie contentieuse des contributions. Chaque année, le préfet est obligé de faire une tournée dans le département : pendant son absence, un conseiller de préfecture ou le secrétaire-général le remplace, conformément aux réglements sur cette matière, et particulièrement la loi du 28 pluviôse an 8, le réglement du 26 ventôse, les arrêtés des 17 nivôse, 13 germinal an 9 et 27 pluviôse an 10.

Le traitement des préfets avait d'abord été fixé en proportion de l'importance des villes où sont situés les chefs-lieux de préfecture ; mais ensuite il y a été ajouté un supplément plus ou moins considérable, suivant les dépenses accidentelles auxquelles peut être entraîné le préfet en sa qualité d'administrateur.

Les sous-préfets exercent dans les arrondissements communaux les fonctions attribuées, sous la constitution de l'an 3, aux administrations municipales de canton et aux commissaires du gouvernement établis auprès d'elles.

En général, ils remplissent pour l'arrondissement presque toutes les mêmes fonctions que les préfets dans le département, mais sous la direction et l'autorité de ceux-ci.

Les maires et adjoints sont chargés des fonctions administratives qu'exerçaient, sous la constitution de l'an 3, les agents municipaux, c'est-à-dire, la surveillance de l'emploi des deniers de la commune, des secours et établissements publics, et des fonctions de police et d'état civil, attribuées auparavant aux administrations de canton.

Il y a un maire et un adjoint dans les communes au-dessous de 2,500 ames ; un adjoint de plus dans celles de 2,500 à 5,000 ; un maire, deux adjoints et un commissaire de police dans celles de 5,000 à 10,000 ames ; dans les villes de 100,000 ames et au-dessus, il y a plusieurs maires et adjoints.

A Paris, il y a douze maires et adjoints.

Dans les villes dont la population excède 10,000 habitants, outre le maire, deux adjoints et un commissaire de police, il y a un adjoint par 20,000 habitans d'excédant, et un commissaire par 10,000 d'excédant.

Tous ces fonctionnaires constituent la partie d'exécution ou d'administration pour chaque département, chaque arrondissement communal et chaque commune, suivant leurs attributions respectives; mais il y a en outre, comme nous l'avons dit, des conseils chargés de délibérer sur les demandes, les besoins ou les réclamations des citoyens de leurs ressorts respectifs.

Ce sont, 1°. les conseils de préfectures; 2°. les conseils généraux de départements; 3°. les conseils d'arrondissemens communaux; 4°. les conseils de communes.

Le conseil de préfecture, que le préfet préside, et où il a voix prépondérante en cas de partage, lorsqu'il y assiste, ne peut délibérer que quand il y a trois membres présents; mais il peut choisir un suppléant parmi les membres du conseil-général. Ce conseil a pour objet de prononcer sur les demandes des particuliers en décharge ou réduction des contributions directes, en indemnités pour dommages à eux causés par les entrepreneurs ou pour la confection des ouvrages publics; sur les contestations et délits de grande voierie; sur les permissions de plaider, demandées par les communes; sur le contentieux des domaines nationaux.

Le nombre des membres des conseils de préfecture n'est pas le même dans tous les départemens. Il varie depuis trois jusqu'à cinq, d'après le mode déterminé dans la loi du 28 pluviôse an 8, qui a statué sur l'organisation administrative des départemens.

Le conseil général du département fait la répartition des contributions directes entre les arrondissements communaux; statue sur leurs demandes en réduction ainsi que sur celles des communes; détermine, dans les limites prescrites par la loi, le nombre de centimes additionnels dont l'imposition est demandée pour les dépenses du département, et entend le compte annuel que le préfet lui rend de leur emploi; exprime et enfin adresse au ministre de l'intérieur son opinion sur l'état et les besoins du département.

Chaque conseil de département tient une session annuelle de quinze jours à l'époque indiquée par le gouvernement; il s'y nomme un président et un secrétaire.

Le nombre des membres des conseils généraux de département varie également depuis 24 jusqu'à 16, suivant l'ordre établi par la loi du 28 pluviôse, déjà citée.

Les conseils d'arrondissement ont pour objet de faire la répartition des contributions directes entre les communes de leur ressort; donnent des avis sur les demandes en décharge; entendent le compte que rend le sous-préfet de l'emploi des centimes additionnels; expriment enfin, et adressent au préfet leur opinion sur l'état et les besoins de l'arrondissement.

Ils sont composés partout de onze membres, et tiennent une session annuelle de quinze jours.

Les conseils municipaux entendent et débattent le compte des recettes et dépenses municipales, présenté par le maire au sous-préfet, qui est chargé de l'arrêter; ils règlent le partage des fruits communs et la répartition des travaux nécessaires aux propriétés communes; ils délibèrent sur les besoins particuliers de la municipalité, les emprunts à faire, contributions à établir, procès à poursuivre.

Les conseils municipaux sont composés de dix membres dans les communes au-dessous de 2,500 ames; de vingt membres dans celles de 2,500 à 5,000; de trente dans celles au-dessus de 5,000.

Les conseils municipaux s'assemblent chaque année depuis le 15 jusqu'au 30 pluviôse.

L'empereur nomme les préfets, les secrétaires-généraux de préfecture, les sous-préfets et conseillers de préfecture; il choisit les membres des conseils généraux et d'arrondissement, et les maires et adjoints des villes de 5,000 ames et au-dessus, suivant le mode que nous avons indiqué en parlant des colléges électoraux de département et d'arrondissement.

Quant aux maires des communes au-dessous de 5,000 ames, nous avons déjà remarqué qu'ils sont, ainsi que leurs adjoints, nommés par le préfet; ils sont renouvelés tous les cinq ans, en conformité de l'arrêté des consuls, du 16 thermidor an 10.

Il est aisé de savoir le nombre des préfets, sous-préfets, secrétaires-généraux de préfecture; mais il n'est pas également facile d'estimer à combien monte la dépense qu'entraînent leurs traitements, frais de bureaux et dépenses accessoires.

Il est bien vrai que la loi du 28 pluviôse an 8 a déter-

miné le traitement principal de chacun de ces administrateurs; mais l'on sait aussi que le ministre de l'intérieur
accorde assez ordinairement un supplément de traitement
à ceux des préfets ou sous-préfets qui en font la demande
motivée.

Voici, au reste, comment la loi que nous venons de citer
détermine les traitements des préfets, sous-préfets, secrétaires-généraux et membres des conseils de préfecture.

Dans les villes dont la population n'excède pas 15,000 habitants, le traitement du préfet est de 8,000 francs; dans
celles de 15 à 30,000, il est de 12,000 francs; dans celles
de 30 à 45,000, il est de 16,000 francs; dans celles de
45 à 100,000, il est de 20,000 francs; dans celles de
100,000 habitants et au-dessus, il est de 24,000 francs.
A Paris, il est de 30,000 francs.

Le traitement des conseillers de préfecture est dans
chaque département le dixième de celui du préfet; il est
de 1,200 francs dans les départements où le traitement
du préfet est de 8,000 francs.

Le traitement des sous-préfets, dans les villes dont la
population excède 20,000 habitants, est de 4,000 francs,
et de 3,000 francs dans les autres.

Le traitement des secrétaires-généraux est depuis 6,000
jusqu'à 3,000 francs.

On voit par le tableau dressé en vertu de la loi du
28 pluviôse et de l'arrêté des consuls du 26 ventôse an 8,
que les frais en principal, c'est-à-dire sans les supplé-
ments accordés depuis, se montaient, pour la tenue des
conseils et le traitement des préfets, sous-préfets, etc., à
la somme de 7,728,400 francs.

Savoir : pour les 98 préfets, seul nombre existant alors,
1,122,000 francs; pour le même nombre de secrétaires-
généraux, 377,000 francs; pour les membres des conseils,
519,400 francs; pour les employés, concierges, huissiers,
1,780,500 francs; pour impression et frais de bureaux de
toute espèce, 1,570,000 francs; loyers de maisons, réparations, impositions, dépenses imprévues, 589,000 francs;
frais d'assemblées du conseil général de département,
29,400 francs; traitement des sous-préfets, 927,000 fr.;
frais de leurs bureaux et employés, 768,500 francs; frais
d'assemblée des conseils d'arrondissements communaux,
45,600 francs.

Ainsi l'état général de la dépense en principal, et sans compter les augmentations accordées par le ministre de l'intérieur, était fixé pour les 98 départements, par la loi du 28 pluviôse an 8 et l'arrêté des consuls du 26 ventôse, à 7,728,400 francs.

En établissant l'état des frais des quatre départements de la rive gauche du Rhin, et des six formés du Piémont, d'après les mêmes données qui ont servi à celui-ci, c'est-à-dire d'après la population, nous aurons l'apperçu des dépenses qu'entraîne l'organisation politique et administrative des départements; mais nous n'aurons pas celle qui existe réellement, à cause du supplément de traitement et de frais accordé par le gouvernement.

Nous verrons au reste plus bas le montant de toutes les dépenses administratives et judiciaires à la charge des départements et du trésor public.

Les quatre départements de la rive gauche du Rhin, savoir, Mont-Tonnerre, Sarre, Roer, Rhin et Moselle, doivent coûter à peu près pour les dépenses des préfets, sous-préfets, secrétaires-généraux de préfectures, en principal, savoir : pour les préfets, 44,000 francs; sous-préfets, 34,000 francs; secrétaires-généraux, 12,000 fr. ; conseillers de préfectures, 64,000 francs; ce qui fait un total de 154,000 francs.

Le Piémont forme six départements : la Doire, le Pô ou l'Éridan, Marengo, la Sésia, la Stura, le Tanaro, qui coûtent en semblables dépenses, savoir : pour préfets, 64,000 francs; sous-préfets, 42,000 francs; secrétaires-généraux, 18,000 fr.; conseillers de préfectures, 20,000 fr.; ce qui fait 144,000 francs.

Nous répétons que ces frais de traitement sont à peu près ceux que la loi stipule pour les fonctionnaires désignés, mais qu'il y a en outre une augmentation déterminée par le ministre de l'intérieur, et de plus, des frais de bureaux qui surpassent celui des administrateurs.

En résumant donc la totalité des dépenses principales d'administration des départements, on a : Dépenses pour les préfets, 1,228,000 francs; sous-préfets, 1,005,000 fr.; secrétaires-généraux, 407,000 francs; conseillers de pré-fecture, 605,400 francs.

Les frais de bureaux des préfets, sous-préfets, frais d'assemblées de conseils de préfecture, de conseils d'arrondissement et de conseil général de département, fixés en total par les réglements des consuls du 28 pluviôse an 8, joints à ceux que nous venons d'indiquer, forment en résumé une dépense de 8,028,400 francs, somme dans laquelle ne sont pas compris les frais de bureaux et d'assemblées des départements de la rive gauche du Rhin et du Piémont, qui peuvent aller à environ 300,000 fr.; ce qui donne 8,328,400 francs pour la dépense en principal de l'organisation politique et d'administration des 108 départements de la France..

En résumant ce que nous venons d'exposer sur l'organisation politique et administrative des 108 départements, il en résulte qu'il y a 108 colléges électoraux de départements, 438 colléges électoraux d'arrondissement, et 3,539 assemblées de cantons.

Ces trois degrés de la représentation nationale forment la base de l'organisation politique, administrative et judiciaire, par les choix qui s'y font des conseils administratifs et des juges de paix. •

Il résulte encore de ce que nous avons dit, 1°. qu'il y a 108 préfets de départements, 438 sous-préfets; 2°. 3,539 présidents de cantons, et enfin un nombre proportionné de secrétaires de préfecture, conseillers de préfecture et d'arrondissement.

Nous allons passer maintenant à l'exposé sommaire de l'organisation de l'instruction publique, que nous considérons comme une des parties importantes de l'administration civile.

§ III. *Organisation de l'Instruction publique.*

Chaque département a des établissements destinés à l'enseignement public des lettres et des sciences; il y a en outre plusieurs écoles pour des connaissances particulières, telles que la médecine, les mathématiques, le droit, que nous ferons connaître à la suite de ce paragraphe, quoiqu'on ne puisse les regarder comme faisant partie de la description départementale, mais parce qu'il nous a paru naturel de les placer ici comme dans le lieu le plus convenable.

« Lorsque de grandes secousses, dit M. Fourcroy, dans

l'exposé des motifs de la loi du 11 floréal an 10, on déchiré le sein du globe et renversé les édifices qui en couvraient la surface, les hommes ne peuvent réparer solidement leur ancien ouvrage et relever les monuments écroulés, qu'après avoir eu le temps d'en recueillir et d'en étudier les ruines. Ils commencent par en rassembler les débris avec méthode ; ils cherchent dans leur rapprochement l'ancienne ordonnance que l'art leur avait donnée ; ils veulent toujours faire mieux qu'ils n'avaient fait d'abord ; mais ils n'y parviènent jamais qu'à l'aide de tentatives répétées, d'efforts soutenus, et du temps, qui commande aux uns et aux autres.

» Tel est le sort des institutions renversées par le bouleversement des empires. Ceux qui sont appelés les premiers à les rétablir, quel que soit le talent qu'ils y consacrent et le courage qu'ils y portent, ne peuvent pas se flatter de faire un ouvrage durable. Les oscillations politiques qui durent encore, impriment à leurs nouvelles créations un caractère de faiblesse qui tend à les détruire dès leur naissance. Il faut que tous les germes de dissensions et de discorde soient étouffés, que tous les esprits se soient rapprochés par le besoin et le desir du repos, que le calme soit entièrement rétabli, que les malheurs soient oubliés ou près de l'être, que la paix, réparatrice de tant de maux, ait consolé la terre, pour que les institutions puissent prendre la vigueur et la solidité qui en assurent la durée. »

Ces vérités s'appliquent principalement à l'instruction publique, et c'est aussi de cette manière de les envisager que M. Fourcroy a fait, dans l'éloquent rapport que nous venons de citer, découler la nécessité et l'utilité du rétablissement des études, dont le plan se trouve déterminé par la loi de germinal an dix.

Elles avaient en quelque sorte disparu du sein de la France depuis près de douze ans, après y avoir fleuri pendant plus de huit siècles sous des formes qui, sans être toutes favorables à leurs progrès, leur avaient toujours conservé un grand empire sur les mœurs et les institutions politiques.

Et en effet les collèges, qui étaient les écoles de l'enseignement public et les seuls qui donnassent le caractère légal du savoir, jouissaient de certains priviléges que partageaient les nombreux élèves formés dans les quatre genres e d'études que l'on y cultivait, et que l'on nommait les *quatre facultés*.

On entendait par ce mot les belles lettres ou humanités, la théologie, le droit, la médecine. . . . .

Le bon sens voulait que l'on commençât l'instruction par ce qui est le plus utile à connaître, et qu'il est indispensable de savoir pour parvenir aux autres sciences. Ce fut sur ce plan que se formèrent les universités, principalement celle de Paris, qui ne peut avoir commencé plus tard que vers l'an 1200.

Depuis long-temps il y avait auprès des évêques deux sortes d'écoles, l'une pour les jeunes élèves à qui l'on enseignait la grammaire, le chant et l'arithmétique ; leur maître était ou le chantre de la cathédrale, ou l'écolâtre, nommé ailleurs *capiscol*, comme qui dirait *chef* de l'école. L'autre école était pour les prêtres et les clercs plus avancés, à qui l'évêque lui-même, ou quelques prêtres commis de sa part, expliquaient l'écriture sainte et les canons. On érigea depuis le théologal pour cette fonction. Pierre Lombard, évêque de Paris, plus connu sous le nom de Maître des Sentences, avait rendu son école très-célèbre pour la théologie, et il y avait à Saint-Victor des religieux en grande réputation pour les arts libéraux ; ainsi les études de Paris devinrent illustres. On y enseigna aussi le *décret de Gratien*, c'est-à-dire une compilation rédigée par un moine de Bologne qui portait ce nom, vers 1189, et que l'on regardait alors comme formant le corps complet du droit ecclésiastique. On y professa également la médecine, et joignant ensemble ces quatre études, on les désigna sous le nom d'université des études, ou simplement *université*.

Il y en avait 23 en France, qui ont été anéanties avec tous les anciens corps littéraires et de magistrature, savoir :

Celle de Douai, en Flandre ; elle devait sa fondation à Philippe II, roi d'Espagne, qui l'institua en 1559 ;

Celle de Caen, en Normandie, fondée par Charles VII, en 1431 ;

Celle de Reims, fondée en 1548 ;

Celle de Pont-à-Mousson, dans le Barrois ; elle fut fondée par le duc Charles III et par le cardinal de Lorraine, son oncle, et établie par bulle du pape Grégoire XIII, du 5 décembre 1572 ;

13

Celle de Strasbourg; elle était protestante; cependant on y conférait les degrés aux catholiques comme aux autres, à l'exception des degrés de théologie, que l'on prenait dans l'université, qui avait été transportée de Molsheim dans cette ville, immédiatement après sa prise, vers l'an 1566;

Celle de Nantes, instituée en 1460; elle n'avait, sur la fin des temps de son existence, que trois facultés, celle de droit ayant été transférée à Rennes, capitale de la province de Bretagne;

Celle d'Angers, capitale de l'Anjou, fondée en 1364 par Louis XII, duc d'Anjou;

Celle d'Orléans, capitale de l'Orléanais, fondée par Philippe le Bel, en 1302; elle n'avait qu'une faculté qui était celle de droit;

Celle de Dijon, capitale de la Bourgogne, établie en 1722; elle n'avait aussi qu'une faculté de droit;

Celle de Besançon, capitale de la Franche-Comté, instituée en 1492;

Celle de Poitiers, capitale du Poitou, fondée par Charles VII, en 1431;

Celle de Bourges, capitale du Berri; elle doit son établissement à Louis XI, vers 1463;

Celle de Bordeaux, capitale de la Guyenne, fondée également par Louis XI, en 1441;

Celle de Cahors, dans le Querci, fondée par le pape Jean XXII, vers 1515;

Celle de Valence, en Dauphiné, établie par Louis XI, en 1452;

Celle d'Aix, en Provence, fondée en 1409, par le pape Alexandre;

Celle d'Orange, capitale de la principauté de ce nom; l'époque de son institution est fixée à l'an 1364;

Celle d'Avignon, fondée en 1303;

Celle de Toulouse, capitale du Languedoc, fondée par le pape Grégoire IX, en 1215; outre que cette université jouissait des mêmes priviléges que celle de Paris, ses professeurs avaient la distinction singulière d'être enterrés avec l'anneau d'or, l'épée et les éperons dorés; et le recteur, quoique marié, pouvait procéder par censures contre ceux qui violaient les statuts de l'université;

Celle de Montpellier, en Languedoc, instituée en

8 289; elle n'avait que deux facultés, celle de droit et celle de médecine;

Celle de Pau, dont l'époque de l'établissement est moderne, et date de 1722;

Celle de Perpignan, capitale du Roussillon, fondée en 349;

Enfin celle de Paris, la plus considérable et la plus célèbre de l'Europe, et dont, par cette raison, nous croyons devoir donner ici un plus ample exposé que des précédentes.

« Les premiers statuts de cette célèbre école, dit M. le président Hénault, furent dressés sous le règne de Philippe Auguste, en 1215, par Robert de Courçon, autrement dit le cardinal de Saint-Étienne, légat du Saint-Siége. On a cependant prétendu que l'université devait son établissement à Charlemagne, ce qui prouve seulement dans quelle estime elle était, puisqu'on lui cherchait une origine aussi ancienne; mais c'est ce qui ne se trouve attesté par aucun auteur contemporain : il y a apparence que ce fut sur la fin du règne de Louis le jeune que l'université prit naissance; encore le nom d'université ne commença-t-il à être employé que sous saint Louis, et l'on peut regarder Pierre Lombard comme son fondateur, ainsi que nous venons de le remarquer. Alors s'établirent quelques colléges, différents des écoles dépendantes des chapitres, telles que l'école de Saint-Germain-l'Auxerrois, d'où le quai de l'École a tiré son nom. Elle s'accrut considérablement sous saint Louis. Jeanne, reine de Navarre, fonda, sous le règne de son mari Philippe le Bel, le collége de son nom. Le cardinal Lemoine en fit de même en 1302, ainsi qu'un évêque de Bayeux dont le collége a subsisté jusqu'à ces derniers temps sous le nom de collége de Bayeux.

» Mais l'état le plus florissant de l'université de Paris, fut sous le règne de Charles VI. On en peut rapporter deux causes principales : le schisme de trente-huit ans et les démêlés du duc d'Orléans et de Jean-Sans-Peur. Les différents partis, comme il arrive toujours dans les temps de trouble, cherchèrent à se fortifier de tout ce qui se présentait, et profitèrent de la considération dont jouissaient différents corps. »

Les priviléges de l'université devinrent très-considérables ; le recteur donnait le pouvoir de prêcher aux prédicateurs; ni lui ni ses écoliers n'étaient obligés de contribuer aux charges de l'état; leurs causes étaient commises devant le prevôt de Paris , qui s'honorait du titre de conservateur des priviléges royaux de l'université de Paris; la signature du recteur intervenait dans certains actes publics et dans les traités; l'université députait aux conciles; enfin, la science était alors dans une telle con-sidération , que l'on ne croyait jamais trop faire pour un corps qui en était dépositaire.

La fin du règne de Charles VI vit la diminution du crédit de l'université , par la fin du schisme et par l'invasion des Anglais qui arriva alors. Les troubles s'étant apaisés sous le règne de Charles VII, l'université ne se mêla plus des affaires publiques , et ne s'occupa que de l'instruction de la jeunesse et de faire fleurir les belles-lettres. Elle conserva cependant encore quelques-uns de ses anciens priviléges jusqu'au ministère du cardinal d'Amboise, sous Louis XII , qui les lui ôta presque en totalité; le reste a été supprimé sous les règnes suivants, ou est tombé en désuétude.

Malgré la privation de ses anciens droits et priviléges, l'université de Paris formait encore , avant la révolution, un corps très-respectable et plein de gens d'un mérite distingué; l'on n'y prétendait point à une universalité de connaissances, mais à l'étude de toutes celles qui constituent le véritable savoir et l'érudition. L'on a beaucoup déclamé contre quelques abus ou quelques défauts des méthodes d'enseignement que l'on y suivait, et l'on a oublié que de toutes les méthodes il n'en est peut-être pas de plus propre que celle de l'université, pour former, non pas des encyclopédistes qui, à force de savoir tout, ne savent rien, mais des hommes instruits dans les lettres, l'histoire et la philosophie. Enfin , l'on ne saurait donner une preuve plus authentique des avantages de l'enseignement des anciennes écoles, sur celui que l'on a voulu y substituer, que les derniers réglements de l'instruction publique, qui l'ont remise à peu de chose près en vigueur, avec une différence de nom dans les établissements où l'on enseigne.

L'université avait pour chef un recteur qui était toujours choisi dans la faculté des arts. Le dernier a été M. Dumouchel, que ses lumières, son caractère doux et honnête, avaient rendu cher à tous ses collègues et aux élèves. Il est aujourd'hui un des directeurs généraux de l'instruction publique.

Le recteur avait pour conseillers les doyens des facultés de théologie, de droit et de médecine, et les procureurs des Quatre-Nations, qui représentaient la faculté des arts. C'était dans une sorte de conseil appelé *tribunal*, que le recteur prononçait sur les objets qui avaient besoin d'être décidés par le concours de l'université.

Il avait le privilége de haranguer le roi dans certaines circonstances, et de lui offrir un cierge le jour de la Chandeleur. Il pouvait se présenter à la Cour dans tous les évènements extraordinaires, pour y prendre connaissance de ce qui s'y passait, y être témoin des faits intéressants, ou complimenter le roi; dans toutes ces circonstances, les portes lui étaient ouvertes à deux battants.

Il faisait quatre processions, accompagné de huit massiers ou bedeaux, qui portaient devant lui des masses à bâtons d'argent, telles qu'on en portait devant le chancelier de France.

La légèreté, ou pour mieux dire la bizarrerie française, mêlée d'une fausse philosophie, est parvenue à tourner en dérision ces institutions qui tenaient aux usages anciens et au respect que l'on portait alors aux hommes revêtus du caractère de la science.

L'instruction gratuite dans l'université n'avait commencé d'avoir lieu que depuis 1719. A cette époque, M. le duc d'Orléans, alors régent du royaume, accorda à l'université le vingt-huitième effectif du prix du bail général des postes et messageries de France, dont elle était reconnue être l'inventrice.

L'université distribuait tous les ans, dans le mois d'août, des prix mérités par ses élèves, en présence du parlement et du châtelet; le prix d'éloquence était le premier, et on le recevait des mains du premier président du parlement.

Elle était partagée en quatre facultés, comme nous l'avons déjà remarqué; on appelait faculté le corps ou l'assemblée des docteurs ou maîtres qui professaient ou enseignaient certaines sciences. Il y avait quatre facultés;

celle des arts, de la théologie, du droit, et de la médecine.

On appelait *maître-ès-arts* celui qui, après avoir fait
son cours d'études dans un des colléges de l'université,
avait reçu le grade et le bonnet de maître-ès-arts, qui lui
donnait le droit d'enseignement public et l'entrée dans les
trois autres facultés.

Sous le nom des arts, l'on enseignait dans l'université
de Paris, et même dans toutes celles qui existaient en
France, la grammaire, le latin, le grec, les humanités,
la rhétorique, les mathématiques et la philosophie.

Mais il s'en fallait de beaucoup que ces connaissances
eussent, à l'époque du renouvellement des études, et long-
temps même après, le degré de perfection qu'elles reçurent
depuis.

D'abord l'on ne comprit sous le nom d'*arts* que les sept
appelés libéraux, et dont nous trouvons de petits traités
dans Cassiodore et dans Budée, savoir : la grammaire, la
rhétorique, la dialectique, l'arithmétique, la musique,
la géométrie, l'astronomie. Un maître-ès-arts devait être
capable de les enseigner tous. Pour la grammaire, on lisait
Priscien, Donat et quelques autres anciens auteurs qui
ont écrit sur la langue latine, mais plutôt pour en faire
connaître le génie et les difficultés aux Romains de leur
temps, que pour en apprendre les éléments à des étrangers.

Dans le treizième siècle, le latin n'était plus la langue
du peuple en aucun lieu de l'Europe, si ce n'est peut-être
en Pologne, où l'on parle encore un latin corrompu; en
France, la langue vulgaire était celle que nous voyons dans
Ville-Hardoin, dans Joinville; c'était, ce semble, à cette
langue qu'il fallait appliquer l'art de la grammaire, choisir
les mots les plus propres et les phrases les plus naturelles;
fixer les inflexions et donner des règles de construction et
d'orthographe. Les Italiens le firent, et dès la fin du même
siècle il y eut des Florentins qui s'appliquèrent à bien
écrire dans leur propre langue, tels que Brunetto, Latini,
Jean Villani, le Dante. Mais les universités ne suivirent
pas cet usage en France; on y enseigna exclusivement le
latin, l'on n'y parla long-temps même que latin. La langue
française fut lente à se former, sans doute par suite de cette
méthode; mais l'on voulait conserver la connaissance des
anciens écrivains et le goût de la littérature grecque et

romaine. On ne voit point en effet que nous soyons restés inférieurs aux Italiens à cet égard , malgré la différence des méthodes; et peut-être devons-nous à cette tardive étude des livres et de la langue du pays , nos chefs-d'œuvre et ce caractère sage dans la manière de penser et d'écrire chez nos bons auteurs. D'un autre côté le latin était encore, à cette époque, indispensable pour les affaires et pour les actes publics; il l'était pour les voyages, et l'on appelait les interprètes, *latiniers*.

Dans cet état des choses, le latin que l'on enseignait n'avait point la pureté des écrivains de Rome, même de la basse latinité ; on ne faisait point de difficulté d'y mêler des mots barbares, et de suivre la construction des langues vulgaires : on se contenta d'observer les cas , les nombres, les genres, les conjugaisons, et les principales règles de la syntaxe.

Ce qu'on enseignait dans ces premiers temps, de la poétique, se réduisait à savoir la mesure des vers latins et à la quantité de syllabes; car on n'allait pas jusqu'à distinguer le caractère des ouvrages et la différence des styles. On le voit par les poëmes de Guntherus et de Guillaume le Breton , qui ne sont que de simples histoires d'un style aussi grossier que la prose de ce temps. A la contrainte de la quantité et des césures, ils ajoutaient celle des rimes, ce qui donna naissance aux vers léonins. Tel était l'état de la poésie latine de ce siècle.

Pour celle que l'on appelait vulgaire, qui commença à avoir cours dès le douzième siècle , comme on le voit par les romans et les chansons d'alors, elle devint bientôt le partage de ceux qui fréquentaient les Cours, tels qu'étaient les troubadours et autres poètes provençaux. Depuis cette époque, la poésie française fit quelques progrès; ou fit successivement moins de vers léonins.

On s'attacha surtout à la philosophie; elle fut enseignée dans les écoles avec beaucoup d'éclat dès le commencement du treizième siècle. Mais à force de la vouloir rendre indépendante du style et de la pureté du langage, on la rendit extrêmement sèche et ennuyeuse. L'étude de la philosophie consistait principalement à étudier et commenter Aristote; mais comme la plupart des commentateurs se donnent en général carrière sur le commencement des ouvrages, avec le temps on traita fort au long les préliminaires de la logique, première partie de la philosophie qu'on enseignait dans les écoles, et qui pour cela s'appelait *philosophie scolastique*. On parla fort au long des catégories, et l'on surchargea le corps même de la logique, de beaucoup de questions métaphysiques qui ne pouvaient rien éclaircir, et fatiguaient l'attention en faisant perdre du temps.

La morale et la physique ne furent guère mieux traitées, quoique l'on eût dans Aristote, pour la première de ces sciences, un excellent fonds de doctrine et de savoir. L'on se livrait à des subtilités oiseuses, et l'on prenait l'habitude d'élever une foule de questions sur des sujets tout-à-fait hors du domaine de la pensée.

Il ne faut pas croire au reste que tout fût perdu pour la science et la conduite de la vie dans ces discussions abstraites et ces hypothèses métaphysiques ; si elles avaient le défaut de jeter peu de lumières sur les principes des choses, elles donnaient à l'esprit de la sagacité et un caractère, une habitude de ténacité qui le mettait à l'abri de cette versatilité, de ce pyrrhonisme moral qui en a pris la place depuis, et qui a ôté aux individus comme à la nation, peut-être, cette expression de physionomie, si l'on peut parler ainsi, qui doit distinguer tout être moral d'une manière permanente et fixe.

Long-temps les études publiques n'eurent d'autre objet que les connaissances que nous venons d'indiquer, auxquelles on doit joindre la médecine, le droit et la théologie, dont la première surtout qui semble porter avec elle le cachet de l'incertitude, était plus alors qu'aujourd'hui encore un véritable chaos d'idées contradictoires, et souvent un fléau dans la société.

Mais vers 1460 et après la prise de Constantinople par les Turcs, les humanités, c'est-à-dire l'érudition, la bonne latinité, la rhétorique, firent de rapides progrès, et les écoles commencèrent à présenter plus de perfection et d'intérêt pour les études publiques.

Mahomet II et les compagnons de ses conquêtes inspirèrent une telle terreur aux savants et aux gens de lettres qui se trouvaient à Constantinople, qu'ils se sauvèrent avec leurs livres, la plupart en Italie, où ils répandirent le goût de la littérature.

Aussi, depuis environ le milieu du quinzième siècle, on

vit paraître une foule de savants du premier mérite, d'abord en Italie, puis en France, en Allemagne et dans le reste de l'Europe. Ils s'appliquèrent à lire tous les livres anciens qu'ils purent trouver, à les commenter, à les expliquer, et à écrire dans le latin le plus pur qu'il leur fut possible. L'art de l'imprimerie, trouvé vers la même époque, vint fort à propos à leur aide, et multiplia les éditions des bons auteurs de la littérature grecque et romaine.

Alors on introduisit dans les colléges de nouveaux genres d'études; le grec, la rhétorique, les compositions en vers latins, l'étude de la fable, de l'histoire ancienne, de la morale, et, sur la fin des temps, des mathématiques et de la philosophie expérimentale.

Ce système d'études, plus propre à faire des jurisconsultes, des hommes d'état, d'habiles théologiens, que des géomètres ou des physiciens, avait été entièrement abandonné pendant les quinze premières années de la révolution. Les législateurs, livrés à la prévention, et aveuglés par des déclamations répétées sans réflexion, avaient cru devoir substituer à l'étude scolastique, des cours académiques, c'est-à-dire où l'on étudiait une science, une langue, sous le même maître, et sans parcourir successivement différents degrés de la même étude sous plusieurs professeurs et pendant plusieurs années.

L'on y professait aussi un système vague, non pas d'athéisme, mais d'indifférence religieuse qui ôtait aux jeunes gens cet appui moral attaché à l'idée de la Divinité, dont ils ne peuvent se passer pendant les premières années, sans s'exposer à être, le reste de leur vie, livrés aux anxiétés des passions cruelles, et au vide d'un cœur qui n'a été dans l'enfance élevé par aucun de ces sentiments qu'inspirent les dogmes même inintelligibles et les cérémonies d'une religion positive.

C'est à ces principes qu'on est en très-grande partie revenu; et l'Europe entière doit de la reconnaissance aux législateurs à qui ce retour est dû, parce qu'enfin il ne peut être indifférent pour les nations policées, qu'un aussi grand et puissant peuple que les Français, reste étranger à ces maximes de morale religieuse qui entrent toujours pour beaucoup dans les causes du bonheur et de la sagesse des peuples.

Pour donc faire connaître l'état actuel de l'organisation de l'instruction publique, nous allons donner l'extrait de la loi du 11 floréal an 10, rendue d'après les motifs exposés par M. Fourcroy, et celui de l'arrêté du 19 frimaire de la même année qu'on lui doit également.

L'instruction est donnée en France, 1°. dans des écoles primaires établies par les communes; 2°. dans des écoles secondaires établies par des communes ou tenues par des maîtres particuliers; 3°. dans des lycées et des écoles spéciales aux frais du trésor public.

Dans les écoles primaires, les instituteurs sont choisis par les maires et officiers municipaux; leur traitement se compose: 1°. du logement fourni par les communes; 2°. d'une rétribution fournie par les parents et déterminée par les conseils municipaux. Les parents trop pauvres sont exemptés de la rétribution, d'après l'avis du conseil municipal. Ce sont les sous-préfets qui sont chargés de cette organisation encore très-incomplète, et à laquelle plusieurs villes ont déjà substitué quelques autres institutions, telles par exemple que celle des Frères dits *Ignorantins*, à Lyon.

Les écoles établies, soit par les communes, ou tenues par des particuliers, et où l'on enseigne les langues latine et française, les principes de la géographie, de l'histoire et des mathématiques, sont considérées comme écoles secondaires.

Le gouvernement donne quelques encouragements aux écoles secondaires, 1°. par la concession d'un local, lorsqu'il est demandé; 2°. par la distribution de places gratuites dans le lycée aux élèves des écoles secondaires qui s'y sont distingués; 3°. par quelques gratifications accordées à ceux des maîtres qui ont le plus d'élèves.

Les écoles secondaires ne peuvent être établies sans l'autorisation du gouvernement; elles sont sous l'autorité des préfets, quant à la partie de police extérieure et d'administration, car pour le reste elles sont sous la surveillance des inspecteurs généraux des études.

Il y a aujourd'hui 690 écoles secondaires établies en France, y compris celles du Piémont, tant écoles tenues par des maîtres particuliers, qu'écoles établies par les municipalités.

Quant aux écoles primaires, on conçoit qu'il n'est pas possible d'en déterminer le nombre; mais en général il y a peu de communes qui n'ayent une école primaire ; dans quelques départements il en manque, où une suffit à deux ou trois communes.

Les lycées, qui représentent les anciens colléges, sont principalement consacrés à l'étude publique des langues, de la littérature et des sciences.

La loi du 11 floréal an 10, déjà citée, veut qu'il y ait au moins un lycée par arrondissement de chaque tribunal d'appel. Or, comme il y a 31 arrondissements de tribunaux d'appel, le nombre des lycées ne peut être moindre de 31.

Ils ne sont point encore tous organisés dans le moment où nous écrivons ; mais l'article 22 de la loi ordonnant qu'ils le soient dans le courant de l'an 13, ce nombre se trouvera complet avant le premier vendémiaire prochain.

L'administration de chaque lycée est composée d'un proviseur, d'un censeur des études et d'un procureur, qui, ainsi que les professeurs, sont nommés par l'empereur.

Ils forment le conseil d'administration de l'école. Il y a en outre pour le régime économique de chacun de ces établissements, un *bureau d'administration*, lequel est composé du préfet du département, du président du tribunal d'appel ou du tribunal criminel, ou d'un président nommé par l'empereur, lorsque le lycée se trouve dans une ville où il n'y a ni cour d'appel ni tribunal criminel ; les autres membres de ce bureau sont le commissaire du gouvernement près le tribunal, le maire et le proviseur.

Il y a trois inspecteurs-généraux des études, nommés par l'empereur. Ils ont la charge de l'inspection de l'administration et de l'enseignement des lycées, dont ils rendent compte au gouvernement par le canal du conseiller-d'état chargé de la direction de l'instruction publique.

Il n'est pas de l'objet d'un livre élémentaire de statistique de faire connaître avec détail les réglements de l'administration intérieure des lycées ; nous ajouterons seulement qu'en conformité de la loi du 11 floréal an 10, il est statué, 1°. que les bâtiments des lycées sont entretenus aux frais des villes où ils sont établis ; 2°. qu'aucun établissement ne peut prendre le nom de lycée ou d'institut, l'institut des sciences et des arts étant le seul autorisé à porter ce dernier nom ; 5°. que les traitements des fonctionnaires et professeurs attachés à chaque lycée, sont pris sur le produit des pensions des élèves admis dans ces lycées ; 4°. que le gouvernement autorise l'acceptation de dons et fondations des particuliers en faveur des écoles ou de tout autre établissement d'instruction publique.

L'on enseigne essentiellement le latin et les mathématiques dans les lycées. Il y a six classes pour l'étude de la langue latine, savoir : sixième, cinquième, quatrième, troisième, deuxième ou seconde, et première.

Les élèves d'un talent et d'une application ordinaires font deux classes par an, de manière qu'à la fin de la troisième année ils ayent terminé leur cours de latinité.

Dans la sixième classe, outre le latin, le même professeur enseigne aux élèves à chiffrer. Dans la cinquième, le professeur de latin doit enseigner les règles de l'arithmétique; dans la quatrième classe, on donne des leçons de géographie, indépendamment de la leçon du latin; dans la troisième classe, le même professeur fait continuer l'étude de la géographie et enseigne les éléments de la chronologie et de l'histoire ancienne; dans la deuxième, on continue l'histoire jusqu'à la fondation de l'empire français; on apprend la mythologie et la croyance des anciens peuples dans les différents âges du monde. Dans la première, enfin, on complète l'étude de l'histoire et de la géographie par celle de la géographie et de l'histoire de France.

Il y a en outre un professeur de belles lettres latines et françaises qui fait deux classes par jour; chaque classe dure un an, de manière qu'au bout de deux ans le cours de belles lettres soit terminé.

Il y a, comme pour le latin, six classes pour les mathématiques, faites par trois professeurs chargés chacun de deux classes par jour; et ainsi le cours complet se trouve terminé en trois ans.

Les professeurs de mathématiques donnent, outre ce qui concerne ces sciences, quelques notions d'histoire naturelle et de minéralogie.

Il y a des maîtres de dessin, de musique, de danse, payés par les élèves, et qui ne font pas partie du cours des études publiques.

Il y a dans chaque lycée une bibliothèque de quinze

cents volumes, dans laquelle aucun ouvrage ne peut être placé sans l'autorisation du ministre de l'intérieur.

Chaque lycée a un aumônier, et, autant qu'il est possible, une chapelle où s'exerce le culte catholique.

La même loi a aussi ordonné l'établissement d'une école spéciale de l'art de la guerre. Elle est ouverte à tous les élèves des lycées qui se sont distingués dans leurs études, et qui y sont admis par une espèce de concours; 5oo de ces élèves y sont entretenus pendant deux ans aux frais du gouvernement; ils y reçoivent toute l'instruction qui est nécessaire aux hommes de guerre, soit dans la théorie, soit dans l'administration, soit dans la pratique de l'art militaire.

Cette école, située à Fontainebleau, est dans les attributions du ministre de la guerre.

Les 25o jeunes gens qui y sont placés chaque année, sont pris soit parmi les pensionnaires nationaux, soit parmi les pensionnaires non nationaux et les élèves externes des lycées, savoir : 100 parmi les premiers, et 15o parmi les seconds.

L'État entretient 6,4oo pensionnaires ou élèves près des lycées, sur lesquels 2,4oo sont pris immédiatement par le gouvernement, parmi les enfants des citoyens qui ont bien servi la république, et pendant dix ans parmi les enfants des habitants des départements réunis; 4,000 sont choisis, d'après un concours, parmi les élèves des écoles secondaires.

Le prix moyen de la pension que le gouvernement donne pour l'entretien, nourriture, instruction de chaque élève qu'il place dans un lycée, est de 7oo francs.

Cette dépense seule est donc annuellement de 4,48o,ooo f.

Mais pour avoir une idée à peu près exacte de la dépense totale de l'instruction publique répartie entre tous les départements, nous allons transcrire ici ce qu'en dit M. Fourcroy, dans son rapport au corps législatif, du 3o germinal an 10.

« Aux 4,48o,ooo francs distribués en 6,4oo pensions dans les lycées, il faut ajouter 2,000,000 pour les écoles spéciales; 56o,ooo francs pour les 7oo élèves entretenus chaque année auprès de ces dernières écoles; 15o,ooo fr. pour les gratifications des 5o maîtres des écoles secondaires; 12o,ooo francs pour le traitement et les voyages des trois inspecteurs-généraux, pour les frais d'examen annuel des élèves des écoles secondaires, et pour quelques dépenses imprévues.

» Ces sommes réunies forment un total de 7,310,000 fr. pour l'instruction publique ; ce qui excède de près de 2,000,000 les dépenses attribuées à cette partie de l'administration, dans les dernières années qui ont précédé ce nouvel ordre de choses : mais cette augmentation, qui d'ailleurs n'aura lieu que peu à peu et d'ici à dix-huit mois au plus tôt, paraîtra bien faible si on la compare aux avantages qui naîtront du nouveau système. À la vérité, l'on n'a porté dans ce calcul approximatif les dépenses des écoles spéciales, soit anciennes, soit nouvelles, qu'à 2,000,000, quoiqu'elles paraissent devoir coûter davantage, à en juger par celles qui existent déjà, parce qu'on suppose que la rétribution exigée des élèves des écoles de droit et de médecine, soit pour en suivre les leçons, soit pour y acquérir, par les examens et la réception, le droit d'en exercer les professions, suffira en peu de temps aux frais de leur entretien, et que ces frais seront diminués pour les autres écoles spéciales, par la rétribution qu'on imposera aux élèves qui les fréquenteront.

» Si ce secours n'était pas compté, il faudrait ajouter au moins 690,000 francs à la somme indiquée, et l'instruction coûterait 8,000,000 au lieu de 7,310,000 fr.

» Dans tous les cas, ce surcroît de dépenses de deux millions et demi à peu près ne pesera que très-peu sur le trésor public, puisque, sans parler de quelques anciennes fondations qui existent encore, la loi du 29 ventôse an 9 affecte un fonds particulier de domaines nationaux pour ce service important ; et ce fonds, à mesure qu'il sera réalisé, pourra fournir au gouvernement le moyen de donner à l'instruction publique le développement qu'il ne serait pas prudent d'adopter aujourd'hui, mais qu'il est permis d'espérer pour un temps plus éloigné. »

Si nous nous astreignions à suivre rigoureusement les règles que nous nous sommes imposées sur la division et le nombre des objets qui entrent dans notre ouvrage, nous nous bornerions aux renseignements que nous venons de donner sur l'instruction publique, parce qu'ils sont les seuls qui dérivent de l'analyse statistique que nous avons présentée des 108 départements. Cependant, nous y ajou-

terons quelques détails sur les écoles spéciales et de service public, quoiqu'elles soient respectivement établies
dans un seul endroit, et qu'il n'y en ait point pour chaque
département, comme des lycées et écoles secondaires dont
nous avons parlé. Nous allons donc parcourir rapidement
les autres établissements d'instruction publique entretenus aux frais du gouvernement.

1°. *Le Prytanée français* était ci-devant divisé
en trois colléges ; celui de Paris a été converti en lycée,
et celui de Compiègne en une école d'arts et métiers. Le
collége de Saint-Cyr porte seul le nom de Prytanée français, et remplace sous ce titre l'établissement formé
au collége de Louis-le-Grand.

Les places d'élèves au Prytanée sont exclusivement
réservées aux fils des militaires morts sur le champ de
bataille, et quelquefois aussi à ceux dont les parents ont
rendu de très-grands services à l'Etat : le nombre de ces
élèves est fixé par la loi à 250.

On reçoit au Prytanée des pensionnaires entretenus aux
frais de leurs parents, en nombre égal au moins à celui
des élèves du gouvernement.

Le prix de la pension des élèves du gouvernement est
de 800 francs ; il est de 900 pour les élèves payants.

On voit par les comptes du trésor public, rendus par
le ministre en l'an 12, qu'il a été dépensé pour le Prytanée, en l'an 11, 514,212 francs, savoir, 90,605 francs
pour ce qui était arriéré de l'an 10, et 423,667 fr. pour
le courant de l'an 11.

2°. *École spéciale militaire*, établie à Fontainebleau.
Elle est destinée à enseigner à une portion des élèves
sortis des lycées, les éléments de l'art de la guerre.

Sur les 500 élèves reçus à l'Ecole spéciale militaire,
200 sont pris parmi les élèves nationaux des lycées, et
300 parmi les pensionnaires et les externes des mêmes
écoles, d'après un examen qu'ils subissent à la fin de
leurs études. Chaque année, il y est admis 100 des premiers et 150 des seconds ; ils sont entretenus pendant
deux ans aux frais de l'Etat : ces deux années leur sont
comptées pour temps de service.

L'Ecole spéciale militaire a un régime différent des
lycées et des autres écoles spéciales, et une administration

particulière; elle est comprise dans les attributions du
ministre de la guerre.

Sa forme, son organisation, sa discipline, sont déterminées par l'arrêté du gouvernement du 8 floréal an 10.

3°. *Le Collége de France*, une des plus belles institutions en faveur des sciences et des lettres, que nous
devons à François Ier. Il est ouvert depuis le 1er. frimaire
de chaque année, jusqu'au 30 thermidor qu'il termine
ses cours. Il y a dix-huit professeurs pour toutes les
parties des sciences et de la littérature.

On voit par les comptes du trésor public, que les dépenses du Collége de France ont été, en l'an 11, de
125,221 francs.

4°. *Le Muséum d'histoire naturelle*. De tous les établissements consacrés aux progrès des sciences, il n'en
est pas qui soient parvenus à un plus haut degré de splendeur que le Muséum d'histoire naturelle, autrefois le
Jardin et Cabinet du Roi.

Il doit son origine à un jardin de plantes médicales
établi par Louis XIII, en 1626.

Les savants les plus distingués de l'Europe, surtout en
connaissances d'histoire naturelle, de chimie, de botanique, y professent la minéralogie, la géologie, la botanique, l'agriculture, la chimie appliquée aux arts, la
zoologie, l'anatomie, l'art de dessiner les productions de
la nature.

Il y a treize professeurs, et plusieurs autres personnes
attachées aux soins du jardin, du cabinet et des animaux
vivants.

Nous croyons pouvoir ajouter ici que la collection de
ces animaux a été dessinée, gravée et décrite par les
premiers professeurs et dessinateurs du Muséum; que
cette collection se publie par cahier de quatre sujets su-
périeurement exécutés, tant pour la beauté des gravures
que pour l'impression du texte, et qu'elle sort des presses
de M. Patris.

Il résulte des comptes rendus en l'an 12, par le ministre du trésor public, que les dépenses du Muséum
d'histoire naturelle ont été, en l'an 11, de 280,721 fr.

5°. *Les Écoles de médecine*. La loi du 14 frimaire
an 3 établit en France trois écoles de médecine; une à
Paris, la seconde à Montpellier, la troisième à Strasbourg.

Trois écoles nouvelles, que la grande étendue, l'immense population et le territoire de l'Empire français rendent nécessaires, ont été établies par la loi du 11 floréal an 10.

C'est dans ces six écoles exclusivement que sont reçus les docteurs en médecine et en chirurgie, et qu'ils acquièrent le droit d'exercer cette profession, aux termes de la loi du 19 ventôse an 12.

Les dépenses pour les trois écoles de médecine établies par la loi du 14 frimaire an 3, sont portées dans les comptes du trésor public rendus en l'an 12, pour une somme de 405,711 francs.

Les écoles de médecine sont établies à Paris, Montpellier, Strasbourg, Turin, Mayence.

6°. *Ecoles de pharmacie*. Il y a auprès de chaque école de médecine une école de pharmacie, dont les dépenses sont confondues avec celles des écoles de médecine.

7°. *Ecoles* ou *Cours d'accouchemens*. Le ministre de l'intérieur a, par un arrêté du 11 messidor an 10, établi à Paris, à l'hospice de la Maternité, une sorte d'école d'élèves sages-femmes. Elles y sont reçues, logées, nourries, chauffées et éclairées, moyennant une pension de 250 francs par semestre.

Cet établissement a eu les plus grands succès, et fait honneur aux administrateurs des hospices, sur la demande de qui il a été formé.

Le cours d'études y est de six mois; les jeunes élèves y sont reçues sur la demande des préfets des départemens, qui les envoient s'instruire dans cette école, soit aux frais des familles des élèves, soit, ce qui est presque toujours, aux frais des départemens d'où elles viènent, et où elles reportent l'instruction et les lumières qu'elles ont puisées à Paris.

Il y avait à Paris, au 1er vendémiaire an XIII, 217 anciens médecins, 256 anciens chirurgiens; 111 docteurs en médecine et 10 docteurs en chirurgie, reçus d'après les nouvelles formes; 252 officiers de santé et 233 sages-femmes.

8°. *Ecole spéciale de minéralogie docimastique et de chimie*. Cette chaire fut créée en 1773, en faveur de M. Sage; son cabinet fut dès-lors établi dans l'hôtel des Monnaies.

Il fit créer une école des mines; il s'y forma pendant dix ans des sujets propres à faire tirer à la France avantage des mines qu'elle renferme dans son sein, et l'empêcher d'être à l'avenir tributaire de l'étranger, de près de 37,000,000 par an, pour les matières minérales et métalliques qu'elle reçoit d'eux.

La dépense de cette école est portée, dans les dépenses de l'an 11, à 11,073 francs.

9°. *Ecole spéciale des langues orientales.* En vertu de la loi du 10 germinal an 3, il y a dans l'enceinte de la bibliothèque nationale une école destinée à enseigner, 1°. l'arabe littéral et vulgaire; 2°. le turc et le tartare; 3°. le persan et le malai; 4°. le grec moderne.

Les professeurs chargés d'enseigner ces langues, sont obligés d'instruire en même temps leurs élèves dans la connaissance des relations commerciales et politiques que la France entretient avec les peuples dont ils enseignent les langues.

10°. *Cours d'antiquités.* Il est établi en vertu d'une loi du 20 prairial an 3, dans l'enceinte de la bibliothèque nationale. Le professeur, qui est aujourd'hui M. Millin, explique à ses auditeurs l'histoire des arts chez les différents peuples, d'après les monuments de l'antiquité.

11°. *Ecoles spéciales de peinture et de sculpture.* Ces écoles, établies en 1648 par les soins de Lebrun, peintre du roi, sont, comme par le passé, ouvertes tous les jours. Ce sont les seules écoles qui ne prènent point de vacances.

La dépense des écoles de peinture, sculpture, pour l'an 11, est portée dans les comptes du trésor public, pour la somme de 57,933 francs, en y comprenant celles de l'école d'architecture dont nous allons parler.

12°. *Ecole d'architecture.* Comme la précédente, elle tient ses séances au Louvre et a trois professeurs, un pour l'architecture, un pour les mathématiques, et un pour la stéréotomie.

13°. *Conservatoire de musique.* C'est une véritable école de musique; il est composé d'un directeur, de trois inspecteurs de l'enseignement, d'un secrétaire, d'un bibliothécaire, et de trente-cinq professeurs.

Trois cents élèves des deux sexes, pris en nombre égal dans chaque département, sont instruits gratuitement dans le Conservatoire.

Les dépenses effectuées pour cet établissement en l'an 11,

ont été de 110,146 francs, ainsi qu'il résulte des comptes du trésor public, rendus en l'an 12.

14°. *Ecole des arts et métiers, à Compiègne.* L'instruction donnée dans cette école a pour but de former de bons ouvriers et des chefs d'ateliers.

L'établissement est sous l'autorité immédiate du ministre de l'intérieur. Il va en être encore établi dans deux autres villes.

Outre l'instruction nécessaire à des ouvriers, qui y apprennent à lire, à écrire, à compter, et les éléments de la géométrie et du dessin, on y donne des leçons dans cinq parties principales des arts mécaniques, savoir : 1°. forgeron, limeur, ajusteur, tourneur de métaux; 2°. fondeur; 3°. charpentier, menuisier en bâtiments, en meubles et machines; 4°. tourneur en bois; 5°. charron.

Il y a dans cette école des élèves aux frais du gouvernement, et des pensionnaires à raison de 400 fr. par an.

15°. *Ecole gratuite de dessin.* Cette école fut ouverte à Paris en 1766, par le zèle de M. Bachelier qui en est directeur; elle est consacrée aux jeunes gens qui se destinent aux arts mécaniques. Malgré les pertes qu'a faites cette école, elle est encore utile à 600 élèves, grace au désintéressement et au zèle de ses respectables fondateurs.

16°. *Institution nationale des sourds et muets de naissance.* On peut encore mettre cet établissement au nombre de ceux destinés à l'instruction publique; il est originairement dû à l'abbé de l'Epée, et tenu aujourd'hui par son respectable successeur le savant abbé Sicard, qui a perfectionné et étendu la méthode pratiquée par son bienfaisant prédécesseur.

On voit par les comptes du trésor public, rendus en l'an 12, que les dépenses de cet établissement ont été, en l'an 11, de 85,400 francs.

17°. *Ecole polytechnique.* Cette école est destinée à répandre l'instruction des sciences mathématiques, physiques, chimiques, et des arts graphiques, et particulièrement à former des élèves pour les écoles d'application de services publics. Le nombre des élèves de l'Ecole polytechnique est fixé à 300; ils ne peuvent être admis qu'après avoir subi un examen sur les connaissances mathématiques.

C'est de cette école que sortent les élèves ingénieurs

de la marine , des ponts et chaussées , de l'artillerie et du génie.

Les dépenses de cette école ont été , en l'an 11, de 215,642 francs, ainsi qu'il résulte des comptes du trésor public.

18°. *Ecole des ponts et chaussées*. Cette école fut instituée sous la protection du gouvernement, en 1787, par M. de Trudaine, et dirigée par M. Perronet, premier ingénieur, jusqu'à sa mort arrivée le 9 pluviôse an 11. Il était alors âgé de 86 ans : par son testament, il légua à cette école sa bibliothèque, ses manuscrits et ses porte-feuilles.

L'Ecole des ponts et chaussées est sous l'autorité du ministre de l'intérieur et du conseiller-d'état chargé de l'instruction publique.

Les élèves sont au nombre de 50 ; ils sont tirés de l'Ecole polytechnique, et conservent un traitement de 75 francs par mois.

19°. *Ecole de l'artillerie et du génie, à Metz*. Cette école, organisée par l'arrêté du gouvernement, du 12 vendémiaire an 11 , fournit les élèves nécessaires au corps de l'artillerie de terre et de mer, et au corps du génie, soit pour le service du continent, soit pour celui des colonies.

Elle est dans les attributions du ministre de la guerre.

Les élèves sont au nombre de 100, savoir : 70 pour l'artillerie, et 30 pour le génie.

Ils sont habillés et entretenus aux frais du gouvernement.

20°. *Ecole spéciale du génie maritime*. L'Ecole des ingénieurs constructeurs des vaisseaux, qui était établie près le dépôt des cartes de la marine, à Paris, a été transférée à Brest par un arrêté du gouvernement, du 3 vendémiaire an 10.

21°. *Ecoles de navigation*. Les Ecoles de mathématiques et d'hydrographie , établies pour la marine de l'Etat, et les Ecoles d'hydrographie destinées à la marine du commerce, portent le nom d'*Ecoles de navigation*.

Il y a chaque année, dans les mois de vendémiaire, thermidor et fructidor , un concours pour l'admission des aspirants au corps de la marine. D'après les examens, les élèves sont admis aux grades d'aspirants de marine, de capitaines des bâtiments de commerce pour le long cours, de maîtres au petit cabotage, de pilotes-côtiers, et de pilotes-lamaneurs.

Suivant un arrêté du gouvernement, du 11 thermidor an 10, nul ne peut être admis à l'examen prescrit pour être reçu maître, même au petit cabotage, s'il n'est au moins âgé de vingt-quatre ans, et n'a au moins soixante mois de navigation, dont douze sur les bâtiments de l'Etat.

22°. *Ecoles de droit.* Elles ont été établies par la loi du 22 ventôse an 12, et organisées par un arrêté du 4e. jour complémentaire de la même année.

Il y en a douze, savoir : à Paris, à Dijon, à Turin, à Grenoble, à Aix, à Toulouse, à Poitiers, à Rennes, à Caen, à Bruxelles, à Coblentz, à Strasbourg.

Il y a dans chaque école, cinq professeurs et deux suppléants.

De plus, cinq inspecteurs-généraux ont la surveillance et le soin de l'administration générale des écoles.

Chaque inspecteur-général a 8,000 francs de traitement et 3,000 de frais de voyages et de bureau; ce qui fait pour les cinq, 55,000 francs.

Chaque professeur a un traitement de 3,000 francs; c'est 15,000 par école pour les professeurs; ce qui fait, pour les douze écoles, 180,000 francs, auxquels il faut ajouter 24,000 francs pour les vingt-quatre professeurs suppléants; ce qui donne 204,000 francs pour l'enseignement.

Il y a dans chaque école un secrétaire aux appointements de 2,000 francs; ce qui fait, pour les douze écoles, 24,000 francs. En résumant ces diverses sommes, l'on a 283,000 francs pour la dépense des Ecoles de droit, à la charge du trésor public.

Tels sont les aperçus que nous avons cru devoir consigner dans cette analyse statistique, sur les divers établissements d'instruction publique. Il nous reste maintenant à exposer sommairement l'organisation judiciaire, qui, comme celle de l'instruction publique, doit faire partie du tableau analytique des départements.

§ IV. *De l'Organisation judiciaire des cent huit Départements.*

L'organisation judiciaire est destinée à l'administration de la justice civile et criminelle.

Cette organisation résulte, 1°. de l'établissement des justices de paix; 2°. des tribunaux de première instance; 3°. des cours d'appel; 4°. des tribunaux de police correctionnelle; 5°. des cours de justice criminelle; 6°. des tribunaux spéciaux; 7°. de la cour de cassation, parce que nous n'entendons nullement parler ici des tribunaux militaires qui sont particulièrement et exclusivement destinés aux jugements militaires.

1°. *Justices de paix.* Il y a en France 3,539 justices de paix. Chaque justice est composée d'un juge-de-paix et de deux suppléants; elle prononce en dernier ressort en matière personnelle jusqu'à 50 fr., et jusqu'à 100 fr., à la charge de l'appel devant les tribunaux d'arrondissement. Ce tribunal connaît encore des matières sommaires, telles que dommages faits aux récoltes, déplacements de bornes, réparations locatives des maisons et fermes, indemnités et dégradations prétendues par le fermier ou le propriétaire; salaires d'ouvriers et domestiques. En cas d'empêchement dans ses fonctions, le juge-de-paix est remplacé par un premier suppléant, et celui-ci par un second. Le juge-de-paix et les suppléants sont nommés pour dix ans par les assemblées de canton, de la manière que nous l'avons indiqué en parlant de l'organisation politique des départements. Le juge-de-paix est aussi juge de police; son greffier est nommé par l'empereur. (*Loi du 28 floréal an* 10.)

On voit par les comptes du trésor public, de l'an 12, que les dépenses faites en l'an 11 pour les juges et greffiers des justices de paix, se sont élevées à la somme de 2,914,585 francs.

2°. *Tribunaux de première instance.* Quoiqu'il y ait un tribunal de première instance par arrondissement communal, cependant leur nombre ne s'élève qu'à 427, malgré que celui des arrondissements soit de 438; cette différence tient à ce que dans quelques départements, comme celui de la Seine par exemple, il y a moins de tribunaux de première instance que d'arrondissements communaux.

Les tribunaux de première instance sont composés de trois à quatre juges, deux à trois suppléants et un commissaire du gouvernement, qui porte aujourd'hui le titre de procureur-impérial, un greffier et trois à quatre huissiers.

Ils connaissent, en première instance, des affaires civiles, à l'exception de celles attribuées aux juges-de-paix, et ils statuent en dernier ressort, si le principal n'excède pas 1,000 francs, en matière personnelle et mobiliaire; et 50 francs de revenu, en matière réelle. Leurs jugements ne peuvent être rendus par moins de trois juges.

Les fonctions de juge sont à vie, et aucun ne peut être destitué que pour forfaiture légalement jugée : ils sont nommés par l'empereur.

Il faut en excepter les juges de commerce, dont les tribunaux sont d'exception. Ils sont nommés pour cinq ans dans une assemblée de marchands, banquiers et fabricants. Nous en parlerons, lorsqu'il sera question du commerce.

Il résulte des comptes du trésor public, que les dépenses pour les traitements des juges et greffiers des tribunaux de première instance, se sont élevées en l'an 11, à la somme de 3,034,845 francs;

Et celles des procureurs-impériaux, à 763,448 fr.

3°. *Tribunaux d'appel.* Depuis la promulgation du sénatus-consulte du 28 floréal an 12, les tribunaux d'appel sont nommés *Cours d'appel;* leurs présidents portent le titre de *premier président,* et les commissaires du gouvernement, celui de *procureurs-généraux impériaux.* (*Art. CXXXVI du sénatus-consulte.*)

Les cours d'appel statuent sur les appels des jugements de première instance rendus, en matière civile, par les tribunaux d'arrondissement, et sur les jugements de première instance rendus par les tribunaux de commerce.

Le nombre des juges des cours d'appel dépend de la population totale du ressort de la cour, et le traitement des juges diffère suivant la population des villes où siège chaque tribunal.

Les présidents et vice-présidents des tribunaux de première instance et des cours d'appel, sont nommés pour trois ans par l'empereur, parmi les juges du tribunal : ils sont rééligibles.

Chaque cour d'appel a un ressort dans lequel se trouve compris un certain nombre de tribunaux de première instance.

Le nombre des cours d'appel est de 31 pour tous les 108 départements.

Il résulte des comptes du trésor public, qu'en l'an 11 les dépenses du traitement des juges et greffiers des cours d'appel, ont été de 1,658,094 francs.

Et celles des procureurs-généraux, de 203,659 francs.

4°. *Tribunaux de police.* Les délits légers que la loi ne punit pas d'une amende qui surpasse la valeur de trois journées de travail, ou d'un emprisonnement de plus de trois jours, sont jugés en premier et dernier ressort par un tribunal municipal.

Ce tribunal est formé du juge-de-paix du lieu, du commissaire de police ou de l'adjoint du maire, qui y remplit les fonctions du ministère public et du greffier du juge-de-paix. (*Lois des 27 ventôse an 8, 28 floréal an 10.*)

Dans les villes où il y a plusieurs justices de paix, il n'y a néanmoins qu'un tribunal de police municipale, où chaque juge-de-paix siège à son tour pendant trois mois. Il y a un greffier nommé par l'empereur. (*Loi du 28 floréal an 10.*)

Le nombre des tribunaux de police simple est, comme on voit, un peu moins considérable que celui des justices de paix, c'est-à-dire qu'il y en a 3,550. Les frais en sont soutenus par les communes. Quant aux greffiers, leur traitement a formé, en l'an 11, une dépense de 11,000 et quelques cents francs, au compte du trésor public.

Les délits dont la peine n'est ni afflictive ni infamante, et qui dépassent la compétence des tribunaux de simple police, sont jugés par les tribunaux de première instance.

5°. *Tribunaux de police correctionnelle.* Les délits qui n'emportent pas peine afflictive ou infamante, sont jugés par les tribunaux de première instance, qui ont également la connaissance des matières de police correctionnelle. Plusieurs membres de ces tribunaux forment alors une section qui juge en *police correctionnelle*. Ils ne peuvent prononcer de plus grave peine que l'emprisonnement pour quatre ans.

On conçoit que les tribunaux de police correctionnelle doivent être aussi nombreux que les tribunaux de première instance, c'est-à-dire qu'il y en a 427.

Il y a auprès de chaque tribunal de première instance, un substitut du procureur impérial, chargé de la poursuite des délits en matière de police correctionnelle. C'est aussi devant lui que sont d'abord traduites les personnes accusées de délits.

6°. *Cours de justice criminelle.* C'est le nom que portent aujourd'hui les tribunaux de justice criminelle.

Lorsqu'un délit est susceptible d'une peine afflictive ou infamante, celui qui en est prévenu ne peut être soumis à un jugement criminel, qu'un premier jury composé de huit citoyens tirés au sort sur une liste formée par le préfet, n'ait déclaré qu'il y a lieu à accusation contre lui.

Un des juges de première instance, autre que le président, dans les tribunaux composés de plus de trois juges, fait les fonctions de directeur de ce jury.

Lorsque l'accusation est prononcée, l'accusé est traduit devant le tribunal criminel, où il est examiné par douze jurés de jugement, qui décident si son délit est constant et s'il en est coupable; dans le cas d'affirmative, le tribunal applique la peine portée par la loi : ce jugement doit être rendu par trois juges.

Les présidents des cours de justice criminelle sont nommés et choisis par l'empereur parmi les juges de la cour d'appel.

Les peines que les cours de justice criminelle appliquent, sont la mort, les fers, la réclusion, la gêne, la détention, la dégradation civique, le carcan. (*Code pénal*, 6 octobre 1791.)

S'il s'agit d'un second crime commis après une première condamnation, le coupable est condamné aux peines prononcées par la loi, et en outre à être flétri publiquement, sur l'épaule gauche, de la lettre R. (*Loi du 23 floréal an* 10.)

Les crimes de faux, d'incendie de grange et de dépôts de grains, etc., sont jugés par un *tribunal spécial*.

Il y a dans chaque département un tribunal ou cour de justice criminelle, composé d'un président choisi tous les ans, sauf réélection, par l'empereur, entre les juges de la cour d'appel; de deux juges, deux suppléants, un procureur impérial et un greffier.

Il y a, par conséquent, 108 cours de justice criminelle en France. Les dépenses de traitement des juges et greffiers sont portées, pour l'an 11, à 1,437,288 francs, et les dépenses des procureurs impériaux, à 1,276,214 fr.

7°. *Tribunaux spéciaux.* Ces tribunaux de nouvelle création, connaissent, 1°. de toute espèce de crimes de faux, tels que contrefaçon ou altération des effets publics, du sceau de l'Etat, du timbre national, des poinçons et marques appliquées à l'or et à l'argent et autres marchandises; la falsification d'écritures publiques ou privées; l'emploi des pièces dont on connaissait la fausseté; le faux monnoyage; 2°. de l'incendie des granges, dépôts de grains (*loi du 23 floréal an 10*); 3°. de la contrebande avec attroupement et port d'armes. (*Loi du 13 floréal an 11.*)

L'instruction de ces délits ne se fait point devant le directeur du jury, ni par voie des jurys d'accusation et de jugement; c'est le tribunal lui-même qui prononce sur le fait, et qui applique la loi en dernier ressort et sans recours en cassation. Il doit toutefois rendre un jugement préliminaire pour déclarer qu'il est compétent, et ce jugement est fourni au tribunal de cassation, sans que l'instruction de l'affaire soit retardée. (*Lois des 23 floréal an 10, 18 pluviôse an 11.*)

Indépendamment des peines portées par les lois contre les crimes de faux, les coupables sont condamnés à être flétris publiquement, sur l'épaule droite, de la lettre F.

Il y a dans chaque département un tribunal spécial, composé du président et de deux juges tirés des tribunaux criminel et de première instance de la ville où ils sont établis.

Dans les états de dépenses du trésor public, l'on voit que celle des tribunaux spéciaux a été, pour l'an 11, de 14,419 francs.

Ils n'entrent en activité que lorsqu'il y a un délit de

leur compétence, commis dans l'étendue de leur ressort. Le traitement de leurs membres se confond avec celui qu'ils reçoivent comme juges des autres tribunaux; il y a cependant une augmentation de dépenses motivée par les sessions du tribunal spécial.

8°. *Tribunal de cassation.* Il porte, depuis le sénatus-consulte du 28 floréal an 12, le nom de *cour de cassation;* il prononce, 1°. sur les demandes en cassation contre les jugements en dernier ressort rendus par les autres tribunaux; 2°. sur les demandes en renvoi d'un tribunal à un autre, pour cause de suspicion légitime ou de sûreté publique; 3°. sur les prises à partie contre un tribunal entier; 4°. sur les réglements de juges, quand le conflit s'élève entre plusieurs cours d'appel, ou entre plusieurs tribunaux de première instance non ressortissants au même tribunal d'appel; 5°. sur les jugements de compétence rendus par les tribunaux spéciaux.

La cour de cassation ne connaît point du fond des affaires; mais elle casse les jugements lorsque les formes ont été violées dans la procédure, et renvoie le fond du procès pour être jugé à un tribunal qui doit en connaître.

Le siége de la cour est à Paris; elle est composée de 48 juges nommés par le sénat conservateur, sur la présentation de l'empereur, qui en choisit trois pour chaque place vacante, parmi les candidats élus par les assemblées électorales de département.

Les dépenses totales de la cour de cassation sont portées à 604,956 francs pour l'an 11, dans les comptes du trésor public de l'an 12. Sur cette somme, il y a 578,301 francs pour le traitement des 48 juges.

En résumant le tableau que nous venons de présenter des divers tribunaux et cours d'appel et criminelles, il résulte qu'il y a en France 5,539 justices et juges de paix; 427 tribunaux de première instance, composés de 1,616 juges; 108 cours de justice criminelle et 324 juges; enfin, 31 cours d'appel, donnant 575 juges.

Il résulte aussi des comptes du trésor public, qu'en l'an 11, ces divers établissements de juridiction ont entraîné une dépense de 9,044,367 francs pour le traitement des juges des tribunaux et cours, leurs greffiers et ceux des 198 tribunaux de commerce.

Pour les procureurs impériaux et procureurs-généraux-impériaux, la dépense a été de 2,252,921 francs.

La dépense du tribunal de cassation a été, pour l'an 11, de 614,956 francs.

Enfin, en dépenses secrètes et poursuites des crimes, les frais sont portés dans l'état pour cette même année, à 754,676 francs.

Ainsi les dépenses de justice ont été, non compris celles du ministre et de ses bureaux, de 12,619,920 francs.

Après avoir fait connaître ainsi l'analyse statistique de l'organisation judiciaire des 108 départements, nous devons dire un mot de l'organisation ecclésiastique : ce sera l'objet du paragraphe suivant.

§ V. *De l'Organisation ecclésiastique ou religieuse des cent huit Départements.*

La religion chrétienne fut prêchée et reçue peu à peu dans les Gaules vers le deuxième siècle ; elle y devint dominante au cinquième, sous Clovis. Au seizième, la réformation de Luther, modifiée par la doctrine de Calvin, y fit des progrès considérables ; elle y occasionna des troubles et des guerres, qui ne se terminèrent que sous Henri IV, par une sorte de pacification stipulée dans *l'édit de Nantes.* C'est une loi rendue à Nantes, par Henri IV, en 1598, en faveur des réformés ou protestants. Cette loi fut abrogée par Louis XIV, en 1685 ; et depuis cette époque, toute autre religion que la catholique romaine a été interdite dans le royaume, jusqu'à l'établissement de la République, sous le gouvernement de laquelle tous les cultes furent admis, mais où aucune n'a joui d'un caractère d'institution publique, et reconnu par les autorités. En Alsace, cependant, les protestants ont joui avant la révolution d'un culte public, et étaient tolérés, ainsi que les juifs, dans toutes les parties du royaume.

En 1682, le clergé de France rédigea les fameuses *libertés de l'église gallicane,* qui consistent dans certaines prérogatives et dans certains droits fondés sur la constitution originaire de l'église, et sur les lois des premiers siècles du christianisme.

Les deux maximes principales de ces libertés sont, 1°. que les apôtres, le pape, et toute l'église même, n'ont reçu de puissance de Dieu que sur les choses spirituelles et qui concernent le salut, et non sur les choses temporelles et civiles ; 2°. que l'autorité du concile œcuménique, c'est-à-dire général, est au-dessus de celle du pape.

En 1789, la France ecclésiastique était divisée en 18 provinces, qui consistaient chacune en un archevêché dont elle portait le nom, et 113 évêchés qui en étaient suffragants.

D'après le dénombrement donné par l'abbé d'Expilly, on comptait alors dans le royaume, environ 40,000 paroisses et annexes ; 115 abbayes d'hommes en règle ; 255 abbayes, et 64 prieurés de filles ; 655 collégiales.

Il faut ajouter à cette énumeration, 19 chapitres nobles d'hommes ; 27 chapitres nobles de chanoinesses ; 14 maisons chefs d'ordres ou de congrégations, et 6 à 700 couvents ordinaires de religieux et religieuses de tous *Ordres de Moines*.

Pour l'Ordre de Malte, on y comptait 6 grands prieurés, et 4 bailliages affectés aux *grands-croix* ; 350 autres commanderies, dont 200 pour les *chevaliers*, et 50 pour les *servants-d'armes*, et deux couvents de *religieuses-chevalières*.

Ces divers établissements de l'Ordre jouissaient, en France, d'un revenu de 1,748,996 livres.

Les archevêchés et évêchés du royaume formaient environ, par an, 49,000,000 de revenu, et leur taxe en cour de Rome, montait à 1,595,000 livres.

On estimait que le total général des ecclésiastiques du royaume, tant séculiers que réguliers, de l'un et l'autre sexe, montait à 500,000 ames, et leurs revenus au-delà de 130,000,000, dont à peu près 40 composaient le revenu des curés.

Le clergé payait 10 à 11,000,000 de contributions annuelles à l'Etat. (*M. Necker.*)

Tel était l'état du clergé de France en 1789 ; il changea entièrement de face à cette époque.

Le 2 novembre 1789, un décret de l'assemblée nationale mit les biens du clergé à la disposition de la nation. L'archevêque d'Aix, l'abbé Maury, l'évêque de Nîmes et l'abbé de Montesquiou, furent les principaux membres qui parlèrent contre ce décret. On y ajouta que dans les dispositions à faire pour l'entretien des ministres de la religion, il ne pourrait être assuré pour la dotation des curés, moins de 1,200 francs par an, non compris leur logement et le jardin en dépendant.

Le 9 avril 1790, l'assemblée nationale décréta que les dettes du clergé seraient payées par l'Etat. A la même époque, elle déclara qu'elle ne pouvait et ne devait délibérer sur la question de savoir si la religion romaine serait la religion de l'Etat.

Enfin, l'on sait que sous les assemblées suivantes, et particulièrement sous la convention, toute espèce de religion nationale fut proscrite, les temples fermés pendant long-temps, les prêtres qui ne se mariaient pas, ou ne donnaient pas des preuves d'une abjuration absolue, étaient bannis, malgré quelques décrets qui semblaient favoriser la liberté des cultes.

Cet ordre, ou plutôt ce désordre, a cessé entièrement à l'époque du *concordat*.

On appèle de ce nom un acte diplomatique passé entre le pape, comme chef de l'église, et le gouvernement français, le 26 messidor an 9, et dont les ratifications ont été échangées à Paris, le 23 fructidor suivant (10 *septembre* 1801.)

Par cet acte, il est arrêté, 1°. que le gouvernement français reconnaît que la religion catholique, apostolique et romaine, est la religion de la grande majorité des citoyens français; 2°. que S. S. reconnaît également que cette religion a retiré et attend encore en ce moment le plus grand bien et le plus grand éclat de l'établissement du culte catholique en France; 3°. que la religion catholique, apostolique et romaine, sera librement exercée en France; son culte sera public; 4°. qu'il sera fait par le saint-siége, de concert avec le gouvernement français, une nouvelle circonscription des diocèses français; 5°. que le premier consul, depuis empereur, nommera dans les trois mois qui suivront la publication de la bulle de S. S., aux archevêchés et évêchés de la nouvelle circonscription.

Plusieurs règlements sur l'exécution du concordat ont été convertis en lois le 18 germinal an 10 (8 *avril* 1802), sous le titre d'*organisation des cultes.*

Conformément à l'article LVIII de ces règlements, il doit y avoir en France 10 archevêchés, auxquels a été ajouté depuis celui de Turin, ce qui fait 11; et 50 évêchés, auxquels ont été ajoutés ceux du Piémont, ce qui en porte le nombre à 57.

Le traitement des archevêques est fixé par les loix organiques, à 15,000 fr.; celui des évêques, à 10.000 fr.

Les curés sont distribués en deux classes : ceux de la première ont 1,500 francs de traitement; ceux de la seconde, 1,000 francs.

Il y a une paroisse au moins par arrondissement de justice de paix; ainsi, leur nombre n'est pas au-dessous de 5,559, qui est celui des justices de paix.

Outre leur traitement, fixé par les règlemens d'organisation, les conseils-généraux des grandes communes accordent, en vertu de l'article LXVII des mêmes lois, une augmentation de traitement aux évêques et archevêques, lorsqu'ils le jugent utile.

Les comptes rendus du trésor public, en l'an 12, n'offrent qu'une dépense de 2,182,787 francs pour le culte pendant l'an 11.

L'état des dépenses de l'an 13 porte à 15,000,000 les dépenses du cultes, et 22,000,000 les pensions ecclésiastiques pour cette même année.

Ici se termine ce que nous avions à dire de l'organisation politique, administrative, judiciaire et religieuse des 108 départemens, comme un accessoire nécessaire et instructif à l'analyse statistique que nous en avons présentée.

Nous répétons ce que nous avons déjà dit, que nous exposerons ce qui tient à l'organisation financière et militaire, en parlant des revenus et des forces de l'Etat.

L'ordre des matières demande que nous passions maintenant à la population : ce sera l'objet du chapitre suivant, que nous diviserons en autant de paragraphes que le sujet l'exigera.

CHAPITRE V.

De la Population de la France.

QUOIQU'ON puisse assez généralement estimer la valeur ou la force d'un Etat par l'étendue de son territoire et de sa population combinés ensemble, il faut cependant que la disproportion du territoire à la population ne soit pas trop considérable ; car, toutes choses égales d'ailleurs, une nombreuse population sur un petit territoire, est bien préférable à une égale population répartie sur un vaste territoire.

Cette considération fondamentale a donné lieu à quelques personnes de dire, avec raison, que la force des Etats devait être estimée par la somme de la population, divisée par l'étendue des terrains sur lesquels elle est répandue, et les a portées à dire, peut-être avec quelque exagération cependant, qu'une population de 24,000,000 d'habitants sur une surface de pays très-étendue, était à peu près égale à celle de 2,000,000, resserrée dans quelques cantons.

Il est certain que la population n'a jamais plus d'action et de ressort que lorsqu'elle est rassemblée. Dans cet état, tous les hommes travaillent pour l'utilité commune, abrègent les opérations qu'exigent les besoins d'un seul individu, et par la balance avantageuse d'un travail combiné, forment un excédant de valeurs ou d'objets de consommation dont profite la société.

Aussi a-t-on pu voir dans l'analyse statistique des départements, que les produits ou revenus levés sur ces produits, sont quelquefois dans une proportion plus forte que la population, et que mille hommes dans une lieue carrée, supportent plus du double d'impositions, que cinq cents répartis dans la même étendue.

Il est constant, par des exemples aisés à citer, que la dispersion ou la concentration de la population produit des effets différents ; en sorte que pour connaître l'influence

du nombre des habitants sur la force et la richesse d'un
État, il ne suffit pas d'en connaître la quantité ; il faut
encore savoir sur combien de surface de terrain cette population est dispersée.

La concentration de la population n'opère pas avec
moins d'énergie encore, lorsqu'une nation cherche à reconquérir ses droits au dedans contre l'oppression, et à
soutenir son indépendance au dehors contre l'ambition
étrangère.

C'est ce que nous ont montré les prodiges opérés dans
la Grèce, et ceux plus étonnants encore des armées françaises, depuis douze ans.

On a prétendu que dans l'état actuel de la civilisation
de l'Europe, la guerre n'était qu'une affaire d'argent :
oui, pour la guerre de mer ; mais celle de terre doit se
calculer sur les ressources de la population ; autre principe dont nous venons d'avoir la confirmation sous les
yeux.

Il résulte de ces considérations, que la puissance intérieure et extérieure des Etats consiste essentiellement
dans sa population ; par conséquent, qu'il est du plus
grand intérêt d'en bien connaître les divers rapports avec
les autres éléments de la fortune et de la force publique.

On a fait des recherches très-nombreuses de tout temps
pour y parvenir : les dénombrements, les calculs des
naissances, des morts, des mariages, ont été successivement employés ; enfin, après plusieurs essais, on est parvenu à établir des rapports suffisamment exacts, et à
connaître, avec le nombre des habitants de la France, la
proportion des sexes et des âges à sa totalité.

Ces connaissances forment une des plus importantes
parties de la Statistique, et se rattachent à toutes les
branches de l'économie politique ; nous allons donc en
présenter l'exposé, aussi sommairement que l'importance
de la matière nous le permettra.

Nous parlerons,

1°. Du nombre des habitants de la France, avant et
depuis la révolution ;

2°. De son rapport à l'étendue territoriale ;

3°. De ses rapports aux naissances, aux morts, aux
mariages, aux sexes, aux levées militaires.

Nous tâcherons de rendre ces détails clairs, et nous nous attacherons surtout aux levées militaires, comme un moyen qui, d'un côté, tient à la défense nationale par sa destination, et de l'autre, peut nuire aux arts et porter la désolation dans les familles, lorsqu'il est exagéré dans son emploi.

§ Ier. *Du Nombre des Habitants de la France.*

Avant d'entamer cette matière, nous devons à nos lecteurs de leur faire connaître les écrivains qui en ont le mieux traité parmi nous.

Le premier est M. Messence, receveur des tailles dans l'élection de Saint-Étienne, qui, en 1766, publia un ouvrage intitulé : *Recherches sur la Population des généralités d'Auvergne, de Lyon, de Rouen, et de quelques villes du royaume.*

Le second est M. Moheau, dont les *Recherches et Considérations sur la Population de la France*, imprimées en 1778, offrent l'exposé méthodique des connaissances élémentaires et statistiques que l'on peut desirer sur cette matière : c'est un livre classique et bien écrit.

Le troisième est M. Necker. Les articles relatifs à la population, consignés dans son *Traité de l'Administration des Finances*, imprimé en 1785, forment un excellent tableau de cette partie de la Statistique, et marquent en quelque sorte le point de séparation entre l'ancien et le nouvel état de choses, par rapport à la population.

Enfin, le quatrième ouvrage est celui de M. le chevalier de Pomelles, imprimé en 1789 sous le titre de *Tableau de la Population de toutes les provinces de France, et de la proportion, sous tous les rapports, des naissances, des morts, des mariages depuis dix ans, d'après les registres de chaque généralité.*

L'auteur a pour objet, dans ce travail, de faire connaître le rapport des levées militaires au nombre des habitants, et de déterminer sur quelles bases elles doivent être calculées, pour ne pas nuire à la population et aux fabriques.

C'est d'après ces auteurs que nous établirons nos estimations et nos calculs relativement à l'ancienne population et à la manière de la calculer. Pour connaître celle qui existe aujourd'hui, nous nous servirons, outre les rapprochements établis par l'analogie, 1°. du travail fait par ordre du gouvernement et imprimé en l'an 10 (1802), sous le titre de *Tableau général de la nouvelle Division de la France en départements, arrondissements communaux et justices de paix, d'après les lois des 28 pluviôse an 8 et 8 pluviôse an 9, indiquant la population, l'étendue territoriale et le nombre des communes par chaque justice de paix et arrondissement communal;* 2°. du *Tableau des naissances, mariages et décès pendant l'an 9,* dressé par ordre du gouvernement.

Nous avons diverses estimations du nombre des habitants de la France avant l'époque de la révolution, et par conséquent antérieurement à l'accroissement qu'il a reçu par nos conquêtes.

Les économistes ont affecté de réduire l'ancienne population au-dessous de sa juste estimation. Le marquis de Mirabeau, un des coryphées de cette secte, et qui, avec de très-bonnes intentions, a entouré de beaucoup de nuages les matières les plus claires de l'économie politique, prétendait, en 1754, que la population n'allait qu'à 18,107,000 individus, estimation d'autant plus erronée, qu'on verra tout-à-l'heure qu'elle était de 24,000,000 en 1785, ce qui n'aurait pas été possible dans l'hypothèse du marquis de Mirabeau, puisqu'il aurait fallu qu'en trente ans la population se fût accrue de près d'un quart.

L'abbé Expilly, qui a beaucoup travaillé sur la Statistique de la France, et à qui la géographie doit l'excellent *Dictionnaire universel de la France et des Gaules,* l'estimait de 21,000,000 à peu près vers l'époque de 1772.

M. de Buffon la portait à 22,672,000.

M. Necker fit faire beaucoup de recherches sur la population de la France, et en assigna l'étendue à 24,676,000 individus, non compris la Corse, et à 24,800,000, y compris la Corse.

Le comité de l'assemblée nationale chargé d'organiser l'assiette de l'impôt et le nombre des députés par département, l'estima, dans un premier travail, de 28,806,000 habitants; mais dans un second, il la réduisit à 26,363,000.

L'estimation présentée par M. de Pomelles, à l'époque de 1789, et qui résulte du dépouillement des registres de naissances, morts et mariages des généralités du royaume, porte la population de la France, y compris la Corse, à 25,065,883 individus de tout âge et de tout sexe.

Quoique le premier travail de l'assemblée constituante, qui porte la population à 28,896,000 habitants, ait paru donner une trop forte estimation, cependant M. Depère l'a pris pour base du rapport fait en l'an 7, sur le mode de la représentation nationale ; en conséquence voici comme il l'estime :

Ancien territoire de la France, 28,810,694; Belgique, évêché de Liége, comté de Namur, Savoie; comté de Nice, Porentrui, 3,094,000; territoire de Genève, 33,000; départements du Mont-Tonnerre, de la Sarre, de la Roër, de Rhin et Moselle, 1,564,506; total, 33,502,000 habitants.

Le relevé des états fournis en l'an 9 et l'an 10 aux ministères de la justice et de l'intérieur par les préfets, et d'après lesquels on a fait le travail de la réduction des justices de paix, et fixé le nombre des membres des colléges électoraux d'arrondissements et de départements, en déterminant le contingent à nommer par chaque assemblée de canton des membres des colléges électoraux assignés à chaque arrondissement et à chaque département, conformément aux dispositions du sénatus-consulte organique du 16 thermidor an 10 (4 août 1802); ce relevé, disons-nous, donne une population générale de 33,111,962 individus de tout sexe et de tout âge. Mais cette population s'est accrue depuis, de 1,864,351 individus, par la réunion du Piémont et de l'île d'Elbe, opérée par les sénatus-consultes organiques des 8 et 24 fructidor an 10 (26 août et 11 septembre 1802), ce qui en porte le total général à 34,976,313 habitants.

Cette population est une des plus considérables de l'Europe; elle est supérieure, relativement à l'étendue du territoire, à celle des états héréditaires de l'Autriche, à celle de la Prusse, de l'Italie, et n'est inférieure qu'à celle de la Hollande, qui, dans un territoire de 1728 lieues carrées, a une population de 1,881,881 individus, ce qui fait, en retranchant 303 lieues carrées pour les eaux intérieures, 1,320 individus par lieue carrée.

Mais l'on sentira mieux cette différence, lorsque l'on aura pris lecture du paragraphe suivant.

§ II. *Du Rapport de la Population de la France à son Étendue territoriale.*

La connaissance du rapport de la population au territoire est une des plus importantes de la Statistique appliquée à l'économie politique.

On entend par ce rapport le nombre d'individus habitant une étendue connue de territoire, par exemple une lieue carrée ou 20 myriares, ce qui est la même chose.

En comparant en effet ce qu'une pareille étendue de terrain en France contient d'habitants, avec ce qu'elle en contient dans un autre état, on connaît leurs forces respectives sous le rapport de la population.

Nous avons vu, au commencement de ce chapitre, que plus la population était concentrée, plus les forces intérieures, les revenus publics étaient considérables ; les levées militaires et la défense nationale aisées.

Pour avoir le rapport de la population au territoire, il faut diviser la population par le territoire ; car plus celui-ci sera resserré et la première considérable, plus le rapport sera grand.

On voit par les détails que nous a donnés M. Necker, que le rapport de la population au territoire, était, en 1784, de 916 individus par lieue carrée, non compris la Corse.

Les tables de M. le chevalier de Pomelles, dont nous avons déjà parlé, établissent ce rapport à l'époque de 1789, de 905 $\frac{1}{20}$ par lieue carrée.

Cette différence ne vient que de celle des bases suivies par l'un et l'autre de ces écrivains, puisqu'il n'y a point eu un pareil mouvement dans la population.

On sait que M. Necker portait l'étendue territoriale à 26,951 lieues carrées, et la population à 24,676,000 habitants ; or, ce second nombre, divisé par le premier, donne 916.

M. le chevalier de Pomelles, estimait l'étendue de 26,970 lieues, la population, de 25,065,883. Or, ce second nombre, divisé par le premier, donne 905 $\frac{1}{20}$, la Corse non comprise de part et d'autre.

A la même époque de 1789, suivant l'auteur des

Ressources et Richesses de la France, le rapport de sa population à l'étendue du territoire, était de 917 habitants par lieue carrée.

En 1791, d'après le travail du comité de division de l'assemblée constituante, le rapport de la population à l'étendue territoriale, était de 996 $\frac{1}{5}$ d'habitants par lieue carrée.

Le résultat du travail du Cadastre, publié en l'an 6, donne pour le rapport de la population à l'étendue territoriale, 1,020 $\frac{1}{4}$ d'habitants par lieue carrée.

Suivant l'opinion de M. Depère, le rapport, en l'an 7, de la population à l'étendue territoriale, était de 1,101 $\frac{1}{2}$ d'habitants par lieue carrée.

Le relevé des états fournis en l'an 9 et en l'an 10 aux ministères de la justice et de l'intérieur par les préfets, sans y comprendre le Piémont et l'île d'Elbe, donne, pour le rapport de la population à l'étendue territoriale, 1,086 $\frac{7}{20,4}$ d'habitants par lieue carrée.

En comprenant l'île d'Elbe et le Piémont dans cette estimation, le rapport actuel de la population au territoire français, est de 1,093 individus $\frac{3}{32}$ par lieue carrée.

§ III. *Du Rapport des Naissances à la Population.*

Le rapport des naissances à la population est d'une moins grande utilité pour apprécier la puissance d'un état, que la connaissance du nombre d'individus que contient une étendue terminée du territoire.

Cependant ce rapport est utile pour estimer la population d'un pays, lorsque l'on ne peut pas y parvenir à l'aide d'autres moyens; c'est même un des meilleurs que l'on puisse employer, et celui qui doit toujours aller en se perfectionnant, parce que dans tous les états policés, l'on tient des registres exacts de la naissance des enfants.

Si donc on connaissait bien le rapport des naissances au nombre des habitants, c'est-à-dire, combien il naît d'enfants sur un nombre déterminé d'habitants d'un pays, on aurait toujours la population dans les mêmes circonstances et dans le même climat; car le nombre des naissances doit varier, comme on le conçoit bien, avec des changements dans l'état de prospérité, et la température du climat.

Afin de connaître ce rapport en France, l'on a fait des dénombrements partiels qui avaient donné une certaine quantité de naissances pendant une ou plusieurs années.

Il résulte des recherches et des calculs faits à cet égard par MM. Messence, Moheau, Necker, que le rapport des naissances au nombre des habitants de la France avant la révolution, était comme 1 à 25, 25 $\frac{1}{2}$, 26; que dans les villes de commerce, chaque naissance répondait à 27, 28, 29 et jusqu'à 30 habitants.

La raison pour laquelle, dans les villes de commerce, dans les ports de mer surtout, le nombre des habitants par rapport aux naissances est plus considérable que dans les villes agricoles et dans les campagnes, c'est que dans les premières il y a beaucoup de personnes étrangères et non établies qui y viennent pour leurs affaires, et qui par conséquent n'étant point mariées, ou même n'ayant point de femme, ne donnent point d'enfants.

Au milieu des incertitudes que présentent les diverses estimations, M. Necker prit pour terme moyen le rapport de 25 $\frac{3}{4}$ pour la généralité de la France.

C'est avec cette base, qu'ayant trouvé que le nombre des naissances était, par année moyenne prise sur 5, de 963,207; il a obtenu, en multipliant cette quantité par 25 $\frac{3}{4}$, le nombre de 24,802,580 habitants pour la généralité de la France, y compris la Corse.

M. le chevalier de Pomelles adopte aussi pour les années 1787 et 1788, le même rapport de 25 $\frac{3}{4}$, et observe que si Moheau n'a obtenu par ses recherches que celui de 25 $\frac{1}{2}$, c'est qu'il y a eu une augmentation effective dans la population de la France, de 1774, où écrivait Moheau, à 1789, où lui, M. de Pommelles, publiait son excellent travail.

Depuis quelques années, et principalement sous le ministère de M. Chaptal, il a été fait par les ordres de ce ministre, des travaux pour parvenir à connaître le terme moyen du rapport des naissances à la population.

Dans trente départements distribués sur toute la surface de la France, on a fait choix des communes qui pouvaient donner les renseignements les plus précis. Elles ont fourni, au premier vendémiaire an 11, des dénom-brements dont le total s'élève à 2,037,615 individus. Le relevé des naissances, des mariages et des morts, dans les mêmes communes, pendant les années 8, 9 et 10, a donné, pour ces trois années, 110,312 naissances de garçons, 105,287 naissances de filles; 46,037 mariages, 103,659 morts de mâles, 99,443 morts de femelles.

D'après ces faits, le rapport de la population aux naissances annuelles, se trouve donc $28\frac{3528}{10000}$.

Ce rapport est beaucoup plus grand que celui que l'on a suivi jusqu'aujourd'hui, soit que la population ait fait des progrès considérables, soit que les circonstances de la loi de juillet 1792 sur les mariages, ait favorisé les naissances qui l'ont été aussi par la législation suivie jusqu'à ce jour sur les enfants naturels; soit que les anciennes bases ayent été au-dessous du véritable rapport: comme celui-ci cependant est fait sur des dénombrements, il paraît devoir être adopté de préférence.

Le tableau dressé par ordre du ministre, des naissances, mariages et décès en l'an 9, donne pour cette année, 955,977 naissances pour la France, non compris les départements réunis de la rive gauche du Rhin, c'est-à-dire la Roër, le Mont-Tonnerre, le Rhin et Moselle, et la Sarre, ainsi que le Piémont.

Nous ne quitterons point ce sujet sans dire un mot du rapport des naissances des enfants naturels à celles des enfants légitimes, c'est l'objet du paragraphe suivant.

§ IV. *Du Rapport des Naissances des Enfants naturels à celles des Enfants légitimes.*

La naissance des enfants civilement considérée, est de deux espèces; dans le mariage et hors mariage. (Loi du 12 germinal an 11.)

Les seconds, reconnus de leurs pères, sont appelés par la loi enfants naturels; les premiers, enfants légitimes; il vaudrait mieux dire peut-être enfants civils, par opposition à naturels, qu'enfants légitimes, expression qui semble jeter sur les autres un démérite personnel aussi injuste que faux dans son principe.

La loi a réglé les droits des uns et des autres, et favorisé surtout les enfants légitimes, par une raison très-bonne sans doute, celle d'encourager les mariages.

Malgré cette disposition, le nombre des enfants naturels a toujours été considérable en France, et semble devoir l'être davantage encore par les difficultés quelquefois presque insurmontables mises aux mariages, non-seulement des mineurs mais même des majeurs.

Pour mieux entendre ceci, il faut se rappeler que la loi du 20 septembre 1792 avait statué, 1°. que l'âge requis pour le mariage est 15 ans révolus pour les hommes et 13 ans pour les filles; 2°. que toute personne est majeure à 21 ans accomplis; 3°. que les mineurs ne peuvent être mariés sans le consentement de leur père ou mère, ou parents ou voisins; 4°. que le consentement du père est suffisant; 5°. que si le père est mort ou interdit, le consentement de la mère est suffisant.

Cette législation, contre laquelle on s'est élevé, semble avoir fixé l'âge de la puberté, peut-être à une époque trop peu avancée, mais pour le reste elle n'a rien que de conforme à l'ordre et au lien de la société. Le mariage est toujours une action utile, respectable; et la société a le plus grand intérêt à la rendre facile, parce qu'il n'y a qu'une trop grande pente chez les hommes à s'en affranchir dans une nation riche et populeuse, où l'on peut jouir pour ainsi dire des plaisirs de l'union conjugale, sans s'assujétir aux gênes qu'elle impose.

Sans la loi de 1792, on ne peut donc douter qu'au milieu des désordres politiques, des haines de parti, des déchirements domestiques, qui ont régné en France, le nombre des enfants naturels n'eût été dix fois plus considérable qu'il n'a été ; mais la facilité de se marier sans autre consentement que celui du père ou d'un conseil de famille pour les mineurs, et celle conservée aux majeurs de se marier de plein droit, sans autres conditions que celles nécessaires à la publicité et la solidité de l'acte, ont prévenu les tristes inconvénients attachés à des formalités qui n'auraient eu d'objet que de rendre difficile civilement un contrat que la société a le plus grand intérêt de rendre facile et prompt.

Ces principes paraissent ne pas avoir été ceux des rédacteurs de la loi du 26 ventôse an 11, insérée au code civil; non seulement les dispositions de celle de 1792 ont été changées en ce qui concerne les mineurs, mais encore le mariage des majeurs y a été rendu d'une extrême difficulté, qui va quelquefois jusqu'à l'impossibilité.

Nous croyons devoir justifier ici cette assertion par la citation du texte même de la loi.

« Les enfants de famille ayant atteint l'âge de majorité fixée par l'article 148, c'est-à-dire, 25 ans pour les hommes, et 21 ans pour les filles, sont tenus, avant de contracter mariage, de demander, par un acte respectueux et formel, le conseil de leur père et de leur mère, ou celui de leurs aïeuls et aïeules, lorsque leur père et leur mère sont décédés ou dans l'impossibilité de manifester leur volonté.

» Depuis la majorité, fixée par l'article 148 au titre du code civil concernant le mariage, jusqu'à l'âge de 30 ans accomplis pour les fils, et jusqu'à l'âge de 25 ans accomplis pour les filles, l'acte respectueux prescrit par l'article précédent, et sur lequel il n'y aurait pas de consentement au mariage, sera renouvelé deux autres fois de mois en mois, et un mois après le troisième acte il pourra être passé outre à la célébration du mariage.

» Après l'âge de 30 ans il pourra être, à défaut de consentement sur un acte respectueux, passé outre, un mois après, à la célébration du mariage.

» L'acte respectueux sera notifié à celui ou ceux des ascendants désignés en l'article ci-dessus, par deux notaires ou par un notaire et deux témoins; et dans le procès-verbal qui doit en être dressé, il sera fait mention de la réponse.

» En cas d'absence de l'ascendant auquel eût dû être fait l'acte respectueux, il sera passé outre à la célébration du mariage, en représentant le jugement qui aurait été rendu pour déclarer l'absence, ou, à défaut de ce jugement, celui qui aurait ordonné l'enquête; ou, s'il n'y a point encore eu de jugement, un acte de notoriété délivré par le juge de paix du lieu où l'ascendant a eu son dernier domicile connu, qui contiendra la déclaration de quatre témoins appelés d'office par ce juge de paix ».

La loi ajoute des peines graves contre l'officier civil qui marierait même des majeurs de l'âge le plus avancé, sans qu'on lui ait préalablement justifié que ces conditions ont été remplies.

Nous le répétons, ces difficultés multiplient, parmi les majeurs principalement, les mariages naturels, c'est-à-dire, ces unions domestiques qui donnent à la société cette classe de citoyens appelés enfants naturels par la loi; parce qu'il n'y a guère que les majeurs qui soient dans le cas d'éprouver des difficultés compliquées à se marier, par la mort certaine et l'ignorance du lieu de la mort de leurs ascendants.

Revenons maintenant à notre objet, c'est-à-dire, au rapport qui a existé jusqu'ici entre les naissances d'enfants naturels et celles des enfants légitimes.

Suivant M. Mourgue et d'après les recherches qu'il a faites sur la population des naissances illégitimes à celles des enfants nés dans le mariage, il résulte que sur 25,064 naissances qui ont eu lieu à Montpellier pendant 21 années de 1772 à 1792, il y a eu 2,735 naissances d'enfants naturels, ce qui forme un peu plus de la neuvième partie de la reproduction totale.

Il ajoute « que ses observations sur de pareilles recherches faites dans les grandes villes, fournissent partout à peu près le même nombre proportionnel d'enfants illégitimes ». (Essai de Statistique, par M. Mourgue, an 9).

On voit par l'état authentique des naissances, mariages et sépultures de la ville de Paris, publié en 1786, qu'il avait été porté, pendant le cours de l'année 1784, 5,609 enfants à l'hospice des enfants trouvés; que pendant 1785, il en avait été porté 5,918.

Sur un nombre de 19,554 naissances pour la première année, et de 19,855 pour la seconde, c'est-à-dire 1785, cette proportion d'enfants naturels serait énorme, si l'on ne savait pas que l'on apportait alors de plus de cinquante lieues ces malheureuses créatures à Paris.

La législation sur les enfants naturels étant devenue moins barbare, ce désordre n'a plus lieu.

Il résulte également d'un état authentique publié par le préfet de Paris sur la population de l'an 8, c'est-à-dire, depuis le 21 septembre 1798, jusqu'au 21 septembre 1799, que sur un nombre de 22,151 naissances, il y a eu 3,622 naissances d'enfants naturels; on voit que c'est environ le septième de naissances.

M. Bottin a rapporté, dans son annuaire de l'an 8, l'état authentique et général des naissances dans le département du Bas-Rhin, pendant l'an 7; il en résulte que sur un nombre de 18,362 naissances, il y a eu 849 enfants naturels.

M. Coze, professeur à l'école spéciale de médecine, a donné des recherches sur la population de Strasbourg; il en résulte que, sur 10,828 naissances qui ont eu lieu dans cette ville pendant cinq années, depuis le premier vendémiaire an 6 jusqu'au premier vendémiaire an 11, il y a eu 1,916 enfants naturels, proportion qui donne un enfant illégitime sur à peu près cinq enfants légitimes.

Il résulte d'un rapport publié sur la population du département des Deux-Sèvres pendant l'an 12, que sur 7,070 naissances, il y en a eu 102 d'enfants naturels.

Voici comme M. Huet, secrétaire-général de la préfecture du département de la Loire Inférieure, s'exprime dans les excellentes recherches qu'il a publiées sur ce département.

« Avant la révolution, le nombre moyen des enfants naturels dans les campagnes était de 43; il était à Nantes, de 232; et année commune, le rapport des naissances naturelles aux naissances légitimes était, dans les campagnes, comme 1 est à 228; à Nantes, comme 1 est à 12. Pendant l'an 11, les naissances dans les campagnes, ont été de 11,066, dont 62 enfants naturels, c'est-à-dire 1 sur 176; à Nantes, les naissances ont été de 2,030, parmi lesquels on a compté 351 enfants naturels, le rapport est de 1 à 6 ».

Ces aperçus, que nous aurions pu étendre, prouvent que dans les villes le rapport des naissances des enfants naturels a été à celles des enfants légitimes, comme 1 est à un nombre moyen entre 6 et 9, lors même que le mariage était extrêmement facile; que sera-ce donc lorsqu'il est devenu souvent très-difficile à ceux surtout à qui les soins domestiques et la compagnie d'une femme sont le plus nécessaires, c'est-à-dire les hommes qui ont passé trente-six et quarante ans?

§ V. *Du Rapport des Mariages à la Population.*

On peut appliquer aux mariages ce que nous avons dit des moyens employés pour connaître le rapport des naissances à la population.

Il résulte des recherches de M. Necker, que le nombre des mariages était vers 1780, en France, de 213,740, année moyenne, et que ce nombre était à la population, comme 1 est à 113 $\frac{3}{4}$, non compris la Corse.

Le tableau dressé par les soins du ministre pour connaître le nombre des naissances, mariages et décès dans la république, en l'an 9, porte celui des mariages à 202,177, sur une population de 31,937,674, qui était à cette époque celle des 98 départements qui composaient le territoire français.

Depuis, il a été fait de nouvelles recherches par l'ordre du ministre, telles que celles que nous avons indiquées à l'article du rapport des naissances.

Il en est résulté que, sur un dénombrement de 2,037,615 individus, il y a eu, pendant les années VIII, IX et X, 46,037 mariages.

Ce rapport des mariages à la population, se trouve être comme 1 est à 132 $\frac{7811}{10000}$.

Ce dernier rapport donne également le rapport des naissances comme 4 $\frac{1}{3}$ à peu près est à 1, c'est-à-dire que l'un portant l'autre, on peut compter, année moyenne, un peu plus de quatre enfants par mariage.

Mais cette proportion varie beaucoup suivant le plus ou moins de fécondité des mariages, qui résulte plus ordinairement de celle des femmes que des hommes.

La proportion de 4 enfants $\frac{1}{3}$ par mariage est à peu près celle que donne M. de Pomelles, d'après les recherches très-bien faites, qu'il publia en 1789; il la porte, terme moyen, à 4 $\frac{1}{3}$. Mais dans les province du nord, ce rapport n'est que de 4 $\frac{1}{18}$; tandis que dans les provinces du midi, il est de 4 $\frac{2}{3}$.

Or, comme cette proportion augmente en France progressivement en allant du nord au midi, à l'exception des départements où la grande quantité de bois et de pâturages y rend l'air trop humide, comme dans celui de Charente Inférieure; il semble que l'on en peut conclure que lorsque de mauvaises mœurs ou d'autres causes morales ne contrarient point la marche de la nature, les mariages sont plus féconds dans les pays chauds, dont l'air est sec et le site élevé, que dans les pays bas, marécageux et où l'air est épais.

On est généralement convaincu que dans les campagnes, chaque mariage donne un plus grand nombre d'enfants que dans les villes; cependant le relevé des registres présente un résultat absolument contraire, puisque 10 mariages présentent, dans les villes méridionales, 44 naissances annuelles, au terme moyen, tandis que dans les campagnes, ils ne répondent qu'à 42.

Mais sur un pareil fait il ne faut pas s'en tenir à une seule observation, il faut voir les accessoires.

On doit remarquer d'abord qu'il y a beaucoup de femmes et de filles grosses qui vont faire leurs couches dans les villes, et qu'on y porte tous les enfants abandonnés. On sait qu'à Paris, ce nombre y va à près de 6,000, sur lesquels il y a un quart à peu près d'enfants venus de 10 et 20 lieues à la ronde; à Lyon, l'hôpital de la Charité reçoit environ 980 enfants abandonnés, non compris les enfants des mères qui vont accoucher dans cet hôpital.

Il résulte de là, que le nombre des naissances, est d'autant augmenté dans les villes et diminué dans les campagnes.

Au reste, la proportion du nombre d'enfants par mariage dans les villes à celle des campagnes que nous venons de donner, était telle à l'époque de 1789, où elle fut calculée; depuis ce moment, la population a dû changer en faveur des campagnes, parce que l'aisance s'y est répandue en proportion de ce qu'elle a diminué dans les villes; or, l'on sait que l'aisance est une des plus actives causes de la fécondité du mariage.

Voyons à connaître maintenant le rapport des décès à la population, c'est-à-dire combien, sur un nombre connu de personnes, il en meurt année moyenne en France.

§ VI. *Du Rapport des Décès à la Population.*

Le rapport des morts à la population et aux naissances sert à apprécier l'augmentation du nombre des habitants ou sa diminution, suivant que l'on s'apperçoit qu'il meurt moins ou plus de personnes qu'il n'en naît dans le courant d'une année. Mais de même que la guerre ou quelques circonstances fâcheuses dans les affaires politiques font diminuer le nombre des naissances quand d'autres causes ne contribuent pas à atténuer l'effet de celles-ci, de même aussi une épidémie peut opérer des décès multipliés, qui pourraient induire en erreur si on les prenait pour base de la proportion des morts à la population.

M. Moheau a établi ce rapport comme 1 est à 30, c'est-à-dire que sur 30 individus, il en meurt un dans l'année.

Par un tableau que M. Necker a dressé du nombre des morts pendant dix années, il trouve que leur nombre moyen est de 818,491 pour toute la France pendant une année.

Il en résulte que le rapport des morts, année moyenne, serait à la population, d'après M. Necker, comme 1 est à 30, plus $\frac{1}{8}$.

Il paraît, d'après les recherches de M. de Pomelles, que l'excédent des naissances mâles sur les morts est pour les départements du midi de $\frac{1}{7}$ dans les villes et de $\frac{1}{4}$ dans les campagnes, ce qui forme $\frac{1}{5}$ au total.

Les départements, situés depuis le 49e. jusqu'au 44e. degré de latitude, ne donnent pas un résultat aussi avantageux pour l'augmentation. La supériorité des naissances mâles sur les morts n'est au total, dans chacun d'eux que de $\frac{1}{45}$ et de $\frac{1}{11}$; dans les campagnes, elle est de $\frac{1}{21}$ et de $\frac{1}{9}$. Mais dans les villes, l'ordre contraire existe, car les morts y surpassent les naissances de $\frac{1}{12}$.

L'augmentation des naissances femelles y suit la même proportion.

Dans la totalité des villes de France, la balance entre les naissances et les décès des mâles est absolument la même; mais dans les campagnes, il en naît $\frac{1}{9}$ de plus.

Quant aux femmes, l'excédent des naissances est de $\frac{1}{77}$ dans les villes, et de $\frac{1}{10}$ dans les campagnes.

Enfin l'auteur que nous citons, M. de Pomelles, estime que d'après ses recherches publiées en 1789, la totalité des naissances dans le royaume, avait été depuis dix ans supérieure aux morts de $\frac{1}{11}$ pour les hommes, et de $\frac{1}{12}$ pour les femmes, et pour les deux sexes pris ensemble, de $\frac{2}{23}$.

Depuis les calculs qui ont donné ces résultats, l'introduction de la vaccine a dû très-sensiblement faire diminuer la quantité de morts dans les villes principalement, ensorte que le rapport des naissances aux morts doit sûrement être plus avantageux aujourd'hui.

D'après le tableau dressé par ordre du ministre, des naissances, mariages et décès dans 98 départements en l'an 9, on voit que le nombre des décès a été, pendant le cours de cette année, de 821,871.

Par les dénombrements faits dans 30 départements distribués sur la surface de toute la France, et dont le total donnait, en vendémiaire an XI, 2,037,615 individus, le nombre des décès a été de 203,102 pour les trois années 8, 9 et 10.

Il résulte de ce rapprochement, que le rapport des décès à la population est comme 1 est à $30\frac{974}{10800}$.

On voit aussi que le rapport des naissances aux morts, d'après ces derniers dénombrements, est comme $30\frac{2}{100}$ est à $28\frac{3}{10}$, c'est-à-dire que sur une population déterminée, par exemple celle que nous avons citée de 2,037,615 obtenue par les dénombrements ci-dessus, il naît $30\frac{9}{10}$ individus annuellement, et en meurt $28\frac{3}{10}$, proportion qui annonce que lorsqu'il n'y a pas de guerre acharnée, de mortalité, de famine, la population doit aller croissant d'une manière sensible en France.

Quoique les recherches relatives au rapport qui se trouve entre les différents sexes et la population, ne soient pas aussi importantes que celle que nous venons d'exposer, néanmoins comme elles entrent dans les calculs nécessaires pour apprécier l'étendue et les bornes que l'on doit donner aux levées militaires, nous nous en occuperons aussi dans le paragraphe suivant.

§ VII. *Du Rapport des Sexes à la Population, et entr'eux.*

Il est généralement connu qu'il naît plus de garçons que de filles; cette vérité est démontrée par les registres des généralités en 1787, où l'on voit, d'après les tableaux de M. de Pomelles, que les naissances des mâles sont de $\frac{1}{17}$ en sus des naissances femelles; elle est encore démontrée par le dénombrement cité plus haut, où le nombre des naissances s'est trouvé de 110,532 garçons et de 105,287 filles.

Mais si cette proportion est celle que donne la population de la France en général, elle varie suivant les lieux.

Les départements situés depuis le 52°. jusqu'au 47°. degré de latitude, ne donnent que $\frac{1}{19}$ de plus de garçons que de filles, tandis que ceux depuis le 47°. jusqu'au 43°. degré fournissent $\frac{1}{15}$.

Il est également prouvé par les relevés pris sur les états des naissances des généralités, que l'excédent des naissances mâles est de $\frac{1}{16}$ dans les campagnes, et de $\frac{1}{19}$ dans les villes. Si ce calcul n'était fait que sur une seule année, il pourrait dépendre du hasard, mais un fait qui se répète constamment pendant dix années de suite, et sur lequel les évènements humains ne peuvent rien opérer, donne le droit de conclure qu'en France, la vie active des campagnes et le climat du midi sont plus favorables à la production masculine, que les villes et le nord de l'empire.

Nous venons de voir qu'il naissait en France $\frac{1}{17}$ de mâles plus que de femelles, et cependant le résultat des recherches sur le rapport des morts aux naissances ne donne guère que $\frac{1}{19}$ de plus de décès masculins que de décès féminins; il en résulte que le nombre des hommes vivants devrait excéder celui des femmes.

Or, d'après les dénombrements il est prouvé qu'il y a plus de femmes que d'hommes vivants. En effet, sur un dénombrement fait avec exactitude, il est résulté que sur 991,829 ames, il a été trouvé que les femmes faisaient les $\frac{9}{17}$; ce qui se rapproche de l'estimation de M. Moheau qui les avait évaluées à la moitié de la population, en plus, $\frac{1}{33}$.

Ainsi il y aurait pour 33 hommes 34 femmes dans la totalité de la population,

Ces résultats sur la différence des hommes aux femmes lorsque l'on sait qu'il en naît $\frac{1}{17}$ de plus de celles-ci, et que naturellement il ne meurt que $\frac{1}{39}$ de plus d'hommes que de femmes, prouvent que la marine, la guerre, les émigrations, les travaux pénibles ou dangereux doivent entraîner une consommation d'hommes, qui balance les accidents de la vie physique des femmes, et compense le déficit des naissances des uns aux autres.

On voit encore que dans le résultat obtenu par le dénombrement fait dans 32 départements par le ministre en l'an 11, il y a eu 103,659 décès d'hommes, et 99,443 de femmes, dans lequel résultat ne sont point compris les morts à l'armée.

Il faut remarquer aussi que ce dénombrement, donnant d'ailleurs 110,312 naissances mâles contre 105,287 femelles, il en résulte que le rapport des naissances mâles aux femelles est comme $1 + \frac{1}{21}$ est à 1. Rapport moins fort que celui qu'offre M. de Pomelles, et qui annoncerait ainsi une diminution d'hommes en proportion.

La connaissance de la proportion des sexes est principalement utile pour établir des bases aux levées militaires; il est donc temps que nous parlions de celles-ci, mais nous devons avant, faire connaître ce que les dénombrements et les calculs ont appris du rapport des âges à la population totale de la France.

§ VIII. *Du Rapport des Ages à la Population.*

Le rapport des âges à la population est un des moins fixes, parce que mille causes différentes peuvent opérer des décès et par conséquent une diminution considérable dans une classe d'individus d'un âge déterminé.

D'après des dénombrements faits avec soin, on est parvenu à établir les rapports suivants entre les différents âges et la totalité de la population d'un état tel que la France dans les temps ordinaires.

De un an à dix ans, l'on estime qu'il y a un nombre

d'individus vivants des deux sexes égal au quart de la population totale.

De 11 ans à 20 ans, $\frac{4}{21}$; de 21 à 30, $\frac{2}{13}$; de 31 à 40, $\frac{1}{7}$; de 41 à 50, $\frac{1}{8}$; de 51 à 60, $\frac{1}{13}$; de 61 à 70, $\frac{1}{20}$; de 71 à 80, $\frac{1}{480}$; de 91 à 100, $\frac{1}{1600}$.

Ces rapports donnent le moyen de connaître en même temps ce qu'on doit retrancher de la population pour avoir les individus d'un âge déterminé; ainsi, pour avoir les individus au-dessus de 20 ans par exemple, il faut ajouter les deux fractions $\frac{1}{4}$ et $\frac{4}{21}$, ce qui donne $\frac{37}{84}$ individus, c'est-à-dire que sur 84 personnes il y en aura 37 au-dessous de 20 ans, et le reste au-dessus.

L'on a cherché aussi à connaître le temps que chaque individu à vivre en proportion de l'âge qu'il a atteint.

M. Duvillard est un de ceux qui ont donné de plus justes estimations à ce sujet pour la France; c'est ce qui nous engage à les rapporter ici.

L'homme, en naissant, a la chance naturelle de vivre 28 ans 9 mois; lorsqu'il a un an, cette chance est de 36 ans 4 mois; lorsqu'il a 5 ans, elle est de 43 ans 5 mois; lorsqu'il a 10 ans, elle est de 40 ans 10 mois; à 15 ans, elle est de 37 ans 5 mois; à 20, elle est de 34 ans 3 mois; à 25 ans, elle est de 31 ans 4 mois; à 30 ans, elle est de 28 ans 6 mois; à 35 ans, elle est de 25 ans 9 mois; à 40 ans, elle est de 22 ans 11 mois; à 45 ans, elle est de 20 ans 1 mois; à 50, de 17 ans 3 mois; à 55, de 14 ans 6 mois; à 60, de 11 ans 11 mois; à 65, de 9 ans 7 mois; enfin, à 70, de 7 ans 7 mois.

Il meurt 23 enfants sur 100 dans la première année de la vie; mais ce danger passé, les chances pour la vie, d'après les lois ordinaires de la longévité, croissent rapidement.

C'est à l'aide des bases fournies par ces chances de vivre plus ou moins long-temps suivant l'âge où l'on se trouve, qu'est fondée la théorie des rentes viagères, parce que l'on conçoit que lorsque l'on place un fonds à rente, l'intérêt doit être moins fort, toutes choses égales d'ailleurs, à mesure que l'individu a plus de chances de vie devant lui, puisqu'alors la rente sera payée plus long-temps.

Mais cette matière nous entraînerait trop loin si nous

16.

avions à la traiter; passons au rapport que l'on doit observer entre la population et les levées militaires; c'est une des principales connaissances de la Statistique; dont l'objet, comme nous l'avons exposé plusieurs fois, est de bien faire connaître les sources de la force et de la puissance d'une nation.

§ IX. *Du Rapport des Levées militaires à la population.*

Comme la défense de l'état et le succès des guerres qu'elle exige, dépendent presque toujours de la quantité de force que chaque puissance peut déployer rapidement dès la première campagne, il est bon de calculer les forces de ses voisins et d'établir même pendant la paix une constitution militaire qui procure à l'état, 1°. un nombre de soldats prêts à marcher et suffisant pour en imposer à l'ennemi; 2°. la certitude que ces soldats ont toutes les qualités nécessaires pour faire la guerre; 3°. celle de leur existence et de leur résidence, afin de les pouvoir rassembler facilement et promptement. C'est là le but où doivent tendre les lois d'une bonne constitution militaire, et l'histoire confirme cette manière de voir.

En 1448, Charles VII établit un corps de milice de 16,000 hommes; il obligea les paroisses à fournir un archer armé et soudoyé, toujours prêt à marcher à la guerre au premier ordre. Ces francs-archers étaient commandés par quatre capitaines généraux qui devaient les passer en revue tous les ans, aller dans chaque élection pour en faire la levée, conjointement avec les élus; réformer ceux qui n'étaient pas propres au service, et les faire remplacer.

Louis XI supprima les francs-archers, et en soulageant les paroisses de leurs levées, et de leur entretien, il augmenta la taille de 3,000,000 pour les remplacer par un corps de 6,000 suisses.

Charles VIII les rétablit et ordonna la levée d'un soldat armé et soudoyé par cinquante feux.

François Ier. établit sept légions de 6,000 hommes, levés, soudoyés et armés par les paroisses; elles ne tardèrent pas à être réformées.

Le duc de Sully forma des régiments de milices, composés en entier de soldats fournis, armés et soudoyés par les provinces; mais ensuite il préféra de les incorporer dans les vieilles bandes, lorsqu'il marcha à la conquête du marquisat de Saluces.

Enfin, sous Louis XIV, Louis XV et Louis XVI, les milices furent étendues et formées d'après des bases plus ou moins exactes de répartition, à laquelle forme a succédé l'établissement de la garde nationale et enfin la conscription qui est le mode actuel.

Notre objet n'est point, dans ce paragraphe, de parler de l'organisation militaire, ni des forces de terre de l'empire; cette matière trouvera sa place dans un chapitre particulier; nous n'avons à nous occuper ici que d'établir les principes statistiques, d'après lesquels sont réglées les levées militaires.

Dans l'ancien ordre de choses en France, c'est-à-dire avant la révolution, l'armée française était recrutée par les milices et les engagements volontaires; M. de Ponelles a fait les observations suivantes à l'occasion du système proposé de supprimer toute espèce de milice ou enrôlement forcé, et d'y substituer les engagements volontaires.

» La totalité des naissances du royaume (en 1788), année commune depuis dix ans, multipliée par 25 $\frac{3}{4}$, donne une population de 25,065,883 individus; après en avoir retranché 13,270,176 femmes, il reste 11,795,707 hommes. Il faut encore en déduire pour les gens mariés et les mâles au-dessous de 18 ans, 10,344,644; toutes ces déductions faites, on a pour dernier produit 1,451,063 individus célibataires.

» Mais il s'en faut de beaucoup que cette masse soit celle sur laquelle on puisse compter pour un recrutement volontaire. On voit d'après les tirages des milices que le quart des contribuables n'a pas la taille nécessaire pour servir, et qu'il y en a $\frac{1}{17}$ d'infirmes; cela fait déjà 448,023 hommes de moins. En déduisant encore les nobles, les ecclésiastiques, les troupes de ligne, les classes de la marine, les gardes-côtes, les gens qui passent en pays étrangers, les troupes des colonies, les employés des fermes, les fils de bourgeois ainsi que des gens riches qui ne s'engagent pas; on verra qu'on ne peut guère estimer qu'à 600,000 hommes la classe qui peut fournir aux engagemens volontaires.

» Le dépouillement des procès-verbaux des tirages des milices, ne donne, année moyenne sur six, que 338,811 hommes tirant à la milice, ce qui prouve que le nombre de 600,000 est encore de beaucoup au-dessus de celui qui existe réellement (en 1788).

» D'après le relevé général des registres des régimens, il est démontré que l'Alsace fournit aux troupes de ligne par la voie des engagemens volontaires, un soldat sur 61 ames ; tandis que la généralité d'Ausch n'en donne qu'un sur 626 ; et au total, les provinces du nord fournissent proportionnellement à la population, un tiers plus de soldats que celles du midi, et il en déserte un sixième de moins.

» La Marche électorale de Brandebourg, contient 757,369 habitans, et a 74,224 hommes inscrits pour la partie militaire. Dans le Bourbonnais, dont la population est de 648,515 ames, on ne compte que 6,762 hommes pour le service militaire ; en ajoutant aux soldats qui servent dans la troupe de ligne ceux qui tirent annuellement à la milice.

» Ainsi, dans le Brandebourg, la classe militaire est un peu plus du dixième de la population, et dans le Bourbonnais, elle n'est que le 96e. »

Le montant annuel des milices pour remplacer ceux qui mouraient, sortaient, désertaient ou passaient dans d'autres corps, était de 14,468 ; et le recrutement pour la troupe de ligne de 20,000 ; ainsi en portant à 600,000 à cette époque, les hommes susceptibles du service militaire, c'était un sur 17 célibataires ayant cette qualité, levé annuellement.

Paris fournissait alors 6 à 7,000 recrues par an.

La conscription militaire établie aujourd'hui, s'élève à un nombre plus considérable qu'un sur 17, mais on ne prend qu'à 20 ans le conscrit, et la taille est indifférente.

Pour connaître l'étendue que l'on peut donner aux levées militaires sans nuire à la population et aux arts, il faudrait établir un nombre considérable de calculs statistiques qui dépasseraient de beaucoup les simples chances que nous présentons ici ; mais en général la proportion que l'on suit en France dépasse celle de l'ancien gouvernement où la totalité des milices et des engagements formait un sur 17 parmi les hommes choisis et célibataires susceptibles du service militaire, dont les nobles, les prêtres et un grand nombre d'individus se trouvaient affranchis.

Pour connaître le nombre physique d'hommes en état de porter les armes, en supposant qu'on les prène à l'âge de 16 ans, il faut d'abord sur la population totale ôter $\frac{17}{33}$ de femmes; plus $\frac{1}{6}$ au-dessous de 16 ans, et $\frac{1}{9}$ au-dessus de 40; le reste donne la quantité de mâles, au-dessus de 16 ans.

Ainsi, en prenant la population de la France de 34,000,000 d'habitants, ce qui est en effet la réelle, comme on a pu le voir, à quelques fractions près que nous négligeons, les $\frac{17}{33}$ sont 17,515,100, qui, ôté de 34,000,000, laissent 16,484,900 mâles, dont il faut ôter le $\frac{1}{6}$ pour avoir tout ce qui est au-dessus de 16 ans, plus $\frac{1}{9}$ pour ce qui est par delà 40 ans; il reste 11,872,428 individus mâles de l'âge de 16 ans.

Mais la conscription actuelle ne porte pas sur les jeunes gens de 16 ans; elle n'atteint que ceux qui en ont 20; or le nombre de ces derniers est beaucoup moindre que celui des premiers.

En effet, nous avons vu ci-devant que $\frac{1}{4}$ de la population était au-dessous de 10 ans, et $\frac{4}{21}$, entre 11 et 20 ans; d'où il résulte qu'il y a les $\frac{37}{84}$ de jeunes gens au-dessous de 20 ans. Il faut donc retrancher les $\frac{37}{84}$, plus $\frac{1}{9}$ de 16,484,900 mâles pour connaître ce qui reste de population depuis 20 ans jusqu'à 40 accomplis pour la conscription.

Les $\frac{37}{84}$ de 16,484,900 mâles sont 7,040,555 à quelques légères fractions près que l'on peut négliger; le $\frac{1}{9}$ de ce même nombre est 1,831,655; ces deux sommes, retranchées de 16,484,900, laissent 7,612,690 indiv. mâles entre 21 et 41, sur lesquels porte la conscription militaire en France.

Sur ce nombre, l'état lève annuellement depuis la guerre, 60,000 hommes, c'est un homme sur 127, ou si l'on veut, $\frac{1}{127}$ de la population mâle entre 20 et 40.

Ce n'est pas ici le lieu d'examiner si, et jusqu'à quel point cette proportion peut nuire aux arts, aux fabriques, à la population, à la reproduction.

Tout ce qu'on peut dire, c'est qu'on ne voit pas qu'en France la conscription militaire ait diminué la population, au moins comparativement à ce qu'elle était avant la révolution, mais non pas comparativement à ce qu'elle pourrait être aujourd'hui, si la conscription, au lieu de lever un sur 127 ne levait qu'un sur 200 ou 250.

Au reste, il faut bien faire attention que dans les levées militaires françaises, il n'y a aucune exception de noblesse ou privilégiés, et que dans un grand nombre d'Etats la noblesse et d'autres classes de citoyens sont exemptes de la conscription.

Il faut encore remarquer que le rapport de $\frac{1}{127}$ n'est point le rapport du nombre des hommes sous les armes, à la population mâle, mais seulement le rapport du nombre des levées annuelles à ce qu'il y a communément d'individus mâles en France, de l'âge de 20 à 40 ans accomplis.

Nous répéterons enfin qu'au chapitre des forces militaires, nous entrerons dans plus de considérations sur cette importante partie de la Statistique; nous allons résumer maintenant les bases établies dans ce chapitre sur la population.

§ X. *Résumé des Bases statistiques sur la Population française, et ses divers Rapports.*

Nous présenterons ici en résumé les éléments que nous avons développés sur la population française.

1°. D'après les recherches de M. Necker et à l'époque où il écrivait, c'est-à-dire vers 1785, la population de la France était de 24,676,000 ames, non compris la Corse, dont la population est estimée de 124,000 ames

A l'époque de 1788, où M. de Pomelles donna son travail, elle était estimée par lui de 25,065,883 individus.

Le dénombrement donné par le bureau du Cadastre, dont M. Prony publia le résultat en l'an 6, donnait à cette époque pour la population de l'ancienne France, 26,048,254 habitants; plus 3,511,055 acquis par la réunion du comtat d'Avignon, de la Savoie, du comté de Nice, du Porentruy, de la Belgique, et du territoire de Genève, auxquels ajoutant 1,563,909 pour les départements et de la rive gauche du Rhin, on avait une population de 31,123,218 habitants à l'époque indiquée.

M. Depère, dans un rapport prononcé le 7 brumaire an 7 au conseil des cinq cents, porte à 33,501,694 le nombre des habitants de la France ainsi qu'il suit :

Territoire de l'ancienne France, 28,810,694 habitants; Belgique, Savoie, comté de Nice, Porentruy, Avignon, 3,094,000; territoire et république de Genève, 33,000; départements de la rive gauche du Rhin, 1,564,000; total, 33,501,594.

Le relevé fourni en l'an 9 et en l'an 10 aux ministres, porte la population de la France, y compris l'île d'Elbe et le Piémont, à 34,976,313 habitants.

2°. Le rapport de la totalité des habitants à l'étendue du territoire donnait, suivant M. Necker, 916 habitants par lieue carrée, non compris la Corse.

Suivant M. de Pomelles, le rapport était en 1788, de 905 habitants $\frac{1}{20}$ également par lieue carrée.

Le dernier dénombrement divisé par 32,025 lieues carrées, étendue actuelle de la France, donne 1,080 individus par lieue carrée.

3°. M. Necker estimait le nombre des naissances une année moyenne sur cinq de 1776 à 1780, de 963,207 pour toute la France, c'est à peu près dans le rapport de 25 $\frac{3}{4}$ avec la population d'alors.

M. de Pomelles estimait l'année moyenne des naissances depuis 1777 jusqu'en 1787, à 966,240; ce qui annonce une augmentation sensible dans les naissances depuis 1780.

Le tableau, dressé par ordre du gouvernement, des naissances, mariages et décès qui ont eu lieu dans toute la France pendant l'an 9, porte le nombre des premières à 955,177; mais dans ce dénombrement n'étaient point compris les quatre départements de la rive gauche du Rhin, le Piémont et l'île d'Elbe.

Le rapport des naissances à la population était, du temps de M. Necker, comme 1 est à 25 $\frac{3}{4}$.

M. de Pomelles l'a établi d'après un grand nombre de dénombrements comme 1 est à 25 $\frac{1}{2}$ pour la généralité de la France.

Nous avons vu que d'après un dénombrement effectué dans 30 départements, sur tous les points de l'empire, l'on avait obtenu, au premier vendémiaire an 11, le rapport des naissances à la population comme 1 est à 28 $\frac{1528}{10000}$, ce qui prouve une augmentation considérable dans la population moyenne de la France.

Nous avons également vu que sur un nombre déterminé de naissances, il y avait plus de garçons que de filles, mais qu'ensuite la différence des travaux et des occupations augmentait la mortalité chez les premiers, au point que le nombre des femmes est dans la société plus grand que celui des hommes; il est égal aux $\frac{17}{33}$, c'est-à-dire que pour 33 individus mâles il y en a 34 femelles.

4°. Le rapport des mariages à la population est très-variable suivant les temps et les lois qui régissent l'état.

Nous avons vu que sous le régime de la loi de 1793, les mariages avaient été nombreux, malgré les circonstances fâcheuses, et qu'il était présumable aujourd'hui qu'ils diminueraient sensiblement par l'effet de celle du mois de ventôse an 11, qui rend les mariages des majeurs mêmes, très-difficiles dans les cas les plus ordinaires où se trouvent les individus, c'est-à-dire, les cas de mort de leurs ascendants.

Le nombre des mariages était, année moyenne, à l'époque de 1780, en France, de 213,740, et donnait un rapport entre les mariages et la population, de 1 à 110 $\frac{3}{4}$.

Le dénombrement, obtenu au commencement de l'an 11, dont nous avons déjà parlé, offre, pour une population de 2,037,615 individus, 46,037 mariages pour les années 8, 9 et 10 ensemble. Ce qui donne le rapport de 1 à 132 $\frac{78}{10\ldots}$ pour celui des mariages à la population, rapport au-dessous de celui donné par M Necker, et qui marque une diminution dans le nombre des mariages.

Mais si le rapport des mariages à la population a diminué, celui des naissances aux mariages est resté à peu près le même, c'est-à-dire qu'il est comme 1 est à 4 $\frac{2}{3}$ à peu près, ce qui signifie qu'il y a, terme moyen, un mariage pour 4 naissances $\frac{2}{3}$, ou encore qu'il naît un peu plus de 4 enfants par union conjugale, année moyenne.

Il faut faire attention, au reste, que dans ces naissances, sont comprises celles des enfants légitimes comme celles des enfants naturels, et qu'ainsi la proportion des mariages aux naissances est un peu moins forte que ne l'indique ce rapport, puisque l'on y compte à l'avantage des unions civiles, les enfants qui naissent des unions naturelles, lesquelles nous avons vues s'élever à près de $\frac{1}{8}$ de la population, même sous le régime de la loi du 7 septembre 1793, si propre à faciliter les mariages.

En l'an 9, le nombre des mariages a été de 202,177 dans la France, non compris la rive gauche du Rhin et le Piémont.

5°. Le nombre des décès, pendant la même année et dans la même étendue de territoire, a été de 821,871.

M. Necker établit le rapport des décès à la population comme 1 est à 30, plus $\frac{1}{8}$.

Ce rapport est à peu près le même que celui obtenu par le dénombrement des 30 départements, qui est de 1 à 30 $\frac{274}{10000}$, c'est-à-dire que sur 31 individus à peu près, il en meurt un dans les années ordinaires.

On voit encore, par ce dernier rapprochement, que le rapport des morts aux naissances est tel, que sur la totalité de la population, il n'en meurt annuellement que $\frac{1}{30}$, pendant qu'il en naît $\frac{1}{28}$, qu'ainsi il naît 30 individus contre 28 qui meurent.

6°. Enfin, le dernier objet que nous avons considéré dans l'analyse statistique de la population, c'est le rapport des levées militaires; nous avons vu que celles qui se font aujourd'hui en France, sont $\frac{1}{127}$ à peu près de la population mâle totale entre 21 et 41, c'est-à-dire que sur 127 mâles de cet âge on en lève un.

Mais comme ce dernier objet est un des plus importants, ainsi que nous l'avons déja remarqué, de tous ceux qui entrent dans les tableaux des forces d'un état, nous croyons faire plaisir à nos lecteurs de placer ici le dernier travail du gouvernement sur cet objet.

Ce sera le sujet du paragraphe suivant.

§ XI. *De la Proportion des Levées militaires, adoptée par le gouvernement français.*

Voici comme s'exprime, sur cette matière, M. Lacuée, conseiller-d'état, dans son discours prononcé au corps législatif, le 15 nivôse an 13 :

» Le tableau le plus exact de la population générale de
l'Empire a été formé ; il a été fait avec un soin égal un
tableau de sa population maritime ; ces deux tableaux
sont devenus les éléments d'un calcul arithmétique dont
la population générale de l'Empire, diminuée de la population maritime, a été le premier terme ; dont la population générale de chaque département, aussi diminuée
de sa population maritime, a été le second ; dont le contingent général a été le troisième. Ces trois facteurs ont
produit le quatrième terme, c'est-à-dire, le contingent
particulier de chaque département pour la levée militaire.

» La population a été choisie pour base unique de la
répartition du contingent, parce qu'elle fait connaître la
véritable matière contribuable de la conscription, et
parce qu'elle est la seule base qui ne puisse être con-
testée.

» La population maritime a été déduite de la population générale, parce qu'il serait injuste d'exiger qu'une
masse de population diminuée déjà par l'inscription maritime, fût tenue du même contingent qu'une masse
pareille qui n'aurait pas éprouvé cette même diminution.

» Pour établir le rapport entre le nombre d'individus
classés et la population maritime, nous avons choisi le
nombre *quatre* pour facteur, parce qu'il nous a paru que
le nombre *cinq*, généralement usité dans les opérations
de ce genre, donnerait un faux résultat, attendu que
dans chaque famille particulièrement consacrée à la marine, il se trouve très-souvent deux personnes au moins
inscrites dans le contrôle des classes.

» Nous avions pensé d'abord devoir défalquer aussi en
faveur des départements maritimes, les hommes compris
dans les compagnies de canonniers gardes-côtes, mais
nous avons été détournés de cette pensée par l'incertitude sur le véritable domicile de plusieurs individus de
ce corps, par l'idée vraie qu'ils sont pour la plupart
engagés à prix d'argent, et que ceux qui sont désignés
par l'autorité, ne sont considérés par la loi que comme
gardes nationales en réquisition ».

C'est d'après ces principes que la loi, portée à la
suite de ce rapport, ordonne une levée de 30,000 conscrits pris sur la conscription de l'an 14, pour compléter

l'armée sur le pied de son organisation, et de 30,000 pour rester en réserve, ou être uniquement destinés à porter l'armée au pied de guerre, si les circonstances l'exigeaient.

Mais comme notre objet n'est point ici d'entrer dans des détails militaires, mais de faire connaître les bases adoptées par le gouvernement pour ses levées, nous nous bornons à rapporter le tableau qu'il a publié; il en résulte, 1°. une connaissance positive des dénombrements officiels de la population par départements en l'an 13; 2°. la connaissance de la population maritime, c'est-à-dire des hommes inscrits pour le service de mer, dans les départements qui forment ce qu'on appèle *l'inscription maritime*; 3°. le rapport de la levée à la population totale.

État de la Population totale de la France, de celle qui forme l'Inscription maritime, et du Contingent de la Levée maritime de l'an XIV.

NOMS DES DÉPARTEMENTS.	Population générale.	Population maritime.	Population disponible	Contingent.
Ain.	283,508		283,508	246
Aisne	430,628		430,628	374
Allier	272,616	484	272,032	236
Alpes. (Basses)	140,121		140,121	122
Alpes. (Hautes)	120,100		120,100	104
Alpes-Maritimes.	87,071	2,744	84,327	73
Ardèche	267,525		267,525	232
Ardennes.	254,000		254,000	221
Arriège.	191,693	516	191,177	166
Aube.	240,661		240,661	209
Aude.	226,198	2,000	224,198	195,
Aveyron.	328,195	60	328,135	285
Bouches-du-Rhône. . . .	320,072	15,424	304,648	265
Calvados	480,337	9,964	470,353	409
Cantal. :	220,304		220,304	191
Charente.	321,477	1,256	320,221	278
Charente-Inférieure. . . .	402,105	19,332	382,773	333
Cher.	218,297	200	218,097	189
Corrèze.	243,654	200	243,454	211
Côte-d'Or	347,842		347,842	302
Côtes-du-Nord	499,927	28,372	471,555	410

NOMS DES DÉPARTEMENTS.	Population générale.	Population maritime.	Population disponible.	Contin-gent.
Creuse.	216,255		216,255	188
Doire	224,127		224,127	195
Dordogne.	410,350	1,396	408,954	355
Doubs.	227,075		227,075	197
Drôme.	231,188		231,188	201
Dyle.	363,956	2,728	361,228	314
Elbe. (Isle d')				12
Escaut.	595,258	5,832	589,426	512
Eure.	415,577		415,577	361
Eure-et-Loir.	259,967		259,967	226
Finistère.	474,349	20,948	453,401	394
Forêts.	220,549		220,549	196
Gard.	309,052	1,316	307,736	267
Garonne. (Haute).	432,265	5,748	426,515	371
Gers.	291,845	200	291,645	253
Gironde	519,685	32,516	487,169	443
Golo.	103,466	8,108	95,358	83
Hérault.	279,957	5,460	274,497	238
Ille-et-Villaine	488,605	10,364	478,241	416
Indre	209,911		209,911	182
Indre-et-Loire.	272,730	2,800	269,930	235
Isère.	441,298		441,298	383
Jemmapes.	422,129		422,129	358
Jura.	289,865		289,865	252
Landes	236,039	2,900	233,139	203
Léman.	215,884		215,884	188
Liamone.	63,347	3,420	59,927	52
Loire-et-Cher.	211,152	696	210,456	183
Loir.	292,588	808	291,780	253
Loire. (Haute).	237,901		237,901	207
Loire-Inférieure.	368,506	25,962	342,534	298
Loiret.	289,728	3,248	286,480	249
Lot.	383,683	7,088	376,595	327
Lot-et-Garonne.	325,475	10,532	314,943	274
Lozère.	155,936		155,936	135
Lys.	470,707	9,084	461,623	401
Maine-et-Loire.	376,113	11,268	364,845	317
Manche.	528,912	25,808	503,104	437
Marengo.	322,954		322,954	281
Marne.	310,493		310,493	270
Marne. (Haute).	225,350		225,350	196
Mayenne.	328,397	60	328,337	285
Meurthe.	342,107		342,107	297
Meuse.	275,898		275,898	240
Meuse-Inférieure.	232,662		232,662	202

NOMS DES DÉPARTEMENTS.	Population générale.	Population maritime.	Population disponible.	Contingent.
Mont-Blanc.	283,106		283,106	246
Mont-Tonnerre.	342,316		342,316	297
Morbihan.	425,485	29,040	396,445	344
Moselle.	353,788		353,788	307
Nèthes. (Deux)	249,376	3,316	246,060	214
Nièvre.	251,158	3,280	247,878	216
Nord.	774,450	6,936	767,514	667
Oise.	369,086		369,086	321
Orne.	397,931		397,931	346
Ourthe.	313,876		313,873	273
Pas-de-Calais.	566,061	5,508	560,556	487
Pô.	395,193		395,193	343
Puy-de-Dôme.	508,444		508,444	442
Pyrénées. (Basses).	385,708	11,056	374,652	325
Pyrénées. (Hautes).	206,680	348	206,332	179
Pyrénées-Orientales.	117,764	1,360	116,404	101
Rhin. (Bas).	450,238		450,238	391
Rhin. (Haut).	389,311		389,311	338
Rhin et Moselle.	203,290		203,290	177
Rhône.	345,644		345,644	300
Roër.	516,287		516,287	443
Sambre-et-Meuse	163,192		169,192	143
Saône. (Haute).	391,579		391,579	340
Saône-et-Loire	447,565	60	447,565	389
Sarre.	219,049		219,049	190
Sarthe.	387,166	128	387,038	336
Seine.	629,763		629,763	547
Seine-et-Marne.	298,815		298,815	260
Seine-et-Oise.	429,523		429,523	373
Seine-Inférieure.	642,773	29,812	612,961	533
Sesia.	204,445		204,445	173
Sèvres. (Deux).	242,658		242,658	211
Somme.	465,034	5,264	459,779	399
Stura.	395,074		395,074	343
Tanaro.	310,459		310,459	270
Tarn.	272,163	40	272,123	235
Var.	269,142	17,792	251,350	218
Vaucluse.	190,180		190,180	165
Vendée.	270,271	7,128	263,143	229
Vienne.	250,807	80	250,727	218
Vienne. (Haute)	259,795		259,795	225
Vosges.	308,052		308,052	268
Yonne.	239,278		239,278	208
TOTAL.			34,518,385	30,000

Nous allons maintenant passer à quelques détails sur les moyens adoptés en France pour encourager la population, par des établissements en faveur des malades, des pauvres, des enfants abandonnés, et des mères indigentes.

§ XII. *Des Moyens employés pour encourager et conserver la Population en France.*

Il n'est pas de notre objet d'entrer dans l'explication des moyens moráux et de faveur, employés par le gouvernement pour conserver la population; nous ne devons faire connaître que ceux qui tiènent à l'organisation de l'état et donnent lieu à un emploi de la fortune publique.

Ainsi nous ne parlerons point de la loi tout récemment rendue qui accorde au père de sept enfants vivants, la faveur d'en pouvoir placer un dans quelqu'établissement où il soit élevé aux frais du gouvernement, et avancé suivant sa capacité et les vues de ses parents; nous ne dirons rien non plus des mesures prises pour accréditer la vaccine, qui en est une de préservation ou conservation des individus; mais nous entrerons dans l'exposé du système des secours publics donnés dans les hôpitaux, tant aux malades qu'aux indigents et aux enfants abandonnés.

Il y avait du temps de M. Necker, c'est-à-dire avant la révolution, plus de 700 hôpitaux et une centaine d'établissements de trois a quatre lits fondés par des particuliers dans le royaume.

On estimait alors de 100 à 110,000 le nombre de ceux qui trouvaient des secours contre les maux, ou un asile dans ces maisons. Voici à peu près la division des principales classes :

1°. 40,000 infirmes ou pauvres d'un âge avancé, et présumés hors d'état de gagner leur vie;

2°. 25,000 malades;

3°. 40,000 enfants trouvés, dont le plus grand nombre était mis en pension dans les campagnes.

On ne comprenait point dans cette division les hôpitaux destinés au service de l'armée et des gens de mer; leur nombre était, avant la révolution, d'environ 70; la quantité habituelle de malades qui s'y trouvait de 6,000.

D'après différents apperçus, M. Necker estime entre 18 et 20,000,000 le revenu annuel que les hôpitaux avaient à leur disposition en France, dont un quart à peu près appartenait à l'hôpital de Paris.

Cependant divers renseignements font voir que les hôpitaux avaient un revenu plus fort que ne l'énonce M. Necker; ils allaient à près de 40,000,000; savoir : en revenus territoriaux, 23,000,000 et 17,000,000 d'octroi; ce sont ces derniers sans doute que M. Necker ne met point au nombre des revenus des hôpitaux.

On estime qu'il y a aujourd'hui 2,000 hospices; tant pour les malades que pour les indigents, sans compter les hôpitaux militaires et de la marine.

Les frais des hospices, maisons de charité et hôpitaux, sont supportés, une partie par le trésor public, et le reste par les villes et les départements, parce que les biens, qui en formaient les revenus, ayant été vendus presque généralement, il a fallu y suppléer par des octrois et centimes additionnels.

Le gouvernement donne aussi pour les hôpitaux 4,000,000 annuellement sur les revenus des domaines nationaux, pour remplacer une partie des biens qui leur appartenaient, et qui ont été estimés comme nous venons de le dire.

Indépendamment de cette somme fixe, il accorde encore quelques autres secours; car on trouve dans les dépenses de l'an 11, pour l'hospice de Charenton, 56,667 fr.; pour celui des Quinze-Vingts, aveugles-travailleurs, 140,416 fr.; pour les sourds et muets, 81,465 fr.; pour des secours aux incendiés, à ceux qui ont souffert des inondations, 47,715 fr.

Plusieurs lois ont réglé la forme administrative des hospices. Les principales sont celles des 16 vendémiaire an 5, 16 messidor an 7, et quelques règlements postérieurs.

D'après ces lois, les municipalités ont la surveillance immédiate sur les hospices. Cependant la commission pour les administrer, qu'elles nommaient autrefois, et qui est composée de cinq citoyens domiciliés dans le canton, est à la nomination des sous-préfets de l'arrondissement, soumise à l'approbation du préfet, suivant une décision du ministre de l'intérieur, 19 floréal an 8.

17

Dans les communes où il y a plusieurs administrations municipales, la commission administrative est
nommée par le préfet. C'est le ministre de l'intérieur qui
décide les difficultés qui peuvent naître sur ces nominations, qu'il est autorisé à admettre ou rejeter.

Les commissions administratives des hospices nomment
un receveur pris hors de leur sein; les membres qui les
composent sont révocables à la volonté du gouvernement.

Elles sont exclusivement chargées de la gestion des
biens et de l'administration intérieure des hospices; de
l'admission et du renvoi des indigents.

Les deux tiers du produit des travaux que le gouvernement ordonne dans les hospices leur appartiènent;
l'autre tiers est remis aux indigents, aux époques réglées
par la commission.

Les lois des 14 octobre 1790 et 18 août 1791 avaient
supprimé les corporations; mais elles avaient conservé
aux membres des établissements de charité, la faculté
de continuer leurs actes de bienfaisance. Cependant les
troubles de la révolution les avaient éloignés de leurs
fonctions.

Par divers arrêtés et réglements rendus depuis l'an 9,
plusieurs de ces établissements ont été rétablis, notamment les *Filles de la Charité*; elles sont autorisées à continuer leurs services auprès des malades, à se former en
société et à admettre parmi elles des élèves. Ces élèves,
prises parmi les femmes indigentes, reçoivent 300 francs
par an, jusqu'à la concurrence de 12,000 francs, pris
sur le revenu général des hospices, à Paris. Il y en a
aussi dans plusieurs autres villes des départements.

La loi du 7 frimaire an 5 veut que tous les enfants
abandonnés, nouvellement nés, soient reçus gratuitement dans tous les hospices civils; le trésor national
supplée au défaut de fonds nécessaires à cette dépense;
les enfants sont jusqu'à majorité ou émancipation sous la
tutèle des maires; les adjoints à la mairie sont les conseils de la tutèle.

En vertu d'un arrêté du gouvernement du 30 ventôse
an 5, les enfants abandonnés ne restent dans les hospices
que jusqu'au moment où ils ont une nourrice, ou sont
mis en pension chez des particuliers, à moins de ma-

ladie ou d'accidents graves qui ne permettent pas de les transporter.

Ceux placés dans les campagnes y restent, à moins qu'ils ne soient malades ou infirmes et ne puissent se livrer à des travaux de force ou d'adresse.

Les nourrices les gardent jusqu'à douze ans; à défaut, ils sont placés ailleurs.

L'administration des hospices en donne l'état au sous-préfet de l'arrondissement qui est tenu de veiller à leur éducation. Les dépositaires de ces enfants sont tenus de les représenter tous les trois mois au maire de leur commune, qui certifie la manière dont ils sont traités et instruits.

Les nourrices reçoivent, outre le payement convenu avec l'administration de l'hospice, une gratification de 18 francs pour les bons soins qu'elles ont donnés aux enfants pendant les neuf premiers mois.

Les dépositaires d'enfants reçoivent 50 francs, outre le payement de la pension convenue, s'ils ont conservé ces enfants jusqu'à l'âge de 12 ans sans accident par défaut de soin.

Les préfets règlent, sur les observations des administrations des hospices, les mois de nourrice et les pensions pour les second et troisième âges des enfants placés chez les dépositaires.

Les enfants de 12 ans, rendus par les dépositaires, sont placés chez des cultivateurs, artistes ou manufacturiers, où ils restent jusqu'à leur majorité sous la surveillance du maire de la commune, pour y apprendre un métier ou profession conforme à leur goût.

Ils peuvent aussi être confiés à des capitaines de navire.

Les premiers dépositaires, jusqu'à l'âge de 12 ans, ont le droit de les conserver, en leur faisant apprendre un métier, ou les employant aux travaux de l'agriculture.

Les dépositaires des enfants de l'âge de 12 ans, reçoivent 50 francs pour leur habillement.

L'administration des hospices de Paris a fait quelques changements à cet ordre de choses, à l'avantage des enfants abandonnés de cette grande ville, dont le nombre annuel va aujourd'hui à environ 4,500.

Il allait avant la révolution à 6,000, parce que l'on y

apportait de loin des enfants qui aujourd'hui restent dans les départements.

On voit par un état qu'en fit dresser le ministre de l'intérieur en l'an 9, qu'à cette époque le nombre total des enfants abandonnés à la charité publique, était de 62,000 pour tous les départements français non compris le Piémont , et les départements de la rive gauche du Rhin.

Le ministre remarque qu'en 1790 ce nombre n'allait qu'à 30,000; mais peut-être sous le nom d'enfants abandonnés, y a-t-il dans l'estimation du ministre un certain nombre d'enfants qui ne le sont pas et qui sont cependant reçus dans les hospices; le résultat n'en serait cependant pas moins le même pour le montant de la dépense, et pour les enfants qui n'en perdent pas moins les secours et les soins paternels.

Nous aurions desiré pouvoir offrir à nos lecteurs, à la suite de ces remarques, un état exact des hospices et hôpitaux établis en France aujourd'hui; du montant de leurs revenus et du nombre des pauvres et malades des deux sexes qui y entrent, meurent ou guérissent annuellement, ou y sont reçus pour y vivre de la charité publique.

Mais il nous a été impossible d'avoir sur cela des renseignements propres à compléter notre travail; l'indifférence des premiers employés des administrations ou ministères pour les connaissances utiles; la grossièreté et l'idiotisme des employés subalternes; les difficultés que l'entourage oppose aux hommes de lettres ou laborieux qui peuvent avoir besoin de consulter les dépôts d'archives ou de bureaux, sont les causes de l'incomplet où nous laissons, pour le moment au moins, cette partie de notre travail. Mais si nous ne pouvons l'étendre à tout l'empire, il nous est agréable de pouvoir donner à nos lecteurs des détails sûrs et authentiques de la manière dont les hospices sont régis à Paris; du nombre des pauvres et malades qui y sont admis; des soins qu'ils y reçoivent, et des dépenses que cette bienfaisance, si utile aux progrès de la population et à la conservation des individus, occasionne au trésor public et aux habitants de Paris, qui supportent les taxes destinées à cet objet.

§ XIII. *Des Secours donnés à Paris aux Indigents, aux Malades, aux Femmes en couche, et aux Enfants abandonnés.*

Depuis la formation d'un conseil et d'une commission administrative des hospices à Paris, en conformité de l'arrêté des consuls du 27 nivôse an 9, les secours publics y ont été administrés avec plus d'ordre, d'économie, d'abondance, et même plus de douceur et d'humanité.

Les maisons destinées à recevoir les personnes obligées de recourir à la charité publique sont de deux espèces dans cette grande ville : les hôpitaux, où sont admis les malades, et les hospices où l'on reçoit et où l'on donne des secours aux infirmes et aux indigents, soit temporairement, soit à vie.

Les premiers sont l'Hôtel-Dieu, la Charité, Saint-Antoine, l'hôpital Necker, l'hôpital Beaujon; l'hôpital Cochin, l'hôpital Saint-Louis, les Vénériens, la Maison de Santé, l'hôpital des Enfants malades, autrement dit *l'Enfant-Jésus*.

Les hospices sont : Bicêtre, la Salpétrière, Charenton, la Maison des Ménages, les Incurables rue de Sèvres, les Incurables rue Saint-Martin, la Maison de Retraite de Mont-Rouge, les Quinze-Vingts.

Pour les enfants orphelins, il y a deux hospices, celui des Élèves de la Patrie, et celui des Orphelines, rue St.-Antoine.

Pour les femmes enceintes et en couche, il y a l'hospice de la Maternité, dont dépendent plusieurs établissements auxiliaires, et dont nous parlerons plus bas.

Outre les secours que la pauvreté et la souffrance trouvent dans ces asiles, il y en a d'autres encore distribués dans Paris, tant par la Société philantropique, que la Société maternelle et les quarante-huit bureaux de bienfaisance.

Nous parlerons de ces derniers ainsi que des hospices et hôpitaux, d'après l'excellent rapport que M. Camus, membre du conseil des hospices en a publié en l'an 11, et qui fait autant d'honneur à son talent qu'au zèle de ses collègues et au sien, pour les pauvres confiés à leurs soins.

Disons d'abord un mot de l'administration des hospices de Paris en général.

Outre le conseil général d'administration, dont le préfet est président né, elle est composée d'une commission administrative de cinq membres, qui ont chacun 5,000 francs de traitement, 1,500 francs pour frais de voyage ; ce qui fait 32,500 francs, somme qui, ajoutée aux autres dépenses de secrétariat général, de bureau général des hospices, du service des bâtiments, de recette et caisse, du bureau de contrôle, de dépenses de la maison d'administration, donne un total de 201,026 fr.

Les revenus fixes et fonciers des hospices de Paris, en loyers de maisons, fermages de biens ruraux et moulins, rentes sur l'état et particuliers, sont de 1,699,152 fr. seulement ; le surplus est fourni des fonds du trésor public, du produit des octrois, des billets de spectacles et du mont de piété.

Les revenus totaux, formés de tous ces divers produits, ont été en l'an 10, de 7,754,455 francs, sur quoi les octrois ont été de 5,000,000 de francs.

Les dépenses ont été de 7,453,540 francs.

Le nombre de personnes qui se sont présentées au bureau central d'admission des hôpitaux, depuis le premier germinal an 10 jusqu'au 30 ventôse an 11, a été de 24,120, savoir : 14,649 hommes et 9,471 femmes ; sur cela, il en a été admis dans les hôpitaux, 16,017, savoir : 9,375 hommes et 6,734 femmes.

Nous allons maintenant parcourir les résultats qu'offre chacun des hospices et hôpitaux de Paris pendant une année, en ce qui intéresse la Statistique.

1°. *Hôtel-Dieu.* Il y est entré pendant l'an x, 13,712 malades, savoir : 6,555 hommes, 6,127 femmes, 418 garçons, 614 filles ; ce qui, joint avec 1,628 qui restaient au 1er. vendémiaire, a fait 15,340 malades, sur lesquels il en est mort pendant l'an x, 2,542, savoir : 1,131 hommes, 1,129 femmes, 96 garçons, 186 filles.

Il y a eu 326 accouchements, 318 enfants nés, 48 morts nés, 4 jumeaux.

La journée moyenne du malade a coûté, toute compensation faite de frais et de médicaments, un franc 41 centimes. Le nombre des lits y est de 5,776.

2°. *Hôpital de la Charité*. Il y est entré pendant l'an x, 3,430 malades, savoir : 231 femmes et 3,199 hommes; ce qui, joint à 260 qui restaient au 1er. vendémiaire an 10, fait 3,690 malades, sur quoi il en est mort 420, savoir : 38 femmes et 382 hommes.

La journée de malade, tous frais compensés, a coûté un franc 81 centimes.

3°. *Hôpital Saint-Antoine*. Entré pendant l'an x, 1,901 malades, savoir : 582 hommes et 555 femmes; ce qui, joint à 139 qui restaient au 1er. vendémiaire an 10, fait 1,276 malades, sur quoi il en est mort 277, savoir : 132 hommes et 145 femmes.

Le prix moyen de la journée du malade, a été un fr. 64 centimes.

4°. *Hôpital Necker*. Entré 1,100 malades pendant l'an 10, savoir : 496 hommes, 557 femmes, 47 enfants; ce qui réuni à 120 qui restaient au 1er. vendémiaire, fait 1,220; sur quoi il en est mort 271, savoir : 170 hommes, 95 femmes, 6 enfants.

Le prix moyen de la journée du malade, a été de 1 franc 16 centimes.

5°. *Hôpital Beaujon*. Depuis le 1er germinal an x jusqu'au 1er. germinal an xi, 1,241 malades, savoir : 646 hommes et 595 femmes; ce qui, joint à 94 qui restaient au 1er. germinal an 10, fait 1,335 malades, sur quoi mort 196 : 105 hommes et 91 femmes.

La journée moyenne du malade a été de 1 franc 98 centimes.

5°. *Hôpital Cochin*. Entré pendant l'an x, 841 malades, savoir : 218 hommes, 415 femmes, 75 enfants mâles, 133 enfants femelles; ce qui, joint à 99 qui restaient au 1er. vendémiaire, fait 940; sur quoi mort 155, savoir : 57 hommes, 46 femmes, 17 enfants mâles, 35 enfants femelles.

La journée moyenne du malade a été de 1 franc 64 centimes.

7°. *Hôpital Saint-Louis*. Il est entré pendant l'an 10, à cet hôpital, 2,309 malades; ce qui, joint à 936 qui restaient au 1er. vendémiaire an 10, fait 3,245, sur quoi il est mort 316 malades.

Le prix de la journée moyenne des malades a été de
1 franc 29 centimes.

8°. *Hôpital des Vénériens.* Il est entré dans cet hôpital, pendant l'an x, 2,275 malades, savoir : 1,049
hommes; 966 femmes; enfants mâles au-dessous de
12 ans, 21; enfants femelles au-dessous de 12 ans, 31;
nourrices, 61; enfants mâles aux nourrices, 77; enfants
femelles aux nourrices, 70.

Ce nombre, réuni à 449 malades qui restaient au
1er. vendémiaire, fait 2,724 malades, sur quoi il en est
mort 154, savoir : 15 hommes; 43 femmes; enfants
mâles au-dessous de 12 ans, un; enfants femelles *idem*,
2; nourrices, 0, enfants mâles aux nourrices, 51; enfants femelles *idem*, 42.

Le prix moyen des journées de malade, 1 franc
30 centimes.

9°. *Hôpital des Enfants malades.* Pendant les six
derniers mois de l'an 10 et les six premiers mois de
l'an 11, il est entré 1,984 enfants dans cet hôpital :
1,263 mâles et 721 femelles, sur quoi il est mort 401
enfants, savoir : 218 mâles et 183 femelles.

Le prix moyen de la journée de ces petits malades est
de 1 franc 20 centimes.

10°. *Maison de Santé.* C'est une espèce d'hôpital où
l'on est admis à des secours en cas de maladie pour une
légère rétribution; il est au faubourg Saint-Laurent. Il
était desservi par les sœurs de la Charité, et doit son
existence à Saint-Vincent de Paul, qui l'établit en 1653
pour 36 personnes, 18 de chaque sexe.

On y paye trois prix différents, depuis 3 francs jusqu'à 1 franc 50 centimes par jour que l'on y reste.

Il faut déposer en entrant la valeur de 17 journées à
l'avance.

Au 30 ventôse an 11, il y avait 38 hommes et
25 femmes.

Les maisons que nous venons d'indiquer sont des hôpitaux, ou si l'on veut, des hospices où l'on reçoit les
malades; nous allons parler maintenant des hospices destinés à recevoir les pauvres que la vieillesse, les infir-
mités, l'indigence privent de secours domestiques.

1°. *Bicêtre.* Pendant l'an 10, il est entré dans cet
hospice 3,173 hommes (on n'y reçoit point de femmes);

savoir : 1,551 indigents non malades; 1,253 incommo-
dés; 369 fous, épileptiques et imbécilles; ce qui, joint
à 2,312 qui restaient au 1er. vendémiaire, savoir :
1,834 indigents valides, 225 infirmes ou malades, 253
fous, imbécilles et épileptiques, forme un total de
5,685 individus, sur lesquels il est mort 297, et sortis,
après y avoir resté pour le traitement de folie ou avoir
reçu les secours momentanément nécessaires, 2,945; ce
qui laissait au premier vendémiaire an xi, 2,243 individus comme dessus, soignés par la maison et y de-
meurants.

Le prix moyen de la journée de chacun d'eux est de
96 centimes.

On peut s'étonner de trouver une aussi grande quantité d'indigents entrés et sortis dans un hospice destiné
à leur donner un asile fixe; la raison de ce mouvement
tient à ce que dans le nombre d'indigents valides qui y
sont entrés, on a compris ceux qui arrivent pour la première fois à l'hospice; ceux qui reviennent de congé; ceux
qui cessent de prendre la pension dite *représentative*, de
120 francs depuis qu'elle est établie; et les indigents qui
rentrent dans la classe des valides après avoir été dans
celle des malades; pour les indigents valides *sortis*,
c'est la même raison; les uns sont sortis définitivement,
les autres par congé ou avec la pension; enfin les indigents passés à l'infirmerie. Ces explications font cesser
l'étonnement que produit cette quantité de pauvres entrant
et sortant en un an dans un seul hospice.

2°. *Salpétrière.* Il est entré à la Salpétrière, pendant
l'an x, 455 individus femelles (on n'y reçoit point
d'hommes); savoir : indigentes valides, 129; malades,
20; jeunes filles et enfants, 11; folles et épileptiques, 275.
Ce nombre, réuni à 5,256 qui s'y trouvaient au 1er. vendémiaire an x, sur quoi 581 folles et épileptiques, forme
un total de 5,711; il en est mort pendant l'année 464,
et sorti 856; en conséquence, il restait à la charge de la
maison, 4,371 individus femelles au 1er. vendémiaire
an 11.

Le prix moyen de la journée de chacun a été de
75 centimes.

3°. *Hospice des Petites Maisons*, appelé aujourd'hui
les *Ménages.* Au 1er. germinal au 11, il y avait dans

cette maison, 563 individus ; savoir : 182 hommes; femmes, 368; à la pension, 11; au congé, 2.

Le prix moyen de la journée de chacun de ces individus est, lorsqu'ils sont à l'infirmerie, de 1 franc 23 centimes.

Les indigents qui vivent à l'infirmerie dans cet hospice sont nourris et médicamentés entièrement aux frais de l'administration; ceux qui habitent ce que l'on nomme le *Préau*, où ils vivent, soit par ménage, soit comme veufs, dans des chambres, seuls, reçoivent, chaque individu, 3 francs en argent tous les dix jours; une livre $\frac{1}{4}$ de pain par jour; une livre de viande crue par dix jours; une voie de bois par an. Les personnes qui sont entrées en payant la somme de 1,600 francs, ont une chambre à part, et reçoivent de plus deux voies de charbon par an.

Cette maison a été consacrée primitivement aux personnes folles ou imbécilles. Elles n'y sont plus, et ont été envoyées à l'infirmerie qui leur est destinée, soit à Bicêtre, à la Salpétrière ou à Charenton.

Il y a à Chaillot, sous le nom de *Retraite des Vieillards*, une institution à peu près semblable, mais montée sur une plus grande dépense, et d'après d'autres formes d'administration; elle n'est point dans celle des hospices.

4°. *Hospice des Incurables*. Paris a deux maisons destinées à cette partie du soin des pauvres. L'une, rue de Sèvres, l'autre faubourg Saint-Martin; nous parlerons de l'une et de l'autre.

L'hospice, rue de Sèvres, avait, au 1er. vendémiaire an xi, 515 femmes indigentes; les hommes ont été envoyés rue Saint-Martin; il était mort depuis le 1er. vendémiaire an x, 59 femmes.

L'hospice des Incurables de la rue Saint-Martin avait à la même époque, 1er. vendémiaire an xi, 389 hommes; il était mort depuis le 1er. vendémiaire an x, 78 hommes.

Le prix moyen de la journée des individus soignés dans ces deux hospices était de 1 franc 21 centimes.

5°. *Hospice des Élèves de la Patrie*, autrement dit *la Pitié*. Il existait au 1er. vendémiaire an x, dans cet hospice, où l'on ne reçoit que de petits garçons, 1,267 individus; il en était entré, pendant la même année, 1,397, et il en était sorti 1,678; il restait donc au

1er. vendémiaire an xi, 986 enfants à la charge de la maison.

La journée moyenne de ces petites et intéressantes créatures, coûte 1 franc 1 centime par jour.

Le nombre des places destinées aux enfants dans la maison des Élèves de la Patrie, est de 600. Ce nombre serait suffisant au moyen des placements en apprentissage et autres qui se font en dehors, si le règlement du 18 vendémiaire an 10, qui n'admet que les enfants de père et de mère, était exécuté; mais il ne l'est pas, et le nombre des enfants reçus va, comme on vient de le voir, à près de 1000, nombre qui a été encore dépassé, comme au 1er. germinal an 11, où il était de 1,074, dont 75 à l'hôpital de *l'Enfant Jésus*, comme malades.

Le nombre des morts a été à l'hôpital des Élèves de la Patrie, sur le nombre de ceux qui y ont été envoyés de cet hospice, de 12 sur 111 pendant l'an 10.

6°. *Orphelines de la rue Saint-Antoine.* Les garçons abandonnés, revenus de nourrice, ou reçus par suite d'abandon, sont envoyés à l'hospice des Élèves de la Patrie, autrement *la Pitié*; les filles, à l'hospice de la rue Saint-Antoine, que l'on nomme *les Orphelines*. Il existait dans cet hospice, au 1er. vendémiaire an x, 244 enfants; il en était entré, pendant l'année, 497, ce qui donne 741 individus femelles entrés dans la maison pendant ces 12 mois.

Il en était sorti par placement, 468; mortes, 16; il restait 257 sujets à la charge de la maison, au 1er. vendémiaire an xi.

Pendant les six premiers mois de vendémiaire an xi, entré 165; total, avec ce qui restait, 422; sorties par placement pendant ces six mois, 253; mortes, 11; restait au 1er. germinal an xi, 158 enfants.

Il y a moins de filles que de garçons envoyés aux enfants abandonnés, et sur le nombre de celles qui s'y trouvent, les placements, dès l'âge de 7 à 11 ou 12 ans, sont plus nombreux que pour les garçons; cela tient, 1°. à ce que la plupart des femmes de débauche et pauvres qui accouchent, gardent leurs filles de préférence aux garçons, et l'on sait pourquoi; 2°. que souvent le même motif et aussi les petits services qu'on obtient d'une jeune fille, en procurent aisément le placement.

6°. *Hospice de la Maternité.* C'est un de ceux plus [?] directement établis en faveur de la population. Cet hospice, partagé en trois maisons différentes, celle des femmes expectantes, où on les reçoit trente ou quarante jours avant l'accouchement; celle de l'accouchement; et enfin celle de l'allaitement, où elles restent depuis dix jusqu'à quinze jours et même plus.

Il a été reçu depuis le 1er. germinal an x jusqu'au 30 ventôse an xi, ce qui fait un an, 1,727 femmes enceintes. Il y a eu 1,608 accouchements, le terme des dernières arrivées se trouvant au-delà du 30 ventôse an 11, ou mortes avant l'enfantement.

Il résulte du tableau des mouvements de cet hospice que pendant l'an 10, il y a eu 1,496 femmes accouchées, qui ont donné 1,512 enfants, dont 753 mâles, 759 femelles; 1,449 nés vivants; 63, morts pendant ou après le travail.

Ce qui donne le rapport, pour cette année, de un enfant mort en naissant sur 24 qui ont vécu.

Sur les 1,496 femmes accouchées pendant l'an x, 33 ont été malades des suites de couches, 18 guéries, 13 mortes, 2 sorties non guéries.

Pendant les six premiers mois de l'an xi, sur 884 femmes, il est né 896 enfants, dont 859 vivants; malades des suites, 66; guéries, 21; mortes, 42; sorties non guéries, 3.

Le nombre des jumeaux a été de 16 en l'an x, et de 12 pendant les six premiers mois de l'an xi; le rapport des naissances ordinaires aux jumeaux est dans le premier comme 1 à $93\frac{1}{2}$; dans le second, comme 1 à $73\frac{2}{3}$.

Il résulte encore des faits que nous venons de rapporter, d'après les tableaux authentiques de l'administration des hospices, que le rapport des femmes malades des suites de couches, aux femmes accouchées, a été comme 1 à $45\frac{1}{3}$ pour l'an 10; comme 1 est à $13\frac{2}{3}$ pour les six premiers mois de l'an 11.

Que le rapport des femmes mortes de couches aux femmes accouchées est pour la première année, comme 1 est à $115\frac{1}{13}$, et pour les six premiers mois de l'an 11, comme 1 est à $21\frac{1}{21}$.

Enfin, il résulte d'un calcul établi dans les tableaux que nous venons d'indiquer, que le terme moyen pris depuis le 1er. vendémiaire an 6 jusqu'au 1er. germinal an 11, des malades aux accouchées, est comme 1 est à 2 $\frac{1}{5}$; et des mortes aux accouchées, comme 1 est à 23 moins $\frac{1}{307}$; c'est-à-dire que sur 23 femmes accouchées, il en est mort une.

Il est bon d'observer que l'hospice de la Maternité est un lieu où l'on donne des soins très-éclairés aux malades. Cette excessive mortalité ne peut donc être attribuée, 1°. qu'à l'état de misère et d'appauvrissement où sont déjà un grand nombre de mères en y entrant; 2°. à l'agitation qu'elles éprouvent en se résignant à venir dans un lieu public chercher des secours dans l'état où elles sont; 3°. à l'état moral de beaucoup de filles-mères abandonnées, tourmentées de passions ou sortant d'une meurtrière prostitution; avec tout cela ce rapport est affligeant, et prouve que même avec les soins domestiques, il doit périr un grand nombre de femmes accouchées.

Avant de faire leurs couches, les femmes enceintes sont admises dans la maison appelée de *l'allaitement*; elles reçoivent la nourriture et les soins propres à leur état; la journée moyenne de chacune d'elles est de 1 franc 6 centimes.

Celle des femmes en couche est de la même somme, et comme elles restent onze jours dans cet état, elles coûtent pour ce temps 13 francs chacune.

En parlant de l'instruction publique, nous avons dit qu'il y avait auprès de l'hospice de la Maternité, une école d'élèves sages-femmes dont l'institution doit être regardée comme une des plus utiles de celles qui ont pour objet la conservation des mères et des enfants dans les départements, où beaucoup de sages-femmes et même beaucoup de chirurgiens, causent la mort d'un grand nombre de mères et d'enfants par ignorance.

Il y a un autre établissement de bienfaisance qui concerne les enfants en particulier, et qu'on appèle *la crèche*; c'est celui des Enfants abandonnés.

Hospice des Enfants abandonnés. Tout enfant, âgé de moins de deux ans qu'on apporte à l'hospice, y est reçu sans qu'on fasse aucune question ni sur le lieu d'où il vient, ni sur la personne qui l'apporte; l'enfant, apporté et reçu, est censé abandonné, c'est-à-dire que des ce moment, ses parents n'ont plus aucun droit sur lui; il est absolument à la disposition de l'état.

Il a été reçu à cet hospice, pendant l'an x, 4,450 enfants, sur lesquels il en est mort 1,620.

Pendant les six premiers mois de l'an xi, entré 2,428; morts 747.

La dépense totale des divers établissements et personnes secourues dans l'hospice de la Maternité, s'est montée pour l'an x, à 527,402 francs.

Hospice de Charenton. Il est destiné à recevoir des insensés des deux sexes. Il y a dans cet hospice, outre les personnes qui y sont traitées aux frais de leur famille, 40 lits d'hommes et 20 lits de femmes, pour les individus envoyés par l'administration des hospices.

Le prix moyen de la journée du malade au compte de cette administration, est de 1 franc 50 centimes. Les dépenses qui en sont résultées pendant le cours de l'an 10, ont été, pour les malades envoyés par le préfet de police et par l'administration des hospices, de 7,758 francs.

Hospice des Aveugles. Cet établissement, fondé par Saint-Louis en 1254, portait le nom de *Quinze-Vingts.* Il est composé de 420 aveugles, dont 300 dits de première classe, et 120 de seconde classe, ou de jeunes aveugles.

Les *aveugles-travailleurs* sont réunis à cet hospice. Tout aveugle qui y est admis, est logé, nourri, habillé, chauffé, et reçoit en outre, s'il est de la première classe, 6 sous 6 deniers par jour; s'il est de la seconde, l'entretien en entier, et l'instruction dont il peut être susceptible.

Maison de Retraite de Montrouge. Il y a 127 places, savoir : 67 pour les hommes, 56 pour les femmes, dans de grandes salles affectées à chaque sexe; et 14 autres places dans de petits cabinets où l'on est seul. On y reçoit des pensionnaires qui donnent, les vieillards, 200 francs; les incurables, 250 francs.

Secours à domicile. Les secours à domicile sont nombreux à Paris; ils sont administrés d'après l'arrêté du 29 germinal et les règlements des 13 prairial et 8 vendémiaire an 9, à 48 bureaux de bienfaisance, lesquels sont composés chacun de 7 membres nommés par le ministre de l'intérieur.

Il résulte des tableaux tenus dans chacun des bureaux de bienfaisauce, qu'en l'an 10, le nombre des pauvres qui y étaient inscrits se montait à 111,626, répartis entre 43,552 ménages, savoir, 29,059 hommes, 38,880 femmes, 43,687 enfants ; dans ce nombre se trouvent 911 octogénaires, 1,881 individus passé 75 ans, 354 aveugles, et 4,704 femmes en couches ou nourrices.

A la même époque, la somme que le conseil-général des hospices pouvait mettre à la disposition des bureaux de bienfaisance, allait à 1,304,920 francs pour 111,626 individus.

Dans cette somme se trouve celle de 550,000 francs, prise sur les octrois et consacrée aux secours à domicile.

Ces secours consistent principalement, 1°. en distribution de farine aux nourrices, ce qui a fait en l'an 10, un objet de 40,819 francs ; 2°. distribution de bois pendant l'hiver, ce qui a fait une dépense de 24,000 francs ; 3°. distribution de pain, de viande, de vêtements, 456,000 francs ; 4°. secours aux vieillards et aveugles, 48,680 francs ; 5°. distribution gratuite de papier timbré aux pauvres, pour leurs actes de naissances, de mariages, de décès, 2,225 francs ; 6°. entretien de l'Ecole de Charité de la rue Saint-Antoine, 11,618 francs ; 7°. établissement de filature ; il occupe environ 2,200 femmes indigentes, qui y vont chercher de la filasse de lin et de chanvre, qu'on leur délivre sur le cautionnement de leur bureau de bienfaisance de la division. Le prix de la filature leur est payé suivant la finesse des numéros, depuis jusqu'à 20 sous. La dépense de cet établissement a été, en l'an 10, de 194,630 fr. ; la recette provenant de la vente des filatures, de 132,552 francs : la perte a donc été de 62,077 fr. ; 8°. enfin, pendant cette même année, il a été distribué 289,940 francs en secours extraordinaires.

Toutes ces dépenses et celles de frais d'administration, loyers de maisons, dont nous ne parlons pas puisqu'elles n'ont point fait partie des secours proprement dits, ont formé un total pour l'an 10, de 1,449,426 fr. Les recettes ont été de 1,395,818 fr., dont le déficit, de 53,607 fr., a été couvert par des fonds des exercices antérieurs.

Les bureaux de bienfaisance destinés à répartir ces secours à domicile, ont un certain nombre de *maisons de bienfaisance* placées dans tous les quartiers de Paris ;

on y distribue des aliments, des médicaments; il y a des écoles de charité tenues par des sœurs; enfin, on y tient quelquefois aussi les bureaux de bienfaisance.

Avant de terminer l'analyse statistique des moyens employés pour la conservation des individus, et par conséquent de la population, nous devons présenter à nos lecteurs un résumé de la mortalité dans les hôpitaux de Paris; nous le tirons du rapport de l'administration des hospices, de l'an 12.

§ XIV. *Résumé de la proportion des Morts aux Malades dans les Hôpitaux de Paris.*

1°. A *l'Hôtel-Dieu* il est mort, pendant l'an ix, 1 sur 7 des individus malades qui y sont entrés; en l'an x, 1 sur 6; pendant les six premiers mois de l'an xi, 1 sur 4;

2°. A *la Charité*, an ix, 1 sur $8\frac{9}{92}$; an x, 1 sur $8\frac{1}{4}$; six premiers mois de l'an xi, 1 sur $6\frac{4}{7}$;

3°. *Saint-Antoine*, an ix, 1 sur 7; an x, 1 sur $6\frac{1}{2}$; six premiers mois de l'an xi, 1 sur 4;

4°. *Hôpital Necker*, an ix, 1 sur 8; an x, 1 sur $6\frac{1}{2}$; six premiers mois de l'an xi, 1 sur $4\frac{7}{11}$;

5°. *Hôpital Beaujon*, an ix, 1 sur $7\frac{1}{2}$; an x, 1 sur 7; six premiers mois de l'an xi, 1 sur $5\frac{2}{3}$;

6°. *Hôpital Cochin*, an ix, 1 sur $5\frac{3}{4}$; an x, 1 sur $5\frac{1}{2}$; six premiers mois de l'an xi, 1 sur $4\frac{7}{10}$;

7°. *Hôpital Saint-Louis*, an ix, 1 sur 8; an x, 1 sur 8; six premiers mois de l'an xi, un sur $4\frac{1}{3}$;

8°. *Hôpital des Vénériens*, an ix, 1 sur $20\frac{8}{11}$; an x, 1 sur 15; six premiers mois de l an xi, 1 sur $10\frac{1}{3}$;

9°. *Hôpital des Enfants malades*, an x, 1 sur 7; six premiers mois de l'an xi, 1 sur $3\frac{7}{8}$.

On a fait quelques calculs sur le rapport des malades aux morts, soit dans les hôpitaux militaires, soit dans les hôpitaux civils, que nous croyons devoir rapporter ici.

En Europe, pendant la guerre, le nombre des malades est à celui des militaires composant une armée, comme 1 est à 12.

En Europe, dans les hôpitaux militaires, le nombre des morts est à celui des malades traités pendant un mois, comme 1 est à 23.

Le nombre des malades en Europe est, en termes moyens, à la population, comme 1 est à 20, et par mois la mortalité y est au nombre des malades, comme 1 est à 19.

L'ordre des matières établi dans cet Ouvrage, exige que nous passions maintenant aux productions du territoire français, base de sa richesse, soutien de sa population, de son agriculture et de son commerce.

CHAPITRE VI.

Des Productions du Territoire français.

Nous avons analysé jusqu'ici cette branche de la Statistique, qui a pour objet le territoire, ses divisions, et les divers rapports de la population; nous allons maintenant soumettre à la même analyse les productions du territoire, qui forment le plus considérable fonds des richesses nationales.

Les productions du territoire peuvent se considérer dans la cause qui les produit et les multiplie, et dans les diverses espèces.

La cause à laquelle sont dues les productions est la culture; l'art qui s'en occupe prend le nom d'agriculture.

Leurs nombreuses espèces peuvent se diviser en quatre classes, végétales, animales, minérales, et des eaux.

Cette division nous trace la route que nous avons à suivre dans l'analyse que nous allons présenter ici de cette partie de la Statistique.

§ Ier. De la Culture des Terres en France.

L'on comprend aisément qu'il ne peut s'agir ici d'examiner si l'agriculture est la seule source des richesses, et si l'industrie manufacturière partage avec elle cet avantage; si l'on doit donner dans un état, des encouragements à l'agriculture plutôt qu'aux manufactures; enfin nous n'avons point à établir de thèse sur le mérite de cette importante partie de l'économie politique, mais à la faire connaître dans son rapport avec l'état actuel de la France.

Malgré ce qu'on a pu dire de l'infériorité de l'agriculture française considérée relativement aux progrès qu'elle aurait pu faire, ou ceux qu'elle a réellement faits chez l'étranger, il est certain que son amélioration est sensible, et qu'elle est plus avancée vers la perfection que dans les siècles précédents.

« Ces progrès, dit M. de Pradt dans son excellent ouvrage de l'*État de la Culture en France*, sont constatés par ceux que la population, la consommation et le commerce ont faits pendant ce siècle; ainsi que par des institutions et des acquisitions très-favorables à la culture, qui datent de la même époque. »

Si, depuis cent ans, la France a pourvu à la consommation d'une population toujours croissante; si, de plus, elle a fourni à une exportation beaucoup plus étendue; si, en s'enrichissant par des cultures nouvelles, elle a de plus amélioré les anciennes; si elle leur a créé des débouchés nouveaux; si elle a étendu ceux qu'elle avait déjà, elle aura éprouvé, par la réunion de tous ces moyens, une amélioration très-sensible dans sa culture, amélioration qu'alors il sera impossible de méconnaître; or, l'existence de ces circonstances est incontestable.

C'est ce qui serait prouvé par les considérations que nous allons rapporter, quand il ne le serait pas déjà par les faits et les résultats présentés au chapitre de la *Population*.

Les dénombrements et les calculs faits à diverses époques, ont constaté son augmentation; mais pour s'en convaincre, il suffit de jeter les yeux sur l'accroissement des villes, qui, depuis un siècle, sont devenues plus grandes, plus populeuses, plus habitables, et plus habitées.

C'est depuis un siècle, et souvent depuis beaucoup moins de temps, que, sortant de leurs habitations incommodes, de l'enceinte hideuse des cités qui semblaient des prisons, les habitants de presque toutes les villes de la France ont ajouté à leurs enceintes des faubourgs réguliers dont la population égale et surpasse quelquefois celle des villes. La population de Paris a doublé comme son enceinte, en un siècle; l'ancienne cité n'a pas été désertée pour la nouvelle. La même augmentation se fait remarquer à Lyon, à Marseille, à Bordeaux, à Nantes, à Rouen, de manière à les rendre méconnaissables.

Les communications, les voyages, sont devenus plus agréables et plus faciles; il en est résulté une plus grande fréquentation des hommes entre les provinces; la circulation des denrées, des subsistances, a été plus prompte, toutes causes qui ont dû influer sur l'augmentation de consommation.

Ces denrées, ces subsistances sont le produit du sol français ; car si l'on tire de l'étranger quelques objets de consommation, si l'on en tire des colonies, peu des premiers servent à la nourriture, et les seconds ne servent que d'aliment au luxe des repas ; vérité de fait dont on trouvera la preuve au chapitre du *Commerce extérieur*.

Ainsi la France, fournissant à la consommation d'une population plus nombreuse, vivant mieux, se vétissant mieux, il est évident que sa culture a dû s'étendre, augmenter ses revenus, et par conséquent avoir éprouvé une amélioration sensible en France depuis deux siècles.

C'est ainsi qu'en statistique, une connaissance une fois établie, elle facilite d'autres connaissances, et conduit à des résultats importants ; ainsi, la population augmentée, l'on juge avec certitude que la culture l'est aussi ; c'est une conséquence nécessaire, et que l'évidence atteste.

Il serait donc curieux de savoir sur quoi se fondaient les économistes, lorsqu'ils avançaient que sous Henri IV l'agriculture rapportait quatre fois plus que sous Louis XV. Comment 16,000,000 d'hommes auraient plus produit et plus consommé que 25,000,000, qui existaient sous Louis XV ? Comment la France, sans commerce, sans colonies, avec un genre de vie beaucoup plus rétréci que dans le dernier siècle, couverte de grands bois abattus depuis, de marais desséchés, aurait fait naître et consommé plus que la France avec les changements que nous venons d'indiquer ?

Il n'y a de moyen de prouver le paradoxe des économistes, qu'en faisant voir que les hommes de ce temps-là consommaient quatre fois plus que ceux de celui-ci.

Mais outre que, depuis un siècle passé, la France a eu à fournir à la consommation de sa population augmentée, elle a dû semblablement fournir à celle des colonies, qui n'existaient pour ainsi dire pas au commencement du siècle écoulé.

Ce n'est que depuis 1722 que date Saint-Domingue pour la France, et sa prospérité ne commence que vers 1745. Avant ces temps, il était peu habité, et recélait des habitants qui consommaient peu, et vivaient, pour ainsi dire, du produit de leur chasse. Mais bientôt, à cette population infructueuse et rare, en a succédé une riche, adonnée aux jouissances de la vie, et consommant une quantité considérable des productions de la France. 5oo,ooo nègres, 25,ooo blancs, 55,ooo gens de couleur ont habité Saint-Domingue ; les autres îles se sont peuplées dans la même proportion, et ont consommé respectivement des denrées et des productions du sol français.

De ces considérations, de celles que l'on peut étendre aux progrès de l'industrie, des fabriques, du commerce, et par conséquent de la consommation de toutes espèces de productions du sol, on doit conclure que l'agriculture s'est étendue, accrue, améliorée, pour fournir à tant de besoins nouveaux et chaque jour croissants.

Non-seulement l'agriculture a gagné en étendue et en amélioration, mais encore en nouvelles productions dont elle s'est enrichie par l'emploi qu'elle a trouvé à en faire, et les débouchés que lui a offerts la consommation des villes.

C'est ainsi que l'établissement des prairies artificielles date du siècle qui vient de finir. Quoiqu'elles ne soient encore très-répandues que dans les provinces du nord, de manière à y faire une branche principale de culture, elles sont déjà assez considérables, même dans les autres, pour y avoir une influence heureuse sur la culture et en augmenter les produits. S'il n'y a pas de bonne culture sans prairies artificielles, il n'y en a pas de tout-à-fait mauvaise avec elles, et le pays qui les adopte fait par cela seul la plus précieuse acquisition. Plus d'un quart de la France a adopté aujourd'hui la méthode des prairies artificielles.

La culture des fruits s'est accrue aussi considérablement depuis 60 à 80 ans. C'est à peu près depuis 1712, que le luxe des desserts a admis ces beaux fruits qui, d'abord cultivés pour la table et dans les jardins des riches, sont devenus communs en se multipliant et même s'améliorant.

Non-seulement la consommation s'en est accrue en France, mais l'exportation s'en est faite en plus grande quantité. Ce sont les plaines de France, les environs de Paris, de Rouen, la Touraine, la Normandie, qui fournissent des desserts à Pétersbourg, à Copenhague, à Hambourg et dans presque tout le Nord, où les productions de cette espèce de notre sol étaient à peine connues autrefois.

L'on peut donc assurer d'une manière générale que les productions territoriales ont été cultivées et récoltées en plus grande quantité depuis un siècle, et que l'agriculture avait pris une augmentation considérable lorsque la révolution est venue exercer sur elle une nouvelle influence qu'il est utile d'apprécier, et dont l'examen est l'objet du paragraphe suivant.

§ II. *De l'Influence de la Révolution sur l'Agriculture.*

Par la révolution, des branches considérables de revenus, établies à des profits particuliers, mais considérées comme onéreuses au public et comme des entraves pour la culture, ont été supprimées. La propriété simplifiée, a été réduite à une seule espèce; il n'y a plus en France qu'une manière de posséder. Les droits féodaux qui, sans avoir toujours une origine aussi injuste qu'on le dit trop aisément, gênaient cependant les travaux de la culture et la jouissance des domaines ruraux, ont été supprimés; il en est résulté une augmentation de produits : plusieurs autres gênes ont été abolies, et un des objets de consommation utiles aux cultivateurs, tel que le sel, a été mis à leur portée à moindres frais.

Mais à côté des avantages résultants des améliorations faites dans la jouissances des propriétés rurales, et de l'emploi des produits de la terre, par la suppression des droits féodaux, des dîmes, des corvées, des tailles, des gabelles, il y a des causes qui ont dû agir en sens contraire sur la culture pendant la révolution.

Ces causes sont : la diminution de la population relative des hommes aux femmes dans certains endroits; la rareté des capitaux produite par vingt circonstances différentes, mais surtout par l'interruption du commerce extérieur et l'aliénation des domaines nationaux à des cultivateurs, qui n'en dépensent point annuellement les revenus en objets des arts et fabriques, comme les anciens propriétaires; c'est encore dans les ravages exercés par les armées dans plusieurs départements; enfin, la guerre, qui enlève continuellement des bras aux travaux et des chefs jeunes et actifs, qui sont le soutien et l'espoir des familles.

Malgré ce fléau, on ne voit point que la population ait reculé depuis l'époque de 1790; soit que les réquisitions ayent engagé les jeunes gens à contracter mariage de bonne heure; soit que les lois et les usages ayant changé en bien des points, le nombre des enfants naturels, devenu considérable, ait compensé les pertes; soit que la suppression des couvents de femmes, qui a retenu dans les sociétés la partie la plus féconde et la mieux organisée de la population femelle, auparavant perdue dans les cloîtres, ait formé un supplément aux pertes causées par la guerre; soit enfin que les hostilités de mer, ayant empêché les voyages de longs cours et conservé la population maritime, et par elle la proportion dans les naissances, les pertes ayent encore été atténuées par ce côté. Il est certain que tous les calculs donnent pour résultat une population croissante plutôt que décroissante, ainsi qu'on a pu le voir dans ce que nous en avons dit au chapitre de la population.

Ce phénomène s'explique du moment que l'on considère que parmi les jeunes gens qu'enlève la réquisition, il en est beaucoup, c'est-à-dire le plus grand nombre, qui ne se mariaient que bien plus tard, lorsque ce mode n'existait pas; que ceux qui échappent, se marient promptement, lorsqu'autrefois une forte partie ne se fût pas mariée, ou ne se fût mariée que tard. On doit encore considérer que le nombre des domestiques mâles est prodigieusement diminué, et qu'enfin celui des moines, qui était autrefois une cause sensible de dépopulation, est absolument détruit.

Ces causes, dont les effets sont quotidiens, actifs et croissants chaque jour, expliquent comment la population de la France n'a pas diminué, s'est même accrue, malgré les pertes en hommes qu'elle a faites.

Ainsi donc l'agriculture n'a pu souffrir de la diminution de la population, d'une manière générale et absolue; il est vrai seulement que dans les départements où les hommes sont dans l'usage de se livrer de préférence aux manufactures, à des industries particulières, à la marine, la réquisition a dû y rendre les bras plus rares, et par conséquent plus chers.

C'est bien plus dans les fabriques, les comptoirs, les sciences, les arts qui exigent des études, que se font sentir les suites des levées militaires; suites morales qui troublent le bonheur des familles, le repos de la société, et les motifs de se former un état, mais qui ne diminuent en rien la reproduction matérielle des objets nécessaires à la vie animale.

Les agriculteurs ont été favorisés d'une manière particulière encore, et presque partiale, par la révolution. Dans tous les travaux productifs, le Français est soumis, outre les droits sur la propriété foncière et la consommation, au payement d'une taxe d'industrie sous le nom de *patente* : le cultivateur seul en est exempt. Ainsi, tandis que le plus médiocre cordonnier de village paye une patente pour avoir le droit de jouir des modiques bénéfices de son industrie, le cultivateur de deux et trois cents arpents de terre ne paye rien, quoique ses profits, ses bénéfices et ses fonds soient d'une bien autre importance que ceux de l'indigent fabricant de souliers, ou de tout autre industrie manufacturière.

La consommation n'est point diminuée non plus par la révolution; elle est augmentée considérablement au contraire : il se mange aujourd'hui plus de pain, plus de viande en France qu'autrefois. L'homme des campagnes, qui ne connaissait qu'une nourriture grossière, une boisson peu saine, a aujourd'hui de la viande, du pain, du blé, du vin, du bon cidre ou de la bière. Les denrées coloniales se sont répandues aussi dans les campagnes, depuis l'augmentation de richesse des cultivateurs; ainsi, sous tous les rapports, les agriculteurs et l'agriculture ont gagné à la révolution, autant que les belles fabriques, le commerce extérieur, l'encouragement donné aux talents et aux travaux des villes, ont perdu par la ruine des anciens grands propriétaires.

Mais comme de plus grands détails sur cette matière, sortiraient de la sphère des connaissances statistiques pour rentrer dans le domaine de l'économie politique, nous nous bornerons à ce petit nombre de considérations, et passerons à l'évaluation présumée des bénéfices de la culture française.

§ III. *Evaluation présumée de la Culture française.*

Nous distinguons le revenu des propriétaires, du produit de la culture.

Le premier est ce qui reste à un propriétaire de terre lorsque tous les frais de culture, de fermage, et d'intérêt des fonds ont été prélevés.

Le second, c'est-à-dire, le produit de la culture, est la valeur ou le prix de tout ce qu'on récolte, vendu au marché ou livré à la consommation.

L'on s'est beaucoup occupé de connaître l'un et l'autre produit ou revenu, soit comme connaissance statistique pour juger de la richesse réelle de l'état, soit comme connaissance financière, pour établir des bases d'impositions.

Pour parvenir à connaître le revenu ou produit du territoire, l'on s'est servi de plusieurs méthodes; les uns ont employé l'estimation des consommations de toute espèce; les autres, l'appréciation de la quantité d'arpents ou mesures de terre, occupées par un genre de culture, et calculant ce que chaque mesure doit donner en quantité de productions, ils ont fait un total des productions.

Ces méthodes avaient été pratiquées dans le dernier siècle pour trouver la somme de revenu sur lequel on pût asseoir l'impôt; mais M. Arthur Young semble avoir perfectionné la dernière, et plusieurs écrivains distingués, notamment M. de Pradt, s'en sont servis comme d'un moyen propre à connaître nos richesses en ce genre.

On se fera peut-être des idées plus justes de cette matière, lorsqu'on aura vu les estimations particulières de chaque production dans les paragraphes suivants; nous n'en rapporterons cependant pas moins les données approximatives établies par les écrivains que nous venons de nommer; mais d'abord nous devons faire connaître la division agricole, fondée sur les bases établies par M. Arthur Young.

§ IV. *De la Division agricole de la France.*

Suivant l'illustre Anglais, et dans la réalité, le sol de la France peut être divisé en sept classes sous le rapport de la fécondité et des produits que l'on en retire, savoir : 1°. les terres grasses et riches ; 2°. les terres à bruyères et de landes ; 3°. les terres à craie ; 4°. les terres de gravier ; 5°. les terres pierreuses ; 6°. les terres de montagnes ; 7°. les terres sablonneuses.

Nous répétons ce que nous avons déjà dit, que nous ne prétendons pas donner cette division comme la seule et la plus exacte de celles que l'on pourrait présenter ; il est probable même que de nouvelles recherches et observations doivent y apporter des changements, mais enfin, telle qu'elle est, elle peut servir à estimer le territoire sous le rapport des productions et de la fertilité.

Voici donc le nombre d'arpents et d'hectares que l'on attribue à chaque espèce, et les départements où elles se trouvent.

1°. *Les Terres grasses et riches.* Elles se trouvent dans les départements du Mont-Tonnerre, de la Lys, de l'Escaut, de la Dyle, du Pas-de-Calais, du Nord, de l'Aisne, de Seine et Marne, de la Seine, de Seine et Oise, d'Eure et Loir, d'Eure, de la Seine Inférieure, de la Somme, de l'Oise, du Bas-Rhin, de l'Aude, du Tarn, du Lot, de la Haute-Garonne, de l'Hérault, de la Vendée, des Deux-Sèvres, du Loiret, du Pô, de Marengo, du Tanaro et de la Sésia ; leur total s'élève à 28,218,908 arpents environ, ou 14,109,454 hectares à peu de chose près.

2°. *Les Terres à Bruyères* ou *de Landes.* Elles se trouvent dans les départements des Deux-Nèthes, de la Roër, de la Loire Inférieure, du Morbihan, du Finistère, des Côtes du Nord, de l'Ille et Vilaine, de Mayenne et Loire, de l'Orne, du Calvados, de la Manche, de la Gironde, de la Dordogne, de Lot et Garonne, de l'Arriége, des Hautes-Pyrénées, des Basses-Pyrénées, des Landes, du Gers, de l'Aveyron, du Gard ; elles s'élèvent à 23,355,004 arpents environ, ou 11,677,502 hectares.

3°. *Les Terres à craie,* telles que celles des départements de la Marne, des Ardennes, de l'Aube, de la Haute-Marne, du Loir et Cher, d'Indre et Loire, de la Charente, de la Charente-Inférieure, de la Vienne; 13,574,904 arpents, ou 6,787,452 hectares;

4°. *Les Terres de gravier*, telles que celles des départements de la Nièvre et de l'Allier; 3,840,070 arpents ou 1,920,035 hectares.

5°. *Les Terres pierreuses*, telles qu'en offrent les départements de la Sarre, des Forêts, de Rhin et Moselle, de la Moselle, des Vosges, de la Meurthe, de la Meuse, du Haut-Rhin, de la Côte-d'Or, de la Haute-Saône, du Doubs, de Saône et Loire, du Jura, de l'Ain, de l'Yonne, du Rhône, de la Loire, de Jemmapes; 19,016,136 arpents ou 9,508,068 hectares.

6°. *Les Terres de montagnes*, telles que celles des départements de l'Ourthe, de Sambre et Meuse, de la Meuse Inférieure, des Pyrénées Orientales, de la Lozère, du Cantal, de la Corrèze, de la Haute-Loire, de l'Ardèche, de la Drôme, des Hautes-Alpes, des Basses-Alpes, des Alpes Maritimes, du Var, des Bouches-du-Rhône, de Vaucluse, du Puy-de-Dôme, du Mont-Blanc, du Léman, de l'Isère, du Liamone, du Golo, de la Stura, de la Doire; 26,239,394 arpents ou 13,119,697 hectares.

7°. *Les Terres sablonneuses*, telles que celles des départements de l'Indre, du Cher, de la Creuse, de la Haute-Vienne, de la Sarthe et de la Mayenne; 8,303,142 arpents, ou 4,151,571 hectares.

Total général pour toute la France, 122,517,564 arpents, ou 61,258,782 hectares.

L'on peut également, pour estimer le produit territorial de la France, et connaître l'étendue de chaque partie du territore employé en un genre de culture ou de production particulière, en former six divisions :

1°. *Terres de labour*, 66,488,774 arp., ou 33,244,387 hectares;

2°. *Terres à vignes*, 4,868,730, arpents, ou 2,434,365 hectares;

3°. *Bois*, 16,269,432 arpents, ou 8,135,716 hectares;

4°. *Riches Pâturages*, 6,604,066 arp., ou 3,302,033 hectares;

5°. *Prairies artificielles*, 7,490,606 arpents, ou 3,745,303 hectares,

6°. *Bruyères, Landes, Terres incultes, Rivières, Étangs, Marais, Chemins*, etc., 20,845,850 arpents ou 10,422,925 hectares; ce qui donne la même surface que le calcul précédent.

Cette division du territoire, ou pour mieux dire, du sol français en espèces de terres et en quantité estimée de chaque espèce en mesures agraires communes, peut faciliter le moyen d'estimer la quantité des récoltes, et leur valeur en argent.

C'est ce qui sera traité dans le paragraphe suivant.

§ V. *De l'Estimation et Evaluation du produit du Sol, par la quantité et la valeur des Récoltes.*

Nous appelons estimation de la quantité des récoltes, la connaissance des quantités de productions que chaque espèce de terre donne en proportion de ce qu'on en cultive;

Et évaluation, ce que ces productions vendues donnent en argent; le revenu est ce qui reste de cet argent de la vente, après qu'on en a prélevé tous les frais d'avance, dépenses de culture et intérêt des fonds.

Si l'on connaissait ce que produit, au taux moyen, un arpent de terre, en blé, en vigne, en fourrage, dans chaque département, on pourrait, en multipliant la quantité moyenne produite par le nombre d'arpents, connaître celle des récoltes. Mais cette connaissance n'est point encore rigoureusement acquise, et a besoin d'observations suivies, pour pouvoir servir seule dans l'estimation de la richesse de culture.

M. Arthur Young s'y est pris autrement, et, sans s'arrêter à la quantité des produits, il a cherché un terme moyen de la valeur des productions d'un arpent, calculé sur les différentes valeurs qu'il avait observées en France.

Ainsi, il évalue à près de 77 francs, le produit moyen d'un arpent de terre dans la première division indiquée ci-dessus;

A 40 francs. dans la seconde division; à 41 francs, dans la troisième; 39, dans la quatrième; 29, dans la cinquième; 38 dans la sixième; enfin 44 dans la septième.

De toutes ces estimations formées au taux moyen sur plusieurs autres, il en fait une de 44 francs, pour la valeur moyenne d'un arpent de terre en France.

Or, nous avons vu ci-devant qu'il y avait dans l'étendue de l'empire, 122,500,000 arpents (nous négligeons une fraction) en culture de diverses espèces ou en landes servant aux pâturages; il en résulte qu'au prix où les choses étaient en 1787, c'est-à-dire un sixième moins cher qu'aujourd'hui, en prenant le moyen taux de l'augmentation du prix des denrées, la France tire de ses cultures annuellement en productions matérielles, pour une valeur de 5,390,000 francs de France, non compris les produits des mines et de la pêche.

C'est ce qui forme le produit brut ou la valeur du produit brut de la culture française.

Nous croyons, par anticipation, devoir faire remarquer que ce produit considérable n'est point le revenu de la propriété territoriale, quoique la valeur du produit de la terre.

Cela s'explique : quand, dans un arpent de terre dans l'arrondissement de Pontoise, par exemple, on a recueilli cinq setiers de blé, on a bien une valeur d'environ cinq louis d'or; mais il faut en déduire, 1°. les impositions foncières qui sont de 15 à 18 francs; 2°. le labour des champs; 3°. les semences; 4°. les frais de récoltes, de battage, et autres menues dépenses; enfin, l'intérêt des fonds employés dans l'achat d'un arpent de terre, qui ne peuvent être moins de quatre pour cent, et qui, pour un arpent de bonne terre, doit être de 24 francs, intérêt d'un principal, de 600 francs.

M. Lavoisier a donné un tableau de l'estimation du produit net des productions territoriales évalué en argent. Quoique ce travail ne se rapporte qu' à 1789, nous ferons peut-être plaisir de le faire connaître au lecteur; 1°. parce qu'il donne une idée assez juste du revenu du territoire français à cette époque; 2°. parce qu'il peut aussi servir de base pour faire l'estimation du produit actuel, en y ajoutant ce que la France a acquis depuis.

Il est à remarquer que ce tableau présente ce que les écrivains d'économie politique appellent produit net.

« Le produit net ou imposable de la France, dit M. Lavoisier, est le revenu territorial dépouillé de tous doubles emplois, et déduction faite de toutes les dépenses quelconques, à la charge de l'agriculture, si ce n'est l'imposition qui est encore comprise dans ce produit.

» En voici le tableau.

» Produit des terres cultivées en blé, quand le prix du blé est de 2 sous la livre. . . . .   728,000,000 l.
  » Produit des vignes.   80,000,000
  » Produit des bestiaux.   169,000,000
  » Produit du bois.   120,000,000
  » Produit des laines.   50,000,000
  » Produit de l'avoine consommée par les villes. . . . . , ...   32,000,000
  » Produit du foin consommé dans les villes.   12,000,000
  » Produit de la paille consommée dans les villes.   5,500,000
  » Produit des soies.   2,000,000

» Total. . . . .   1,198,500,000 l.

» Ce tableau se trouve diminué de 180,000,000, et réduit à 1,165,000,000 quand le blé tombe à un sou 6 deniers la livre.

» Il manque à ce tableau le produit des œufs, beurre et fromage vendus aux villes par les agents de l'agriculture, celui des fruits et légumes, celui des huiles, etc. Sans pouvoir donner une valeur à ces productions, on croit, continue M. Lavoisier, pouvoir conclure que le *produit territorial* de la France (c'est-à-dire pour 1789) excède 1,200,000,000, quand le prix du blé est de 2 sous la livre, et qu'il n'excède pas 1,050,000,000, quand ce même prix est tombé à un sou 6 deniers ».

On pourrait observer que dans ce produit, ne se trouvent ni celui des pêches, ni celui des mines, qui ne sont pas plus des doubles emplois que celui des soies.

M. Lavoisier continue ainsi son apperçu :

» Portion du *produit territorial* convertible en argent, défalcation de tous doubles emplois. . 2,750,000,000 l.

» Produit net quand la valeur de la livre de blé est de 2 sous. 1,200,000,000

» Sur quoi défalquant le montant des impositions directes et indirectes qu'on suppose de. 600,000,000

» Reste, pour la portion que les propriétaires auront à se partager, ... 600,000,000

» Ainsi, en définitif, sur le produit total du territoire français, qui est de. . 2,750,000,000

» Les frais de culture, de subsistances et autres quelconques des agents de l'agriculture, consomment un peu plus de la moitié; le surplus, montant à 1,200,000,000, est partagé à peu près par portions égales entre le trésor public et les propriétaires. »

Nous verrons plus en détail, en parlant de la consommation, comment l'on peut s'en servir pour estimer le produit de la culture française, et par conséquent l'étendue de cette source première de richesse; mais avant, nous devons traiter des plus importantes productions, en commençant par les végétales.

§ VI. *Productions végétales.*

Nous n'entendons point faire ici l'énumération de toutes les productions végétales que le sol français offre par la culture ou sans culture; il ne doit y être question que de celles qui sont, par la consommation que l'on en fait, un objet de revenu important, et une richesse pour la France.

Les principales productions végétales considérées sous ce rapport, sont les grains, les chanvres et lins, les tabacs, la garance, les bois, les vins, eaux-de-vie, huiles, les fruits, les légumes, etc.

N°. 1er. *Les Grains.*

On peut estimer la quantité de grains récoltés de deux manières : 1°. par des dénombrements ou par des estimations faites en raison de la quantité de mesures de terre cultivées en grains; 2°. par la consommation évaluée de chaque individu, tant en nourriture qu'en emploi dans les arts.

Nous réunirons sur ces deux points quelques données approximatives, parce que nous ne connaissons pas jusqu'à présent, de travail rigoureux sur cette matière.

M. Arthur Young et les savants auteurs de la *Feuille du Cultivateur*, ont employé la première méthode pour estimer à peu près la quantité de grains, c'est-à-dire, froment, seigle et orge récoltés en France.

L'auteur anglais croit pouvoir, d'après les estimations partielles qu'il a faites pendant son voyage en France, en 1789, porter la quantité de terres semées en grains annuellement à 20,000,000 d'arpents seulement, à cause de l'usage des jachères qui a lieu dans une grande partie de la France; et il estime qu'on en retiré annuellement 75,000,000 setiers; ce qui fait, l'un portant l'autre, 3 setiers $\frac{3}{47}$ par arpent, quantité dans laquelle M. Arthur Young fait entrer le maïs; estimation qui se rapporte à l'étendue de la France en 1789.

Les auteurs de la Feuille du Cultivateur, que nous avons nommés, donnent pour la même époque l'estimation suivante :

Semé annuellement 4,400,000 arpents en froment, lesquels donnent 5,280,000,000 de livres pesant de ce grain.

En seigle, 9,000,000 d'arpents, lesquels donnent 7,650,000,000 de livres pesant de ce grain.

En orge, 3,800,000 arpents qui donnent 4,370,000,000 de livres pesant de ce grain.

Total des grains, non compris le maïs, le sarrasin, et le millet, 17,300,000,000 produits par 17,000,000 d'arpents.

M. Lavoisier a suivi, comme nous l'avons remarqué, la méthode d'estimer la production par la consommation.

Suivant lui, la consommation annuelle du froment, seigle et orge qui avait lieu en 1789 en France, dont la population était alors de 24,676,000 individus, s'élevait à 11,667,000,000 de livres pesant, poids de marc; à quoi ajoutant ce qui s'emploie en semence, 2,333,000,000 de livres pesant, on a, pour la consommation annuelle de la

France, à cette époque, 14,000,000,000 de livres pesant de froment, seigle et orge.

Mais, continue M. Lavoisier, de ce qu'il se consomme chaque année en France , 14,000,000,000 pesant de grains, il en résulte que les terres du royaume en pro-duisent cette quantité.

Cette conséquence ne peut être atténuée par ce qui s'importe de blé dans les années de disette ; car pour le peu que la récolte soit ordinaire, il se trouve toujours un superflu à exporter ; comme nous l'avons vu depuis deux à trois ans ; car l'on n'a cessé de permettre alors la sortie des grains, que par des raisons politiques, et non par la crainte d'en manquer.

En partant du calcul de M. Lavoisier, on peut avoir une estimation de la quantité de grains, blé, seigle et orge récoltés en France.

En effet, il suffit pour cela de faire une règle de pro-portion, et dire : si 24,676,000, d'individus supposent une production de 14,000,000,000 de grains, combien une population de 34,000,000, population actuelle de la France, en suppose-t-elle ? Et l'on trouvera 19,000,000,000 pesant de grains.

Ainsi l'on ne peut estimer à moins de 19,000,000,000 de livres pesant, la récolte en grains dans les années or-dinaires ; c'est 79,666,000 setiers, à quelques légères fractions près.

Et environ 2 setiers $\frac{1}{3}$ par tête d'individu , compris tous les emplois réunis des grains, même celui des se-mailles.

Cette quantité ne paraîtra pas exagérée, si l'on calcule les acquisitions que la France a faites en territoire depuis les estimations de M. Lavoisier.

M. Sonnini a cherché à estimer l'ancienne récolte, en faisant une estimation moyenne entre celles qui ont été données par les principaux écrivains qui ont traité cette matière.

M. de Vauban estime la récolte en grains de 59,175,000 setiers ; M. Quesnay, de 45,000,000 ; M. l'abbé Expilly, 78,473,580 ; M. Lavoisier , 50,000,000 ; M. Arthur Young, 75,000,000 ; ces cinq quantités , ajoutées en-semble, dit M. Sonnini, font 307,648,580 setiers, qui, divisés par cinq , donnent la quantité moyenne de

61,519,672 setiers pour le produit de la récolte dans l'ancienne France (1).

L'on comprend aisément, au reste, que si la consommation est telle que nous venons de l'indiquer, ou à peu de chose près, il doit y avoir un excédent dans la production ; car enfin, quoiqu'on ne pût pas supporter une année de disette complète sans recourir à l'étranger, ou remplacer le pain par d'autres substances, néanmoins, il reste d'une année à l'autre une assez forte quantité de grains qui quelquefois même donne lieu à une assez forte exportation.

On trouve par les états de la *Balance du Commerce*, qu'en 1787, époque de paix et d'abondance, l'exportation de France, en blé, fut de la valeur de 6,559,900 fr. ; et l'importation, pour une somme de 8,116,000 fr.

On estime qu'assez ordinairement les terres fertiles donnent par arpent 30 quintaux de blé, ou 12 setiers $\frac{1}{2}$; c'est-à-dire 15 pour 1, en retranchant 2 quintaux pour la semence ; mais ces terres sont fort rares, et il y en a peu en France. Les bonnes terres ordinaires, comme celles de Picardie, de l'Ile de France, etc., rendent communément 20 quintaux par arpent, ou 8 setiers, à peu de choses près ; enfin, les moins fertiles donnent 10 quintaux ou 4 setiers, à peu près ; c'est le plus grand nombre.

---

(1) Nous croyons devoir remarquer ici, en faveur des personnes qui feraient usage des calculs établis par M. Sonnini dans la *Statistique générale et particulière de la France* (tome VII, page 207 et suivantes), que ce savant auteur s'est trompé sur l'évaluation de l'hectolitre, qu'il confond pour la valeur avec le setier.

« Le setier, dit-il, est égal à l'hectolitre, qui est de 10 boisseaux. » C'est une très-grande erreur : l'hectolitre n'a qu'une valeur des deux tiers du setier qui est de 12 boisseaux ; ainsi, l'hectolitre n'est que de 8 boisseaux, chacun de 20 livres pesant, à bien peu de chose près.

Il se trompe aussi lorsqu'il met l'avoine au rang des grains ; ni M. Lavoisier, ni Arthur Young, ni Quesnay, ni l'abbé Expilly, n'ont compris les avoines parmi les grains. Je ne les y ai point non plus comprises dans le petit *Essai de Statistique générale*, fait en l'an 9, sur la demande du ministre de l'intérieur, et d'où M. Sonnini a tiré une partie des estimations qu'il a données dans le travail fourni par lui pour l'ouvrage que nous avons cité au commencement de cette note.

M. Lavoisier estime qu'en prenant une moyenne pro-portion, la quantité de blé produite par une charrue con-duite par des chevaux, peut être estimée de 27,500 livres pesant; qu'elle peut cultiver 90 arpents grande mesure, savoir, 30 en blé; 30 en mars, et 30 en jachères.

On distingue trois sortes de blés : 1°. le blé tête, dont le setier de 12 boisseaux pèse 240 livres, poids de marc; 2°. le blé du milieu ou marchand, dont le setier pèse 230; 3°. le blé commun ou de dernière qualité, donnant 220 livres au setier.

Il résulte d'un tableau dressé par le gouvernement pour cet objet, qu'en l'an 9, le prix moyen du boisseau ancien ou du myriagramme de blé froment, a été, pour les départemens compris dans la région du Nord-Ouest, de 2 fr. 63 cent.; dans ceux du Nord, de 2 fr. 45 cent.; dans ceux du Nord-Est, de 1 franc 95 cent.; de l'Ouest, 2 francs 97 cent.; du Centre, 2 fr. 18 cent.; de l'Est, 2 francs 92 cent.; du Sud-Ouest, 3 fr. 69 cent.; du Sud, 3 fr. 42 cent.; du Sud-Est, 4 fr. 9 cent.

En multipliant chacun de ces prix moyens par 12, on a le prix moyen du setier de blé froment.

Quant aux régions dont il est question ici, ce ne sont pas celles dont nous avons fait emploi dans la topographie statistique des départemens (chap. II); la division dont il s'agit pour l'évaluation du prix des grains, et que l'on suit au ministère de l'intérieur, est en neuf régions. On suppose la France coupée en trois parties : une tournée vers le nord, l'autre vers le midi, et la troisième placée entre les deux. Chacune d'elles forme ensuite trois ré-gions, dont l'ordre numérique, commençant à l'ouest de la première et allant toujours de gauche à droite, se termine à l'est de la troisième; dans chacune de ces neuf régions se rangent les départemens.

On fait avec un sac de belle farine, pesant 325 livres, 104 pains de 4 livres chacun, blancs; c'est 416 livres de pain blanc pour 325 livres de farine.

Il n'est pas inutile de remarquer, quoique cette con-naissance s'éloigne un peu de la Statistique, qu'il y a deux manières de moudre le blé, l'une appelée rustique ou à la grosse, l'autre économique.

Dans la première, l'on se contente de ne moudre le grain qu'une fois; dans la seconde, qui consiste à moudre et remoudre le grain, il éprouve deux moulages; c'est cette dernière qui est suivie.

Il est ordinaire de retirer à Paris, ou pour mieux dire aux environs, les trois quarts, en farines différentes, d'une quantité de blé déterminée; on compte sur $\frac{1}{40}$ de déchet; le reste de la quantité de blé employé compose les *issues*, c'est-à-dire le gros et menu son.

Ainsi, par cette mouture, on fera avec 560 livres pesant de froment, 420 livres de farine, dont 320 de première qualité, 64 de la seconde, et 30 de farine bise. Le déchet sera de 14 livres, et le son gros et menu, de 126 livres.

En mêlant toutes ces farines ensemble, on ferait 560 livres de pain bis-blanc d'une bonne qualité.

D'après les estimations fondées sur des états de consommation des blés et farines à Paris, il résulte que chaque individu y consomme, l'un portant l'autre, 15 onces; la plus forte partie pain blanc.

A l'époque de la révolution, la consommation en pain allait annuellement dans cette ville à 206 millions de livres pesant, qui, à 2 sous 6 deniers la livre, faisaient une somme de 20,600,000 francs; consommation qui est à peu près la même aujourd'hui.

N°. 2. *Avoine.*

Dans l'estimation que nous venons de donner de la récolte en grains, nous avons compris les blés, seigles et orges; nous n'avons pas cru devoir donner des quantités partielles de ces productions; mais l'avoine n'y étant point comprise et étant cependant d'un produit considérable, nous en faisons un article à part.

La récolte de l'avoine est proportionnée au nombre des chevaux à nourrir; car il n'y a qu'une très-faible consommation employée à la nourriture des hommes.

L'estimation donnée par M. Lavoisier, porte cette production à 400,000,000 de boisseaux, mesure de Paris, dont la valeur en argent représente 200,000,000 de francs; cependant, ajoute-t-il, on ne doit faire entrer en revenu réel que 40,000,000, le reste étant consommé par les chevaux de labours et autres attachés à l'agriculture.

Cette remarque de M. Lavoisier porte, comme l'on

voit, sur le produit net de la chose; mais il n'en est pas moins vrai que la France alors produisait, d'après lui, 400,000,000 de boisseaux d'avoine.

Comme l'avoine est moitié moins pesante à peu près que le blé, l'ordonnance de 1669 veut qu'elle soit mesurée dans les mêmes mesures que le blé, avec cette différence que le setier d'avoine doit avoir 24 boisseaux, au lieu que celui de blé n'en a que 12. L'usage a transporté cette manière de calculer dans les nouvelles mesures.

En prenant pour base de la récolte en avoine l'estimation de M. Lavoisier, on peut se faire une idée de la quantité de boisseaux que l'on récolte aujourd'hui, par une règle de proportion, comme pour les grains.

Mais il y a cette différence que dans les pays réunis à la France depuis 1789 qu'a écrit M. Lavoisier, la proportion des terres à avoines aux bonnes terres est au-dessous de ce qu'elle est dans les provinces de l'intérieur; néanmoins il y a compensation, parce que dans bien des lieux on substitue les avoines aux jachères, qui y étaient en usage avant.

N°. 3. *Chanvre et Lin.*

Ces deux productions tiennent un rang distingué dans la richesse territoriale de la France.

Les départements de la Seine-Inférieure, de la Dyle et de l'Escaut en produisent considérablement. Les plus beaux lins du monde se récoltent dans ce dernier. Celui des Deux-Nèthes en produit aussi beaucoup; on porte à 23,462 quintaux la récolte en lin dans le département des Deux-Nèthes, et à 4,319 quintaux celui du chanvre. Dans les départements de la Lys, du Nord, de la Somme, le lin et le chanvre y forment un objet de richesse considérable. Ces végétaux y occupent la plus grande partie des jachères, et fournissent les matières premières aux nombreuses fabriques de toiles de Courtray; les graines de lin alimentent les moulins à huile, qui sont nombreux dans ce pays. Le chanvre n'y est pas non plus négligé, surtout dans le département de la Somme; on l'y cultive principalement comme plante à graine, dont le commerce tire de grands avantages.

Le département de la Seine-Inférieure récolte aussi beaucoup de lin ; c'est surtout depuis Fécamp jusqu'au Havre que la culture en est le plus suivie, le long de la mer ; on évalue à 9,063 acres le terrein consacré à ce genre de culture.

Un acre normand a 160 perches carrées, et est, comme on voit, de plus d'une moitié plus grand que l'arpent des eaux et forêts, qui a 100 perches carrées.

Un acre de Normandie peut donner, année commune, 250 livres pesant de lin apprêté, lorsqu'on le récolte à la fin de la floraison, c'est-à-dire sans qu'il fournisse de graines. On obtiendrait du même terrein, si on laissait venir le lin entièrement à graine, 30 boisseaux de Paris de graine, à quoi il faut ajouter la valeur de la filasse. Ainsi, 9,063 acres, à 250 livres pesant de filasse par acre, donnent 22,957 quintaux de lin apprêté, sans compter ce que donnerait la graine.

Ces apperçus, que nous devons à M. Tessier, quoique particuliers à la Normandie, peuvent cependant donner une idée générale des produits de la culture du lin.

Dans la Bretagne, aux environs de Saint-Brieux, on cultive aussi beaucoup de lin ; la récolte s'y élève à 8,000,000 de livres pesant de lin en bottes, et à 1,200,000 livres pesant de filasse apprêtée. Le département de la Mayenne en fournit aussi beaucoup, qui sert à y fabriquer annuellement des toiles dont le commerce se fait principalement à Laval, Mayenne et Château-Gonthier.

Les départements où l'on cultive particulièrement le chanvre, sont ceux du Lot et Garonne, d'Ille et Vilaine, de l'Isère, des Vosges, de la Marne, de la Sarthe.

Voici le calcul estimatif d'un journal de Bretagne, mesure agraire de 46,800 pieds carrés, par conséquent un peu moins que l'arpent des eaux et forêts qui a 48,400 pieds carrés ; 250 livres de graine de lin du nord, à 6 sous la livre, font 75 francs ; labours et préparation de la terre, 26 francs ; sarclage, arrachement, rouissage et soins de la graine, 36 francs ; loyer du champ, 30 francs ; valeur du fumier, si l'on en met, 36 francs ; total, 203 francs de dépenses.

Le produit en argent donne 356 francs : savoir 330 fr. pour deux milliers pesant de lin en bottes sans avoir eu aucune préparation, à 3 trois sous la livre ; 26 liv. 8 sous pour 176 livres pesant de graine ; total, 356 francs. Le produit net d'un journal de Bretagne en lin, est donc de 143 francs.

D'où il résulte que cette culture est très-avantageuse ; mais il faut que les terres y soient propres, et alors elles se vendent fort cher ; il faut encore trouver le débit de sa production, mais il est facile ordinairement.

M. Rougier la Bergerie, aujourd'hui préfet du département de l'Yonne, à qui nous devons un excellent ouvrage agronomique, les *georgiques françaises*, imprimées en 1805, a fait un traité sur l'importance et la consommation du chanvre pour la marine ; il estime ceux de France à l'égal des chanvres de Riga, réputés les meilleurs du nord.

N°. 4. *Les Fourrages.*

Une des plus importantes richesses de la terre, est, sans contredit, le produit des prairies, soit naturelles, soit artificielles.

Ce produit est de deux sortes, la vente des foins, et la nourriture des bestiaux ; cette dernière a lieu aussi dans ce qu'on appèle *vaines pâtures*, qui sont des landes, bruyères ou autres lieux incultes, mais qui, sous ce rapport, ne laissent pas que d'être très-utiles.

Des deux espèces de prairies, les prairies artificielles sont celles dont nous parlerons d'abord. Le sainfoin, la luzerne, le trèfle de plusieurs espèces, les pois gris, sont en général les plantes dont elles se composent en France. Ces végétaux ne réussissent pas également partout ; leur emploi est nouveau, et ce n'est guère que depuis une cinquantaine d'années que l'usage des prairies artificielles s'est répandu chez nous. Il y a fait de très-grands progrès.

On estime aujourd'hui qu'il y a en France 7,490,606 arpents de terre au moins, cultivés en prairies artificielles.

Elles ne sont pas toutes composées des mêmes herbages : le sainfoin se plaît dans beaucoup de contrées, et beaucoup de sols lui conviennent ; mais dans d'autres on a tenté sa culture sans succès. La luzerne est assez généralement répandue. Le trèfle occupe surtout la partie du nord de la France. Les pois gris et la vesce ne sont en grande quantité que dans quelques départements, comme ceux de la Dyle, de la Seine Inférieure, etc.

Dans le département de la Dyle, où la luzerne est presqu'inconnue, les prairies artificielles se composent de trèfle des prés, de petites fèves appelées féveroles, de vesces et de pois gris. Dans le département de Jemmapes, mêmes prairies artificielles que dans le précédent. Dans celui du Gard, on trouve aussi de belles luzernes, de beaux sainfoins et de beaux trèfles, qui donnent d'excellents fourrages pour l'hiver, et une bonne pâture aux bestiaux l'été. Dans le département de l'Hérault, toutes la plaine qui borde la rivière de ce nom, est une prairie artificielle de sainfoin, de trèfle, de luzerne, d'un produit considérable. On est obligé de se fixer à cette culture, parce que le débordement détruirait toute autre. A Pézénas, il y a de belles luzernes qui durent 10 à 12 ans avant d'être renouvelées. Dans le département de Loir et Cher, les prairies artificielles y sont de luzerne, sainfoin et trèfle ; la luzerne y dure 5 ans, et se coupe trois fois l'année ; on y regarde le produit de ce fourrage supérieur à celui du grain. Dans le département de la Lys, on sème le grand trèfle à fleurs rouges ; on y connaît aussi les pois gris et la vesce, mais presque pas la luzerne.

La luzerne, le sainfoin, le trèfle, sont très-communs dans le département de la Marne. La luzerne est en petite quantité, elle y dure de 7 à 15 ans, suivant la variété du sol. Le sainfoin y réussit mieux.

Il est bon de remarquer que généralement ces trois sortes de fourrages ne sont point semés pêle-mêle ensemble, mais dans des terrains différents, et chacun séparément, et cela partout.

Dans le département du Nord, le grand trèfle à fleurs rouges avec l'espargoule, composent de nombreuses prairies artificielles ; dans celui des Deux-Nèthes, ce sont le sainfoin, le trèfle, la luzerne. Le trèfle y est cependant plus en usage que le sainfoin et la luzerne, et sert à alterner les récoltes, c'est-à-dire que lorsque l'on a semé du blé dans une terre une année, on y sème du trèfle l'année suivante. On estime la récolte des prairies artificielles du département des Deux-Nèthes, en fourrage, à 13,116 quintaux de luzerne ; 168,093 de trèfle ; 57,853 de sainfoin.

Dans le département de la Somme, le sainfoin, dont la culture est très-répandue, donne un produit en fourrage considérable; dans celui de l'Aude, on trouve de fort belle luzerne; on la coupe quatre à cinq fois suivant la quantité des pluies; elle dure de 4 à 6 ans; les vallées, mises en luzerne, y sont aux terres en labour comme 10 est à 3, c'est-à-dire, que si une portion de terre, mise en luzerne, est louée 50 francs, la même portion n'est louée que 15 francs. Les prairies artificielles de l'Escaut sont le trèfle; il reste ordinairement deux ans et demi sur terre, est fauché une fois la première année, trois fois la deuxième, et toujours il est donné en vert dans l'étable, et les vaches, ainsi nourries, donnent un beurre excellent. Dans le département des Pyrénées-Orientales, les prairies artificielles sont de luzerne qui y est de la plus grande beauté; elle donne une superbe récolte.

La vesce, les pois gris et le trèfle, sont les prairies artificielles en usage dans le département de la Seine Inférieure. On évalue à peu près à 48,000 arpents la quantité de terre ensemencée en pois et vesce. Le trèfle est pâturé en vert par les chevaux, les moutons, et surtout par les vaches pendant l'été. Récolté en foin, il sert à nourrir les bestiaux pendant l'hiver. Le pays de Caux est peut-être de toute la France celui où l'on récolte les plus beaux trèfles. Il y a des terrains vers le Havre, Montivilliers, Fécamp, dont l'arpent produit jusqu'à 4 à 500 bottes de fourrage sec. Le trèfle sert à diminuer le nombre des jachères dans cette même contrée; mais cela n'empêche pas qu'on n'y en rencontre encore.

Dans les départements du Nord et du Pas-de-Calais, le colsa est cultivé comme engrais et fourrage, et fournit une excellente nourriture aux bêtes à laine.

A Melun, département de Seine et Marne, il y a beaucoup de luzerne; elle dure dix ans: on la coupe trois fois, et le produit est plus avantageux que celui du blé. A Meaux, la première année, elle ne rend à la première coupe que 25 bottes par arpent; mais après cela, elle en donne 100 et même 130, de 12 à 13 liv. pesant chaque botte; la seconde coupe rend 50 bottes, et la troisième 25. L'herbe de la première coupe se donne aux chevaux; celle de la seconde aux moutons, et enfin celle de la troisième aux vaches.

A Avignon, département de Vaucluse, les prairies de luzerne sont des plus abondantes et des plus nombreuses. On la coupe quatre, cinq et même six fois; elle dure 7 à 8 ans quand on l'arrose souvent, et 10 à 12 quand on l'arrose moins. Ensuite on la laboure, et la terre est tellement bonifiée qu'on fait cinq, six, sept et même huit récoltes successives de blé. Deux arpents de bonne luzerne donnent un produit, converti en argent, de 12 à 1300 francs.

Tels sont les principaux endroits de la France où l'on cultive particulièrement la luzerne; il ne faut pas en conclure cependant que ce soient les seuls où sa culture ait lieu. La luzerne est, comme nous l'avons déjà observé, répandue sur toute la surface de notre territoire; mais ses avantages étant à peu près partout les mêmes, nous nous sommes bornés à indiquer ici ses principaux résultats. De ce que nous avons dit, il résulte que la luzerne, le sainfoin et le trèfle sont, en quelque sorte, les seules prairies artificielles en usage; que la Dyle, le Gard, l'Hérault, Jemmapes, le Loir et Cher, la Lys, la Marne, le Nord, les Deux-Nèthes, la Seine Inférieure, le Pas-de-Calais, la Somme, sont à peu près les seuls départements où l'on cultive avec succès plusieurs espèces de ces prairies; que le trèfle, les pois gris et la vesce sont fort peu répandus; que du reste le sainfoin et surtout la luzerne sont presque les seules prairies connues.

Passons maintenant aux prairies naturelles, qui forment la seconde division de cette partie de nos richesses territoriales.

Les prairies naturelles sont composées de foin ou d'herbages que la terre produit sans culture; il n'y a point de département où il n'y en ait, mais elles ne sont pas d'un produit également utile dans tous.

Voici les départements où les prairies naturelles sont un objet important par leurs produits ou la nourriture des nombreux bestiaux qui y trouvent leur pâture.

Au nord, ce sont les départements de l'Escaut, de la Dyle, des Deux-Nèthes, du Pas-de-Calais, de l'Oise, de l'Aisne, de la Seine Inférieure, de la Manche, du Calvados, de l'Orne, de l'Eure, de Seine et Marne, de la Marne, de l'Aube, de la Meuse et de la Moselle.

Au centre, ce sont les départements de l'Ille et Vilaine, de la Sarthe, des Deux-Sèvres, de la Haute-Vienne, de la Creuse, de Loir et Cher, de la Mayenne, de l'Allier, de la Nièvre et de la Haute-Saône.

Au midi, ce sont ceux de la Dordogne, de la Corrèze, du Cantal, de l'Aveyron, du Tarn, de la Haute-Loire, de la Lozère, de l'Hérault, de l'Isère, de la Drôme, des Bouches du Rhône, du Var, de Vaucluse, du Mont-Blanc, des Hautes et Basses-Alpes, et les vallées du Piémont.

Le département de la Dyle est très-riche, surtout en excellent foin odoriférant, qui croît le long du canal de Bruxelles; dans celui des Deux-Nèthes, on récolte annuellement 977,000 quintaux de foin. Le Pas-de-Calais compte 23,920 arpents en excellents pâturages. Le département de l'Aisne, faisant partie de la Picardie, n'est pas moins riche. L'on sait que c'est aux excellents herbages du pays de Bray, que la Normandie ou le département de la Seine Inférieure, doit la réputation des excellents beurres que l'on y fait. Les bords de la Seine fournissent seuls les foins que l'on récolte; les autres herbages ne servent qu'à la pâture. C'est surtout dans le pays d'Auge (département du Calvados), partie de la Normandie, que sont les plus riches prairies naturelles, dont une partie est récoltée en foin. On estime que deux arpents de terre y donnent 500 bottes de foin, du poids de dix livres, et sept environ lorsqu'il est sec. Dans le département de l'Aube, partie de la Champagne, où est Troyes, on estime que la récolte totale est de 1,400,000 quintaux, dont 762,000 sont consommés dans le département et ceux environnants, et l'excédent, savoir : 638,000 quintaux descendent à Paris, par l'Aube et la Seine. A 2 francs le quintal, tous frais faits, l'on voit que cet article donne au département de l'Aube, un revenu de 1,276,000 fr. Le département de la Meuse n'est pas moins fertile en foin; la récolte moyenne y est de 9,829,700 quintaux. Le département de l'Allier est un de ceux du centre où le foin est même un objet important. On y récolte depuis deux jusqu'à quatre milliers pesant par arpent, c'est-à-dire, depuis vingt jusqu'à quarante quintaux.

On voit, en parcourant les divers départements, que ceux du nord offrent de vastes et riches prairies, où de nombreux troupeaux de bestiaux de toute espèce, pâturent jour et nuit dans la belle saison, et où l'on récolte en outre des foins pour l'hiver; que ceux du centre possèdent aussi de riches prairies, mais que l'usage des pâturages y est peu commun; et que la grande division des propriétés y fait que chaque particulier récolte des foins qui servent à la nourriture des bœufs, vaches et chevaux à l'étable. Que les pâturages du midi sont la plupart dans les montagnes, ressources précieuses dans des pays d'ailleurs peu fertiles; enfin, dans le Piémont, les départements de Marengo, du Pô et de la Stura sont remarquables par ce genre de richesses.

On estime que la totalité des terrains occupés en France par les prairies ou pâturages riches dont nous venons de parler, s'élèvent à 6,604,066 arpents, sans compter les bruyères, landes, etc., où les troupeaux paissent aussi dans quelques départements.

Total des prairies, tant artificielles que naturelles, 14,094,672 arpents ou 7,047,336 hectares.

M. Lavoisier estimait de son temps, c'est-à-dire en 1789, la valeur du foin consommé dans les villes seulement, à 12,000,000 de francs.

N°. 5. *Les Bois*.

L'on s'est occupé depuis long-temps de connaître la quantité de bois qui existent en France, et les opinions sur cette matière ont été très-variées.

Le marquis de Mirabeau, qui aurait rendu de très-grands services à la science de l'administration, s'il ne s'était pas entêté du système des économistes, dont il fut un des plus exagérés apôtres, portait de son temps, vers 1750, la quantité d'arpents plantés en bois à 30 millions. Depuis, sous l'assemblée constituante, M. Delley-d'Agier a estimé à 8,000,000 d'arpents les bois nationaux, et M. Arthur Young la totalité des bois et forêts à 16,000,000 environ.

M. Poulain-Grandpré, dans un rapport sur l'administration forestière, fait au conseil des cinq cents, et d'après les renseignements fournis par le directoire, donne une estimation de 7,216,262 arpents pour les seuls bois nationaux et communaux de l'ancienne France; à quoi ajoutant les bois et les forêts de la Belgique et de la rive gauche du Rhin, on a, par des apperçus satisfaisants, 10,766,262 arpents de bois dans la France actuelle,

mais non compris le Piémont ni les bois des particuliers.

Telle est l'estimation que donnent les bases établies
par M. de Grandpré dans le rapport que nous avons cité.

Depuis cette époque, il a été fait des recherches sur
cet objet important, qui ont donné les moyens d'approcher plus près de l'exactitude, si non d'y atteindre entièrement.

C'est ce qui sera développé dans le paragraphe suivant.

§ VII. De l'Étendue des Foréts nationales, Bois communaux et particuliers.

Le comité des domaines de l'assemblée constituante
avait porté l'étendue des bois domaniaux à 3,338,261 arpents; ceux des communautés à 2,202,134 arpents; enfin
ceux des particuliers, à 7,560,255 arp.; total, 13,100,691
arpents.

Il faut remarquer sur ce calcul; 1°. qu'il se rapporte à
l'ancienne France; 2°. que pendant la révolution il s'est
fait une déprédation considérable de bois, et grand nombre
de défrichements de bois communaux ou seigneuriaux en-
vahis par des particuliers; 3°. et ce point est important,
que la plus grande partie des bois particuliers sont devenus nationaux, par les confiscations prononcées par les lois
contre les émigrés; 4°. que depuis l'assemblée constituante, la France a acquis des forêts considérables dans
la Belgique et la rive gauche du Rhin.

Il résulte des derniers travaux faits pour connaître
l'étendue des bois et forêts, et pour organiser l'administration forestière, que la contenance des forêts nationales
s'élève aujourd'hui à 2,393,000 hectares, 4,786,000 arpents; 2,000,000 d'hectares, ou 4,000,000 d'arpents les
bois appartenants aux communautés; et 3,000,000, ceux
appartenants à des particuliers; on a donc, non compris
le Piémont, 11,786,000 arpents.

Telle est la dernière et la plus juste des estimations,
qui pourra recevoir sans doute une diminution ou augmentation par les travaux ordonnés pour le Cadastre;
mais qui ne pourront jamais être d'une conséquence sensible pour les résultats qu'on peut en tirer dans l'estima-

tion de la richesse nationale, but que l'on se propose
uniquement dans la Statistique.

A ces détails instructifs, nous allons joindre, 1°. l'énumération des forêts nationales et leur répartition entre les
vingt-quatre conservations des forêts; 2°. une notice de
l'administration forestière, organisée pour leur aménagement, coupe et garde.

Nous donnerons auparavant, l'estimation de la quantité
de bois que l'on doit retirer des forêts nationales et bois
particuliers, en supposant un aménagement de vingt ans.

11,780,000 arpents de bois, dont il se fait une coupe
tous les vingt ans, donnent 589,300 arpents de coupes annuelles; lesquels, à vingt cordes par arpent, donnent
11,786,000 cordes de bois taillis. Quant aux bois de
charpente, à ne compter que quatre arbres par arpent,
on a 2,357,300 pieds d'arbres, qui, à dix solives par
arbre, donnent un total de 23,572,000 solives en bois.

M. Lavoisier portait à une valeur de 120,0000,000 de
francs celle des bois consommés en 1789 en France.

Cette évaluation doit être à peu près la même aujour-
d'hui, parce que si la consommation en bois est diminuée,
le prix du bois est plus considérable, et l'étendue de la
France accrue.

Passons au tableau des forêts réparties entre les vingt-
huit conservations forestières.

§ VIII. *Tableau des Foréts nationales répar-
ties entre les vingt-huit Conservations forestières, au commencement de l'an 13.*

Première Conservation.

Départements.	Territoire.	Foréts.
	arpents.	arpents.
Seine	98,902	4,435
Seine et Oise.	1,126,685	156,715
Seine et Marne	1,167,710	150,393
Eure et Loir.	1,191,094	90,349
Total	3,584,391	401,892

Deuxième Conservation.

Départements.	Territoire.	Forêts.
	arpents.	arpents.
Aube	1,196,370	165,536
Marne	1,607,169	166,245
Yonne	1,428,773	293,517
Total.	4,232,312	625,348

Troisième Conservation.

Départements.	Territoire.	Forêts.
Seine-Inférieure	1,163,457	174,848
Eure	1,221,206	192,531
Total.	2,384,663	367,379

Quatrième Conservation.

Départements.	Territoire.	Forêts.
Calvados	1,117,643	72,470
Orne	1,265,079	134,923
Manche	1,323,932	48,400
Total.	3,706,654	255,793

Cinquième Conservation.

Départements.	Territoire.	Forêts.
Ille et Vilaine	1,336,205	54,944
Loire-Inférieure	1,383,381	79,522
Finistère	1,358,554	27,790
Côtes-du-Nord	1,443,463	46,780
Morbihan	1,335,670	37,713
Total.	6,857,273	246,549

Sixième Conservation.

Départements.	Territoire.	Forêts.
	arpents.	arpents.
Mayenne et Loire	1,408,365	99,045
Mayenne	1,016,614	50,061
Sarthe	1,252,539	115,024
Total.	3,677,518	264,130

Septième Conservation.

Départements.	Territoire.	Forêts.
Loiret	1,322,909	182,595
Loir et Cher	1,181,691	144,270
Indre et Loire	1,220,799	143,553
Total.	3,725,599	470,418

Huitième Conservation.

Départements.	Territoire.	Forêts.
Cher	1,450,134	283,794
Nièvre	1,327,221	293,247
Indre	1,347,536	200,994
Total.	4,124,891	778,035

Neuvième Conservation.

Départements.	Territoire.	Forêts.
Vienne.	1,350,128	143,100
Deux-Sèvres	1,184,433	77,902
Vendée.	1,323,432	40,949
Charente-Inférieure. . . .	1,404,460	74,318
Total.	5,262,453	336,269

Dixième Conservation.

Départements.	Territoire.	Forêts.
	arpents.	arpents.
Allier	1,454,341	208,185
Puy-de-Dôme	1,556,417	94,562
Cantal	1,124,802	57,097
Haute-Loire	985,246	44,694
Haute-Vienne	1,116,876	45,672
Corrèze	1,165,235	26,391
Creuse	1,135,332	67,938
Total.	8,538,249	544,539

Onzième Conservation.

Départements.	Territoire.	Forêts.
Gironde	2,121,055	195,104
Lot et Garonne	1,116,225	49,532
Charente	1,153,648	45,147
Dordogne	1,135,322	1,133,339
Lot	1,400,160	73,093
Total.	6,926,410	1,496,215

Douzième Conservation.

Départements.	Territoire.	Forêts.
Hautes-Pyrénées	920,710	118,074
Basses-Pyrénées	1,481,141	149,273
Gers	1,233,636	144,333
Landes	900,534	287,774
Total.	4,536,621	699,454

Treizième Conservation.

Départements.	Territoire.	Forêts.
Haute-Garonne	1,481,038	95,886
Tarn	1,130,172	90,757
Arriège	1,037,533	85,412
Total.	3,648,743	272,055

20

Quatorzième Conservation.

Départements.	Territoire.	Forêts.
	arpents.	arpents.
Hérault	1,236,198	54,988
Aveyron	1,767,424	116,547
Aude	1,275,503	93,635
Total.	4,279,125	265,170

Quinzième Conservation.

Départements.	Territoire.	Forêts.
Gard	1,175,044	93,287
Ardèche	1,077,629	66,146
Lozère	997,961	43,348
Vaucluse	454,576	16,037
Total.	3,705,210	218,818

Seizième Conservation.

Départements.	Territoire.	Forêts.
Bouches-du-Rhône	1,179,425	61,747
Var	1,421,637	457,309
Basses–Alpes	1,459,699	109,068
Alpes–Maritimes	632,219	71,681
Total.	4,692,980	699,805

Dix–septième Conservation.

Départements.	Territoire.	Forêts.
Isère	1,648,230	268,758
Drôme	1,324,227	147,381
Hautes–Alpes	1,084,614	83,895
Mont-Blanc	1,184,283	218,420
Léman	539,267	46,559
Ain	1,077,432	131,366
Loire	964,083	72,759
Rhône	529,842	23,473
Total.	8,351,978	992,611

Dix-huitième Conservation.

Départements.	Territoire.	Forêts.
	arpents.	arpents.
Côte-d'Or	1,443,463	46,780
Saône et Loire	1,680,457	330,780
Haute-Marne	1,240,058	378,749
Total.	4,363,978	756,309

Dix-neuvième Conservation.

Départements.	Territoire.	Forêts.
Doubs	1,040,381	244,864
Haute-Saône	980,086	263,301
Jura	986,246	245,161
Total.	3,006,713	753,326

Vingtième Conservation.

Départements.	Territoire.	Forêts.
Bas-Rhin	970,986	380,423
Haut-Rhin	1,076,850	415,975
Total.	2,047,836	796,398

Vingt-unième Conservation.

Départements.	Territoire.	Forêts.
Meurthe	1,232,409	444,821
Meuse	1,184,283	350,886
Vosges	1,151,986	426,244
Total.	3,568,678	1,221,951

Vingt-deuxième Conservation.

Départements.	Territoire.	Forêts.
Moselle	1,236,012	341,000
Forêts	1,358,554	190,318
Ardennes	525,281	376,268
Total.	3,119,847	907,586

Vingt-troisième Conservation.

Départements.	Territoire. arpents.	Forêts. arpents.
Ourthe.	857,696	160,078
Meuse-Inférieure	741,859	39,120
Sambre et Meuse	897,211	274,377
Total.	2,496,766	473,575

Vingt-quatrième Conservation.

	Territoire.	Forêts.
Dyle	671,746	95,704
Jemmapes.	757,990	154,601
Escaut	566,986	34,373
Lys.	718,892	53,285
Deux-Nèthes.	559,013	22,813
Total.	3,254,627	340,776

Vingt-cinquième Conservation.

	Territoire.	Forêts.
Nord	1,133,333	110,113
Pas-de-Calais.	1,331,719	109,311
Total.	2,465,052	219,424

Vingt-sixième Conservation.

	Territoire.	Forêts.
Somme	1,184,353	112,732
Oise	1,139,190	177,315
Aisne	1,467,881	217,517
Total.	3,791,424	507,564

Vingt-septième Conservation.

	Territoire.	Forêts.
Liamone	903,651	78,000
Golo.	117,072	29,000
Total.	1,020,723	107,000

Vingt-huitième Conservation.

Départements.	Territoire.	Forêts.
	arpents.	arpents.
Rhin et Moselle	1,152,896	187,306
Mont-Tonnerre	1,097,111	437,567
Sarre	966,945	278,418
Roer	1,022,731	440,904
Total	4,239,683	1,344,195

Total général des forêts nationales, réparties au commencement de l'an 13 entre les vingt-
huit conservations forestières 4,787,000

§ IX. *De l'Administration forestière.*

Elle a pour objet d'empêcher la dégradation des forêts,
et de veiller à leur entretien, aménagement et conservation.

On appèle aménagement, une opération à laquelle se
livrent les agents forestiers, avant que de vaquer à l'exploitation d'une forêt. Elle consiste dans la rédaction d'un
procès-verbal destiné à constater la nature de la forêt;
les espèces de bois qui y dominent; leurs différentes qualités; à désigner le quart de cette forêt pour être tenu en
réserve; à fixer les limites de cette réserve, pour laquelle
on fait choix des meilleurs cantons, les trois autres sont
divisés en vingt-cinq parts égales qu'on nomme *assiettes*
pour être exploitées annuellement.

Cette exploitation se fait par coupes qui recommencent
tous les 25 ans assez ordinairement. Cependant les coupes
peuvent varier suivant la qualité du bois, sa situation et
la nature du sol; par exemple dans un excellent fonds,
un taillis doit être réglé à 40 ans, s'il n'est destiné à
croître en futaie; dans un fonds moins riche, à 35 ans;

dans un assez bon fonds, à 30; dans les terrains inférieurs en qualité, à 20 et 25; dans les terrains médiocres, à 15; et dans les mauvais, à 10.

Quoique l'ordonnance de 1669 ne fixe point l'âge où l'on doive couper les bois, elle défend de les exploiter avant qu'ils ayent au moins 10 ans, et laisse la liberté de les abattre depuis cet âge jusqu'à 40 ans.

On ne peut pas disposer des baliveaux sur taillis avant l'âge de 40 ans, et ceux réservés dans les futaies qu'on doit laisser au nombre de dix par arpent, ne doivent pas être abattus avant qu'ils ayent atteint 120 ans.

Les possesseurs de bois sont aujourd'hui divisés en cinq classes : 1°. l'état ou le gouvernement; 2°. les engagistes; 3°. les tréfonciers, ou propriétaires indivis avec le gouvernement; 4°. les communautés d'habitants; 5°. les particuliers.

Les bois des quatre premières classes sont soumis au régime forestier, et s'exploitent en coupes réglées qui reviènent tous les 25 ans pour le même taillis.

Quant aux bois des particuliers, ils ne peuvent, pendant 25 ans, à compter du mois de floréal an 11, être arrachés ou défrichés que six mois après la déclaration qui en a été faite par le propriétaire, devant le conservateur forestier de l'arrondissement où le bois est situé. L'administration forestière peut empêcher ce défrichement, à la charge de donner les motifs de son opposition, au ministre des finances, d'après le rapport de qui le gouvernement statue définitivement sur la demande de permission. Il y a des peines prononcées contre celui qui, au mépris de cette formalité, effectuerait le défrichement.

La matière des eaux et forêts a toujours fait un objet important de législation, et a eu de tous temps un régime à part en France; il y a toujours eu des juges particuliers pour connaître des délits qui s'y commettaient.

Il y avait un grand forestier ou grand-maître des eaux et forêts; ensuite les *grands-maîtres-généraux*, créés dans le principe au nombre de six, furent portés à vingt, et chargés de l'administration.

Les capitulaires nous montrent ces officiers sous le double rapport d'administrateurs et de juges. L'ordonnance de 1556, et quelques autres postérieures, maintinrent les grands-maîtres des eaux et forêts dans leurs attributions et juridictions. Sous François Ier., cette administration fut plus particulièrement soignée. On proscrivit les grands défrichements jusqu'alors permis, en assujétissant la garde et la conservation des bois à des règlements fixes; cependant l'habitude de détruire et les dangers de la disette, ou la cherté du bois de charpente, construction navale et de chauffage, donna lieu à l'ordonnance de 1669.

On la doit au génie de Colbert. Il chargea vingt-un commissaires de sa rédaction, qui dura huit ans, parce qu'il fallut le temps d'approfondir cette matière, et de prendre connaissance sur les lieux des objets qui pouvaient contribuer à la perfection de la loi.

Les dispositions de cette ordonnance relatives aux forêts retiennent la cupidité des usufruitiers, offrent des ressources dans les massifs de futaies, et laissent aux propriétaires une liberté qui se concilie avec les besoins de l'état.

Relativement aux eaux, l'ordonnance pourvoit à l'entretien des rivières, à la sûreté et à la facilité du commerce intérieur, et détruit ou restreint certains droits de péages qui nuisaient à la circulation.

Cette loi, malgré des dispositions très-sages, a perdu de son crédit parmi nous, après avoir servi de modèle aux étrangers. Elle dut cette défaveur aux déclamations exagérées des économistes, qui, sous prétexte de quelques inconvénients attachés à son exécution, persuadèrent à un public ignorant et à des administrateurs légers, qu'elle nuisait aux forêts, par cela même qu'elle empêchait la destruction des bois.

Il n'est pas de notre objet de suivre cette matière; il suffit de remarquer que l'on avait détruit tous les fondements de la police des forêts, lorsque la révolution arriva. Alors le désordre fut porté au comble par les entreprises et les déprédations des communautés et des particuliers dans les bois et forêts.

Cependant, par les lois du 11 décembre 1789, des 26 mai et 25 septembre 1790, et l'organisation du 29 septembre 1791, l'assemblée constituante annonça le désir de faire cesser le désordre et de prévenir les abus de la cupidité.

Aux termes de l'article IV, titre V de cette dernière loi, il en devait être incessamment fait une particulière pour fixer les règles de l'administration forestière; mais cette loi n'ayant point été rendue, la seconde disposition du même article resta en vigueur; elle porte « que l'ordonnance de 1669 et les autres réglements continueront d'être exécutés en tout ce à quoi il n'était point dérogé, en substituant toutes les fois dans la vente des bois, les formes prescrites pour l'adjudication des biens nationaux à celles auparavant usitées ».

On soumit ensuite à l'assemblée nationale, la question de savoir s'il était utile à la nation d'aliéner en tout ou en partie les forêts; mais considérant qu'avant une solution définitive, il aurait été imprudent de laisser achever la nouvelle organisation forestière, tandis que la loi du 29 septembre 1791 conservait provisoirement en activité les anciens officiers des maîtrises; elle ordonna, en mars 1792, qu'il serait sursis à la nomination aux places de la nouvelle organisation, jusqu'à ce qu'elle eût prononcé sur la vente et l'aliénation des forêts.

Les anciens officiers des maîtrises sont en conséquence restés en activité; la question relative à l'aliénation des forêts n'a plus été agitée, et une loi du 16 nivôse an 9, a ordonné la formation d'une nouvelle administration forestière.

L'article X de cette loi porte que toutes les dispositions et réglements antérieurs sur les bois et le régime forestier, auxquels elle n'a pas dérogé, continueront d'être exécutés; l'article VII donne aux différents agents qu'elle crée, les fonctions attribuées par les lois aux anciens officiers forestiers. C'est donc dans l'ordonnance de 1669 sur les eaux et forêts, dans la loi du 29 septembre 1791, dans celle du 16 nivôse an 9, qu'il faut puiser les connaissances législatives et d'administration sur le régime des forêts de France.

Mais comme il ne peut pas entrer dans notre plan de traiter ces matières en détail, nous nous bornerons à exposer la forme de l'administration forestière d'après la loi du 16 nivôse an 9.

En vertu de cette loi, la partie administrative des bois et forêts est séparée de la régie de l'enregistrement, et confiée à cinq administrateurs qui résident à Paris.

Ces administrateurs ont sous leurs ordres des conservateurs, des inspecteurs, des sous-inspecteurs, des gardes généraux, des gardes particuliers et des arpenteurs, dont le nombre, l'arrondissement et la résidence sont déterminés par le gouvernement.

Le nombre des inspecteurs ne peut excéder 3o (il est aujourd'hui de 28 , non compris le Piémont); celui des inspecteurs, 2oo; celui des sous-inspecteurs, 3oo; celui des gardes-généraux, 5oo; celui des gardes particuliers, 8,000.

Le traitement des agents forestiers, autres que les arpenteurs, est fixé et ne peut excéder , savoir : celui des administrateurs, 10,000 fr.; celui des conservateurs, 6,000 fr. ; celui des inspecteurs, 3,000 francs ; celui des sous-inspecteurs, 2,000 fr. ; celui des gardes-généraux, 1,200 fr.; celui des gardes particuliers, 5oo francs; les arpenteurs reçoivent 2 francs par hectare (deux arpents) de bois dont ils font le mesurage; et 1 franc 5o centimes par hectare dont ils font le récollement.

Les dépenses locales de l'administration forestière ne peuvent excéder 5,000,000, y compris la dépense de semis, plantations et améliorations, et de 5o,ooo francs pour encouragement.

Nous avons vu plus haut qu'il y avait vingt-huit conservations des forêts, établies dans l'étendue de la France; nous ajouterons que pour le service de la marine, il y a cinq arrondissements forestiers appelés *Arrondissements forestiers de la Marine*, qui sont dans les attributions du ministre de la marine, et sous la direction d'un officier du génie maritime.

Nous allons terminer cette analyse de la partie statistique des bois et forêts de la France, par un extrait du compte rendu de l'administration des finances de l'an 11, qui s'y rapporte. Nous y reviendrons encore en parlant des revenus de l'état.

Il résulte donc de ce compte, qu'au 1er. vendémiaire an 12, il y avait 28 conservateurs, 166 inspecteurs; 262 sous-inspecteurs; 465 gardes-généraux; 6,884 gardes particuliers, 442 arpenteurs; total d'agents forestiers, 8,246.

Suivant ce même état, la contenance des forêts nationales formait alors . . . . 2,393,000 hectares.

Bois mis en vente en l'an 11 . . . 64,490

Arbres provenant des coupes ordinaires de chablis, et éclaircissements de futaie. . . . . 36o,ooo arbres.

Montant du produit des ventes en l'an xi, 39,835,641 francs. Quoique par les restitutions faites à des rayés ou amnistiés pendant cet exercice, la contenance totale des bois nationaux ait été réduite, comparativement à l'an 10, d'environ 100,000 hectares, le produit des ventes se trouve augmenté, en l'an 11, de plus de 6,000,000, et c'est, en conséquence, que le prix commun de l'hectare, qui n'était encore porté, pour l'an x, qu'à 495 fr., s'élève, pour l'an xi, à 629.

L'on voit encore, par le compte des finances, qu'en l'an 11, les dépenses de l'administration forestière ont été de 5,000,000, savoir : frais des agents, rétributions des arpenteurs, et fonds d'encouragements, 4,311,030 fr.; frais d'administration, 162,500 francs; fonds d'amélioration, 522,113 francs; ces dépenses, comparées au produit de 39,835,641 francs, font un huitième et demi de frais de perception sur la masse des produits.

Nous allons passer maintenant à d'autres productions que la culture obtient du sol français.

§ X. *Le Tabac.*

Tout le monde connaît cette production singulière dont on cultive beaucoup en France aujourd'hui, particuliè-tement en Alsace, et dans les départements formés des états conquis à la rive gauche du Rhin, et connus sous le nom de départements réunis de la rive gauche du Rhin.

Ce n'est guère que vers 1629 que cette plante attira l'attention du fisc. Une déclaration du mois de décembre de cette année, imposa un droit d'entrée de 30 sous par livre sur cette production, que l'on tirait alors entière-ment de l'étranger. Mais pour favoriser en même temps l'établissement et l'accroissement des colonies, tout le tabac, provenant des îles et colonies françaises, fut exempt du droit.

Sa vente exclusive fut mise en ferme en 1674, et a passé successivement des mains des fermiers à la compa-gnie d'Occident, ensuite à celle des Indes, jusqu'en 1730, que ce privilège fut réuni aux fermes générales, pour environ 7,600,000 francs, et n'en a pas été séparé jusqu'à l'époque de la suppression des fermes générales.

Suivant M. Necker, les ventes de la ferme s'élevaient en 1784, a plus de 15,000,000 de livres pesant de tabac, dont le douzième environ se débitait en tabac à fumer. Et comme, ajoute-t-il, le nombre des habitants dans les généralités où le privilège du tabac était introduit, n'allait pas à moins d'environ 22,000,000 d'ames, la consommation allait de $\frac{5}{8}$ à $\frac{3}{4}$ de livre pesant par chaque individu.

Il y avait plusieurs provinces où le privilége du tabac n'avait pas lieu, telles que l'Alsace, la Flandre, la Franche-Comté, la ville et territoire de Bayonne, etc.

La ferme du tabac rapportait alors 30,000,000 environ.

Aujourd'hui, la culture du tabac est libre en France, et le commerce n'y est soumis qu'à certains droits dont nous parlerons.

On tirait beaucoup de tabac de l'étranger avant la révolution, et c'était un très-grand bien, 1°. parce que les terres, employées aujourd'hui au tabac, étaient consacrées à de plus utiles cultures; 2° parce que, par le moyen de l'importation étrangère, nous trouvions un débouché pour des objets de nos fabriques et manufactures; 3°. parce que le fisc retirait un revenu aisé et considérable sur cette importation; trois choses presque détruites par la liberté accordée à la culture de cette plante.

En 1787, la valeur des importations du tabac étranger s'est élevée à 14,142,000 livres tournois; en 1796, il est entré en France 60,000 quintaux de tabac, qui, perdant un quart en poids à la fabrication, ont rendu 45,000 quintaux ou 4,500,000 livres pesant. La consommation en France a été, pendant la même année, de 240,000 quintaux fabriqués; ainsi, il y a eu 180,000 quintaux de culture française.

On estime aujourd'hui la consommation, tant à fumer qu'en poudre, dans toute l'étendue de la France, à 50,000,000 de livres pesant, dont 20,000,000 proviènent de feuilles étrangères, et 30,000,000 de feuilles indigènes.

Il résulte des registres des douanes que, pendant l'an 11, il est entré en France 7,580,370 kilogrammes ou 15,160,740 livres pesant de tabac, dont à peu près les deux tiers par bâtiments français. Pendant les sept premiers mois de l'an 12 seulement, il est entré 6,087,900 kilogrammes ou 12,175,800 livres pesant; d'où il suit,

1°. que l'estimation de M. Fabre de l'Aude, que nous venons de rapporter en dernier lieu, évalue à une trop forte quantité l'importation étrangère du tabac; 2°. que la culture intérieure fournit moins pour l'an 12, qu'elle n'avait fourni pour l'an 11, puisque les sept premiers mois de l'an 11 ont donné plus de $\frac{11}{12}$ de l'an 12.

Les drois de douanes sur les tabacs en feuilles avaient produit, en l'an xi, 3,965,146 francs.

Conformément à la loi du 5 ventôse an 12, le droit sur l'importation des feuilles étrangères est de 1 franc par kilogramme (2 livres pesant), lorsqu'elles sont apportées par des navires étrangers, et de 8 décimes par kilogramme ou 8 sous par livre, lorsque c'est par un navire français. Indépendamment de ce droit, il doit être perçu, conformément à la loi du 29 floréal an 10, un droit de fabrication de 4 décimes par kilogramme, 4 sous par livre, tant sur les feuilles étrangères que sur les feuilles nationales, employées à la fabrication du tabac.

En vertu de la même loi du 5 ventôse an 12, toute personne qui veut établir une fabrique de tabac, est obligée de prendre une licence, ainsi que quiconque veut en vendre au débit. Cette licence est fixée à une certaine somme qui se paye annuellement.

Ce serait un très-grand inconvénient que la culture du tabac fît des progrès en France; on y est d'autant plus exposé, qu'en général le sol y est propre, que l'on y entend bien la manipulation de cette plante, et que les produits de sa culture sont considérables.

En effet, un arpent ordinaire donne 1,500 livres pesant de feuilles de tabac desséchées; à 10 sous la livre, c'est 750 francs; les frais, loyers, impôts, 300 francs; reste le bénéfice énorme de 450 francs par arpent.

L'importation du tabac étranger, de Virginie, de Caroline, sur bâtiments français, suffirait seule pour faire un fonds de marins excellents pour la France; mais alors il faudrait décourager la culture du tabac par un impôt très-lourd sur les terres employées à cette culture.

Passons à la garance et au safran.

§ XI. *De la Garance et du Safran.*

Ce sont des productions d'un grand usage dans la teinture. La première se trouve particulièrement dans le Bas-Rhin, dans les Deux-Nèthes, dans les départements du Nord, de Vaucluse, des Bouches-du-Rhône, et de Lot et Garonne.

Le département du Bas-Rhin est celui où la culture de la garance donne de plus forts produits. On estime en effet que 5 arpents y donnent 250 quintaux environ de racines, qui rendent en vert, prix moyen, à 8 francs le quintal, 2,000 francs, dont, ôtant 1,010 francs pour frais de loyer, culture, impôts, reste un bénéfice de 990 francs pour les 5 arpents.

Il y a dans le département du Bas-Rhin, environ 800 arpents de terre cultivés en garance. Dans le département des Deux-Nèthes, on en récolte annuellement environ 5,000 quintaux.

Dans le département de Lot et Garonne, l'arpent donne environ 80 quintaux de garance fraîche, qui se réduit à peu près à 109 livres pesant, étant desséchée.

On trouve en France une douzaine de moulins à garance, qui ne suffisent pas aux fabriques de toiles peintes et aux teintures : nous en tirons beaucoup de Hollande.

Le safran est une autre plante territoriale dont la culture est négligée aujourd'hui, mais qui autrefois était considérable ; la gaude ou pastel est un peu plus cultivée aujourd'hui.

Dans le département du Tarn, la culture du pastel est assez répandue ; mais moins qu'autrefois, attendu que cette plante est remplacée par l'indigo, qui donne une bien plus belle couleur bleue. Le safran du Gâtinais est encore très-recherché, et fait l'objet d'un commerce assez utile.

§ XII. *Du Houblon.*

Depuis la conquête de la Belgique et la réunion de ce beau pays à la France, le houblon est devenu un objet important de richesse territoriale, qui le deviendrait encore davantage si la culture en était mieux entendue.

C'est principalement dans les départements du Nord, du Pas-de-Calais, de l'Escaut, de Jemmapes, de la Lys, des Deux-Nèthes, de Sambre et Meuse, de la Somme, que le houblon est cultivé. Tout le monde sait que la fleur du houblon entre dans la fabrication de la bière, et qu'elle en fait la bonne qualité.

L'Escaut, Jemmapes, la Lys, cultivent en grand le houblon : on en trouve surtout beaucoup dans la Lys et Jemmapes. La bière blanche de Louvain est très-renommée ; c'est, pour ainsi dire, le seul commerce de cette ville, et il est considérable.

Mais c'est principalement à Lière, département des Deux-Nèthes, petite ville au confluent des rivières de ce nom, où l'on cultive la bonne qualité de houblon, qui a rendu recommandables les brasseries de cet endroit. On en transporte la bière, par la rivière et les canaux, jusqu'à Gand et à Bruges, où il s'en fait une grande consommation.

Le houblon que produit le département de Sambre et Meuse suffit à peu près à la fabrication de la bière, qui est la boisson ordinaire du pays.

« En 1791, dans le département du Nord, depuis long-temps le houblon n'avait pas valu moins de 54 liv. le 100 (la livre, en Flandre, n'était que de 14 onces), et, de temps en temps, il s'était vendu de 150 à 200 livres le quintal de Flandre. Cette révolution avait lieu tous les trois ou quatre ans, dit la *Feuille du Cultivateur* ; et si la récolte moyenne d'un arpent de houblon produit 1,000 l. pesant après sa dessiccation, et qu'on donne à sa fleur un prix moyen de 80 francs, le produit annuel d'un arpent sera de 800 francs ; sur quoi, déduisant la dépense estimée à 320 francs, il restera par arpent un bénéfice annuel de 480 francs ; le produit est assez considérable pour attirer l'attention du cultivateur, lors même qu'on en retrancherait un quart et même un tiers. Quoique ce résultat ne soit pas invariable pour tous les pays où l'on voudrait cultiver le houblon, il offre cependant des données assez satisfaisantes pour encourager les essais en ce genre de culture. »

Mais si le produit ordinaire d'un arpent de houblon

peut être égal à celui d'un arpent de vigne dans les ter-
roirs communs, il n'y a pas de comparaison entre ce que
donne celui-ci de richesse à la France, en comparaison
de l'autre; c'est ce qu'on sera à portée de connaître dans
le paragraphe suivant.

§ XIII. *Du Vin.*

C'est une des premières et des plus considérables richesses territoriales de la France; ses vins sont, après
ses blés, la plus forte de ses productions végétales.

Leur réputation est universellement répandue, et les
vins de France sont préférés à tous les autres dans l'é-
tranger, surtout ceux des bons crûs, comme la Bourgogne, la Champagne, le Bordelais et quelques autres
moins connus, du Languedoc et de la Franche-Comté.

Pour bien faire connaître la richesse de la France en
vin, nous parlerons, 1°. de la quantité qu'elle en récolte;
2°. de la consommation intérieure et de l'exportation au-
dehors; 3°. enfin du bénéfice de culture.

Il serait fort difficile de dire au juste la quantité de
vins que produit la France. Tous les ans il se fait des
changements dans la culture de la vigne; on ensemence
des terres à vignes; l'on plante en vignes des terres à blé.
La même quantité de vignes ne fournit pas d'ailleurs la
même quantité de vin, etc.

Mais indépendamment de cette difficulté, il en naît
une autre de la manière d'estimer cette quantité; soit
qu'on emploie la consommation, ou l'appréciation d'après
la quantité d'arpents cultivés en vignes.

Au reste, cette difficulté est commune à l'estimation
de tous les produits agricoles.

M. de Vauban, dans son *Projet de Dîme royale*, estime la quantité de vin récolté en France, d'après le
nombre d'arpents de vignes; il la porte à 36,000,000 de
muids année commune (le muid de 288 pintes de Paris).

Cette estimation paraît trop forte; l'abbé Expilly,
en adoptant les mêmes bases de calcul, ne l'évalue qu'à
6,400,000 muids; ce qui paraît faible; car ce ne se-
rait, déduction faite de l'exportation, que $\frac{1}{4}$ de pinte environ de consommation par jour pour un individu, en

supposant, comme le font certains auteurs, la consommation intérieure, égale à l'exportation.

L'auteur de l'*Étude de la Politique*, M. Beausobre, qui a suivi la méthode fondée sur l'étendue de la consommation, ne donne pas un résultat plus satisfaisant. Il établit la consommation individuelle et journalière à un quart de pinte, ce qui lui donne 7,603,680 muíds par an. Si on ajoute à ce total une quantité égale pour l'exportation, et 3,000,000 de muids pour les eaux-de-vie et vinaigres, on aura pour récolte annuelle 18,207,360 muids de vin. L'auteur de *La France Agricole et Marchande* porte la consommation à $\frac{1}{4}$ de pinte par jour, et trouve pour résultat, non compris les eaux-de-vie et le vinaigre, 7,603,680 muíds de vin. M. Lavoisier ne la porte qu'à 5,703,125 muids.

Il serait inutile de multiplier les citations : nous ne ferions que prouver ce que nous avons avancé plus haut, qu'il est extrêmement difficile de déterminer au juste la quantité de vin qu'on récolte en France. Dans cette incertitude sur l'approximation plus ou moins grande des calculs précités, ne pourrait-on pas prendre un terme moyen, dit M. Sonnini. De cette manière l'estimation de

M. de Vauban étant de. . . . . 36,000,000 muids
L'abbé d'Expilly. 6,400,000
L'auteur de l'*Étude de la Politique*. 18,207,360
L'auteur de *La France Agricole et*
  Marchande. 7,603,680
M. Lavoisier. . . . . , ... 5,703,125

Total. 74,514,165

On aurait pour terme moyen. . . . . 14,902,833 muíds pour la consommation générale de la France, à quoi, ajoutant l'exportation, on parviendrait à avoir le produit total.

On pourrait aussi, à l'aide de la consommation de Paris, connaître celle du reste de la France; on portait, en 1789, cette consommation à $\frac{1}{12}$ de celle du royaume. D'après cette donnée, la consommation de Paris, étant alors de 56,000,000 francs pour la consommation des vins, il s'en suivrait, en ajoutant $\frac{1}{6}$ pour la contrebande (ce qui produirait un total de 42,000,000), que la consommation en vin était, à cette époque en France, d'une valeur de 504,000,000 de francs ; ce qui est sûrement trop fort.

L'estimation de M. Arthur Young est calculée sur des bases différentes. Sur la quantité d'arpents cultivés, il estime qu'il y a en France 4,000,000 d'arpents en vignes, et cela en 1789 ; que chaque arpent donne un produit brut de 210 francs (175 francs par acre anglais, lequel est de $\frac{1}{5}$ moins grand que l'arpent français); qu'ainsi multipliant 210 francs par 4,000,000, on a la valeur du produit brut de la récolte en vin. Cette somme fait 840,000,000 de francs. Il estime le produit ou revenu pour les propriétaires, de 450,000,000 de francs.

Depuis ses nouvelles conquêtes, la France a acquis peu de domaines vignobles, si ce n'est dans le Piémont et sur le Rhin ; mais leur produit ne diminue point considérablement la consommation des vins de France, qui sont toujours préférés, et dont on peut élever d'après tout ce que nous venons de dire, à 31,000,000 de muids de 288 pintes chacun, la récolte annuelle ; les $\frac{2}{3}$ sont consommés aujourd'hui dans l'intérieur et $\frac{1}{3}$ exporté.

La consommation en vin s'est accrue dans l'intérieur par l'aisance des cultivateurs ; mais aussi il y a eu beaucoup de vignes nouvelles plantées ; en sorte que le prix du vin, tant pour l'exportation que pour la consommation, est resté environ au prix moyen de 30 francs le muid.

Nous allons rapporter un tableau qui fera connaître à quoi se montait l'exportation avant la révolution, seule époque de comparaison que l'on puisse prendre pour le commerce extérieur, tant que la paix et les relations commerciales du dehors ne seront pas parfaitement rétablies.

*Tableau de l'état des Vins exportés de France,
année 1788.*

NOMS DES VINS.	VALEURS	
	A L'ÉTRANGER.	AUX COLONIES.
Vins divers	143,300 f.	2,370,400 f.
— d'Anjou	549,500	
— de Béarn et Gase.	849,300	
— de Bord. et Guien.	13,708,700	6,278,700
— de Bourgogne . .	1,306,700	
— de Bresse	18,800	
— de Bugey	431,600	
— de Chalosse . . .	1,065,500	
— de Champagne. .	851,900	
— de Franche-C^omté.	749,000	
— du Dauphiné . .	124,900	
— du Languedoc . .	1,209,500	
— du Lyonnais. . .	47,000	
— du Nantais . . .	232,900	
— d'Orléans	6,300	
— de Provence . . .	2,944,300	
— du Roussillon . .	87,300	
— de Saintonge. . .	10,400	
— du Vivarais . . .	102,000	
— de liqueurs. . . .	58,600	85,500
TOTAUX	24,297,500 f.	8,734,600 f.

L'exportation de nos vins au-dehors et aux colonies, n'allait en 1725, qu'à une valeur de 22,000,000; l'on voit qu'en 60 ans elle s'est élevée à plus de 33,000,000.

Par les états de la balance du commerce, on voit qu'en 1784 les exportations en vin furent de 22,958,800 francs. En 1787, elles ont été à 28,276,000; et en vin de liqueur, à 254,000. Pendant la guerre, ces exportations ont été réduites à fort peu de chose.

Malgré la grande quantité de vins récoltés en France, et l'exportation immense qui s'en fait, nous tirons encore des vins étrangers qui sont en partie consommés et en partie exportés ; mais cette importation n'est pas considérable. Elle est presqu'entièrement composée de vins d'Espagne, et ne va pas au-delà de 3,000,000 fr. dans les années où l'on en tire le plus. En 1787, l'importation en France de vins étrangers n'a été que de 1,489,000 francs.

D'après tout ce qui précède, on voit que la consommation et l'exportation des vins doivent former la base d'un commerce très-considérable dans l'intérieur. Les différents vignobles qui fournissent aux exportations, versent leurs vins par les rivières navigables qui les traversent ou les avoisinent, dans les ports où les étrangers ont coutume de se rendre.

Les vins de Bourgogne, de Beaujolais, du Lyonnais, de l'Orléanais, de l'Anjou, etc., se transportent avec facilité, par la Saône, la Seine, la Loire, dans un grand nombre de départements. Ceux de Guienne, de Languedoc, etc., se voiturent sur la Dordogne, la Garonne et les rivières adjacentes.

Les vins de Bourgogne, Champagne, Beaujolais, Languedoc, se vendent à Paris, à Lyon, et passent en Picardie, en Normandie, dans la Bretagne et dans la Flandre française. Les vins de Roussillon, de Provence ont à peu près les mêmes débouchés. Les vins de Bordeaux, de Guienne, sont en partie consommés au service de la marine, quoiqu'il s'en transporte aussi dans l'intérieur. Les vins de l'Orléanais, de l'Anjou, sont convertis en grande partie en eaux-de-vie, etc.

Les vins de liqueurs les plus estimés en France, sont ceux de la Ciotat et de Saint-Laurent, en Provence ; le vin de Frontignan, dans le département de l'Hérault, est le plus parfait de tous les vins de liqueur du Languedoc, et celui qui se conserve le plus long-temps. Il a d'ailleurs l'avantage de prendre de la qualité en vieillissant. Le vin muscat de Lunel dans le même département, a un goût que quelques personnes préfèrent, mais il ne se conserve pas aussi long-temps que le Frontignan ; celui de Rivesaltes a plus de vigueur et de maturité que ceux ci ; il approche du vin du Cap. Il n'y a point de vin rouge de Rivesaltes. Le vin muscat de Béziers est inférieur à ceux de Frontignan, de Rivesaltes et de Lunel.

Le produit de la culture des vignes n'est pas le même partout ; il varie suivant les crûs et les provinces. Nous en ferons connaître quelques-uns, afin de donner une idée de la valeur de cette production, sous le rapport de la richesse du propriétaire.

Dans le département des Bouches-du-Rhône, au territoire de Marseille et d'Aix, l'arpent donne 6 barriques $\frac{2}{3}$; chaque barrique ou poinçon de 240 pintes. Elles rendent à la vente une somme de 120 francs ; sur quoi il faut déduire en frais de culture et intérêts des fonds, 62 fr., reste 58 francs de produit net.

Dans le département du Lot et Garonne, au territoire d'Agen et de Bordeaux, l'arpent produit, 4 barriques de 240 pintes de vin commun ou marchand, qui, à 25 francs chaque, font 100 francs ; frais et avances, 80 francs ; produit net, 20 francs.

Dans le département de l'Isère, Dauphiné, l'arpent donne 9 charges, chaque charge de 112 bouteilles, au prix de 12 francs chaque, fait 108 francs ; déduction des avances, 78 francs ; reste 30 francs de produit net.

Dans les départements du Puy-de-Dôme et du Cantal, Auvergne, chaque arpent rend 8 poinçons à 20 fr., 160 fr. ; frais et avances, 138 francs ; produit net, 22 francs.

Département du Rhône, Lyonnais, territoire de Limonie, Sainte-Colombe, Saint-Georges de Renein, Côte-Rotie, produit brut 15 pièces par arpent, à 50 fr., font 750 francs ; frais et avances, 606 fr. ; produit net, 144 francs.

Département de la Nièvre, Nivernais, territoire de Pouilly, Crancy ; l'arpent donne en produit brut 19 poinçons à 22 francs 50 centimes, ce qui fait 427 francs ; avances et frais, 530 francs ; produit net, 97 francs.

Département de la Côte-d'Or, Bourgogne, territoire de Châlons-sur-Saône, Beaune, Dijon, produit brut de l'arpent, 3 poinçons, ou la queue ou 6 feuillettes à 150 francs les 4 feuilles, 225 francs ; avances et frais, 136 francs ; produit net, 89 francs.

Département de l'Yonne, Bourgogne, territoire

d'Auxerre ; produit brut de l'arpent, 5 poinçons, mesure de Paris, 400 francs ; avances, 273 francs ; produit net, 127 francs.

Département du Loiret, Orléanais, territoire d'Orléans ; produit brut de l'arpent, 6 poinçons à 30 francs, 180 francs ; avances, 144 francs ; produit net, 36 francs.

Département de la Seine, Isle de France, territoire des environs de Paris ; produit brut, 12 poinçons à 40 fr., 480 francs, avances, 381 francs ; produit net, 99 francs.

Département de la Marne, Champagne ; produit brut, 5 barriques à 50 francs, prix commun des vins ordinaires, 250 francs ; avances, 216 francs, produit net, 34 francs.

Ce qui rend le produit net peu considérable en proportion du produit brut, c'est la quantité de frais, de travaux, d'avances et d'accidents qu'entraîne la culture de la vigne, et tous ces objets sont autant de déductions à faire sur la valeur de la vente des vins.

Cependant à l'exception des pertes par la grêle ou la gelée que l'on fait entrer dans l'estimation des déductions à faire, on se tromperait si l'on ne regardait que le produit net comme partie de la richesse territoriale ; tous les autres frais et avances pris sur la vente des vins, sont autant de moyens d'existence et de bénéfices qui ont été répartis très-avantageusement pour l'Etat, entre un grand nombre d'individus qui ont travaillé ou fourni des fonds à cette culture.

Passons maintenant aux eaux-de-vie.

§ XIV. *Des Eaux-de-vie et Vinaigres.*

Nous ne chercherons pas à estimer la quantité d'eaux-de-vie et vinaigres qui se fabriquent en France ; elle doit être considérable par l'immense consommation qui s'en fait, et par l'exportation au-dehors.

Les eaux-de-vie de France sont estimées les meilleures de l'Europe. Partout où l'on recueille des vins, l'on distille des eaux-de-vie en plus ou moins grande quantité. On y emploie des vins *poussés*, ou des vins de bonne qualité.

Les eaux-de-vie qui servent au commerce avec les étrangers, et qu'ils vièncnt charger dans nos ports, sont celles de Bordeaux, de la Rochelle, de Cognac, de l'île de Ré, d'Orléans, de Nantes, de Blois, du Poitou, de la Touraine, de l'Anjou.

On voit, par les états d'exportation de France, qu'en 1725, il en sortait pour une somme de 5,800,000 livres, tant pour l'étranger que pour les colonies; l'exportation, en 1787, s'est montée à 14,455,600 fr. avec l'étranger.

Cette énorme exportation tenait au commerce que nous faisions alors avec l'Angleterre, en vertu du traité de 1786.

En 1788, l'exportation d'eau-de-vie pour l'étranger s'est élevée à une somme de 12,582,200 francs; et pour les colonies, de 2,075,100 francs.

Indépendamment des eaux-de-vie de vin, il s'en fait encore, mais peu, avec des grains, avec des marcs, et aussi des eaux-de-vie de genièvre, qui, quoique d'un produit considérable, n'approchent point de celui des eaux-de-vie de vin.

Quant aux vinaigres, celui d'Orléans est réputé le meilleur de tous ceux qui se font en France, soit parce que les vins de l'Orléanais y sont plus propres que d'autres, soit parce que les vinaigriers le savent mieux préparer.

Les exportations en vinaigre, pendant une année moyenne de 1720 à 1725, ont été, à l'étranger, pour une valeur de 33,400 livres; et aux colonies pour une valeur de 1000 livres.

Elles n'ont monté, en 1784, qu'à 124,400 livres; et en 1787 à 130,900 livres seulement. En 1788, les états du commerce les portent à 178,800 livres pour l'étranger; et à 22,900 pour les colonies.

Le commerce extérieur de vinaigre est assez considérable, comme on peut en juger d'après l'exportation ci-dessus. Les Anglais, les Écossais, les Hollandais, en enlèvent beaucoup de celui de Guienne, par Bordeaux; et de ceux de l'Orléanais, du Blaisois, de l'Anjou, du pays d'Aunis, et de la Bretagne, par la Rochelle, Nantes et Saint-Malo. Une partie de ces vinaigres entre chez eux pour leur consommation; l'autre passe dans le reste de l'Europe et aux colonies.

§ XV. *Des Huiles.*

Nous ne connaissons pas la quantité des récoltes en huile qui se fait dans l'étendue de la France; ce qu'il y a de certain, c'est que plusieurs circonstances donnent lieu de croire, que depuis quelques années cette production a dû diminuer sensiblement par suite de l'intempérie des saisons. C'est surtout dans le département des Bouches-du-Rhône que cette perte a eu lieu, où les huiles d'olives sont les plus fines et les meilleures.

M. de Tolosan, intendant des manufactures, a cherché à estimer la récolte des huiles de toute espèce en France, en faisant usage des produits communs du droit imposé en 1771 sur cette production, dans un grand nombre de provinces de France. D'après cette base, il la portait à 1,000,000 de quintaux en 1788.

En l'appréciant à quinze sous la livre, l'une portant l'autre, ce serait une valeur de 75,000,000 de francs que produirait l'huile d'olive seule.

Le département des Bouches-du-Rhône, mettait dans la circulation, avant les pertes des oliviers, 120,000 quintaux d'huile d'olive seule, qui, à 45 francs le quintal, faisaient 5,400,000 francs.

Mais la quantité que l'on en récolte est inférieure à la consommation que l'on en fait en France, puisqu'il est constaté que l'on en importait de l'étranger, et surtout des îles de l'Archipel, des quantités considérables à Marseille, pour la fabrique du beau savon qui en porte le nom.

L'huile de noix, quoique d'un produit moins important, a pourtant une grande valeur dans les résultats de la culture.

Elle est surtout en usage dans les départements des Hautes-Alpes, dans celui de Marengo, dans ceux de l'Isère, de la Drôme, de l'Ardèche, du Tarn, des Deux-Nèthes, de la Loire.

Elle sert dans les arts, dans la cuisine et la peinture.

Les huiles grasses de navette, de colsa, de lin, de pavot, sont encore des produits riches de la même sorte. C'est de l'huile de colsa qu'est faite *l'huile à quinquet,* après qu'on l'a épurée. La culture des graines grasses a lieu dans les départements du nord de la France, ceux de la Lys, de Jemmapes, du Nord. Dans ce dernier, celle du colsa entr'autres est considérable. Il y a un grand nombre de moulins destinés à en fabriquer l'huile. Un moulin peut fabriquer en 24 heures 16 à 18 barils d'huile. La Seine Inférieure ne le cède presque pas à celui du Nord. Depuis Dieppe jusqu'au Hâvre, on trouve une immense quantité de terre en colsa et en rabettes, autre plante du genre des raves, dont la graine donne beaucoup d'huile. On estimait, il y a deux ou trois ans, de 2,844 arpents, les terres employées à cette culture dans ce département. Elle a augmenté depuis. On porte à cinq mines environ par arpent le produit du colsa, année commune. Ce qui donne 14,220 mines; il faut trois mines par baril. La totalité des barils d'huile de colsa et rabette peut donc être portée à 4,730 barils, qui, à 80 fr.; prix moyen, forme une somme de 378,400 francs pour le département, en huile de colsa et rabette. Dans celui des Deux-Nèthes, on estime la récolte de graine de colsa, de 11,314 quintaux annuellement. Les départements de l'Oise, de la Marne, du Haut et Bas-Rhin, tirent encore un bon produit des graines de colsa, navette et pavot pour la fabrique des huiles grasses et pour ensemencer.

§ XVI. *Sarrasin, Maïs, Anis, Coriandre.*

Nous aurions dû placer ces graines après les blés, si nous n'avions considéré que leurs formes extérieures et leur rapport comme végétaux; mais nous les plaçons ici parce que leurs produits agricoles marchent après ceux que nous avons présentés jusqu'ici.

Le sarrasin se trouve, en général, dans presque toutes les parties de la France, à l'exception des bons pays à blé, tels que le pays de Caux, la Beauce, une partie du Loiret, d'Eure et Loir, de Seine et Oise. On l'emploie à la nourriture des hommes dans les pays pauvres, et à celle des volailles presque uniquement, dans ceux de riche culture. Le département des Deux-Nèthes en récolte, année commune, près de 114,082 quintaux.

La culture du maïs est importante pour les départements où elle a lieu, principalement dans ceux de Lot et Garonne, de la Haute-Garonne, de l'Isère, de la Dordogne, de la Charente. Cette graine, que l'on nomme aussi *blé de Turquie*, est employée à la nourriture des hommes, après avoir été réduite en farine ; les feuilles de la plante servent à la nourriture des bestiaux.

L'anis et la coriandre servent principalement à faire des liqueurs, connues sous les noms d'*anisette*, *eau d'anis*, *eau de coriandre*. On cultive surtout l'anis dans les départemens méridionaux. On en trouve des champs entiers aux environs de Toulouse, dans les départemens de Vaucluse, des Bouches-du-Rhône, du Tarn, de Lot et Garonne : on y trouve aussi la coriandre. Il s'en fait un commerce assez considérable avec Bordeaux et les villes voisines. Le département d'Indre et Loire cultive aussi avec succès l'anis et la coriandre. Les campagnes produisent de cette dernière dans les environs de Paris, du côté d'Aubervillers. La récolte de l'anis et de la coriandre qui se cultivent dans dix à douze communes de l'arrondissement d'Albi (département du Tarn) est estimée, année commune, de 1,500 quintaux.

§ XVII. *Fruits.*

La France est un des pays de l'Europe les mieux partagés en fruits. Les pommes, les poires, les prunes, les pêches, les abricots, les oranges, sont, principalement les trois premiers, ceux dont le produit est le plus considérable ; ils servent, les poires et pommes, à faire du cidre ; et les prunes, ces excellents pruneaux qui sont si recherchés dans la consommation nationale et étrangère.

Les départemens où l'on cultive le pommier et le poirier pour en obtenir du cidre et du poiré, sont : la Somme, la Seine-Inférieure, l'Eure, le Calvados, la Manche, l'Orne et l'Ille et Vilaine. Il n'y a que ceux des départemens répondants à la ci-devant Normandie, où le cidre soit l'unique boisson des habitants. Dans l'Ille et Vilaine, dans l'Eure, on cultive la vigne concurremment avec le pommier ; dans la Somme, où le raisin ne mûrirait pas, on fait simultanément usage de la bière et du cidre.

Le pays de Caux, Seine-Inférieure, quoique produisant des cidres de qualité moins estimée, est remarquable par ses plantations de pommiers, qui y sont l'objet des soins les plus suivis du cultivateur. C'est surtout dans l'espace de 5 à 6 lieues jusqu'à la mer, en allant depuis Dieppe jusqu'au Havre, qu'on rencontre des vergers dignes de l'attention du voyageur observateur. Ces vergers qu'on appèle *cours*, sont environnés de fossés de 6 à 7 pieds de hauteur, sur autant de largeur. Sur ces fossés s'élèvent des arbres de futaie, pressés les uns contre les autres, et destinés à fournir le bois de construction et de chauffage nécessaire, et à protéger les pommiers contre les vents de mer, qui détruiraient les fleurs et les fruits, fatigueraient ou renverseraient les arbres. C'est dans ces enclos, qui contiennent quelquefois jusqu'à 20 à 24 arpents, que se trouvent les pommiers et quelques poiriers. Non-seulement on cultive cet arbre avec le plus grand soin, mais encore on porte l'attention la plus scrupuleuse sur sa reproduction : une des conditions des baux stipule que les fermiers, auxquels on accorde les arbres renversés par le vent ou morts de vieillesse, les remplaceront par une bonne *ente*, c'est-à-dire un bon arbre tout greffé, dont on spécifie souvent la grosseur.

» La quantité de pommes, dit M. Tessier (*Annales de l'Agriculture*) qu'on retire d'un bel arbre, est considérable : le terme moyen du produit de ceux qui sont en très-bon état, est de 10 boisseaux, mesure du pays, qui répondent à peu près à 30 boisseaux de Paris : or, pour faire un tonneau de petit cidre, en y mêlant de l'eau, on emploie 20 boisseaux (du pays) de pommes : quatre beaux arbres peuvent donc fournir la boisson d'un homme pendant deux ans.

» La durée d'un pommier dépend de plusieurs circonstances, toutes choses étant égales d'ailleurs. Les espèces à fruit hâtif périssent plus tôt que les autres. En terrain humide, il faut les renouveler plus souvent; mieux ils sont soignés et cultivés, plus on les conserve de temps. Plantés à 8 ans, ils sont en plein rapport à 25 : ordinairement, quand ils n'éprouvent pas d'accidents, ils subsistent jusqu'à 70 ans. »

La Manche et le Calvados sont les contrées qui produisent les meilleurs cidres ; ceux de Touques et d'Isigny, surtout, supportent la mer, et sont connus dans tous les pays vignobles où il prend fantaisie de faire usage de cette boisson.

Le pays de Bray, Seine-Inférieure, produit aussi de très-bons cidres, ainsi que le Vexin, département de l'Eure. Il s'en fait des envois considérables à Paris. Dans le département de l'Eure, le pommier et le poirier sont généralement plantés sur toute la surface de son territoire ; toutes les routes, chemins vicinaux, passages, etc., sont bordés d'un double ou triple rang de ces arbres fruitiers. On y fait beaucoup de cidre, qui sert à la consommation des habitants du pays ; le reste se vend pour Paris. On fait, avec le cidre et le poiré, une eau-de-vie que l'on consomme dans le pays ; celle de poiré est la plus estimée. Il en est de même dans la Manche et le Calvados, surtout dans les environs de Touques.

Les cidres, qui sont quelquefois très-abondants dans le département d'Ille et Vilaine, sont presque tous consommés sur les lieux ; le quartier de Dol produit un cidre qui supporte le transport sur mer, et même qui s'y bonifie : on en faisait ci-devant des envois aux colonies, où il était fort accrédité.

Il se consomme beaucoup de cidre dans les provinces où on le fabrique, particulièrement dans celles de Bretagne, Normandie et une partie de la Picardie. Le surplus est mis dans la consommation de l'intérieur ; le principal débouché est à Paris ; mais sa consommation en ce genre varie, et est en raison inverse de l'abondance du vin ; de manière que quelquefois le port du Louvre reçoit jusqu'à 12,000 muids de cidre par an, et quelquefois aussi il n'en reçoit que 2 ou 3,000. On peut porter les arrivages, année commune, à 6,000 muids, lesqui, au prix moyen de 80 francs le muid, donnent un produit de 480,000 fr. ; tous ces cidres sont dans le pays à environ la moitié de ce prix.

Après les pommes et les poires, les prunes, tiennent le premier rang utile en produit.

On en récolte beaucoup dans le département de l'Aveyron, que l'on fait sécher, et dont il se fait un grand commerce à Saint-Antonin ; il se fait des exportations considérables de pruneaux. Ceux du département d'Indre et Loire, la Touraine, sont surtout estimés et recherchés ; ils sont mis dans la consommation sous le nom de *pruneaux de Tours*, et forment dans le pays un objet de culture, comme les pommes en Normandie. Presque tous les départements méridionaux ont des pruniers : on y trouve aussi des orangers qui donnent un produit important.

Dans le département du Var, on trouve des oranges, des citrons, des pêches, des abricots, des cerises, des câpres, qui sont tous l'objet d'un commerce utile.

Outre celui qu'il fait des fruits de son crû, il a des relations avec tous les autres départements méridionaux, et leur achète beaucoup de leurs produits qu'il exporte par la voie de Marseille. Les câpres y sont confites au vinaigre ; les oranges, cédrats, confits au sucre ; les pêches mises à l'eau-de-vie. Les pruneaux dits *de Brignolles*, dont on ôte les peaux, sont mis en boîtes, ainsi que les figues ; les amandes douces sont en partie expédiées en coque, d'autres à nu, enfin une autre partie employée à faire de l'huile et des pâtes ; les raisins secs dits *de caisse*, les jujubes, avelines, marrons, citrons, etc., s'exportent dans les grandes cités. Ce sont surtout les environs de la ville de Grasse et les îles d'Hières, qui offrent les plus belles et les plus riches plantations d'orangers, de figuiers, de citronniers, etc.

Le département des Bouches-du-Rhône offre la même nature de fruits : ses olives picholines, câpres, raisins, figues, amandes, fruits secs de toute espèce, lui rapportent ordinairement un produit de 250,000 francs.

Il y a, outre les départements méridionaux, quelques contrées qui offrent des avantages à l'habitant par quelques espèces de fruits qu'on y récolte. C'est ainsi que dans la Limagne, département du Puy-de-Dôme, le produit des cerises et autres fruits est immense. Non-seulement il peut suffire au payement des impositions, mais souvent la récolte d'un verger de très-petite étendue est affermée de 7 à 800 francs.

Dans le département des Vosges, principalement à Fontenay et au val d'Ajol, on cultive un grand nombre de merisiers dont le fruit fermenté produit par la distillation une liqueur connue sous le nom de *kirschen-wasser*,

c dont le débit rend un produit avantageux aux propriétaires
et fabricants.

§ XVIII. *Légumes.*

L'on ne peut regarder les légumes comme richesse territoriale, que sous le rapport des moyens de subsistance
qu'ils fournissent à la population.

L'on comprend dans ce nombre les pois, les fèves de
marais, les haricots, les lentilles, les choux, les navets,
les betteraves, les carottes, les pommes de terre, les artichauts, les asperges, les melons, les oignons, la chicorée, la laitue, l'oseille, les épinards, etc. Parmi ces
différents légumes, les pois, les haricots, les lentilles,
les pommes de terre, les artichauts, la chicorée, sont
d'un revenu assez utile et entrent dans le commerce des
denrées. Nous donnerons pour cette raison quelques
détails sur les produits de leur culture.

N°. 1er. *Pois, Fèves, Haricots, Lentilles.*

Il n'y a point en France de climat particulier à ces
sortes de légumes; on les cultive, en plus ou moins grande
quantité, selon les débouchés ou selon qu'ils sont plus ou
moins employés à l'usage et aux besoins de la vie domestique; c'est pour cela qu'on trouve des champs couverts
de pois et de haricots dans les départements du Tarn, de
Lot et Garonne, du Haut et Bas-Rhin, de l'Aisne, etc.,
auxquels la proximité des villes et les moyens de navigation procurent une infinité de débouchés. Les environs de
Soissons, département de l'Aisne, sont surtout fertiles
en haricots très-estimés; il s'en envoie une quantité considérable à Paris. On évalue, dans ce département, à
36,000 arpents le terrain employé à la culture des légumes : le produit qu'on en retire doit être considérable.

Les lentilles ne se trouvent pas indistinctement, comme
les haricots, dans tous les départements; on ne les cultive
guère que près des villes; et quoique ce légume soit propre
à procurer une grande ressource alimentaire, cela n'empêche pas qu'il y ait des départements entiers où l'habitant
des campagnes en ignore jusqu'au nom. Cependant la

l'entille vient dans le terrain le plus pauvre, et même
presque dépouillé de végétation : elle donne d'excellentes
récoltes dans les sols argileux; elle sert même à les améliorer.

N°. 2. *Choux, Navets, Betteraves, Carottes.*

Ce n'est pas seulement comme légumes que l'on peut
considérer les choux, les navets, les betteraves; c'est
encore comme fourrage, et sous ce rapport il n'y a que
quelques départements qui les cultivent avec utilité.

On emploie les navets comme nourriture pour les vaches
dans le département de l'Escaut; aussi y en cultive-t-on
beaucoup. Le choux et le navet tiènent, dans la Vendée,
le second rang après la culture du blé : on les y emploie
à la nourriture des bestiaux.

Dans le département du Nord, et dans une partie de
celui du Pas-de-Calais, on cultive les choux, les navets,
etc., non-seulement comme plantes fourrageuses, mais
encore ces végétaux servent à remplacer le vide des jachères : il en est de même dans une partie des départements du Haut et Bas-Rhin.

Les navets sont cultivés en grand et prènent la place
des jachères dans le département de la Lys; ces racines
sont d'une ressource et d'un produit immenses par les
moyens d'engrais et les améliorations qu'elles procurent.

Le département de la Marne a des champs entiers de
navets, consacrés à la nourriture des bestiaux.

Dans les Deux-Nèthes, la culture des navets est très-
soignée : les récoltes, chaque année, s'élèvent au moins
à 79,164 quintaux.

L'on connaît l'usage de la carotte dans les cuisines;
aussi cette plante est-elle également cultivée dans tous
les potagers de la France. On fait usage, dans la marine,
des racines de carottes desséchées et conservées, soit par
morceaux, soit en poudre. Les carottes d'Amiens, département de la Somme, sont très-estimées; ce département
fournit aux autres une grande quantité de sa graine.

Mais c'est particulièrement dans l'agriculture et le
commerce que l'utilité de ce végétal se fait sentir : sa
culture remplit avantageusement le vide des jachères; tous
les bestiaux mangent des carottes crues, ils en mangent

même les feuilles; les bêtes à cornes surtout en sont très-avides. Sous ce rapport néanmoins, la culture de cette plante n'est pas plus commune en France que celle du chou, du navet et de la betterave, dont nous venons de parler, et ce n'est encore que dans quelques départements agricoles les mieux cultivées qu'on en connaît l'usage comme plante fourrageuse. L'Escaut, la Lys, les Deux-Nèthes, la Marne, une partie des départements du Haut et Bas-Rhin, celui du Nord et une partie de celui du Pas-de-Calais, sont les seules contrées où cette culture soit en vigueur. Dans les Deux-Nèthes, on évalue à 77,242 quintaux la récolte des carottes. Dans l'Escaut et la Lys, elle est regardée comme la meilleure nourriture pour les vaches et les cochons. Dans la Marne, elle est nouvellement introduite, et est employée avec succès pour la nourriture des brebis, ainsi que dans le Haut et Bas-Rhin, et dans le Nord et le Pas-de-Calais.

N°. 5. *Pommes de terre, Artichauts, Asperges.*

La culture de la pomme de terre a fait de grands progrès en France depuis vingt ans, et y est devenue d'un produit considérable, surtout dans les pays où le blé est rare, et aussi autour des villes, où l'on fait en proportion une plus grande consommation de ce légume que dans les campagnes.

Dans plusieurs départements, la pomme de terre sert à nourrir les bestiaux; c'est entr'autres l'emploi que l'on en fait dans celui des Deux-Nèthes. Son produit annuel y est porté à plus de 400,000 quintaux.

Dans les Cévennes (département de la Lozère), on ne cultive guère que la pomme de terre; elle est, avec les châtaignes, presque la seule nourriture des habitants; on n'y connaît que très-peu le froment et le seigle.

Elle offre encore, dans le département de Sambre et Meuse, une grande ressource aux habitants des villes et des campagnes; elle se cultive et réussit dans toute l'étendue du département; il en est de même dans la Haute-Saône, où les habitants voisins des montagnes suppléent au défaut de blé ou de seigle par une grande quantité de pommes de terre.

Le Tarn en récolte, année commune, 60,000 quintaux, dont quelques communes rurales tirent parti, à défaut de froment, de seigle et autres plantes céréales.

La pomme de terre est cultivée dans presque toute la France, soit dans les potagers, comme plante auxiliaire pour la cuisine, soit dans les champs et en grand, et comme objet d'économie rurale; mais ce n'est que dans quelques départements du nord où elle est connue sous ce dernier rapport, et où elle sert à remplacer les jachères.

Les artichauts tiènent un rang distingué parmi les légumes, ils donnent un produit avangeux; c'est ce qu'on pourra voir par ce que nous en allons dire.

On estime, dans les environs de Laon, où ce légume passe pour avoir une excellente qualité, qu'un arpent de terre peut produire 6 à 7,000 belles têtes d'artichauts, sans compter les petites qui se forment autour des principales tiges.

Un arpent propre à une plantation d'artichauts, se loue, à Laon, de 75 à 90 francs. Sans doute ce prix considérable n'est pas dû seulement à l'excellence du terrain, mais à l'avantage de sa situation. En général, les terres qu'on cultive à la main, près des grandes villes, s'afferment plus cher que celles qu'on cultive à la charrue, parce qu'elles rapportent plus.

Le territoire de Laon peut produire en tont 60,000 têtes d'artichauts, sans compter les petites; il s'en porte 30 à 40,000 à Paris; le reste est pour les villes de Laon, Reims, Châlons sur Marne, et Troyes. Paris en reçoit en outre de ses environs, de Chaulny et de Noyon, en très-grande quantité, mais toujours sous le nom d'*artichauts de Laon*.

Ce légume est également cultivé avec un très-grand avantage aux environs de Lyon, de Marseille, de Bordeaux et de toutes les grandes villes, et l'on peut le mettre au rang des plus utiles de son espèce.

La culture de l'asperge exige beaucoup de soin et entraîne beaucoup de frais.

On assure qu'il en coûte plus de 200 francs de frais, avant qu'un arpent de terre planté en asperges puisse rapporter. Cependant la consommation qu'en font les villes, surtout les villes d'une certaine étendue, est assez considérable pour qu'on cultive ce légume en grand dans leurs environs. A Aubervillers, dans la plaine de Saint-Denis, il y a plus de 90 arpents de terre, consacrés à la culture de l'asperge ; cinquante autres villages des environs de Paris s'occupent aussi de la même industrie.

Aubervillers peut fournir à Paris, année commune, 28 à 30,000 bottes d'asperge : 150 personnes ou environ sont employées à cette culture, depuis la fin de ventôse, jusqu'aux premiers jours de messidor.

Dans les environs d'Orléans, il n'y a point de canton ni de terrain particulier consacré à ce végétal ; on le fait venir dans les vignobles, entre les ceps de 4 à 5,000 arpents de vigne. Il part d'Orléans, dans la saison, des voitures chargées d'asperges pour Paris, et pour les villes et bourgs des cantons voisins. Les asperges d'Orléans sont en général plus belles que celles d'Aubervillers, elles ont beaucoup plus de vert ; ce qui dépend du terrain. Le plant d'asperge qui se vend à Paris, est à meilleur marché que celui que l'on tire d'autres villes où ce commerce est suivi, telles que Vendôme, Tours, Niort, Strasbourg, etc.

Nous ne parlerons, ni des melons, ni des cornichons ; nous dirons seulement un mot des oignons et de la chicorée.

N°. 4. *Des Oignons et de la Chicorée.*

Dans tous les départements qui ont quelques débouchés, et près des grandes villes, ces végétaux offrent des produits assez intéressants pour l'agriculture ; l'on y voit des champs entiers couverts d'oignons. Sur les bords de la Dordogne et de la Garonne, il y a de petites communes où il se fait un très-grand commerce d'ail et d'oignons qu'on achète pour l'approvisionnement de Bordeaux et des autres villes. Il en est de même des bords du Rhône, du Rhin, et en général des environs des cités populeuses, où le cultivateur récolte de grandes quantités d'oignons ou d'ail, selon l'usage dans lequel on est de faire emploi de l'un ou de l'autre de ces végétaux.

La chicorée offre des avantages d'un autre genre, 1°. elle se cultive pour la cuisine ; 2°. pour la nourriture des bestiaux.

Dans les départements de la Meuse Inférieure et de

Sambre et Meuse, la culture de la chicorée a lieu en grand, et fournit une branche de commerce assez considérable. Cette denrée supplée au café, dont presque tout le monde fait usage; la classe du peuple y met jusqu'à moitié et même jusqu'à deux tiers de chicorée. Dans la Meuse Inférieure on emploie à la culture de la chicorée à peu près 64 arpents qui produisent 18 quintaux de chicorée. Le département de Sambre et Meuse peut en fournir 3o quintaux préparée; elle coûte dans cet état 5 à 6 sous la livre.

Mais on emploie aussi la chicorée pour la nourriture des bestiaux qui la mangent en vert ou sèche; ce qui fait un excellent fourrage; elle sert encore, comme on sait, à divers usages dans la cuisine et sur les tables.

Ici se termine l'analyse statistique des productions végétales qu'offre le territoire français, productions qui fournissent à la consommation d'une population de 34,000,000 d'individus, et donnent encore un superflu qui devient l'objet d'un commerce d'exportation, d'autant plus précieux, que la France n'a point de rivaux à craindre à cet égard.

Nous allons passer maintenant aux productions animales, c'est-à-dire aux richesses que la nourriture et l'éducation des bestiaux versent dans la circulation, depuis les bœufs et chevaux, jusqu'aux vers à soie et aux mouches à miel.

§ XIX. *Des Productions animales de la France.*

La richesse de la France en ce genre n'est pas à comparer à celle qui précède, et nous ne comptons pas les plus belles espèces de l'Europe parmi nos bestiaux, comme nous pouvons le faire de nos blés, de nos vins, de nos huiles.

Avec cette infériorité à quelques égards, nous avons cependant chez nous toutes sortes d'animaux, soit utiles au transport et à la culture, comme les chevaux, les bœufs, les ânes; soit productifs, comme les moutons, les vaches; soit enfin donnant par leurs travaux de riches produits, comme les vers à soie, les abeilles, etc. Nous allons en présenter l'analyse succincte.

N°. 1er. *Les Chevaux.*

Il s'en faut de beaucoup que la France ait la quantité de chevaux nécessaires à sa culture, à ses armées et au service des transports; et des calculs fondés établissent que l'on en achète annuellement pour environ 12,000,000 à l'étranger.

Le défaut de soin, le manque d'intelligence, de nombreuses erreurs ont empêché long-temps que le nombre des chevaux ne fût aussi considérable et leurs espèces aussi belles qu'on pourrait l'attendre dans un pays tel que la France.

Aussi le gouvernement s'est-il, dans ces derniers temps, particulièrement occupé de cette matière. Le ministre de l'intérieur, M. Chaptal, a fait établir des prix d'encouragement pour les cultivateurs ou propriétaires qui conduiraient aux foires les plus beaux poulains. Il a également fait dresser une instruction sur le régime des haras, qui a été rédigée par M. Huzard et envoyée à toutes les autorités ou aux personnes qui sont à même de profiter des utiles connaissances qu'elle renferme sur l'art de soigner et d'élever les chevaux.

Nous n'entrerons pas dans le détail des diverses races de chevaux que l'on trouve en France, ni dans l'exposé des qualités et des prix qui les distinguent; nous nous bornerons à donner l'estimation de la quantité qui s'en trouvait en France au commencement de l'an 11.

Le nombre total des *chevaux* existants en France, à cette époque, sans y comprendre les élèves, est porté à 1,835,100; savoir :

Pour les travaux de la culture, ... 1,500,000
Dans Paris, ... 35,100
Dans les autres villes, et pour le roulage, . 200,000
Attachés, au premier vendémiaire an 10,
aux différentes armes et services des armées, . 100,000

Total 1,835,100

La conquête des six départements formés du Piémont, ne paraît pas avoir augmenté d'une manière sensible cette espèce de richesse. La race de ce pays se retrouve dans les *chevaux* du Mont-Blanc. Les départements de la Stura et du Pô paraissent en posséder le plus grand nombre. Beaucoup de riches pâturages y donnent les moyens de faire des élèves.

N°. 2. *Bœufs et Vaches.*

C'est un des plus riches produits de la culture que celui qui résulte de l'éducation des bœufs et vaches, 1°. à cause de l'emploi que l'on en fait pour la consommation ; 2°. à cause du beurre et des fromages que l'on retire des vaches, surtout dans les départements où il y a beaucoup de pâturages.

Les fertiles contrées du nord de la France sont couvertes de troupeaux de bœufs et vaches. La Meuse Inférieure envoie annuellement 10 à 12,000 bêtes aux marchés de l'intérieur, et le pays en nourrit aux environs de 100,000 ; la Roër, la Sarre et les Forêts entretiènent de nombreux troupeaux de vaches et de bœufs ; le département de la Dyle n'est pas moins riche en bœufs ; on y en comptait en l'an 11, près de 45,000 ; la Lys a un des plus riches marchés de bêtes à cornes de toute la Belgique ; le département du Nord en contient habituellement environ 135,000. Le Boulonnais, qui n'est que la huitième partie de ce département, nourrit seul environ 37,000 bêtes a cornes.

Malgré que les consommations des armées ayent considérablement diminué leur nombre dans le département de l'Aisne, on en compte encore 70,000 environ. C'est dans le département de Seine et Marne que se fait le fromage estimé et connu sous le nom de *fromage de Brie.* Le département de la Seine est plus renommé par son immense consommation en bêtes à cornes que pour leur production. Quelques personnes portent cette consommation annuellement, pour Paris, à 193,271 bêtes à cornes, dont 75,000 bœufs, 15,000 vaches et 103,271 veaux. Le poids de chacun de ces animaux, évalué pour les bœufs, à 700 l. ; pour les vaches, à 500, et pour les veaux, à 120, donnerait ainsi un total de 72,310,620 livres de viande. Les marchés de Sceaux et de Poissy, où les bêtes sont amenées de divers départements, sont les principaux points de cet immense approvisionnement.

Les départements formés de l'ancien Poitou ont fait des pertes considérables en bestiaux, par la guerre de la Vendée; mais ces pertes se réparent, et l'on peut les regarder aujourd'hui comme au nombre de ceux qui fournissent à la consommation de la France et aux approvisionnements de la marine. Les départements du Jura, du Doubs, font beaucoup d'élèves et nourrissent une grande quantité de vaches qui donnent le fromage appelé *vachelin*, qui a quelque rapport avec le Gruyère pour la forme et le goût. On ne compte pas moins de 120,000 bêtes à cornes dans le département de la Haute-Saône. Elles vont à près de 184,000 dans celui du Mont-Blanc; le Piémont en exporte au moins 84,000 têtes.

La Charente et la Charente-Inférieure nourrissent de beaux troupeaux dans leurs riches pâturages. On compte dans la Charente-Inférieure 80,000 tant bœufs que vaches et élèves. Ceux de la Gironde, d'une espèce plus petite, servent presque seuls à la culture. Les terres du Lot et Garonne sont cultivées par les bœufs; l'espèce en est belle et forte : aussi les cultivateurs en ont-ils grand soin. Le même système de culture a lieu dans le Gers; les engrais y sont pour ainsi dire nuls, et les bœufs et vaches, après avoir travaillé jusqu'à 8 et 10 ans, sont vendus pour la boucherie. Le nombre de ces animaux travaillant est d'à peu près 60,000 de chaque espèce; en tout on compte 63,228 bœufs, 64,165 vaches, et 43,566 tant veaux que génisses.

Le long des Pyrénées, où l'on cultive aussi avec les bestiaux, il s'en élève une quantité non moins considérable. Les Basses-Pyrénées exportent annuellement 50,000 bêtes pour l'Espagne; le commerce en cuirs y est porté à 300,000 francs.

Les beurres sont des produits considérables des vaches, et par conséquent doivent entrer dans le tableau de la richesse que donne cette branche d'économie rurale. Les meilleurs beurres viennent de la partie septentrionale de la France, et dans les latitudes méridionales se trouvent les fromages de garde.

Les beurres les plus estimés sont ceux de la Lys, du

Pas-de-Calais, de la Seine-Inférieure, du Calvados, de l'Orne, de la Manche et des départements de la ci-devant Bretagne. On sale ou on fond celui qu'on veut garder ou vendre, et il devient un objet assez considérable de commerce; le frais se consomme pour les besoins domestiques : Paris en tire une grande quantité des campagnes qui l'avoisinent.

Les cuirs forment une partie importante de la dépouille du gros bétail ; mais ils sont loin de suffire à nos besoins. L'importation qui s'en fait d'Amérique et de Russie, est considérable. Les états de la *Balance du Commerce* font monter, en 1787, l'argent sorti pour cet effet à près de 4,000,000. On estime cependant que par la consommation intérieure des boucheries pour toute la France, il entre dans les tanneries 750,000 peaux de bœufs, 250,000 de vaches, et 2,000,000 de veaux. De ces animaux, on tire encore le suif, qui est transformé en chandelles.

Le gros bétail forme donc une branche très-riche de culture; on en estime le montant à peu près aux quantités suivantes : 3,208,000 bœufs travaillant à la terre, 404,500 à l'engrais, 1,456,000 élèves, 1,016,000 vaches; ce qui fait un total de 6,084,560 bêtes à cornes.

Passons maintenant aux moutons.

N°. 3. *Les Moutons.*

Ces doux et timides animaux sont les plus utiles de tous ceux que l'homme sacrifie à ses besoins; ils le nourrissent de leur chair et l'habillent de leur laine ; leur peau sert aussi à une multitude d'usages.

On a fait de nombreuses tentatives en France pour y introduire les races espagnoles appelées *mérinos* et qui donnent ces belles laines d'Espagne, sans lesquelles on ne peut point faire de beaux draps fins. On compte en France plusieurs grands troupeaux destinés à ce genre d'amélioration que le gouvernement favorise de tous ses moyens. Il est résulté des tentatives et accroissements, que l'on a fait l'amélioration de plus de 2,000,000 de bêtes à laine en France, qui donnent une laine aussi belle que celle d'Espagne.

Le nombre total des moutons et brebis est porté aujourd'hui à environ 50,508,000 têtes.

Les laines qu'ils donnent offrent un aliment aux manufactures de draps, et un bénéfice considérable aux cultivateurs.

Connaissant le nombre des bêtes à laine, il est aisé de savoir la quantité de laine qu'on en retire. D'après les calculs établis par M. Arthur Young, le poids moyen des toisons est de trois livres, poids de marc.

Ainsi, 30,308,000 moutons communs, multipliés par trois, donnent 90,924,000 livres pesant de laine commune. Ajoutez à cette quantité celle provenant des moutons de races améliorées dont la toison passe 7 liv., ce qui fait 14,000,000, vous aurez par ces deux sommes réunies 104,924,000 livres pesant de laine; qui, à 30 sous l'une dans dans l'autre, donnent un revenu de 157,386,000 francs.

Après la laine, le produit le plus considérable de la dépouille du mouton, est un suif très-estimé et une peau applicable à divers usages. Le suif est employé par les chandeliers et entre dans d'autres compositions utiles. Un mouton moyen donne depuis 5 jusqu'à 7 livres de suif, qui est plus estimé que celui du bœuf. Le suif des bêtes vendues à Paris est le meilleur.

Nous ne parlerons pas des chèvres, des porcs, des animaux sauvages, tels que renards, loups, quoique ces diverses espèces fournissent au commerce des objets importants et par conséquent un revenu utile; mais le défaut de bases de calcul ne nous permettant pas de donner aucun apperçu, nous terminons à ce que nous venons d'exposer l'article des animaux; il nous reste à parler du produit des vers à soie et des abeilles.

N°. 4. *Des Produits des Abeilles et des Vers à soie.*

L'on sait combien est riche et précieux le travail de ces laborieux insectes; la cire, le miel, la soie qu'ils donnent, entrent dans l'estimation des richesses du territoire pour une partie importante.

Nous ne devons pas nous attacher à faire connaître les soins qu'exigent les abeilles; ces connaissances sont du ressort de l'économie rurale. Nous évaluerons seulement la valeur du produit que l'on retire des ruches.

Les ruches sont en général d'un bon produit. Dans certaines années, à la vérité, elles fournissent peu de miel et de cire, ou donnent peu d'essaims; mais dans d'autres aussi, elles dédommagent amplement le propriétaire. Celles de Beauce, Loir et Cher, Eure et Loir, Loiret, quand elles sont bonnes, et de deux à trois ans, pèsent ordinairement de 80 à 100 livres. En déduisant 12 livres pour le poids des abeilles et de la ruche, et 2 livres à 2 livres et demie de cire, le surplus est en miel, dont la plus grande partie est de belle qualité. On estime, toute compensation faite, le produit annuel d'une ruche à 6 fr.; il va souvent à 10.

Les départements où l'on s'occupe le plus de ces précieux insectes, sont ceux qui comprènent la province de Normandie, la Bretagne, l'Anjou, le Poitou, le Bordelais, la Provence, le Languedoc, la Sologne, l'Orléanais, la Beauce, le Gâtinais-Orléanais, le Maine, la Franche-Comté, la Champagne et le Brabant. Parmi ces départements, il en est quelques-uns qui cultivent plus particulièrement encore les abeilles que les autres.

La cire est un produit plus considérable encore et aussi utile que le miel. On estime celle des pays où il y a beaucoup de bruyères, de genêts, de genevriers, et où l'on cultive le sarrasin, tels que le Loiret, le Loir et Cher, et les départements compris dans le Poitou et la Basse-Bretagne.

Les départements de la Haute-Marne, de l'Aube, de la Marne, du Puy-de-Dôme, du Cantal, de Mayenne et Loire, de la Charente-Inférieure, de la Vendée, des Deux-Sèvres, de la Manche, du Calvados, de l'Orne, de la Seine-Inférieure, de l'Eure, du Morbihan, du Finistère, des Côtes-du-Nord, d'Ille et Vilaine, de la Mayenne, de la Sarthe, du Loiret, du Loir et Cher, en fournissent des quantités considérables et qui ne suffisent point à la consommation de la France, que l'on estime de 2,360,000 livres pesant.

Paris seul en consomme un quart de cette quantité, c'est-à-dire 538,000 livres pesant.

Nous tirions de l'étranger, en temps de paix, avant la révolution, à peu près 1,500,000 livres pesant de cire; c'était plus de la moitié de la consommation de la France; aujourd'hui l'on en tire moins, parce que la consommation de cette production a diminué, quoique le prix de la marchandise ait augmenté. Passons à la soie.

L'insecte qui la produit, originaire de la Chine, et acclimaté sous Justinien dans toutes les régions chaudes, est, après l'abeille, celui dont nous retirons les plus grands avantages économiques. L'existence d'une multitude presqu'innombrable d'ouvriers dépend de lui. Tantôt dans l'abondance quand la récolte est elle-même abondante, tantôt dans la disette quand les années sont désastreuses, leur existence n'est rien moins qu'assurée. La quantité de soie recueillie est le thermomètre de leur aisance.

Tous les départements du midi s'occupent plus ou moins du travail de la soie; c'est là que l'on recueille la plus grande partie des soies nationales; toutes ces soies sont en général belles et bonnes, mais l'on en tire encore considérablement de l'étranger.

On peut juger de la consommation qui doit se faire de cette matière, par l'état suivant des fabriques de soieries en France, en 1788. Il est vrai que la mode a diminué l'activité d'une partie de ces fabriques; mais elle est encore considérable.

On comptait alors en France 28 à 30,000 métiers, pour la transformation de la soie en étoffe quelconque, sans y comprendre cependant les métiers à bas, à bonnets, à gants, etc. Ce nombre de métiers était à peu près ainsi réparti, savoir : à Lyon, 18,000, dont 12,000 pour les étoffes figurées, et 6,000 pour l'uni; à Nîmes, 3,000; à Tours, 1,500; à Paris, 2,000, dont la plus grande partie pour la gaze. Rouen, Marseille, Narbonne, Amiens, Toulouse, Auch, et plusieurs autres villes possédaient le reste.

On comptait à la même époque 20,000 métiers environ pour la bonneterie, qui comprend les bas, les bonnets, les gants, etc. Il y en avait 12,000 pour la passementerie, qui renferme les rubans, les galons, etc.

Paris seul avait environ 2,000 métiers, occupés en bonneterie de soie, de filoselle, de soie éfilée, de bourre de soie, etc. Montpellier, Ganges et leurs environs en comptaient 10,000. Lyon en fit battre 2,000; Nîmes en avait davantage.

En 1784, la bonneterie n'employait que 17 à 18,000 métiers, dont le produit était alors estimé 27 à 30,000,000.

Le prix des soies n'a rien de fixe comme on le pense; il dépend de la récolte, et varie par conséquent comme elle. On sent donc qu'il n'est pas possible de déterminer au juste la quantité de soie qu'on récolte annuellement; et ce qui le prouve, c'est l'extrême différence dans les quantités données par les appréciateurs; les uns la portent en 1789 à 2, d'autres à 3,000,000 de livres pesant.

On estimait la quantité de soie que l'on récoltait en France, en 1788, à peu près égale à celle qu'on tirait de l'étranger, soit d'Italie, du Levant, de la Perse, des Indes, de la Chine, ou d'ailleurs, c'est-à-dire, de 12 à 1,300,000 livres de part et d'autre : en total, 2,000,000 à 5 à 600,000 livres.

Le commerce extérieur des ouvrages fabriqués en soie était, vers la même époque, très-considérable; le montant des exportations allait à 25,370,000 francs en 1787, mais le prix de l'importation des soies s'élevait à une valeur presqu'égale.

Cette industrie faisait vivre une multitude d'ouvriers et en enrichissait un grand nombre. Il est impossible aujourd'hui que l'exportation des ouvrages en soie et de luxe soit jamais égale à ce qu'elle était il y a vingt ans, parce que depuis cette époque il s'est élevé dans les divers états de l'Europe, des fabriques qui y fournissent à la plus grande partie de la consommation pour laquelle on avait recours à la France.

Nous avons présenté jusqu'ici le tableau analytique des productions végétales et animales; nous avons tâché de faire connaître le rang que les principales tiennent dans la masse des richesses nationales. Nous allons passer maintenant aux substances minérales, qui ne sont pas à beaucoup près d'une aussi grande valeur, mais qui n'en sont pas moins de première nécessité, et d'une grande importance dans le commerce et la consommation.

§ XX. *Productions minérales de la France.*

Pour traiter brièvement et avec intérêt cette importante partie de la Statistique, nous ferons deux divisions de ce paragraphe. Dans le premier, il sera question de l'administration des mines et des dépenses qu'elle entraîne; dans le second, nous ferons connaître la quantité et la valeur des produits minéraux que la France tire de son sein.

Législation et Administration des Mines.

On ne commence à s'appercevoir des soins que donne le gouvernement aux productions des mines, que sous le règne de Charlemagne. Il paraît que leur exploitation se fit avec quelque succès jusqu'au treizième siècle. On croit voir dans l'histoire de cette époque que ce genre d'industrie dut souffrir de quelques lois contre ceux qui s'adonnaient à la chimie que l'on confondait avec les faux monnayeurs; les concessions de droits régaliens faites à des seigneurs, gênèrent aussi l'exploitation des mines et en compliquèrent la législation.

Charles VI est le premier qui ait revendiqué, par une ordonnance publiée à Paris le 30 mai 1415, comme appartenant à la couronne de France, *la dixième partie purifiée de tous métaux ouvrés dans les mines.*

Charles VII donna en 1429, à Jacques Cœur, le bail général des monnaies et des mines; il confirma en 1437, l'ordonnance sur les mines, rendue par son père.

Louis XI, par un édit du 27 juillet 1471, créa une charge de *maître-général, visiteur et gouverneur des mines du Royaume,* qui devait avoir sous lui des lieutenants et commis. Cet officier avait le droit de chercher les mines, de les faire ouvrir dans les terres du domaine, et même dans les terres seigneuriales, en payant l'indemnité aux tréfonciers.

Charles VIII, Louis XII, François Ier, Henri II, François II, Charles IX, Henri III, n'ajoutèrent rien aux mesures prises par leurs prédécesseurs, en faveur des mines; la charge de général ou surintendant passa successivement entre les mains de plusieurs particuliers, et per-

sonne ne pouvait faire des fouilles sans la permission de
ces officiers.

La charge de surintendant des mines fut conservée sous
les règne de Louis XIII, Louis XIV et Louis XV. On la
regardait avec quelque raison, comme un obstacle aux
progrès des mines, par les attributions abusives dont elle
était revêtue. Mais enfin elle fut supprimée en 1748.

Dès-lors il se fit une grande amélioration dans le régime des mines; d'un autre côté, la chimie fit des progrès; on traduisit en français de bons ouvrages minéralogiques, et le gouvernement envoya dans l'étranger des
sujets qui en revinrent avec de nouvelles connaissances
dans l'art d'exploiter les mines.

Le système de Louis XV fut suivi et perfectionné sous
le règne suivant; il n'y eu plus dès-lors, ni surintendant
des mines, ni compagnie investie seule du droit d'exploiter les mines de France; le contrôleur-général des
finances fut chargé de leur administration supérieure; il
eut dans ses attributions les demandes de permissions
d'exploiter les mines; les différents que pouvaient entraîner les priviléges accordés à cet égard, la police des travaux, et les encouragements qui pouvaient en favoriser
les progrès.

On prit aussi des mesures pour former des hommes
capables de diriger les travaux et d'éclairer le gouvernement. Il fut donc créé, par lettres patentes du 11 juin
1778, une chaire de minéralogie et de métallurgie docimastique, dans l'hôtel des monnaies, à Paris. Cette
mesure fut suivie de l'établissement d'une école théo-
rique des mines, par arrêt du conseil, du 19 mars
1783; on y enseigne toutes les connaissances naturelles,
chimiques et géométriques, relatives à cette partie; enfin
on forma dans le même local un superbe cabinet de minéralogie.

L'art des mines fit des progrés. Il sortit de cette école
plusieurs hommes habiles et capables de diriger de grandes
exploitations; mais la révolution renversa pour un temps
cet ordre de choses.

Cependant l'assemblée constituante fit quelques changements et quelques innovations utiles, par la loi du
28 juillet 1791. Une des principales dispositions de cette
loi, fut que les seigneurs perdirent le droit de faire ex-

ploiter les substances minérales enclavées dans leurs fiefs, et il fut décidé qu'aucune mine ne pourrait être exploitée que par une concession du gouvernement.

Il ne fut rien innové pour les substances minérales que les propriétaires de la surface du terrain avaient pu jusqu'alors exploiter sans permission. On accorda même à ces propriétaires le droit d'extraire en entier la mine de fer superficielle, et d'exploiter les autres mines jusqu'à 100 pieds de profondeur.

Outre ces dispositions générales, la loi du 28 juillet 1791 établit :

1°. Le mode d'après lequel le gouvernement confère le droit d'exploiter les substances minérales, ou la permission d'établir des usines à traiter le fer ;

2°. Les formalités à remplir pour que les concessions ou permissions puissent être accordées ;

3°. L'étendue et la durée des concessions ;

4°. Les droits et les devoirs des concessionnaires ou permissionnaires.

Par la même loi, toutes discussions relatives aux indemnités qui peuvent être dues par les exploitants aux propriétaires des terrains superficiels, ou à d'autres citoyens, les demandes formées contr'eux ou leurs agents, pour voies de fait ou dommages quelconques, sont du ressort des tribunaux.

Mais toutes contestations relatives à l'existence des concessions ou permissions, au maintien des droits des concessionnaires ou permissionnaires, à raison du titre qui leur a été conféré par le gouvernement, sont du ressort du pouvoir administratif, qui seul a droit d'en connaître.

C'est à un conseil connu sous le nom de *Conseil des Mines*, qu'est confiée aujourd'hui l'administration immédiate des exploitations ; il est dans les attributions du ministre de l'intérieur, et c'est d'après son avis et sur son rapport que les concessions sont accordées, et que sont faits les divers règlements relatifs aux mines, dont les bases sont, au reste, conformes à la loi du 28 juillet 1791 que nous venons de citer.

Les dépenses du conseil de l'inspection générale des mines sont faites des fonds du trésor public.

On voit par les comptes de l'an 12, qu'en l'an 11 ces

dépenses se sont élevées à environ 200,000 francs pour toute l'étendue de la France.

Nous allons maintenant faire connaître les diverses substances minérales que l'on recueille en France, et la quantité approximative de chacune.

Des diverses Espèces de Substances minérales exploitées en France.

Le public doit à M. Gorse, ingénieur des mines, d'excellentes recherches sur le nombre et la nature des exploitations minérales que l'on trouve aujourd'hui en France. Nous nous aiderons de son travail dans ce que nous allons dire de cette matière.

N°. 1er. Or.

Il n'y a pas de mines d'or utiles en France : plusieurs fleuves ou rivières en charient des paillettes, tels que le Rhin, le Rhône, le Doubs, la rivière de Coz, le Gardon, l'Arriège, la Garonne, le Salat, le Tarn; cet or en paillettes est entre 18 et 22 carats de fin.

On ne saurait faire entrer cet or dans l'estimation des richesses nationales; cependant il donne quelque profit à ceux qui se livrent à la recherche des paillettes qu'ils savent séparer du sable par diverses manipulations.

N°. 2. Argent.

Les mines d'argent sont de quelque valeur en France; la principale est celle d'Allemont, dans le département de l'Isère, ou plutôt c'est la seule qui donne un produit utile.

On estime que depuis la découverte de cette mine, qui date d'une trentaine d'années, jusqu'à l'an 8 où ses travaux ont été suspendus, elle a donné 9,000 kilogrammes d'argent, valant 2,000,000 tournois.

Mais s'il n'y a point d'autres mines d'argent que celle-là, beaucoup de mines de plomb donnent de l'argent en assez grande quantité; telles sont celles de Poullaouen, Pezay, etc.

N°. 3. *Plomb.*

Les mines de plomb sont très-nombreuses en France : les principales se trouvent dans les départements du Finistère, de la Garonne, de l'Isère, de la Lozère, du Mont-Blanc, du Bas-Rhin, de la Roer, des Basses-Pyrénées, des Alpes-Maritimes, d'Ille et Vilaine, et plusieurs autres.

On estime ainsi le produit de ces mines : les Alpes-Maritimes donnent 9,000 myriagrammes ; Finistère, 74,500 ; Isère, 7,000 ; Loire, 6,800 ; Lozère, 4,000 ; Mont-Blanc, 10,000 ; total, 111,300 myriagrammes (22,260 quintaux).

N°. 4. *Cuivre.*

Les principales mines de cuivre sont celles des départements des Hautes-Alpes, de l'Arriège, de l'Aveyron, des Pyrénées Hautes et Basses, de Rhin et Moselle, du Rhône.

Toutes ces mines ne donnent pas un produit suffisant pour la consommation. Avant la révolution, celles de Chessy et Saint-Bel, département du Rhône, n'ont jamais rendu plus de 300,000 livres de cuivre par an, et celles de Sainte-Marie-aux-Mines, département du Haut-Rhin, plus de 2 à 3,000 livres pesant. Les mines de Baigorry, département des Basses-Pyrénées, ont rendu annuellement, jusqu'en 1770, 250 milliers de cuivre par an, et l'on présume que leur exploitation, maintenant reprise, pourra donner les mêmes produits par an. Il y a des mines de cuivre en activité dans les départements de la Sarre et de la Roer, dont on espère un très-bon résultat d'exploitation.

On voit par les états de la *Balance du Commerce,* qu'en 1787 l'importation en cuivre, laiton, et vitriol de cuivre, s'élève, pour cette année, à 11,600,000 livres, et qu'on n'en exporta seulement que pour 1,450,000 livres; faits qui prouvent notre pénurie à cet égard, comparativement à nos besoins.

De même que les mines de fer donnent lieu à l'établissement de forges qui forment une industrie considérable, semblablement le cuivre a des fonderies et *batteries* établies dans plusieurs départements. C'est principalement dans ceux des Ardennes, de l'Aveyron, de l'Aude, du Cantal, de la Charente, de l'Eure, de Seine et Oise, du Tarn, de l'Isère, du Mont-Tonnerre, de l'Ourthe, du Bas-Rhin, de la Roer, qu'elles se trouvent.

Les fabriques de cuivre de ce dernier département, situées à Stalberg et aux environs, sont les plus considérables.

On y fait annuellement pour 6,000,000 de francs d'ustensiles en cuivre. On estime que ces établissements consomment, année moyenne, environ 25,000 quintaux de cuivre rouge ou rosette venant de l'étranger, 45,000 quintaux de calamine provenant des mines de Limbourg. Les fonderies produisent 33,334 quintaux de laiton, dont 33,280 sont fabriqués en lames, chaudrons, fil d'archal et en dés. Le fil d'archal et les dés à coudre se débitent en grande partie en France ; les autres produits se débitent dans les pays au-delà du Rhin.

N°. 5. *Mercure* ou *Vif-Argent*.

La France ne possède de mines de mercure que celles qui sont situées dans le département du Mont-Tonnerre.

Voici l'estimation du produit qui en a été donné lors de la conquête de ce pays par les armées de la République : Mines du duché des Deux-Ponts, 49,200 livres pesant ; mines du Palatinat, 18,000 livres pesant ; total, 67,200 livres pesant. Cette quantité, vendue au prix marchand, donne 268,800 francs ; sur quoi déduisant les frais, 140,283 francs, reste 128,517 francs de bénéfice.

N°. 6. *Zinc* ou *Calamine*.

C'est une matière importante à cause de son emploi dans la fabrique du laiton. Les deux départements où se trouvent les mines de calamine, sont la Roer et l'Ourthe.

Celle de ce dernier département, appelée *mine de la vieille montagne*, était autrefois dans le pays de Limbourg et appartenait à la maison d'Autriche. On y occupe environ 50 mineurs, 4 ou 5 laveurs ; on y consomme annuellement environ 80 cordes de bois, 2,000 *bonaitrès*, faisant 100 voitures, à 2 chevaux, de charbon de bois pour la calcination, et 60 charretées de bois de construction pour les travaux.

L'extraction de la mine, calculée sur une année moyenne, depuis 1730, peut aller à 1,500 milliers pesant environ, savoir : 1,000,000 de livres de calamine calcinée, de première sorte ; 250 milliers de seconde sorte, et autant de troisième.

Les mines de calamine de la Roer, ou pays de Juliers, peuvent donner 45,000 quintaux de calamine calcinée, employée par les fonderies de Stolberg.

N°. 7. *Mines d'Antimoine.*

Les mines d'antimoine sont assez multipliées en France ; les principales sont celles du département de l'Aube, dont une seule exploitée donne 70 livres pesant d'antimoine, au quintal de minerai ; cet antimoine se vend 25 francs le quintal : du Cantal, l'exploitation de celles qui s'y trouvent est interrompue : de la Corrèze, non exploitées : de la Creuse, interrompues : de la Haute-Loire, mine riche, exploitée, quelques autres interrompues : du Puy-de-Dôme, exploitée : des Pyrénées-Orientales, l'antimoine se vend aux potiers du département, 15 à 20 francs le quintal, et même plus : du Bas-Rhin, la mine d'antimoine rend 50 quintaux par an.

N°. 8. *Mines de Manganèse.*

On en trouve dans les départements de l'Arriège, de la Dordogne, du Bas-Rhin, de Saône et Loire, des Vosges.

Au reste, toutes les mines de fer spathiques blanches qui se trouvent en France, contiènent de la manganèse.

La manganèse est extrêmement utile dans les verreries et fabriques de cristaux ; elle sert aussi dans l'opération du blanchîment des toiles par l'acide muriatique.

N°. 9. *Mines de Fer.*

La France a des mines de fer dans presque tous les départements ; mais elles ne sont pas toutes exploitées, et dans les départements où elles le sont, le fer y est traité au sortir de la mine différemment.

On suit deux méthodes, l'une appelée de *hauts-fourneaux*, qui donne un fer de fonte ou fer de gueuse, que l'on affine ensuite; l'autre appelée *à la catalane*, où le minerai est traité de manière à donner un fer déjà purifié et flexible.

On compte dans le département de l'Arriège 36 forges à la catalane; dans celui du Tarn, 8; dans celui de l'Aude, 17; dans la Haute-Garonne, 1; dans le département des Landes, 1; département des Basses-Pyrénées, 5; des Pyrénées-Orientales, 18; total, 86 forges où le minerai est traité à la catalane; elles donnent, année moyenne, 179,065 quintaux de fer.

Il y a 62 départements où les hauts-fourneaux sont d'usage, et où l'on ne fait par conséquent que du fer de fonte ou de gueuse, que l'on affine ensuite.

On fait dans ces 62 départements 2,740,804 quintaux de fonte; 1,738,286 quintaux de fer forgé; 74,790 quintaux d'acier; enfin, 78,475 quintaux en tôle et autres objets de cette nature de fer.

Nᵒ. 10. *Sels et Acides minéraux.*

Ce sont des productions minérales d'une grande consommation en France aujourd'hui : on en trouve des fabriques dans grand nombre de départements.

Dans celui de l'Aisne, la manufacture d'Urcel fait annuellement 7,000 quintaux de sulfate de fer ou couperose verte, ou encore vitriol vert; celle de Beaurieux en donne autant. Dans l'Aveyron, l'on fait annuellement 200 quintaux d'alun, et 130 de couperose; dans le Calvados, 1,656 de sulfate de fer; dans le Gard, 8,000 quintaux de même sel minéral; dans la Loire-Inférieure, à Nantes, on fait 200 quintaux d'acide vitriolique, autrement dit acide sulfurique; dans le département de l'Oise, 5,000 quintaux d'alun, 3,000 de sulfate de fer, couperose verte; dans celui de l'Ourthe, 1,256 quintaux d'alun; dans le Bas-Rhin, 1,100 quintaux de sulfate de fer; dans celui du Rhône, 700 quintaux de sulfate de cuivre ou couperose bleue; dans la Sarre, 800 quintaux d'alun; dans le département de la Seine-Inférieure, 2,500 quin-

taux d'huile de vitriol, acide vitriolique ou acide sulfurique; le département de la Somme produit 120 quintaux
d'alun, et 480 de couperose verte.

Nous n'étendrons pas plus loin les détails sur chaque
substance minérale en particulier; nous allons maintenant présenter un résumé de l'analyse statistique des
produits des mines et minières de France.

§ XXI. *Résumé et Analyse statistique des produits des Mines et Minières de France.*

Nous suivrons pour guide, dans cette analyse, l'excellent résumé qu'a fait M. Gorsse, ingénieur des mines,
des états et tableaux minéralogiques qu'il a employés
pour la *Statistique générale de la France,* en sept volumes. Le travail de ce savant et ingénieux auteur est ce
que l'on a fait de mieux sur cet objet, tant par l'ordre qu'il
a su mettre dans les matières, que par les connaissances
particulières qu'il y a montrées.

1°. Le produit des mines de fer traité dans les forges à la
catalane s'élève, année moyenne, à 179,065 quintaux de
fer marchand ou acier; celui des fers traités dans les
grandes usines, telles que hauts-fourneaux, forges d'affi-
nerie, donne, savoir : en fonte, 2,740,804 quintaux; en
fer, 1,738,286 quintaux; en acier, 74,790 quintaux; en
tôle et autres objets, 78,475 quintaux.

Il résulte de ces détails, que l'on fabrique environ
2,100,000 quintaux de fer brut, dont la plus grande partie
provient des 2,740,804 quintaux de fonte; on peut retenir
sur cette quantité de fonte 500,000 quintaux, comme
n'ayant pas été convertie en fer.

Maintenant évaluons ce que cette production minérale
peut donner en valeur d'argent. En supposant le quintal
de fer à 20 francs, et celui de fonte à 6 fr., on a, 1°. pour
2,100,000 quintaux de fer brut, 42,000,000 francs, et
pour les 500,000 quintaux de fonte, 3,000,000; total,
45,000,000, que met dans la circulation l'exploitation des
fers et leur vente;

2°. On porte à 24,000 quintaux le produit des mines de
plomb exploitées; à raison de 35 francs le quintal, porté

au premier entrepôt, cela donne 840,000 francs de première vente pour cette partie du revenu des mines;

3°. Quoiqu'avant la révolution le produit des mines de cuivre allât à 4,000 quintaux, M. Gorsse ne le porte qu'à 2,000 aujourd'hui, qui, à raison de 150 francs le quintal, donne 300,000 francs de revenu brut pour la première vente;

4°. Les mines de mercure en produisent annuellement 67,000 livres pesant, qui, comme nous l'avons vu, rendent à la vente 268,000 francs;

5°. Nous avons vu plus haut que les mines de calamine donnaient 60,000 quintaux de cette matière préparée; leur produit en numéraire est porté à 234,000 francs;

6°. Les mines d'antimoine peuvent donner annuellement 1,500 quintaux qui, étant calculés sur le prix de 20 fr. le quintal, donnent un produit de 30,000 francs;

7°. Les mines de manganèse peuvent fournir annuellement 1,200 quintaux, ce qui, au prix de 15 francs le quintal, donne un produit évalué en argent à 18,000 fr.;

8°. Le produit total du cuivre travaillé, ainsi que nous l'avons fait connaître en parlant des *fonderies* et *batteries* de cuivre, peut être évalué à 6,000,000 de francs, savoir: 4,900,000 francs pour les ateliers et usines de cette espèce établis dans l'ancienne France, et 1,100,000 pour le produit des départements nouvellement réunis à la France;

9°. On ne peut évaluer à moins de 3,000,000 la valeur des acides minéraux de toute espèce fabriqués et consommés aujourd'hui chez nous;

10°. Les sels métalliques, terraux ou alcalis, c'est-à-dire la potasse, la soude, l'alun, le salpêtre surtout, forment une valeur également de 3,000,000;

11°. Quant au sel marin, que l'on appelle aussi muriate de soude, on porte à 4,000,000 de quintaux la production générale pour tous les départements; celui qu'on tire des salines, à 1,000,000 de quintaux. En portant à 5 francs le quintal, pris sur le lieu de la fabrication, le sel extrait des salines, et à 2 francs celui des marais salants, cette substance doit donner annuellement un produit de la valeur de 13,000,000 de francs, versés dans la circulation, à joindre aux produits en numéraire dont nous venons de parler;

12°. Les mines de houille sont devenues des richesses

importantes aujourd'hui ; l'on en fait d'autant plus d'emploi que le bois augmente journellement de prix.

On estime son exploitation de 81,400,000 quintaux. En ne portant qu'à 40 centimes ou 8 sous au prix moyen, le quintal de houille pris sur les lieux, on a un produit en argent de 32,560,000 francs, que ce combustible minéral met en circulation.

Si, au lieu de faire l'estimation sur la valeur du quintal pris sur les lieux, on la fait sur la valeur au premier entrepôt, comme on la fait pour les autres substances minérales, et en estimant le quintal à 15 sous, on a pour 82,000,000 de quintaux, nombre auquel on peut porter les 81,400,000 pour plus de facilité de calcul, on a 61,500,000 francs que les mines de houille mettent en circulation ; produit qu'il est impossible de révoquer en doute, puisque les quantités que nous venons de rapporter, sont le résultat de dénombrements faits avec soin ; ajoutez que l'exploitation des houilles s'accroît chaque jour.

M. Gorsse a cherché à connaître la quantité de bras qu'occupent les travaux des mines, et il a, d'après ses calculs, estimé, 1°. que les travaux des mines de fer, font vivre 240,000 individus ; 2°. ceux des fabriques secondaires de fer, 16,000 ; 3°. ceux des mines de plomb, 5,200 ; 4°. de cuivre, 1,200 ; 5°. fabriques secondaires de cuivre, 9,600 ; 6°. de mercure, 1,280 ; 7°. de zinc, 1,200 ; 8°. d'antimoine, 160 ; 9° de manganèse, 120 ; 10°. sels minéraux, 240 ; 11°. salines et marais salants, 24,800 ; 12°. acides minéraux, 1,200 ; 13°. mines de houille, 246,000 ; 14°. tourbières, roches, pierres, carrières, sables pour les potiers, 3,456,000 individus.

En résumé, les mines donnent 150,102,800 francs en salaires, ventes et emplois des substances minérales, et alimentent 4,003,160 individus.

Passons maintenant aux productions des eaux, c'est-à-dire la pêche.

§ XXII. *Des Productions des Eaux.*

Il s'en faut de beaucoup que les richesses de la France, en ce genre, soient comparables à aucune de celles que nous venons d'exposer, tant pour les avantages du commerce, que de l'industrie intérieure.

Cependant la pêche maritime a de très-grands avantages, et des nations entières, telle que la Hollande, lui ont dû leur prospérité; elle a été très-considérable autrefois en France, et le serait encore sans la guerre qui en suspend les opérations.

Les productions des eaux sont de plusieurs espèces; 1°. les poissons que l'on pêche dans les rivières, fleuves, étangs, viviers; 2°. celles que l'on tire de la mer, telles que les poissons, le corail, le sel.

Nous parlerons de ces diverses espèces de productions sous le rapport de leur valeur dans la somme des richesses nationales.

§ XXIII. *Des Productions des Fleuves, Rivières et Étangs.*

Les productions des fleuves, rivières et étangs, sont ce qu'on appelle poissons d'eau douce. Il n'est aucun point de la France, peut-être, où l'on ne trouve quelqu'espèce de poisson en plus ou moins grande quantité. Mais ce sont principalement les départements arrosés par de grandes rivières, comme la Seine, la Loire, l'Allier, la Marne, l'Oise, le Rhin, la Meuse, la Moselle, le Rhône, qui jouissent de cet avantage.

Ceux où l'on trouve aussi des étangs, comme l'Allier, le Cher, la Marne, etc., fournissent aussi des poissons qui forment un objet dans les revenus du territoire et dans la consommation.

Les poissons qui sont du plus grand usage et d'un meilleur produit, sont le brochet, la carpe, l'alose, le saumon, la lamproie, l'anguille; etc., qui sont pêchés, les uns dans les étangs, les autres dans les rivières, et vendus sur les marchés publics.

On conçoit qu'il est presqu'impossible d'évaluer le produit de la pêche d'eau douce, parce qu'étant répartie sur une multitude de points, exercée sans aucune redevance qui puisse servir de moyen d'appréciation, l'on doit en ignorer entièrement le résultat.

Si l'on pouvait apprécier la valeur du poisson d'eau douce pêché dans toute l'étendue de la France par celui qui se consomme à Paris, il suffirait, en regardant la consommation de cette grande ville comme un douzième de celle du reste de la France, de multiplier le prix de la vente de cette marchandise par 12 pour approcher de la valeur totale. On évalue à 1,200,000 francs l'achat que l'on fait à Paris pour la consommation du poisson d'eau douce.

Ainsi, la valeur totale de celui que l'on pêche en France, serait donc d'une valeur de 14,400,000 francs.

Mais l'on comprend de reste sans qu'il soit besoin de le remarquer, combien cette évaluation peut être éloignée de l'exactitude, quoiqu'il soit assez généralement admis que Paris est en général un douzième de la consommation totale, excepté le pain et quelques autres denrées dont l'emploi est plus particulièrement affecté aux campagnes.

Pendant la révolution, le droit de pêcher dans les rivières était abandonné à tout le monde; mais depuis, le gouvernement s'en est fait un revenu; nous en dirons un mot dans le paragraphe suivant.

§ XXIV. *Du Droit de Pêche dans les Rivières.*

La loi du 14 floréal an 10 a établi un droit de licence pour pouvoir pêcher dans les fleuves et rivières.

Elle ordonne que personne ne puisse pêcher dans les fleuves et rivières navigables, s'il n'est muni d'une *licence* ou s'il n'est adjudicataire de la ferme de la pêche dans l'étendue d'un des arrondissements de la pêche.

Le gouvernement détermine les parties des fleuves et rivières où il juge la pêche susceptible d'être mise en ferme; et il règle pour les autres les conditions auxquelles sons assujétis ceux qui veulent y pêcher moyennant une licence.

Quiconque n'étant ni fermier de la pêche, ni pourvu

de licences, pêcherait dans les fleuves et rivières autrement qu'à la ligne, serait puni d'amende, et en cas de récidive, de plus grandes peines.

Les gords, barrages et autres établissements, fixés de pêche, sont également affermés lorsqu'ils ne nuisent point à la navigation, qu'ils ne peuvent produire aucun atterrissement dangereux, et que les propriétés riveraines n'en peuvent souffrir aucun dommage.

La police, la surveillance et la conservation de la pêche des fleuves et rivières, sont exercées par les agents et préposés de l'administration forestière, en se conformant aux dispositions prescrites pour constater les délits forestiers.

La pêche d'eau douce ne se fait pas seulement dans les fleuves et rivières, elle a lieu aussi dans les étangs; c'est ce qui nous engage à en dire quelque chose.

§ XXV. *De la Pêche des Étangs.*

La France renferme un grand nombre d'étangs. On estime qu'ils forment plus de 255,200 hectares (510,000 arpents). Considérés sous le point de vue d'utilité, les étangs qu'on regarde comme les meilleurs, sont ceux qui reçoivent une petite rivière ou un ruisseau trop peu considérable pour faire tourner un moulin.

On pêche les étangs de trois en trois ans, en comptant par les étés, de sorte que l'alvin a plus de trois ans quand on le pêche. C'est ordinairement à la fin de l'hiver ou en automne que se fait la pêche des étangs. On lève la bonde, on tire le gros poisson à la main, et l'on rejète le petit pour alviner. Les poissons qu'on trouve dans les étangs sont, pour l'ordinaire, l'anguille, le barbeau, le brochet, la carpe, la perche et la tanche.

La carpe paraît destinée particulièrement aux étangs. On estime qu'on peut mettre 18 à 20 milliers d'alvins de carpes, dans un étang d'environ 100 arpents d'eau, et 10 à 11 milliers dans ceux de 50 arpents. Quand on possède plusieurs étangs et qu'on desire en tirer tout le parti possible, on en consacre un au frai des carpes, et c'est dans celui-là qu'on prend tous les ans l'alvin qu'on destine à peupler les autres.

§ XXVI. *Des Produits de la Pêche maritime.*

Outre le corail qui se pêche sur les côtes de Barbarie, et dont l'exploitation peut être faite par tout Français, moyennant une rétribution à la compagnie d'Afrique, rétablie par une loi de floréal an 9, la France retire, tant de ses côtes que des mers lointaines, plusieurs espèces de poissons qui sont pour elle l'objet d'une industrie et d'un produit considérables.

Nous parlerons ici de la pêche des huîtres, des sardines, des harengs, des maquereaux, de la morue, de la baleine.

N°. 1ᵉʳ. *Huîtres.*

On en fait un très-grand commerce sur les côtes des départements de la Seine-Inférieure, de l'Eure, du Calvados, de la Manche, d'Ille et Vilaine, des Côtes-du-Nord, du Finistère, du Morbihan, de la Loire Inférieure et de la Vendée, c'est-à-dire de la Normandie et de la Bretagne. Il y a habituellement à Granville 28 bateaux à quille ou gabarres de 13 à 18 tonneaux, employés à faire la pêche aux huîtres dans la baie, et presqu'à six lieues au nord de cette ville. Douze des plus petits, avec cinq ou six hommes d'équipage, pratiquent cette pêche dès la mi-fructidor; mais les seize autres, de sept à huit hommes, la font depuis nivôse jusqu'en germinal, c'est-à-dire de Noël à Pâques.

Le commerce des huîtres peut ne pas être toujours très-avantageux à ceux qui le font, mais on ne peut contester qu'il ne soit très-utile pour l'état, surtout la pêche des huîtres, qui est une pépinière de marins.

Depuis le premier vendémiaire an 10 jusqu'en prairial an 11, il est entré à Cancale 188 bâtiments anglais, montés de 6 à 9 hommes chacun, qui ont chargé 119,473,000 huîtres. Le produit de cette exportation s'est élevé, pour les propriétaires d'huîtrières, à 179,209 francs 50 cent. Le montant des droits de douane a été de 95,353 fr. 5 c. On estime que le millier d'huîtres, tous frais faits, c'est-à-dire, y compris frais de bâtiments et dépense d'équipages, revient à 5 francs 50 centimes à la compagnie anglaise qui fait l'importation de ce coquillage à Londres, où elle le vend deux guinées.

On estime la consommation de Paris, en huîtres, à environ un million de douzaines. Ce serait, au prix moyen de six sous la douzaine, un total de 300,000 francs.

N°. 2. *Sardines.*

La plus grande pêche de la sardine se fait sur les côtes de Bretagne, au département du Finistère, depuis Belle-Isle jusqu'à Brest. Cette pêche y occupe plus de 300 chaloupes et presque tous les matelots du pays dans la saison et en temps de paix.

Chaque chaloupe est montée de cinq hommes et du port de deux à trois tonneaux, et est garnie de douze filets de vingt à trente brasses; la brasse est de cinq pieds de roi.

On voit, par un état inséré dans l'annuaire statistique du Finistère, rédigé par ordre du ministre de l'intérieur, que la pêche de la sardine employait dans ce département en 1789, 4,958 hommes, qu'elle employait pour 10,000 barriques de rogue, appât fait d'œufs de morue et autres poissons, avec lequel on prend la sardine; elle donnait 85,750 barriques de poisson, chaque barrique pesant 170 livres, et 870 barriques d'huile de sardine, chaque barrique pesant de 450 à 500 livres.

En l'an 9, cette pêche était réduite à près de moitié; elle n'occupait que 2,853 hommes; n'employait que 5,000 barriques de rogue, ne faisait que 41,750 barriques de poisson, et 528 d'huile.

N°. 3. *Harengs.*

M. Noël de Rouen rapporte dans sa description du département de la Seine Inférieure, des détails instructifs sur le produit de la pêche du hareng dans les quartiers de Dunkerque, Calais, Boulogne, Fécamp et Vannes.

Il en résulte que dans le quartier de Dunkerque, le produit de la pêche fut en 1751, de 305 lasts de harengs frais, et 1,171 lasts de harengs salés.

Dans le quartier de Calais, même année, 448 lasts de harengs frais.

Dans le quartier de Boulogne, même année, 405 lastes de harengs frais, 8 de harengs salés.

Quartier de Dieppe, même année, 898 lastes de harengs frais, 3,086 de harengs salés.

Quartier de Fécamp, même année, 289 lastes de harengs frais, 1,362 de harengs salés.

Quartier de Vannes, même année, un laste de harengs frais.

Cette pêche est évaluée à 4,468,122 livres tournois année moyenne.

D'un autre état, rapporté par le même auteur, il résulte que le produit de la pêche faite par les bateaux du quartier de Dieppe, en 1789, s'élève à 7,028 lastes de harengs, évalués à une somme de 1,335,761 liv. tournois; le nombre des bateaux employés était de 61.

Elle était plus forte en 1786, le quartier de Dunkerque donna 323 lastes de harengs; le quartier de Calais, 84; celui de Boulogne, 1,166; celui de Saint-Valery, 63; celui de Dieppe, 8,542; celui de Fécamp, 4,940; produit évalué en argent, 4,556,855 livres tournois. Résultat qui se rapporte avec ce que dit M. Arnould dans son *Traité de la Balance du Commerce*, qu'à l'époque de la révolution, le produit de la pêche du hareng allait à une valeur de 4,000,000.

Le last de harengs est formé de 12 barils, il contient 12,000 harengs, par conséquent le baril doit contenir 1,000 harengs. Suivant l'ordonnance, 18 barils en vrac, c'est-à-dire de harengs non arrangés, doivent faire 12 barrils bien caqués, et un baril doit peser 280 à 300 liv.

La pêche des harengs s'était élevée, avant la guerre présente, à près de 68,000 barils, savoir : 50,000 de harengs salés, 6,000 de harengs frais, et 12,000 de harengs saurs.

N°. 4. *Maquereau.*

Les maquereaux avancent dans la Manche au mois d'avril, et avancent toujours vers Calais à mesure que l'été approche, et se trouvent en juillet sur les côtes de Picardie, de Normandie, de Bretagne.

Un last de maquereaux contient 12 barils, et chaque baril 4,000 poissons de 1,300 au 1,000.

En 1789 la pêche au quartier de Fécamp allait à

1,806,200 poissons donnant une valeur en argent de 358,725 francs. A Dieppe, les bateaux pêcheurs faisaient, année moyenne, 280,000 francs de leur pêche au prix de 20 francs le baril.

C'est de Boulogne que viennent les maquereaux qui se consomment à Paris.

N°. 5. *Morue.*

La morue se pêche loin des mers de France; mais son produit doit être en quelque sorte regardé comme faisant partie de ses richesses, lorsque la guerre n'interrompt point cette riche exploitation.

En 1789, les Français ont pêché à Terre-Neuve, à Saint-Pierre et à Miquelon, 290 quintaux de morue; au grand banc, 266,850 quintaux.

Elle a employé, savoir: pour Terre-Neuve et la Troque, à Saint-Pierre et Miquelon, 8,265 matelots; pour le grand banc, 2,730; ce qui fait un total de 10,995 matelots.

Outre la morue, chaque navire qui revient du grand banc, livre environ 6 barriques d'huile de morue, ce qui fait, pour les 182 navires expédiés à cette pêche, en 1789, 1,092 barriques d'huile de morue de 30 veltes chaque barrique, la velte de 8 pintes; de plus, 5 barils par navire, de naux et langues, qui donnent 910 barils.

En évaluant le produit en argent de cette pêche, au prix commun des morues sèches et vertes, ainsi que de l'huile qui en provient, il en résulte, pour cette année, une somme de 12,049,340 francs.

N°. 6. *Baleine.*

La pêche de la baleine est bien moins considérable aujourd'hui qu'autrefois; cependant plusieurs armateurs, particulièrement les Dunkerquois, arment pour la pêche de la baleine dans les mers du Brésil, où ce cétacée semble s'être retiré depuis la chasse meurtrière qu'on lui a faite pendant près de trois siècles dans le nord.

C'est en France que se fait peut-être la plus grande consommation d'huile et de fanons de baleine.

Le produit de la pêche de la baleine, faite par les

Français, avant la guerre, n'allait guère qu'à 700,000 fr.
année moyenne.

Une baleine, qui donne 100 barriques d'huile, chaque
barrique de 280 à 300 livres pesant, peut rendre de 20
à 24,000 francs. Il y a des baleines qui donnent jusqu'à
120 barriques.

§ XXVII. *Résumé historique et Apperçu statistique des Pêches maritimes avant la guerre actuelle.*

Il est inutile de nous étendre pour faire sentir que la
France peut, à la paix, donner à ses pêches maritimes
toute l'étendue qu'elles avaient avant la guerre, parce que
la consommation du produit qu'elles donnent, ne dépend
point de l'étranger, et est assurée tout aussi bien à présent qu'il y a vingt ans, dans l'intérieur; on peut dire
même que la consommation, accrue par l'augmentation
de la France, produira le même effet sur le produit des
pêches qui est toujours proportionné à la consommation
qu'on lui offre.

Faire connaître ce qu'était ce produit il y a 20 à 25 ans,
c'est donc dire ce qu'il peut être encore et par conséquent
ce qu'il peut ajouter à nos richesses.

En résumant des faits historiques et d'après les tableaux
dressés du produit des pêches, on voit, 1°. qu'à l'époque
de la révolution, c'est-à-dire vers 1788; il partait de
Bayonne 13 bâtiments pour la pêche de la baleine, au
Groënland et au Brésil, c'est à peu près le même nombre
que les Bayonnais envoyaient pour la même pêche vers
les dernières années du règne de Louis XIV; le produit,
à l'une et l'autre époque, peut être évalué à environ
700,000 livres.

2°. Qu'avant la paix d'Utrecht, il partait de France,
pour la pêche du grand banc, deux flottes d'environ 250
bâtiments chacune; ces navires étaient du port de 120 à
350 tonneaux. La première flotte partait au commencement de janvier, et la seconde au mois de mai; les ports
d'où elles partaient étaient Rouen, Granville, le Havre,
Honfleur, Dieppe, Saint-Malo, Nantes, la Rochelle, les

Sables d'Olonne, Bordeaux et Bayonne. Elles arrivaient au bout de six semaines.

La pêche en pleine mer était plus profitable que celle du grand banc, puisqu'un vaisseau, venant de cette dernière, n'avait que 45 à 50 milliers de morue verte ou blanche; venant de l'autre, il en avait jusqu'à 200 milliers.

A la paix d'Utrecht, les Français, ayant été forcés de céder Terre-Neuve avec Plaisance et le Petit-Nord aux Anglais, ceux-ci tirèrent, les premières années, jusqu'à 300,000 livres sterling de revenu de leur pêche de la morue dans ces parages.

Les Français n'en tiraient guère que 1,000,000 tournois à peu près annuellement avant cette cession.

La guerre de 1756 fut un nouveau fléau pour la pêche des Français. La possession de l'île Royale ou de Louisbourg avec l'île Saint-Jean, fut assurée aux Anglais par la paix de 1763, de manière que les Français virent leur pêche sédentaire réduite aux établissements fixes de l'île Saint-Pierre et des deux petites îles de Miquelon, qu'il ne leur fut pas même permis de fortifier.

Par le traité de paix du mois de janvier 1783, entre la France et l'Angleterre, il est déclaré que celle-ci conservera l'île de Terre-Neuve et celles adjacentes; on y détermine les bornes de la pêche française; on confirme à la France la possession de Saint-Pierre et Miquelon, et de plus on lui donne le droit de pêcher dans le golfe Saint-Laurent.

En 1787, le produit de la pêche de la morue s'est élevé jusqu'à 15,131,000 francs; ce produit, comme nous l'avons remarqué, n'allait guère qu'à 1,000,000 sur la fin du règne de Louis XIV, et ne passait point 6,000,000 avant la guerre d'Amérique.

3°. Que la pêche du hareng est l'objet d'un commerce considérable en France et paraît y avoir été exercée dès le commencement du onzième siècle, c'est-à-dire vers le commencement de 1030; elle est la plus ancienne de toutes celles de l'Europe, et paraît avoir fleuri, dès-lors, dans les ports de la Manche, où l'on s'y livre encore aujourd'hui avec succès.

Les guerres avec l'Angleterre et la maison d'Autriche, ont empêché cette branche d'industrie d'acquérir le degré d'étendue proportionnée à la situation et à la position de la France sur la Manche.

Il n'en est pas moins vrai que d'après des données assez sûres, on peut estimer qu'elle s'élevait, vers les dernières années du règne de Louis XIV, à 1,200,000 francs, monnaie de ce temps-là; et en 1787, à 4,300,000 francs.

Les vaisseaux qui vont à cette pêche, partent de Calais, de Boulogne, de Dieppe, de Saint-Valery. En 1801, elle donna 68,000 barils, dont le produit a passé 1,800,000 fr.

4°. Que ce fut le surintendant Fouquet qui forma à Belle-Isle, dont il était le propriétaire, les premiers établissements de la pêche du maquereau et de la sardine. Cette pêche, réunie à celle d'autres poissons, tels que raies, thons, turbots, a produit, vers le commencement du dernier siècle, jusqu'à 1,600,000 à 1,700,000 fr., monnaie d'alors; et en 1789, elle allait à environ 2,300,000 francs.

§ XXVIII. *De la Consommation générale des Productions du Territoire français.*

La consommation est un moyen sûr de connaître les productions d'un Etat, parce qu'étant toujours aisé de savoir ce qu'on en apporte de l'étranger, ou ce qu'on y en exporte, on voit par la consommation estimée ce qu'on en a récolté sur le territoire.

Aussi M. Lavoisier, un des hommes qui portaient le plus d'exactitude dans les matières de calcul, s'est-il servi de ce moyen pour évaluer le produit de la France; les bases qu'il a établies à cet égard sont encore les meilleures, et nous n'hésiterons pas à en faire usage.

Elles nous serviront, à l'aide d'une règle de proportion, à connaître la consommation, et par conséquent la production actuelle; il est même bon de remarquer que les résultats obtenus seront plutôt au-dessous qu'au dessus de la réalité, puisqu'il est universellement reconnu qu'aujourd'hui la consommation des comestibles, denrées, viande, boisson de toutes espèces est plutôt augmentée que diminuée en France, à cause de l'aisance accrue très-sensiblement dans les campagnes, depuis quinze ans.

Nous n'entrerons point dans l'explication des moyens qu'a dû employer M. Lavoisier pour obtenir les résultats

que nous allons présenter ; nous les prendrons comme
bases, et nous nous en servirons pour faire l'estimation
de la consommation actuelle.

Nons allons commencer par la consommation en grains.

N°. 1er. *Consommation en Grains.*

M. Lavoisier porte à 11,667,000,000 de livres pesant
la quantité de blé, seigle, orge employés pour la nourriture des hommes, c'est-à-dire d'une population estimée
de 25,000,000 d'individus.

Il porte à 2,333,000,000 de livres pesant la quantité employée en semence.

Il est naturel de conclure que si cette consommation
avait lieu de son temps, on devait en récolter une égale
quantité, car la petite quantité qui pouvait venir de l'étranger se trouvait d'un autre côté balancée par les exportations
aux colonies et à l'étranger.

Il ne comprenait point non plus dans cette quantité
l'orge consommé par les animaux, et encore moins
l'avoine qui n'est point mise au nombre des grains.

Il résulte donc des bases de cet auteur, que la France
récoltait de son temps 14,000,000,000 pesant de blé, seigle
et orge ; ce qui donne 58,333,333 setiers de 240 livres
pesant.

Mais comme la population de la France est augmentée
avec son territoire par nos nouvelles conquêtes et acquisitions, la consommation et les produits territoriaux se
sont accrus dans la même proportion.

Nous dirons donc : si 25,000,000 d'habitants donnaient
une consommation de 11,667,000,000 pesant de pain
et 3,000,000,000 pour les semences, combien une population de 34,000,000 d'individus nous donnera-t-elle ? et
nous trouverons que la consommation actuelle, y compris les semences, que l'on estime un cinquième du total,
est de 19,000,000,000 de livres pesant, ou 79,333,333 setiers de 240 livres pesant.

En retranchant de cette quantité un cinquième pour
les semences, on a celle de 63,466,667 setiers de blé,
seigle et orge consommés en France pour la nourriture
des hommes.

En supposant le prix moyen du blé à 2 sous la livre, comme il l'est, compensation faite du prix de l'orge et du seigle, on voit qu'il se consomme annuellement, tant en semences qu'en nourriture des hommes, pour 1,900,000,000 f. en grains des espèces indiquées.

Nous verrons plus bas comment on a pu parvenir à ces résultats, lorsque nous rapprocherons les éléments que M. Arnould a employés d'après M. Lavoisier, pour connaître la consommation nationale.

N°. 2. *Consommation de l'Avoine.*

En nous servant des mêmes bases qui nous ont donné les estimations précédentes, il résulte que la consommation en avoine doit être de 544,000,000 de boisseaux, mesure de Paris, aujourd'hui.

N°. 3. *Consommation de la Viande.*

A l'époque où M. Lavoisier écrivait, c'est-à-dire en 1789, la consommation de la ville de Paris, en viande de bœuf, vache, veau, mouton, porc, chair morte, allait à 90,000,000 livres pesant.

Celle de toutes les villes ensemble, y comprenant Paris, allait à 689,700,000 livres pesant.

L'auteur estimait qu'il se consommait en outre dans les campagnes, par les agents de l'agriculture et autres, environ 3,000,000 de porcs du poids chacun de 150 livres, ce qui forme un total de 450,000,000 de livres pesant.

Les habitants des campagnes consomment de plus les moutons qui périssent d'accident, qui ont été blessés, etc. ; en évaluant leur nombre à 1,500,000 et leur poids à 35 livres, ce serait une quantité de viande de 52,500,000 livres.

Enfin, il estime la consommation de veau dans les campagnes à 600,000 en nombre, pesant 30 livres chacun, et ensemble 18,000,000 de livres ; 6,000 vaches pesant 200 livres, et ensemble 1,200,000 liv.

En réunissant toutes ces quantités, M. Lavoisier trouvait que de son temps il se consommait en France

1,211,400,000 livres pesant de viande de bœuf, vache, veau, mouton, porc, tant dans les villes que dans les campagnes.

La consommation moyenne de la viande était alors d'environ un dixième de celle en blé ; elle était par personne de six à sept onces par jour à Paris et dans les grandes villes ; de quatre onces environ dans les villes de province ; d'une once et demie environ dans les campagnes.

Il y a ici une remarque a faire sur l'estimation de la consommation qui se fait en viande aujourd'hui, c'est que si elle est diminuée un peu dans les villes par l'augmentation de son prix et la diminution de la fortune des habitants des villes, elle est augmentée dans les campagnes par l'accroissement de la richesse de leurs habitants.

Ainsi le rapport de consommation admis entre l'ancienne population et la nouvelle subsiste pour cet objet comme pour les autres ; nous ferons donc la même règle de proportion pour avoir une estimation satisfaisante de la consommation de la viande aujourd'hui.

Nous trouvons pour résultat de nos calculs, qu'il doit se consommer aujourd'hui en France 1,648,000,000 de livres pesant de viande.

N°. 4. *Consommation en Vin.*

La consommation en vin est beaucoup plus difficile à connaître que toutes celles que nous venons d'indiquer, parce qu'elle n'est pas aussi généralement répandue que les précédentes ; que beaucoup de départements n'en consomment point, et que l'exportation en est considérable.

Nous avons cherché à en faire connaître la récolte en parlant des vins au chapitre des productions, et nous avons présumé, d'après les meilleurs écrivains, que l'exportation en temps de paix pouvait être égale à la consommation intérieure.

Déjà du temps de M. Lavoisier l'incertitude était grande à cet égard, quoiqu'alors les Aides offrissent des moyens d'appréciation que l'on n'a point aujourd'hui.

Il faut espérer que l'établissement du droit sur les

vins donnera le moyen d'en connaître la récolte et la consommation, parce que malgré les fausses déclarations, on saura toujours, à quelque chose près, la consommation, et que l'on parviendra aussi à connaître pour combien la fraude doit entrer en plus dans les quantités obtenues.

Quoiqu'il en soit de ces observations, et en faisant usage des bases de M. Lavoisier qui estime la consommation en vin de 4,500,000 pintes par jour, dans une population de 25,000,000 d'individus, on doit dans une de 34,000,000 qui existe aujourd'hui dans tout le territoire français, trouver 6,120,000 pintes par jour, ou 2,233,800,000 pintes par an, ce qui fait 7,756,250 muids à 288 pintes, mesure de Paris le muid.

Nous avons dit que M. Arnould, celui à qui nous devons le premier ouvrage positif et détaillé sur la Statistique du commerce extérieur, a présenté des bases d'estimation, et des résultats sur la consommation qui offrent une instruction et des faits importants; nous en allons donner ici l'apperçu.

§ XXIX. *De l'Estimation de la Consommation totale, d'après la Consommation évaluée de chaque individu.*

Voici comme s'exprime sur cette matière l'ingénieux et savant écrivain dont nous venons de parler; il écrivait en 1794, époque où les conquêtes de la France, la Belgique, la rive gauche du Rhin n'avaient point encore augmenté nos richesses nationales, la consommation totale et même particulière.

« Pour déterminer la quantité moyenne du blé et de la viande nécessaire à la consommation, dit M. Arnould, je ne vois que trois manières, 1°. par la ration que l'on distribue aux troupes; 2°. par la connaissance des villes fermées où il y avait des registres d'entrée; 3°. par l'évaluation des produits annuels de toutes les terres cultivées en grains et en pâturages; la somme de ce produit étant supposée égale à la consommation annuelle, c'est-à-dire en faisant abstraction de toute importation et exportation (1).

» Voici les résultats que ces moyens peuvent former : la ration est pour chaque combattant de 28 onces de pain et d'une demi-livre de viande.

» On estime que la livre de pain répond à un égal poids de blé. L'on sait que le blé perd par le son et la mouture, mais qu'il regagne à peu près le même poids par l'eau qui entre dans le pain.

» Ainsi il faut une livre trois quarts de blé à chaque soldat.

» Mais j'observe que les combattants sont des hommes d'élite, tous dans la force de l'âge et des passions, et dont la consommation peut être regardée comme le *maximum* de consommation de tous les individus.

» On remarque que les hommes consomment en général plus que les femmes, et les femmes plus que les enfants; et que dans une famille composée d'un mari, d'une femme et de trois enfants au-dessous de 10 ans, le père consomme presque autant à lui seul que le reste de la famille.

» Or je vois, par les tableaux de population, qu'il y a au moins un cinquième au-dessous de 10 ans. Ainsi on peut supposer que ce cinquième compense par sa consommation ce que les femmes consomment de moins que les hommes; de sorte qu'en ayant encore égard à la moindre consommation des vieillards, on peut conclure, sans craindre de se tromper beaucoup, que la consommation totale de tous les habitants de la France, pour

----

(1) Il est bon de remarquer que les bases prises par M. Arnould sont celles de M. Lavoisier, c'est-à-dire qu'elles se rapportent à l'état de la France en 1789; 25,000,000 d'individus sur une surface de 105,000,000 d'arpents de 100 perches carrées, la perche de 22 pieds; cet arpent a ainsi 1,344 toises carrées; l'étendue de la France estimée 27,176 lieues carrées; ce qui donne 921 ¼ pour le nombre d'individus par lieue carrée. Il prend aussi le nombre des hommes de 217,746 plus considérable que celui des femmes dans la population de 25,000.000; mais c'est une erreur qu'a commise M. Lavoisier, parce qu'il a calculé le nombre des femmes par les naissances : il est à la vérité plus considérable alors; mais il meurt plus de femmes dans le même terme donné. Il met au si un tiers de la population au-dessous de 15 ans, et le second tiers au-dessous de 36. (Voyez le chapitre de la *Population*, page 224.)

être de pair avec celle des troupes, ne doit être que les quatre cinquièmes de la consommation d'un égal nombre de combattants, c'est-à-dire de 20,000,000.

» Ainsi la consommation totale en blé sera, à raison d'une livre $\frac{3}{4}$, de 35,000,000 de livres pesant; et celle de la viande, à raison d'une demi-livre, 10,000,000 de livres pesant par jour.

» Donc, multipliant par 365 $\frac{1}{4}$, nombre de jours de l'année, on aura pour la consommation totale annuelle en blé, 12,784,000,000, et en viande 3,652,500,000 liv. pesant.

» La consommation moyenne de chaque individu serait par jour d'une livre et $\frac{2}{3}$ de blé, et par an de 511 $\frac{6}{100}$ de livres de blé, et 146 livres de viande. »

La seconde manière de déterminer la consommation moyenne du blé et de la viande est fondée sur les registres d'entrées des villes qui étoient sujettes à des droits.

En se bornant à considérer la consommation annuelle de Paris, d'après l'état exact qu'en a donné M. Lavoisier, on voit qu'elle était de 206,788,224 livres pesant de blé, en supposant que les quantités de pain qui s'apportent du dehors dans les marchés, soient à peu près compensées par celles qui s'exportent par les habitants des environs.

Il en résulte que la consommation du pain faite par les habitants de Paris, est à peu près de 15 onces par personnes de tout âge et tout sexe.

Cette consommation en pain est inférieure à celle des campagnes où il se fait une consommation de légumes, de fruits sur-tout bien plus considérable qu'à Paris; ce qui fait que pour estimer la quantité de blé consommée, il est plus exact de prendre la ration du soldat pour la base du calcul, comme le fait M. Arnould.

Quant à la consommation de la viande elle est en proportion, plus considérable à Paris que dans les campagnes, quoique beaucoup moins qu'autrefois. D'après les tableaux de M. Lavoisier, elle allait à 90,000,000 de livres pesant par an.

En divisant ce total par le nombre des habitants (600,000), on trouvera pour la consommation moyenne de chacun d'eux, un peu plus de 150 livres par an, ce qui revient à 6 onces 4 gros $\frac{2}{7}$ par jour.

En prenant pour base ces résultats on peut avoir un apperçu de la consommation en pain et viande pour toute

la France, d'après la seconde méthode indiquée par
M. Arnould.

Mais il faut remarquer que dans l'estimation que nous
venons de donner de la quantité moyenne de pain et
de viande consommée par les habitants de Paris, nous
n'avons pas pris en considération celle des légumes,
laitages, fruits, qui, dans cette grande ville, suppléent
et remplacent le pain et la viande dans une multitude
d'occasions; en sorte que si la question était de savoir
la quantité de pain et de viande sur laquelle il faille
compter pour nourrir Paris, on devrait faire un autre
calcul et l'appliquer comme a fait M. Arnould, dont l'objet
n'a pas été, dans les recherches qu'il a faites à cet égard,
tant de savoir ce que l'on consomme en blé et viande, que
ce qu'il faut de nourriture pour la subsistance des habitants ; voici comme il raisonne :

« La consommation annuelle en pain à Paris, est estimée de 206,000,000 pesant; j'ajoute la consommation
en riz qui est de 3,500,000, ce qui fait 209,500,000 livres
pesant.

» A l'égard des légumes et fruits, le tableau de M. Lavoisier n'en donne pas la quantité, mais seulement le prix,
qui monte à 12,500,000 livres, tandis que le prix total
du pain est de 20,600,000 livres, n'étant estimé qu'à 2 sous
la livre.

» Comme il se consomme à Paris beaucoup de légumes
et de fruits de luxe, et qu'en général la valeur nutritive
des légumes et fruits est moindre que celle du pain, à
prix égal, je prendrai pour la valeur représentative le
quart du pain, c'est-à-dire 51,500,000 livres pesant.

» Ajoutant donc ce nombre à celui que nous avons
trouvé, on aura 261,000,000 livres en blé pour la consommation annuelle de Paris.

» La population de Paris était estimée alors de 600,000
habitants. Divisant donc le nombre précédent par celui-
ci, on trouve 435 livres pour la consommation annuelle
en blé de chaque habitant de Paris.

« Les mêmes résultats donnent 90,000,000 de livres de
viande de boucherie, et 10,000,000 de livres de poisson.
Comme le poisson est à peu près aussi nourrissant que la
viande, nous ajouterons ces deux produits ensemble, ce
qui fait 100,000,000 de livres pesant.

» On trouve ensuite dans la consommation nourricière de Paris 78,000,000 d'œufs. Comme à prix égal et à nourriture égale on préférerait la viande aux œufs, on ne risquera pas d'estimer trop haut le rapport des œufs à la viande, relativement à la nourriture, en supposant ce rapport égal à celui qui se trouve entre les prix des deux objets. Or, le prix des œufs consommés à Paris, donne 3,500,000 francs, tandis que celui de la viande donne 40,500,000 francs. Le rapport de ces deux nombres étant comme 1 est à 11 plus $\frac{57}{100}$, nous supposons en nombres ronds que les œufs tiennent lieu de $\frac{1}{12}$ de la viande, c'est-à-dire, représentent 7,500,000 livres pesant de viande dans les besoins de la consommation.

» Il reste encore à examiner le laitage. Les résultats des tableaux de M. Lavoisier ne donnent que la consommation du beurre et du fromage, qui est de 5,850,000 liv. pesant de beurre, et 2,600,000 livres pesant de fromages secs, outre 424,507 de fromages mous. Le tableau du prix donne, pour ces deux articles réunis, 7,700,000 fr.; ce nombre est à celui du prix de la viande comme 1 est à 5, plus $\frac{26}{100}$.

» En supposant les valeurs nutritives proportionnelles aux prix, le beurre et le fromage consommés à Paris équivaudraient à 17,111,000 livres pesant de viande. Ce poids est un peu moindre que le double du poids réuni du beurre et du fromage, lequel est de 8,874,507 livres pesant; en le supposant égal, on aurait en nombres ronds une demi-livre de beurre ou de fromage, pour l'équivalent d'une livre de viande.

« Ajoutant donc ensemble ces trois sommes, nous avons 124,611,000 livres pesant de viande pour 600,000 individus, ce qui donne 207 livres plus $\frac{68}{100}$ de livres pesant par tête annuellement. »

La troisième manière d'estimer la consommation de la France, peut se faire par la production annuelle divisée par le nombre d'habitants.

« On a vu ci-dessus que non compris l'orge consommée par les animaux, la consommation en grains, c'est-à-dire blé, seigle, orge, était estimée de 14,000,000,000 de livres pesant, dont, retranchant $\frac{1}{6}$ pour les semences, restait pour la consommation annuelle de toute la France de 1789, 11,667,000,000 de livres pesant; ce qui, étant

divisé par 25,000,000, donne 466 livres pesant plus $\frac{61}{100}$
de livre par tête d'individus.

» Comme cette consommation ne représente que celle
qui se fait en pain, il faudrait pouvoir y ajouter toute
celle qui se fait en fruits et légumes dans les campagnes,
afin d'avoir l'étendue des besoins en consommation, et
l'estimation de la consommation générale rapportée au
pain et à la viande.

» Nous avons trouvé que la consommation des fruits
pouvait être estimée le quart de celle du pain à Paris; on
peut présumer que pour la France elle est plutôt dans
une plus grande proportion que dans une moindre; mais
en la supposant de $\frac{1}{4}$, il faudrait ajouter 116 liv. plus $\frac{67}{100}$
de livre à la consommation individuelle trouvée ci-des-
sus, ce qui porterait à 583 livres plus $\frac{35}{100}$ de livre pesant
de nourriture en pain, la consommation de chaque in-
dividu.

» Suivant les mêmes résultats, la consommation totale
des bœufs, vaches, moutons, veaux, porcs, est de
1,211,400,000 livres pesant de viande, ce qui donne
48 livres $\frac{45}{100}$ par tête d'individu, pour la consommation
annuelle en viande, au moins (1).

» Il faut ajouter à la consommation de la viande celle
du fromage; or, dans les résultats de M. Lavoisier, le
nombre des vaches est porté à 4,000,000, et l'on est
d'accord qu'une vache donne, au taux moyen, un quintal
et demi de fromage par an; mais en ne le supposant que
d'un quintal, pour compenser les années de sécheresse,
l'on aurait toujours 400,000,000 de livres pesant de fromage; ce qui donnerait par tête d'individu 16 livres,
qu'on peut regarder comme équivalentes à 32 livres de
viande, ce qui ferait, en négligeant la fraction, 80 livres
de viande pour la consommation annuelle de chaque individu en France, sans compter les œufs, les poissons,
la volaille.

» Voici le tableau des résultats qu'on vient de trouver.

---

(1) Cette estimation de la consommation moyenne en viande, en
1789, est augmentée aujourd'hui que les paysans en consomment sensiblement plus qu'alors.

Consommation annuelle moyenne de chaque individu, évaluée en livres pesant.

	Blé.	Viande.
D'après la ration des soldats	511,36 l.	146 l.
———— la consommation de Paris.	435	207,68
———— la consommation moyenne de la France par tête . .	583,35	85

De cette table j'ai déduit la suivante :

	A	B	C
D'après la ration des soldats	657,36 l.	0,7779	0,2221
———— la consommation de Paris	642,68	0,6768	0,3232
———— la consommation de la France par tête	663,35	0,8794	0,1206

» La colonne A donne les sommes en livres pesant de blé et de viande.

» La colonne B donne les rapports du poids du blé à la somme des poids du blé et de la viande.

» La colonne C donne les rapports du poids de la viande à la même somme.

» La colonne A fait voir que le poids total du blé et de la viande est à peu près le même, d'après les trois évaluations ; la valeur moyenne est de 654 livres pesant plus $\frac{46}{100}$, qui ne diffère guère de celle de la ration des soldats ; elle est plus grande que celle de Paris, et moindre que celle de toute la France d'environ 10 livres, ce qui ne fait que $\frac{1}{60}$ du total.

» Ce résultat, dit M. Arnould, est digne de remarque pour les administrateurs des états ; il prouve que les hommes ont besoin, en général, d'un égal poids de nourriture. La différence de cette nourriture ne consiste que dans les différentes proportions du blé et de la viande, ou des autres aliments qui les représentent.

» Suivant la ration du soldat, cette proportion est

comme 7 est à 2; dans Paris, elle est de 21 à 10, à très-peu près; et dans toute la France, de 15 à 2, au moins à l'époque de 1789. »

C'est la vraie mesure de la pauvreté ou de la richesse d'un état, parce que les habitants se nourrissent toujours plus ou moins bien, suivant que la richesse est plus ou moins grande, et par conséquent les salaires plus ou moins abondants.

En tirant un dernier résultat des calculs et des faits que nous venons de rapporter sur les moyens d'estimer la consommation, d'après M. Arnould, nous croyons qu'en prenant une moyenne proportion des trois quantités qu'il vient d'établir, on aura celle qui approcherait le plus de la consommation qui a lieu aujourd'hui en France par tête d'individu annuellement. Ainsi, additionnant ensemble $511\frac{36}{100}$, 435, $583\frac{36}{100}$, et divisant la somme par 3, on a 509 livres $\frac{1}{4}$ pesant de pain ou nourriture qui le représente en valeur et en prix pour la consommation annuelle de chaque individu.

Faisant la même opération sur les trois quantités de viande indiquées, on a $133\frac{1}{2}$ par an pour la consommation en viande ou nourriture qui la représente en valeur nutritive et en prix, par tête d'individu de tout âge et de tout sexe.

Nous allons passer maintenant à l'estimation de la consommation en bois.

N°. 2. *De la Consommation en Bois.*

L'on a pu voir au paragraphe des *Bois* comme production, et l'on verra à celui de l'*Administration forestière* diverses connaissances relatives à l'objet que nous traitons. Pour ne pas nous répéter, nous nous bornerons à quelques apperçus sur la consommation du bois en France.

Voici ce qu'en l'an IV M. Besson exposait au conseil des cinq-cents, sur la consommation du bois en France, et la nécessité de prévenir la progression du prix de ce combustible, doublé depuis douze ans.

« La consommation du bois consiste dans le chauffage de 25,000,000 d'individus, la construction et l'entretien de tous les bâtiments de terre et de mer, la fourniture de ce qui est nécessaire à la façon de tous les meubles en bois, pour les usages ordinaires, ceux de l'agriculture et du commerce, l'aliment des bouches à feu de toute espèce.

» La consommaiton des villes est plus considérable que celle des campagnes ; mais les villes ne renferment qu'environ le cinquième de la population totale. Paris, pour 600,000 individus, consomme plus de 300,000 cordes de bois, c'est-à-dire environ un tiers de corde par individu.

» On peut fixer par approximation la consommation des autres villes à un quart de corde par individu ; ce qui donnerait, à raison de 4,200,000 individus, 1,050,000 cordes.

» La population des campagnes qui s'élève à 20,000,000 d'individus, peut être divisée par ménages composés de cinq personnes. Chaque ménage consomme au moins trois quarts de cordes, ce qui donne une consommation de 3,000,000 de cordes.

» Les notes qui ont été remises à la commission par le conseil des mines, portent à plus de 500 le nombre des hauts-fourneaux ; ils produisent environ 4,500,000 quintaux de fonte.

» Le nombre des forges s'élève à 1,000 ou 1,100, qui produisent environ 3,000,000 quintaux de fer.

» On évalue la quantité des forges où l'on fabrique l'acier à 187, qui produisent à peu près 300,000 quintaux.

» La consommation des hauts-fourneaux, à raison de 3 livres de charbon par livre de fonte, doit être de 13,500,000 quintaux de charbon.

» Celle des forges, à raison de 2 livres de charbon par livre de fer, sera de 6,000,000 de quintaux de charbon.

» Celle des aciéries, à raison de 4 livres de charbon pour une livre d'acier, doit être de 1,200,000 quintaux de charbon ; ce qui fait pour le total du charbon 20,700,000 quintaux.

» Une corde de bois ne donnant pas ordinairement beaucoup plus de 3 quintaux de charbon, cette seule branche de consommation absorberait environ 6,000,000 de cordes de bois.

» D'après ces apperçus, la consommation s'élèverait à 4,350,000 cordes pour le chauffage des villes et des campagnes, 6,000,000 de cordes pour les forges et hauts fourneaux ; ce qui donnerait un total de 10,350,000 cordes.

» Le produit présumé des bois taillis et autres, destinés au chauffage et aux usines, étant de 8,333,320 cordes, le déficit serait de 2,016,680 cordes.

» On peut ajouter, pour ceux qui croiraient les données de la consommation trop fortes, ou celles de la production trop faibles, la consommation des fileries, tréfileries, ferblanteries, clouteries, maréchalleries, verreries, fonderies de cuivre, de plomb et d'argent, les poteries, faïenceries, les salines, les manufactures de porcelaine et une infinité d'autres.

» Les besoins en bois de construction pour la marine, d'après les notes détaillées fournies à la commission par le ministre, s'élèveront annuellement à 7,000,000 de pieds cubes : on n'a pas de données certaines pour déterminer la quantité de bois nécessaire aux constructions de terre, à la navigation intérieure, aux exploitations des mines, à l'agriculture, aux manufactures et à la confection de toutes les espèces de meubles en bois ; mais on s'apperçoit sensiblement de la rareté progressive, par la difficulté de trouver les pièces de la grosseur qu'on les desire, et par le surhaussement du prix.

» La comparaison de ces résultats serait effrayante, si nous n'avions à opposer au déficit le produit des mines de charbon et des tourbières, que la nature a multipliées dans presque toutes les parties de la France. Déjà, plusieurs établissements s'en servent avec beaucoup d'avantage. Suivant les notes du conseil des mines, l'extraction des différentes mines de houille donne annuellement, dans l'état actuel qui a dû nécessairement se ressentir des effets de la guerre, plus de 6,000,000 de quintaux ; celle des tourbières est aussi très-considérable. »

Nous allons terminer ces instructions générales sur la consommation, par une notice sur celle de Paris en particulier.

§ XXX. *Notice de la Consommation de Paris.*

Avant que les droits d'octroi ne fussent établis sur un grand nombre d'objets de consommation, comme beurre, œufs, vin, cidre, bière, viande, etc., la consommation de Paris se confondait en quelque sorte avec la consommation du département de Paris, et l'estimation de l'une pouvait s'appliquer à celle de l'autre.

Mais depuis cette époque il faut nécessairement séparer l'une de l'autre, et considérer par conséquent à part la population de Paris, par qui se fait cette consommation, de la population du reste du département, qui n'y a qu'une très-petite part.

La population totale du département est de 629,763 individus; celle des cantons ruraux de 82,907, qui, retranchés du premier nombre, laissent pour la population *intra muros*, 546,856.

Nous allons maintenant voir quelle était la consommation de cette population en 1789, quelle elle est aujourd'hui.

Nous prendrons la première dans M. Lavoisier qui en était bien instruit; la seconde dans le compte qui en a été rendu publiquement au commencement de l'an 13.

En 1789, on consommait à Paris, dont la population était estimée de 600,000 individus, 90,000,000 de livres pesant de viande, produite par 70,000 bœufs, 18,000 vaches, 120,000 veaux, 350,000 moutons, 35,000 cochons et 1,380,000 livres de viande entrées en livres.

On estime qu'un bœuf donne 700 livres pesant de viande comestible; une vache, 560; un veau, 72; un mouton, 50; un bon porc, 200. C'est dans cette supposition qu'est faite l'estimation précédente.

Voici, quant à la consommation en pain, ce qu'il présente : « Par une vérification faite en 1775, par M. Turgot, alors contrôleur-général des finances, la quantité de blé et de seigle entrée dans Paris, pendant une année commune, a été, de 1764 à 1775, de 14,551 muids, celle de farine, de 66,289 muids.

» Le muid de blé, est de 12 setiers, et pèse par conséquent 2,880 livres, et chaque livre de blé peut fournir
une livre de pain poids pour poids, l'eau qu'on ajoute au
pain, dans sa fabrication, rendant à peu près un poids
égal à celui du son qui a été séparé par la mouture.

» Le muid de farine est composé de six sacs du poids
chacun de 325 livres, et chaque sac de farine donne,
après la cuisson environ 104 pains de 4 livres ou 416 liv.
de pain.

» On voit d'après ces données, qu'il entrait dans Paris
à cette époque, en nature de blé ou de seigle, 41,330,880
livres de pain, et en nature de farine, 165,457,344 liv.;
ce qui fait un total de 206,788,224 livres de pain.

» Cette quantité est encore à peu près celle qui se consomme à Paris (en 1789), en supposant toutefois les
quantités de pain qui s'exportent, égales à celles qui
s'apportent des environs aux marchés de Paris.

» Il en résulte que la consommation de pain, faite par
les habitants de Paris, est à peu près de 15 onces par
personne de tout âge et de tout sexe. »

La consommation en riz est de 3,500,000, toujours à
la même époque et suivant M. Lavoisier.

Le vin ordinaire, 250,000 muids, chaque muid de
288 bouteilles; vins de liqueurs, 1,000 muids; eaux-de-
vie, en supposant la fraude d'un sixième, 8,000 muids;
cidre, 2,000; bière, 20,000;

Poisson de mer, frais et salé, 10,000,000 de liv. pesant;
œufs, 78,000,000; beurre frais, 3,150,000 livres pesant;
beurre salé et fondu, 2,700,000 livres pesant; fromage de
Brie, de Marolles, 424,500 en nombre; fromage sec, faisant partie de l'épicerie, 2,600,000 livres pesant; cire et
bougie, 538,000 liv. pesant; sucre et cassonade, 6,500,000
livres pesant; café, 2,500,000 livres pesant; huile de
toute espèce, 6,000,000 de liv. pesant; savon, 1,900,000
liv. pesant; potasse, soude, cendres gravelées, 2,300,000
livres pesant; cordes de bois, 714,000 : la corde fait
deux voies;

Voies de charbon de bois, 694,000; voies de charbon
de terre, 10,000; quantité d'aunes de toiles, 6,000,000;
cuirs et peaux, 3,700,000 livres pesant; foin, 6,388,000
bottes; paille, 11,090,000 bottes; avoine, 20,405 muids;
le muid d'avoine double de celui de blé.

Nous ne pousserons pas plus loin l'énumération des objets qui entrent dans la consommation de Paris, et qui sont détaillés par M. Lavoisier; nous ajouterons seulement que le montant de tous est évalué en argent à la somme de 260,000,000 annuellement, dans laquelle somme se trouve celle de 10,000,000 relative à la nourriture et à l'entretien des chevaux; reste pour la consommation des hommes, 250,000,000 de francs.

Ce qui donne, pour la dépense moyenne de chaque habitant, hommes, femmes, enfants, l'un dans l'autre, par an, 416 livres 13 sous 4 deniers, non compris le loyer, qui fait, pour chaque individu l'un dans l'autre, près de 100 francs, à l'époque de 1789.

Pour terminer cette notice sur la consommation de Paris, nous allons rapporter l'extrait authentique de la nature et des quantités d'objets de consommation entrés à Paris pendant l'an 12, fait sur l'état de l'*octroi municipal*.

Boissons. Il est entré, vins de toute espèce, 824,683 hectolitres; vins en bouteilles, 523,646 bouteilles; eaux-de-vie et esprits, 42,161 hectolitres; eaux-de-vie ou liqueurs en bouteilles, 117,860 bouteilles; vinaigres; vins gâtés ou lies claires, 8,378 hectolitres; bière, 129,220 hectolitres; cidre, 2,740 *idem*; poiré, 2,215 *idem*.

Graines. Orge, 92,628 hect.; houblon, 129,103 kilogrammes.

Comestibles. Bœufs, 69,032; vaches, 6,575; veaux, 69,453; moutons, 321,051; porcs, 48,538; viande à la main, 565,318 kilogrammes.

Fourrages. Foin et luzerne, 6,280,455 bottes; paille, 8,576,696 bottes; avoine, 678,433 hectolitres.

Combustibles. Bois dur, 1,043,863 stères; bois blanc, 272,864 *idem*; charbon, 766,838 sacs ou voies.

Matériaux. Chaux, 15,726 hectolitres; plâtre cuit, 1,124,211 *idem*; moellons bruts; 28,698 mètres cubes; moellons piqués, 51 cents; pierre dure et libage, 13,689 mètres cubes; pierres de liais, Saint-Leu, Troussy et Vergelet, 1,733 mètres cubes.

Bois carrés. Chêne en brin, bois de charpente en brin, grume ou équarris, 6,767 stères; solives, 1,093 *idem*; poteaux, 1,561 *idem*; chevrons et membrures, 2,900 *idem*. Planches de chêne de trois centimètres d'épaisseur, 968,800 mètres.

Planches, voliges et *bois de charronnage*. Planches de hêtre et de *bois blanc*, 1,712,800 mètres ; petit sapin ou volige ordinaire, 8,600 *idem ;* volige à ardoise, 10,700 *idem.* Merrain, panneaux, coursons, parquets, 11,500 mètres ; toues (espèce de bateaux) déchirées, 2,567 toues. Bois de charonnage, 96,800 pièces et 1,871 stères.

On peut voir au paragraphe *des octrois* le produit de ces objets dont la quantité n'est placée ici que pour servir à estimer la consommation actuelle de Paris.

L'on sait que l'hectolitre de grain contient 8 boisseaux ; l'hectolitre de liqueur, 105 pintes ; que le stère est égal à un mètre cube, et équivaut, pour le bois de chauffage, à un quart de corde ou à une demi-voie de bois à peu de chose près (plus $\frac{1}{25}$).

Il y a plus de 3,000 cafés à Paris. Il serait curieux de savoir au juste ce qu'il s'y consomme de café, depuis que la plupart des ouvrières et gens de maison déjeûnent avec du café au lait.

Ce fut sous Henri II qu'on vit pour la première fois des voitures à Paris. Auparavant on allait à cheval ou sur des mules. Les voitures, dites de *place*, furent établies d'abord dans une maison de la rue Saint-Antoine, qui portait pour enseigne l'image de Saint-Fiacre, et c'est de là qu'elles tirent leur nom. On n'en comptait pas plus de 1,200 vers le milieu du siècle dernier. On en compte aujourd'hui 2,800, et 2,000 cabriolets.

L'ordre des matières exige que nous passions maintenant à l'analyse statistique des richesses d'industrie manufacturière ; ce sera l'objet du chapitre suivant.

CHAPITRE VII.

De l'Industrie et de ses Produits.

L'INDUSTRIE, généralement parlant, est l'exercice et l'application du travail à la production de quelqu'objet utile à la consommation des hommes.

Sous ce rapport, elle embrasse aussi bien l'agriculture et la pêche que les arts et métiers.

Nous ne le considérons ici que sous ce dernier point de vue, et comme façonnant les produits de la culture, de la pêche et des mines, de manière à les rendre propres aux usages de la société et aux opérations du commerce.

Nous renfermerons donc l'analyse statistique de l'industrie française dans l'estimation du produit de ses fabriques, et des bénéfices qu'elles donnent ; à quoi nous ajouterons une notice de l'administration de l'industrie, et des dépenses qu'elle entraîne.

On peut distinguer deux sortes d'industrie manufacturière :

1°. Celle qui fabrique les objets de consommation en grand ; 2°. celle qui donne à ces objets ou aux produits des fabriques la dernière façon pour les consommer : la première renferme ce qu'on appèle les manufactures proprement dites ; la seconde, les arts et métiers.

Ces derniers sont très-nombreux, et donnent des salaires considérables ; tels sont les cordonniers, les tailleurs, les couturières, les relieurs, les bijoutiers, les tapissiers, les vitriers, les brossiers, les parfumeurs, les menuisiers, les tonneliers, etc. etc.

Nous ne croyons pas devoir en donner ici la nomenclature générale, mais nous observerons seulement qu'ils répandent de très-nombreux salaires, tant dans les villes que dans les campagnes ; et que plus il y a d'agents de l'industrie de cette espèce dans un pays, plus on est fondé à y croire la richesse et la consommation florissantes.

Nous nous bornerons à rappeler ici quelques connaissances sur la police des arts et métiers, les bénéfices qu'ils donnent, et les droits qu'ils supportent.

§ Ier. *Police des Arts et Métiers.*

Presque dans tous les états commerçants et industrieux, ceux qui exercent les arts et métiers sont classés en corporations organisées d'après des statuts particuliers. Il en était de même en France autrefois; mais aujourd'hui il n'y a que quelques professions, telles que les bouchers, les boulangers, les orfèvres, qui ayent cet avantage; les autres n'ont d'autres règlements que ceux de la police générale de l'endroit où ils sont établis.

L'édit du mois d'avril 1777 avait fixé l'organisation des communautés d'arts et métiers à Paris; d'autres édits l'avaient successivement étendue aux villes de province.

En vertu de cet édit de 1777, il avait été ordonné qu'il y aurait à Paris 6 corps de marchands, et 44 communautés d'artisans;

Que tous les sujets, même les étrangers, qui voudraient être admis dans les communautés, y seraient reçus, en payant, pour tout droit de réception, les sommes fixées par le tarif;

Que les femmes et filles pourraient être admises dans les communautés, en payant les droits fixés par le tarif, sans cependant qu'elles pussent, dans les communautés d'hommes, assister à aucune assemblée, ni exercer aucune charge;

Que les veuves des maîtres ne pourraient continuer d'exercer le commerce, profession ou métier de leurs maris, que pendant une année, sauf à elles à se faire recevoir dans la communauté, en payant moitié des droits de réception;

Qu'il y aurait, dans chacun des six corps, trois gardes et trois adjoints, et dans chaque communauté, deux syndics et deux adjoints, lesquels auraient la régie et administration des affaires, et seraient chargés de veiller à la discipline des membres et à l'exécution des règlements, et procéderaient à l'admission des membres de la communauté;

Que lesdits corps et communautés seraient représentés par des députés, au nombre de 24 pour les corps et communautés qui seraient composés de moins de 300 membres, et par 36 pour ceux qui seraient composés d'un plus grand nombre;

Que ces députés seraient choisis dans une assemblée annuelle de tous les membres de la communauté présidée par le magistrat;

Que ces députés choisiraient, chaque année, les adjoints qui remplaceraient les syndics sortant de charge.

Quant aux communautés ou corporations établies dans les villes de province, l'organisation fut à peu près la même; mais on les partagea seulement en vingt espèces différentes, et l'on proportionna la finance ou le droit de maîtrise, à l'importance des villes, dont il fut fait deux classes différentes.

Ce droit de maîtrise que l'on payait, tant à Paris que dans les provinces, pour avoir le droit de corporation et d'exercer librement une profession incorporée, est représenté aujourd'hui par le *droit de patente*, auquel sont assujétis tous agents de l'industrie, du commerce, entrepreneurs de travaux et chefs de manufactures quelconques; nous en dirons un mot.

§ II. *Du Droit de Patentes.*

Le droit de patente consiste dans le payement annuel d'une contribution, au moyen de laquelle on acquiert la faculté d'exercer librement une profession.

Mais indépendamment de ce droit, il y en a quelques-uns, comme les bouchers, marchands de bois à Paris, qui sont soumis à déposer à la caisse d'amortissement, un cautionnement dont l'intérêt est payé à celui qui a fait le dépôt.

La contribution des patentes fut établie par l'assemblée constituante, en remplacement des maîtrises et jurandes, du *droit de marc d'or*, et autres perceptions établies sur certains offices. Elle fut évaluée à 20,000,000 de francs.

La convention nationale la supprima; le corps législatif la rétablit. Le recouvrement, confié d'abord à la régie de l'enregistrement, se fait aujourd'hui par les receveurs des départements.

La loi du 1er. frimaire an 7, qui règle la perception de la patente, ordonne aux officiers municipaux de chaque commune de dresser le tableau de tous les citoyens qui exercent le commerce, l'industrie, un métier ou profession désignés par le tarif; elle décide que le droit de patente se divise en droit fixe et en droit proportionnel; ce dernier est le dixième des loyers des maisons d'habitation, usines, ateliers, magasins et boutiques.

Elle distribue en sept classes les métiers ou professions, et après en avoir mis à un taux fixe quelques-uns appelés *hors de classe*, comme banquiers, agents de change, elle gradue le droit à payer pour les autres, d'après la population des villes, et suivant qu'elles sont au-dessus de 50, de 30, de 20, et de 10,000 ames.

L'existence du rôle fait que l'agent du fisc, à qui il est donné, peut poursuivre le contribuable, même après l'expiration de l'année, et que dans l'état des revenus publics, on fait entrer tout le montant du revenu de l'année.

§ III. *Produit du Droit de Patente.*

Le produit du droit de patente est le seul que l'état lève sur les agents de l'industrie comme tels; il forme une partie assez importante du revenu public.

Ce droit ou cette contribution est classé parmi les contributions directes. La loi du 1er. frimaire an 7, et l'arrêté des consuls du 15 fructidor an 8, contiènent les règlements d'administration sur les patentes.

Les communes jouissent d'une remise par franc sur le montant de la taxe des patentes, pour leurs dépenses locales.

Les droits de patente se divisent en droits fixes et en droits proportionnels; les droits fixes sont ceux réglés par le tarif; ils sont dus à raison des professions, et sont plus ou moins forts suivant la population de la commune où la patente doit être prise.

Les droit proportionnels consistent dans le dixième du

loyer, tant des lieux d'habitation que des ateliers, magasins et boutiques.

Les droits proportionnels sont dus par tous ceux qui
sont dans les cinq premières classes du tarif, ou dont le
droit fixe est de 40 francs et au-dessus, quand leurs états
sont hors de classe.

Il n'est dû que le droit fixe pour ceux qui sont dans la
sixième classe et au-dessous, ou dont l'état, quand il est
hors de classe, ne donne lieu qu'à un droit fixe de 30 fr.
et au-dessous.

M. Ramel, dans le compte qu'il a rendu de l'administration des finances de l'an 9, remarque que l'assemblée constituante avait estimé cette contribution de
25,000,000; on l'a comprise dans le budget de l'an 6,
pour 20,000,000; le montant des rôles fut porté, pour
l'an 7, à 22,640,851 fr. répartis sur 1,470,918 articles;
cependant il ne fut recouvré dans l'année que 15,445,915 f.

Les rôles de l'an 8 ont présenté un recouvrement de
15,868,578 francs.

On voit par les comptes rendus du trésor public, des
recettes de l'an 11 et de l'an 12, que, pendant l'an 11,
il a été versé au trésor 5,182,429 francs, provenant de ce
qui restait des patentes de l'an 10, et 12,859,942 francs
pour les patentes de l'an 11; qu'ainsi la taxe des patentes
a produit en l'an 11 au trésor public, 18,042,371 francs.

On voit également par les comptes des recettes de l'an
11, qu'il a été versé pour les patentes, d'une part,
335,406 francs, pour ce qui restait dû de l'an 10;
5,836,212 francs pour ce qui restait dû de l'an 11; enfin,
12,563,436 francs pour les patentes de l'an 12, ce qui
fait un revenu de 18,735,054 francs pour l'an 12.

On peut remarquer, d'après cet apperçu, qu'il y a les
cinq douzièmes à peu près des patentés qui ne payent pas
leur taxe dans le courant de l'année.

Avant de terminer ce que nous avions à dire des arts
et métiers, nous dirons un mot de l'estimation présumée
des salaires qu'ils versent dans la classe des agents qui
s'en occupent.

§ IV. *Des Salaires des Agents des Arts et Métiers.*

Les agents de l'industrie sont très-nombreux dans un état dont la consommation intérieure est aussi considérable qu'en France.

Nous ferons huit classes des agents de l'industrie compris sous le nom d'arts et métiers, savoir : celles qui fabriquent ou vendent des objets propres, 1°. à la nourriture uniquement; 2°. au vêtement; 3°. au logement; 4°. à la santé, ou celles qui s'en occupent; 5°. à l'agrément; 6°. celles qui s'occupent de l'instruction, ou vendent des objets qui y sont relatifs; 7°. celles dont l'occupation est de servir ou aider les autres dans leurs travaux ou leurs soins domestiques; 8°. enfin celles qui remplissent plusieurs de ces objets à la fois.

Nous mettrons, parmi les premières, les fruitiers-orangers, poissonniers, bouchers, épiciers, marchands de vin, les limonadiers, traiteurs, maraîchers, etc.; parmi les secondes, les fripiers, lingers ou lingères, les marchandes de modes, etc.; parmi les troisièmes, les maçons, les tourneurs, les marchands tapissiers, les colleurs, peintres en bâtiments, etc.; dans la quatrième, les apothicaires, bandagistes, herboristes, les sages-femmes, etc.; dans la cinquième, les paumiers, les bateliers, les baigneurs-étuvistes, les perruquiers, etc.; dans la sixième, les maîtres à danser, les libraires, les marchands de gravures, de musique, etc.; dans la septième, les crocheteurs, les porteurs, les gagne-deniers, les remouleurs, etc.; dans la dernière, les loueurs en chambres garnies, les aubergistes, les blanchisseurs, les loueurs de carrosse, les maîtres de pension, etc.

Les salaires de ces divers agents varient beaucoup, suivant les temps et les lieux.

On a cherché à les évaluer, et plusieurs écrivains, notamment M. de Tolosan, M. Bosc et M. Sabathier, ont adopté pour bases, 1°. le nombre présumé des agents des arts et métiers; 2°. le taux moyen du salaire de chacun d'eux.

D'après les estimations de ces écrivains et quelques

faits positifs, il paraît que l'on peut porter à 50,000 le nombre des ouvriers, artisans et agents des arts et métiers dans les campagnes ; que le nombre en est plus considérable dans les villes ; que, sans compter les ouvriers attachés aux différentes manufactures, dont les salaires se confondent avec les dépenses de celles-ci, le nombre des ouvriers et artisans qui habitent les bourgs et villes de France est cinq fois plus grand que ne l'est celui des campagnes ; qu'ainsi la quantité d'ouvriers et artisans aujourd'hui attachés aux professions d'arts et métiers en France, doit être d'environ 300,000.

Avant la révolution, le prix moyen de la journée de travail d'un ouvrier de cette espèce, depuis la couturière jusqu'au bijoutier, pouvait être de 20 sous ; aujourd'hui elle n'est pas moins de 30 sols ; ainsi l'on peut estimer les bénéfices des agents de toute espèce d'arts et métiers dans les campagnes, de 75,000 francs par jour ; ce qui fait 22,500,000 fr. par an, au compte de 300 jours de travail ; et pour les 250,000 ouvriers des villes, 112,500,000 fr., à raison de 375,000 francs par jour.

Ce qui fait un total de 134,500,000 francs de salaires et bénéfices de cette partie des agents secondaires du commerce et de l'industrie, composant ce qu'on appèle les arts et métiers, indépendamment des manufactures en grand, où l'on fabrique les draps, les mousselines, les basins, les teintures, les tapisseries, les porcelaines, les cuirs, les fers, les glaces, les papiers, etc.

Au reste, l'on manque de bases positives pour cette estimation, et ceci ne peut être regardé que comme une approximation propre à prévenir de grands écarts de calcul.

Nous allons passer maintenant aux manufactures proprement dites, qui sont très-nombreuses et très-riches encore en France, malgré les pertes qu'elles ont éprouvées par la guerre, la cherté des matières premières et la hausse du prix de la main-d'œuvre.

§ V. *Des Manufactures françaises, de leurs Produits et Bénéfices.*

Le mot *manufacture* se prend pour le travail qui opère, dit M. Roland de la Platière (*Encyclopédie méthodique*), et s'entend aussi du lieu où l'on travaille ; c'est dans ce dernier sens que l'on dit par exemple qu'il y a dix-sept manufactures de porcelaine dans le département de la Seine.

L'on emploie encore le même mot pour désigner un établissement distingué de la fabrique ; parce qu'il suppose un plus grand nombre d'ateliers, d'ustensiles, d'ouvriers, de fonds, etc.

Cependant elle ne diffère de la fabrique, dans ce dernier cas, ni par la nature de la matière que l'on y travaille, ni par la nature des opérations que cette matière y subit, mais seulement par la plus ou moins grande réunion de ses opérations, et la plus ou moins grande quantité des objets qui en résultent.

Ainsi, *manufacture* et *fabrique* ne diffèrent que par l'étendue des opérations et des moyens d'industrie réunis en un seul lieu, et non par la nature ou le produit de ces opérations.

Nous diviserons en quatre classes les manufactures et fabriques dont nous nous proposons de présenter l'analyse statistique, savoir :

1°. Les manufactures ou fabriques qui emploient des substances végétales ou opèrent sur des substances végétales ;

2°. Celles qui emploient des substances animales ou opèrent sur des substances animales ;

3°. Celles qui emploient des substances minérales ou opèrent sur des substances minérales ;

4°. Enfin les manufactures ou fabriques qui emploient nécessairement ou opèrent sur plusieurs de ces substances à la fois.

Nous ne regardons pas cette division comme très-rigoureusement exacte, puisqu'il y a peu de fabriques qui n'emploient ou n'opèrent que sur une seule substance à la fois ; mais outre que nous n'avons considéré que la prin-

...cipale substance qui fait l'objet du travail d'une industrie particulière, nous croyons cette classification convenable à l'objet que nous nous proposons ici.

Nous allons donc parcourir sommairement les avantages que présentent à la France les travaux de l'industrie répartie dans ces quatre classes, après quoi nous donnerons un résumé de leur produit total, et une idée de l'administration publique qui s'y rapporte.

§ VI. *Première Classe des Manufactures, celles qui emploient principalement des Substances végétales dans la fabrication des Objets qui en sortent.*

Ce sont les manufactures de toiles, de dentelles, de cordes, de basins, de mousselines, de papier, de savon, d'amidon, de tabac; les rafineries de sucre.

N°. 1er. *Toiles de Chanvre et de Lin.*

L'on distingue les toiles, par la matière qui entre dans leur tissu, en toiles de chanvre, de lin, de coton; par la nature du tissu, en toiles ordinaires, toiles de mulquinerie; par l'objet auquel on les destine, en toiles ou linge de corps, de lit, de table; toiles à voiles, à serpillière, d'emballage, etc. Nous les diviserons en toiles de chanvre ou lin, et en toiles de coton.

Les premières sont ou des toiles ordinaires ou des toiles de mulquinerie.

C'est encore à Colbert que l'on doit l'établissement des grandes fabriques de toiles. Ce ministre fit venir de Flandre et de Brabant quelques ouvriers instruits dans cet art; donna quelques encouragements à ceux qui voudraient s'adonner en France à la fabrique des toiles, dont il se forma plusieurs établissements dans les provinces de Bretagne, de Normandie, de Champagne.

Presque tous les départements fabriquent aujourd'hui des toiles en plus ou moins grande quantité; mais ceux qui en fournissent le plus à la consommation sont ceux que composent les provinces de Normandie, de Picardie, de la Flandre, du Hainault, du Cambresis, de la Bretagne, du Maine, du Dauphiné, de l'Auvergne, du Beaujolais, de la Gascogne, de l'Anjou, de la Champagne.

La Normandie fait beaucoup de toiles, particulièrement de celles appelées *cretonnes*, du nom de son premier fabricant, dont les principales fabriques sont du côté d'Yvetot, de Bolbec, de Lisieux, de Vimoutiers, de Bernai; elles sont chaîne et trame de beau lin fort; les toiles damassées, les coutils de diverses qualités, les toiles rayées à carreaux, tout fil, etc.

L'on fait dans la Bretagne, particulièrement aux environs de Rennes, Vitré, Saint-Malo, Léon, des toiles à voile, qui, dans les anciens règlements, portent le nom de *Noyales*, du nom d'un village, à trois lieues de Rennes où elles ont été fabriquées pour la première fois; il y en a aussi une manufacture estimée, à Voiron, dans le département de l'Isère.

Laval, dans le département de la Mayenne, faisant autrefois partie du Maine, fabrique beaucoup de toiles de lin très-estimées, ainsi que celles de Cholet, dans le département de la Vienne.

Le Dauphiné, surtout le département de l'Isère, fabrique d'excellentes toiles de chanvre, surtout à Grenoble, Voiron, Saint-Marcelin et Cremieu. Les départements formés de l'Auvergne, ne donnent guère que des toiles communes; celui des Basses-Pyrénées en fait de fort belles, ainsi que de beaux mouchoirs appelés *mouchoirs de Béarn;* ces toiles et mouchoirs sont du lin du crû du pays, qui est très-beau et bon.

La Champagne est encore une des parties de la France où il se fait le plus de toiles, surtout en chanvre; on y fait aussi des toileries, c'est-à-dire des toiles dont la chaîne est de fil, de chanvre ou de lin, et la trame de coton.

Les toiles et toileries des départements formés de la Champagne, formaient en 1788 un objet de 6,000,000 de francs pour la province; cette fabrique est encore très-considérable, surtout à Troyes; nous en parlerons à l'article des toiles de coton.

On compte près de 120 à 130 fortes fabriques de toiles

le chanvre et de lin en France, sans compter les fabriques répandues dans les campagnes, et appelées *fabriques rurales*.

L'on estime que l'ancienne France récoltait pour environ 50,000,000 de lin et de chanvre, et qu'elle faisait pour une valeur de 130,000,000 de toiles.

Mais aujourd'hui que la Belgique est réunie à la France, cette quantité doit beaucoup augmenter, et il n'y a point d'exagération à dire que la France peut récolter pour 60,000,000 de lin et de chanvre, et faire pour 160,000,000 e toiles de chanvre et de lin, dont la main-d'œuvre fait bien environ les trois quarts, et donne par conséquent 120,000,000 de bénéfices répartis entre tous les ouvriers et agents de cette industrie.

On voit, par les états de la *Balance du Commerce*, que la France exportait, avant la révolution, pour 12 à 13,000,000 de toiles de lin et de chanvre.

N°. 2. *Toiles de Mulquinerie.*

On donne ce nom, en terme de fabrique, aux toiles fines tissues de lin, telles que les batistes, les linons, les linons batistes, auxquelles on réunit les dentelles.

C'est surtout avec le beau lin ramé qui croît dans le Hainault, que se fabriquent les batistes; les principales fabriques sont répandues dans la Flandre, le Cambresis, la Picardie, Saint-Quentin et les environs surtout. Les pièces de batiste de la Picardie et de Saint-Quentin ont quinze aunes de long, celles des batistes de Valenciennes sont de douze aunes; la largeur des unes et des autres est de cinq huitièmes d'aune.

Le nom de linon s'applique à deux choses différentes; dans les manufactures on entend par linon une toile légère et claire, une batiste en un mot, qui ne diffère de celle ainsi nommée que par le plus de finesse des fils, dont elle est composée; c'est le linon nommé en conséquence *linon batiste;* on donne encore ce nom de linon à un tissu à jour très-ressemblant à la gaze, et que quelques ouvriers appèlent *gaze de fil;* ce tissu est comme la batiste, formé de fils de lin fin, et constitue proprement le linon.

Les linons à jour sont ordinairement larges de trois

quarts, et la pièce est de quinze aunes : on les vend depuis 3o francs la pièce jusqu'à 13o francs. On fabrique de cette sorte de linon à Saint-Quentin, dans la Picardie, et un peu dans le Soissonnais. Il n'y a que très-peu de métiers en Flandre. Les fils de linon sont encore plus fins que ceux de la batiste.

La fabrique des mouchoirs de linon rayés et à carreaux est semblable à celle des linons de même dénomination ; mais ces toiles doivent avoir quinze aunes de longueur pour pouvoir fournir à la pièce vingt mouchoirs de trois quarts de large et vingt-deux mouchoirs de deux tiers.

On portait à 70,000 le nombre des pièces de batistes, linons, linons à carreaux rayés, que l'on fabriquait, année moyenne, à Valenciennes et dans les environs, avant la révolution. A Saint-Quentin, le nombre des pièces allait à 100,000 ; à Douai, à 5,ooo ; à Cambrai, à 13,ooo ; à Chauni, à 1,200 ; à Guise, à 100.

On voit, par les états de la *Balance du Commerce*, que la France exportait, année moyenne, avant la révolution, pour environ 6,000,000 de toiles de mulquinerie, c'est-à-dire de batiste, linon et linon batiste.

Saint-Quentin était la plus forte fabrique ; son état est bien déchu de ce côté, et en place de toiles de mulqui-nerie, l'on y fabrique aujourd'hui des mousselines ou toiles de coton.

La mulquinerie n'occupe guère à Saint-Quentin, Guise et aux environs, que 2,5oo à 3,ooo métiers ; ils sont tous à la campagne ; leur nombre allait, en 1788, à près de 13,000 ; la fabrique est diminuée en proportion, et en l'an 9 elle n'a été que de 5o,ooo pièces.

Cet état de langueur est dû à la guerre maritime et à l'état de nos colonies, où l'on faisait passer beaucoup de nos batistes, linons et gazes, ainsi qu'en Russie, Portugal, Espagne, et même en Angleterre où ils entraient en con-trebande.

La dentelle est, comme tout le monde sait, un ouvrage à réseaux, délicat, fait de fil de lin à l'aiguille ou au fu-seau. La blonde, semblable à la dentelle pour le travail et la forme, n'en diffère que par la matière, qui est la soie ; la dentelle, proprement dite, est distinguée du point auquel elle ressemble par l'effet, en ce qu'elle se travaille sur un coussin, avec des fuseaux chargés de fils ; au

lieu que le point est toujours fait à l'aiguille, tel que le
point de France ou d'Alençon, le point de Venise, le
point de Bruxelles, etc.

Les dentelles les plus estimées, les plus chères, les
plus belles sont celles de Bruxelles; celles de Malines
viènent après; celles de Valenciennes ne sont point si
riches que celles de Malines; mais à cause de leur solidité
on les vend aussi cher.

Les fils de lin, employés pour ces dentelles, vièneut
tous de la Flandre, du Hainault et du Cambresis.

Les manufactures des dentelles, surtout des belles, ont
repris un grand essor en France depuis quelques annécs;
leur produit n'égale cependant pas ce qu'il était avant la
révolution.

Il se fabrique aussi des dentelles à Dieppe, au Puy en
Velay, et dans quelques autres endroits moins considérables
sous ce rapport.

Il est difficile d'évaluer le produit de cette industrie;
I. M. de Tolosan estimait qu'en 1789, elle pouvait donner
10,000,000 de salaires et bénéfices de main-d'œuvre. Il
s'en faisait alors une grande exportation à la vérité; mais
les gens de la campagne en portaient moins, en sorte que
le produit doit être à peu de chose près le même à présent.

N°. 5. *Toiles à Voiles.*

Nous en avons déjà dit un mot. Elles sont toutes de
chanvre, et une des plus considérables fabriques est celle
établie près de Rennes, dans le département d'Ille et
Vilaine.

On les appèle aussi *toiles Noyales.* Cette fabrique donnait avant la révolution, 15,000 pièces de 110 verges ou
aunes de Bretagne chaque (la verge de 50 pouces du pied
de roi). Elles ont 24 pouces de large; quelques-unes n'en
ont que 19 à 20.

L'on fabrique encore des toiles à voiles à Angers, à
Agen, à Marseille, à Strasbourg, à Mont-de-Marsan.
Le commerce qui résulte de cette industrie est très-con-
sidérable.

L'on peut y joindre la corderie dont les principales,
pour la marine marchande, sont à Abbeville, Dun-

kerque, le Havre-de-Grâce, et pour la marine militaire, Brest, Rochefort, Toulon.

N°. 4. *Toiles de Coton et Toileries.*

On donne le nom de toiles de coton aux tissus formés de fils de coton; on leur donne le nom de mousseline lorsque ce fil est très-délié, très-fin; et celui de toileries, lorsque le tissu est mélangé de fils de coton et de fils de lin ou chanvre.

Les toiles de coton les plus ordinaires sont, 1°. les toiles de coton sujètes au blanchissage; il y en a des fabriques à Rouen, à Troyes, à Beauvais, à Lyon, etc.; 2°. les toiles de coton non sujètes au blanchissage et dont il se fait une grande quantité en Normandie; 3°. les mouchoirs, fichus ou schals tout coton. On en fait à Rouen, à Beauvais, à Darnetal; 4°. les toiles, fil et coton, appelées *siamoises*. La matière en est toujours fil en chaîne, et coton en trame. On appèle aussi cette étoffe *cotonnade*. Le nom de siamoise lui reste lorsque les fils de chaîne et de trame sont de couleurs différentes; on lui donne celui de *toile d'orange*, lorsqu'après avoir été fabriquées tout en blanc, elles sont livrées à l'impression.

Il se fait à Rouen, à Beauvais, à Troyes, à Langres, à Crevelt, beaucoup de siamoises rayées et à carreaux de toutes couleurs, des toiles d'oranges et peintes.

La fabrique des mousselines se confond avec celles des toileries, ou plutôt c'en est une des plus riches espèces; on en fait en France aujourd'hui qui ont de la beauté, surtout à Saint-Quentin, Nîmes, Genève, Béziers, Reims, Rouen. Mais la grande consommation se fait des mousselines suisses et des Indes.

N°. 5. *Basins, Futaines.*

Alençon, Lyon, Troyes, Bruxelles, Toulouse, fabriquent des basins et futaines d'une très-belle qualité.

Les basins de Flandre jouissent d'une très-grande réputation; ceux de Troyes sont aujourd'hui très-perfectionnés; enfin, l'on connaît la belle fabrique de Toulouse, et cette industrie a fait en France de très-grands progrès,

depuis ceux que la filature de coton y a faits elle-même ;
ce qui nous oblige à en parler brièvement, après que nous
aurons dit un mot des bénéfices présumés de la fabrique
des toiles et toileries.

M. de Tolosan donne une estimation des bénéfices de
la main-d'œuvre, sur les toiles et toileries, de 161,250,000
francs, à l'époque de 1789.

Il évalue les produits de cette industrie à une somme
de 215,000,000 ; et comme il fait entrer le prix de la
main-d'œuvre aux trois quarts de la valeur, il en résulte
que cette main-d'œuvre doit être de 161,250,000 francs.

Mais il comprend dans cette évaluation la bonneterie
en fil et en coton, qu'il fait entrer, savoir : la première,
pour une somme de 6,000,000 dans les produits, et la
seconde, 9,000,000 de francs.

Mais nous parlerons de la bonneterie sous le paragraphe
des fabriques qui emploient les substances animales.

Passons au coton.

§ VII. *De la Filature et l'Emploi du Coton en France.*

L'on tire de l'étranger deux espèces de coton, des
cotons en laine et des cotons filés.

Avant le désastre des colonies, la France recevait de
ses colonies la plus forte partie du coton qu'elle consommait. On voit par les tableaux officiels des exportations et
importations, qu'année moyenne de 1787, 1788 et 1789,
il est entré en France 95,606 quintaux de coton en laine,
provenant de nos colonies d'Amérique.

Les tableaux imprimés en 1793, par ordre du gouvernement d'alors, font connaître que pendant l'année 1792
la France a reçu du Levant et des États-Unis, 149,340
quintaux de coton en laine ; des colonies françaises d'Amérique, 42,021 quintaux ; de l'Ile-de-France et de Bourbon,
1,240 quintaux, et en outre 10,605 quintaux de coton
filé, de divers endroits.

Il ne s'exportait alors qu'une petite quantité de ce coton
en toiles peintes pour les colonies, et en bonneterie de
coton.

Depuis cette époque, la consommation de coton en

France s'est accrue par l'augmentation des fabriques de toiles peintes, dont l'usage a prévalu entièrement sur les étoffes de soie.

Il résulte du relevé des douanes, qu'en l'an 11 il est entré en France 48,437 quintaux de toiles de coton blanc, que l'on peut porter à 50,000 quintaux au moins, à cause de ce qui a pu entrer en fraude; plus 5,800 quintaux de toiles peintes; enfin, 2,500 quintaux de mousselines unies et brochées.

Mais depuis que la filature a été perfectionnée et que le droit sur les toiles de coton a été augmenté, l'introduction de celles-ci a diminué, et celle du coton filé ou en laine s'est accrue.

On voit par le relevé des douanes que, pendant les sept premiers mois de l'an 12, il est entré 6,540 quintaux de coton filé; ce qui suppose à peu près 12,000 quintaux pour l'année entière.

Il a été fait beaucoup de règlements sur cette partie du commerce et de l'industrie, dont l'objet a été de l'encourager chez nous et d'en éloigner les fabriques anglaises.

Le meilleur moyen est sans doute le progrès des filatures de coton; leur nombre s'est accru sensiblement depuis quelque temps.

Suivant une note qui nous a été communiquée par M. Delessert, il paraîtrait que leur nombre s'élève à près de 50 grandes filatures aujourd'hui en France, et 200 petites; elles peuvent faire marcher 3 à 400,000 fuseaux, et filer environ 4,000,000 pesant de coton chaque année.

« Cette quantité est encore bien éloignée de suffire aux besoins des tisserands; mais, dans quelques années, ce nombre peut doubler et tripler. Les tisserands se plaignent aussi de payer le coton filé trop cher, et de ne pouvoir encore établir leurs toiles à aussi bon marché que les Anglais; mais la filature qui peut donner une valeur double, triple, sextuple, décuple même au coton, est d'une bien plus grande importance pour le commerce et l'industrie française que le tissage, dit M. Delessert.

» Cependant, continue-t-il, on commence depuis peu à fabriquer beaucoup de toiles d'impression, et nos bons ouvriers de Saint-Quentin, qui ne trouvaient plus un débit suffisant de leurs batistes et linons, se mettent aujourd'hui à fabriquer des mousselines et des basins.

» Le bénéfice que donne la filature est proportionné à la bonté des machines que l'on emploie, à l'intelligence des ouvriers, et à l'économie de la main d'œuvre.

» On pourrait évaluer le bénéfice net que donne ce genre d'industrie à 3o pour % par an aujourd'hui; mais la paix et la concurrence doivent nécessairement le faire diminuer. »

§ VIII. *Emploi du Coton en laine qui arrive en Europe.*

La consommation des toiles de coton est un objet considérable de dépenses, de salaires et de commerce en Europe aujourd'hui : on ne peut connaître, d'après ce que nous venons de voir, pour quelle quantité la France y prend part, qu'autant que l'on connaît la quantité de coton en laine que l'Europe reçoit, et les divers emplois qu'elle en fait.

Messieurs de la Chambre du Commerce de Paris ont fait imprimer, il y a un an, un assez bon travail sur cet objet; nous allons en présenter le résultat brièvement.

Ils prouvent, d'après des faits et des renseignements, que l'importation du coton en laine, en Europe, s'élève annuellement à 6o,ooo,ooo de livres pesant, et voici comme ils en répartissent l'emploi.

La quantité totale du coton importé en laine, comme on vient de dire, est de. . . . . 60,000,000 liv.

Dont il faut déduire . . { Pour avaries . . 2,5oo,ooo liv. / Pour déchet à la filature . . . 7,5oo,ooo } 10,000,000 liv.

Reste en coton employé. 5o,ooo,ooo

Dont voici à peu près l'usage :

Coton employé cardé en ouate et sans être filé, pour couvertures et vêtements. . . . . . . 1,000,000 liv.

Coton filé pour lampes et chandelles . . . . 5oo,ooo liv.

Report.	1,500,000
Exportation en étoffes de toutes espèces pour l'Amérique espagnole et portugaise, les grandes et petites Antilles, les Etats-Unis, l'Afrique et la Turquie .	8,000,000
Toiles blanches pour l'Europe, 2,400,000 pièces, à 4 livres et demie	10,800,000
Mousselines, mousselinettes, cravattes et schals	5,500,000
Bas, bonnets et gants	3,500,000
Cotonnades ordinaires, rayées ou quadrillées	5,000,000
Mouchoirs	4,500,000
Velours, draps de coton, piqués, bazins, nankins et nankinets, guingamps, cirsacas, canaderis, etc.	10,600,000
Etoffes de soie et coton, et de fil et coton	600,000
Total, 50,000,000 de livres pesant, ou 500,000 quintaux, ci	50,000,000 50,000,000

Nous allons maintenant passer à un autre objet d'industrie très-considérable aussi, le papier.

§ IX. *Papier.*

Les personnes qui connaissent l'histoire du commerce français, savent que les Anglais, les Suisses et surtout les Hollandais, ont été long-temps en possession de nous fournir les papiers dont nous avions besoin, tant pour l'écriture que pour l'impression.

Ils fabriquaient ces papiers avec nos matières premières, qu'ils tiraient à vil prix de la Bourgogne, de la Franche-Comté, de l'Alsace, de la Lorraine, de la Picardie, de la Normandie, etc. Le gouvernement français fit cesser cette exportation des matières propres à la fabrication du papier, et de forts droits furent imposés sur les papiers venant de l'étranger.

Ces mesures tournèrent à l'avantage des fabriques françaises, qui dès-lors fournirent exclusivement à la consommation intérieure, et à une grande partie de celle des colonies et même de l'étranger.

On vit s'élever ou s'agrandir les fabriques d'Annonai, Montargis, Essonne, Courtalin, qui rivalisèrent avec celles de Hollande; celles du Lyonnais, de la Normandie, de l'Auvergne, du Limosin, furent montées sur un meilleur pied; le nombre de leurs cuves a été doublé, triplé; à celles qui subsistaient déjà en Franche-Comté, en Alsace, en Lorraine, dans le plus grand état de dégradation, en ont été substituées en plus grand nombre; celles qui ne roulaient qu'à une cuve, en ont eu deux, trois et jusqu'à cinq. La fabrication s'est améliorée et les progrès se sont tellement accrus, que, dans un laps de temps très-rapproché, les produits ont suffi non-seulement à la consommation de la France, mais encore ont fourni à l'exportation étrangère.

Les papiers de tenture ont aussi accru la consommation et le besoin de cette marchandise : l'art dû aux premiers efforts de MM. Reveillon et Arthur a fait les plus grands progrès, il est porté à un degré de perfection supérieur à tout ce que fait l'étranger, même les Anglais, qui ont les premiers imaginé ce genre d'industrie en Europe.

La fabrication des papiers forme un objet d'industrie précieuse; la plus forte partie de la valeur est en main-d'œuvre, et l'on ne peut guère estimer de plus d'un dixième celle de la matière première.

On évaluait en 1789 la valeur du papier fabriqué en France à environ 8,000,000, sur quoi, défalquant un dixième environ pour l'achat des chiffons, colle, azur, outils, 7,200,000 livres de bénéfice d'industrie.

Sur cette quantité, les colonies françaises consommaient pour environ 550,000 livres, et nous vendions à l'étranger pour environ 1,550,000 livres; mais nous en recevions de lui pour environ 235,000 livres, année commune. C'était donc un tribut de plus de 1,000,000 que l'étranger payait à notre industrie. Ces résultats que présentent

les années 1787, 1788 et 1789, n'existent plus depuis
la guerre.

Nous finirons cette notice sur la papeterie française,
par l'état de consommation qui se fait du papier à Paris.

On y consomme annuellement, soit pour l'impression
des livres, de la taille-douce, ou pour les bureaux :

En carré fin, dit d'*Auvergne* . . . . . 35,000 rames.
En carré fin de Limoges. 45,000
En carrés de toutes les autres fabriques. 100,000
En papiers pour tenture, pâte bise,
bulle, moyenne et fine 50,000
En papiers pour écriture et la taille-
douce, depuis ceux nommés *cloche* et
pot, jusqu'au grand-aigle 75,000

Total . . . . 305,000 rames.

§ X. *Le Savon.*

Nous plaçons ce produit de fabrique parmi ceux que
l'on compose des substances végétales, parce que l'huile
et la soude qui entrent dans sa fabrication sont en effet
tirées de cette classe.

C'est un des grands objets de consommation et un de
ceux qui fournissent à une riche et active branche d'industrie. Marseille, Grasse et quelques autres villes de
Provence, fabriquent le savon blanc, bleu et dur ; l'on
en fait de noir, vert ou mou dans les provinces septen-
trionales, en Picardie, en Normandie.

Deux espèces de matières entrent dans la fabrication
du savon : la potasse, les salins, les cendres gravelées ou
cendres du Levant, enfin la soude de Barille ou d'Alicante et de Carthagène. C'est avec la soude que l'on fait
le beau savon de Marseille ; la seconde espèce de matières est l'huile d'olive et autres, préparées suivant la
qualité du savon.

On voit, par les états de la *Balance du Commerce*,
qu'en 1784 il a été importé en France pour une somme
de 1,372,600 francs de cendres du Levant et pour une
de 3,873,900 francs de soude et potasse ;

Que, pendant l'année 1787, il a été importé en France pour une somme de 5,762,200 francs de cendres, soude et potasse.

Il résulte également du compte officiel qui en a été rendu, qu'en 1799, ou plutôt pendant l'an 8, l'importation de la soude et potasse en France, s'est élevée à 11,476,000 liv. tournois.

Outre les alcalis dont nous venons de parler, il entre encore dans la fabrication du savon, des huiles de différentes qualités.

On tire de Flandre les huiles de graines; mais, pour l'huile d'olive, les savonniers en achètent de commune en Languedoc et en Provence; et comme il s'en faut beaucoup que ces provinces puissent en fournir pour la consommation des savonneries établies en France, on en tire aussi de Tunis, de Sicile, de Candie, de la Morée, de Metelin et autres îles de l'Archipel, du royaume de Naples, d'Espagne, de Gênes.

Les principales fabriques de savons, tant solides, que l'on obtient avec le mélange de la soude et des huiles fines, que mous fabriqués avec la potasse et les huiles communes ou de graines, sont : Marseille, Toulon, Bordeaux, Rouen, Nice, pour la première espèce surtout; et pour les savons noirs, verts et mous, Lille, Abbeville, Amiens, Saint-Quentin, etc.

C'est dans l'intérieur de la France que se consomme principalement le savon qui sort des fabriques de Marseille; il s'en débite beaucoup aux foires de Bordeaux et à celle de Beaucaire. La consommation seule de Paris est immense; elle se fait principalement en bleu pâle : on peut l'évaluer à 48,000 demi-caisses par an (chaque caisse pèse environ 190 livres).

Les savons qu'on exporte de Marseille passent, en temps de paix, moitié aux colonies, un quart en Suisse, et le reste chez les puissances du Nord.

On évalue à près de 60,000,000 la valeur des savons fabriqués en France, dont les bénéfices ne s'élèvent qu'à environ 6,000,000; l'exportation ne va qu'à 2,000,000.

§ XI. *Raffineries de Sucre.*

Le sucre est une des denrées dont la consommation en France est des plus considérables aujourd'hui, par l'usage de prendre du café, qui s'est étendu à toutes les classes de citoyens.

Cette consommation n'est pas seulement avantageuse au commerce et à la navigation marchande, elle l'est encore à l'industrie, parce que les raffineries de sucre en forment une très-riche et très-importante.

En effet, si l'on s'en rapporte aux calculs qui en ont été faits, on trouve que la France tirait de ses colonies aux Antilles, en 1788, savoir :

De Saint-Domingue, 822,628 quintaux de sucre brut, 566,285 de sucre terré, 46,090 de sucre tête ;

De la Martinique, 18,795 quintaux de sucre brut, 137,945 de sucre terré, 119,453 de sucre tête ;

De la Guadeloupe, 11,194 quintaux de sucre brut, 64,356 de sucre terré, 76,511 de sucre tête ;

De Tabago, 20,250 quintaux de sucre brut ;

De la Guiane, 20 quintaux de sucre tête.

Ce qui forme un total de 872,867 quintaux de sucre brut, 768,566 de sucre terré, 242,074 de sucre tête.

Sur cette quantité, il a été exporté à l'étranger 448,546 quintaux de sucre brut, 17,408 de sucre raffiné, et 864,445 de sucre terré et tête.

On voit par là que le raffinage du sucre portait à cette époque, en France, sur une masse d'environ 434,321 quintaux consommés en France ; quantité qui serait bien augmentée, si le commerce des colonies se rétablissait, aujourd'hui que nous avons la Belgique où l'on exportait une très-grande quantité de sucre brut qui y était raffiné ; puisqu'on estime que ce pays tirait de la France pour près de 12,000,000 tournois de sucre brut et terré, pour l'aliment de ses raffineries.

L'auteur du *Mémoire sur le Commerce de la France et de ses Colonies*, imprimé en 1789, estimait qu'alors les fabriques d'Orléans seules, raffinaient, année moyenne, pour une valeur de 10,000,000 de livres tournois en sucre, et que les autres ensemble en raffinaient pour trois fois autant, ce qui faisait un total de 40,000,000.

En portant à 12 pour ⁰⁄₀ le bénéfice de la fabrication, tant pour la main-d'œuvre que les avancés et les salaires, le produit total était de 4,800,000 francs de bénéfice pour cette industrie.

L'on voit par le relevé des douanes, qu'en l'an 11 il est entré en France 551,047 quintaux 48 livres de sucre.

Savoir : sucre brut, 34,593,526 livres pesant; sucre terré, 15,921,716 liv. pesant; sucre raffiné, 4,589,506 liv. pesant.

Plus des deux tiers de ces quantités sont venus de l'étranger.

Pendant les sept premiers mois de l'an 12, il est entré 192,904 quintaux de sucre, tant terré que brut, mais point de sucre raffiné; ce serait environ 383,808 quintaux pour l'année entière, parce que l'arrivage des derniers mois est ordinairement plus fort que celui des premiers.

La diminution de la quantité des sucres raffinés importés en France, tient à la prohibition portée contr'eux*, afin de conserver le bénéfice du raffinage à la France; celle de la quantité totale, tient à la guerre.

§ XII. *Droits sur les Sucres, et Produits de ces Droits.*

La loi du 8 floréal an 11 a déterminé la quotité du droit qui est levé à l'entrée des sucres provenant de nos colonies ou de l'étranger.

Les premiers payent, pour un quintal de 5 myriagrammes ou 104 livres poids de marc, savoir : les sucres bruts, 15 francs; les sucres têtes et terrés, 25 francs. Quant aux sucres provenant de l'étranger, ils payent, les premiers, 22 francs 50 centimes; les seconds, 37 francs 50 centimes.

L'on voit par le relevé des douanes, qu'en l'an 11 les sucres bruts importés en France ont produit 7,711,870 fr.; les sucres terrés et raffinés, 6,914,906 francs; total, 14,626,776 francs levés en taxe sur cette denrée.

L'on fait remise d'une partie des droits aux sucres rafinés exportés.

Ce que nous venons de dire du sucre nous conduit naturellement à parler du café qui est un grand objet de consommation aussi, et donne, par le commerce qui s'en fait en débit, des bénéfices considérables, quoique cette denrée ne soit pas plus que la précédente du produit de la France continentale; mais nous ne la considérons ici que comme moyen de bénéfice industriel.

§ XIII. *Du Café, de sa Consommation et du Produit des Droits qu'il supporte à l'entrée.*

On sait que le café est la fève d'un arbre qui croît à peu près comme le cerisier, mais pas si haut; il paraît originaire de l'Arabie-Heureuse. On commença à faire usage à Constantinople, de la boisson du café, vers 1554, et environ un siècle après à Londres et à Paris.

En 1714, les magistrats de Hollande firent présent à Louis XIV d'un pied de cafier qui venait d'Amsterdam.

Le premier pied fut introduit à la Jamaïque, en 1728, par M. Nicolas Lows. Les Hollandais avaient commencé, en 1718, à le cultiver à Surinam.

C'est du pied cultivé au jardin du roi, à Paris, que sont sortis les plants qui ont enrichi nos îles.

En 1720, M. de Clieux parvint, avec beaucoup de soin, à transporter à la Martinique un pied de cafier, que par le crédit de M. de Chirac, médecin du roi, il avait obtenu, et qui a servi à procurer des baies ou fruits de cafier à Saint-Domingue et à la Guadeloupe. Vers la même époque, un fugitif de la Colonie française porta à Cayenne des baies de cafier qu'il planta, et dont il obtint un très-bon succès.

C'est aux soins de la compagnie des Indes que les îles de France et de Bourbon doivent la culture du café. En 1717, elle y fit passer des plants de café moka qui ont très-bien réussi.

Le café est un objet de commerce et de consommation très-considérable. La France tirait de ses colonies, avant la guerre de 1780, 650,000 quintaux de café; après la paix de 1783, jusqu'à l'époque de la révolution, cette quantité s'est élevée à 734,000 quintaux, sans y comprendre le café des îles de Bourbon et de France. Une partie de ce café était revendue à l'étranger.

On voit, par l'état dressé à la régie des douanes, que pendant l'an 11, il est entré en France, 22,874,142 liv. pesant de café, ou 11,437,071 kilogrammes (le kilogramme vaut 2 livres 5 gros 35 grains, poids de marc).

Sur cette quantité, 14,330,972 livres pesant venaient des colonies françaises, et 8,543,170 venaient de l'étranger.

Pendant les sept premiers mois de l'an 12, la quantité venant des colonies françaises, s'est élevée à 5,444,200 liv. pesant ; et venant de l'étranger, à 5,945,800 livres.

Dans les recettes brutes des droits de douanes, pendant l'an 11, les cafés figurent pour une somme de 6,757,829 francs ; ce qui, comme on voit, fait un revenu important.

En vertu de la loi du 8 floréal an 11 et du décret impérial du 17 pluviôse an 13, les cafés des colonies françaises, admis dans la consommation, payent 37 francs 50 centimes par quintal de 104 livres poids de marc ; et les cafés étrangers, 50 francs 50 centimes.

Nous terminerons cette analyse de l'industrie, occupée des produits végétaux, par une notice de celle qui a pour objet l'amidon et la fabrique du tabac.

§ XIV. *Produits des Bénéfices et Droits de l'Amidon et du Tabac.*

On sait que l'amidon est un sédiment de blé gâté ou de griots et recoupettes de bon blé, dont on fait une espèce de pâte blanche et friable, et qu'on prépare en suivant divers procédés.

La consommation, et par conséquent les bénéfices de cette fabrique ont dû diminuer à mesure que l'usage de ne plus porter de poudre s'est étendu ; mais les progrès de plusieurs fabriques où l'amidon est employé , ont compensé en partie ce déficit.

L'auteur du *Mémoire sur le Commerce de la France et de ses Colonies,* imprimé en 1789, estime la fabrication de l'amidon à Paris, à cette époque, de 6,000,000 pesant ; il porte au triple celle des départements ; en sorte que, selon cet auteur instruit, la fabrication de l'amidon s'élevait, en France, à 24,000,000 pesant.

Il évalue à un sou par livre le bénéfice de l'industrie

sur cette marchandise; ce qui donne, pour le bénéfice total, 1,200,000 francs.

Nous avons parlé du tabac comme production végétale, dans l'analyse statistique des productions du sol, nous n'en dirons un mot ici que comme offrant des bénéfices d'industrie.

Voici comme M. de Tolosan, dans le mémoire que nous venons de citer, s'en explique.

« La consommation du tabac, dans les provinces soumises à la France, peut être de 18,000,000 de livres pesant. Le tabac tiré de l'étranger contribue à l'aisance du peuple, par les frais de transport et de fabrication dans le royaume. Les frais de fabrication qui constituent le bénéfice que nous envisageons ici, peuvent être estimés d'un sou par livre; ce serait 900,000 livres de bénéfice pour la partie du tabac importé.

» Il se cultive du tabac dans quelques provinces de France, continue-t-il; cette récolte peut être évaluée à 2,000,000 de liv. pesant, et forme un objet de 1,500,000 fr., sur quoi 300,000 de bénéfices de culture et de fabrication. »

Ainsi M. de Tolosan estimait que la consommation ou fabrique de 20,000,000 de livres pesant de tabac donnait 1,200,000 livres de bénéfice d'industrie.

On ne peut guère porter plus bas le bénéfice. La consommation, la culture, sont augmentées en France aujourd'hui, par conséquent les bénéfices.

En 1797 la consommation du tabac a été en France de 240,000 quintaux ou 24,000,000 de livres pesant, suivant quelques estimations approximatives.

Ainsi, le bénéfice d'industrie serait, sur cette somme, d'après les calculs de M. de Tolosan, de 1,400,000 francs.

Mais aujourd'hui ce bénéfice est au moins de 2 sous par livre pour les agents de cette industrie.

M. Fabre de l'Aude, dans un très-bon mémoire qu'il a fait en l'an 9 sur la fabrique du tabac, estime que la consommation moyenne et annuelle est de sept livres pour chaque individu qui en fait usage; il estime qu'il y a en France 8,000,000 d'individus qui prennent du tabac; ce qui lui donnerait 57,000,000 de livres pesant consommées en France. Mais nous croyons cette estimation de la consommation trop forte, ainsi qu'on peut en juger par ce qui suit :

On voit, par le relevé des douanes, que pendant l'an 11, il est entré en France, 7,580,370 kilogrammes de tabac, qui font 15,160,740 livres pesant. L'importation pendant les sept premiers mois de l'an 12, a donné 12,175,800 livres pesant de la même denrée.

Les droits de douane, bruts, ont produit en l'an 11, 3,965,146 francs.

Les tabacs en feuilles (les autres sont prohibés), payent, en venant sur des bâtiments français, 22 francs par quintal; sur bâtiments étrangers, 33 francs.

La fabrique des tabacs est de plus soumise à un droit de fabrication et de licence pour la vente en débit.

Le droit de fabrication est de 4 décimes par kilogramme, ou 2 sous tournois par livre pesant (*Loi du 29 floréal an 10*).

Ce droit a été perçu jusqu'en l'an 12 inclusivement par la régie de l'enregistrement et domaine. Il a donné, pendant cette dernière année, 3,740,713 fr.

On peut, à l'aide de ce produit, connaître l'étendue de la fabrication, puisqu'il doit y avoir autant de livres pesant de tabac fabriqué que de fois deux sous dans cette somme; ce qui nous donnerait ainsi 3,740,000 liv. pesant de tabac fabriqué.

Mais il en a dû être exporté au-dehors, 1°. parce que le tabac de fabrique française est supérieur à celui de fabrique etrangère et recherché dans l'étranger; 2°. parce que les tabacs de fabrique française, exportés dans l'étranger, jouissent, à la sortie, du remboursement des deux tiers du droit de fabrication (*Loi du 22 brumaire an 7*).

Les tabacs indigènes en feuilles payent à l'exportation, 7 francs par 200 livres pesant, afin de conserver la fabrique aux nationaux (*Loi du 5 ventôse an 12*).

Il n'en est pas moins vrai que le bénéfice, à deux sous par livre de tabac, a dû être de 3,690,000 fr.

Le droit de licence ou de permission de fabriquer et vendre du tabac, établi en vertu de la même loi du 5 ventôse an 12, se paye annuellement comme la patente; il est perçu avec celui de fabrication par la régie des droits réunis.

Le droit de licence a produit en l'an XII, 1,532,000 fr.; celui de fabrication, 3,740,713 fr.

Ici se termine ce que nous avons à dire de l'industrie,

occupée des productions végétales , dont l'emploi entre
dans les fabriques au moins les plus considérables. Passons
à la seconde classe.

§ XV. *Des Manufactures qui employent les Substances animales.*

Nous porterons dans cette classe , 1°. les manufactures
de lainages et de draps ; 2°. la bonneterie ; 3°. les étoffes
de soie ; 4°. les manufactures qui préparent les cuirs et
peaux ; 5°. la chapèlerie.

N°. 1er. *Manufactures de Lainages et Draps.*

Ce sont les plus considérables de toutes celles qui occupent l'industrie française ; elles ont été portées par
Colbert à un point de perfection rare. Les fabriques ne
sont peut-être plus aussi bonnes aujourd'hui, sous le rapport de la qualité ; mais il y a une grande variété de
draps et lainages fort agréables et d'une immense consommation dans l'intérienr. L'exportation au dehors, si
l'on en excepte les draps de Limbourg et d'Aix-la-Chapelle, se réduit à peu de chose aujourd'hui , à cause de
la guerre , et aussi parce que la plupart des Etats riches
ont formé chez eux des manufactures, si l'on excepte
l'Empire Ottoman qui s'approvisionne presque en totalité des étoffes et autres objets de fabriques , par les importations qu'y font les Européens.

On fabrique en France de la grosse , de la petite draperies , et enfin des étoffes veloutées.

On range dans la première classe la draperie fine et
commune.

La draperie fine consiste dans les draps de Louviers ,
de Sedan , d'Elbeuf , des Andelys , de Montaubàn , de
Limbourg, d'Aix-la-Chapelle.

Dans la classe de la draperie commune, on place les
draps de Châteauroux , d'Issoudun , de Vire , de Saint-
Lô , de Lodève ; les fabriques de Mendes , de Saint-
Afrique , d'Oleron , de Castres , de Limoux , etc.

Les petites draperies que l'on fabrique en France sont

les camelots, baracans, étamines, serges, prunelle, calmandre, turquoise, silésie, etc.

La plupart de ces étoffes portent le nom des lieux où elles sont fabriquées.

Les étoffes veloutées sont les peluches, les pannes, les velours d'Utrecht, les moquettes dont on fait aujourd'hui de très-belles espèces.

Les matières propres à la fabrication de ces diverses étoffes, c'est-à-dire les diverses espèces de laine, se tirent non-seulement de France, mais encore de l'étranger.

On a pu voir dans le chapitre des *Productions*, à l'article *moutons*, l'estimation de la quantité de laine que l'on récolte en France : nous ajouterons ici l'estimation de ce que l'on en tirait autrefois.

M. Necker portait à 70,000,000 de livres tournois l'importation des matières premières, comme chanvre, coton, soie, laine, lin, cuirs, ivoire, teintures, drogues, bois, etc. Or, il résulte des états de la *Balance du Commerce*, qu'en 1782 on importait en France pour 27,471,000 livres tournois de laine, ce qui prouve qu'elle est un des plus importants objets du commerce extérieur.

En 1787, l'importation de la laine fut de 20,884,000 fr.; l'importation des étoffes de laines étrangères fut, pendant la même année, de 4,325,000 francs.

L'exportation de la laine brute et filée s'est élevée, pendant la même année, à une somme de 4,378,000 fr.; celle des étoffes de laine, à une somme de 5,615,800 fr., et celle des draps, à une de 14,242,000 francs.

C'était surtout au Levant que se faisait l'exportation de nos draps, et le Languedoc fournissait, par Marseille, à ce grand et lucratif commerce.

L'on a cherché à connaître la valeur de la fabrique des lainages, draps fins, communs, et petites draperies, afin qu'en déduisant le prix de la matière première, on puisse connaître le bénéfice de la main-d'œuvre.

Il résulte des recherches faites par M. de Tolosan, qu'en 1789 la valeur de la draperie fine, commune, serges, camelots, formait une somme de 140,000,000, sur quoi, déduisant 47,500,000 francs pour le prix des matières, reste 92,500,000 francs pour le prix de la main-d'œuvre, bénéfice et salaire de cette industrie.

Nous ne saurions dire jusqu'à quel point les fabriques

de draps peuvent se rapprocher ou s'éloigner de ce résultat ; ce qu'il y a de certain, c'est qu'à prendre la totalité
de la France aujourd'hui, on trouve que la diminution
de consommation relativement à l'ancienne France est
bien compensée par les acquisitions que nous avons faites.
Peut-être les profits sont-ils moindres pour les fabricants,
à cause du haut prix des laines et des huiles, mais les
salaires des ouvriers et les bénéfices de la main-d'œuvre
des agents de cette industrie ont augmenté, en sorte que
l'on peut les estimer au moins de 92 à 95,000,000.

N°. 2. *Bonneterie.*

Quoique nous placions la bonneterie immédiatement
après les fabriques de draps, il serait cependant plus naturel qu'elle ne le fût qu'après et dans la classe des manufactures qui emploient plusieurs substances à la fois,
puisqu'elle fabrique des objets en soie, en laine, en coton, en fil ; mais comme la valeur de ce qu'elle produit
en soie, en fil et en laine surpasse les deux autres, et
qu'elle est, après les toiles et les draps, une des plus
grandes sources de bénéfices d'industrie, nous l'avons
placée après les lainages.

Il y a trois sortes de bonneterie : 1°. celle en soie ;
2°. celle en laine ; 3°. celle en coton ; 4°. celle en fil.

M. Rolland de la Platière a donné une estimation de la
bonneterie, pour 1780, qui peut servir de base pour
l'estimer aujourd'hui, parce que c'est une des fabriques
dont le débit et par conséquent la production est proportionnée à la population.

Voici comme il s'explique. « On compte en France
le nombre de métiers suivant, occupés du travail de la
bonneterie.

» 1°. Métiers pour la bonneterie en soie, 17 à 18,000 ;

» 2°. Métiers pour la bonneterie en laine, 24 à 25,000 ;

» 3°. Métiers pour la bonneterie en coton, 14 à 15,000 ;

» 4°. Métiers pour la bonneterie en fil, 7 à 8,000.

» Ce qui fait 62 à 66,000 métiers, dont le produit
s'élevait, savoir : pour la bonneterie en soie, de 27 à
30,000,000, et pour celle de toutes les autres espèces,
de 28 à 30,000,000 de francs ; ce qui fait une somme
de 58 à 60,000,000 de valeur.

» Sur quoi, continue M. Rolland, il faut considérer que la soie étant une matière de plus haut prix que celle des autres parties de la bonneterie, les objets qui en proviennent sont renchéris par la valeur de la matière, quoiqu'il en entre une quantité moindre, tandis que le prix des autres provient en plus grande partie de la main-d'œuvre.

» Ainsi, estimant la matière pour les deux tiers de la bonneterie en soie, et pour un tiers seulement celle des autres parties, il résultera toujours de la bonneterie en France, une main-d'œuvre annuelle et constante de 28 à 30,000,000 de francs, qui occupait, à l'époque dont nous parlons, et faisait vivre 4 à 500,000 personnes, sans y comprendre les bénéfices de la culture du lin, de l'éducation des moutons et des vers à soie, fournissant les matières employées dans la bonneterie. »

Depuis l'époque où M. Rolland écrivait ceci, la bonneterie en laine est diminuée, celle en soie et en coton est augmentée et perfectionnée. La consommation, diminuée en quelques parties, s'est accrue dans d'autres; il y a moins d'exportation, mais le luxe et l'aisance ayant gagné un plus grand nombre d'individus qu'avant la révolution, l'on peut sans erreur, calculer que la bonneterie est, dans ses bénéfices généraux répandus dans la circulation, en proportion du nombre actuel des habitants, d'où nous concluerons que si 25,000,000 d'habitants emportaient une consommation de la valeur de 59,000,000 en bonneterie, une de 34,000,000 doit donner lieu à une plus forte en proportion, c'est-à-dire de 80,000,000.

Sur quoi on peut dire qu'il y a, en faisant un terme moyen des bénéfices de la bonneterie de soie, de laine, de coton et de fil, la moitié de salaires et de bénéfices d'industrie, qui s'élèvent ainsi à 40,000,000 francs.

M. de Tolosan portait en 1789, la valeur du produit de la bonneterie en laine à 20,000,000 fr., dont, déduisant un tiers pour le prix de la matière, ou 6,333,333 fr.; soit 6,400,000 fr.; on aurait de bénéfice de la main-d'œuvre sur cette somme, 13,600,000 fr., ce qui s'accorde avec l'estimation de M. Rolland, sur la quotité du bénéfice par rapport aux matières premières, mais non sur le produit total.

Il est certain que la valeur de la fabrique de la bonneterie en coton (bas, gants, bonnets, etc.) s'est accrue
en France, depuis que l'introduction étrangère a été sévé-
rement prohibée; ce qui se trouve fortifié par une remarque
sur ce qui s'est passé antérieurement.

Nous venons de voir que M. Rolland, qui en sa qualité d'inspecteur des manufactures, et d'homme zélé pour
les connaissances, devait être bien instruit, estime la
bonneterie en laine, en fil et en coton à près de 30,000,000,
ce qui donne au moins 20,000,000 pour la bonneterie en
fil et en coton.

Or, cette dernière s'est trouvée tout-à-coup réduite,
en 1787, à 15,000,000, suivant M. de Tolosan : « Notre
bonneterie en fil peut aller, dit-il, année commune à
6,000,000 tournois, et en coton à 9,000,000, ce qui fait
15,000,000 ; » et il ajoute : « Nos manufactures de bonneterie en fil et en coton se ressentent plus encore que les
toiles de coton, de la concurrence étrangère, soit au dedans, soit au dehors de la France. » Cet administrateur écrivait sur la fin de 1788, et entendait parler du traité de
commerce de 1786 avec l'Angleterre, si mal fait sous
les rapports de l'industrie, parce qu'un des hommes principaux employés pour cette partie, M. Dupont, était un
économiste entêté, qui de plus se croyait le premier esprit du monde en matière d'administration.

Or donc si la bonneterie en coton, qui est très-considérable, a perdu à cette époque par la concurrence étrangère dans l'intérieur, il n'y a point à douter que l'éloignement de cette concurrence depuis huit ans en France,
n'ait dû considérablement accroître la fabrique nationale.

L'on voit par les tableaux de la *Balance du Commerce*
de 1784, qu'il y eut à cette époque les exportations suivantes, savoir :

En bonneterie de fil, pour. . . .	175,100 liv. tourn.
En bonneterie de filoselle, pour .	83,400
En bas de laine, pour.	355,500
En bonnets de laine, pour. . . .	413,100
En bonneterie de soie, pour. . .	3,375,100
En bonneterie de poil et laine, p^r.	910,300
Total.	5,312,500 liv. tourn.

Dans les tables d'exportation pour 1787, ces objets ne s'élèvent point à moitié de cette somme, ce qui semblerait indiquer, en effet, ce que dit l'auteur cité : « que la concurrence étrangère a nui à l'industrie intérieure, et par conséquent aussi aux exportations. »

Passons aux soieries.

N°. 3. *Manufactures de Soieries.*

Nous ferons entrer l'estimation de la bonneterie en soie dans l'apperçu que nous allons donner des travaux de l'industrie sur cette matière précieuse.

Mais avant d'en faire connaître les détails, nous dirons un mot de la soie en elle-même, toujours sous le rapport de son emploi.

Il paraît que ce n'est que vers la fin du XIIIe. siècle que la soie, et successivement quelques fabriques en soie, s'introduisirent en France, dans le comtat d'Avignon, qui appartenait alors au pape; aussi est-ce à eux que l'introduction en est due : on y fabriquait des damas, à l'imitation des Génois qui avaient appris à les faire à Damas en Syrie, ainsi qu'à Constantinople, où depuis le VIIe. siècle la soie et ses étoffes étaient en usage.

Louis XI et Charles VIII firent venir en France des Grecs, des Italiens, des Génois, des Florentins, pour y travailler la soie; ils les établirent à Tours, et leur donnèrent des priviléges. Henri IV et son ministre s'en occupèrent aussi : on sait que ce prince fit établir à Paris la première manufacture de soie, en 1603, dans les bâtiments avoisinant la place Royale, et qui furent construits dans le parc de son palais des Tournelles; Colbert y donna de nouveaux soins, et cette industrie avait surpassé celle des autres nations dans les fabriques de ce genre, lorsque l'usage des toiles peintes et la révolution vinrent en arrêter le cours.

Il n'est peut-être pas inutile de faire connaître ce qu'était, à cette époque, la consommation et la fabrique des soies en France. M. Verninac de Saint-Maur, ancien préfet du département du Rhône, a publié pendant le temps de ses fonctions, un mémoire sur cet objet, qui nous servira de guide.

Il entrait vers 1789, en France, pour 48,983,093 fr.

de soies étrangères, formant 700 balles, et un poids total de 19,739 quintaux.

Lorsque les soies nationales étaient assujéties à payer des droits, elles se vendaient toutes à Lyon; mais en 1754, elles furent exemptées de payer ce droit; alors, leur quantité, était de 4,000 quintaux; leur produit s'en était accru successivement jusqu'à 8,000 quintaux, que l'on peut diviser en trois qualités, savoir : 1°. soies françaises grises, 20 à 30 francs; 2°. soies françaises trames, 24 à 32; 3°. organsins français, 28 à 36.

En prenant un prix moyen, on peut avoir la valeur totale des trois espèces de soies nationales, avec la division de chaque qualité, ainsi qu'il suit : 1°. 90,000 liv. pesant de soies grises, à 24 fr. la livre, font 2,160,000 fr.; 2°. 470,000 livres pesant de trames, à 28 francs, font 13,160,000; 3°. 240,000 liv. pesant d'organsin, à 32 fr., font 7,680,000 francs; le total de la valeur des soies nationales était donc de 23,000,000 de francs.

Cette valeur, jointe à celle de 48,983,000 francs pour le prix des soies étrangères, donne une somme de 71,983,000 francs, soit 72,000,000 de francs, pour la valeur de toutes les soies employées alors dans les fabriques françaises.

Il s'en consommait à Lyon les trois quarts à peu près.

Depuis cette époque, la France a fait l'acquisition du Piémont; mais cet accroissement de production n'a point été suivi d'une consommation relative, et pour les causes que nous avons dites, la fabrique est bien tombée.

On en jugera par celle de Lyon aujourd'hui, comparée à ce qu'elle était avant la révolution, aussi considérable dans les modes que dans le gouvernement.

En 1788, il fut dressé un état général des métiers travaillant en soie à Lyon; dans cet état, les ouvriers sont portés pour 58,500 ames; les métiers, 14,777, dont 5,442 vacants à cette époque, ce qui annonce qu'il y avait déjà une diminution de travail, résultant du changement de modes et de l'établissement de semblables fabriques dans l'étranger.

Mais, en l'an 9, il n'y avait plus que 7,000 métiers en activité, savoir : pour la tire, 300; pour velours, 500; pour le plain, 3,100; gazes et crêpes, 300; façonnés, 2,800.

On voit par ce rapprochement que la diminution est de moitié dans Lyon ; cependant, en ce moment, la consommation intérieure augmente, mais non celle du dehors; jamais celle-ci ne reviendra àl'état où elle était, parce qu'encore une fois répété, le goût des belles toiles peintes s'est aussi propagé dans l'étranger, que des grands consommateurs y ont été ruinés, et qu'enfin il s'y est formé des fabriques très-belles de soieries.

M. de Tolosan estimait la main-d'œuvre d'un tiers sur les ouvrages fabriqués de soie, à cause du prix de la matière première ; la main-d'œuvre et la matière première ont augmenté de prix aujourd'hui, ainsi le rapport doit être le même approchant, au terme moyen.

Il ne portait qu'à 70,000,000 la valeur des étoffes de soie, qui ne dépasse pas aujourd'hui 35 à 36 ; ainsi la main-d'œuvre, ou les bénéfices d'industrie sur cette partie, doivent être de 12,000,000 environ.

Celle des rubans en soie, gazes, blondes, ouvrages de passementerie en soie, fleurs, bouquets, allait en 1789 à 30,000,000; l'exportation était considérable. Cette partie d'industrie a moins perdu en proportion que l'autre, et se trouve, par apperçu, réduite aux deux tiers; par conséquent, à 20,000,000, sur quoi 6,500,000 de bénéfice d'industrie.

La bonneterie en soie, dont nous avons déjà parlé, s'est mieux soutenue, et si l'exportation a cessé par suite de la guerre et de l'établissement des fabriques chez l'étranger, la consommation intérieure s'est étendue, en sorte que, l'un compensant l'autre, elle peut être portée aux deux tiers de l'évaluation de 1789.

Elle était alors, suivant M. de Tolosan, de 27 à 30,000,000; ainsi, en prenant le plus fort terme, on aurait pour la valeur de la fabrique de la bonneterie en soie, 20,000,000, qui donneraient un bénéfice d'un tiers ou 6,330,000 environ.

Il est à remarquer que dans ces appréciations nous faisons entrer la consommation des départements-réunis et du Piémont, parce que la diminution ou augmentation de la consommation de ces pays se trouve comprise dans celle que nous établissons sur la population de la France actuelle, lorsque cette base nous est seule indiquée pour parvenir à des résultats.

N°. 4. *Manufactures qui travaillent les Cuirs et Peaux.*

C'est ici une des plus utiles branches de l'industrie intérieure ; la consommation de ses produits s'est accrue considérablement par la révolution, surtout pour la tannerie, et dans une proportion au-dessus de l'augmentation de la population, parce que l'aisance introduite dans les campagnes y a étendu l'usage des bottes et des souliers, qui n'a rien perdu dans les villes.

Il y a plusieurs arts, qui font autant de professions, occupés du travail et de la préparation des cuirs.

Ce sont principalement, 1°. la tannerie ; 2°. la corroierie ; 3°. la maroquinerie ; 4°. l'hongroierie ; la chamoiserie ; 5°. la mégisserie ; 6°. la parcheminerie ; 7°. la chagrinerie.

Tous ces arts sont très-florissants en France, la tannerie surtout, dont on a cherché à connaître la consommation et par conséquent les bénéfices qu'elle verse dans le commerce.

Mais il s'en faut de beaucoup que les cuirs que donne la production en France y suffisent à la consommation ; l'on en tire beaucoup de l'étranger.

Nous n'avons aucune donnée bien positive pour établir la consommation des cuirs, et par conséquent les bénéfices qui résultent de leur préparation.

Cependant, si l'on avait quelqu'apperçu satisfaisant sur cette consommation, antérieurement au moment actuel, l'on pourrait, par le rapport de la population, avoir une estimation approximative de ce qu'elle est aujourd'hui.

Un calcul fait en 1788 semble offrir quelques bases pour cela. M. Rolland de la Platière s'est servi, pour les établir, de la consommation de Paris.

« Elle peut être estimée, en bœufs, vaches, moutons, un dixième de la consommation du royaume, dit cet auteur : or, voici ce qui en résulte :

» Consommation de Paris, 75,000 bœufs, qui, multipliés par 10, font, pour la consommation générale de la France à cette époque, 750,000, et donnent un égal nombre de peaux.

» Vaches, consommation de Paris, 25,000 ; consommation et nombre de peaux pour toute la France, 250,000.

» Veaux, pour Paris, 200,000 ; total des peaux, 2,000,000.

» Moutons, pour Paris, 400,000 ; total général des peaux, 4,000,000.

» Chèvres, total général des peaux, 100,000.

» Cuirs de bœufs en vert, venant de l'étranger, 150,000 ;

» Cuirs de vaches en vert, venant de l'étranger, 50,000 ; ce qui fait un total de 7,300,000 peaux, sur lesquelles il n'y avait qu'une faible exportation d'une valeur d'environ 2,000,000 tournois. »

Ainsi, d'après cette estimation, la population d'alors, c'est-à-dire de 25,000,000 d'habitants, entraînait une préparation et consommation de 7,300,000 peaux ; ce qui donne 9,924,000 peaux pour une population de 34,000,000.

Cette estimation ne peut être au-dessus de la réalité, car il y a augmentation réelle dans la consommation des cuirs et peaux, par la raison que nous avons exposée déjà plusieurs fois, que toute consommation qui n'est point proprement d'un luxe recherché, est augmentée en France en proportion de l'aisance qui s'est étendue aux campagnes et à la classe du peuple.

M. de Tolosan ne regardait pas l'industrie des tanneries et corroieries comme une des plus avantageuses pour le peuple ; voici ce qu'il dit à cet égard dans son *Mémoire sur le Commerce* : « Les tanneries procurent peu d'occupation au peuple, en raison de la valeur de leur production, puisque la main-d'œuvre forme à peine un huitième de cette valeur, et que sur les cuirs forts, la main-d'œuvre ne va guère qu'à un quinzième. Il paraîtra extraordinaire, et cependant rien n'est plus vrai, que la seule fabrication des gants de Grenoble occupe une quantité presque aussi considérable de bras que toutes les tanneries du royaume ; la différence en plus n'est pas d'un tiers pour les tanneries. On doit cependant observer que tous les ouvriers employés dans les tanneries sont des hommes faits et vigoureux ; leurs salaires répandent plus d'aisance dans le peuple, que le gain modique des ouvriers en gants de Grenoble. »

Il porte à 50,000,000 la valeur des cuirs forts, veaux et moutons, en 1789 ; et, comme l'on vient de voir, il évalue la main-d'œuvre des derniers au huitième de la valeur, celle des cuirs forts, seulement au quinzième.

Or., on vient de voir que ces objets de fabrique réunis, c'est-à-dire la tannerie et corroierie des cuirs de bœufs, vaches, veaux, moutons, sont considérablement augmentés, en sorte que de 7,500,000 peaux et cuirs, ils s'élèvent à près de 10,000,000, ce qui fait trois dixièmes de plus aujourd'hui qu'alors; ainsi de 50,000,000, ils se trouvent portés à 75,000,000, dont la main-d'œuvre, estimée un dixième, donne 7,500,000 francs de salaire pour la tannerie et corroierie des cuirs de bœufs, vaches, veaux et moutons.

Quant à la mégisserie et parcheminerie, on ne voit pas que la consommation en puisse être aujourd'hui proportionnée à la population de la France, depuis l'époque où l'évaluation a été faite de ce genre d'industrie. Il y a beaucoup moins d'emploi du parchemin, et la ganterie a perdu aussi de ses débouchés au dehors.

Ainsi nous ne serons pas éloignés de l'exactitude, en ne portant la consommation actuelle (nous entendons toujours celle de la France accrue de ses conquêtes au nord et en Italie) de la ganterie et du parchemin, qu'à 10,000,000, malgré l'accroissement de la population française par les causes dont nous venons de parler : cette évaluation etait celle de l'ancienne France.

Le prix de la main-d'œuvre estimé un sixième, comme tout porte à croire qu'est celui de ce genre d'industrie, donne 1,670,000 francs à peu près.

Nº. 5. *Chapèlerie.*

La chapèlerie française n'est pas, à prix égal, comparable à celle de l'étranger : la destruction des lapins et lièvres en France, la nécessité de tirer ces objets de loin, l'établissement de fabriques chez nos voisins, ont fait hausser chez nous le prix de la matière première, doublé celui des chapeaux, et réduit à rien l'exportation au dehors.

On estimait à environ 20,000,000 tournois le produit de la fabrique des chapeaux avant la révolution, sur quoi il fallait déduire 10,000,000 à peu près pour le prix de la matière première.

La consommation des chapeaux s'est accrue dans l'intérieur, mais a cessé pour le dehors, en sorte qu'elle doit se trouver à peu près au même état qu'en 1789, non pas quant au nombre des lieux de fabriques, qui sont moins considérables et plus nombreuses et souvent la qualité médiocre, mais quant à l'usage qui s'est étendu; ainsi, l'on peut porter cette industrie pour environ 6,500,000 francs dans la somme des salaires et des bénéfices.

§ XVI. *Des Manufactures qui employent des Substances minérales.*

Nous avons déjà eu occasion de remarquer que la France n'est pas à beaucoup près aussi riche en substances minérales qu'en autres productions; cependant les bénéfices de l'industrie sur les travaux des métaux et minéraux sont très-considérables, quoiqu'ils ne le soient point autant que sur les fabriques de toiles et de draps.

Les manufactures de cette troisième classe sont très-nombreuses; ce sont surtout l'horlogerie, la bijouterie, l'orfévrerie, la quincaillerie, et les fabriques à feu, comme verreries, porcelaineries, faïenceries, forges, etc.

Nous tâcherons de donner une idée des richesses qui naissent de ces nombreux ateliers des arts répandus dans toutes les parties de la France.

N°. 1er. *Horlogerie.*

Il faut distinguer dans l'horlogerie deux parties : celle des boîtes, qui tient à l'emploi de l'or et de l'argent, et celle des mouvements; cette dernière offre, sans contredit, le plus de bénéfice, et par conséquent est la plus avantageuse pour l'état.

On regarde assez généralement la France comme le berceau de l'horlogerie, et c'est de chez nous que sont sortis la plupart des ouvriers qui, depuis la révocation de l'édit de Nantes en 1685, ont porté cette industrie en Angleterre et à Genève.

Mais en peu de temps ces deux états, l'Angleterre surtout, parvinrent à donner aux montres une perfection qu'elles n'avaient pas avant; et lorsqu'en 1718 on voulut établir à Versailles une manufacture de cette espèce, on fit venir des ouvriers d'Angleterre.

Les anciens se servaient de deux moyens pour règler le temps : le soleil et l'eau. Ils avaient pour cela des cadrans solaires et des horloges à eau ; on connaît l'incommodité qu'il y a d'attendre le soleil pour savoir l'heure qu'il est. A l'égard des horloges à eau, le plus ou le moins de raréfaction des liqueurs causait à ces horloges ou à ces clepsydres, des variations très-sensibles, surtout dans les pays soumis à différentes températures. Un autre défaut de ces horloges, c'est que la liqueur s'écoule plus promptement au commencement qu'à la fin. On crut remédier à ces inconvénients en substituant à l'eau un sable fin et très-pur. En 1655, le père Dominique Martinelli conçut le dessein de faire concourir tous les éléments à la construction des clepsydres ; mais ce ne fut que lorsqu'on eut imaginé les horloges à roues que l'on commença à avoir une règle juste et commode de la durée du temps. Les progrès que l'on fit dans les mathématiques avancèrent aussi beaucoup ceux de l'horlogerie, et on vint à bout de mesurer le temps avec toute la précision possible, en substituant le pendule au ressort : l'usage des montres n'est venu qu'après. Vers le commencement de l'avant-dernier siècle, on faisait consister toute leur perfection dans leur extrême petitesse, jusque-là que les femmes en portaient en pendants d'oreilles, et les hommes en bagues ; le chaton de la bague leur servait de boîte. On s'était mépris trop grossièrement sur l'usage des montres, pour que ces puérilités gothiques subsistassent long-temps.

En 1674, l'abbé de Hautefeuille donna la véritable idée de la perfection des montres. Quelques temps après, et sur la fin du règne de Charles II, Darlow fit en Angleterre des montres et des pendules à répétition : les Tompson et les Graham enchérirent ensuite sur cette invention, en donnant plus de simplicité à leurs ouvrages.

Guillaume III avait défendu de laisser sortir de l'Angleterre une boite de montre sans le mouvement, et il avait ordonné à chaque horloger de mettre son nom sur son ouvrage. Georges Ier. décerna des peines pécuniaires et afflictives contre ceux qui entreprendraient d'engager un horloger à s'établir dans un royaume étranger. Ces défenses n'empêchèrent cependant pas plusieurs horlogers de Londres de passer en France, attirés par les récompenses du ministre.

Cet art y est porté aujourd'hui à un point de perfection presqu'égale à celle des Anglais pour l'élégance et l'exactitude, et supérieure pour la solidité.

Les progrès de l'aisance dans les campagnes, du goût et du luxe dans les villes, y ont aussi donné lieu à un commerce immense de pendules, et surtout de boîtes pour les recevoir, de formes très-élégantes et très-recherchées.

Il est difficile de déterminer l'étendue du commerce de l'horlogerie, et par conséquent les bénéfices qu'on en retire.

Mais, pour en donner quelqu'idée, nous allons réunir ici divers renseignements d'où nous pourrons tirer quelques résultats généraux.

D'abord, pour connaître la proportion des bénéfices de ce genre d'industrie compliquée, au prix des matières premières, il faut l'établir sur un fait connu, et nous le trouvons dans l'état suivant sur la manufacture d'horlogerie de Genève, à l'époque de 1795, état qui devrait être amélioré, mais qui n'a pas changé à cause de la guerre.

Année commune, il se fabrique à Genève 250,000 montres; ce qui, avec les accessoires, forme un commerce de 44 à 45,000,000 de francs. Cette industrie se compose des détails suivants :

1°. Matière première, environ 170,000 boîtes d'or, où, le fort compensant le faible, il entre pour 57 francs d'or; c'est 9,600,000 francs; 2°. en argent, 80,000 boîtes, à 6 francs d'argent brut, 480,000 francs; 3°. acier, laiton brut, de 250,000 montres, à 20 sous l'un portant l'autre, 250,000 francs.

Ainsi, la matière première a dû coûter 10,420,000 fr.; le reste est bénéfice de la main-d'œuvre, c'est-à-dire environ les trois quarts de la somme totale; ce qui, comme l'on voit, est une très-riche industrie.

Genève contient près de 5,000 horlogers appelés *finisseurs*; ce sont les entrepreneurs.

La fabrique d'horlogerie en général occupe un grand nombre d'ouvriers. La plus importante espèce est celle des *blantiers*; ce sont eux qui fournissent les mouvements bruts ou en *blanc*, que l'on envoie ensuite dans les diffé-

rentes manufactures, pour les perfectionner et les mettre
en boîte. Dieppe et ses environs en ont aussi une quantité
assez considérable, qui font encore des boîtes de pendules et
autres ouvrages de grosse horlogerie ; on n'y fait pas moins
de 2,400 mouvements par an. Le district de Saint-Claude,
dans le département du Jura, a des ateliers de grosse et
petite horlogerie : c'est de là qu'est sorti Janvier, un des
plus habiles horlogers français. Le département de l'Ain,
Nantua, Ferney, se sont distingués par la fabrique d'horlogerie, et l'on y trouve encore des ateliers remarquables
qui travaillent pour Genève.

Un état exact qui a été fait l'année dernière de la fabrique d'horlogerie de Porentruy, peut donner une idée
des bénéfices de ce travail pour chacun des individus qui
s'en occupent dans l'état actuel des choses (1).

« La manufacture d'horlogerie du pays de Porentruy,
dit M. Verneur, membre de la société des arts et commerce du Haut-Rhin, diminuée d'un quart depuis la révolution, élève encore en ce moment sa fabrication annuelle à 80,000 montres d'argent et 3,000 d'or ; parmi
celles-ci se trouvent des répétitions, des montres à secondes,
à automates, toutes plus précieuses les unes que les autres.
On ne les estimera néanmoins qu'au prix moyen de
130 francs pièce, prises à la fabrique ; ce qui fait, pour
3,000 montres, 390,000 francs ; le quart des montres
d'argent se fabrique au prix de 21 francs, mais le plus
grand nombre, de 24 à 30 ; un cinquième environ de 30
à 40 francs, et une certaine quantité de composées à un
taux beaucoup plus élevé. On les fixe, l'une compensant
l'autre, à 27 fr. pièce ; ci, pour 80,000 montres, 2,160,000 fr. ;
total, 2,520,000.

» Les boîtes d'or sont travaillées à 750 millièmes ou 18
carats, et pèsent communément 20 à 22 grammes (5 gros
à 5 gros et demi) ; ainsi 3,000 montres en consomment
pour environ 160,000 francs.

---

(1) Voyez tome III, page 31 de la *Bibliothèque Commerciale* de
l'an 13. Cet ouvrage, destiné à recueillir les connaissances sur le commerce, la statistique et l'industrie, paraît par cahiers deux fois par
mois ; on souscrit chez M. Jeunehomme, imprimeur, rue de Sorbonne,
à Paris.

» Celles d'argent, à la valeur moyenne de 5 francs, ci, pour 80,000 montres, 400,000 francs.

Les autres matières premières de chaque montre valent, à un taux moyen approximatif, et avant d'avoir reçu une main-d'œuvre quelconque d'ouvriers attachés à l'horlogerie, 2 francs 50 centimes par montre; ci, pour 83,000 montres, 207,500 francs.

» Le pays de Porentruy tire de Genève, de Neufchâtel, de la fabrique de M. Japy, les ébauches, les cadrans fixes, les ressorts et les aiguilles. Il faut, pour la partie industrielle de ces objets, diminuer encore 4 francs par montre, ci, pour 83,000 montres, 332,000 francs.

» Il convient encore de diminuer, pour la marque des boîtes, et pour les droits d'entrée sur les objets ci-dessus, à raison de 50 cent. par montre d'argent, pour 80,000 montres, 40,000 francs.

Et à raison de 4 francs par montre d'or, 12,000 fr.

Total à diminuer, 1,151,500 francs.

Le produit net de la manufacture d'horlogerie est donc de 1,368,500 francs.

Mais on peut, à la rigueur, ajouter à cette somme 10 pour $\frac{0}{0}$ de bénéfice que font les négociants en horlogerie, sur la totalité de ces montres prises aux fabriques, c'est-à-dire sur la première somme de 2,520,000 francs; ci, 252,000 francs.

» La manufacture d'horlogerie rapporte donc annuellement une somme de 1,620,500 francs.

La population réunie des communes qui s'occupent de l'horlogerie dans le Porentruy ne s'élève cependant qu'à 15,000 ames; et celle des ouvriers qui font ces montres, y compris les femmes et les enfants qui travaillent avec le chef de la famille à laquelle ils appartiènent, et qui n'ont pas de patente, n'est guère que de 4,000 individus. Dans cette proportion, ils gagneraient chacun 405 francs par an; mais comme le talent d'aucun d'eux n'est le même, il en est qui gagnent beaucoup plus, et le grand nombre au contraire beaucoup moins. »

L'on ne connaît que par approximation la consommation des montres en France : avant la révolution, elle était estimée de 200,000 montres annuellement, non compris l'exportation; on ne saurait douter qu'elle ne soit augmentée aujourd'hui, en raison, 1°. de la dimi-

nution du prix des montres par la perfection de la main-
d'œuvre , des machines et de la division du travail ;
2°. de l'accroissement de population de la France ; 3°. des
progrès du luxe et de l'aisance.

Ainsi, l'on peut porter à 3oo,ooo la fabrication annuelle des montres pour la consommation intérieure de
la France aujourd'hui, tant en or qu'en argent.

D'où il résulte que si, d'après l'évaluation des profits
de la fabrique de Porentruy , 83,ooo montres donnent
1,620,000 francs de bénéfice de main-d'œuvre , 3oo,ooo
doivent donner, pour toute la France, 5,855,42o francs
de bénéfice d'industrie.

Dans cette estimation n'est point compris le commerce
extérieur des montres, dont le plus considérable est sans
contredit celui qui se fait au Levant.

Quoique ce dernier commerce ait été, quant à l'expédition et à la vente, presqu'exclusivement entre les mains des
Anglais , même avant la révolution , il ne l'était point quant
à la fabrication ; ils tiraient et tirent encore pour ce commerce une grande partie des mouvements de Genève ; les
Allemands et les Suisses entrent en concurrence à cet égard
avec Genève , et en partagent avec cette ville les bénéfices
qui, comme on a pu voir, sont très-considérables.

Passons maintenant à l'orfévrerie et bijouterie.

N°. 2. *Orfévrerie et Bijouterie.*

Le prix des matières premières, en diminuant la consommation des produits de ces deux arts, en rend d'autant
moins considérables les bénéfices de la main-d'œuvre ,
répartis dans la masse des salaires des agents de l'industrie.

Nulle part l'orfévrerie n'est portée à un aussi haut
degré de perfection qu'en France , soit qu'on envisage le
goût, la perfection du travail ou la qualité du métal.

Le commerce de l'orfévrerie et de la bijouterie présente de grands avantages ; il embrasse celui des diamants,
de l'or, de l'argent sous toutes les formes, et telle était
l'étendue de cette industrie en France avant les guerres
et les troubles de la révolution, qu'elle occupait , tant
à Paris qu'à Lyon et Strasbourg, environ 7o,ooo ouvriers.

Il est certain que ce nombre est moins considérable

aujourd'hui, parce que les belles pièces d'orfévrerie, de bijouterie, qui occupent plus d'ouvriers et donnent plus de salaires, sont beaucoup plus rares qu'autrefois; que la vente des bijoux de grands prix, de la vaisselle plate (*plata*, en espagnol, veut dire *argent*), est plus resserrée qu'autrefois; parce que si l'usage de l'argenterie s'est répandu dans une classe du peuple qui ne l'employait pas, surtout dans les campagnes (car, en général, le peuple des villes a été appauvri par la révolution), les beaux ouvrages, les services considérables, les vases et ornements d'église ne forment aujourd'hui qu'un produit beaucoup au-dessous de ce qu'il était en 1789.

A cette époque, M. Necker estime que l'on employait environ 10,000,000 tournois d'or et d'argent, provenant du bénéfice de notre commerce avec l'étranger, tant pour les ouvrages d'orfévrerie et de bijouterie, que pour les galons et les tissus. Cette valeur n'était pas seule, celle de la matière première qui entrait dans ces différents ouvrages; il y entrait encore celle des refontes de la vieille vaisselle et galons, et les pierreries de toute espèce. La totalité de ces divers objets pouvait s'élever à environ 20,000,000 pour la valeur des objets d'orfévrerie fabriqués en France en 1789.

Le prix de la main-d'œuvre est évalué environ à un huitième dans les travaux de cette espèce; ainsi les bénéfices de l'industrie de l'orfévrerie et bijouterie allaient à 2,500,000 francs.

Nous pensons qu'ils ne peuvent pas être au-dessous de cette somme aujourd'hui, malgré la remarque que nous avons faite plus haut, 1°. parce que le prix de la main-d'œuvre de l'ouvrier est plus considérable aujourd'hui qu'autrefois; 2°. parce que si la vente de l'orfévrerie et bijouterie est moins considérable au dedans, elle est la même au dehors ou à bien peu de chose près; 3°. parce qu'aujourd'hui il faut fournir à la consommation de 34,000,000 d'individus, au lieu qu'en 1789 elle ne s'étendait qu'à 25,000,000; car, nous le répétons, lorsque nous nommons la France sans désigner l'ancienne, nous entendons toujours l'Empire français, de 108 départements.

Il n'est peut-être pas inutile, avant de terminer cet article, de dire un mot de la police relative à la vente des objets d'or et d'argent.

N°. 3. *De la Police relative à la vente des Matières d'Or et d'Argent.*

On conçoit que si quelque garantie publique n'était point établie dans le travail et la vente des matières d'or et d'argent, il n'y aurait aucune sûreté dans ce commerce, parce qu'il n'en est point de la connaissance de ces métaux comme d'une pièce de drap ou de toile; avec un peu d'usage et de bon sens, chacun peut acquérir celle-ci, mais l'autre n'est le partage que des personnes qui s'en occupent ou qui ont une grande habitude de les employer.

C'est donc un usage raisonnable et un devoir bien entendu du gouvernement, de prévenir la fraude et la mauvaise foi dans la fabrique et la vente des matières d'or et d'argent, par des lois de police et des règlements d'administration.

Pour bien les comprendre, il faut remarquer que l'or et l'argent ne pouvant être travaillés sans alliage, c'est-à-dire sans une partie de cuivre, on a déterminé combien de parties de ce cuivre ou alliage on pouvait faire entrer dans un poids quelconque d'or ou d'argent; par exemple, dans un marc, afin que l'on n'abusât pas de ce moyen pour vendre un métal pour fin où la quantité d'alliage serait trop forte : le rapport de la quantité de métal fin à l'alliage s'appèle *titre* ; ainsi, plus il y a dans un marc, d'or ou d'argent et moins de cuivre, plus il est fin ou à un haut titre ; et plus il y a de cuivre et d'alliage, plus il est à un bas titre.

Mais comme il n'y aurait aucun moyen de reconnaître à la vue ou au toucher, à quel titre est un bijou d'or ou une pièce de vaisselle d'argent, si cela n'était point indiqué par quelque signe authentique , on en a établi un appelé *marque* ou *contrôle*, qui est apposé par l'autorité publique sur tout ouvrage d'or et d'argent fabriqué par les orfèvres, bijoutiers, faiseurs de boîtes de montre, ou autres.

Ces marques ou contrôles sont frappés sur les pièces avec un *poinçon* qui est tenu en dépôt dans les *bureaux de garantie.*

C'est là qu'en vertu de toutes les lois anciennes et modernes sur cette police, et particulièrement en conformité de la loi du 19 brumaire an 6, les ouvriers sont obligés de porter leurs ouvrages, après qu'ils y ont apposé eux-mêmes leur marque particulière.

Chaque pièce doit, en vertu de cette loi, être revêtue de trois marques ou *poinçons*; savoir, celui du fabricant, celui du titre, et celui du bureau de garantie, où l'on a vérifié le titre et où on l'a garanti. Il est payé par le fabricant un droit de marque dont nous parlerons plus bas.

C'est du titre que dépend le prix ou la valeur de la pièce d'orfévrerie ou bijouterie, sous le rapport de la matière.

Conformément à la loi du 19 brumaire an 6, il y a trois titres légaux pour les ouvrages d'or fabriqués en France (il ne s'agit point ici des monnaies).

Le premier titre est de 22 carats $\frac{2}{32}$ et $\frac{1}{2}$ environ, ou $\frac{920}{1000}$; c'est-à-dire que sur une masse d'or divisée en 24 parties appelées chacune carat, il y en a 22 plus $\frac{2}{32}$ et $\frac{1}{2}$ carats d'or pur; le reste est de cuivre ou alliage.

Ou bien, en supposant la masse d'or divisée en 1,000 parties, il y en aura 920 en métal pur, et 80 en cuivre ou alliage.

Le second titre légal de l'or est 20 carats $\frac{5}{32}$ et $\frac{1}{8}$ de 32e., ou $\frac{840}{1000}$.

Le troisième titre de l'or est de 18 carats ou $\frac{750}{1000}$.

Pour l'argent, il n'y a que deux titres légaux; savoir, le premier, de 11 deniers 9 grains $\frac{7}{10}$ de grains ou $\frac{950}{1000}$; le second, 9 deniers 11 grains $\frac{1}{2}$ ou $\frac{800}{1000}$.

Le titre de l'argent s'évalue en deniers et grains, c'est-à-dire qu'une masse ou poids d'argent est censé divisé en douze parties que l'on appèle *deniers*, et chaque denier en 24 *grains*.

D'après l'établissement du système métrique et décimal, l'on n'estime plus le titre des métaux par carats et deniers; on y a substitué les *millièmes*, c'est-à-dire que la pièce dont on veut établir le titre, est censée divisée en *mille millièmes*. Plus il y a de millièmes de métal fin et moins d'alliage, plus le titre est haut; mais la loi a déterminé le terme, comme nous venons de l'exposer.

N°. 4. *Du Droit de garantie sur les Matières d'Or et d'Argent.*

En vertu du titre XI de la loi du 19 brumaire an 6, il est perçu un droit de garantie sur les matières d'or et d'argent; ce droit est fixé à 20 francs par hectogramme d'or, lequel pèse 3 onces 2 gros 12 grains, et de 1 franc par hectogramme d'argent, qui pèse également 3 onces 2 gros 12 grains.

Il y a des bureaux de garantie pour les matières d'or et d'argent établis dans tous les départements, en plus ou moins grande quantité, suivant le besoin.

La perception de ce droit avait été d'abord confiée à la régie de l'enregistrement; elle est aujourd'hui dans les attributions de l'administration des droits-réunis, en vertu de l'arrêté du gouvernement du 5 germinal an 12, qui statue sur l'organisation de cette administration.

On voit par l'état des finances publié en l'an 10 par M. Ramel, ancien ministre des finances sous la république, que le droit de marque d'or et d'argent a produit en l'an 7, 564,199 francs; sur quoi à déduire, pour les frais et remises, 264,199 francs; reste net, 300,000 fr. de produit. En l'an 8, on en a retiré 403,868 francs; sur quoi à déduire, pour frais et remises, 303,878; reste net, 100,000 francs.

Le compte rendu de l'administration des finances pour l'an 11, porte que pendant cette année les recettes brutes, c'est-à-dire dont on n'a point déduit les remises et frais, se sont élevées, savoir : pour les 102 départements, à 796,481 francs, et 4,795 francs pour les six nouveaux départements du Piémont; total, 801,276 francs de produit brut.

Le même compte rendu pour l'exercice de l'an 12, donne une somme de 818,844 francs, ce qui annonce une augmentation dans les travaux de l'orfévrerie.

Nous allons passer maintenant à la quincaillerie, et ouvrages en fer et acier.

N°. 3. *De la Quincaillerie, et Ouvrages en Fer et Acier.*

La France a fait des progrès sensibles dans ce genre d'industrie depuis la révolution, quoique l'on rencontre dans le commerce de bien mauvais ouvrages de cette espèce, par le défaut de police dans la tenue des arts et métiers.

Les conquêtes que la France a faites des pays de la rive gauche du Rhin et de Liége, ont encore ajouté à ses richesses à cet égard.

Nous ne croyons donc point être au-dessous de la vérité, en estimant d'après l'augmentation de population l'accroissement proportionnel des bénéfices de main-d'œuvre que cette riche branche d'industrie a versés dans la circulation.

Voici comme M. de Tolosan s'exprimait sur ces bénéfices, à l'époque de 1789, qu'il publia le Mémoire dont nous avons déjà parlé; Mémoire où, loin d'avoir exagéré, il a plutôt diminué les avantages de nos fabriques.

« La variété des productions de la mercerie, quincaillerie, dit-il, ainsi que de leur prix dans chaque espèce, ne permet guère de faire une évaluation juste de leur montant : il faudrait, pour cela, des relevés qu'il serait toujours très-difficile de se procurer. Cependant on pourrait penser que chaque personne consomme pour environ 4 livres par an des différentes espèces de marchandises que fournissent la mercerie et la quincaillerie ; ce qui donnerait, à l'époque de 1789, une somme d'environ 100,000,000 tournois pour le montant de ces produits, et comme dans beaucoup la matière première est de très-peu de valeur, on pourrait juger que le prix de la main-d'œuvre en fait les trois-quarts : ainsi, le bénéfice de la main-d'œuvre sur ces objets pourrait aller à 75,000,coo tournois. »

L'auteur de ce Mémoire ne dit point si, dans son estimation, il entend comprendre la consommation que l'on fait en France de la quincaillerie étrangère ; mais, quand il n'y aurait point eu égard, elle ne pourrait jamais faire un objet considérable, puisqu'on voit, par les états d'importation, qu'en 1787, année où le commerce a été trèsflorissant en France, et qui est postérieure au traité avec l'Angleterre, il n'y a eu que pour 5,000,000 d'acier étranger, brut et fabriqué, importé en France.

Nous ne craindrons point, d'après ce que nous venons d'établir tout-à-l'heure, de porter à 102,000,000 les bénéfices de l'industrie pour les 108 départemens de la France.

Nous ne comprenons point dans ce produit celui des forges ou usines dont nous allons parler dans le paragraphe des manufactures à feu.

§ XVII. *Des Manufactures à feu.*

Ce sont les forges, les verreries, les poteries, sous lesquelles sont compris un grand nombre de travaux qui versent beaucoup de salaires dans la classe des agens de l'industrie.

N°. 1er. *Forges.*

Nous avons déjà parlé de cette industrie dans le résumé des substances minérales.

On y a vu qu'en calculant le prix du fer à 5 francs le quintal, poids de marc, et celui de la fonte à 6 francs, d'après le travail du judicieux et savant M. Gorsse, un des auteurs de la *Statistique générale de la France*, le numéraire mis en circulation aujourd'hui s'élève, pour les 2,100,000 quintaux de fer brut, à 42,000,000 de fr., et pour les 500,000 quintaux de fonte, à 3,000,000 de fr., et au total, à 45,000,000 de francs.

Nous ajouterons, d'après M. Gorsse, que l'on peut estimer avec bien de la probabilité et du fondement le nombre des familles occupées des travaux des forges, de 60,000 ; ce qui donne, à 4 individus par famille, des salaires à 240,000 individus.

On peut voir maintenant que le calcul du bénéfice des forges aujourd'hui, se rapporte à celui qu'en a donné M. de Tolosan plus haut.

En effet, M. Gorsse en portant à 45,000,000 de francs la valeur du produit des mines, n'entend que le produit brut, et M. de Tolosan en déduit les frais de fonte, de combustibles, et autres. Quant à l'augmentation de 5,000,000 dans le produit, il n'y a point de doute qu'il n'existe, et au-delà, par les raisons que nous en avons données.

Indépendamment des forges, il y a encore d'autres travaux qui employent le feu comme principal agent. Ce sont les verreries, poteries.

N°. 2. *Verreries, Poteries.*

Nous plaçons dans la verrerie l'art des glaces, comme l'art de la porcelaine dans la poterie.

Les glaces que l'on fabrique en France jouissent depuis long-temps de la plus juste réputation en Europe. Elles ont succédé à celles de Venise; mais ce ne fut qu'en 1665 qu'il s'établit en France une manufacture de glaces : on la doit à Colbert; elle fut placée d'abord au faubourg Saint-Antoine à Paris; mais l'on n'y faisait alors que des glaces à l'instar de Venise, c'est-à-dire fines et belles, mais de 3 pieds au plus de hauteur et largeur.

L'art de couler les glaces fut inventé en France et pratiqué en 1688 par un gentilhomme normand, directeur de la manufacture du faubourg Saint-Antoine, que l'on transporta alors dans la Picardie.

Jusqu'en 1762 on a continué de souffler et de couler les glaces; mais depuis cette époque on ne fait à Saint-Gobin, village du département de l'Aisne, à 7 lieues de Soissons, que des glaces coulées. Elles sont ensuite apportées à Paris, où on leur donne le poli nécessaire, après quoi elles sont mises au tain par ceux qui les travaillent.

Cependant l'on a continué de souffler les glaces à Tour-la-Ville, près Cherbourg, lieu où, après Saint-Gobin, il s'en fabrique de la plus grande dimension en France.

Il sort une très-grande quantité de glaces de ces manufactures; elles se répandent en France et dans toute l'Europe. Il y en a de 122 pouces de longueur, et de 75 pouces de largeur. On assure que l'empereur de la Chine a les plus grandes glaces qui soient sorties de Saint-Gobin.

L'art de fabriquer les cristaux a fait aussi de grands progrès en France, depuis que les connaissances chimiques y ont été enseignées et répandues : ce sont surtout les manufactures de Sèvres, de Mont-Cénis, de Munsthal, du Gros-Caillou près Paris, qui fournissent les plus beaux.

La verrerie pour croisées, pour gobelets et carafes a

suivi à peu près les mêmes progrès, et l'art de tailler les pièces a ajouté beaucoup aux salaires que donne cette industrie. Elle fournirait aujourd'hui une nouvelle source considérable de bénéfices d'industrie, si les revenus de la plus grande partie des anciens propriétaires étaient, comme autrefois, versés dans la consommation des objets d'art, et n'allaient pas, aux deux tiers, s'enfouir dans les cassettes des cultivateurs devenus propriétaires, de fermiers qu'ils étaient.

Il nous manque des données positives qui puissent nous mettre à portée d'évaluer aujourd'hui les produits des verreries et cristaux.

On portait, en 1789, à 6,000,000 la valeur du produit brut pour les verres de toute espèce que l'on fabriquait alors.

On ne saurait estimer à moins la consommation actuelle, parce que si d'un côté il y a eu diminution, d'un autre il y a eu augmentation ; ajoutez que l'usage des carreaux de 15 à 18 pouces a remplacé celui des carreaux de 6 à 8 pouces ; que celui de garnir les croisées de grands carreaux de verre dit *de Bohême*, et même de glaces de 30 à 32 pouces, a prévalu, dans presque toutes les grandes villes, sur l'ancien usage des carreaux de 12 à 15 pouces.

Il n'y a guère à retrancher qu'un dixième pour l'achat des combustibles et un vingtième pour celui des matières premières, sur les 6,000,000 que donnent les verreries ; ainsi, retranchant de 6,000,000 un dixième plus un vingtième, il reste 5,100,000 francs de bénéfice d'industrie pour les 108 départements de la France, sans y comprendre les bénéfices de la taille et dorure des gobelets, flacons, carafes, vases de cristal.

La poterie est de deux espèces, la grosse, la fine, et ce que quelques fabricants appèlent *la blanchaille*, terre à pipe ou terre anglaise.

Il s'en faut de beaucoup que nous ayons atteint la perfection des Anglais dans cette dernière ; à prix égal, ils donnent des pièces plus parfaites : leur couverte est plus unie, plus ferme, les formes plus gracieuses, et les ouvrages plus légers.

Mais si nous n'atteignons pas avec avantage les Anglais dans la poterie de terre, nous les surpassons de beaucoup dans la porcelaine. Cette poterie fine est parvenue au plus haut point de perfection, chez nous; et non-seulement la fabrique est remarquable par la beauté de la pâte, les peintures et la dorure, mais encore par le bon marché, qui permet à toutes les classes de citoyens d'en faire usage, ce que seules pouvaient, il y a vingt ans, les personnes aisées.

L'on évaluait à une somme de 4,000,000 le produit des manufactures de poteries, faïences et porcelaines, en 1789; sur laquelle somme, déduisant un dixième pour le combustible et les matières premières, restait 3,600,000 fr. pour les bénéfices d'industrie.

On ne saurait estimer ces bénéfices au-dessous de cette somme aujourd'hui, 1°. parce que la consommation des poteries fines est augmentée; 2°. parce que le salaire des ouvriers est plus considérable et que les matières premières n'ont point haussé de prix, si l'on en excepte le plomb et le combustible, qui, l'un et l'autre, sont un peu plus chers.

Nous terminerons par un mot sur les acides minéraux, qui sont aussi des produits des manufactures à feu.

N°. 3. *Acides et Sels minéraux.*

L'on entend par ce mot les fabriques d'acides nitreux, vitriolique, de l'alun, de la couperose verte et bleue, employés dans les teintures, la métallurgie, les arts, la pharmacie et le blanchîment des toiles.

Il se fait en France pour une valeur estimée de 3,000,000 de francs d'acides minéraux, et pour autant de sels minéraux; ce qui fait 6,000,000 de francs, dont la moitié au moins est bénéfice d'industrie.

L'on voit par les états des importations, qu'en 1793 nous avons tiré du dehors pour 1,500,000 francs d'huile de vitriol, soufre et alun.

Ici se termine l'analyse statistique des fabriques et manufactures qui emploient une seule substance, ou, pour mieux dire, qui ont pour objet de façonner et rendre propre à la consommation une substance principale, quoique, comme moyens ou accessoires, elles en emploient d'autres.

Passons maintenant à celles dont les produits sont composés de plusieurs matières à la fois.

§ XVIII. *Des Manufactures dont les Produits sont composés de plusieurs Substances à la fois.*

Nous plaçons dans cette classe, la passementerie, la tapisserie, les toiles peintes, les teintures.

Nº. 1er. *La Passementerie.*

La passementerie est cette partie de l'industrie qui fabrique dés rubans, des cordons, des tresses, des galons, des fleurs artificielles, des agréments de toute espèce, des boutons de fil, de soie, de laine, de poil de chèvre, des ganses, des épaulettes, des glands, des franges, des broderies de toutes sortes, des dentelles d'or, d'argent, des modes, etc.

Elle emploie la soie, la laine, le fil, le coton, le poil de chèvre, les plumes, les coques de vers à soie, le papier, les cuirs, les fils d'or, d'argent, de cuivre, le fil-de-fer, etc., etc.

Elle occupe beaucoup de femmes, d'enfants, de jeunes filles, particulièrement pour la partie des fleurs, une des plus agréables branches de l'industrie française, et où nous surpassons les étrangers, même les Italiens, dans plusieurs parties de cet art : la perfection où il est chez nous est due d'abord à Wensel, et ensuite à madame Vital-Roux, qui fait des morceaux en ce genre qui imitent la belle nature avec la plus parfaite ressemblance.

Nous ne chercherons point à évaluer d'une manière précise les bénéfices de la passementerie; cependant, en examinant attentivement l'étendue des travaux qu'elle entraîne et les nombreux agents qui en sont occupés, on ne pourrait regarder l'appréciation donnée par M. de Tolosan, en 1789, comme loin de la vérité; il portait à 5,000,000 de francs ces bénéfices, valeur restée la même suivant toutes les probabilités, puisque si d'un côté quelques parties de la passementerie, comme celles des livrées, ont éprouvé des pertes, d'autres se sont accrues, et que d'ailleurs la consommation s'étend aujourd'hui sur une population de 34,000,000 d'individus, au lieu de 25.

N°. 2. *Les Tapisseries.*

La France est la première nation de l'Europe qui ait donné à l'art de la tapisserie cette perfection, cette richesse qu'elle a surtout dans la mauufacture des Gobelins.

L'on comprend dans ce genre d'industrie la fabrique des tapis, qui est une riche branche de travail, et dont on distingue plusieurs espèces, qu'il n'est pas de notre objet d'analyser.

Nous dirons seulement un mot de la manufacture des Gobelins.

N°. 3. *Manufacture des Gobelins.*

Le premier établissement d'une manufacture de tapisseries en France, est dû à Henri IV et à son digne ministre Sully.

Des lettres-patentes furent expédiées, au mois de janvier 1607, pour l'établissement d'une *manufacture de tapisseries façon de Flandre*, au faubourg Saint-Germain, sous la direction de Marc Comans et de François la Planche.

Mais ce ne fut qu'au mois de novembre 1667, que Colbert donna à cette manufacture une protection particulière et une existence assurée, en la plaçant dans le local appelé aujourd'hui les *Gobelins*. La direction en fut donnée au célèbre Lebrun, sous le titre de *manufacture royale des meubles de la couronne*, car elle n'était pas bornée aux tapisseries seules, on y fabriquait de l'horlogerie, de la bijouterie, etc.; mais maintenant l'on n'y fabrique plus que de la tapisserie.

La manufacture des Gobelins ne doit pas être regardée comme une entreprise d'industrie particulière, puisqu'elle est aux frais de l'Etat, et que les pièces qui en sortent sont employées soit à la décoration des lieux et édifices publics, soit à faire des cadeaux aux puissances étrangères, mais elle donne cependant une somme de salaires que nous évaluerons plus bas.

La manufacture de Bruxelles n'existe plus ; celle de Beauvais est réduite à peu de chose : les papiers de tenture ont remplacé les tapisseries. Il n'en est pas de même des fabriques de tapis, dont nous allons parler.

Nº. 4. *Tapis.*

Cette belle industrie n'a rien perdu à la révolution ; le luxe des tapis s'est soutenu et même accru sous quelques rapports. Les tapis de la savonnerie, à l'imitation de ceux de Perse, de Felletin, d'Aubusson, enfin les tapis de moquettes, dont les espèces sont très-variées, forment un fond de salaires et de bénéfices très-considérables.

M. de Tolosan ne portait qu'à 800,000 francs le produit des tapisseries d'Aubusson, de Beauvais, de Felletin, en 1789 ; sur quoi il déduisait 400,000 francs de matières premières, restait 400,000 francs de bénéfice de main-d'œuvre. Il évaluait à la même somme les productions en tapisserie, aux Gobelins ; de sorte qu'à cette époque, les bénéfices de l'industrie française en ce genre n'allaient guère qu'à 800,000 francs.

Les tapisseries ne produisent pas cela aujourd'hui ; on peut même dire que le produit est borné à ce que gagne l'ouvrier aux Gobelins. Il n'en est pas de même des tapis, dont la consommation, tant en moquettes qu'autres espèces, est très-considérable ; mais nous manquons de bases pour l'évaluer.

Il nous reste à parler des toiles peintes et des teintures.

Nº. 5. *Toiles peintes.*

C'est sans contredit une des branches d'industrie qui jouissent de la plus grande activité en France ; ses produits s'élèvent à des sommes considérables.

Il est entré en France, en l'an 10, 1,750,000 pièces de toiles de coton en blanc, faisant 17,200,000 aunes ; leur valeur est estimée de 36,000,000 de francs.

Cette valeur est doublée par la fabrique, et fait par conséquent une somme de 72,000,000, sur quoi un tiers de bénéfice pour la main-d'œuvre ; par conséquent, 24,000,000.

L'on ne comprend point dans cette estimation les toiles d'orange et autres cotonnades, qui se fabriquent avec des toiles faites en France.

Les fabriques des toiles peintes, outre la consommation intérieure, exportent annuellement pour 9,000,000 , terme moyen, de toiles à l'étranger.

Nous ne faisons point entrer dans ces bénéfices celui de la filature du coton : pour ce qui se fabrique de toiles en blanc en France, nous en avons parlé plus haut.

Il est bon de remarquer que depuis les progrès de la filature et du tissage en France, l'importation étrangère a diminué, sans que l'activité de la fabrique se soit ralentie.

N°. 6. *Teintures.*

Nous n'avons aucune base pour évaluer le montant des teintures employées aux étoffes, aux toiles peintes, aux cotonnades, aux soieries.

Mais il est aisé de voir que c'est une des branches considérables de notre industrie, puisqu'elle suit la consommation des étoffes et autres objets dont nous venons de parler.

L'on a fait de grands efforts en Europe, dans le siècle dernier, pour donner aux teintures la perfection et la durée qui en font le mérite. Colbert a fait servir à ce but utile les connaissances chimiques et celles des naturalistes de son temps ; ce grand homme a pu se tromper en fixant, par des règlements, les quantités et les qualités des ingrédients qui doivent faire la base des teintures ; mais l'on ne saurait méconnaître dans ses travaux à cet égard, comme dans le reste, un grand desir de servir la France, et de l'enrichir des beaux procédés des arts.

Dès le XVe. siècle, les frères Gobelins avaient formé, dans le faubourg Saint-Marceau, sur les bords de la Bièvre, à Paris, la manufacture de belle écarlate, qui en a retenu le nom de *manufacture des Gobelins*. On voit aussi par les statuts qui furent donnés aux teinturiers de *petit teint*, en 1583, que dès-lors l'art de teindre formait une branche d'industrie nationale.

Cependant, à l'époque où Colbert fit publier les règlemens et l'instruction pour les teintures, en 1669, il ne se trouvait à Paris que trois teinturiers du grand et bon teint des manufactures de laines, et bientôt après il s'en trouva jusqu'à huit, dix, et davantage par la suite.

Le grand teint est celui où il ne s'emploie que les meilleures drogues, et celles qui font des couleurs solides et assurées : on l'appèle encore *bon teint*. Le petit teint, au contraire, est celui où les règlemens permettaient de se servir de drogues médiocres et qui font de fausses couleurs, des couleurs qui ne tiènent point.

Les progrès de la chimie ont considérablement simplifié et perfectionné les procédés de la teinture, et nous en avons l'obligation principalement à MM. Dufai, Hellot, Dambournai, Marquer, Berthollet, Desmarets, Fourcroy, Chaptal, qui tous ont appliqué avec succès les connaissances chimiques au perfectionnement des arts utiles.

Nous terminerons ici l'analyse statistique de l'industrie française, considérée sous le rapport des bénéfices qu'elle répand dans la circulation, et parmi les nombreux agents qu'elle emploie. Sans elle, sans cette industrie qui éveille les desirs des propriétaires, qui leur offre des jouissances, les huit dixièmes de la nation seraient sans moyen de se procurer leur subsistance; car enfin il ne suffit pas que le cultivateur de la Beauce ait du blé dans ses greniers, et le vigneron de la Bourgogne du vin dans ses celliers, il faut encore que tous ceux qui n'ont pas le même avantage ayent un moyen de faire venir une partie de ce blé et de ce vin sur leur table; et c'est ce que donnent les travaux de l'industrie, avec plus ou moins d'abondance, selon que les possesseurs des denrées nourricières sont plus ou moins portés à la dépense, à la consommation des produits du travail des habitants des villes, et des fabriques.

Il nous reste à ajouter à cet apperçu statistique sur l'industrie, 1°. une estimation générale de ses produits évalués en argent; 2°. une notice de l'administration et des frais qu'elle entraîne.

§ XIX. *Évaluation du Produit général de l'Industrie.*

Nous avons presque toujours employé les bases de M. Lavoisier et de M. de Tolosan pour estimer les produits de notre industrie ; l'un et l'autre ont constamment estimé au plus bas, ainsi nous sommes plutôt en-deçà qu'au-delà des véritables quantités.

M. Gerboux, dont nous avons déjà fait connaître l'excellent Mémoire sur les inconvénients de la démonétisation de l'or, a donné une appréciation de notre industrie, qui diffère en résultat des estimations que nous avons partiellement établies.

En effet, d'après M. de Tolosan, le produit des manufactures, arts et métiers de France, en y comprenant 100,000,000 de denrées coloniales, monte à 1,400,000,000. Cependant M. Gerboux, d'après diverses données, croit qu'il doit être porté à 1,500,000,000 de fr., qui, réunis à environ 376,000,000 pour le produit industriel des pays réunis à la France, donne un total de 1,900,000,000.

Le seul moyen au reste d'avoir aujourd'hui une appréciation juste des produits de l'industrie, serait d'estimer chaque branche en particulier pour faire un résultat général. Y plaçant donc, comme fait M. de Tolosan, 100,000,000 pour les denrées coloniales, les pêches et les arts et métiers, on a, par cette méthode, une somme de près de 1,400,000,000 pour les produits de l'industrie, dont 524,950,000 formaient les bénéfices, à l'époque de 1789;

Ces bénéfices sont augmentés depuis, d'environ un cinquième par l'accroissement de la population, du territoire, de la consommation et des salaires ; ainsi ils peuvent être estimés aujourd'hui de 625,000,000 de fr. environ.

Passons à l'administration de l'industrie.

§ XX. *Administration de l'Industrie.*

L'administration de l'industrie est en France dans les attributions du ministre de l'intérieur ; c'est lui qui reçoit les demandes en encouragement, qui propose au gouvernement les lois et règlements relatifs aux fabriques : c'est sur son rapport que sont accordés les brevets d'invention ; enfin, c'est le ministre de l'intérieur qui connaît de tout ce qui tient aux progrès de l'industrie et aux moyens de les provoquer.

Les préfets, sous les ordres du ministre, sont chargés de l'exécution des règlements d'administration relatifs aux fabriques et aux arts, dans leurs départements respectifs.

En vertu d'un arrêté du gouvernement, du 10 thermidor an XI, il a été établi des chambres consultatives d'arts et manufactures, destinées à éclairer l'administration sur les encouragements à donner aux établissements d'industrie dans l'étendue de leur ressort. Il y en a dans les principales villes de fabriques : il ne faut pas les confondre avec les chambres de commerce, dont nous parlerons ailleurs.

L'institution des brevets d'industrie a été établie par la loi de l'assemblée constituante de 1790, pour assurer aux inventeurs d'un procédé utile ou d'une découverte d'industrie, le droit exclusif d'en jouir à certaines conditions, pendant un temps déterminé.

Autrefois il y avait en France des inspecteurs des manufactures, originairement institués par Colbert, et qui ont toujours été d'une grande utilité au gouvernement, pour connaître l'état au vrai des fabriques, savoir jusqu'à quel point les établissements prospèrent, et éclairer le ministre sur les fraudes, les abus qui pouvaient nuire aux arts et à la réputation des manufactures françaises.

Avec quelques modifications dans les droits et attributions de ces officiers, on ne saurait douter qu'ils ne fussent très-utiles aujourd'hui, et ne servissent à éclairer le gouvernement sur le véritable état des fabriques en France.

L'industrie n'a point d'administration, proprement

dite, au-delà de ce que nous venons de rapporter ; le surplus se confond avec celle du commerce.

Il y a cependant un établissement qui lui est particulièrement consacré, plutôt cependant au perfectionnement des arts, qu'au régime des fabriques, c'est le *Conservatoire des arts et métiers*.

Il a pour but de recueillir les modèles des différentes machines et les machines mêmes, des échantillons des étoffes ou autres objets qu'elles ont servi à fabriquer.

Cet établissement, aux frais du gouvernement, a coûté en l'an 12, 36,000 francs, et l'on voit par les comptes du trésor public, qu'une somme de 261,167 francs a été employée cette même année par les ministres, en encouragement et dépenses d'administration pour les manufactures nationales.

Nous ne terminerons point ce chapitre de l'industrie sans rappeler à la reconnaissance publique la société *d'encouragement pour les arts et manufactures*, formée en l'an 10. Son objet est de donner des récompenses à ceux des artistes ou fabricants qui auront fait quelques découvertes ou perfectionné quelques procédés connus ; elle propose elle-même des prix sur de semblables matières ; ses membres contribuent entr'eux d'une somme de 36 francs par an, pour fournir au fonds des dépenses de la société ; elle publie aussi un bulletin très-estimé.

Il existe une autre institution créée depuis dix ans pour l'encouragement de l'industrie nationale, c'est l'exposition publique des produits des diverses manufactures, fabriques et ateliers particuliers, pendant un certain nombre de jours. Pour qu'un fabricant jouisse de cet avantage, il faut qu'un jury nommé par le ministre décide que les échantillons produits ont le degré de perfection et de mérite digne d'une distinction particulière ; l'on accorde en même temps des médailles d'or, d'argent ou de bronze à ceux qui ont obtenu la première distinction dans chaque genre.

Cette exposition est suspendue depuis quelques années.

CHAPITRE VIII.

Commerce.

Ce n'est pas assez que l'agriculture, la pêche et les travaux des mines ayent donné des matières que l'industrie a façonnées et appropriées à nos usages, il faut encore que le commerce les répande dans la consommation.

Nous devons donc parler du commerce, pour suivre l'ordre des idées et le développement statistique des richesses de l'Etat.

Nous traiterons en conséquence du commerce intérieur et extérieur.

Le commerce, pris dans son sens le plus général, est l'échange que les hommes font entr'eux des choses qui sont propres à leur usage.

La description du commerce d'un Etat, en prenant le mot *commerce* dans l'acception étendue que nous venons de lui donner, doit embrasser les *sources*, les *matières*, les *lois*, les *moyens* et les *effets* du commerce.

1°. Les sources du commerce sont l'agriculture, l'exploitation des mines, la pêche et l'industrie qui façonne les divers produits que ces sources donnent.

2°. Les matières du commerce sont productions de l'agriculture, des mines, des pêches et des manufactures.

3°. Les lois de commerce comprènent l'administration du commerce et les établissements qui y sont relatifs, la jurisprudence du commerce, les prohibitions, les douanes, les usages du commerce.

4°. On peut appeler moyens de commerce, le roulage, la navigation intérieure et extérieure, l'établissement des lieux de commerce, les foires, marchés, bourses, caisses d'escompte, monts-de-piété, courtiers, commissionnaires, agents de change, les poids, mesures, monnaies, les papiers de crédit, les banques.

5°. Les effets du commerce sont les richesses nationales,

dont certaines portions, comme les capitaux, sont appré-
ciables jusqu'à un certain point, par le taux de l'intérêt;
le revenu public; enfin les richesses en population, toujours en proportion de l'état des autres.

Nous n'appliquerons pas cette analyse au tableau que
nous allons tracer du commerce français, nous dépas-
serions de beaucoup les bornes de notre travail : nous
nous arrêterons aux résultats qui sont les seules connaissances que l'on doive attendre d'un semblable examen.

§ Ier. *Analyse statistique du Commerce inté-rieur de la France.*

Le commerce intérieur de la France résulte de la consommation immense qui s'y fait des productions du sol,
des objets de fabrique et de quelques matières premières,
principalement de denrées coloniales, que l'on tire du dehors.

Les moyens de ce commerce sont le numéraire, les
banques, la navigation intérieure et le roulage; enfin,
les bourses, foires et marchés.

On peut considérer le commerce intérieur, 1°. par rapport aux divers objets qu'il offre à la consommation;
2°. par rapport aux départements ou villes de l'intérieur
d'où il tire ces objets; 3°. par rapport à l'étendue de la
circulation de fonds qu'il opère par ses diverses opérations.

Des Objets que le Commerce intérieur offre à la Con-sommation.

C'est de l'agriculture, des mines, pêches, fabriques,
des colonies et de l'étranger même, que le commerce intérieur tire ce qu'il offre à la consommation; cependant
ces deux derniers articles font partie du commerce extérieur, et c'est là que nous en parlerons.

Comme nous avons exposé au long les productions du sol,
des mines, de la pêche et des fabriques, nous ne les repren-
drons point ici; nous dirons seulement que la consommation s'en effectue à l'aide du commerce intérieur qui pré-

lève un bénéfice considérable sur le transport et la vente des objets qu'il met dans la circulation.

L'on a évalué les principales productions que fournissait, en 1789, l'agriculture au commerce, à 1,826,000,000 de livres tournois, sur lesquels 350,000,000 en vins et eau-de-vie, et 60,000,000 en huiles, dont environ un dixième passe à l'étranger; le reste est composé d'une valeur de 700,000,000 en grains de toutes espèces, froment, avoine, orge, seigle; de 400,000,000 en bœufs, vaches, porcs, moutons; de 60,000,000 en fourrages; de 146,000,000 en bois et charbon de bois; de 35,000,000 de laine; de 25,000,000 de soie, et de 50,000,000 de chanvre et lin. Ces quantités ne sont pas les seules qu'absorbe la consommation intérieure, puisque nous tirons encore pour elle une grande quantité de laine, de chanvre, de cuirs, de l'étranger; mais ceci regarde le commerce extérieur. Nous devons remarquer aussi que l'accroissement de territoire et de population a augmenté la consommation d'un grand nombre d'objets, comme grains, vins, bœufs, bois, charbon; sur quoi on peut voir ce que nous en avons dit.

Quant aux objets de fabrique fournis par le commerce à la consommation, nous avons vu que leur produit s'élevait à 1,800,000,000 de francs; non compris 100,000,000 de denrées coloniales.

Sur cela les bénéfices du commerce peuvent être égaux à ceux du manufacturier, c'est-à-dire à près de 600,000,000.

Nous ne pouvons parler maintenant des valeurs que les pêches françaises mettaient dans la circulation, et des bénéfices qu'elles donnaient, que pour les regretter.

Tout ce que nous pouvons dire c'est que les tableaux du commerce prouvent qu'en 1787, la pêche de la baleine au Brésil et au Groënland, occupait 3,720 tonneaux, celle de la morue 53,800, celle du hareng 8,602, celle du maquereau 5,166, celle de la sardine 3,060, celle du thon, du saumon, des congres, des huîtres, 12,320; ce qui fait un total de 86,668 tonneaux.

Le tonneau de mer est une mesure de compte du poids de 2,000 livres pesant, poids de marc : on s'en sert pour jauger les vaisseaux et estimer le frêt.

Ces pêches maritimes, dont le produit était consommé en France, pouvaient verser dans la circulation 6,000,000;

aujourd'hui la vente est bien la même, mais nous tirons la plus forte partie des objets consommés, tels que huile de poisson, morue, blanc de baleine, etc., de l'étranger.

La vente du poisson d'eau douce peut être estimée à la même valeur, sur quoi le commerce du débit fait un bénéfice de la moitié du prix de la vente.

Toutes les parties de la France ne fournissent pas les mêmes choses ou en même quantité au commerce. Nous allons indiquer brièvement les lieux d'où l'on tire plus positivement chaque objet de consommation intérieure ; nous parlerons plus bas de ceux qui servent à l'exportation.

Des Lieux d'où l'on tire les Objets et Productions qui entrent dans le Commerce intérieur.

Nous diviserons en deux classes les objets et productions de cette espèce : 1°. les productions du sol ; 2°. celles des fabriques.

N°. 1er. Productions du Sol.

Blé. Les départements qui fournissent les blés, seigles, orges, sont la Dyle, la Roër, le Rhin et Moselle, Jemmapes, le Nord, le Pas-de-Calais, la Somme, l'Aisne, l'Eure, le Calvados, les Côtes-du-Nord, la Seine-Inférieure, l'Orne, le Loiret, l'Oise, Seine et Oise, Seine et Marne, l'Aube, les Deux-Sèvres, la Charente, la Moselle, la Meurthe, les Ardennes, les Vosges, le Lot et Garonne, l'Isère, les Bouches-du-Rhône.

Pour achever de compléter ce que nous venons de dire des lieux qui produisent des grains et en fournissent au commerce, nous allons placer ici le prix courant de cette marchandise, d'après l'état qui en est dressé dans les départements, par ordre du ministre de l'intérieur, et qui se rapporte aux premiers jours de l'an 13.

Prix moyen de l'hectolitre (154 lb. poids de marc) de blé-froment, dans les différents départements de la France, pendant le mois de nivôse an 13.

Départements.	Prix moyen.	Départements.	Prix moyen.
Ain	19 fr. 94 c.	Ille et Vilaine	14 fr. 92 c.
Aisne	16 35	Indre	14 32
Allier	16 54	Indre et Loire	13 95
Alpes (Hautes-)	23 15	Isère	21 81
Alpes (Basses-)	25 43	Jemmapes	20 24
Alpes-Maritimes	25 71	Jura	21 20
Ardèche	25 29	Landes	18 71
Ardennes	14 5	Léman	22 50
Arriege	18 50	Loir et Cher	14 42
Aube	12 14	Loire	24 70
Aude	20 93	Loire (Haute-)	25 82
Aveyron	20 85	Loire-Inférieure	15 68
Bouch.-du-Rhône	27 21	Loiret	15 89
Calvados	19 56	Lot	18 38
Cantal	23 8	Lot et Garonne	18 55
Charente	14 78	Lozère	26 86
Charente-Infér.	16 42	Lys	19 58
Cher	15 38	Maine et Loire	14 54
Corrèze	22 69	Manche	19 36
Côte-d'Or	16 64	Marne	11 90
Côtes-du-Nord	16 16	Marne (Haute-)	10 97
Creuse	18 35	Mayenne	13 98
Dordogne	18 10	Meurthe	10 14
Doubs	19 76	Meuse	11 5
Drôme	22 3	Meuse-Inférieure	16 55
Dyle	17 62	Mont-Blanc	23 54
Escaut	19 52	Mont-Tonnerre	11 60
Eure	19 25	Morbihan	18 99
Eure et Loir	14 3	Moselle	10 54
Finistère	25 40	Nèthes (Deux-)	19 26
Forêts	12 44	Nièvre	17 40
Gard	28 57	Nord	20 34
Garonne (Haute-)	18 59	Oise	16 9
Gers	17 68	Orne	18 2
Gironde	18 78	Ourthe	19 64
Hérault	24 15	Pas-de-Calais	19 88

DÉPARTEMENTS.	Prix moyen.	DÉPARTEMENTS.	Prix moyen.
Puy-de-Dôme . .	19 fr. 26 c.	Seine. . , . . .	15 fr. 19 c.
Pyrénées (Hautes-)	19 36	Seine-Inférieure .	18 2
Pyrénées (Basses-).	22 77	Seine et Marne. .	14 33
Pyrénées-Orient. .	23 70	Seine et Oise. . .	16 5
Rhin (Haut-). . .	17 33	Sèvres (Deux-). .	14 12
Rhin (Bas-). . .	14 78	Somme.	17 51
Rhin et Moselle .	14 52	Tarn.	18 18
Rhône	19 70	Var	28 99
Roer.	16 66	Vaucluse. . . .	24 75
Sambre et Meuse.	16 80	Vendée.	14 83
Saône (Haute-) .	14 58	Vienne.	13 32
Saône et Loire . .	21 23	Vienne (Haute-).	14 13
Sarre.	13 11	Vosges.	11 71
Sarthe	15 44	Yonne	13 91

Vins. Ils viènent, 1°. des départements de Rhin et Moselle, de l'Aube et de la Marne ; ces deux derniers donnent les *vins de Champagne* , dont les meilleurs sont d'Epernay et de Troyes ; 2°. de la Côte-d'Or , de l'Yonne , de Saône et Loire , ceux-ci sont nommés *vins de Bourgogne*; 3°. de l'Isère ; les vins de Côte-Rotie et de l'Hermitage en viènent ; 4°. de l'Hérault, des Alpes-Maritimes, du Var, des Pyrénées-Orientales , des Bouches du Rhône, les vins muscats en viènent ; 5°. de la Corrèze , du Lot, du Lot et Garonne, de la Dordogne , de la Gironde , d'où l'on tire les vins dits *de Bordeaux* ; 6°. d'Indre et Loire, du Loiret qui donne les vins dits *d'Orléans* ; 7°. du Tarn et de l'Aude, d'où l'on tire des vins blancs fins ; 8°. les départements du Haut et Bas-Rhin fournissent aussi de bons vins , ainsi que ceux des Vosges , du Jura , de l'Allier, de la Meurthe , de la Charente-Inférieure, de Loir et Cher , de la Vendée , de Seine et Oise , de la Haute-Loire.

Chanvre et Lin. Ces productions viènent de la Dyle , de l'Escaut, de la Lys , des départements de la rive gauche du Rhin, du Nord , du Pas-de-Calais, du Finistère , des Côtes-du-Nord, d'Ille et Vilaine, de la Loire-Inférieure, du Morbihan, de la Mayenne, du Puy-de-Dôme , du Cantal , du Cher , de l'Isère , du Bas-Rhin.

Huiles. On distingue celles d'olives , de noix, et de navette , colsa ou pavot.

29.

Les départements d'où l'on tire les huiles d'olives, sont ceux de la Haute-Garonne, des Alpes-Maritimes, des Pyrénées-Orientales, de l'Hérault, de l'Isère, de la Drôme, des Hautes-Alpes, des Bouches du Rhône et de la Corrèze. Les meilleures huiles d'olives se fabriquent à Aix, à Montpellier, à Perpignan, à Toulouse.

L'*Huile de noix* est fournie surtout par les départements de la Dordogne, de l'Allier, du Loiret, du Rhin, de la Loire, du Bas-Rhin; on en fabrique beaucoup à Sarlat dans le département de la Dordogne.

Les *Huiles grasses* dites de colsat, de navette, de pavot, se tirent des départements de la Belgique, de la rive gauche du Rhin, de la Somme, de la Seine-inférieure, du Nord.

Le *Safran, Anis, Coriandre.* Le safran est cultivé dans plusieurs départements, mais surtout dans ceux du Loiret, de l'Aube, de Seine et Marne et du Tarn, où l'on recueille aussi de l'anis et de la coriandre.

La *Garance*, si utile pour la teinture, est fournie par les départements du Bas-Rhin, de Vaucluse, de la Loire, de la Vienne, de l'Escaut.

Miel. Le miel est fourni par les départements de l'Aude, des Hautes et Basses-Pyrénées, des Pyrénées-Orientales, du Gers, de l'Arriège, du Morbihan, d'Ille et Vilaine, de la Marne; Narbonne, dans le département de l'Aude, fournit le beau miel blanc de ce nom.

Cire. Les mêmes départements qui donnent le miel, fournissent aussi la cire dont les principales rafineries sont au Mans et dans l'Anjou. On peut voir ce qui en est dit dans l'analyse statistique, chap. IV.

Fruits. On en tire des départements méridionaux, et de ceux du nord; leur nature est différente; les oranges, citrons, figues, capres, amandes, raisins secs, olives, viènent des départements des Alpes, Alpes-Maritimes, Var, Bouches-du-Rhône, Ardèche, Hérault, Pyrénées-Orientales, Drôme, Vaucluse, et l'île de Corse.

Les *Chataignes* sont produites par les départements entre le midi et l'intérieur, c'est-à-dire par ceux du Loiret, du Rhône, de la Haute-Loire, de Lot et Garonne, de l'Ardèche.

Les *Poires et Pommes* sont tirées du Calvados, de la Seine-Inférieure, de l'Eure, de l'Orne, du Loiret, du Puy-de-Dôme, du Cantal, de la Charente, de la Manche. C'est aussi dans ces départements, et principalement dans ceux de la Manche, de l'Eure, du Calvados, que se fait le bon cidre dit *de Normandie*.

Les *Noix* sont envoyées dans les villes de consommation, principalement du Loiret, du Haut et Bas-Rhin, de l'Aisne, de la Marne.

Les *Prunes* dont il se fait, en pruneaux, une grande consommation, vïenent des départements des Bouches-du-Rhône, du Var, des Basses-Alpes, du Lot et Garonne, de la Gironde, de la Dordogne, d'Indre et Loire, de la Moselle.

Les *Légumes*, dont nous avons fait connaître l'importance dans le chapitre IV, vïenent des départements de l'Aisne, de la Somme, du Loiret, de la Seine-Inférieure, de la Sarthe.

Tabac. Cette production vient en grande partie de l'étranger, et il serait à souhaiter que l'on ne la cultivât pas en France ; cependant il s'y en consomme beaucoup qui vient des départements de la rive gauche du Rhin, de la Dyle, du Nord, du Bas-Rhin, de la Charente-Inférieure, des Basses-Pyrénées. C'est une détestable culture.

Soies. Les soies de France sont tirées des départements du Gard, de Vaucluse, des Bouches-du-Rhône, de la Haute-Loire, de l'Isère, de l'Ardèche, de la Drôme, des Hautes-Alpes, des départements formant le Piémont ; c'est de ces derniers que vïenent principalement les soies par *chaîne*, appelées organsins, ou soies retorses.

Les *Bois* sont fournis à la consommation générale et locale par les départements des Pyrénées, de l'Arriège, de l'Allier, de la Nièvre, du Loiret, du Cher, de l'Indre, de la Drôme, de l'Isère, de l'Ain, des Alpes, du Jura, du Mont-Blanc, du Doubs, de la Haute-Saône, des Vosges, des Ardennes, du Haut et Bas-Rhin, de l'Oise, de Seine et Oise, de Seine et Marne.

Le bois de liége vient surtout du Lot et Garonne.

Outre les productions végétales dont le commerce alimente la consommation, il y a encore les productions animales et minérales, dont nous allons parler.

Les *Bêtes à cornes* sont fournies par les départements de la Manche, du Calvados, de l'Orne, de l'Eure, de la Seine-Inférieure, de la Vendée, des Deux-Sèvres, de la Vienne, de la Charente-Inférieure, de la Mayenne, de la Sarthe, de la Meurthe, des Ardennes, du Haut et Bas-Rhin, des Pyrénées, du Gers, du Lot et Garonne.

Les *Bêtes à laine* le sont par ceux de la Dyle, de Jemmappes, de la rive gauche du Rhin, du Piémont, du Rhône, de la Loire, du Cher, de l'Indre, de l'Ardèche, du Gard, des Bouches-du-Rhône, de la Lozère, de l'Hérault, du Tarn, de l'Aude, des Pyrénées, de l'Arriège, de la Haute-Garonne, de la Somme, de l'Aisne, du Pas-de-Calais, des Ardennes, de la Seine-Inférieure; du Calvados, de la Manche, des Côtes-du-Nord, d'Ille et Vilaine, du Morbihan, du Finistère, de la Loire-Inférieure.

Les *Porcs* sont fournis à la consommation générale principalement par les départements de la Somme, du Nord, de la rive gauche du Rhin, du Rhône, de la Loire, du Cher, des Landes.

Les *Chevaux*. Quoiqu'il en viène beaucoup du dehors, et surtout de l'Allemagne, cependant on en tire considérablement des départements de la Haute-Vienne, de la Corrèze, de la Seine-Inférieure, du Calvados, de la Manche, de la Somme, du Puy-de-Dôme, de la Haute-Loire, du Cantal, de la Creuse, de la Côte-d'Or, de l'Ain, de l'Aube, de l'Yonne, de la Haute-Saône, du Doubs, du Jura, du Haut et Bas-Rhin.

Les *Mulets* sont principalement d'usage dans le midi; on les tire des départements de la Vendée, des deux Sèvres, de la Vienne, de la Charente, des Pyrénées, de l'Arriège, du Cantal, de l'Aveyron.

Quant aux substances minérales, nous avons déjà vu que la France en possède considérablement, et qu'il s'en fait une très-grande consommation; voici les lieux principaux d'où chaque espèce est tirée:

Le *Fer* l'est des départements de la Nièvre, du Jura, de la Dordogne, des Hautes-Pyrénées, de l'Aveyron, de l'Isère, de la Drôme, des Hautes-Alpes, de l'Arriège, de la Haute-Garonne, du Gers, du Lot et Garonne, du Rhône, de la Loire, de la Haute-Vienne, de la Corrèze, du Puy-de-Dôme, du Cantal, de la Creuse, de la Haute-Loire, de la Seine-Inférieure, de l'Eure, de la Manche, du Cher, du Loiret, d'Indre et Loire, de la Meurthe, de la Haute-Saône, du Doubs, du Haut et Bas-Rhin.

Le *Cuivre et Vitriol* viènent du Jura, de la Dordogne, de l'Aveyron, de la Drôme, de l'Hérault, des Hautes-Alpes, du Bas-Rhin ; mais l'on en tire beaucoup de l'étranger.

Le *Plomb*, du Jura, de l'Isère, de la Drôme, du Finistère, des Hautes-Alpes.

Or et Argent. L'or et l'argent employés dans le commerce intérieur viènent du dehors par la voie des échanges, cependant quelques départements offrent de l'argent; ce sont l'Isère, la Drôme, les Hautes-Alpes, le Haut-Rhin.

Les *Marbres* en quantité sont fournis par les départements de la Mayenne, du Var, de l'Hérault, du Calvados.

Les *Ardoises*, par ceux de Maine et Loire, de la Corrèze, de la Sarthe, des Ardennes.

Le *Charbon de terre*. Cette substance combustible est fournie principalement par les départements de Jemmapes, de l'Ourthe, de la Loire-Inférieure, de la Nièvre, du Rhône, du Pas-de-Calais, de la Somme, du Puy-de-Dôme, de la Haute-Loire, du Cantal, de la Creuse.

Tels sont les principaux lieux qui fournissent les productions qui alimentent le commerce intérieur. Nous allons faire connaître maintenant les principaux d'où l'on tire les objets fabriqués.

Lieux principaux qui fournissent au Commerce intérieur les Marchandises et Objets de fabrique.

Toiles, Linon, Batiste, Dentelles. Ils sont fournis par les départements de la Dyle, de la Lys, du Nord, de l'Aisne ; principalement les linons, batistes, dentelles, en concurrence avec les toiles ; l'Aube, le Finistère , les Côtes-du-Nord , Seine-Inférieure, Ille et Vilaine , Maine et Loire , Charente , Orne , Mayenne , Eure , Manche , Isère , Tarn.

Papier. Les lieux de fabriques principales sont : les Voges, la Charente , la Haute-Vienne , le Loiret, Seine et Marne , le Puy-de-Dôme , la Mayenne , l'Ardèche , le Rhône, la Loire, le Haut et Bas Rhin, la Meurthe.

Soieries. Le commerce les tire principalement des départements du Rhône , de la Haute-Loire, du Gard, de l'Isère , de la Drôme , des Bouches-du-Rhône , de Vaucluse , de la Roër et du Piémont.

La *Bonneterie en soie* vient principalement de Dourdan, département de Seine et Oise, de Paris , de Clermont, département du Puy-de-Dôme , de Béziers , département de l'Hérault, de Nismes, département du Gard, de Lyon, d'Avignon.

Cuirs et Peaux. Les départements d'où on les tire principalement, sont l'Orne , l'Eure , le Loiret, le Gers , les Bouches-du-Rhône , le Var , la Manche , la Moselle, la Meurthe, les départements de la rive gauche du Rhin , l'Isère , Seine et Oise, et la Seine.

Draperie. On la tire principalement de Limbourg , Verviers, Aix-la-Chapelle , Sedan , de Rouen , Elbeuf, Louviers, des Andelys, Issoudun , Chateau-Roux , Carcassonne , Lodève , Grenoble. Quant à la petite draperie ou serge , silésie, etc., Bruxelles , Lille , Reims, Orléans, Amiens, Bordeaux , Toulouse , Mende, Castres, Alby , Montpellier , le Mans , Châlons , Niort , Sommières , la Rochelle , sont les principales fabriques où le commerce intérieur s'approvisionne.

Chapeaux. Paris , Lyon , Lodève, Issoudun , Bordeaux, Auch , sont les lieux de fabrique connus et distingués en ce genre.

Tapisseries et Tapis. On les tire de Paris , de Beauvais, Aubusson, Felletin , Pont-de-Vesle , Marseille , Amiens.

Bonneterie en laine et fils. On la tire de Paris, des départements du Loiret, de l'Indre, d'Ille et Vilaine , du Rhône, de l'Isère , de la Somme , de la Dordogne et du Gard , de l'Aube.

Mousselines , Cotonnades et Toiles peintes. Les lieux principaux de fabrique sont : Bruxelles , Crevelt , Valenciennes , Rouen , Amiens , Beauvais , Troyes , Lyon , Avignon , Genève , Brives , Béziers , Orléans , Montpellier , Colmar , Strasbourg , Jouy , Saint-Denis , Paris.

Quincaillerie , Fabriques de Fer , de Cuivre , d'Armes. Les départements où se trouvent ces différentes fabriques sont la Roër , l'Ourthe , la Meuse , le Nord , la Haute-Marne , le Léman , la Côte-d'Or , le Loiret , l'Allier , la Nièvre , le Rhône , le Puy-de-Dôme , le Cantal , l'Isère , la Mayenne , le Cher , le Bas-Rhin , les Bouches-du-Rhône , la Charente - Inférieure , les Ardennes , enfin Paris.

Verrerie , Poterie , Porcelaines. Elles se sont très-multipliées ; les lieux d'où le commerce tire ces objets sont principalement les départements de la Nièvre , de la Gironde , de la Seine-Inférieure , de la Somme , du Rhône , des Bouches-du-Rhône , du Bas-Rhin , de la Moselle , de la Roër , du Léman , de l'Ourthe , de l'Aisne , des Côtes-du-Nord , et le département de la Seine , où l'on trouve plusieurs porcelaineries distinguées.

Horlogerie. C'est surtout à Paris , Genève , Dieppe , Besançon , dans les fabriques de Porentruy , que le commerce s'approvisionne en France , d'objets d'horlogerie.

Epingles , Aiguilles. Les principales fabriques sont à Aix-la-Chapelle , Crevelt , à Laigle , et autres lieux du département de l'Orne , Rouen , Evreux , Troyes , Bordeaux , Genève.

Savon. Les principaux lieux de fabrique sont : Marseille , Toulon , Provins , Amiens , Abbeville , Calais ; les départements de la Belgique et de la rive gauche du Rhin , où l'on fabrique du savon mou.

Tels sont à peu près les lieux où le commerce intérieur prend les objets tant naturels que fabriqués qu'il offre à la consommation , et même à l'exportation.

Les moyens qu'il emploie pour cela sont le transport des marchandises , et les échanges. Le transport des marchandises se fait par terre et par eau. Les moyens d'échange consistent dans le numéraire ou le papier qui le représente.

Moyens de commerce.

Nous allons faire connaître, 1°. les routes; 2°. la navigation intérieure; 3°. le numéraire; 4°. la banque, comme autant de véhicules de la consommation, de moyens de commerce, et par conséquent de richesse et de puissance de l'Etat.

Nous en prendrons occasion de parler des formes administratives et des dépenses qu'exige cette partie de l'économie publique de la France ; après quoi nous parlerons du commerce extérieur.

§ II. *Routes.*

Les routes sont, comme la navigation intérieure, un des grands moyens de commerce et de communication ; aussi les a-t-on toujours regardées comme un des premiers objets dont le gouvernement dût s'occuper. Leur embellissement, leur sûreté étaient en France, avant la révolution, portés à un très-grand degré de perfection ; aujourd'hui cet état de choses est changé, et les routes ont éprouvé d'énormes dégradations.

L'on attribue assez généralement l'origine de nos grands chemins à Philippe Auguste, l'un des rois de France qui ont fait le plus de conquêtes; ce fut aussi sous son règne et par ses ordres que l'on commença à paver la ville de Paris, en 1184.

Depuis le règne de ce roi, on a constamment suivi le même système, et le gouvernement n'a cessé de donner une attention particulière à la formation ou réparation des routes.

Sully avait particulièrement à cœur la beauté des routes, et il est un des ministres qui y ont donné le plus de soin; il connaissait combien elles sont utiles au commerce et à la circulation dans l'intérieur.

Henri IV ordonna, par sa déclaration du 19 janvier 1552, que les chemins royaux fussent plantés d'arbres des deux côtés; en sorte qu'on le regarde comme le premier qui ait prescrit cet usage en France. Il y eut plusieurs règlements de police publiés sous son règne, pour la conservation des routes, et l'on fit des fonds nécessaires pour la réparation des ponts et chaussées.

Les temps, sous Louis XIII, furent si orageux, et le ministre qui gouvernait, si occupé de la guerre, que, quoiqu'il sentît tout le prix du commerce, il ne put presque pas s'occuper de lui ouvrir des communications, et faciliter sa circulation par des routes; aussi ne voyons-nous aucune ordonnance importante pour la construction des grands chemins sous son règne.

Colbert ne négligea point le soin des routes, comme l'ont voulu faire accroire les économistes qui ont dénigré ce grand homme, parce qu'il ne suivit pas les principes embrouillés de leur secte. M. Desmarets, qui lui succéda, ordonna la construction de la route d'Orléans, et forma le premier corps d'ingénieurs chargés des travaux des chemins.

Sous le régime et par les soins du duc de Noailles, les chemins publics furent perfectionnés : on les prolongea dans les provinces, et l'on y destina des fonds; mais le système de Law, en bouleversant les finances, fit pour quelque temps négliger cette importante partie de l'administration.

En 1726, le département des ponts et chaussées était dans un grand désordre, relativement à ses finances et aux fonds destinés aux travaux ; mais par les soins du directeur des ponts et chaussées, frère du fameux cardinal Dubois, les travaux furent repris et suivis avec exactitude.

Depuis 1730, où l'administration avait pris de la consistance, jusqu'en 1750, on exécuta de grands et solides ouvrages, qui ont accru cette beauté que l'on avait commencé à donner aux routes en France dès le siècle précédent.

Sous le ministère de M. de Trudaine, les grands chemins furent encore augmentés, perfectionnés. Ce ministre, qui joignait à des connaissances réelles, un zèle éclairé pour la prospérité du commerce, donna beaucoup d'attention à l'établissement des routes, dont il augmenta le nombre et la beauté.

Il ordonna qu'on les mesurât de mille en mille toises, et que chaque *mille* fût marqué par une colonne indiquant le nombre de milles. Le point de partance pour la mesure de ces milles fut, comme il convenait assez de le faire,

un point situé au centre de la Cité, au pied de l'église
Notre-Dame; de là est venue chez nous l'habitude de
compter aussi par milles, avant qu'on introduisît le
nouvel usage des myriamètres.

L'on distingua aussi les routes en quatre classes, par
rapport à leur importance et à la largeur qu'il convenait
de leur donner.

La première classe comprenait les grandes routes qui
traversent la totalité de la France, ou qui conduisent dans
les principales villes, ports et entrepôts de commerce.

La seconde, les routes par lesquelles les provinces et
les principales villes de France communiquent entr'elles,
ou qui conduisent de Paris à des villes considérables;
mais moins importantes que celles désignées ci-dessus.

La troisième, celles qui ont pour objet la communication entre les villes principales d'une même province
ou des provinces voisines.

Enfin, les chemins particuliers destinés à la communication des petites villes ou bourgs, étaient rangés
dans la quatrième classe.

Par arrêt du conseil, du 6 février 1776, la largeur des
routes du premier ordre fut fixée à 42 pieds, non compris
les fossés et talus; celles du second ordre, 36 pieds; du
troisième, 30 pieds; et du quatrième, 24 pieds.

Avant ce règlement, la largeur des chemins dits
royaux était fixée à 60 pieds, ce qui occupait un espace
considérable en pure perte pour l'agriculture, surtout
dans les bons terrains et pâturages.

La construction des routes et les dépenses qu'elles
exigent ont été considérablement négligées pendant la
révolution, et ce n'est guère que depuis quatre à cinq ans
que l'on s'en occupe d'une manière suivie et régulière.

Une taxe d'entretien a été établie pour cet objet par
une loi du 24 fructidor an 5.

Les routes, au lieu d'être restées divisées en quatre
classes d'après leur largeur, comme ci-devant, l'ont été
en trois, d'après leur direction.

La première classe comprend les routes qui, passant
par Paris, se terminent aux frontières; il y en a 28 de
cette espèce.

La seconde classe se compose des routes pratiquées
entre les grandes places de commerce, et de celles dont

la direction sert à établir la communication d'une frontière à l'autre, sans passer par Paris. On en compte 97
de cette espèce.

La troisième classe comprend une multitude de routes
propres à un département ou à quelques départements ;
elles s'embranchent en général par des directions irrégu-
lières sur les routes de première et de seconde classe :
considérées comme propres à chaque département, elles
ne font pas une suite coordonnée à celles d'un ordre supérieur.

Les routes de la première classe sont :

De Paris à Ostende, 87 lieues $\frac{1}{2}$ (350 kilomètres).
De Paris à Anvers, 85 lieues $\frac{1}{2}$ (342 kil.)
De Paris à Gueldre, 113 lieues (452 kil.)
De Paris à Cologne, 121 lieues (484 kil.)
De Paris à Coblentz, 133 lieues (532 kil.)
De Paris à Mayence, 141 lieues $\frac{1}{2}$ (566 kil.)
De Paris à Manheim, 129 lieues $\frac{1}{2}$ (518 kil.)
De Paris à Strasbourg, 121 lieues $\frac{1}{2}$ (486 kil.)
De Paris à Bâle, 121 lieues (484 kil.)
De Paris à Genève, 146 lieues $\frac{1}{2}$ (586 kil.)
De Paris à Turin, 160 lieues (640 kil.)
De Paris à Antibes, 236 lieues $\frac{1}{2}$ (946 kil.)
De Paris à Marseille, 202 lieues (808 kil.)
De Paris à Montpellier, 182 lieues $\frac{1}{2}$ (730 kil.)
De Paris à Perpignan, 232 lieues (928 kil.)
De Paris à Barège, 225 lieues (900 kil.)
De Paris à Bayonne, 213 lieues (852 kil.)
De Paris à Bordeaux, 152 lieues (608 kil.)
De Paris à Rochefort, 128 lieues (512 kil.)
De Paris à Nantes, 95 lieues (380 kil.)
De Paris à Lorient, 121 lieues (484 kil.)
De Paris à Brest, 147 lieues (988 kil.)
De Paris à Saint-Malo, 106 lieues (424 kil.)
De Paris à Cherbourg, 88 lieues (352 kil.)
De Paris au Havre, 52 lieues $\frac{1}{2}$ (210 kil.)
De Paris à Dieppe, 45 lieues $\frac{1}{2}$ (182 kil.)
De Paris à Calais, 68 lieues $\frac{1}{2}$ (374 kil.)
De Paris à Dunkerque, 79 lieues (316 kil.)

Ces lieues sont de 2,054 toises ; chaque kilomètre est
d'à peu près 513 toises ; ce qui fait 4 kilomètres pour une

lieue de cette espèce, inférieure à la lieue ancienne de 2,282 toises, dont nous avons fait usage au chapitre de l'étendue territoriale et de la description statistique des départements.

Cette première classe des routes forme donc une étendue d'entretien de 3,733 lieues, ou de 14,936 kilomètres à peu de chose près.

La seconde classe, composée de 97 routes qui, sans passer par Paris, sont cependant les plus fréquentées entre les grandes places de commerce et d'une frontière à l'autre, présente l'état suivant :

D'Abbeville à Bruges, 60 lieues (240 kilomètres).
D'Agen à Auch, 17 lieues (68 kil.)
D'Alençon à Tours, 32 lieues (128 kil.)
D'Alençon à Evreux, 23 lieues (92 kil.)
D'Alençon à Caen, 25 lieues (100 kil.)
D'Amiens à Péronne, 12 lieues (48 kil.)
D'Angers à Tours, 27 lieues (108 kil.)
D'Anvers à Liége, 34 lieues (136 kil.)
D'Arras à Dunkerque, 30 lieues (120 kil.)
D'Arras à Abbeville, 18 lieues (72 kil.)
D'Avranches à Lorient, 53 lieues (212 kil.)
D'Avranches à Carentan, 20 lieues ½ (82 kil.)
De Bâle à Nimègue, en suivant le Rhin, 155 lieues (620 kil.)
De Bâle à Nanci, 49 lieues (196 kil.)
De Bar–le–Duc à Nanci, 21 lieues (84 kil.)
De Bayonne à Toulouse, 70 lieues (280 kil.)
De Besançon à Sarre–Louis, 70 lieues (280 kil.)
De Besançon à Lille, 117 lieues (468 kil.)
De Besançon à Genève, 39 lieues (158 kil.)
De Besançon à Beaune, 25 lieues (100 kil.)
De Bordeaux à Bagnères, 82 lieues (328 kil.)
De Bordeaux à Brest, 157 lieues ½ (630 kil.)
De Bordeaux à Nice, 222 lieues (888 kil.)
De Boulogne-sur Mer à Cassel, 17 lieues (68 kil.)
De Bourges à la Charité, 11 lieues (44 kil.)
De Bourges à Anvers, 24 lieues (96 kil.)
De Bruxelles à Ostende, 31 lieues (124 kil.)
De Bruxelles à Gival, 25 lieues (100 kil.)
De Caen au Havre, 45 lieues (180 kil.)

De Caen à Rouen , 27 lieues (110 kil.)
De Caen à Vannes, 64 lieues ½ (258 kil.)
De Châlons-sur-Marne à Troyes, 19 lieues (76 kil.)
De Chambéry à Genève, 23 lieues (92 kil.)
De Clermont à Roanne, 22 lieues ½ (90 kil.)
De Clermont à Saint-Etienne, 32 lieues (130 kil.)
De Dreux à Bellesme, 18 lieues (72 kil.)
De Dunkerque à Menin, 15 lieues ½ (62 kil.)
D'Etampes à Versailles, 18 lieues ½ (74 kil.)
De Fontainebleau à Orléans, 20 lieues (80 kil.)
Du Havre à Abbeville, 39 lieues (156 kil.)
De Laon à Amiens, 36 lieues (144 kil.)
De Landrecies à Châlons-sur-Marne, 47 l. (188 kil.)
De Liége à Ruremonde, 16 lieues (66 kil.)
De Lille à Metz, 88 lieues (354 kil.)
De Lille à Dunkerque, 19 lieues (76 kil.)
De Lille à Gand, 16 lieues (64 kil.)
De Lisieux à Honfleur, 12 lieues (48 kil.)
De Lisieux à Yvetot, 17 lieues (68 kil.)
De Luxembourg à Mayence, 44 lieues (176 kil.)
De Luxembourg à Anvers, 62 lieues (250 kil.)
De Lyon à Bois-le-Duc, 182 lieues (730 kil.)
De Marseille à Toulon , 15 lieues (60 kil.)
De Maubeuge à Givet, 16 lieues (64 kil.)
De Mayence à Saint-Malo, 28 lieues (114 kil.)
De Meaux à Melun , 13 lieues (52 kil.)
De Metz à Phalsbourg, 25 lieues (100 kil.)
De Mézières à Landau , 88 lieues ½ (354 kil.)
De Mézières à Givet, 16 lieues (64 kil.)
De Montpellier à Anduze, 15 lieues (60 kil.)
De Moulins à Saintes, 94 lieues (376 kil.)
De Nanci à Chaumont (Haute-Marne), 34 lieues ½
(138 kil.)
De Nantes à Poitiers, 53 lieues ½ (214 kil.)
De Nantes à Rennes, 28 lieues (112 kil.)
De Niort à la Rochelle , 16 lieues ½ (66 kil.)
De Niort à Rochefort, 16 lieues (64 kil.)
De Paris à Aurillac , 133 lieues ½ (534 kil.)
De Paris à Bourg (Ain) , 114 lieues (458 kil.)
De Paris à Gand, 73 lieues (292 kil.)
De Paris à Mézières, 58 lieues ½ (234 kil.)
De Paris à Pontarlier, 113 lieues (452 kil.)

De Paris à Schelestat, 115 lieues (460 kil.)

De Péronne à Lille, 24 lieues ½ (98 kil.)

De Pontoise à Neufchâtel (Seine-Inférieure), 25 lieues (100 kil.)

De Reims à Stenay, 23 lieues ½ (94 kil.)

De Rennes à Tours, 53 lieues (212 kil.)

De Rennes à Saint-Malo, 18 lieues (72 kil.)

De Rouen à Angers, 36 lieues (144 kil.)

De Rouen à Honfleur, 17 lieues (68 kil.)

De Rouen à Evreux, 12 lieues (48 kil.)

De Rouen à Laigle, 19 lieues ½ (78 kil.)

De Rouen à Amiens, 26 lieues (104 kil.)

De Saintes à la Rochelle, 18 lieues (72 kil.)

De Saint-Avold aux Deux-Ponts, 21 lieues (84 kil.)

De Saint-Etienne à Lyon, 13 lieues (52 kil.)

De Saint-Malo à Dinan, 7 lieues (28 kil.)

De Sarre-Louis à Nanci, 25 lieues (100 kil.)

De Saverne à Schelestat, 12 lieues ½ (50 kil.)

De Sens à Troyes, 16 lieues (64 kil.)

De Strasbourg à Bordeaux, 248 lieues ½ (994 kil.)

De Strasbourg à Landau, 20 lieues (80 kil.)

De Toulouse à Albi, 18 lieues (72 kil.)

De Toulon à Nice, 44 lieues (176 kil.)

De Tours à Château-Roux, 27 lieues (108 kil.)

De Valence à Chambéri, 34 lieues (136 kil.)

De Valenciennes à Douai, 8 lieues (32 kil.)

De Verdun à Longwi, 14 lieues (56 kil.)

De Vire à Grandville, 13 lieues (52 kil.)

Ces 97 routes, qui font communiquer les principales villes de commerce, places fortes et ports de mer, forment une étendue de 4,219 lieues ; ce qui fait 16,878 kilomètres de 513 toises chacun.

Total des deux classes 7,952 lieues, ou 31,814 kilomètres.

Nous croyons inutile d'entrer dans les détails de la troisième classe des routes, trop nombreuses et d'un intérêt local ; nous passerons à la dépense qu'entraîne l'entretien de cette partie de l'administration.

§ III. *De l'Entretien et Réparation des Routes de la France.*

Avant la révolution, l'entretien et réparation des routes se faisaient de deux manières, 1°. à prix d'argent, soit du fonds des impositions générales, soit des contributions locales; 2°. par corvées.

Les provinces où la première forme était suivie, étaient le Languedoc, la Provence, la Flandre, l'Artois, le Cambresis, le Mâconnais, le Bugey, la Bresse, le pays de Gex, une grande partie de la Normandie, le Limosin, l'Angoumois, la Haute-Guyenne et le Berri.

Dans les autres provinces, les travaux des chemins s'effectuaient par les habitants qui étaient obligés de travailler plus ou moins de temps, ou de faire une tâche déterminée d'ouvrage qui leur était prescrite; c'est ce qu'on appelait *les corvées*, dont les abus n'étaient peut-être énormes, que par la mauvaise manière dont elles étaient commandées ; car l'on sait que ce n'était point la propriété, mais les individus qui y étaient soumis; désordre d'administration d'autant plus grand que les routes sont principalement utiles à ceux qui ont des biens et des propriétés.

M. Necker a estimé le montant des charges que la corvée des chemins faisait supporter au peuple; il la porte, tant en contributions ajoutées aux impôts ordinaires, qu'en travail manuel et journées commandées, à une somme de 20,000,000, dans lesquels ne sont point compris les frais d'entretien de routes de la généralité de Paris, qui étaient pris sur les fonds du trésor royal.

Mais les corvées ayant été à juste titre détruites, l'on a cherché à fournir à l'entretien des routes par une taxe appelée pour cela *taxe d'entretien des routes*.

On voit par un état authentique publié le 20 brumaire an 9, par M. Crétet, conseiller d'état, chargé de la partie des ponts et chaussées, que cette taxe a produit en l'an 6, année où les barrières pour la perception du droit furent établies graduellement, une somme de 3,317,043 francs, et que la dépense ordonnancée ou à ordonnancer pour les frais d'établissement de barrières, d'entretien et réparation des routes, de l'administration générale des ponts et chaussées, traitement des ingénieurs, a été de 3,223,112 francs.

En l'an 7, la recette s'est montée, tant en argent perçu qu'en travaux faits et à faire, à 14,946,914 francs. La dépense ordonnancée ou à ordonnancer s'est élevée à 14,873,203 francs.

En l'an 8, les recettes faites ou à faire en argent et travaux, se sont élevées à 14,659,647 francs; la dépense ordonnancée, à 6,368,052 francs.

D'où il résulte que pour ces trois exercices, la recette est montée à 32,923,605 fr., et la dépense à 32,964,373 francs.

On voit encore dans ce rapport que le produit de la taxe d'entretien avait été à cette époque, depuis la loi du 7 germinal an 8 qui en a diminué le taux, de 10,580,918 francs annuellement.

Nous reviendrons sur cet objet en parlant des finances; nous ne l'avons considéré ici que par ses liaisons avec le commerce intérieur dont la beauté et la bonté des routes sont à juste titre regardées comme un des plus grands encouragements.

Nous ajouterons seulement que cette taxe est perçue de distance en distance de cinq kilomètres chacune, ou deux lieues anciennes de 2,282 toises;

Que l'on paye pour chaque cheval ou mulet attelé à des chariots ou charrettes, 2 sous tournois ou 10 centimes;

Pour chaque bœuf ou âne attelé à des chariots ou charrettes, 1 sou ou 5 centimes;

Pour chaque cheval ou mulet attelé à une voiture suspendue, 3 sous ou 15 centimes;

Pour chaque cheval ou mulet monté de son cavalier, 2 sous ou 10 centimes;

Pour chaque cheval ou mulet chargé à dos, mené en lesse ou en bande, 1 sou ou 5 centimes.

Le produit de la taxe est affermé à des adjudicataires pour trois ans, après quoi le bail est renouvelé. Le prix de la ferme est payable de trois mois en trois mois et d'avance.

On avait remarqué que pour diminuer les frais de taxe des routes sur le transport des marchandises, les rouliers chargeaient énormément leurs voitures, et qu'il en résultait une grande détérioration des routes par ces poids excessifs. En conséquence, un arrêté du 28 floréal an 10 a déterminé le poids que doivent avoir, y compris celui de la voiture, les transports faits dans des voitures ou chariots à deux roues et à quatre roues, suivant les diverses saisons.

Il a été ordonné que des bascules seraient établies aux principales barrières pour constater le poids des voitures et condamner à l'amende ceux qui l'excéderaient. Cette mesure commence à s'exécuter, et remédiera sans doute à la dégradation où sont encore une grande quantité de routes, malgré les soins que l'administration y donne.

§ IV. *Navigation intérieure.*

Il est inutile de rappeler ici ce que nous avons dit des avantages que le commerce retire de la navigation intérieure, soit pour le flottage des bois ou le transport des marchandises.

Nous remarquerons seulement qu'elle peut être divisée en deux : celles des fleuves et rivières, qui est la *navigation naturelle*, et celle des canaux, que l'on peut appeler *navigation artificielle* : nous parlerons de l'une et de l'autre.

Navigation naturelle.

Le gouvernement français a rendu, le 8 prairial an 11, un arrêté d'organisation de la navigation naturelle de la France, qui en embrasse tout le système.

Il la divise en bassins (neuf) dont les limites sont déterminées par les montagnes ou coteaux qui versent les eaux dans le fleuve principal, et chaque bassin est subdivisé en arrondissements de navigation.

Les portions de fleuves et rivières faisant partie de départements autres que celui dans lequel est placé le chef-lieu d'arrondissement de navigation intérieure, sont dans les attributions administratives du préfet de ce chef-lieu ; et ce, seulement en ce qui concerne les travaux à exécuter dans le lit et sur les bords de la rivière ou du fleuve : le surplus de l'administration est exercé par le préfet du territoire.

L'ingénieur du département où est fixé le chef-lieu

d'arrondissement, exerce ses fonctions relativement aux travaux à faire sur toute l'étendue des fleuves et rivières comprises dans les attributions du préfet de son département.

L'octroi de navigation est régi , sauf les cas où, sur l'avis des préfets et sur le rapport du ministre, la mise en ferme ou régie intéressée est ordonnée par le gouvernement.

Les tarifs en vertu desquels se fait la perception, et les points sur lesquels les bureaux sont fixés, sont déterminés par des arrêtés spéciaux pour chaque arrondissement.

La perception se fait au moyen d'un receveur et d'un contrôleur dans chaque bureau , sous la surveillance de la régie des droits-réunis, en vertu du décret impérial du 5 germinal an 12.

Le droit que l'on perçoit sur la navigation des fleuves et rivières , est établi par la loi du 3o floréal an 1o ; elle étend le droit aux canaux qui n'y auraient point encore été assujétis.

Le produit de ces droits est, par le texte de la loi, spécialement et limitativement affecté au balisage, à l'entretien des chemins et ponts de halage , à celui des pertuis , écluses, barrages et autres ouvrages d'art établis pour l'avantage de la navigation.

Il y a une surveillance particulière pour l'entretien de la navigation, qui est confiée à des inspecteurs, lesquels ont sous eux d'autres agents, et qui, les uns comme les autres, sont dans les attributions d'un conseiller-d'état chargé de la partie des travaux relatifs aux routes, rivières et canaux de navigation.

On voit par l'état de l'administration des finances présenté en l'an 13, que l'octroi de navigation avait produit en l'an 12 une somme de 438,969 francs, perçus par la régie des droits-réunis. Il ne s'agit ici que des droits sur la navigation naturelle.

Navigation artificielle ou *Canaux.*

La navigation artificielle ou des canaux n'est sûrement pas portée en France au point de perfection et d'étendue où elle est en Hollande et en Angleterre , parce qu'en général le sol et la richesse de l'État, réunis à l'ancien usage des corvées, ont permis de donner aux routes ou communications par terre, une perfection et une beauté supérieures à celles des Etats que nous venons de citer.

Il n'en est cependant pas moins vrai que le nombre des canaux est considérable en France ; l'on en compte aujourd'hui 14 de petite et moyenne étendue et 6 grands, savoir : du Midi ou du Languedoc, qui a 45 lieues de long, et fait communiquer l'Océan à la Méditerranée, par l'étang d'Agde, Toulouse et Bordeaux ; celui d'Orléans, de 18 lieues de long ; il communique à celui de Briare et joint une seconde fois la Seine à la Loire ; le canal de Bourgogne ou de la Côte-d'Or, de 50 lieues ; il fait communiquer la Saône à l'Yonne, et par conséquent à la Seine et aux embranchements de canaux qui communiquent à la Seine ; le canal du Centre ou de Charolais, de 20 lieues ; il traverse le département de Saône et Loire ; il fait communiquer la Saône à Châlons avec la Loire à Digoin ; le canal de Briare, de 20 lieues : c'est le premier ouvrage de ce genre qui ait été fait en France ; il entre dans la Loire près de Briare, remonte vers le nord de Montargis, et va se rendre dans le Loing à Cepoix, où il reçoit le canal d'Orléans ; le Loing a été rendu navigable jusqu'à la Seine au-dessous de Nemours ; enfin, nous mettons au rang des grands canaux celui d'Ostende à Bruges, qui communique avec la mer et porte des navires de 300 à 400 tonneaux. L'inspection d'une carte fera sentir l'importance de ce canal, et celle des lieux, la beauté de son exécution.

Nous n'avons point parlé des canaux commencés, tels que ceux de Saint-Quentin, de l'Ourcq, enfin du Rhin au Rhône, dont les premiers travaux viennent d'être ordonnés.

La loi du 30 floréal an 10 a fixé et étendu les droits de navigation aux canaux, ainsi que nous venons de le dire.

La perception de ce droit est attribuée à la régie des droits réunis, par l'arrêté du 5 germinal an 12. Réuni à celui que le gouvernement perçoit sur les établissements d'usines, il a formé en l'an 12 un produit brut de 2,386,198 fr.

Nous avons dit qu'outre les moyens de transport et de communication qu'offrent au commerce intérieur les routes, rivières et canaux navigables, il en était deux autres qui opéraient en quelque sorte les échanges, et sans lesquels la circulation des richesses, des denrées et des objets de fabriques serait très-difficile, ce sont le numéraire et les établissements de crédit qui y suppléent.

§ V. *Recherches statistiques sur la quantité de Numéraire existant en France.*

La connaissance du numéraire existant dans un état est une des plus importantes de la Statistique, parce qu'elle donne en même temps celle des moyens de puissance et d'industrie qui sont à sa disposition.

Mais il ne suffit pas qu'il y ait un beaucoup de numéraire, c'est-à-dire beaucoup d'argent effectif, il faut encore qu'il soit en circulation; car s'il est resserré par la défiance, l'avarice ou le défaut de consommation de la part de ceux qui le possèdent, c'est comme s'il n'existait pas.

Cette dernière cause de stagnation se fait sentir en France depuis l'aliénation des grandes propriétés rurales aux anciens cultivateurs habitants des campagnes. Devenus propriétaires, de simples fermiers qu'ils étaient, de plus de 300,000,000 de revenus annuels, ils n'en dépensent point le tiers de ce que dépensaient les anciens propriétaires, en consommation d'objets d'arts et de produits de l'industrie nationale.

D'où il est résulté un vide dans les bénéfices de l'industrie, une absence d'argent dans les transactions commerciales, réduites à de simples signatures pour la plupart; et qui ne pourront jamais avoir cette solidité et cette étendue qu'elles avaient autrefois, tant que la consommation des revenus territoriaux ne se fera pas en plus grande partie dans les villes.

Cet inconvénient n'est point sensible dans un état comme la Hollande, l'Angleterre, où le commerce est tout et l'agriculture rien; mais en France, dont la principale richesse réside dans le produit de ses terres, du moment que leur revenu en argent reste stagnant dans les mains d'hommes étrangers aux consommations qui soutiennent l'industrie, les arts, les manufactures, il faut que celles-ci languissent jusqu'au temps où les enfants des cultivateurs actuels s'établiront et consommeront dans les villes.

Sans les contributions directes, sans les taxes sur les consommations perçues dans les campagnes comme dans les villes, sans les impôts que l'État lève sur les terres et le versement qu'il en fait dans la société, joint à quelques bénéfices de l'industrie et aux richesses de quelques propriétaires qui habitent encore les grandes cités, le dernier écu irait au marché se perdre en achat de nourriture, dans les poches du cultivateur, qui serait bientôt forcé de prendre aussi à son tour des signatures en payement.

Mais ce n'est point ici le lieu d'examiner cette question que M. Deguer a vue comme nous dans son *Traité du Crédit commercial*, ainsi que M. Ferrier (de Bayonne) dans son ouvrage sur le *Commerce dans ses Rapports avec le Gouvernement*.

Nous allons nous borner à développer ce que l'on sait de l'état du numéraire existant en France; nous ferons usage du travail de M. Necker et de celui de M. Gerboux, qui a très-bien traité la matière dans son *Mémoire sur les Inconvénients de la Démonétisation de l'Or*.

« Il n'est qu'une seule manière de se former une idée du numéraire qui existe en France (à l'époque de 1784), dit M. Necker ; et comme en faisant des recherches sur la population, on calcule le nombre des naissances, des morts et des émigrations, de même, pour acquérir une opinion sur la quantité d'espèces d'or et d'argent qui circulent dans la France, il faut vérifier d'abord jusques à quelle somme on a porté la fabrication de ce numéraire ; et l'on doit examiner ensuite quelle portion a pu être dissipée ou par des fontes accidentelles, ou par des naufrages, ou par l'exportation dans l'étranger. Ce qui était, ce qui n'est plus : voilà ce qu'il importe de connaître ou d'évaluer pour se former une idée de la vérité.

» La première de ces deux notions est la plus facile à acquérir, parce qu'on tient le compte le plus exact aux hôtels des monnaies, de la quantité d'espèces qui s'y fabriquent annuellement.

» C'est de l'année 1726 que date la plus ancienne pièce de monnaie d'or et d'argent, ayant cours actuellement en France. Toutes les anciennes espèces furent décriées à cette époque, et il y eut une refonte générale. Or, depuis ce temps-là , jusquès à la fin de l'année 1780 , la fabrication des monnaies d'or s'est montée à 957,200,000 f., et celle des monnaies d'argent, à 1,489,500,000 fr.

» En tout, 2,446,700,000 fr. .

» Ainsi, en supposant seulement une fabrication de 52,300,000 fr., péndant les années 1781, 1782 et 1783 , (et elle a dû être beaucoup plus considérable,) la somme totale du numéraire, fabriqué depuis 1726 , jusquès au 1er. janvier 1784, s'élèverait à 2,500,000,000. »

M. Necker répond ensuite aux difficultés que l'on pourrait élever contre la certitude de ce résultat, et prouve par de bonnes raisons que l'on peut le prendre pour base des calculs statistiques sur la richesse nationale en capitaux.

Il reconnaît cependant qu'une partie de ce numéraire a pu être absorbée par des emplois dans les arts et quelques envois au dehors. « Cependant on peut fondre une partie de ces espèces, dit-il, comme on l'a fait en France dans quelques moments passagers. On envoie aussi des louis à Genève, en Suisse, et surtout en Italie, pour l'achat des soies ; et ce sont les pays de l'Europe où il en reste le plus, parce que, dans quelques endroits, on a assigné à ces monnaies un cours fixe, autorisé par le souverain.

» Il est donc raisonnable de compter une diminution quelconque de numéraire, depuis 1726 jusqu'à nos jours ; mais j'ai voulu montrer seulement qu'on aurait tort de s'en former une idée exagérée, et je crois aller assez loin en évaluant cette diminution de 3 à 400,000,000.

» Et si cette supposition était juste, il faudrait estimer le numéraire existant actuellement dans la France, à près de 2,200,000,000. »

Depuis l'époque où écrivait M. Necker , il s'est fait des changements considérables dans la quantité de numéraire existant en France, soit en circulation, soit hors de la circulation, par diverses causes dont nous allons parler.

D'abord, la haute proportion établie par la loi du 30 novembre 1785 a dû occasionner une extraction considérable de notre numéraire d'argent, parce qu'avec un marc d'or, on pouvait en avoir en France quinze d'argent, tandis qu'en Hollande, par exemple, on n'en pouvait avoir que quatorze. Les papiers publics anglais aunoncèrent en effet, vers la fin de 1786, qu'il y avait à Londres une si grande quantité de nos écus, qu'ils y étaient presqu'aussi abondants qu'à Paris.

Il s'est fait également à cette époque une grande exportation de nos écus dans les états de l'empire d'Allemagne. M. de la Galaisière, intendant de Strasbourg, écrivait à M. de Vergennes, dans ce même temps, que la masse de nos espèces d'argent en était extrêmement diminuée. La chambre de commerce de Lille déclara aussi alors qu'une grande quantité de nos écus avait passé dans la Belgique.

La révolution a encore accru l'exportation de notre numéraire, parce que beaucoup d'étrangers ont vendu leurs rentes sur l'Etat, et retiré leurs capitaux; nos besoins intérieurs ont nécessité l'achat de beaucoup de denrées et comestibles au dehors, qui ont été payés partie en bijoux et partie en numéraire. On voit par les comptes de la trésorerie, qu'en l'an 2 et en l'an 3, elle a fait pour le compte du gouvernement des achats en louis pour plus de 120,000,000, qui ont servi à ces payements en grande partie. Nos colonies, depuis plusieurs années, ne nous fournissent plus de denrées; il a fallu les tirer de l'étranger : aussi, en l'an 8, la France a-t-elle eu une balance à acquitter de 54,000,000, et en l'an 9, une de 112,659,000 f.

Tout conduit donc à penser qu'il reste au plus, dans l'ancienne France, 1,850,000,000 de numéraire, dont 1,200,000,000 en argent et 650,000,000 en or.

On peut estimer le numéraire de la Belgique, des départements limitrophes du Rhin et de celui du Piémont, de 700,000,000, dont 350,000 en or. Cette proportion de l'or à l'argent paraît un peu forte; mais elle n'est que de 1 à 15 $\frac{1}{2}$, et d'ailleurs l'or a toujours été plus commun dans ces pays qu'en France.

La totalité du numéraire de la France actuelle peut donc être estimée de 1,550,000,000 en argent et 1,000,000,000 en or.

Nous croyons devoir joindre à cet exposé sur le numéraire en France, son rapport avec celui qui circule en Europe; nous emprunterons les détails qui l'établissent, du mémoire de M. Gerboux que nous venons de citer, et où cet écrivain a prouvé d'une manière victorieuse, 1°. que la démonétisation de l'or peut être utile dans des petits

Etats non agricoles, mais maritimes et commerçants au dehors, comme la Hollande ; 2°. Que cette démonétisation de l'or serait ruineuse dans un grand Etat agricole et de consommation intérieure, comme la France où l'on ne peut trop multiplier les capitaux pour faciliter les échanges et les établissements de culture et d'industrie.

Du Numéraire existant en Europe.

M. Necker a dit, en 1775, dans son ouvrage sur le commerce des grains, que le numéraire de la France qu'il estimait, à cette époque, de 2,000,000,000, fesait près de la moitié de l'argent monnayé de l'Europe. Ainsi en supposant 2,500,000,000 pour les autres Etats, c'eût été, à cette époque, pour toute l'Europe 4,500,000,000.

L'autorité de M. Necker est trop imposante, surtout sur cette matière, pour qu'on ne cherche pas à discuter cette évaluation.

Depuis 1775 jusqu'en 1800, le numéraire de l'Europe, déduction faite de celui qui a été exporté en Asie, ou converti en vaisselle et en bijoux, a pu s'accroître d'environ 1,200,000,000.

La révolution a écarté de la France la part que le mouvement naturel du commerce lui assignait dans cet accroissement de métaux précieux. L'Angleterre, le Dannemarck, la Suède et les villes anséatiques ont dû en partager entr'eux la plus grande partie.

La totalité du numéraire de l'Europe, d'après la supposition de M. Necker, serait donc de 5,700,000,000.

M. Necker n'a pu établir son calcul que par conjecture : il contredit les faits qu'a produits Forbonnais et l'autorité sur laquelle il s'appuie, celle de Dom Géronimo de Ustaris, qui a puisé aux sources. D'autre part, l'exportation du numéraire dans l'Asie est connue, et la latitude que l'écrivain espagnol a accordée aux besoins du commerce, est plutôt trop forte que trop faible. Ainsi, pour justifier l'opinion de M. Necker, il faudrait qu'il se fût fait une consommation prodigieuse d'argent, en vaisselle et autres meubles ; ce qui serait en contradiction avec les calculs même de M. Necker qui, dans son ouvrage sur les finances, ne porte qu'à 10,000,000, pour la France, l'emploi annuel des métaux précieux en vaisselle plate, en bijoux, etc.

Au reste, pour mieux juger l'estimation établie par M. Necker, il suffira d'arbitrer la répartition du numéraire dans les divers États de l'Europe.

Le numéraire existant actuellement dans la partie de l'Empire qui compose l'ancienne France, est évalué à 1,850,000,000. Comme la population est de 26,363,000 habitants, c'est donc, pour chaque habitant, 69 francs 75 centimes.

La Belgique étant, d'une part, contiguë à la France, et de l'autre, à la Hollande, on ne peut se dispenser d'en estimer le numéraire.

La population de cette contrée est de 2,000,000. Cependant, toute riche qu'elle est, on n'en portera le numéraire qu'à 120,000,000 ; ce qui fera 61 francs pour chaque habitant.

On estime le numéraire de la Grande-Bretagne à 40,000,000 sterling, qui, à 23 francs la livre sterling, font 920,000,000, sur lesquels il y en a à peine 50,000,000 en argent.

La population de cet État, y compris l'Irlande, est de 15,000,000. C'est donc pour chaque habitant, 60 francs.

Le numéraire dont le peuple batave était propriétaire, à l'époque de notre révolution, était bien de 2,200,000,000; mais comme la nation en a prêté la plus grande partie aux divers États de l'Europe, il ne faut porter dans l'état de son actif circulant, que l'argent déposé à la banque d'Amsterdam, 79,200,000 francs, et environ 88,000,000 qui sont dans le commerce, total 167,200,000 francs, qui, répartis sur 2,000,000 d'habitants, font, pour chacun, 83 francs 60 centimes.

En 1724, Dom Géronimo de Ustaris n'estimait qu'à 400,000,000 tout le numéraire de l'Espagne. Supposons que, depuis 80 ans, ce numéraire ne se soit point accru.

La population de l'Espagne, d'après les états de dénombrement recueillis sous le ministère de M. d'Aranda, est de 11,000,000 : ce serait donc, pour chaque habitant, 36 francs, 55 centimes.

La population du Portugal est de 2,500,000 hommes.

Accordons-lui la même proportion de numéraire qu'à l'Espagne, ce sera 90,875,000 francs.

Le numéraire réparti entre l'ancienne France, la Belgique, la Grande-Bretagne, la Hollande, l'Espagne et le Portugal, formant ensemble une population de 58,500,000 hommes, serait donc 5,547,200,000 francs. Ainsi il ne resterait à répartir entre les autres Etats de l'Europe, formant une population de 96,500,000 habitants, qu'une somme de 2,152,800,000 francs, ce qui ne ferait pour chaque personne, qu'environ 22 francs 55 centimes.

Une aussi faible portion de numéraire est invraisemblable; en voici la preuve.

Avant le dernier partage de la Pologne, la population des Etats du roi de Prusse était de 6,000,000 d'habitants. Les revenus du roi étaient de 70,000,000 de notre monnaie. Supposons que cette somme ait été dans la proportion du numéraire de la nation, comme 1 à 4, car c'est là le rapport établi dans la plupart des Etats du continent de l'Europe ; le numéraire des Etats du roi de Prusse aurait donc été de 280,000,000, ce qui aurait fait, pour chaque habitant, 46 francs.

La même règle de proportion admise pour les Etats de la maison d'Autriche, dont les revenus, à cette époque, étaient de 265,000,000, sur une population de 22,000,000 d'hommes, aurait donné, pour chaque habitant, 48 fr.

§ VI. *De la Banque de France.*

Comme il ne peut être question ici des moyens de crédit qui tiènent à la solvabilité du particulier, mais de ceux qui sont fondés sur une garantie publique, nous n'avons à parler que de la banque de France, le seul établissement de ce genre qui existe en France sous l'autorité du gouvernement.

Elle a commencé ses opérations au mois de ventôse an 8; elle a réuni la caisse des *comptes courants* à l'association nouvelle. Cette banque ne peut guère être comparée à aucune banque connue; elle n'est ni exclusivement commerciale, ni entièrement au service du gouvernement, ni même mixte; ses rapports avec le commerce forment à la vérité son principal caractère, mais n'excluent point ses relations avec aucun genre de propriété. Elle peut escompter, et escompte en effet les valeurs souscrites par dés propriétaires fonciers dont la solvabilité est sûre. On peut dire d'elle qu'elle est générale, et c'est le caractère qui la différencie des autres établissements de même espèce.

Elle doit son origine à une association particulière et libre ; elle s'est formée sans aucun engagement envers le gouvernement. Mais lorsqu'une existence solide lui a permis d'étendre ses relations, elle a traité avec le gouvernement ; elle s'est chargée du service des rentes et pensions, du recouvrement et du payement des fonds provenants des loteries ; elle lui a fourni des obligations.

Le capital primitif de la banque fut déterminé par les statuts fondamentaux de l'an 8, à 30,000 actions de 1,000 fr. chaque, payables en numéraire. Tout le monde fut appelé à prendre tel nombre d'actions qu'il jugerait à propos, le gouvernement en prit 5,000 à son compte, au nom de la caisse d'amortissement.

Deux cents actionnaires furent appelés à former l'assemblée générale représentant la totalité des actionnaires. Cette assemblée générale nomma quinze régents qui furent chargés de l'administration générale sous la surveillance de trois censeurs.

Les opérations de la banque sont déterminées par ses statuts; elles consistent à escompter, à toute personne connue et domiciliée à Paris, des lettres de change et autres effets qui rendent justiciables du tribunal de commerce.; à n'escompter ces valeurs que sur la signature de trois individus notoirement réputés solvables.

Tout autre commerce lui est interdit, excepté celui des matières d'or et d'argent qu'elle peut faire.

La banque se charge des payements et recouvrements à faire pour tout négociant domicilié a Paris', qui veut avoir un compte ouvert chez elle.

L'intérêt commun, pour les actionnaires, n'a jamais été, depuis l'établissement, au dessous de 11 ½ pour cent.

Sur un mouvement de 3,650,000,000, en l'an 12, et sur un escompte de plus de 500,000,000., la banque n'a éprouvé, malgré les circonstances fâcheuses, qu'une souffrance d'environ 66,000 francs en valeurs protestées.

L'organisation de la banque résulte, 1°. d'une régence de quinze membres nommés par l'assemblée générale des actionnaires, se renouvelant par cinquième tous les ans, et qui s'assemblent au moins une fois par semaine; 2°. de trois censeurs pour surveiller les détails de l'administration; ils sont aussi nommés par l'assemblée générale, et se renouvèlent par tiers tous les ans; 3°. du conseil d'escompte nommé par les censeurs admis en nombre égal avec les régents, à toutes les réunions du comité d'escompte, pour l'examen et l'admission du papier présenté; 4°. de comités pour les billets, les livres, les porte-feuilles, les caisses.

Outre ces personnes, la banque a cent quatre-vigt-dix employés dont les appointements annuels forment un total de 550,000 francs.

Il y avait plusieurs établissements à Paris, faisant à peu près le même service que la banque; la loi du 24 germinal an 11 les a réunis à celle-ci, et la banque seule a le privilège de mettre des billets en circulation; le gouvernement a mis une condition à cet avantage; c'est que les dividendes des actions sont fixés à 6 pour 100 pendant les quinze années du privilège, à dater du 1er. vendémiaire an 12; le surplus des bénéfices appelé *fonds de réserve* devant être employé en achat de rentes dites 5 pour 100 consolidés, au profit des actionnaires.

Cette même loi du 24 germinal, an 11 a augmenté les fonds de la banque de 15,000,000, en l'autorisant à créer 15,000 actions de plus.

On voit par les comptes que les régents et censeurs de la banque ont rendus à l'assemblée générale des actionnaires, vendémiaire an 13:

1°. Que pendant l'an 12 le bénéfice net a été de 4,185,957 francs fesant un produit de 12 pour cent $\frac{15}{1000}$; 2°. qu'il n'a été réparti aux actionnaires, suivant la loi du 24 germinal, que 8 pour 100, dont 4 pour 100 en germinal an 12, et 4 pour 100 en vendémiaire an 13; 3°. que la réserve de 1,102,534 francs doit être convertie en 5 pour 100 consolidés; 4°. que la somme de 5 pour 100 consolidés mise en porte-feuille jusqu'au 1er. vendémiaire an 13, se monte à 255,729 francs de rente; 5° que la

Banque a fait pour 3,650,000,000 d'affaires, et pour 504,000,000 d'escomptes, sur quoi elle n'a eu que pour 60,000 francs de créances en souffrance.

Nous terminons ici ce que nous avons à dire du commerce intérieur considéré dans son étendue, les objets qu'il fait entrer dans la circulation, et les moyens qu'il emploie. Nous allons passer maintenant au commerce extérieur.

§ VII. *Commerce extérieur.*

Nous appelons commerce extérieur celui qui se fait par l'importation des denrées étrangères en France, et l'exportation des marchandises et productions françaises dans l'étranger.

Pour avoir une idée de l'importance et de l'étendue du commerce extérieur, il faut donc connaître la nature et la quantité des objets importés en France, et des objets exportés.

Il faut encore connaître les moyens employés pour effectuer ce commerce et en solder les valeurs ; ces moyens sont la navigation et les opérations de change.

Nous parlerons successivement de ces objets.

La connaissance de l'étendue du commerce extérieur résulte de celles des importations, des exportations, du commerce colonial, et même, en temps de guerre, des marchandises prises sur l'ennemi, quoique ce ne soit que bien improprement que l'on puisse donner le nom de commerce à ce dernier moyen.

Il entre comme éléments, dans cette connaissance, de savoir quelles ont été les espèces de marchandises importées et exportées, quelle en a été la quantité et la valeur.

On conçoit que comme cette analyse ne peut avoir pour objet que d'apprécier l'état actuel des richesses de l'Empire, c'est par la comparaison des divers tableaux que l'on peut parvenir à en connaître l'étendue.

Nous allons présenter l'état du commerce extérieur et colonial, en valeurs, à l'époque de 1787, à celle de 1793, et enfin à l'époque de l'an 11, d'après les pièces et les documents authentiques publiés sur cette matière.

1°. *Commerce d'Europe, y compris les Levantins et les Anglo-Américains.*

Si nous prenons donc pour époque de comparaison, les années moyennes de 1785, 1786 et 1787, nous trouvons que le total des *exportations* de la France, s'est élevé à 542,604,000 livres tournois.

Savoir : En produits du sol 311,472,000 livres tournois.

En produits de l'industrie 231,132,000 livres tournois.

Sur cette somme nous avons exporté en Europe et quelques contrées de l'Asie, de l'Afrique, de l'Amérique, appartenantes aux puissances de l'Europe, pour 93,782,000 l. de produits du sol français ; pour 133,413,000 livres de produits de l'industrie ; pour 152,684,000 livres de produits de nos colonies d'Amérique; pour 4,163,000 liv. ; du produit du commerce français en Asie et en Afrique ; pour 40,387,000 livres en marchandises, piastres et noirs provenants du commerce étranger.

Total de notre commerce d'exportation, en Europe, à cette époque, 424,429,000 livres.

Nous avons exporté en Asie ou aux grandes Indes, en produits du sol, pour une somme de 690,000 livres; en produits de l'industrie, pour une somme de 520,000 livres ; en marchandises, piastres ou noirs, provenant du commerce étranger, pour 16,219,000 livres.

Total de nos exportations en Asie, 17,429,000 livres.

Nous avons exporté en Afrique, en produits du sol, pour une somme de 4,306,000 livres; en produits de l'industrie, pour une somme de 7,873,000 livres ; en marchandises et piastres provenant du commerce étranger, pour une somme de 10,654,000 livres.

Total de nos exportations en Afrique, 22,833,000 liv.

Nous avons exporté en Amérique, en produits du sol, pour une somme de 22,891,000 livres; en produits de l'industrie, pour une somme de 45,271,000 livres ; en morue de pêche française, pour 976,000 livres; en marchandises et Noirs provenant du commerce étranger, pour une somme de 10,775,000 livres.

Total de nos exportations en Amérique, année moyenne de 1785, 1786, 1787, 77,913,000 livres.

Total général des exportations, 542,604,000 livres.

Nos *importations* se sont élevées, à la même époque, à la somme de 611,003,000 livres, année moyenne de 1785, 1786, 1787.

Savoir : En marchandises importées des nations de l'Europe et de leurs possessions lointaines, y compris le Levant, les Barbaresques et les Anglo-Américains, pour une somme de 379,918,000 livres.

En marchandises de l'Asie, y compris la Chine, pour une somme de 34,726,000 livres.

En productions et marchandises de l'Amérique, ce qui comprend nos colonies, 192,107,000 livres.

En productions de l'Afrique, ce qui comprend l'île de France et de Bourbon, la traite des Noirs, 4,257,200 liv.

Total des importations des quatre parties du monde, année moyenne de 1785, 86, 87, pour une valeur, dans nos ports, de 611,003,000 livres.

On doit remarquer que ces valeurs, tant d'importation que d'exportation, sont estimées à l'arrivée des marchandises dans les ports; qu'en conséquence, leur valeur de vente aux lieux de la destination ou de la vente de la seconde main, doit être composée de la première valeur plus du bénéfice du marchand.

Nous observerons qu'outre les importations ci-dessus, il a été importé en France, en 1787, pour une somme de 79,279,744 livres tournois de matières d'or et d'argent, piastres, quadruples d'or d'Espagne et lingots d'or.

On peut voir par le rapprochement que nous avons fait de la valeur des objets importés et exportés, que si la balance du commerce avec l'Europe, non compris le Levant et les états barbaresques, nous est favorable de 56,630,000 livres en argent, celui que nous faisons avec la totalité du globe nous est défavorable.

L'état que nous venons de donner est extrait des pièces justificatives du tableau de la *Balance du Commerce*, de M. Arnoult.

2°. *Commerce colonial.*

En prenant une année moyenne de 1785 à 1787, on trouve que la valeur de toutes les exportations de la France pour ses colonies d'Amérique et d'Afrique, y compris les îles de France et de Bourbon, se montait à 93,056,000 livres.

Celle des importations de ses colonies en France, à 193,250,000 livres, valeur estimée dans les ports, d'après le tableau annexé à la *Balance du Commerce.*

Le commerce des colonies se faisait, depuis l'arrêt du conseil du 30 août 1784, qui permet aux navires étrangers de faire le commerce de nos colonies pour certains objets et sous certaines conditions, par 2,173 vaisseaux pour les importations, savoir :

Américains, 1,392 ; Français, 313 ; Anglais, 189 ; Espagnols, 245 ; Hollandais, Portugais, Suédois, Danois, 34.

Et par 2,095 vaisseaux pour l'exportation, savoir :

Américains, 1,127 ; Français, 534 ; Anglais, 155 ; Espagnols, 249 ; Hollandais, etc., 32.

Ce qui forme un tonnage de 133,109 tonneaux pour les importations, et de 117,799 pour les exportations.

Nous allons maintenant présenter l'évaluation du commerce extérieur à l'époque de 1793.

1°. *Commerce en Europe, y compris les Levantins et les Anglo-Américains, en 1793.*

En 1793, la valeur nominale des importations en France, paraît être de . . . . 231,805,000 liv.
Celle des exportations de France, de . 337,919,000

Excédant du côté de nos exportations . 106,114,000 liv.

En 1792, cet excédent a été de 224,000,000, et cette dernière somme a été le résultat du montant de nos achats extérieurs, estimés alors 496,000,000, comparés avec nos ventes à l'étranger, évaluées 720,000,000.

Toutes proportions sont observées d'ailleurs respectivement du côté des achats et des ventes, dans la hausse progressive survenue aux deux époques de 1792 et de 1793, sur le prix de toutes les marchandises.

2°. *Commerce colonial en 1793.*

En 1793, la valeur nominale des exportations de France, pour les colonies, paraît ne monter qu'à. . 17,032,000 liv.
Cette valeur s'éleva, en 1792, à . . . 80,979,000

Le moindre débouché de nos marchandises fut donc, en 1793, de. . . . 63,947,000 liv.

En 1793, les retours en denrées coloniales dans les ports de France, des mêmes colonies, monte à la valeur nominale de. . . . . 73,054,000 liv.
En 1792, cette valeur est de. 423,433,000

Le déficit, dans les retours de 1793, est donc de. . . . . 350,379,000 liv.

Ces détails sur le commerce extérieur de la France en 1793, sont tirés des renseignements déposés au bureau de la *Balance du Commerce* au ministère de l'intérieur; on en doit la publicité à M. Aruoult, qui rendit de grands services à l'histoire du commerce et à l'économie politique, en profitant des facilités que lui donnait sa qualité de chef du bureau de la *Balance du Commerce*, pour publier des faits utiles qui, sans lui, seraient restés enfouis dans les cartons.

Mais pour tirer de justes conséquences de l'état du commerce pour 1793, il faut se rappeler que les valeurs y sont exprimées en *assignats*, suivant la seule manière de tenir en France les comptes aux deux époques de 1792 et 1793; que la mobilité de ce papier-monnaie a dû altérer les valeurs respectives des choses; qu'en conséquence, pour rectifier, autant que possible, les notions trop vagues qui pourraient en résulter, on n'oubliera pas que l'échange de l'assignat de 100 livres a été, terme moyen,

De 60 livres en écus en 1792, ou 40 pour 100 de perte ;

De 47 livres en écus pendant les onze premiers mois de 1793 (2e année républicaine), ou 50 pour 100 de perte.

De manière que la perte de l'assignat est plus considérable d'un peu au-delà du quart, dans la seconde époque, comparée à la première.

De l'état du Commerce extérieur en l'an 8.

Le ministre de l'intérieur a présenté, dans un rapport fait aux consuls, les résultats du commerce extérieur de la république pendant l'an 8. Voici les considérations générales qui terminent ce rapport.

« La première réflexion qui se présente à l'examen de notre bilan commercial en l'an 8, naît du rapprochement des importations avec les exportations.

» Les importations se sont élevées en totalité à une valeur de 325,116,000 francs., tandis que nos exportations n'ont monté qu'à 271,575,000 francs, ce qui présente une différence en moins, pour l'exportation, de 53,541,000 fr.

» Il convient d'analyser particulièrement les causes de cette différence.

» Quant aux importations, on apperçoit que nos achats en sucres et cafés ont été beaucoup plus considérables que les années précédentes ; en effet, nous n'avions tiré de l'étranger, en l'an 7, que 16,000,000 pesant environ de sucres, et près de 6,000,000 pesant de cafés, tandis que les quantités de ces denrées, reçues en l'an 8, s'élèvent, pour les sucres, à plus de 32,000,000 pesant, et pour les cafés, à près de 15,000,000 pesant. Cette augmentation considérable dans nos achats en denrées coloniales, est une première cause de l'accroissement de nos importations, en même temps qu'elle est une suite de l'effet de la loi du 9 floréal an 7, qui a permis l'introduction des sucres raffinés précédemment prohibés, et qui a diminué les droits sur les cafés.

» D'un autre côté, on remarque que les matières premières de l'étranger, telles que coton, laine, chanvre et lin , ont été recherchées pour nos manufactures ; ce qui est justifié par les faits , car l'importation de ces objets , qui n'avait été pour l'an 7 que d'une valeur de 96,000,000 environ , s'est élevée pour l'an 8 à plus de 133,000,000.

» Cette seconde cause du surhaussement de nos importations peut être attribuée à une plus grande activité de nos manufactures , et fait espérer une exportation prochaine plus considérable que les années précédentes , des produits de l'industrie nationale.

» Quant aux exportations, on distingue , en l'an 8, une diminution sensible, comparativement à l'an 7 , dans la vente de nos eaux-de-vie et de nos vins, particulièrement de ceux de Bordeaux.

» Ces exportations, qui avaient été , en l'an 7, de 60,000 muids d'eaux-de-vie et de 220,000 muids de vins de Bordeaux , n'ont été , en l'an 8, que de 46,000 muids pour les eaux-de-vie, et de 128,000 muids pour les vins de Bordeaux.

» Cette diminution dans le débit de nos vins et eaux-de-vie , est due aux approvisionnemens considérables en ce genre que l'étranger avait faits les années précédentes , et à l'écoulement desquels la guerre maritime et continentale a dû nécessairement apporter de grands obstacles.

» Avant de terminer cet examen du commerce national en l'an 8 , observons que la valeur totale des prises faites sur l'ennemi , et amenées dans nos ports , se monte , pour cette année , à 29,201,000 fr.

» Cette valeur totale de 29,000,000 de prises nous étant entièrement acquise , la république n'a rien à payer pour cet objet à l'étranger.

» Ajoutons seulement que cette somme est bien inférieure à celle des années précédentes, et que cette diminution est due à l'abrogation de la loi du 29 nivôse an 6, dont les dispositions relatives à la course multipliaient , pour l'avantage des armateurs, et au détriment du commerce national , la facilité des prises maritimes faites en grand nombre , et sans aucun danger , sur nos propres vaisseaux.

État du Commerce extérieur au commencement de l'an X.

Nous ferons usage, pour rendre compte de l'état de notre commerce à cette époque, du compte rendu par le ministre de l'intérieur ; il en résultera , 1°. la connaissance des importations et exportations ; 2°. celle des principaux objets qui les ont formées ; enfin, la balance ou la différence des unes aux autres, par où l'on pourra juger de l'état de la consommation intérieure , et des ressources de l'industrie pour entretenir nos liaisons de commerce au dehors.

1°. *Commerce d'Europe.*

» Sous cette première division se trouvent comprises également nos relations avec les Levantins, les Barbaresques et les Anglo-Américains, parce que les unes et les autres font partie du même système commercial adopté par les nations modernes.

» Les importations en France , de toutes les puissances de l'Europe et de celles ci-dessus dénommées, se sont élevées, pendant l'an 9, à 417,863,000 fr.

Savoir. » En subsistances , denrées coloniales et boissons , 122,765,000 fr.

» En métaux ordinaires , 8,312,000 fr.

» En matières premières , propres aux arts et manufactures , principalement en coton, laine, soie, soude et potasse , 193,244,000 fr.

» En objets de l'industrie étrangère , tels que toilerie de coton , rubannerie , mercerie et clincaillerie , 62,854,000 fr.

» En matières d'or et d'argent , enregistrées , 19,243,000 fr.

» En bêtes de somme , 1,368,000 fr.

» Enfin , en diverses autres natures de marchandises, séparément , de moins d'importance , 10,079,000 fr.

» Les exportations de France pour les mêmes pays, ne se sont élevées, pendant l'an 9, qu'à 305,207,000 fr. ; savoir :

» En subsistances et boissons de toutes sortes , 110,129,000 fr.

» En métaux ordinaires , principalement en fer , 5,881,000 fr.

» En matières premières , propres aux arts et manufactures , notamment en cuirs apprêtés , tabac et cochenille , 36,516,000 fr.

» En objets de l'industrie française , tels que soieries , toileries de lin et de chanvre , lainages et cotonnades , 146,000,000.

» En matières d'or et d'argent , enregistrées , 786,000 f.

» En bêtes de somme , 2,054,000 fr.

» Enfin , en une infinité d'objets , séparément , de moindre valeur , 3,822,000 fr.

» Le tableau résumé que j'ai l'honneur de mettre sous vos yeux , vous indiquera , citoyens consuls , la part qu'ont prise dans ce double commerce les diverses puissances de l'Europe , distinguées encore pour cette époque , en *puissances amies ou alliées, puissances neutres, et puissances belligérantes.*

» La paix avec l'empereur d'Allemagne n'ayant été signée que dans le cours du premier semestre de l'an 9, le commerce avec cette contrée fait partie de celui des puissances belligérantes , soit parce qu'il a été impossible de séparer l'année en deux époques , de guerre et de paix , soit parce que les libres communications n'ont pu être entièrement rétablies qu'en l'an 10.

2°. *Commerce colonial.*

» La continuation de la guerre maritime pendant l'an 9, et l'état de nos colonies , ont , de même qu'en l'an 8 , rendu presque nul notre commerce d'Asie , d'Afrique et d'Amérique. En effet , nous n'avons reçu directement de ces diverses contrées , pendant l'an 9, que pour une faible valeur de 2,077,000 fr. en café , sucre , coton , ivoire , indigo , gomme du Sénégal et toilerie de coton ; et nous leur avons envoyé directement , pendant la même période , seulement pour 208,000 fr. , particulièrement en subsistances , et en quelques objets d'industrie nationale.

» Cette situation de notre commerce colonial en l'an 9, ne présente , relativement aux importations , qu'une légère augmentation d'environ 600,000 fr. sur celles de l'an 8.

Résumé du Commerce extérieur de la France pendant l'an 9.

COMMERCE D'EUROPE. *Importations en France.*

francs.

1°. Subsistances et boissons de toutes sortes. 122,763,000

Dont en Eaux-de-vie, fro-
    mage, fruits, huile
    d'olive et poissons,
    pour 12,226,000
————— Café. 41,661,000
————— Sucres. 51,510,000
————— Épiceries 6,902,000

2°. Métaux ordinaires 8,312,000

3°. Matières premières, propres aux arts. . 193,244,000
et aux manufactures, particulièrement
En Chanvre, lin et fil. . . 2,370,000
— Coton 49,950,000
— Laines 28,895,000
— Soies 12,543,000
— Bois des îles. 5,237,000
— Potasse, soude 11,920,000
— Huile pour fabrique. . 26,350,000
— Cuirs 4,390,000
— Tabacs 10,176,000
— Cochenille. 3,560,000
— Garance. 3,225,000
— Indigo. 16,930,000

4°. Bêtes de somme en chevaux 1,568,000

5°. Industrie étrangère, en toiles, particu-
lièrement de coton; rubanerie; chapelerie
de paille; mercerie, peaux et pelleteries;
quincaillerie; savon, etc. 62,854,000
Dont en Toileries de coton. 42,920,000
————— Rubaneries. . . . 3,170,000
————— Chapèl. de paille. 590,000
————— Mercerie et quinc. 2,956,000
————— Peaux et pelleter. 1,523,000

6°. Matières d'or et d'argent. 19,243,000

7°. Objets réunis 10,079,900

Total général. 417,863,900

Exportations à l'Étranger.

francs.

1°. Subsistances et boissons de toutes sortes. 110,129,200

Dont en Blé et farines pour
   la marine et les
   troupes françaises 2,543,000
———————— Bestiaux 14,124,000
———————— Viand. et pois. salés 1,012,000
———————— Fruits 3,815,000
———————— Fromage 1,912,000
———————— Eaux-de-vie . . . 21,514,000
———————— Vins divers. . . . 24,719,000
———————— Vins de Bordeaux. 21,719,000
———————— Sel. 6,270,000

2°. Métaux, particulièrement en fer. . . . 5,881,000
3°. Matières premières, propres aux arts. . 36,516,000
et aux manufactures, particulièrement
En Cuirs apprêtés, pour . 9,146,000
— Tabacs 4,995,000
— Cochenille 5,742,000
— Chanvre, fil et coton filé. 4,000,000

4°. Bêtes de somme, en mules et mulets . . 2,054,000
5°. Industrie française en toilerie, particulièrement de lin et de chanvre; bonneteries;
draperies; étoffes de laine, de soie; chapèlerie; bijouterie; mercerie; meubles; quincaillerie; peaux et pelleteries; savon;
verreries, etc. 146,018,700

particulièrement
En Soierie, pour 39,314,000
— Lainage. 26,533,000
— Cotonnade 13,000,000
— Toil. de lin et de chanv. 33,372.000
— Horlogerie 4,360,000
— Mercerie 4,510,000
— Quincaillerie 3,800,000
— Modes, parfumerie . . 1,830,000
— Peaux et pelleteries. . 2,477,000
— Savon, verrerie et libr. 5,071,000

6°. Matières d'or et d'argent. 786,700
7°. Objets réunis 3,822,100

   Total général. 305,207,700

Résumé du Commerce des Colonies françaises, tant d'Amérique que des Indes-Orientales.

Importations en France. Denrées coloniales, sucre, café, coton, ivoire, indigo, gomme du Sénégal, et toileries de coton, pour une valeur de. . . . 2,077,200 fr.

Exportations aux Colonies. En subsistances et quelques objets d'industrie expédiés de France, pour la valeur de. 208,000

Il est entré de plus en France pour une valeur de 150,000 francs de marchandises d'épaves et échouements; plus, pour 16,532,700 francs de marchandises de prises maritimes.

§ VIII. *Balance du Commerce de la France en Europe, y compris le Levant et les États-Unis.*

On donne le nom de balance du commerce à ce qui reste en argent à une nation, de ses ventes à l'étranger, après qu'elle lui a soldé le montant des importations qu'elle en a reçues.

Telle est l'acception dans laquelle ce mot est pris et consacré dans le commerce et l'économie politique.

Nous ne chercherons pas à déterminer ici jusqu'à quel point la connaissance de cette balance peut être utile, et si les bénéfices qui en résultent sont bien ou mal expliqués par les différents auteurs; nous nous bornerons à présenter l'énoncé positif de la balance du commerce extérieur français, non compris la Chine et les colonies, 1°. en 1787; 2°. en l'an 8, d'après les états authentiques qui en ont été dressés.

Balance en 1787.

En 1787, les importations en France s'élèvent à. . . . . 379,915,000 liv.

Les exportations à. 424,429,000

La balance en argent est, en faveur des exportations et par conséquent de la France, de. . . . . 44,514,000 liv.

Voici comme ce solde en faveur de la France s'est composé, y ayant des Etats avec lesquels nous avons gagné le solde de la balance, d'autres avec lesquels nous l'avons perdu.

Nous l'avons gagné des sommes suivantes avec chacun des Etats correspondants;

L'Espagne et ses possessions dans les différentes parties du globe. . . . . 11,088,000 liv.

La Hollande, etc. 12,880,000

L'Allemagne, la Flandre autrichienne, la Pologne et les Etats du roi de Prusse. 21,540,000

Les contrées du Nord, le Danemarck, la Suède, la Russie, Brême, Hambourg, Dantzick et Lubeck. 45,291,000

Total en 1787. . . . . . 90,799,000 liv.

Nous l'avons perdu des sommes suivantes avec les Etats correspondants, en 1787.

Le Portugal et ses possessions dans les différentes parties du globe. . . . . 6,574,000 liv.

L'Italie, le Piémont, la Suisse et Genève. 3,679,000

L'Angleterre, l'Ecosse, l'Irlande et les possessions britanniques. 25,095,000

Les Etats-Unis d'Amérique 10,937,000

Total en 1787. . . . . 46,285,000 liv.

Balance en l'an 8.

En l'an 8, les importations s'élèvent à. 325,116,400 fr.

Les exportations, à. 271,575,600

La balance en argent est, en faveur des importations, de. . . . . 53,540,800 fr.

Les Etats avec lesquels nous avons gagné sont les suivants :

République Helvétique. . . . .   21,800,500 fr.

Sardaigne, le Levant, Portugal, Naples, Sicile, la Toscane, Rome, Etats de l'empereur en Allemagne et Italie, une partie de l'empire d'Allemagne et la Russie   24,507,300

Total en l'an 8. . . . .   46,307,800 fr.

Les Etats avec lesquels nous avons perdu sont les suivants :

L'Espagne . . . .   2,005,100 fr.
République Batave   43,036,700
République Ligurienne.   3,550,900
Contrées du Nord, Danemarck, Suède, Prusse, villes anséatiques.   49,863,500
Etats-Unis d'Amérique.   1,392,400

Total en l'an 8. . . . .   99,848,600 fr.

Par cet examen, l'on voit qu'en 1787 la France a retiré de son commerce extérieur une somme ou un crédit chez l'étranger, équivalant à 44,514,000 livres ; et qu'au contraire, en l'an 8, elle a payé à l'étranger ou s'est rendue débitrice d'une valeur de 53,540,000 francs.

On voit en même temps les puissances ou états avec lesquels cette balance a été favorable ou défavorable.

La balance résulte des sommes correspondantes aux Etats avec lesquels nous avons gagné, soustraites de celles correspondantes aux Etats avec lesquels nous avons perdu.

§ IX. *De la Navigation marchande.*

C'est surtout de la navigation marchande qu'il s'agit ici, et ce n'est que sous le rapport économique que nous avons à la considérer.

L'époque brillante du règne de Louis XIV, et du ministère de Colbert en particulier, est aussi celle des progrès de notre marine marchande et de notre navigation.

Cependant ses succès avaient été préparés, dans les règnes précédents, par quelques dispositions sages, et quelques règlements utiles.

En effet, on voit que Henri IV ordonna, en 1602, comme un moyen de soutenir notre navigation marchande, de lever sur les navires des étrangers les mêmes droits d'ancrage auxquels ils avaient assujéti les nôtres.

L'espérance de donner à notre commerce maritime l'étendue qu'on avait lieu d'attendre de l'esprit juste et éclairé d'un aussi bon roi, disparut à sa mort.

Le cardinal de Richelieu eut à cœur de rétablir la marine et la navigation ; il forma des sociétés de commerce, et créa un conseil pour l'administrer et prendre connaissance des affaires de mer. Ce fut, en quelque sorte, lui qui prépara la voie aux dispositions règlementaires et aux mesures d'exécution qu'employa Colbert, pour donner à notre commerce de mer, et à la navigation, toute l'étendue que comportaient la grandeur et la richesse de la France.

Entr'autres dispositions, il ordonna de percevoir un droit de 50 sous tournois, par chaque tonneau de bâtiment étranger qui naviguerait dans nos ports. Ce droit était destiné à assurer la préférence aux navires français exempts de ce droit, pour le transport des marchandises à l'étranger.

Nous devons encore à Colbert l'ordonnance de la marine marchande de 1681 ; ouvrage qui a servi de modèle à la législation du commerce de mer de presque toutes les nations de l'Europe, et dont les dispositions servent encore de règle à la navigation marchande en France.

A cette époque cependant, et long-temps encore après, c'est-à-dire jusqu'au moment où nos colonies furent en état de donner lieu à une navigation considérable, le nombre de nos vaisseaux marchands était fort borné.

Les mémoires du temps font connaître que, vers 1669, les Français n'employaient pas plus de 600 bâtiments dans la navigation.

Notre commerce avec l'Amérique n'avait pas alors une grande activité. On voit que, sur la fin du règne de Louis XIV, nous pouvions avoir 100 navires seulement occupés, dans tous les ports, au commerce des Indes-Occidentales.

En supposant, avec l'auteur de la *Balance du Commerce*, M. Arnould, qu'un demi-siècle après le temps où Colbert portait à 600 bâtiments la navigation française chez l'étranger, elle n'eût augmenté que d'un sixième, à cause des guerres longues et ruineuses qui eurent lieu, on pourrait évaluer, sans crainte d'exagération ni de mécompte important, à 800 bâtiments de 100 à 250 tonneaux, la totalité de ceux occupés à notre navigation commerciale, au commencement du siècle qui vient de finir.

Depuis cette époque jusqu'à celle où a commencé la révolution, la navigation française avait fait des progrès sensibles, et reçu de grands encouragements. Cependant le commerce de la Baltique, et plusieurs parties du cabotage et du commerce au Levant, étaient faits par des navires étrangers.

§ X. *État de la Navigation française à l'époque de 1787.*

Cette époque est celle de l'état le plus brillant peut-être du commerce français, pendant le dix-huitième siècle; c'est donc un point de comparaison utile pour connaître celui de la navigation.

On voit par l'état authentique qui en a été dressé, que pendant l'année 1787 le commerce maritime, le cabotage et les pêches de France ont employé un tonnage de 2,007,661 tonneaux de mer, savoir : 1,893,597 dans les ports de France, et 114,064 dans ceux des colonies ;

le tonnage fait par vaisseaux étrangers n'a été que de 538,810 tonneaux.

Voici le partage de cette navigation :

Avec l'Europe, y compris le Levant, les nations Barbaresques et les Etats-Unis, le tonnage a été de 694,269 tonneaux, dont 532,687 d'étrangers.

Avec l'Asie, ce qui comprend le commerce français dans l'Inde et à la Chine, 6,667 tonneaux, tous français.

Avec l'Afrique, ce qui comprend la traite des noirs, de la gomme, et nos relations avec les îles de France et de Bourbon, 45,124 tonneaux.

Avec l'Amérique, ce qui comprend le commerce de la métropole avec les colonies, non compris les établissements de Terre-Neuve, 164,081 tonneaux.

La pêche de la baleine, au Brésil et au Groenland, par des Nantukais établis à Dunkerque, 5,720 tonneaux; celle de la morue, à Terre-Neuve, aux îles Saint-Pierre et Miquelon, et des Dunkerquois en Islande et Itlande, 53,800 tonneaux; celle du hareng, 8,602; du maquereau, 5,166 tonneaux; de la sardine, 3,060 tonneaux; de poissons divers, tels que thons, soles, turbots, barbues, raies, saumons, huitres, grandins, etc., 12,320 tonneaux.

Le cabotage de port en port de France, dans l'Océan et la Méditerranée, 1,010,852 tonneaux.

§ XI. *État de la Navigation en* 1793.

En 1793, cette navigation a été effectuée, tant à l'entrée qu'à la sortie de nos ports, par 400,000 tonneaux, dont seulement 114,000 français, le surplus étranger.

En 1792, cette même navigation avait eu lieu par 1,442,000 tonneaux, dont 776,000 tonneaux français, le surplus étranger.

En 1793, le mouvement de la navigation sur les côtes de France, appelée cabotage, a été effectué par 718,000 tonneaux, dont seulement 21,000 tonneaux étrangers, le surplus français.

En 1792, ce même cabotage avait eu lieu par 1,000,000

de tonneaux, dont seulement 5,000 tonneaux étrangers, le surplus français.

§ XII. *État de la Navigation française en l'an 9.*

Quoiqu'il ne faille pas juger de la navigation française parce qu'elle a été pendant la guerre actuelle, néanmois il est utile d'en connaître l'état, comme un important objet de comparaison.

Voici celui qui a été donné par le ministre de l'intérieur, dans son compte rendu de cette partie du commerce, en l'an 10 :

« Dans le cours de l'an 9, dit le ministre, les transports maritimes, entre la France et les différentes contrées de l'Europe, se sont effectués; savoir : à l'entrée, par 9,500 bâtiments jaugeant 321,593 tonneaux, et à la sortie, par 8,348 bâtiments jaugeant 377,463 tonneaux; tandis qu'en l'an 8, ces mêmes transports n'avaient employé que 275,157 tonneaux à l'entrée, et 312,767 à la sortie.

» La part du pavillon français dans cette navigation, a été, en l'an 9, de 109,085 tonneaux à l'entrée, et de 127,391 à la sortie. Elle n'avait été, en l'an 8, que de 98,304 tonneaux pour l'entrée, et de 104,687 pour la sortie.

» D'un autre côté, le cabotage d'un port à l'autre de la république, a, pendant l'an 9, exigé l'emploi; savoir: à l'entrée, de 29,907 bâtiments jaugeant 746,064 tonneaux, et à la sortie, de 30,845 bâtiments jaugeant 745,710 tonneaux. En l'an 8, ce même cabotage n'avait employé que 723,694 tonneaux à l'entrée, et 666,654 à la sortie.

» Le pavillon français a participé dans cette navigation côtière ou de cabotage, pendant l'an 9, pour 727,308 tonneaux à l'entrée, et 718,359 à la sortie; tandis qu'en l'an 8, il n'y était entré que pour 698,486 tonneaux à l'entrée, et 644,109 à la sortie.

» Enfin le nombre des bâtiments occupés à la navigation des colonies d'Asie, d'Afrique et d'Amérique, ou aux pêches lointaines et sur nos côtes , s'est élevé, pendant l'an 9, à 150 bâtiments jaugeant 7,624 tonneaux pour l'entrée, et à 223 bâtiments jaugeant 9,510 tonneaux pour la sortie. En l'an 8 , ce genre de navigation avait employé à l'entrée 4,769 tonneaux , et 10,000 à la sortie.

» L'accroissement qu'on remarque n'est ici qu'en faveur de l'entrée dans nos ports; mais il convient d'observer à l'égard de la sortie, qui ne présente d'ailleurs qu'une légère différence en moins pour l'an 9 , que l'état d'incertitude dans lequel le commerce devait être sur la situation de nos colonies, principalement en Amérique , à dû nécessairement arrêter les spéculations des villes maritimes de France qui ne tarderont pas sans doute a faire des expéditions que le gouvernement paraît disposé à protéger de toute son influence. »

§ XIII. *De la Police de la Navigation.*

Nous n'entrerons pas dans des détails circonstanciés de la police de la navigation marchande ; nous dirons seulement un mot en général des obligations auxquelles sont assujétis les marchands et armateurs , dans les transports des marchandises , l'entrée, la sortie des navires , et la formation des équipages.

Ces dispositions sont établies principalement par les loi du 21 septembre 1793 , et 27 vendémiaire an 2.

La première appelée *Acte de Navigation* porte :

Art Ier. Les traités de *Navigation* et de commerce, existants entre la France et les puissances avec lesquelles elle est en paix, seront exécutés selon leur forme et teneur, sans qu'il y soit apporté aucun changement par le présent décret.

II. Après le premier janvier 1794 , aucun bâtiment ne sera réputé français, n'aura droit aux priviléges des bâtiments français , s'il n'a pas été construit en France, ou dans les colonies ou autres possessions de France, ou déclaré de bonne prise faite sur l'ennemi, ou confisqué pour contravention aux lois de la république , s'il n'appartient pas entièrement à des Français , et si les officiers et trois quarts de l'équipage ne sont pas français.

III. Aucunes denrées, productions ou marchandises étrangères ne pourront être importées en France, dans les colonies et possessions de France, que directement par des bâtiments français, ou appartenants aux habitants du pays des crûs, produits, ou manufactures, ou des ports ordinaires de vente et première exportation, les officiers et trois quarts des équipages étrangers étant du pays dont le bâtiment porte le pavillon; le tout, sous peine de confiscation des bâtiments et cargaisons, et de 3,000 liv. d'amende, solidairement et par corps, contre les propriétaires, consignataires et agents des bâtiments et cargaisons, capitaine et lieutenant.

IV. Les bâtiments étrangers ne pourront transporter, d'un port français à un autre port français, aucunes denrées, productions ou marchandises des crûs, produits, manufactures de France, colonies ou possessions de France, sous les peines portées par l'article III.

Une autre loi du 27 vendémiaire an 11, statue :

1°. Que la laine non ouvrée d'Espagne ou d'Angleterre, la soie brute, les espèces d'or et d'argent, la cochenille, l'indigo, les bijoux d'or ou d'argent, dont la matière vaut au moins trois fois le prix de la main d'œuvre et accessoires, ne sont pas compris dans la prohibition d'importation indirecte décrétée par l'acte de navigation.

2°. Qu'en temps de guerre, les bâtiments français ou neutres peuvent importer indirectement, d'un port neutre ou ennemi, les denrées ou marchandises de pays ennemi, s'il n'y a pas une prohibition générale ou partielle des denrées et marchandises du pays ennemi.

3°. Qu'en temps de paix ou de guerre, les bâtiments français ou étrangers, frétés pour le compte de la république, sont exceptés de l'acte de navigation.

4°. Que les bâtiments au-dessous de trente tonneaux, et tous les bateaux, barques, allèges, canots et chaloupes employés au petit cabotage, à la pêche sur la côte, ou à la navigation intérieure des rivières, seront marqués d'un numéro, et des noms des propriétaires et des ports auxquels ils appartiennent.

5°. Que les numéros et noms des propriétaires et des ports seront insérés dans un congé que chacun de ces bâtiments sera tenu de prendre chaque année, sous peine de confiscation et de 100 livres d'amende.

6°. Que ceux des bâtiments qui seront pontés, payeront 3 livres pour chaque congé; il ne sera payé que 20 sous pour celui des bâtiments non pontés.

7°. Qu'un bâtiment étranger, étant jeté sur les côtes de France ou possessions françaises, et tellement endommagé, que le propriétaire ou assureur ait préféré de le vendre, sera, en devenant entièrement propriété française, et après radoub ou réparation, dont le montant sera quadruple du prix de la vente du bâtiment, et étant monté par des Français, réputé bâtiment français.

8°. Que les bâtiments français ne pourront, sous peine d'être réputés bâtiments étrangers, être radoubés ou réparés en pays étrangers, si les frais de radoub ou réparation excèdent 6 livres par tonneau, à moins que la nécessité de frais plus considérables ne soit constatée par le rapport signé et affirmé par le capitaine et autres officiers du bâtiment, vérifié et approuvé par le consul ou autre officier de France, ou deux négociants français résidants en pays étranger, et déposé au bureau du port français où le bâtiment reviendra.

9°. Que les bâtiments de 5o tonneaux et au-dessus, auront un congé où seront la date et le numéro de l'acte de francisation, qui exprimera les noms, état, domicile du propriétaire.

10°. Le propriétaire donnera une soumission et caution de 20 livres par tonneau, si le bâtiment est au-dessous de 200 tonneaux, et de 5o livres par tonneau, s'il est au-dessus de 200 tonneaux; de 4o livres par tonneau, s'il est au-dessus de 4oo tonneaux. Les congés ne seront bons que pour un voyage.

11°. Qu'aucun Français résidant en pays étranger, ne pourra être propriétaire, en tout ou en partie, d'un bâtiment français, s'il n'est pas associé d'une maison de commerce française, faisant le commerce en France ou possession de France, et s'il n'est pas prouvé, par le certificat du consul de France dans le pays étranger où il réside, qu'il n'a point prêté serment de fidélité à cet Etat, et qu'il s'y est soumis à la juridiction consulaire de France.

La perception des taxes ou droits de navigation avait d'abord été confiée, par la loi du 18 août 1791, à des receveurs nommés par les tribunaux de commerce; ensuite, par celle du 30 décembre 1792, elle l'a été aux préposés des douanes; enfin, la délivrance des congés, les réceptions des rapports de mer, déclarations, manifestes, jaugeages, propriétés, entrées et sorties des navires, ont été distraits du ministère de la marine et des bureaux des classes, et attribués aux douanes par le décret du 21 septembre 1793, que l'on appèle *Acte de navigation française.*

L'on peut voir par les dispositions qui y sont contenues, qu'il tient essentiellement aux bases de l'organisation politique et au système des forces de l'Etat; c'est ce qui nous a déterminés à le rapporter.

Nous aurons terminé tout ce que nous avions à dire sur le commerce de terre et de mer, quand nous aurons dit un mot du change et ensuite de l'administration du commerce.

§ XIV. *Change.*

C'est un moyen de commerce, surtout de commerce extérieur, très-important, 1°. parce qu'il facilite le transport des valeurs; 2°. parce qu'il donne des bénéfices considérables à l'Etat en faveur de qui il se trouve.

Pour connaître cette matière, nous dirons quelque chose, 1°. du changé en lui-même; 2°. des monnaies étrangères comparées aux espèces de France, puisque l'on ne peut estimer les avantages que l'on retire du change qu'autant que l'on connaît la valeur respective des espèces qui servent à payer de part et d'autre les créances contractées pour l'achat des marchandises ou par les bénéfices de commerce.

La connaissance du mécanisme du change est donc utile pour apprécier la richesse d'un Etat dans ses opérations de commerce extérieur.

Les commerçants d'un pays qui portent des marchandises dans un autre, commencent, afin de ne pas ramener leurs vaisseaux ou leurs voitures à vide, par les charger, en retour, de productions ou marchandises du pays dans lequel ils ont vendu les leurs.

Si chaque retour ainsi fait était précisément de la même valeur que l'envoi, et fourni par l'acheteur même de cet envoi, il n'y aurait de part et d'autre ni dette ni créance de commerce.

Mais, d'un côté, il y a très-peu de créances qui soient de la même valeur et du même encombrement, et chacun étant obligé de prendre, dans le marché où il se trouve, celles qui sont à sa portée, il ne peut y avoir une égalité parfaite entre chaque retour et chaque envoi.

D'un autre côté, la plus grande partie du commerce se fait à crédit, deux causes qui, réunies, font qu'il ne saurait y avoir de commerce un peu animé entre deux nations sans qu'il n'y ait de part et d'autre une multitude de dettes à payer et de créances à exiger.

Le bon sens dit qu'il vaut mieux avoir de l'argent à toucher à sa portée que loin de chez soi, parce qu'il y a moins de frais et de risques.

Dès qu'il s'est donc trouvé beaucoup de créances et de dettes réciproques entre deux villes ou entre deux pays, on a tout naturellement imaginé d'opérer, autant qu'on l'a pu, les payements par échange de créances, chacun donnant avec plaisir son titre sur un débiteur étranger ou éloigné, pour un titre pareil sur un débiteur également solvable et qui est son voisin.

Aussitôt donc que cet intérêt à échanger des créances entre les négociants de deux pays a existé, l'échange ou le change, a eu lieu, le mot est né de la chose.

Cet échange ne se conclue pas directement entre les deux parties, mais le plus souvent par des intermédiaires que l'on nomme banquiers. Ces banquiers peuvent être considérés comme des marchands dont le commerce consiste à vendre dans une place, la faculté de disposer de l'argent dont quelqu'un est propriétaire dans une autre place ou une autre nation. Cette négociation ou transport de créance se fait par le moyen d'une lettre de change.

Par cet acte ou lettre de change, le propriétaire de l'argent éloigné mande à son débiteur ou correspondant, de le payer à la personne qui lui a acheté cet argent, ou à tel autre indiquée par celle-ci, et il reconnaît en avoir reçu d'elle la valeur.

En style de commerce, le vendeur se nomme *tireur*. L'acheteur, ou celui qui est à ses droits, se nomme *porteur*. Le porteur qui cède ses droits, demeure garant envers son cessionnaire, et se nomme *endosseur*, parce que ces sortes de cessions s'écrivent sur le dos de la lettre. Enfin, le débiteur ou correspondant auquel la lettre est adressée, et qui y met son acceptation quand elle lui est présentée, se nomme *accepteur*.

Si la somme totale des fonds que l'une des places a à tirer sur l'autre, est égale de part et d'autre, c'est-à-dire si les deux places sont débitrices, l'une envers l'autre, d'une somme pareille, alors il n'y a pas de transport effectif d'argent à faire de l'une des places à l'autre ; tout se consommera par le transport fictif qu'opéreront les lettres de change ; tous les débiteurs de chacune des deux places, au lieu de payer à leurs créanciers de l'autre place, payeront entre les mains de personnes résidantes dans la même ville, qui leur auront été indiquées par leurs créanciers ; les lettres de change acquittées leur vaudront quittance, et tout sera soldé sans autres frais que le salaire des agents intermédiaires.

Quand il en est ainsi, on dit que le *change* est *au pair*.

Mais il arrive souvent que l'une des places doit plus que l'autre, et a par conséquent plus de fonds à y faire passer qu'elle n'en a à retirer. Alors les débiteurs de cette première place, qui, pour s'acquitter à moins de frais et à moins de risques, cherchent à le faire par le moyen de lettres de change, s'empressent d'en acheter. Or il y en a moins que l'on en demande. Donc ceux qui ont de l'argent tout transporté dans la place créancière, exigeront un *bénéfice* pour céder cet argent, ou tirer la lettre qui en transmettra la propriété. Ce bénéfice sera plus ou moins fort, selon que la concurrence des demandeurs sera plus ou moins vive. Ce bénéfice se nomme *prix du change*, ou tout simplement change.

Le *change* prend naturellement un taux uniforme dans tous les traités de ce genre, qui se font à la même époque entre les mêmes places. Ce taux se nomme *cours du change*.

On dit que le change est *en faveur* d'une place ou *pour* elle, quand les lettres sur cette place gagnent un *prix de change*. Dans le cas contraire, et quand on offre au rabais les lettres sur une place, on dit que le change est *contre* elle, ou qu'il lui est *défavorable*.

Dans tout ce qui vient d'être dit, on a supposé que le change se faisait entre deux pays soumis au même gouvernement, en usant de la même monnaie ; mais entre deux pays qui ont des monnaies différentes, quoique au fond le change soit le même quant à sa nature et à ses effets ; cependant, pour juger de l'état du change entre les deux pays, la différence des monnaies exige une opération préalable, qui consiste à réduire les deux monnaies à une valeur commune.

La valeur d'une monnaie n'étant, pour les pays étrangers, que la quantité de fin qui y est contenue, quand d'un pays à l'autre on a en échange, par la voie des lettres de change, des quantités égales de fin, c'est-à-dire, quand on paye, dans l'un des pays, par exemple, une once d'argent à 11 deniers de fin, pour acheter une once d'argent au même titre, toute transportée dans l'autre pays, alors le change est *au pair*. Ainsi, comme on sait que 3o deniers, ou *penni* anglais, contiènent (à peu près) autant d'argent fin qu'un écu de 3 liv. de France, quand une lettre de change de cent écus sur Paris se vend à la bourse de Londres cent fois 3o deniers sterlings, ou qu'une lettre de change sur Londres, de cette dernière somme, se vend cent écus à la bourse de Paris, le change entre Paris et Londres est *au pair*.

Mais si, pour avoir à Londres 3o deniers sterlings, il faut payer à Paris plus d'un écu, ou si les négociants de Londres achètent leurs lettres de change sur Paris à un taux au-dessous de 3o deniers sterlings par écu, alors le change est en faveur de Londres, et est *contre* Paris.

Pour marquer ces variations dans le cours des changes, au lieu d'énoncer le rapport de ces deux valeurs, en les indiquant l'une et l'autre, on a trouvé plus à propos, pour abréger, de considérer dans cette évaluation la monnaie de l'un des deux pays comme le *prix*, et la monnaie de l'autre comme la *marchandise* ; par conséquent les variations du marché sont énoncées dans la première de ces deux monnaies seulement, la quantité correspondante de l'autre monnaie étant sous-entendue. Selon cet usage, quand le change sur Londres est à Paris à 1o pour 1oo en faveur de Londres, il suffit, pour l'indiquer, de marquer 27 *deniers sterlings* $\frac{3}{11}$ (l'écu de France restant toujours le second terme de l'évaluation);

ce qui signifie que l'écu à Paris n'achètera que 27 deniers $\frac{3}{11}$ à Londres, ou bien que 27 deniers $\frac{3}{11}$ à Londres suffiront pour acheter un écu sur Paris ; que, par conséquent, pour avoir sur Londres une valeur égale à cent écus, ou à cent fois 30 deniers anglais, qui font 12 liv. 10 sous sterlings, il faudra, à la bourse de Paris, payer la lettre de change 110 écus, lesquels, à raison de 27 deniers $\frac{3}{11}$ par écu, seront remboursés à Londres, en 3,000 deniers, ou 12 livres 10 sous sterlings.

Dans cet exemple, il faut que Paris paye $\frac{1}{10}$ au-dessus du pair, pour les sommes qu'il veut remettre à Londres, tandis que Londres ne paye que les $\frac{9}{10}$ du pair, pour s'acquitter envers Paris ; c'est-à-dire, qu'avec 11 livres 7 sous 3 deniers $\frac{3}{11}$ seulement, qui forment les $\frac{9}{10}$ de 12 livres 10 sous, Londres rembourse une dette qui, au pair, lui aurait coûté cette dernière somme.

En style de banque, on dit de celle des deux places qui marque les variations du change dans sa propre monnaie, qu'elle donne l'*incertain* ; et de la place correspondante, qu'elle donne le *certain*. Ainsi, dans le change entre Paris et Londres, Paris donne le *certain*, qui est son *écu de* 60 *sous* ; et Londres donne l'*incertain*, qui est la quantité de ses deniers sterlings, qui répond à l'*écu de change* de Paris. Dans le change entre Paris et Madrid, Madrid donne le *certain*, qui est sa *pistole de change* ; et Paris donne l'*incertain*, qui est la quantité de livres, sous et deniers tournois ou de francs, auxquels répond cette pistole.

Dans le même langage, on nomme *traites* les lettres de change qu'un banquier tire sur son correspondant, et que ce dernier a commission d'acquitter. On nomme *remises* celles qu'un banquier envoie à son correspondant, et que ce dernier a commission de toucher.

Les opérations du change se compliquent davantage, quand une place s'acquitte envers une autre, par l'entremise d'une troisième. Si, par exemple, Paris doit à Londres, Londres à Amsterdam, et Amsterdam à Paris, on évitera les frais et risques du transport effectif avec la même facilité que si Londres et Paris eussent pu balancer leurs dettes respectives. Les négociants de Paris fourniront à ceux de Londres des lettres de change sur Amsterdam, et les négociants d'Amsterdam échangeront l'argent qui leur est dû à Londres, contre celui qui se trouvera à Amsterdam être dû aux porteurs de lettres de change françaises, et il n'y aura pas besoin d'un transport effectif d'espèces, si ce n'est pour l'excédent qui resterait dû de part ou d'autre, après la balance de tous les comptes.

L'industrie des banquiers s'exerce à prévoir les variations du change, et leur habileté consiste à tenir toujours dans la place la plus avantageuse pour le moment, les richesses mobiles qui sont à leur disposition. C'est ce qu'en langage de banque on nomme *arbitrages*.

On voit par ce que nous venons d'exposer sur le mécanisme du change, qu'il suppose la connaissance du rapport des monnaies étrangères à celles de France.

Cette matière serait trop longue pour l'épuiser ici, nous ne saurions nous dispenser de donner l'évaluation des principales monnaies étrangères en valeurs françaises; c'est une connaissance essentielle à l'intelligence des rapports extérieurs et de comparaison de la richesse de la France avec celle des autres nations.

§ XV. *Notice des Monnaies étrangères, comparées à leur valeur en Monnaie de France.*

ANGLETERRE.

Couronne (Crown) à 5 shellings.	6 fr.	16 c.
Shelling.	1	23

AUTRICHE ET BOHÊME.

Species reichsthaler	5	27
Florin (Gulden) à 60 kreuzers.	2	63
10 Kreuzers.	0	44

RÉPUBLIQUE BATAVE.

Florin.	2	17
Shelling (Stuvers) à 6 deniers	0	65
Ducaton.	6	88

Daler . . . . 5 fr. 48 c.
Lœwendaler 4   59

DANEMARCK ET HOLSTEIN.

Species reichsthaler 5   69
Marc de Lubec , ou marc-lubs 1   90
Marc danois 0   95

ÉTAT ECCLÉSIASTIQUE.

Scudo 5   53
Testono 1   66
Papeto 1   11
Paolo 0   55

ESPAGNE.

Piastre , depuis 1772 5   44
Pesetas à 4 réaux 1   15
Real nuevo à 2 réaux . . . . 0 , 58
Real de Vellon 0   29

HAMBOURG.

Marc banco 1   90
Marc courant 1   55
   L'écu vaut 3 marcs.

RÉPUBLIQUE HELVÉTIQUE.

Écu de Bâle , à 3o batzen 4   44
Florin de Bâle , à 15 batzen 2   22
Franc de Berne , à 10 batzen 1   52
Écu de Zurich , à 2 florins 4   78
Florin de Zurich , à 4o shellings 2   39

NAPLES.

Scudo à 120 grani , depuis 1784 5   12
Ducato à 100 grani , *idem.* 4   27
Taro 0   85
Carlino 0   43

PARME.

Ducato, depuis 1784 . . . . 5 fr. 25 c.

PORTUGAL.

Crusado à 480 rees 2   93
Mille rees. 6   9

PRUSSE.

Reichsthaler à 24 groschen 3   76
Groschen 0   15

RAGUSE.

Visline ou ragusine 3   59

RUSSIE.

Rouble à 100 kopeck, avant 1797. 4   5
Depuis 1797. 5   71

SARDAIGNE.

Scudo à 2 lire ½. 4   76
Lira. . . . . , ... 1   90

SAVOIE ET PIÉMONT.

Scudo à 6 lire, depuis 1755 7   17
Lira. 1   20

SAXE.

Species reichsthaler 5   27
Reichsthaler à 24 groschen 3   95
Gulden (Florin). 2   63
Groschen 0   16

SICILE.

Onzia à 3o tari, depuis 1785. 12   80
Scudo à 12 tari 5   12

SUÈDE.

Species daler à 48 shellings, depuis 1777. .   5 fr. 79 c.
Pièce de 10 oers. . . . .   o   70

TOSCANE.

Francesconi ou leopoldini à 10 paoli. . . .   5   53
Testono à 3 paoli.   1   66
Paolo . . . .   o   55
Lira. . . . .   o   83
Tallari à 9 paoli.   5   8

TURQUIE.

Juspara à 2 piastres $\frac{1}{2}$.   5   2
Piastre à 40 paras.   2   1
Para. . . . .   o   5

VENISE.

Ducato à 8 lire   4   24
Scudo della croze à 12 lire   6   56
Giustina ou ducatone à 11 lire.   5   82
Talero à 10 lire.   5   29
Osella à 3 lire.   2   6
Lira. . . . .   o   53

ASIE ET INDES ORIENTALES.

Itaganne ou tigogin à 62 mas (à Japan). . 16   2
Nantiogin à 7 mas $\frac{1}{2}$. . . . . (*idem*). .   2   24
Kodama . . . . (*idem*). .   1   75
Larin, en Arabie. . . . .   o   98
Mamoedi, en Perse . . . .   o   82

Roupie {
    d'Arcate   2   44
    de Bombay, Madras, Perse. . .   2   47
    de Pondichéry   2   49
    de Haïdernac, *minimum*   2   37
    de Bengale (Sicca), *maximum*.   2   57

ÉTATS-UNIS D'AMÉRIQUE.

Le dollar . . . . 5 fr. 57 c.
La livre sterling de Sud-Caroline et Géorgie. 24   0
La livre de Newhamshire, Massachusets,
Rhode-Island, Connecticut, Virginie 19   7
La livre de Pensylvanie, New-Jersey, De-
laware, Maryland. 14   80
La livre de New-Yorck, North-Caroline. . 13   82

§ XVI. *Administration du Commerce.*

Il n'y a pas, à proprement parler, d'administration du commerce en France ; il n'y a point de conseil administratif de commerce, d'intendants, inspecteurs ou officiers supérieurs chargés de cette partie : les chambres de commerce elles-mêmes ne sont, en quelque sorte, que des moyens d'instruction ; elles n'ont que bien peu d'attributions administratives. Cependant nous allons en parler, ainsi que des chambres consultatives et des tribunaux de commerce.

Les préfets et le ministre de l'intérieur sont les administrateurs nés du commerce et des fabriques ; c'est le ministre qui est chargé de la haute administration ; les préfets le sont du détail de leurs départements respectifs : ils sont présidents nés des chambres de commerce.

Chambres de Commerce.

Leur organisation a été déterminée par un arrêté du 3 nivôse an 11 ; elles sont composées de quinze négociants dans les villes où la population excède 50,000 ames, et de neuf dans toutes celles où elle est au-dessous, indépendamment du préfet, qui en est membre né, et en a la présidence toutes les fois qu'il assiste aux séances ; le maire le remplace dans les villes qui ne sont pas chefs-lieux de préfectures. Nul ne peut être reçu membre d'une chambre de commerce s'il n'a fait le commerce en personne au moins pendant dix ans.

Les fonctions attribuées aux chambres de commerce

sont , 1°. de présenter des vues sur les moyens d'accroître la prospérité du commerce ; 2°. de faire connaître au gouvernement les causes qui en arrêtent les progrès ; 3°. de surveiller l'exécution des travaux publics relatifs au commerce, tels, par exemple, que le curage des ports, la navigation des rivières, et l'exécution des lois et arrêtés concernant la contrebande. Les chambres de commerce correspondent directement avec le ministre de l'intérieur. Les membres des chambres de commerce sont choisis par les négociants, commerçants et banquiers, réunis au nombre de 40 à 60, et renouvelés, par tiers, tous les ans ; les membres sortants peuvent être réélus.

Conseil général de Commerce.

Il y a à Paris un conseil général de commerce simplement consultatif, établi près le ministre de l'intérieur ; les membres en sont désignés par les chambres de commerce et pris parmi elles. Chaque chambre présente deux sujets, et sur le total deceux qui sont présentés, l'Empereur en prend quinze qui composent le conseil.

Le conseil n'est pas toujours assemblé, mais cinq des membres forment une sorte de comité intermédiaire. Nul ne peut être membre du conseil s'il n'est en activité de commerce dans la ville qui fait la députation, et si, au moment de sa nomination, il n'y était présent.

On voit par les comptes des dépenses publiques pour l'an 12, que, pendant cette année, le conseil général de commerce, que l'on nomme aussi tout simplement *Bureau de Commerce*, a coûté 48,852 fr.

Quant aux chambres de commerce, leurs dépenses sont prises sur des taxes locales ou additionnelles à celles que supportent les villes ; elles sont dépenses communales.

Chambres consultatives des Manufactures, Arts et Métiers.

Ces chambres sont destinées à donner leur avis à l'administration sur les moyens de protéger, d'encourager les découvertes et les procédés utiles dans tous les genres d'industrie ; elles ont été établies par un arrêté du 10 thermidor an 11.

Elles sont composées chacune de six membres, présidées par les maires des lieux où elles sont placées. Dans les grandes communes où il y a plusieurs maires, le préfet préside. Nul ne peut en être s'il n'est manufacturier, fabricant, directeur de fabrique, ou s'il n'a exercé une de ces deux professions pendant cinq ans au moins.

Les fonctions de ces chambres, conformément à la loi du 22 germinal an 11, se bornent à faire connaître les besoins et les moyens d'amélioration des manufactures, fabriques, arts et métiers. Les chambres de commerce remplissent ces fonctions dans les villes où il n'y a point de chambre consultative.

Elles envoient leurs mémoires par le canal du sous-préfet au préfet ; celui-ci les fait passer au ministre : elles se renouvèlent par tiers tous les ans, et leurs dépenses font partie du budget des communes, et ne peuvent être reconnues et payées qu'après avoir été ordonnancées par le ministre de l'intérieur.

Tribunaux de Commerce.

On doit les placer dans la hiérarchie des autorités destinées à protéger le commerce.

Les tribunaux de commerce ont été créés par la loi du 24 août 1790, titre XII ; ils sont particulièrement institués pour le jugement des affaires de commerce, tant de terre que de mer.

L'article II de la loi du 24 ventôse an 8, sur l'organisation des tribunaux, dit : « Qu'il n'est rien innové, d'ailleurs, aux lois concernant les juges de commerce, lesquels continueront leurs fonctions jusqu'à ce qu'il en ait été autrement ordonné ».

Il n'est rien changé à leur placement, non plus qu'à l'étendue territoriale de juridiction qui leur avait été assignée.

A l'égard des lieux qui ne se trouvent point compris dans l'arrondissement d'aucun tribunal de commerce, les affaires commerciales se portent immédiatement au tribunal de première instance de l'arrondissement dans lequel ce lieu se trouve situé, et ce tribunal, dans ces matières, procède et juge dans la même forme et avec les mêmes pouvoirs que les tribunaux de commerce.

Ils prononcent en dernier ressort et sans appel, sur toutes les demandes dont l'objet n'excède pas la valeur de mille francs.

Ces tribunaux doivent être composés de cinq juges.

Tout jugement doit être rendu au nombre de trois juges au moins.

Ces juges sont nommés au scrutin et à la pluralité des suffrages, dans une assemblée convoquée des seuls négociants, banquiers, marchands, manufacturiers et armateurs de la ville où le tribunal est établi.

Pour être élu juge, il faut avoir résidé et fait le commerce, au moins depuis cinq ans, dans la ville où le tribunal est fixé, et avoir l'âge de 30 ans accomplis; et pour être président, il faut avoir au moins l'âge de 35 ans, et avoir fait le commerce depuis 10 ans.

Ces tribunaux n'ont point de vacances, et ressortissent des mêmes cours d'appel que les tribunaux de première instance.

On compte 198 tribunaux de commerce en France aujourd'hui, et leur dépense en l'an 12, à la charge du trésor, s'est élevée à 139,000 francs, suivant les comptes du ministre.

Ici se termine ce que nous avions à dire du commerce intérieur et extérieur, ainsi que de l'administration de chacun d'eux. Nous allons passer maintenant aux revenus de l'Etat.

CHAPITRE IX.

Des Revenus de l'État.

CETTE partie de la Statistique est une des plus intéressantes, parce qu'elle tient immédiatement à la connaissance de la fortune publique et à celle des moyens de puissance de l'Etat.

Il ne s'agit point ici d'examiner quelle peut être la meilleure espèce de revenu, et quelle forme de perception l'on doit employer; nous ne devons nous occuper que de faire connaître ce qui existe en France, et le faire de manière à donner une idée positive de nos finances, des revenus et des dépenses publiques.

Ce qui nous conduit à parler d'abord des premières, ensuite nous passerons aux secondes.

Les revenus se composent d'impositions directes et indirectes, et de rentrées accidentelles.

Nous allons offrir le montant des revenus avant la révolution; ensuite nous ferons connaître les revenus actuels, ce qui nous conduira à comparer également les dépenses anciennes avec les nouvelles.

Revenus de la France avant la révolution.

Nous puiserons dans M. Necker l'estimation des revenus publics antérieurs à la révolution; mais il faut faire attention que, dans l'état que nous en allons donner, tous les articles ne forment pas autant de recettes réelles pour le trésor; il y en a, telles que les corvées, qui ne peuvent être considérées que comme des charges et non comme des revenus. Cependant comme elles diminuaient la dépense de toutes les sommes qu'il aurait fallu destiner aux ouvrages qu'elles exécutaient, on peut en placer la valeur dans la somme des recettes.

Voici donc quels étaient, en 1785, les impôts qui composaient le revenu public de la France.

Deux vingtièmes. . . . . 55,000,000 liv.
Troisième vingtième. 21,500,000
Taille. 91,000,000
Capitation 41,500,000
Impositions locales. 2,000,000
Fermes générales. 166,000,000
Régic générale. 51,500,000
Administration des domaines. 41,000,000
Fermes de Sceaux et de Poissy. . . . 1,100,000
Administration des postes 10,300,000
Fermes des messageries 1,100,000
Monnaies. 500,000
Régie des poudres 800,000
Loterie royale 11,500,000
Revenus casuels 5,700,000
Droits de marc d'or 1,700,000
Droits perçus par les pays d'Etat. . . 10,500,000
Clergé 11,000,000
Octrois des villes, hôpitaux, chambres
de commerce. 27,000,000
Aides de Versailles. 900,000
Impositions de la Corse. 600,000
Taxes attribuées aux gardes françaises
et suisses. 300,000
Objets divers. 2,500,000
Droits recouvrés par les princes et les
engagistes 2,500,000
Corvées ou impositions qui en tiènent
lieu. 20,000,000
Contraintes, saisies, etc. 7,500,000
                         ————————
Total. . . . . 585,000,000 liv.

On voit qu'il faut déduire de cette somme, celle de
7,500,000 francs, consommés en frais de saisies et de
poursuites, qui sont bien une charge pour les contribuables, mais non un véritable revenu pour l'Etat.

Revenus actuels de la France.

Pour faire connaître l'état et le montant des revenus de l'Etat aujourd'hui, nous suivrons, pour guide, les comptes rendus par le ministre des finances et par celui du trésor public, ainsi que la loi du budget pour cette même année.

Les diverses recettes qui composent les revenus de l'Etat, résultent des impositions directes, indirectes et extraordinaires ou temporaires.

§ Ier. *Impositions directes.*

L'on donne ce nom exclusivement aujourd'hui aux contributions foncière, mobiliaire, somptuaire, personnelle, des portes et fenêtres, enfin, aux patentes.

Les autres, en très-grand nombre, sont indirectes. On peut ajouter aux revenus que donnent celles-ci, celui qui résulte des voies et moyens temporaires ou extraordinaires, tels que les cautionnements.

Nous parlerons de chacune en particulier en faisant remarquer que nous prendrons pour base d'appréciation l'an 11, parce que, depuis cette époque, les frais extraordinaires de la guerre ont donné lieu à une augmentation d'impositions qui ne doit être regardée que comme passagère. On verra, au reste, au paragraphe du Budget, le montant des contributions actuelles pour les besoins publics.

N°. 1er. *Impositions foncières.*

Ce sont celles qui sont assises sur les propriétés foncières, telles que maisons, terres, bois, canaux, usines.

La loi du 13 floréal an 10 porte la contribution foncière pour l'an 11, en principal, c'est-à-dire, non compris les centimes additionnels, à 210,000,000 de fr.

La loi du 5 ventôse an 12 l'a réduite, en principal, à 206,908,000 fr. pour l'an 13.

Enfin, le budget de l'an 13 arrête également à cette dernière somme, le montant en principal de cette même contribution pour l'an 14.

33.

N°. 2. *Contribution personnelle, somptuaire et mobiliaire.*

Ces trois dénominations d'une même contribution sont confondues en une seule, et la contribution est à la fois personnelle, somptuaire et mobiliaire.

La loi du 13 floréal an 10 l'a portee, pour l'an 11, à 32,000,000 de principal.

Celle du 5 ventôse an 12, à la somme de 32,800,000 fr. de principal, pour être perçue en l'an 13.

Enfin, le budget de l'an 13 a conservé, pour l'an 14, la même somme de 32,800,000 fr.

N°. 3. *Contribution des Portes et Fenêtres.*

Elle est classée parmi les contributions directes ; la loi du 13 floréal an 10 la porte, pour l'an 11, au principal de 16,000,000.

Celle du 5 ventôse an 12 ne l'a point augmentée pour l'an 13.

Enfin le budget de l'an 13 l'a conservée au même taux pour l'an 14.

N°. 4. *Patentes.*

Nous avons déjà parlé des patentes comme taxe remplaçant l'ancienne formalité des maîtrises ; nous remarquerons seulement ici, que les lois des 13 floréal an 10, 5 ventôse an 12, et le budget de l'an 13, l'ont conservée telle qu'elle était, sans augmentation ni diminution.

Nous observerons encore, par addition à ce que nous avons déjà dit, que le produit des patentes, en l'an 12, s'est élevé à 17,512,722 francs ; supérieur par conséquent aux années précédentes.

En vertu de la loi du 26 brumaire an 10, les rôles des patentes sont remis aux percepteurs des contributions foncière et personnelle, pour en poursuivre le recouvrement ; ils ont une remise égale à celle qui leur est allouée pour les contributions foncière et personnelle, et qui est prise sur le produit net de leurs recettes ; les patentes sont, comme les autres contributions directes, payables par douzièmes de mois en mois, à compter du premier vendémiaire de chaque année.

N°. 5. *Des Centimes additionnels sur les Contributions directes.*

Les centimes additionnels sont ajoutés au principal des contributions, pour servir aux frais et non-valeurs, ainsi que pour les dépenses d'administration.

La loi du 13 floréal an dix, veut qu'il soit établi, en sus du principal de la contribution foncière, personnelle, somptuaire et mobiliaire, deux centimes par franc pour fonds de non-valeurs et de dégrèvement; en sus du principal de la contribution des portes et fenêtres, dix centimes additionnels par franc, affectés au prix de confection des rôles, et aux fonds de dégrèvement et de non-valeurs; en sus du principal des patentes, cinq centimes par franc, pour faire un fonds de non-valeur et de dégrèvement par département.

Outre ces centimes additionnels ajoutés au principal des contributions directes, la même loi du 13 floréal an 10 en a établi pour les dépenses d'administration, d'instruction et de justice, et en a fixé le contingent par département : ce contingent fait, chaque année, partie du budget ou état des revenus et dépenses.

Le montant de ces centimes additionnels, fixés pour chaque département et destinés aux dépenses que nous venons d'indiquer, est versé au trésor public.

De plus, chaque département est autorisé à établir, sur les contributions directes, le nombre de centimes additionnels qu'il juge nécessaire pour faire face aux traitements des employés et garçons de bureau, frais de papier et d'impression, de loyers et réparations des préfectures, tribunaux, écoles publiques, ainsi que des prisons, dépôts de mendicité, et celles relatives aux enfants trouvés. Cependant il y a un maximum fixé, chaque année, que le conseil du département, qui établit ces centimes, ne peut dépasser.

Les conseils municipaux des communes sont également autorisés à établir des centimes additionnels sur les impositions directes, après y avoir été autorisés par

un arrêté du gouvernement, sans cependant pouvoir dépasser le maximum fixé pour ce service.

La loi du budget de l'an 13 a fixé, ainsi qu'il suit,
les centimes additionnels sur les impositions directes pour
l'an 14.

1°. Sur la contribution foncière, fixée, pour cette
année, à 206,908,000 francs, il est ajouté 10 centimes
par franc, au principal, pour les frais de guerre.

2°. Sur la contribution personnelle, somptuaire et
mobiliaire, fixée, pour l'an 14, à 32,800,000 francs;
et sur la contribution foncière, il est ajouté, au principal, 2 centimes par franc, pour fonds de non valeur
et dégrèvement.

3°. Il est réparti, en outre, sur le principal des contributions précédentes, pour être versée au trésor public,
et servir à l'acquit du montant des dépenses fixes, une
quantité de centimes proportionnelle et fixée par département, suivant le tableau annexé au budget.

4°. Il est également réparti une quantité proportionnelle de centimes par départements, pour les dépenses
variables de chacun d'eux, ainsi qu'il est déterminé par
le tableau annexé au budget.

5°. Sur le principal de la contribution foncière seulement, toujours pour l'an 14, un centime et demi pour
frais d'arpentage et d'expertise.

6°. Les conseils généraux de département peuvent,
en outre, proposer d'imposer, jusqu'à concurrence de
4 centimes, pour entretien des bâtiments, supplément
de frais des cultes, construction de canaux et chemins,
après que le conseil impérial a approuvé leur proposition.

7°. Les conseils municipaux répartissent aussi, pour
l'an 14, comme pour les autres années, les centimes additionnels qui leur sont accordés pour leurs dépenses communales.

8°. Sur la contribution des portes et fenêtres, fixée à
16,000,000, il est levé 10 centimes additionnels par franc
pour frais de confection de rôle, dégrèvements et non
valeurs.

9°. Sur les patentes dont le montant a été de 17,000,000
en l'an 12, et qui sont continuées sur le même pied pour
l'an 14, il est levé 15 centimes dont 2 sont affectés aux
frais de la confection des rôles; les 13 centimes restant

sont pareillement affectés d'abord aux décharges et réductions, et l'excédent en dépenses municipales.

N°. 6. *Produit des Centimes additionnels sur les Contributions directes de l'an 11.*

Nous avons vu que la contribution foncière de l'an 11 a été de 210,000,000 ; et la contribution personnelle, somptuaire et mobiliaire de 32,000,000.

Les centimes additionnels de ces deux impositions se sont élevés à 38,720,000 francs, dont 2 centimes employés en dégrèvements et non valeurs, ont formé 4,840,000 fr. Les centimes versés au trésor public pour dépenses fixes, ont rendu 15,232,572 fr. ; centimes réservés aux départements pour dépenses variables, 18,647,428 fr.

Les centimes additionnels sur les portes et fenêtres, ont donné 1,600,000 fr.

On voit donc par cet exposé, que, pour avoir le montant réel des revenus, il faut ajouter au capital les centimes additionnels, dont au reste la plus forte partie n'entre pas au trésor public, comme on a pu voir.

N°. 7. *Mode de Perception des Contributions directes.*

Chaque année, comme nous l'avons dit, le corps législatif fixe la somme totale de la contribution foncière, et de la contribution personnelle, somptuaire et mobiliaire, ainsi que celle des portes et fenêtres.

Cette fixation est faite par une loi, et ne peut l'être autrement.

A la loi qui en arrête le montant est joint un tableau de répartition entre les départements.

Cette répartition est faite d'après la population, l'étendue territoriale et la richesse présumée de chaque département.

Lorsque cette loi est parvenue dans les départements respectifs, on y procède à la répartition entre les arrondissements communaux.

Ce travail est fait par le préfet et le conseil-général du département ; le sous-préfet et le conseil d'arrondissement procèdent ensuite à la répartition entre les communes, et les maires et conseils de commune répartissent à leur tour, le contingent de la commune entre les habitants.

La répartition entre les contribuables d'une commune s'effectue à l'aide d'un rôle sur lequel est porté ce que chaque individu doit payer en principal et en centimes additionnels.

La loi du 13 floréal an 10 porte que dans la confection des rôles de la taxe somptuaire, on doit établir ainsi la contribution pour les domestiques.

Pour le premier domestique mâle, on paye 6 francs ; pour le second, 25 francs; pour le troisième, 75 francs; pour chacun des autres, 100 francs. Domestiques femelles : la première, 1 franc 50 centimes ; la troisième et les autres, 3 francs.

Quant à la taxe somptuaire à raison des chevaux de selles, de voitures, carosses, cabriolets, elle est ainsi réglée par la même loi.

Dans les communes de 50,000 habitants et au-dessus, on paye pour le premier cheval ou mulet, 25 francs; pour le deuxième et autres, 50 francs.

Dans les communes de 10,000 habitants à 50,000, pour le premier cheval, 15 francs; pour le second et les autres, 30 francs.

Dans les communes de 2,000 habitants à 10,000, pour le premier, 10 francs; pour le second et les autres, 20 francs.

Au-dessous de 2,000 habitants, pour le premier, 6 fr.; pour le second, 15 francs; pour le troisième et les autres, 25 francs.

La taxe pour les voitures de luxe et litières, pour une voiture à deux roues et suspendue, ou pour une litière, 50 francs; pour une voiture à quatre roues et suspendue, 100 francs.

Nous remarquerons ici que la contribution somptuaire et mobiliaire de la ville de Paris, a été remplacée par une augmentation de taxe sur les octrois, en vertu de la loi du 26 germinal an 12, et que pareille chose a eu lieu pour Lyon, en vertu d'une autre loi du 13 pluviôse an 13.

La perception des contributions directes se fait immédiatement par des percepteurs, qui versent le montant de leurs recettes dans les caisses des receveurs particuliers, lesquels versent à leur tour dans celle du receveur-général du département.

L'on donne le nom de recouvrement au travail des receveurs, comme celui de perception à celui du percepteur.

D'après l'ordre actuel établi, deux espèces de recouvrements sont confiés aux receveurs généraux :

1°. Les contributions directes, dont le montant est connu d'avance, et pour lesquelles les receveurs souscrivent des soumissions; 2°. les contributions indirectes et autres revenus divers, dont le montant n'étant point connu d'avance, ne peut entrer dans leurs soumissions, mais pour lesquels ils souscrivent des bons à vue qui sont versés au trésor public.

Ces bons sont répartis entre les payeurs-généraux pour leur service respectif.

Les traites ou soumissions des receveurs-généraux sont à la disposition du trésor public; elles sont payables à vue au domicile du receveur, de mois en mois, et en cas de protêt, elles sont payées par la caisse d'amortissement.

Les receveurs-généraux sont obligés de fournir un cautionnement, pour garantie de leurs soumissions et des recouvrements qu'ils font.

Les receveurs d'arrondissement fournissent également un cautionnement au gouvernement, et souscrivent également aux receveurs-généraux des obligations correspondantes aux leurs, et payables quinze jours à l'avance.

N°. 8. *Des Cautionnemens des Receveurs des Impositions directes.*

La loi du budget du 2 ventôse de l'an 13, a statué ainsi qu'il suit sur le régime des cautionnemens des receveurs des contributions directes.

« Le cautionnement des receveurs-généraux des contributions directes est définitivement fixé au douzième du principal des quatre contributions directes, et sera fourni en totalité en numéraire.

» Les cautionnemens précédemment fournis par les receveurs-généraux, en immeubles ou cinq pour cent constitués, sont remplacés par le complément à fournir par ces receveurs, conformément à l'état annexé à la loi, pour porter la totalité de leur cautionnement en nu-méraire, à la proportion réglée par l'article précédent.

» La moitié du cautionnement total des receveurs gé-néraux demeure affectée à la garantie de leurs obliga-tions, et continuera d'être remboursée à ceux qui cesseront leurs fonctions, ou à leurs familles, en justifiant du payement de toutes les obligations échues, et du compte de clerc à maître accepté par le successeur.

» La seconde moitié sera également restituée de suite, à la charge de la remplacer en immeubles, ou en cinq pour cent constitués, jusqu'à la justification du *quitus* de la comptabilité nationale pour les exercices terminés.

» Les receveurs-généraux fourniront en outre, pour la garantie de la recette des contributions indirectes versées entre leurs mains par les préposés des régies de l'enregis-trement et des douanes, un cautionnement particulier en numéraire.

» Lorsqu'un receveur cessera ses fonctions, ce cau-tionnement particulier lui sera restitué, ou à sa famille, en justifiant, par le compte de clerc à maître accepté par le successeur, qu'il a compté desdites recettes.

» Le cautionnement des receveurs particuliers d'arron-dissement est porté à la proportion du douzième des quatre contributions directes réunies. Ils fourniront, en conséquence, le supplément réglé pour chacun d'eux par l'état du 2 ventôse an 13.

» Lorsqu'ils cesseront leurs fonctions, la totalité du cautionnement sera restituée à eux ou à leurs familles, en justifiant du *quitus* du receveur-général. »

Les quatre contributions dont il vient d'être question, forment ensemble un principal de 274,527,600 fr. pour l'an 14; le douzième de cette somme est 22,877,262 fr.; les receveurs-généraux avaient déjà fourni un premier cautionnement en numéraire de 11,580,212 fr., le sup-plément à fournir était de 11,497,050 fr.

Les mêmes contributions, dans les arrondissements autres que les chefs-lieux, s'élèvent, en principal, à la somme de 173,766,327 fr.; le douzième de cette somme est de 14,480,499 fr.; les cautionnements des rece-veurs particuliers montaient à 9,396,946 fr., le supplé-ment à fournir était de 5,083,553 fr.

La partie du cautionnement des receveurs-généraux pour les contributions indirectes, fixée au trentième, fait un objet de 4,591,833 fr.

Ces trois sommes ont fait une ressource temporaire de 21,172,436 fr., qui a été mise à la disposition du gouvernement pour les dépenses de l'an 13.

N°. 9. *Percepteurs des Contributions directes.*

La loi du 5 ventôse an 12 porte que tous les percepteurs des contributions directes sont à la nomination de l'empereur; qu'il y en aura, autant que possible, un pour chaque bourg, ville ou village; qu'il pourra cependant en être nommé un seul pour plusieurs communes, pourvu que le montant des rôles des communes réunies n'excède pas 20,000 fr. Ces percepteurs sont obligés, aux termes de cette loi, de fournir un cautionnement en numéraire, du douzième du principal des rôles des quatre contributions directes réunies dont la perception leur est confiée; leur traitement est fixé, par la même loi, à 5 centimes par franc du montant des contributions qu'ils sont chargés de percevoir.

Par un décret impérial du 30 frimaire an 13, il est établi que les percepteurs des contributions directes feront la recette particulière pour les communes de leur arrondissement ayant moins de 20,000 fr. de revenu; ils fournissent, indépendamment du cautionnement indiqué ci-dessus, un autre cautionnement égal au douzième des revenus communaux dont ils sont chargés de faire la recette.

N°. 10. *Des Frais de Perception et de Recouvrement des Contributions directes.*

M. Necker a donné une estimation des frais de perception des divers recouvrements au profit du trésor public, qui fait voir qu'ils étaient de son temps beaucoup au-dessous de ce que l'on croyait.

La totalité des frais de cette espèce allait à 58,000,000; l'universalité des impositions supportées alors par la France, s'élevait à 585,000,000, d'où déduisant 27,500,000 livres pour frais de contrainte, de saisie et pour les corvées, sorte de contribution qui ne forme pas un objet de re-cette, il restait 557,500,000 livres.

C'est avec ce capital qu'il faut comparer les frais de recouvrement; le résultat est de $10\frac{4}{5}$ pour 100.

Nous n'avons point de bases positives de l'étendue des frais de recouvrement aujourd'hui; cependant, en com-parant la contribution foncière pour l'an 11 de 210,000,000, avec les frais de son recouvrement, on voit que sur cette recette en principal, on a employé 34,900,000 livres en frais de perception.

En effet, la contribution est au principal de 210,000,000; les centimes additionnels, y compris les frais de percep-tion, s'élèvent à 26 centimes; c'est un quart et un cen-tième de la contribution foncière, ce qui fait 54,600,000 f.; sur quoi il faut déduire 19,700,000 fr. pour frais d'admi-nistration de diverses sortes, pris sur les 26 centimes; il reste 34,900,000 fr. pour frais de recouvrements, c'est-à-dire $16\frac{2}{3}$ pour 100.

N°. 11. *Frais de poursuite pour le Recouvrement des Impositions directes.*

Le ministre des finances a inséré, dans le compte qu'il en a rendu en l'an 13, un tableau des frais qu'ont occa-sionnés les poursuites pour le recouvrement des impo-sitions directes en l'an 12.

Il en résulte que le recouvrement de 372,769,248 fr. a occasionné une augmentation de charge, pour les con-tribuables, de 1,697,391 fr., à raison des poursuites exercées contr'eux pour le payement.

Cette somme, comparée au montant des recouvre-ments, en fait le deux cent dix-neuvième ou $\frac{1}{219}$.

Le département de la Seine, sur un recouvrement de 21,290,408 fr., a eu pour 175,396 fr. de frais de pour-suite; ce qui fait $\frac{1}{121}$.

Dans le département du Liamone, en Corse, ces frais ont été le quarante-cinquième du recouvrement : c'est le maximum; celui où ils ont été plus considérables après lui, est le département de la Lozère, où sur 958,436 fr. de recouvrement, les frais de contrainte ou poursuites ont été de 13,754 fr., c'est $\frac{1}{69}$.

§ II. *Des Contributions indirectes.*

On appèle contributions indirectes celles qui sont levées sur les consommations, sur les actes, sur le transport des marchandises.

Leur recouvrement est confié à des administrations et régies, ce qui nous oblige, pour en faire connaître les espèces et le montant, d'entrer dans le détail de chacune d'elles.

Administrations et Régies.

Les impositions directes, c'est-à-dire les contributions foncière, mobiliaire, personnelle, des portes et fenêtres, et les centimes additionnels, sont perçues, comme nous l'avons dit, par des agents particuliers, et versés dans les caisses des receveurs des départements; mais les contributions indirectes, c'est-à-dire les taxes sur les denrées, les actes et le commerce, sont perçues par des administrations et régies au nombre de huit, savoir :

1°. L'administration de l'enregistrement et domaines;
2°. L'administration des eaux et forêts;
3°. L'administration des douanes;
4°. L'administration des postes;
5°. L'administration de la loterie;
6°. La régie des droits réunis;
7°. La régie des salines;
8°. L'administration des monnaies.

N°. 1er. *Administration de l'Enregistrement et Domaines.*

L'enregistrement est une formalité établie pour assurer aux actes, une date publique ou judiciaire au moyen d'une indication abrégée qu'on en fait sur des registres, et pour prix de laquelle on perçoit des droits plus ou moins forts suivant la nature des actes, ou la valeur des objets qu'ils contiènent (*Lois des 22 frimaire an 7, et 27 ventôse an 9*).

Le timbre est une empreinte que l'on appose au papier dont on se sert, pour les actes publics et judiciaires, les registres de commerce, billets et lettres de change. Le prix qu'il coûte est proportionné à la valeur du papier pour certains actes et aux sommes pour les effets de commerce et autres obligations sous-seing privé.

L'hypothèque est un droit réel sur un immeuble affecté au payement d'une obligation ; le privilège sur les immeubles est le droit d'être préféré aux autres créanciers quoiqu'antérieurs en hypothèque (*Loi du 11 brumaire an 7*).

Pour acquérir hypothèque, il faut faire inscrire son titre sur les registres des bureaux dans le ressort desquels est situé l'immeuble affecté au payement de l'obligation.

Il y a des bureaux d'hypothèques dans chaque arrondissement communal, en sorte que leur nombre doit être de 438 ; ce sont les employés de la régie de l'enregistrement qui sont chargés de recevoir ces inscriptions.

La recette de ces droits est confiée à une administration centrale, séante à Paris, composée d'un directeur-général, et de huit régisseurs nommés par l'empereur ; ils ont sous eux, dans chaque département, un directeur, des inspecteurs, vérificateurs, visiteurs, receveurs et autres préposés ; les premiers ont des appointements fixes, les autres ont des remises proportionnées à leurs recettes.

La régie de l'enregistrement et du domaine national, est chargée de l'enregistrement des actes civils, sous seing-privé, judiciaires, actes d'huissiers et droits de succession ; droit de timbre, de greffe et d'hypothèque ; des frais de justice et des dommages-intérêts et indemnités adjugés au fisc ; des revenus des biens saisis réellement ; de la régie et du recouvrement des fruits, revenus et prix des ventes des domaines nationaux, corporels et incorporels, et de la poursuite de tous les droits et créances qui en dépendent.

On doit remarquer que beaucoup d'objets qui étaient confiés à l'administration de l'enregistrement et domaines en ont été séparés et réunis à la régie des droits réunis. Les patentes depuis l'an 10, sont payées aux receveurs des contributions directes.

Il résulte du compte rendu de l'administration des finances en l'an 13, qu'en l'an 12, le droit d'enregistrement a produit 95,266,105 fr. ; le timbre, 24,520,981 fr. ; greffes, 4,763,740 francs ; hypothèques, 9,544,175 fr. ;

droits sur la fabrication du tabac, 3,740,713 fr. ; coupes de bois et accessoires, 48,533,599 francs ; fermages et loyers de biens nationaux, 14,661,620 francs.

Ces sommes, réunies à d'autres revenus, dont la perception était encore, en l'an 12, attribuée à l'administration de l'enregistrement et domaines, ont donné un total ou produit brut de 257,064,992 francs.

Les frais d'administration se sont élevés à la somme de 18,398,603 francs.

N°. 2. *Administration des Forêts.*

Nous avons déjà parlé de l'administration forestière, de sa forme, de son objet, et des revenus des forêts, en parlant des bois comme productions du sol; nous n'en parlons ici que comme faisant une des parties de l'administration des finances.

Or on voit par l'état des finances de l'an 13, que nous venons de citer, qu'en l'an 12 les bois et forêts ont rapporté une somme de 45,104,048 francs, prix des adjudications des coupes; que le montant des hectares mis en coupes, a été de 64,488; ce qui fait le produit moyen de l'hectare de bois, pour cette année, de 656 francs.

En ajoutant à la somme ci-dessus, 2,274,059 francs de produits divers, venant de la même source, on a la somme de 47,378,107 fr. pour le produit de l'administration des forêts, somme perçue par l'administration de l'enregistrement, ainsi que celle de 303,558 francs pour le produit des fermages de la pêche pendant six mois; mais ce dernier produit a été de 573,000 francs pour l'année entière, ce qui complète le montant du produit de l'administration des eaux et forêts, à 48,533,599 fr., ainsi que nous l'avons porté dans l'état des produits de la régie de l'enregistrement et domaines.

Nous terminerons cette notice sur l'administration des forêts par ajouter que dans l'état des finances de l'an 12 cité, la contenance des forêts nationales est portée à 2,383,000 hectares, c'est-à-dire 4,606,000 arpents.

Les dépenses administratives de toute espèce ont été, en l'an 12, de 5,400,000.

Savoir : pour les rétributions d'arpenteurs et frais d'encouragements, 4,516,220 francs; pour les frais d'adminis-

tration et des agents, 183,780 francs; pour fonds d'amélioration et surveillance de la pêche, 700,000; total,
5,400,000 francs.

Ce qui fait environ un neuvième du produit total de
48,534,599 francs portés pour revenu entier de cette
administration.

Les améliorations ont été notables pendant l'an 12; il
y a eu 7,394 hectares de bois planté, 51 pépinières
établies, 11,880 hectares de terres vagues concédés, à
condition qu'elles seront plantées en bois, et plusieurs
autres améliorations.

N°. 3. *Administration des Douanes.*

Avant de faire connaître les produits de l'administration des douanes, nous dirons un mot de la forme de
son organisation.

Un arrêté des consuls du 29 fructidor an 9, a déterminé cette organisation; il porte qu'elle sera composée d'un
directeur-général, et de quatre administrateurs; que les
frontières et côtes seront divisées par le directeur entre les
quatre administrateurs; que les quatre administrateurs se
réuniront en conseil d'administration, lequel sera présidé par le directeur-général.

Le directeur-général dirige toutes les opérations et
travaille avec le ministre des finances.

Chaque administration a une nature d'attribution particulière, et un nombre plus ou moins grand de directions
sous son inspection.

Outre le directeur-général, les quatre administrateurs,
le secrétaire-général, qui résident à Paris, il y a autant
de directeurs particuliers, et de sous-directeurs, que de
directions.

Les directions sont réparties en quatre divisions; la première division comprend les directions d'Anvers, Clèves,
Cologne, Mayence, Strasbourg, Besançon.

La seconde, Aix, Bayonne, Bordeaux, la Rochelle,
Nantes, Lorient, Brest.

La troisième, Saint-Malo, Cherbourg, Rouen, Abbeville, Boulogne, Dunkerque, Verceil, Vogherre, Mondovi.

Enfin la quatrième comprend Genève, Nice, Toulon,

Marseille, Cette, Perpignan ; ce qui fait en tout 28 divisions, auxquelles il faut ajouter l'inspection de l'île de Corse.

Il y a, indépendamment du directeur-général et des quatre administrateurs, des directeurs particuliers, des sous-directeurs, des inspecteurs, des sous-inspecteurs, des contrôleurs, des receveurs, et de simples employés.

Tous, à l'exception des derniers, sont nommés par l'empereur.

Le traitement du directeur, fixé par l'arrêté du 29 fructidor an 9, est de 20,000 francs ; celui de chaque administrateur est de 12,000.

L'on voit par l'état de l'administration des finances présenté en l'an 13, que les produits bruts de cette administration ont été en l'an 11 de 50,147,395 francs ; qu'en l'an 12 ils ont été de 55,412,242 francs, sur lesquels, déduisant pour les dépenses de toute nature la somme de 13,926,621 francs, il reste un produit net pour l'an 12, de 41,485,621 francs.

Ce produit net n'avait été en l'an 11, que de 36,924,900 fr. il y a donc une augmentation de 4,560,721 francs.

En l'an 9 le produit net des douanes n'avait été que de 18,862,511 francs.

La perception du demi-droit de tonnage établi par la loi du 14 floréal an 10 pour l'entretien des ports, et dont la perception est faite par les receveurs des douanes, a produit pendant l'an 12, 835,496 francs.

N°. 4. *Administration des Postes.*

Nous dirons un mot de l'organisation des postes, avant de parler de leur produit.

La poste aux lettres et aux chevaux est administrée par une régie, à la tête de laquelle est un directeur-général et cinq administrateurs, sous lesquels se trouvent trois inspecteurs-généraux des relais et postes aux chevaux, membres aussi de l'administration.

Toutes les délibérations relatives au service des postes, sont prises par trois administrateurs au moins, en présence du directeur-général, au visa duquel toutes les délibérations sont soumises. Les administrateurs nomment à tous les emplois, et prononcent les destitutions ;

34

sauf le recours au ministre des finances. Le ministre règle tous les ans l'état des dépenses de la poste.

Suivant l'état des finances déjà cité, les produits bruts de cette administration sont évalués pour l'an 12, à 19,830,024 francs; les dépenses de toute espèce se sont élevées à 9,486,184 francs; ainsi le produit net a été de 10,471,096 francs.

Le produit net avait été porté dans le budget de l'an 11 à 11,000,000. Cette diminution est l'effet de la guerre qui, en même-temps qu'elle diminue la correspondance, augmente les frais d'administration par la nécessité d'entretenir des bureaux de poste près les armées.

N°. 5. *Administration de la Loterie.*

La loterie royale de France établie par un arrêté du conseil du 15 octobre 1757, sous le nom de *Loterie de l'Ecole Militaire*, réorganisée le 30 juin 1776, supprimée par décret du 13 octobre 1793, a été rétablie par la loi du 9 vendémiaire an 6.

L'administration en est confiée à trois administrateurs siégeant à Paris. Les bureaux sont répartis dans trente arrondissements, dont la surveillance est confiée à un inspecteur.

La banque de France est chargée du recouvrement de la loterie, et elle a dans les villes principales des bureaux, des correspondants qui acquittent les lots échus, lorsqu'ils excèdent les recettes.

Un arrêté des consuls du 4 vendémiaire an 9, veut qu'il soit fait un tirage deux fois par semaine à Paris, et dans les villes de Bordeaux, Bruxelles, Lyon et Strasbourg.

L'administration de la loterie a rendu en l'an 12, d'après l'état des finances, un produit net de 14,723,861 fr.

Les recettes brutes avaient été de 20,789,214 fr., sur quoi il a été fait remise aux receveurs 3,818,480 fr.; à la banque de France, 282,570 fr.; ce qui, joint au traitement des administrateurs et employés montant à 1,051,051 fr. et à d'autres frais, forme un total de dépense de 6,081,462 francs qui, déduit du produit brut, laisse 14,723,861 francs.

N°. 6. *Régie ou Administration des Droits-Réunis.*

Les lois des 9 vendémiaire, 19 brumaire an 6, et 22 brumaire an 7, ayant créé des contributions nouvelles, telles que le droit sur les tabacs, les voitures publiques, les cartes à jouer, les ouvrages d'orfévrerie, etc., la régie de l'enregistrement fut chargée de ces perceptions jusques et compris l'an 12; mais la loi du 5 ventôse an 12 a établi une régie, particulièrement destinée à la perception de ces droits et d'autres qui y ont été réunis.

Cette loi porte « qu'il sera formé, pour la perception des *droits réunis,* c'est-à-dire de ceux établis sur les voitures publiques, sur les distilleries, les brasseries, les vins, cidres et poirés, la fabrication et la vente du tabac, la marque de l'or et de l'argent, les cartes à jouer, une administration particulière sous le nom de *Régie des Droits-Réunis;* qu'elle sera composée d'un directeur-général et du nombre d'administrateurs et d'employés qui sera déterminé par le gouvernement, dans un règlement d'administration publique ».

Le directeur-général, le secrétaire-général et les administrateurs, nommés par l'empereur, ont un traitement fixe; les préposés ont une remise progressive sur les produits, en raison de leur accroissement, d'après les fixations déterminées par le gouvernement.

Un arrêté du 5 germinal an 12 porte à cinq le nombre des administrateurs de la régie, et accroît les attributions du directeur-général, de la recette et de la surveillance de la taxe d'entretien des routes, des droits de navigation et des droits et revenus des bacs, bateaux et canaux; il est en outre chargé de l'exécution des lois et règlements sur les octrois municipaux et de bienfaisance.

Cette administration n'a commencé d'exister qu'au commencement de l'an 13, et ce ne pourra guère être qu'après un an écoulé que l'on pourra savoir à quoi s'élève le montant des droits dont la perception lui est attribuée.

Aussi, les sommes perçues ou à percevoir, pour l'exercice de l'an 12, ne se sont-elles élevées qu'à un total de 3,631,100 fr. *de fonds généraux,* sans compter

438,969 fr. d'octrois de navigation qui forment des *fonds spéciaux*, c'est-à-dire, destinés à une dépense particulière et locale.

Ces sommes se composent de 947,007 francs pour les droits sur la fabrication de la bière, distillation des graines et cerises ; de 13,159 francs pour les droits de licence des distillateurs ; de 2,670,933 francs pour la fabrication du tabac ; enfin, de 438,969 francs pour les octrois de navigation.

Il résulte de l'état qui en a été dressé, que les dépenses totales d'administration de toute espèce de la régie des droits réunis, s'élèvent, pour l'an 13, à 5,719,600 fr. Cette somme sera accrue de 300,000 fr. environ lorsqu'en vertu des règlements du 1er. germinal an 13, la régie fournira le papier des cartes à jouer.

N°. 7. *Régie des Salines.*

L'on appèle *salines*, des travaux que l'on fait sur les eaux des sources salées, de terres lessivées, pour en obtenir du sel, à la différence des marais salans, qui le donnent par évaporation de l'eau de la mer.

Les salines sont situées dans les départements de la Meurthe, de la Moselle, du Jura, et dans quelques cantons du département du Gard, où le sel se fait par le lessivage des terres.

Le prix fixé du bail de cette régie pour les salines de l'est, c'est-à-dire, de la Meurthe, Moselle, Jura, est de 3,000,000 fr. Le produit net des ventes effectuées en l'an 12 n'a été, suivant les états fournis par la régie, que de 1,995,926 fr., mais il restait dans les magasins, au 1er. vendémiaire an 13, 147,591 quintaux décimaux (de 204 liv. poids de marc) de sel que l'on ne peut évaluer à moins de 1,500,000 fr., et dont l'écoulement, facilité par les nouvelles dispositions faites pour étendre les ventes de la régie, devait la couvrir promptement du prix qu'elle est tenue de verser, chaque année, au trésor.

Cette régie devait, en outre, pour les salines de Creutznach et pour les salines de Peccais, 440,000 fr., sur lesquels, déduisant divers payements qu'elle était autorisée à faire, à la décharge du trésor, il lui restait net à verser, sur cette partie, 220,000 fr. pour l'an 12.

Cette régie a vendu, pendant l'an 12, 422,415 quintaux décimaux ou métriques, sur quoi 68,390 aux cantons suisses. Cette vente, réunie au produit de celle des fers, fontes, sacs, tonneaux, bois et locations au profit de la régie, montant à 347,544 fr., a donné un produit brut de 5,555,386 fr.

Les dépenses ont été de 3,557,459 f., sur quoi 173,980 f. pour les frais de l'administration centrale à Paris; reste, en produit net, la somme ci-dessus de 1,995,926 fr.

N°. 8. *Administration des Monnaies.*

Sous ce titre, nous parlerons, 1°. de l'administration des monnaies, c'est-à-dire, du régime employé pour leur fabrication et pour l'exécution des règlements relatifs à la garantie du poids et du titre des espèces ; 2°. des monnaies en elles-mêmes ; 3°. du produit de la fabrication et des quantités d'espèces frappées.

Administration.

L'administration centrale des monnaies, telle qu'elle existe aujourd'hui, a été établie par une loi du 22 vendémiaire an 4. Elle réside à Paris, à l'hôtel des Monnaies, et est composée de trois administrateurs, et des personnes préposées à la vérification, fabrication et surveillance des monnaies.

Voici quelles sont les attributions de cette administration.

Elle est chargée de surveiller, dans toute l'étendue de la république, l'exécution des lois monétaires, la fabrication des monnaies, les fonctionnaires des monnaies, et l'entretien des hôtels de monnaies et ateliers monétaires.

Elle vérifie le titre des monnaies, et juge le travail des directeurs de la fabrication.

Elle rédige les travaux servant à déterminer le titre et le poids d'après lesquels les espèces et matières d'or et d'argent sont échangées dans les hôtels des monnaies.

Elle fait procéder en conséquence, toutes les fois qu'elle le juge convenable, à la vérification du titre des espèces étrangères nouvellement fabriquées , afin d'observer les variations qu'il pourrait éprouver.

Elle est chargée , par la loi du 19 brumaire an 4 , de la surveillance du titre des matières et ouvrages d'or et d'argent , dans toute l'étendue de l'empire.

. . Outre l'administration centrale , il y a des hôtels de monnaies dirigés par un directeur et un commissaire du gouvernement , et destinés à la fabrication des espèces. Le nombre s'élève à dix , et les pièces qui s'y frappent sont désignées par des lettres particulières ; Paris , par un A ; Perpignan , Q ; Bayonne , L ; Bordeaux , K ; Nantes , T ; Lille , W ; Strasbourg , BB ; Lyon , D ; Genève , G ; Marseille , M.

Ce n'est que dans ces lieux que l'on fabrique de la monnaie.

On voit , par les comptes rendus du trésor public , que les dépenses générales pour l'administration des monnaies , se sont élevées , pour l'an 12 , à la somme de 1,346,104 fr.

Monnaies.

Il faut distinguer les pièces anciennes de celles que l'on frappe aujourd'hui en France ; il y en a de plusieurs sortes des premières ; il n'y en a que d'une sorte , c'est-à-dire , d'un même titre et poids , des secondes.

Les pièces en circulation sont anciennes ou nouvelles ; nous allons parler des unes et des autres.

Les pièces anciennes sont des louis , des écus de 6 francs , de 3 livres , de 24 sous , 12 sous , 6 sous ; les écus constitutionnels , les pièces de 30 sous , de 15 sous.

Les nouvelles sont des pièces d'or de 40 fr. , 20 fr. , 10 fr. ; des pièces d'argent de 5 fr. ou *cent sous ;* celles de 2 fr. , 1 fr. , $\frac{1}{2}$ fr. , $\frac{1}{4}$ de fr.

Il y a aussi des centimes, monnaie de cuivre , comme il y avait autrefois des liards qui valaient trois deniers tournois.

Mais avant de pouvoir nous faire entendre du lecteur, nous avons besoin de lui expliquer ce que c'est que le titre des monnaies.

Titre des Monnaies.

Toute monnaie est composée de métal fin et d'alliage, c'est-à-dire, de cuivre ; la proportion de l'alliage au métal fin est ce qu'on appèle le *titre* d'une monnaie, et même en général de toute masse d'or ou d'argent.

Plus il y a de métal fin et moins de cuivre ou d'alliage, plus le titre est haut ; et plus il y a d'alliage et moins de métal fin, et plus le titre est bas.

Pour expliquer ce rapport, on se servait autrefois, pour l'or, de carat et de trente-deuxièmes de carat, et pour l'argent, de deniers et de grains.

Ainsi on supposait une masse d'or, un marc par exemple, divisée en 24 parties, que l'on appelait carats ; s'il y avait 23 parties d'or et une d'alliage, on disait que c'était de l'or à 23 carats ; s'il y avait 23 parties et demie d'or et une demi-partie ou demi-carat d'alliage, on disait que c'était de l'or à 23 carats et demi.

Afin de pouvoir mettre plus de précision dans l'estimation du titre, on supposait le carat divisé en 32 parties, que l'on appelait des trente-deuxièmes ; ainsi, au lieu de dire de l'or à 23 carats $\frac{1}{2}$; on disait de l'or à 23 carats $\frac{16}{32}$.

Le titre de l'argent s'estimait en deniers ; on supposait une masse d'argent, un marc par exemple, divisée en 12 parties, que l'on appelait deniers, et chacune de ces parties en 24, que l'on appelait grains.

Ainsi, une pièce d'argent, dans laquelle il y aurait eu 10 parties de fin et 2 d'alliage, aurait été de l'argent à 10 deniers ; s'il y avait eu 10 parties $\frac{1}{2}$ de fin et 1 $\frac{1}{2}$ d'alliage, ç'aurait été de l'argent à 10 deniers 12 grains.

Le titre des anciens louis, avant ou depuis 1785, était fixé, par les lois, à 22 carats au remède de $\frac{12}{32}$.

Le titre de l'argent était fixé à 11 deniers au remède de 3 grains.

Pour entendre ce mot *remède*, il faut observer qu'en mélangeant l'alliage avec le métal pur pour la fabrication des monnaies ou de toute autre pièce d'or ou d'argent, il n'est pas toujours sûr que l'alliage soit dans une proportion égale, avec le métal, dans toutes les parties de la masse ; en sorte qu'il pourrait s'en trouver où la proportion fût plus forte, sans que ce fût la faute de l'artiste ou monnayeur.

Ainsi, quoique le titre ordonné par la loi fût, pour les louis, de 22 parties de fin et 2 parties d'alliage, néanmoins, s'il se trouvait un louis où il n'y eût que 21 carats $\frac{20}{32}$ de carats de métal fin, et, par conséquent, 2 carats $\frac{12}{32}$ d'alliage, la pièce n'en était pas moins légale et de bon aloi

Il en était de même des écus, si, au lieu d'être au titre de 11 parties de fin contre une partie d'alliage, il y avait 3 grains de plus d'alliage, et que le titre ne fût alors réellement que de 10 deniers 21 grains.

Aujourd'hui le titre des métaux ne s'estime plus en carats et deniers; on se sert, pour cela, de divisions décimales.

On suppose l'or ou l'argent destinés au monnayage ou aux fabriques, divisés en 10 parties; 9 doivent toujours être de métal fin et $\frac{1}{10}$ d'alliage.

Chaque dixième est divisé en $\frac{1000}{1000}$; ainsi, de l'or à $\frac{8}{10} \frac{998}{1000}$, serait de l'or qui aurait $\frac{1}{10}$, plus, $\frac{2}{1000}$ d'alliage sur 8, plus 998 millièmes de métal fin.

La division de l'or et de l'argent en dixièmes et millièmes de dixièmes, ou en dix millièmes, est plus commode pour estimer le titre et la valeur des monnaies et métaux fins en général.

Outre le remède du titre que l'on nomme aussi remède de loi ou d'aloi, il y a le remède de poids; c'est-à-dire, celui qui consiste à regarder comme légale et bonne la pièce de monnaie, quoiqu'elle n'ait pas tout à fait le poids qu'elle devrait avoir, l'exactitude mathématique étant impossible dans les travaux du monnayage.

Le remède, soit d'aloi, soit de poids, porte aussi le nom de *tolérance*.

Les anciens louis, avant et depuis 1785, étaient au titre de 22 carats, fixé par les lois; mais au moyen de la tolérance ou remède d'aloi, de $\frac{12}{32}$, ils étaient de bonne fabrique, quoique le titre ne fût que de 21 carats $\frac{20}{32}$.

Les louis étaient à la taille de 32 au marc, depuis la refonte de 1785, c'est-à-dire que 32 louis neufs devaient peser un marc composé de 4,608 grains, d'où l'on voit que le louis contenait 144 grains. (Avant la refonte de 1785 il n'y avait que 3o louis au marc.)

Mais on passait aux monnaies 15 grains par marc pour tolérance ou remède de poids, ce qui diminuait d'a peu près un demi grain le poids de chaque louis.

Le titre des écus était fixé, par les anciennes lois, à 11 deniers, avec une tolérance ou remède de 3 grains ; ainsi la fabrication des écus était estimée bonne lorsqu'ils étaient au titre de 10 deniers 21 grains.

Les écus de 6 francs étaient à la taille de $8 \frac{3}{10}$ au marc, avec une tolérance ou remède de poids de 36 grains de poids par marc.

L'écu de 6 francs devait peser 555 grains $\frac{25}{83}$; mais à cause du remède ou tolérance de 36 grains de poids par marc, il pesait un peu moins.

Les écus de 3 livres, les pièces de 24 sous, de 12 sous, de 6 sous, étaient au même titre et à une taille proportionnée, au marc.

Les monnaies appelées constitutionnelles, parce qu'elles ont été frappées en vertu des lois des 21 janvier, 11 juillet ét 14 août 1791, ont changé quelque chose à ces dispositions, notamment relativement aux pièces de 3o et 15 sous qui furent fabriquées au titre de 8 deniers de fin et au remède de 4 deniers 2 grains ; en sorte qu'elles sont au titre de 7 deniers 22 grains dans le commerce. Les pièces de 3o sous, pèsent 190 grains $\frac{72}{83}$ de grain, et par conséquent 52 grains $\frac{4}{83}$ de plus que le quart d'un écu de 6 fr., ce qui fait que quoique d'un titre plus bas, elles ont la valeur de 3o sous : l'on peut respectivement faire la même application aux pièces de 15 sous.

La convention nationale, par un décret du 5 février 1793, ordonna la fabrication de monnaie d'or et d'argent que l'on appela *monnaie républicaine ;* elle est au même titre et poids que celle que l'on frappe aujourd'hui, c'est pourquoi nous passerons à celle-ci.

Système monétaire actuel.

Le système monétaire actuel est une application du système métrique, la seule peut-être où les avantages de ce système n'ayent point d'inconvénients réels,

La loi du 22 vendémiaire an 4 en posa les fondements. Cette loi détermina le titre et le poids des nouvelles espèces ; elle créa aussi une unité monétaire réelle qui n'existait que fictivement jusque-là. Cette unité est le franc, du poids de 5 grammes, au titre de $\frac{9}{10}$ d'argent fin et de $\frac{1}{10}$ d'alliage : les autres pièces d'argent ne sont que des multiples ou des fractions de cette unité, qui est invariable sous le double rapport du poids et du titre.

On exprima les titres par des décimales, comme $\frac{9}{10}$, $\frac{90}{100}$, $\frac{900}{1000}$: le même titre d'argent, ainsi que la même expression, furent adoptés pour les monnaies d'or et d'argent.

L'échelle du titre a même été poussée à un plus haut degré de précision que dans l'ancien système ; car dans celui-ci toute masse d'or était représentée par 24 carats, et chaque carat divisé en $\frac{32}{32}$, ce qui faisait 768 parties ; et chaque masse d'argent par 12 deniers, chaque denier divisé en 24 grains, ce qui faisait 288 parties ; tandis que dans le nouveau système, toute masse d'or ou d'argent indistinctement se divise en 1,000 parties, et le numérateur de ces divers nombres indique le titre du métal que l'on considère.

La loi du 7 germinal an 11 a réglé d'une manière définitive les bases du système monétaire ; elle statue :

1°. Que le titre des monnaies d'argent est fixé à $\frac{9}{10}$ de fin et $\frac{1}{10}$ d'alliage ;

2°. Que le poids de la pièce d'un quart de franc est de 1 gramme 25 centigrammes ; celui de la pièce d'un demi-franc, de 2 grammes 5 décigrammes ; celui de la pièce de trois quarts de franc, de 3 grammes 75 centigrammes ; celui de la pièce d'un franc, de 5 grammes ; celui de la pièce de 5 francs, de 25 grammes ;

3°. Que la tolérance du titre de ces monnaies est de $\frac{3}{1000}$ en dehors, autant en dedans ;

4°. Que la tolérance de poids est pour les pièces d'un quart de franc, de $\frac{10}{1000}$ en dehors, autant en dedans ; pour les pièces d'un demi-franc et de trois quarts de franc, de $\frac{7}{1000}$ en dehors, autant en dedans ; pour les pièces d'un franc et de 2 francs, de $\frac{5}{1000}$ en dehors, autant en dedans ; et pour les pièces de 5 francs, de $\frac{3}{1000}$ en dehors, autant en dedans ;

5°. Que les pièces d'or sont au titre de $\frac{9}{10}$ de fin et $\frac{1}{10}$ d'alliage ;

6°. Que les pièces d'or de 20 francs sont à la taille de 155 pièces au kilogramme, et les pièces de 40 francs, à celle de 77 $\frac{1}{2}$;

7°. Que la tolérance du titre est fixée à $\frac{2}{1000}$ en dehors, autant en dedans, et la tolérance du poids, également à $\frac{2}{1000}$ en dehors, autant en dedans ;

8°. Qu'il ne pourra être exigé de ceux qui porteront des matières d'or et d'argent à la Monnaie, que les frais de fabrication ; ces frais sont fixés à 9 francs par kilogramme d'or, et à 3 francs par kilogramme d'argent.

Telles sont les bases du système monétaire actuel, à quoi nous ajouterons qu'il suppose le rapport de l'or à l'argent comme 1 est à 15, et que le franc représente une valeur d'une livre 3 deniers tournois.

On sait que la livre tournois contient 20 sous, et le sou 12 deniers tournois.

On voit par l'état des finances rendu en l'an 13, que la fabrication des espèces au nouveau type, ordonnée par la loi du 7 germinal an 11, s'élevait au mois de frimaire an 13, tant en or qu'en argent, à 136,146,318 francs ; les pièces de 5 francs fabriquées à l'ancien type, se sont élevées à 106,335,755 francs : ainsi les monnaies de nouvelle fabrication, tant en or qu'en argent, s'élevaient au 1er. frimaire an 13, à la somme de 242,482,073 fr.

Sur les 136,000,000 fabriqués depuis le 7 germinal an 11 jusqu'à cette époque, il est entré environ 10,000,000 d'espèces d'or, telles que louis, et 20,000,000 d'espèces d'argent, telles qu'écus, sur lesquelles, aux termes de l'arrêté du 14 germinal an 11, il n'est pris aucun frais de retenue. Le reste a été fabriqué de vieilles monnaies considérées comme matière, et de lingots sur lesquels il a été perçu le droit de retenue ; ce droit, tant en l'an 11 qu'en l'an 12, s'est élevé, sur l'or, à 109,808 fr., sur l'argent, à 755,804 fr. ; total, 865,612 fr.

Comme il a été question de poids dans ce que nous venons de dire sur les monnaies, nous pensons que c'est le lieu de donner ici quelque idée des poids et mesures actuels.

Des Poids et Mesures actuels.

Le *mètre* est la base du nouveau système des poids et mesures ; il est égal à la dix millionième partie du quart du méridien, ou de 443,296 lignes de la toise de France.

L'unité des mesures de capacité est un cube ayant pour côté la dixième partie du mètre ou 1 décimètre : on lui a donné le nom de *litre*.

L'unité des mesures de solidité est un cube ayant pour côté le mètre : on l'appèle *stère*.

La millième partie d'un litre d'eau distillée, pesée dans le vide, à la température de la glace fondante, a été choisie pour être l'unité de poids : on lui a donné le nom de *gramme*.

Enfin, l'unité monétaire est une pièce d'argent du poids de 5 grammes, contenant $\frac{1}{10}$ d'alliage et $\frac{9}{10}$ d'argent : on l'appèle *franc*.

Nous joindrons à ces explications la comparaison des nouvelles mesures et des nouveaux poids aux anciens ; cette connaissance devient indispensable pour l'intelligence de beaucoup de calculs rapportés dans cet Ouvrage.

Estimation des nouvelles Mesures et Poids en anciennes Valeurs.

1°. *Mesures linéaires.*

	toises.	pi.	po.	lig.
Myriamètre (on peut l'appeler *lieue*, suivant l'arrêté des consuls du 13 brumaire an 9), 10,000 mètres.	5130	4	5	3,360
Kilomètre (ou mille), 1,000 mètres.	513	0	5	3,936
Hectomètre. . . . . . 100 mètres.	51	1	10	1,583
Décamètre (ou perche), 10 mètres.	5	0	9	4,959
Mètre		3	0	11,296
Décimètre (ou palme), $\frac{1}{10}$ de mètre.			3	8,330
Centimètre (ou doigt), $\frac{1}{100}$ de mètre.				4,433
Millimètre (ou trait), $\frac{1}{1000}$ de mètre.				0,443

2°. *Mesures agraires.*

Myriare, kilomètre carré . . . . . . 263244,93 tois. carr.
Kilare. 26324,49
Hectare (ou arpent), hectomètre
   carré 2632,45
Décare 263,24
Are (ou perche carrée), déca-
   mètre carré. 26,32
Déciare 2,63
Centiare (ou centième de perche
   carrée), mètre carré. 0,26

3°. *Mesures de capacité.*

Kilolitre (ou muid), mètre cube. . 29,1739 pieds cub.
Hectolitre (ou setier). 2,9174
Décalitre (ou boisseau , velte). . . 0,2917
Litre (ou pinte), décimètre cube. 50,4124 pouc. cub.
Décilitre (ou verre). 5,0412
Centilitre 0,5041
Millilitre, centimètre cube 0,0504

4°. *Mesures pour les Bois.*

Stère, mètre cube . . . . 29,1739 pieds cub.
Décistère (ou solive) 2,9174
Centistère. 0,2917
Millistère, décimètre cube. 0,0291

5°. *Poids.*

	liv.	onc.	gros.	grains.
Myriagramme	20	6	6	63,5
Kilogramme (ou livre), poids du décimètre cubique d'eau à 4 deg. qui est le maximum de la densité. . .	2	0	5	35,15
Hectogramme (ou once)		3	2	10,72
Décagramme (ou gros).			2	44,27

Gramme (ou denier), poids du centimètre cubique
   d'eau à la température de la glace. 18,827
Décigramme (ou grain). 1,883
Centigramme 0,188
Milligramme, poids du millimètre cubique d'eau. 0,019

Nᵒ. 9. *Régie des Poudres et Salpêtres.*

Quoique la régie des poudres et salpêtres ne soit pas mise au nombre des administrations financières, cependant l'on ne saurait se dispenser de l'y placer, puisque l'Etat profite des bénéfices qu'elle fait sur la vente exclusive des poudres et salpêtres.

Leur exploitation est réglée par une loi du 13 fructidor an 6; elle est confiée à une régie dont l'organisation est déterminée par une autre loi du 27 du même mois.

La surveillance à exercer dans cette partie de l'administration publique, était dans les attributions du ministre des finances; un arrêté des consuls, du 27 pluviôse an 8, l'a transportée dans celles du ministre de la guerre.

La loi règle le prix de la poudre et du salpêtre vis-à-vis des particuliers et vis-à-vis des ministres de la guerre et de la marine : les bénéfices que la régie fait sur ces ventes forment le revenu dont elle compte au trésor public; elle n'y porte que le produit net.

En l'an 7, elle a rendu 600,000 fr., autant en l'an 8 et 9; nous ne savons pas à combien s'est élevé le revenu des années suivantes.

Autrefois la fourniture du salpêtre, année commune, dans les arsenaux du roi, était de 3,400,000 liv. pesant.

Les *départements*, c'est-à-dire arrondissements ayant chacun un certain nombre d'ateliers entretenus aux frais du roi, fournissaient annuellement 2,400,000 liv. pesant de salpêtre.

On en tirait encore du dehors, et la compagnie des Indes en vendit, en 1788, 646,000 liv. pesant à Lorient.

§ II. *Revenus temporaires ou extraordinaires.*

L'on peut mettre au rang des revenus, ou, pour mieux dire, des ressources extraordinaires et temporaires, la vente des domaines nationaux et les cautionnements.

Nous ne nous occuperons que de ces deux objets, parce qu'ils sont les seuls qui puissent, sous ce rapport, offrir un sujet d'instruction applicable à la matière que nous traitons. Nous parlerons d'abord des cautionnements.

Cautionnements.

Les receveurs des contributions directes, les payeurs des départements, les notaires, greffiers, courtiers, bouchers, etc., ont été soumis à des cautionnements versés à la caisse d'amortissement, et dont l'intérêt leur est payé à un taux déterminé par la loi.

Les cautionnements exigés des payeurs et caissiers du trésor public ont été réglés par la loi du 4 germinal an 8, et par l'arrêté du 26 germinal même année; le montant des cautionnements des payeurs extérieurs du trésor public, établis dans les départements, a été fixé à la somme de 1,090,000, réparti entre les 108 payeurs, en proportion de leur importance.

Par un décret impérial du 30 frimaire an 12, les percepteurs des contributions directes font la recette particulière de toutes les communes de leur arrondissement ayant moins de 20,000 fr. de revenus, et ils sont obligés de fournir, outre le cautionnement exigé par le budget de l'an 12, un nouveau cautionnement, également en numéraire, du douzième des revenus communaux dont ils font la recette. Ce cautionnement est versé à la caisse d'amortissement, qui en paye l'intérêt à 5 pour 100.

Les receveurs des revenus communaux, dans les villes qui ont plus de 20,000 francs de revenus, sont obligés, comme les précédents, de donner un cautionnement du douzième, et ont comme eux, outre l'intérêt du cautionnement, une remise sur le produit de leur recette.

Une loi du 25 nivôse an 13 a réglé que les cautionnements fournis par les agents de change, courtiers de commerce, avoués, greffiers, huissiers, commissaires priseurs, sont comme ceux des notaires (art. XXIII, loi du 25 ventôse an 11), affectés par premier privilége à la garantie des condamnations qui pourraient être prononcées contre eux, par suite de l'exercice de leurs fonctions, et par second privilége, au remboursement des fonds qui leur auraient été prêtés pour effectuer le cautionnement, qui est en numéraire.

Par une loi additionnelle du 6 ventôse an 13, la précédente loi sur le cautionnement des notaires, greffiers, courtiers de commerce, etc., a été appliquée aux cautionnements des receveurs-généraux et particuliers , et à tous les autres comptables publics ou préposés d'administration.

On voit par l'état des finances que, pendant l'an 12, les nouveaux cautionnements des payeurs du trésor public, des percepteurs des contributions et des receveurs d'arrondissements , ont donné 22,257,662 fr.

L'état des finances pour la même année fait voir que , pendant cette année, les cautionnements des receveurs des villes ont fourni un supplément de cautionnement de 19,115,982 fr., qui, réuni à celui de 3,884,018 fr. déjà fourni, a formé, à l'époque du 1er. vendémiaire an 13, une somme de 23,000,000 de cautionnements versés à la caisse d'amortissement par ces agents du trésor public.

Les percepteurs des contributions directes à vie, établis dans tous les départements, ayant fourni un cautionnement du douzième des recouvrements dont ils sont chargés, la loi du budget de l'an 13 a également porté celui des receveurs-généraux de département et des receveurs particuliers d'arrondissement, au douzième en numéraire de leurs recettes.

Ces deux cautionnements ont donné, savoir : celui des receveurs-généraux, 22,877,262 fr. ; celui des receveurs d'arrondissements, autres que ceux établis dans les chefs-lieux, ont donné 14,480,499 fr.

L'on voit que ces cautionnements ne forment point de revenus fixes, et que ce sont plutôt des ressources temporaires ; il en est de même de la vente des domaines nationaux dont nous allons parler.

Vente des Domaines nationaux.

Plusieurs lois ont statué sur la vente des domaines nationaux et déterminé le mode suivant lequel elle serait faite. Il faut distinguer plusieurs époques.

A la première époque, les domaines étaient payés en assignats qui avaient d'abord une valeur égale au numéraire ; cette époque commence au 17 mai 1790, époque de l'émission des assignats, et finit au 30 brumaire suivant : il a été aliéné, dans cet intervalle, pour une valeur de 1,500,000,000 réduite en numéraire, de domaines nationaux.

La seconde époque est relative à l'exécution de la loi du 24 nivôse an 4, concernant la vente des domaines nationaux en mandats; cette époque commence à la date de cette loi, et finit au 20 fructidor de la même année : on a vendu, pendant cet intervalle, pour 611,438,212 fr. de domaines nationaux.

La troisième époque embrasse le temps pendant lequel les ventes ont été faites sur le système d'admission de la dette publique; elle commence le 16 brumaire an 6 et finit le 23 vendémiaire an 7; il a été vendu pendant ce temps, tant dans la Belgique que les autres départements, pour 316,464,169 fr. de domaines nationaux.

La quatrième époque commence au 28 vendémiaire an 7 et va jusqu'au 30 frimaire an 9; pendant cet intervalle, il a été vendu pour 127,231,219 fr. de domaines, tant en terres qu'en bâtiments.

Ces diverses sommes forment un total de 2,609,269,559 f. qu'a produit la vente des domaines nationaux jusqu'au 30 frimaire an 9.

A cette dernière époque, il en restait encore à vendre, dans les anciens départements, pour 340,000,000 ; dans ceux de la rive gauche du Rhin et les colonies, pour 160,000,000; enfin les forêts réunies aux domaines, offraient 200,000,000.

Une grande partie de ces ventes a servi à payer les frais de la révolution, particulièrement celles des deux premières époques. (*Extrait du compte rendu de l'administration des finances de la république, par M. Ramel.*)

Il faut défalquer, au reste, sur ce qu'elles ont produit, le remboursement des créances qui étaient hypothéquées dessus.

On voit par le compte qu'en a rendu M. Bergerot, qui a été chargé de la liquidation des dettes des émigrés du département de la Seine, et qui a conduit cette opération difficile avec l'économie, l'ordre et la célérité qui caractérisent les travaux de cet administrateur, que 81,548 réclamations de créanciers d'émigrés du département de la Seine seulement, lui avaient été adressées, ce qui formait une somme de 672,640,471 fr.; que sur ces réclamations, au 1er. vendémiaire an 8, il y en avait eu 17,984, formant une valeur de 242,105,557 fr., de liquidées utilement pour les créanciers; que 3,721, formant un objet de 16,515,446 fr., avaient été rejetées ; que 2,307, donnant 15,682,307 fr., avaient été renvoyées à diverses administrations compétentes ; et qu'enfin 22,009 titres, formant 167,673,858 fr., avaient été retirés par les créanciers.

Au 1ᵉʳ. vendémiaire an 8, époque où le bureau de liquidation a été supprimé, il restait encore à prononcer sur 55,527 réclamations, formant 230,663,301 francs ; le bureau avait commencé ses travaux en floréal de l'an 3.

Comme notre objet n'est point d'entrer ici dans l'exposé des moyens de liquidation proposés par M. Bergerot, mais seulement de donner une idée des créances dont étaient grevés les domaines nationaux, afin de faire voir que sur leurs produits il y a eu des déductions à faire, nous n'entrerons pas dans de plus grands détails sur cette matière, et nous renvoyons au compte rendu de M. Bergerot, ceux qui voudront se faire une idée des diverses lois sur la liquidation des émigrés, dont les biens ont fourni une très-grande partie des domaines nationaux vendus.

La continuation des ventes a eu lieu et a formé, depuis l'époque que nous avons indiquée, une sorte de revenu dans les états des finances.

On voit en effet par le compte rendu des finances, que la vente des domaines nationaux en immeubles a donné, en l'an 12, une somme de 14,901,793 francs, et qu'en l'an 11 elle avait donné 18,792,559 fr.

Les ventes des domaines nationaux se sont faites en assignats dans la première époque de celles qui ont eu lieu. Cette considération nous engage à faire connaître, d'après M. Ramel, à quelle somme énorme s'est élevée l'émission de ce signe monétaire.

Des Assignats.

La création des assignats trouve sa première date dans la loi du 21 décembre 1789 ; celles des 16 et 17 avril 1790 ordonnèrent une fabrication de 400,000,000 ; cette somme, jointe à plusieurs autres qui eurent lieu successivement, s'éleva à celle de 3,625,906,918 d'assignats mis en émission au 1ᵉʳ. janvier 1793 ;

Au 21 fructidor de l'an 2, cette somme s'était élevée à 8,817,512,027 ;

Au 21 fructidor de l'an 3, elle allait à 19,699,438,597 f. ;

Au 21 fructidor an 4, à 45,578,810,040 fr.

Aux assignats qui, à cette dernière époque, cessèrent d'avoir cours, succédèrent les rescriptions et mandats ; leur première émission eut lieu le 22 germinal an 4 ; et au 24 fructidor de la même année, il y en avait pour 2,400,000,000 en circulation.

On voit par l'état qu'en a donné M. Ramel, que sur la somme énorme de 45,578,810,040 fr. d'assignats mis en émission, il y en eut seulement pour 12,743,905,807 fr. retirés de la circulation, et qu'il y en est resté pour la somme de 32,834,904,218 fr.

On sait, au reste, que depuis le 1er. vendémiaire an 4, les assignats étaient tombés de valeur au point que 100 fr. en assignats n'étaient cotés que pour 2 liv. 1 sou dans le change. A l'époque de leur cessation, ils étaient cotés à 5 sous 6 deniers numéraire pour 100 fr. assignats.

Nous terminons ici ce que nous avions à dire des revenus de l'Etat ; nous allons passer aux dépenses, après quoi nous dirons un mot de l'administration des finances.

§ III. *Des Dépenses de l'État.*

L'on peut diviser les dépenses en deux espèces ; les unes sont à la charge du trésor public, les autres se prennent sur des contributions locales ou sur les centimes additionnels destinés à des dépenses particulières aux endroits où ils sont établis.

Nous parlerons des premières et ensuite des secondes.

N°. 1er. *Dépenses à la charge du Trésor public.*

M. Necker nous a laissé un état détaillé des dépenses qui formaient, sous l'ancien gouvernement, celles qui étaient à la charge du trésor public. Nous croyons devoir le rapporter, parce qu'il peut former un objet de comparaison instructif.

Les dépenses publiques s'élevaient, en 1785, à 610,000,000 de francs, savoir :

Intérêt de la dette publique . . . . 207,000,000fr.
Remboursements 27,500,000
Pensions. 28,060,000
Partie des dépenses de la guerre. 105,600,000
Dépenses de la marine. 45,200,000
Affaires étrangères   8,500,000
Maison du roi.   1,300,000
Prévôté de l'hôtel   200,000
Bâtiments du roi   3,200,000
Maisons royales.   1,500,000
Maison de la reine   4,000,000
Famille royale.   3,500,000
Les princes, frères du roi.   8,300,000
Frais de recouvrements des impositions. 58,000,000
Ponts et chaussées.   8,000,000
Secrétaires d'état et employés dans l'ad-
ministration   4,000,000
Intendants de provinces.   1,400,000
Police.   2,100,000
Pavé de Paris.   900,000
Frais de justice.   2,400,000
Maréchaussées.   4,000,000
Dépôts de mendicité.   1,200,000
Prisons et maisons de force.   400,000
Dons et aumônes   1,800,000
Dépenses ecclésiastiques.   1,600,000
Frais du trésor royal et de diverses
caisses.   2,000,000
Traitements divers   400,000
Encouragements au commerce.   800,000
Haras   800,000
Universités, collèges   600,000
Académies.   300,000
Bibliothèque du roi   100,000
Jardin du roi   72,000
Imprimerie royale.   200,000
Constructions et entretien du palais de
Justice.   800,000
                                        ____
De cette part . . . . 535,672,000fr.

D'autre part. . . . . 535,672,000fr.

Intendants des postes et dépenses se-
cretes 450,000
   Autres dépenses relatives aux postes. . 600,000
   Franchises et passeports. 800,000
   Ordre du Saint-Esprit. 600,000
   Dépenses dans les provinces. 6,500,000
   Ile de Corse. 800,000
   Dépenses diverses. 1,500,000
Dépenses particulières du clergé de
France. 750,000
Dépenses particulières du clergé étran-
ger 50,000
   Dépenses particulières aux pays d'états. 1,500,000
   Entretien et confection des routes. . . 20,000,000
Dépenses des villes, hôpitaux, cham-
bres de commerce. 26,000,000
   Dépenses imprévues. 3,000,000
Supplément additionnel pour former
une somme ronde 78,000

   Total général. . . . . 610,000,000fr.

Dans le développement qu'a donné M. Necker de ces
diverses dépenses, on y voit que dans le département de
la guerre, dont les dépenses étaient de 124,650,000 fr.,
il y avait 44,100,000 fr. pour les soldats; 46,400,000 fr.
pour les officiers; 32,950,000 fr. pour l'administration de
la guerre et 1,200,000 fr. pour les dépenses extraordinaires
de la Corse. Cet état de dépense de la guerre comprenait les
appointements et la solde, pendant une année entière,
de 197,000 hommes, tant officiers que soldats, et l'entretien d'environ 51,000 chevaux, tant pour la cavalerie
que pour les hussards, dragons, la maison du roi et le
service de l'artillerie; il y avait aussi 60,000 hommes de
milice en France.

   A l'époque où cet état de dépenses fut dressé,
M. Necker fait remarquer qu'il y avait à la bibliothèque
du roi 225,000 volumes imprimés, 70,000 manuscrits,
15,000 collections d'estampes, 7,000 collections de gé-
néalogies.

Outre ces dépenses à la charge du trésor public, il y en avait beaucoup qui, comme aujourd'hui, étaient à la charge des villes et communautés d'habitants ou des corporations, dont il n'est pas de notre objet de parler.

Passons à l'état des dépenses d'aujourd'hui.

Dépenses actuelles de la France.

Nous avons déjà remarqué que l'état de guerre où se trouve la France, force à des dépenses extraordinaires pour la marine et la guerre, qu'ainsi l'on doit rabattre beaucoup de la dépense actuelle pour la ramener à ce qu'elle serait en temps de paix; néanmoins nous la ferons connaître d'après l'état de l'an 11.

Dépenses de l'an 11.

Il a été payé pour les dépenses de l'an 11, tant sur l'exercice de cette année que pendant l'an 12, sur l'exercice de l'an 11, les sommes suivantes :

Dette publique et pensions. Savoir : 69,189,915 francs sur l'exercice de l'an 11, et 9,047,230 fr. sur celui de l'an 12; total, 78,237,145 fr.

Ministère de la guerre. L'administration intérieure a coûté 1,189,083 fr. ; la solde et le matériel des troupes, 101,811,021 f. ; la solde de retraite et traitements de réforme, 39,287,704 f. ; l'artillerie, 9,784,561 fr. ; le génie, 12,496,363 fr. ; masses, indemnités, dépenses imprévues, 9,398,248 fr.

Administration de la guerre. Pour l'administration générale de la guerre, 682,090 francs; masses, boulangeries, fourrages, équipements, hôpitaux, chauffage, etc., 72,852,538 f. ; fournitures extraordinaires, 10,663,068 f. ; invalides et succursales, 3,688,023 fr. ; dépenses imprévues, 1,435,841 fr. ; total des dépenses du ministère et de l'administration de la guerre, pendant l'an 11, 111,043,227 fr., savoir : 71,170,026 fr. pendant l'exercice même de l'an, et 39,873,201 fr. pendant l'an 12, mais sur l'exercice de l'an 11, c'est-à-dire sur les recouvrements qui restaient à faire pour cette année.

Ministère de la marine. Administration générale et

intérieure ; traitement du ministre, appointements d'employés, 1,106,611 fr. ; approvisionnements, achats de marchandises et de munitions, 15,365,556 fr.

On doit remarquer à l'égard de cette dernière dépense, qu'elle est de beaucoup au-dessous des engagements et achats du gouvernement, parce qu'ordinairement les marchands et fournisseurs donnent crédit et attendent long-temps pour être payés dans cette partie du service.

Travaux et soldes d'ouvriers, 8,549,002 fr. ; armements et désarmements, 11,173,737 fr. ; appointements et solde pour l'an 11, 10,759,784 francs ; hôpitaux, 992,708 ; dépenses diverses, telles qu'écoles de mathématiques et d'hydrographie, entretien des phares et illumination des quais des ports, 1,123,723 fr ; vivres de la marine, 14,613,831 fr. ; service spécial des travaux hydrauliques, c'est-à-dire des ports, à Anvers, Boulogne, rade de Cherbourg, port de Toulon, etc., 4,061,060 fr. ; constructions de l'an 11, 14,020,291 fr. ; approvisionnements en marchandises de France, 5,178,142 f. ; approvisionnements en marchandises du nord, 25,689,153 f. ; colonies, y compris 6,989,000 fr. par envois aux colonies, 25,902,258 fr.

Ainsi les dépenses de la marine pendant l'an 11 ont été de 137,695,034 fr., savoir : sur l'exercice de la même année, 108,817,631 fr., à quoi faut ajouter 28,877,403 fr. de dépenses faites pendant l'an 12 sur l'exercice de l'an 11.

Ministère de l'intérieur. Les dépenses du ministère de l'intérieur, pour l'an 11, ont été telles qu'elles suivent, tant des sommes payées pendant l'an 11 sur l'exercice de l'an 11, que pendant l'an 12 sur le même exercice de l'an 11.

Ministère, archives nationales et préfectures, 4,357,305 f. ; secours et travaux publics, 357,592 francs ; établissements d'agriculture et de commerce, 1,073,075 f. ; établissements d'instruction publique, 3,359,081 fr. ; établissements des sciences et arts, 2,529,628 f. ; encouragements, 723,075 f. ; ponts et chaussées, 66,382 francs ; dépenses imprévues et accidentelles, 1,859,451 fr. ; frais du culte, 1,903,736 fr. ; service extraordinaire, tel que réparations des grandes routes, travaux de la route du Simplon, canal de Saint-

Quentin, canal d'Arles, quai Bonaparte, ports de commerce, 30,139,933 fr., dans laquelle somme il y a pour 10,610,000 fr. d'achats extraordinaires de grains.

Ces diverses sommes forment un total de 47,091,898 fr. pour les dépenses de l'an 11, savoir; 28,846,265 fr. pendant cette année, et 18,245,633 fr. de dépenses pendant l'an 12 sur l'exercice de l'an 11.

Ministère du trésor public. Traitement du ministre, des employés, frais de bureau et d'impressions, 3,008,084 f.; traitements et frais de service des préposés, des payeurs-généraux et des inspecteurs-généraux, 1,492,015 f.; frais de transport des espèces, 142,564 fr.

Ces sommes font un total de 4,642,463 fr. sur l'exercice et pendant l'an 11, auquel ajoutant de dépenses payées pendant l'an 12 pour l'an 11, 1,102,913 fr., l'on a 5,747,376 fr.

Ministère des finances. Dépenses du premier consul, frais et entretien des palais des Tuileries, Saint-Cloud, et dépenses de voyages, 5,500,000 fr.; second et troisième consuls, 1,100,000 fr.; conseil-d'état, 1,732,500 fr.; sénat conservateur, 2,531,994 francs; corps législatif, 2,200,132 fr.; tribunat, 1,544,087 fr.; traitements du ministre, des employés, et frais de bureaux, tant du ministre des finances que de la comptabilité, de la direction des contributions directes, de la taxation et remises des receveurs-généraux des contributions directes, de l'administration des monnaies, 6,670,033 fr.; pour diverses administrations, dépenses accidentelles, 1,908,257 fr.; remboursement à la caisse d'amortissement, 5,000,000.

Ces diverses sommes font 27,787,103 fr. de dépenses de l'an 11, auxquelles il faut ajouter 5,398,474 francs payés pendant l'an 12 pour les dépenses de l'an 11; ce qui fait un total de 33,185,577 fr.

L'on verra dans le budget de l'an 12, que les dépenses relatives au gouvernement sont bien plus considérables aujourd'hui, en raison des nouvelles dignités créées avec l'établissement de l'Empire.

Ministère des relations extérieures. Traitements du ministre et des employés, frais de bureaux et d'impression, 464,482 fr.; traitements des agents extérieurs, tels qu'ambassadeurs, commissaires du commerce, frais d'établissements et de voyages, missions fortuites, 3,532,724 f.; frais de correspondance, présents, secours, dépenses secrètes et accidentelles, 1,882,911 fr.

Ces diverses sommes font un total pour l'an 11, de 5,880,117 fr., auquel ajoutant de dépenses faites pendant l'an 12 pour l'an 11, 1,930,436 fr., l'on a 7,810,553 fr.

Ministère du grand-juge. Traitement du grand-juge ministre de la justice, frais de bureaux et d'impression, 1,053,636 fr.; frais du tribunal de cassation, 586,264 fr.; poursuite des crimes, 734,676 fr.; frais des commissaires du gouvernement près les tribunaux, aujourd'hui procureurs impériaux, 1,904,493 fr.; dépenses accidentelles, 57,282 fr.; traitements des juges et greffiers des tribunaux, 8,458,163 fr.

Ces diverses sommes réunies font celle de 12,794,454 fr. pour l'exercice et pendant l'an 11, à quoi il faut ajouter celle de 5,559,421 fr. faite pendant l'an 12 sur l'exercice de l'an 11, c'est-à-dire sur les recouvrements et fonds destinés aux dépenses de cette année, l'on a 18,355,875 fr.

Il est bon de remarquer ici que le ministre de la police générale avait été supprimé et réuni aux attributions du grand-juge pendant l'an 11; mais depuis il a été rétabli, et l'on verra dans le budget de l'an 12 à quoi se montent les fonds assignés à ce ministère aujourd'hui.

N°. 2. *Dépenses particulières ou locales de l'an 11.*

Outre les dépenses que nous venons d'indiquer, et qui sont comprises dans celles assignées sur les fonds généraux, il y a des dépenses locales, dont une partie du fonds est levée en centimes additionnels sur les contributions directes et les octrois des villes.

L'on voit par la répartition qui en fut faite dans les tableaux qui en ont été dressés et qui se trouvent annexés à la loi du 13 floréal an 10, que les dépenses administratives locales ont été ainsi établies pour l'an 11:

Dépenses administratives. Traitements des 108 préfets, 1,122,000 fr.; traitements des secrétaires-généraux de préfecture, 577,000 fr.; traitements des membres des conseils de préfecture, 525,400 fr.; traitements des sous-

préfets, 927,000 fr. ; traitements des professeurs et biblio-
thécaires de l'instruction publique, 2,089,900 fr.

Auxquelles sommes il faut ajouter, pour taxations et
remises des receveurs-généraux et particuliers des départements, une somme de 3,379,751 francs.

Ce qui fait un total de 8,421,051 fr.; mais, comme nous
l'avons remarqué en traitant de l'organisation administrative des départements, le ministre de l'intérieur ajoute
ordinairement au traitement des préfets, sous-prefets et
secrétaires-généraux, un supplément qui va quelquefois
au tiers du traitement principal.

Dépenses judiciaires. La même loi du 13 floréal an 10,
a ainsi fixé les dépenses judiciaires locales :

Traitements des juges et greffiers des tribunaux crimi-
nels, nommés aujourd'hui cours criminelles, 978,850 fr.

Traitements des greffiers des tribunaux de commerce,
158,800 fr.

Traitements des juges et greffiers des tribunaux de
première instance, 2,768,525 fr.

Traitements des juges et greffiers de paix, 3,629,546 fr.

Les dépenses de traitements des préfets, sous-préfets,
secrétaires de préfecture, conseillers de préfecture et des
professeurs, sont à la charge du trésor public.

Celles des tribunaux sont à la charge des départements;
elles se sont élevées, en y joignant le contingent fourni
par les départements pour les tribunaux, ou cours d'appel,
formant 1,828,951 fr., à la somme totale de 9,364,672 fr.
à payer par les départements, en vertu de la loi du
13 floréal an 10.

Outre ces dépenses, il en est encore pour frais de régime judiciaire et d'administration, également à la charge
des départements, savoir :

1°. Dépenses de préfectures et sous-préfectures, con-
sistant en traitements d'employés, frais de bureaux de
toute espèce, d'impression, de tournées, loyers, entretien de bâtiments et dépenses imprévues, qui se sont
montées, en l'an 11, à la somme de 6,198,000 fr.

2°. Dépenses d'instruction publique, traitements d'adjoints de professeurs, salaires de jardiniers, botanistes,
employés; achats, entretien d'instruments d'étude, dépenses des écoles, loyers et entretien de bâtiments, etc.,
958,600 fr.

3°. Dépenses de l'ordre judiciaire, menues dépenses des tribunaux, gages des concierges, loyers, menues prisons, 1,122,400 fr.

4°. Dépenses des prisons, traitements des concierges, guichetiers, etc.; nourriture et entretien des détenus, grosses réparations des prisons, service de la chaîne, 4,000,000 fr.; dépenses des enfants-trouvés et secours à payer à des citoyens chargés d'enfants abandonnés, 1,484,890 fr.

Toutes ces dépenses élevées en l'an 11 à 13,765,890 fr. sont indépendantes de celles qui sont à la charge du trésor public.

C'est pour en trouver les fonds, ainsi que pour d'autres dépenses, qu'il fut établi pour cette même année, 16 centimes additionnels aux contributions foncière, personnelle, somptuaire et mobiliaire, par la loi du 13 floréal an 10; ils ont donné 38,700,000 fr.

Une partie de ces centimes est versée au trésor public, pour les dépenses fixes à la charge des départements; une autre est réservée aux communes, pour le maximum de leurs dépenses variables.

Mais indépendamment de ces centimes, les communes ont encore pour leurs dépenses d'autres revenus connus sous le nom d'*octrois*, dont il faut parler maintenant.

Des Octrois municipaux et de bienfaisance.

Ils ont été établis pour suppléer au défaut de revenus ordinaires provenant des impositions directes ou des domaines appartenants aux communes.

Ils ne peuvent être autorisés que par une loi, et doivent leur existence à celles des 11 frimaire an 7, 19 frimaire an 8, et principalement 5 ventôse an 8.

Les conseils municipaux des communes règlent l'emploi des octrois dans la session qu'ils tiennent chaque année pour déterminer le nombre des centimes qui doivent être perçus additionnellement aux impositions, pour les dépenses de l'année suivante.

Conformément à l'arrêté du 4 thermidor an 10; ils doivent, dans cette session, indiquer les moyens d'accroître les revenus ordinaires des communes, 1°. par la location des places publiques appartenant aux communes; 2°. par l'établissement d'un poids public; 3°. par des octrois sur les consommations, perçus par abonnement, par exercice, ou à l'entrée.

Les centimes perçus, les revenus appartenant à une commune, sont employés exclusivement pour l'utilité de cette commune, de l'avis de son conseil municipal.

L'apperçu des dépenses et recettes est adressé par le maire, en double expédition, au sous-préfet; le sous-préfet examine l'apperçu et le fait passer, sous quinzaine, au préfet, qui règle et arrête définitivement l'état des dépenses par chapitre, et le renvoie au maire dans la quinzaine suivante.

Le receveur ne peut payer une somme plus forte que celle portée au chapitre, sous peine d'en répondre; il ne peut d'ailleurs, dans les communes qui ont plus de 20,000 fr. de revenu, faire aucun payement que l'état des dépenses n'ait été arrêté par le ministre de l'intérieur, dans la forme indiquée à l'article du budget des communes, et conformément au décret impérial du 16 frimaire an 13.

Un décret impérial, du 5 germinal an 12, met la surveillance et l'organisation des octrois municipaux et de bienfaisance dans les attributions du ministre des finances. Le directeur-général de la régie des droits-réunis est chargé, d'après les instructions du ministre des finances, de l'exécution des lois et règlements sur les octrois municipaux et de bienfaisance.

Octrois municipaux de Paris.

Nous croyons devoir consigner ici un état réel et authentique du produit des octrois municipaux de Paris, pendant l'an 12; cet objet nous a paru d'un assez grand intérêt pour faire un article à part dans notre ouvrage.

C'est le sujet du tableau suivant. La première colonne y indique les objets soumis à l'octroi; la seconde, les quantités entrées, et la troisième, le produit du droit.

Il est bon de se rappeler que sur les vins, le droit est de 13 fr. 50 cent. par hectolitre de 107 pintes; sur les vins en bouteille, de 16 cent. par bouteille; sur les caux-de-

vie, de 25 fr. par hectolitre; sur les eaux-de-vie en bouteilles, de 30 cent. par bouteille; sur les vinaigres, vins
gâtés, 13 fr. 50 cent. par hectolitre;

Sur l'orge, 2 fr. 50 cent. par hectolitre; sur le houblon, 6 cent. par kilogramme; sur la vendange, 9 fr.
par hectolitre;

Sur les bœufs, 18 fr. par tête; vaches, 9 fr.; veaux,
3 fr. 60 cent.; viande à la main, saucissons, 6 cent. par
kilogramme;

Foin et luzerne, par 100 bottes de 5 kilogrammes chaque
botte, paye 4 fr.; paille, 1 fr. par 100 bottes de même
poids; avoine, 50 cent. par hectolitre;

Bois dur, par stère, 1 fr. 20 cent.; bois blanc, par stère,
60 cent.; charbon de bois, par sac ou voie, 30 cent.;

Chaux, par hectolitre, 1 fr. 20 cent.; plâtre cuit, par
idem, 35 cent.; moellon brut, par mètre cube, 60 cent.;
moellon piqué, par cent de moellons 1 fr. 60 cent.; pierre
dure et de libage, par mètre cube, 1 fr. 60 cent.; pierres
de Liais, Saint-Leu, Troussy et Vergelet, par mètre
cube, 2 fr.;

Chêne en brin, bois de charpente en brin, grume et
équarris, par stère, 9 fr.; solives, par stère, 7 francs;
poteaux, par stère, 6 fr.; chevrons et membrures, *idem*,
5 fr.; planches de chêne, de 3 centimètres d'épaisseur
sur 4 mètres de largeur, par 100 mètres, 9 fr. 50 cent.;
3 mètres de longueur, 7 fr. 50 cent.; 2 mètres de longueur, 5 fr.

En sachant ainsi par quelle quantité se perçoit le droit,
on voit dans le tableau la quantité entrée et le produit du
droit; par exemple, l'on voit qu'il est entré 544 centaines
de planches de 3 centimètres d'épaisseur et 4 mètres de
longueur, lesquelles ayant payé 9 fr. 50 cent. par centaine, ont donné 5,168 fr.; qu'il est entré, 69,032 bœufs
qui, à 18 fr. par tête, ont produit 1,242,576 fr., et ainsi
de suite.

ETAT des Objets de perception entrés à Paris par les bureaux de l'Octroi, du 1.er vendémiaire au 5.e jour complémentaire an 12.

OBJETS DE PERCEPTION.	Quantités entrées.	PRODUITS. fr.	c.
Vins de toute espèce.	824,683	11,133,220	50
Vins en bouteilles	523,646	83,983	36
Eaux-de-vie et esprits	42,161	1,054,025	0
Eaux-de-vie ou liqueurs en bouteilles. . .	117,860	35,358	0
Vinaigres, vins gâtés ou lies claires. . . .	8,378	113,103	0
Bière	1,218	4,872	0
Cidre	1,801	7,204	0
Poiré	2,214	8,856	0
Orge.	92,628	231,570	0
Houblon.	129,103	7,746	18
Vendange	98	882	0
Bœufs.	69,032	1,242,576	0
Vaches.	6,575	59,175	0
Veaux.	69,452	250,027	20
Moutons.	321,051	192,630	60
Porcs	48,538	174,736	60
Viande à la main, saucissons	565,318	33,919	8
Foin et luzerne, par 100 bottes de 5 kilog.	6,280,455	251,218	20
Paille, *idem*.	8,576,696	85,766	96
Avoine.	678,433	339,216	50
Bois dur	1,043,863	1,252,635	60
Bois blanc	272,804	163,718	40
Charbon de bois.	766,868	230,060	40
Chaux.	15,726	18,871	20
Plâtre cuit	1,124,211	293,473	85
Moellon brut	28,698	17,218	80
Moellon piqué.	51	81	60
Pierre dure et de libage.	13,689	21,902	40
Pierre de Liais, S.-Leu, Troussy et Vergelet.	1,733	3,466	0
Chêne en brin, bois de charpente en brin, grume ou équarris.	6,767	60,903	0
Solives.	1,093	7,651	0
Poteaux	1,561	9,366	0
Chevrons et membrures.	2,900	14,500	0
Planches de chêne, de 3 centimètres d'épaisseur, sur { 4 mèt. de longueur.	544	5,168	0
... 3 *idem*.	2,829	21,217	60
... 2 *idem*.	6,315	31,575	0
Planches de hêtre, de sapin et autres de même nature, sous dénomination de *bois blanc*.	17,128	119,896	0
Petit sapin ou volige ordinaire.	86	301	0
Volige à ardoise.	107	187	25
Merrain, panneaux, courson et parquet . .	115	805	0
Toues déchirées . . { en bois de chêne .	250	6,000	0
... en bois de sapin .	2,317	27,804	0
Bois de charronnage. { par 100 de pièces .	968	15,488	0
... par stère.	1,871	14,968	0
Total.		17,647,144	18
Service de l'Intér. . { Eaux-de-vie. . . .	37	925	0
... Cidre	939	3,756	0
... Bière	128,001	256,002	0
Total général . . .		17,907,827	18

§ IV. *Budget de l'an 13.*

L'on s'est habitué à appeler *budget* le tableau comparatif des besoins et des moyens d'y pourvoir pour le service d'une année ; c'est l'état des revenus et des dépenses publiques.

Ce tableau offre donc, en quelque sorte, le résumé de celui des finances, et le thermomètre de la fortune nationale.

C'est ce qui nous engage à rapporter ici celui qu'a présenté le ministre des finances pour l'an 13, comme la pièce la plus importante et la plus authentique sur cette matière,

Ce budget est divisé en deux parties : recettes, dépenses.

Nous parlerons d'abord des dépenses, parce que c'est toujours sur leur plus ou moins d'étendue que se règle le montant des impositions qui sont établies pour l'année dont on fait le budget.

Dépenses de l'an 13.

Ces dépenses s'élèvent à une somme de 684,000,000 de francs, répartis ainsi qu'il suit :

1°. Dette publique. On entend par ces mots ce qui est dû pour le service des rentes, des créances portées sur le grand-livre dont l'intérêt est payé aux titulaires, pour les rentes viagères, enfin, pour l'intérêt payé à la caisse d'amortissement ; ce qui forme une somme de 69,140,461 fr. pour le service de l'an 13. Sur cette somme, il y a 49,351,911 fr. en rentes perpétuelles, et 19,788,550 fr. de rentes viagères ;

2°. La liste civile, dont le montant s'élève à 27,000,000 de francs ;

3°. Les dépenses qui sont dans les attributions du grand-juge ministre de la justice, 21,200,000 fr. ;

4°. Celles du ministre des relations extérieures, 6,861,000 fr. ;

5°. Celles du ministre de l'intérieur, 29,500,000 fr. ; savoir : 16,500,000 francs pour le service ordinaire, et 13,000,000 pour le service extraordinaire ;

6°. Celles du ministre des finances, 43,349,800 francs, savoir : 23,019,800 francs pour le service ordinaire ;

2,500,000 fr. de remboursement à la caisse d'amortissement de partie des cautionnements, conformément aux lois des 7 et 27 ventôse an 8; 10,000,000 pour frais d'amortissement, en exécution de la loi du 21 floréal an 10; 2,300,000 fr. pour les intérêts des cautionnements à la charge du trésor public; 5,530,200 fr. pour pensions, distraction faite de celles des ecclésiastiques;

7°. Celles du ministre du trésor public, 8,000,000 fr.;

8°. Celles du ministre de la guerre, 271,500,000 fr., savoir : celle de 166,500,000 fr. pour le payement des troupes, et dépenses relatives au personnel et matériel des armées, et 105,000,000 pour l'administration de la guerre;

9°. Celles du ministre de la marine, 140,000,000 fr.;

10°. Celles du ministre des cultes, 35,000,000, savoir : 13,000,000 pour le service du ministère ecclésiastique, et 22,000,000 de pensions ecclésiastiques;

11°. Police générale, 700,000 fr.

12°. Enfin, à ces sommes pour dépenses de toute espèce à la charge du trésor public, on ajoute 11,000,000 pour frais de négociations de papiers de crédit, tant à la banque que vis-à-vis des divers financiers, et l'achat de l'argent pour du papier du gouvernement; plus, un fonds de réserve de 20,765,539 fr.

Ainsi, d'après ce résumé, le budget de la dépense pour l'an 13, à la charge du trésor public, s'élève à 684,000,000 de francs.

Nous allons exposer maintenant l'état des moyens employés à y pourvoir; cet état fera en même temps connaître le produit actuel de chaque branche du revenu, puisque le gouvernement n'a pas dû s'en servir pour ses dépenses, sans être certain de leur montant.

Recette de l'an 13.

Les recettes portées au budget pour l'an 13, s'élèvent à 684,000,000 de fr., ainsi qu'il suit :

1°. Les contributions directes, savoir : foncière, 206,908,000 fr.; personnelle, somptuaire et mobiliaire, 32,800,000 fr.; centimes fixes, 18,576,934 fr.; portes et fenêtres, 16,000,000; patentes, 16,575,744 fr.; dix centimes pour les frais de la guerre, 20,690,800 fr.

Ce qui fait en contributions directes et centimes additionnels, 311,551,478 fr.

2°. Régies et administrations, 1°. de l'enregistrement
et des domaines, y compris le produit des bois, 185,000,000;
2°. douanes, 46,000,000; 3°. loteries, 14,000,000;
4°. postes, 10,000,000; 5°. régie des droits – réunis,
25,000,000; 6°. Régies des Salines, 3,000,000 fr.; 7°. monnaies, 500,000 fr. 8°. Recettes accidentelles, 4,948,522 fr.

Ce qui fait en produits des régies et administrations,
la somme de 288,448,522 fr.

Qui, réunie à celle des impositions directes, fait celle
de 600,000,000.

Le surplus du budget est composé partie de revenus
accidentels, et partie de rentrées variables, savoir :
1°. dû par la république italienne, aujourd'hui royaume
d'Italie, 3,000,000; reste de contributions antérieures à
l'an 9, 3,000,000; 2°. cautionnements des receveurs-
généraux et particuliers, 21,119,000 fr.; 3°. cautionnements des notaires, commissaires – priseurs, greffiers,
avoués, huissiers et agents de change, 12,081,000 fr.;
4°. cautionnements provisoires des préposés de la régie
des droits-réunis, 2,800,000 fr.; 5°. ventes des domaines,
20,000,000; 6°. moyens extérieurs, 22,000,000.

Ces objets réunis forment un total de 84,000,000, qui,
réunis aux sommes précédentes, portent les moyens de
recette à 684,000,000 pour l'an 13.

Budget des Communes.

Le budget des communes, comme celui de l'Etat, se
compose des dépenses et des moyens d'y pourvoir chaque
année, en raison des revenus et des besoins soit habituels
soit temporaires ou imprévus.

Une partie des revenus des communes résulte des droits
d'octrois, une autre du loyer des maisons, terrains, édifices publics, ou des centimes additionnels sur les patentes, les impositions directes, et les billets de spectacles
et fêtes.

Les produits de ces divers revenus sont versés dans la
caisse du receveur de la commune, et les dépenses payées
par lui sur l'ordre des diverses autorités qui ont qualité
pour cela.

Mais dans les communes qui ont plus de 20,000 francs

de revenus, les receveurs ne peuvent rien payer que préa-lablement le budget des dépenses et revenus n'ait été adressé au ministre de l'intérieur, qui le soumet au con-seil-d'état, pour y être débattu et approuvé ou changé, s'il y a lieu.

Le budget de chaque année doit être adressé au ministre de l'intérieur avant le 1er. prairial, et le ministre le sou-met à l'approbation de l'empereur avant le 1er. thermidor; le tout conformément à un décret impérial du 6 frimaire an 13.

§ V. *De l'Administration des Finances de la France.*

L'administration des finances se compose de plusieurs parties : 1°. de la répartition et perception des imposi-tions, tant directes qu'indirectes ; 2°. des recettes géné-rales; 3°. de l'emploi des fonds aux diverses branches du service public; 4°. de la comptabilité.

Nous avons déjà fait connaître le mode de répartition des impositions directes, et nous avons exposé en quoi consiste leur perception, ainsi que le régime des adminis-trations et régies chargées de la perception des contribu-tions indirectes.

Nous avons également fait connaître que toutes les con-tributions directes sont versées dans les caisses des rece-veurs d'arrondissements, et ensuite dans celle du receveur-général de chaque département.

Il y a également un payeur-général par département, sur la caisse de qui sont assignés les traitements des fonc-tionnaires et employés publics, et les pensions, soit que les payements doivent en être faits des fonds du trésor public ou des centimes additionnels.

Direction des Contributions directes.

La loi du 3 frimaire an 8 a créé de plus une institution sous le nom de *direction des contributions;* son objet est d'assurer une répartition plus exacte des contributions entre les divers départements, arrondissements, cóm-munes et contribuables; de faciliter les moyens de faire

vérifier et redresser leurs réclamations; d'accélérer l'expédition des rôles; de rendre plus prompts et de régula-
riser les recouvrements.

La direction des contributions est encore chargée dans
chaque département de tous les travaux préparatoires des
contributions; des recensements, pour la formation des
matrices, états sommaires et de changements; de l'examen,
de la vérification et du rapport des mémoires des contribuables; de suivre et de contrôler les recettes; d'en surveiller les agents; enfin, de proposer au ministre et au
préfet tout ce qui peut tendre à l'amélioration du régime
des contributions.

La direction des contributions a aussi dans ses attributions les opérations ordonnées par les arrêtés des 12
brumaire an 11 et 27 vendémiaire an 12, pour l'arpentage et l'expertise des communes.

Les directeurs des contributions correspondent directement avec le ministre des finances, et sont sous son
autorité immédiate.

Outre le directeur, il y a dans chaque département un
inspecteur des contributions, dont les fonctions sont de
surveiller les contrôleurs des contributions directes, de
faire les contre-vérifications et révisions des réclamations,
les vérifications de caisse, et généralement toutes les opérations majeures qui exigent un déplacement; relativement au cadastre, de faire toutes les tournées que le
directeur juge nécessaires pour lever les difficultés auxquelles les déliminations, l'arpentage et l'expertise peuvent
donner lieu.

Les contrôleurs des contributions sont répartis par
arrondissements communaux; il y en a un par arrondissement.

Leurs fonctions sont de travailler à la refonte et à la
confection des matrices de rôles, de la surveillance des
recouvrements et porteurs de contraintes, de la vérification des réclamations; ils ont aussi des fonctions dans
l'expertise et l'arpentage des communes.

Il y a, sans y comprendre le Piémont, 15 directions
et inspections des contributions, de première classe;
31 directions et inspections de deuxième classe; 55 directions et inspections de troisième classe; 254 contrôleurs
de première classe; 588 contrôleurs de deuxième classe;

36.

ce qui forme 1,044 employés en chef pour cette partie de l'administration des finances.

Recette et Perception des Contributions directes.

Nous avons déjà remarqué qu'il y a pour chaque département un receveur-général et des receveurs particuliers.

Le receveur-général, nommé par l'empereur, est chargé de la recette, de la vérification des bordereaux et états de situation des receveurs particuliers; il donne un cautionnement, et souscrit des soumissions à l'avance pour les sommes qui doivent être versées dans sa caisse pendant un exercice.

Conformément à la loi du 27 ventôse an 8, il y a un receveur particulier par chaque arrondissement communal.

Ces receveurs sont nommés par l'empereur, sur la présentation du ministre des finances; ils fournissent un cautionnement en numéraire. Ce cautionnement, fixé par la loi du 27 ventôse an 8 au vingtième du principal de la contribution foncière, dont la perception leur était confiée, a été, conformément aux dispositions de la loi du 5 ventôse an 12, augmenté, à compter de l'an 13, du quart en sus de celui déjà fourni.

Les fonds provenants des cautionnements des receveurs sont mis à la disposition du gouvernement, et versés au trésor public pour être rétablis dans la caisse d'amortissement, conformément aux lois des 7 et 27 ventôse an 8; les intérêts de ces cautionnements doivent, aux termes de la loi, être payés tous les ans.

Les cautionnements en numéraire sont remboursés, pour les receveurs particuliers comme pour les receveurs-généraux des départements, au choix de la partie intéressée, soit par la caisse d'amortissement, soit par le successeur, en rapportant par le receveur ou ses représentants, le consentement du receveur-général qui déclare que le receveur particulier est quitte envers lui.

Le receveur-général est autorisé à exiger des receveurs particuliers qu'ils souscrivent des soumissions de verser à la recette générale le montant des contributions directes, à des époques correspondantes, à la différence de

quinze jours d'avance, pour chaque terme, à celle déterminée pour les versements à faire au trésor public par
le receveur-général.

Perception et Percepteurs.

Conformément aux dispositions de l'arrêté du gouvernement, du 4 pluviôse an 11, il a été établi, à compter
de l'an 12, des receveurs particuliers dans les villes et
communes dont le montant des rôles s'élève au-dessus de
15,000 fr.; par décret impérial du 30 frimaire an 13,
cette perception est étendue jusqu'aux villes ayant moins
de 20,000 fr. de revenus.

Ces receveurs particuliers sont à la nomination de l'empereur; ils fournissent à la caisse d'amortissement un
cautionnement en numéraire, dont le montant, à compter
de l'an 13, est du douzième du principal des rôles des
contributions directes réunies, dont la perception leur est
confiée.

A l'instar des receveurs particuliers d'arrondissements,
ils doivent souscrire des soumissions. Leur traitement est
de 4 centimes par franc du montant des impositions dont
ils font la perception.

La loi du 5 ventôse an 12 a établi que tous les percepteurs des contributions directes sont à la nomination
de l'empereur.

Conformément aux dispositions de cette loi, il y a un
percepteur par chaque ville, bourg ou village, sauf les
réunions nécessitées par les localités.

Chacun de ces percepteurs est tenu de fournir un cautionnement en numéraire, et semblable à celui des receveurs particuliers établis par la loi du 4 pluviôse an 11.
Il est tenu aussi de résider dans la commune ou dans
l'une des communes de sa perception.

Le traitement des nouveaux percepteurs est fixé à
5 centimes par franc du montant des contributions qu'ils
sont chargés de percevoir.

On voit que ces agents du fisc sont les premiers échelons
du régime financier, pour la partie des revenus établis
sur les contributions directes.

Receveurs municipaux des Communes.

Nous en avons déjà parlé : nous n'en dirons qu'un mot ici. Les recettes communales, c'est-à-dire des revenus des communes et des centimes qui leur sont affectés, sont faites, conformément à la loi du 11 frimaire an 7, par les percepteurs des contributions directes, qui retiènent à cet effet, sur chaque cote par eux recouvrée et à fur et mesure du recouvrement, les centimes additionnels destinés à pourvoir aux dépenses communales.

Conformément à la loi du 4 thermidor an 10 et au décret impérial du 30 frimaire an 13, il doit y avoir un receveur particulier ou municipal pour les communes dont les revenus sont au-dessus de 20,000 francs.

Les dépenses sont acquittées par chaque percepteur ou receveur municipal, sur les mandements du maire, jusqu'à concurrence de l'état arrêté, et dans la proportion des rentrées successives des centimes additionnels destinés à y pourvoir, et des autres revenus de la commune.

Les percepteurs et receveurs jouissent, sur le produit des centimes additionnels destinés aux dépenses communales, d'une remise égale à celle dont ils jouissent sur les autres recettes. Cette remise fait partie des frais de perception à la charge de chaque commune.

L'on peut voir pour la comptabilité des receveurs des communes, ce que nous avons dit en parlant des octrois municipaux et du budget des communes.

De la Trésorerie.

Après que les revenus de l'État ont été versés dans les caisses des receveurs-généraux attachés à chaque espèce de contributions, ils deviennent dès ce moment à la disposition de la trésorerie nationale, ou sont versés dans sa caisse.

La trésorerie fut établie par une loi du 16 août 1791, sur la demande qu'en fit M. Necker. Avant, le ministre des finances, sous le nom de directeur-général ou de contrôleur-général, avait l'ordonnance et le payement de toutes les sommes sortant du trésor public.

La trésorerie fut d'abord composée, comme la comptabilité, de 5 commissaires ; mais à présent, il y a un ministre particulier pour en diriger les opérations et rendre compte de l'emploi des fonds.

Ses opérations sont divisées en trois classes générales : 1°. la recette et l'inspection des caisses; 2°. la dépense ; 3°. le grand-livre, les oppositions, la comptabilité et l'agence judiciaire.

Les dépenses qu'entraîne le service du trésor public sont ainsi classées pour l'an 12, dans le compte que le ministre de ce département en a rendu au commencement de l'an 13.

Traitement du ministre et appointements des administrateurs et employés, 304,195 fr.

Frais de bureau et d'impression, 116,076 fr. ; traitements et frais de service des préposés des payeurs-généraux, 277,291 francs ; inspecteurs-généraux des caisses, 10,783 fr. ; frais de transport des espèces, 302,971 fr. ; taxations aux receveurs sur les contributions indirectes, 41,673 francs; dépenses pour travaux extraordinaires, 50,000 fr.

Ces diverses sommes forment un total de 1,102,913 fr. pour les dépenses de la trésorerie en l'an 12.

Ministère des Finances.

Le ministre des finances est chargé de l'exécution des lois sur l'assiette, la répartition et le recouvrement des contributions directes; sur la perception des contributions indirectes; sur la fabrication des monnaies; de l'administration et vente des domaines nationaux et des forêts nationales ; de l'administration de la loterie nationale ; du visa de toutes les opérations relatives à la liquidation de la dette publique, et à celle de l'arriéré; de la ferme des postes aux lettres; des postes aux chevaux ; des douanes; de tous les établissements, baux, régies ou entreprises qui rendent une somme quelconque au trésor public ; de l'ordonnance des mouvements de fonds et payements autorisés par la loi. Il ne peut rien faire payer qu'en vertu, 1°. d'une loi, et jusqu'à la concurrence des fonds qu'elle a déterminés pour un genre de dépenses; 2°. d'un arrêté

du gouvernement ; 3°. d'un mandat signé par un ministre.

On voit par le compte du trésor public , pour l'an 12,
que pendant cette année le ministère des finances a donné
lieu aux dépenses suivantes :

Traitement du ministre, appointements des employés
du ministère , et frais de bureaux , y compris ceux du conseiller-d'état chargé des domaines nationaux, 106,178 fr. ;
comptabilité nationale , 84,115 fr. ; directions des contributions directes, 323,640 fr. ; taxations et remises des
receveurs-généraux des contributions directes, 847,168 f. ;
administrations des monnaies, 763,586 fr. ; conseil-général de liquidation, 141,175 fr. ; bureau des domaines
nationaux du département de la Seine , 11,039 fr. ; des
autres départements, 110,514 fr. ; dépenses accidentelles ,
8,279 fr. ; remboursements d'intérêts de cautionnements
à la caisse d'amortissement , 850,000 francs ; total ,
3,245,692 fr.

Comptabilité nationale.

La commission de la comptabilité nationale , créée par
la constitution , est composée de 7 commissaires nommés
par le sénat-conservateur ; ils règlent et vérifient les
comptes des recettes et des dépenses de l'État.

Les arrêtés et décisions des commissaires de la comptabilité nationale sont définitifs et exécutoires, sans autres
formalités , aux termes de la loi du 18 frimaire an 4 ; ils
opèrent la conversion des séquestres en simples oppositions ; la restriction ou la main-levée des oppositions mises
au nom de la nation sur les biens des comptables et sur
leurs inscriptions au grand-livre de la dette publique ;
la décharge définitive des comptables , et le remboursement de leurs avances.

Quant aux poursuites qui ont lieu à la réquisition et
sur les arrêtés , états ou actes déclaratifs des commissaires
de la comptabilité nationale, celles pour la présentation
des comptes se font par les préfets des départements, et
celles pour la rentrée des débets ou recouvrements, par
le ministre du trésor public.

Nous avons vu dans les dépenses du ministère des

finances, que les dépenses de la comptabilité nationale ne s'étaient élevées, en l'an 12, qu'à 84,113 fr.

Tel est le tableau général des finances, des dépenses et revenus de la France, à l'époque où nous écrivons.

L'état de guerre a dû porter quelques branches de dépenses à un taux plus élevé qu'en temps de paix, comme plusieurs sources de revenus se trouvent taries ou affaiblies, qui, à la paix, seraient plus considérables.

Il nous reste à examiner maintenant l'état des forces à la disposition du gouvernement, tant pour la défense extérieure que pour le maintien de l'ordre et de la police au dedans.

C'est l'objet du chapitre suivant.

CHAPITRE X.

Des Forces de l'État.

Par forces de l'État, l'on entend ce qu'il peut mettre et entretenir d'hommes sur pied et de vaisseaux à la mer, pour la défense nationale.

Il résulte de cette définition qu'il faut distinguer deux sortes de forces, celles de terre et celles de mer.

Nous parlerons d'abord des premières, et ensuite des secondes.

§ Ier. Des Forces de Terre de l'Empire français.

Elles composent deux sortes de corps militaires, savoir : les troupes à pied ou infanterie, et les troupes à cheval ou cavalerie.

Chaque corps militaire se divise en plusieurs *armes*, c'est-à-dire manières particulières d'être employé à la défense de l'État ; ainsi l'on dit : *l'arme du génie, l'arme de l'artillerie, l'arme des chasseurs*, etc.

Le corps militaire le plus nombreux est l'infanterie ; celle de France est en même temps la plus brave de l'Europe, honneur qui a été long-temps le partage de l'infanterie espagnole, et qu'elle n'a perdu qu'à la bataille de Rocroi, en 1643. L'infanterie russe paraît tenir aujourd'hui le second rang en Europe ; celle de Prusse ne va guère qu'après les troupes autrichiennes, et ensuite l'infanterie anglaise, la plus médiocre de toutes.

L'infanterie est la meilleure troupe, celle qui coûte le moins, dépend moins des évènements, et est susceptible de plus d'emploi ; mais elle est moins disciplinée que la cavalerie, et la désertion y est plus facile que dans cette dernière.

La légion romaine était presqu'entièrement composée

d'infanterie, puisque sur 4,000 hommes dont elle était formée, on n'y comptait que 200 chevaux et 300 lorsqu'elle fut portée à 6,000.

On croit voir dans la constitution du gouvernement féodal, les premières causes qui introduisirent dans les armées françaises la cavalerie. Les bénéfices militaires, qu'on nomma dans la suite *fiefs tenant lieu de solde*, obligeaient ceux qui les recevaient, à servir l'Etat en raison de la valeur de ces bénéfices. Le service d'un cavalier étant plus dispendieux que celui d'un piéton, et supposant un état plus considérable, chacun préféra de paraître dans cet équipage plutôt que dans celui de fantassin. Sur la fin de la seconde race, il n'y avait plus d'infanterie dans les armées françaises, ou du moins elle n'y fut comptée pour rien.

Louis-le-Gros, au commencement du XIIe siècle, donna la liberté aux serfs de ses domaines, et forma sous le nom de *communes* et de *municipalités*, des associations de citoyens dans les villes closes. Ces nouveaux bourgeois s'obligèrent à le servir dans l'étendue de leur territoire, avec l'équipage de gens de pied, le seul qu'on pût exiger d'eux : de là l'origine des milices, et successivement des corps d'infanterie levés pour les remplacer (1).

Charles VII reconnut le premier les abus qui résultaient de l'organisation vicieuse des milices, qui se livraient à des désordres et mettaient quelquefois les campagnes à contribution. Il composa d'abord les *quinze compagnies d'ordonnance*, si connues dans notre histoire et nommées depuis *gendarmerie;* il y fit entrer les plus grands seigneurs du royaume. Il s'occupa ensuite de son infanterie; car depuis Philippe-Auguste, nos rois entretenaient un corps de troupe à pied à leur service, indépendamment des milices; il licencia cette troupe, et ordonna que chaque paroisse fournirait un de ses meilleurs hommes pour servir de l'arc et de la flèche, et comme ils étaient exempts pour toute leur vie d'imposition, on les appela *francs-archers*. Ces troupes, armées et équipées par les paroisses, étaient tenues de s'assembler tous les jours de

____

(1) Voyez l'*Histoire de la Milice française*, par le père Daniel, de la compagnie de Jésus, tome I.

fêtes, pour s'exercer à tirer de l'arc ; elles étaient obligées de servir toutes les fois que le roi l'exigeait : lorsqu'elles étaient réunies, elles formaient un corps de 16,000 hommes environ, commandés par quatre capitaines généraux, et chacun d'eux avait sous ses ordres 4,000 h. divisés par bandes de 500, à la tête desquelles étaient un capitaine particulier et des lieutenants.

Louis XI conserva la gendarmerie créée par ses prédécesseurs ; mais il supprima les francs-archers, devenus odieux par les excès dont ils se rendaient coupables ; il les remplaça par 6,000 Suisses, et y joignit 10,000 Français, qu'il prit à sa solde au moyen d'un impôt qu'il établit. Cette milice est connue dans l'histoire sous le nom d'*aventuriers*, parce qu'elle n'était composée que d'hommes de bonne volonté qui s'engageaient pour un mois, moyennant un écu, à un capitaine qui avait reçu une commission du roi pour les lever, et qui n'étaient déterminés à prendre ce parti que par l'espérance de tenter fortune en partageant le butin et les prisonniers que l'on ferait sur l'ennemi.

Cette troupe se disciplina et resta avec la même organisation jusqu'à François Ier. Ce prince lui donna une nouvelle forme : il licencia ce qui était sur pied et leva, par une ordonnance du 24 juillet 1534, des légions à peu près semblables à celles des Romains, seulement il n'y joignit point de cavalerie ; il conserva les anciennes compagnies d'ordonnance, qui formaient toujours un corps séparé ; il fixa le nombre des légions à sept, dont chacune était composée de 6,000 hommes divisés en six compagnies, ce qui faisait un corps de 42,000 hommes d'infanterie.

Ce fut dix ans après l'institution des légions, que François Ier. créa la charge de colonel-général de l'infanterie française : le célèbre Coligny, qui l'exerça, établit dans cette troupe une discipline que l'on n'y avait point encore vue. Cependant les légions ne subsistèrent que peu d'années ; on reprit l'usage des *bandes*, qui étaient autant de compagnies de 3 ou 400 hommes, commandées par un capitaine ou chef dont elles portaient ordinairement le nom. Henri II ne fit que substituer le nom de *régiment* à celui de bande ; ce mot régiment désigne un corps régi, gouverné par un chef et des officiers chargés d'y faire observer l'ordre et la discipline ; ce nom ne fut d'abord employé que pour l'infanterie, ensuite il a passé à la cavalerie, et a remplacé celui de *compagnie d'ordonnance*.

L'infanterie a éprouvé beaucoup de changements et de réformes ; elle a été portée, sous Louis XIV, jusqu'à 300,000 hommes, en y comprenant ceux qui étaient destinés à servir sur mer : plusieurs corps ont été supprimés ou augmentés selon les besoins de l'Etat. A la paix de 1762, on conserva sur pied 65 régiments d'infanterie française, formant 161 bataillons et donnant 89,516 hommes.

En 1776, on dédoubla quelques régiments et l'on fit divers changements dans l'infanterie, en sorte que le nombre des soldats fut augmenté et porté à 127,548.

Ce nombre a encore varié à diverses époques, ainsi que l'organisation, l'uniforme et la solde des troupes françaises ; mais ces détails nous mèneraient trop loin : nous nous bornerons à ce que nous venons d'en dire, et qui nous paraît suffisant pour donner une idée de l'origine et des progrès des corps militaires français.

Mais avant de passer à leur organisation actuelle, nous pensons que l'on verra avec plaisir ici, 1°. un état des troupes françaises, sur le pied de paix, en 1780 ; 2°. le montant des dépenses qu'entraînait l'entretien de l'armée avant la révolution.

§ 11. *État de l'Armée sur le pied de paix avant la révolution.*

Maison du roi, 7,620 hommes, auxquels il faut ajouter 940 hommes de petite gendarmerie ; infanterie, 134,236 hommes ; troupes à cheval, 29,586 hommes ; troupes provinciales, 77,692 ; invalides, 5,977.

Ce qui fait un total de 256,051 hommes de guerre, dont 170,159 de troupes réglées, et 77,692 de troupes provinciales.

Sur le nombre de troupes réglées, on comptait 10,568 officiers, et 159,591 soldats et bas-officiers.

Dans les troupes provinciales, 1,898 officiers, et 75,794 soldats et bas-officiers.

Total, dans l'armée, 12,730 officiers et 243,315 soldats, en y comprenant les invalides.

Les dépenses militaires en temps de paix se montaient, à la même époque, à une somme de 124,650,000 francs, savoir :

Soldats.	44,100,000 fr.
Officiers	46,400,000
Administration de la guerre.	32,950,000
Dépenses de l'île de Corse	1,200,000
Total	124,650,000 fr.

(*M. Necker, administrateur des finances.*)

Ces détails peuvent servir d'objets de comparaison, et rendre plus instructif ce que nous allons dire de l'état actuel des forces militaires de l'Empire.

§ III. *Des Forces militaires de l'Empire en l'an 13.*

Nous parlerons, 1°. du mode de recrutement et formation de l'armée ; 2°. des diverses armes et corps qui la composent.

N°. 1er. *Formation de l'armée.*

L'armée de terre se forme par enrôlements volontaires et par la voie de la conscription militaire.

Les engagements volontaires n'entrent presque pour rien dans la formation de l'armée aujourd'hui ; elle repose presque entièrement sur la conscription militaire.

Ce mode a été organisé d'une manière définitive par la loi du 19 fructidor an 6, et par quelques autres postérieures.

La conscription comprend tous les Français depuis l'âge de 20 ans accomplis jusqu'à celui de 25 ans révolus.

Les conscrits sont divisés en cinq classes ; chaque classe ne comprend que les conscrits d'une même année. La

première classe se compose des Français qui, au 1er. vendémiaire de chaque année, ont terminé leur vingtième
année ; la deuxième classe se compose de ceux qui, à la
même époque, ont terminé leur vingt-unième année ; la
troisième classe comprend ceux qui, à la même époque,
ont terminé leur vingt-deuxième année, et ainsi de suite
classe par classe, année par année.

Il n'est apporté dans le cours de l'année aucun changement dans la division des classes, de manière que le
Français qui y termine sa vingtième année, n'est compris
dans la conscription militaire que le 1er. vendémiaire
suivant, et que celui qui a terminé sa vingt-cinquième
année, y reste compris jusqu'à la même époque.

D'après la loi qui fixe le nombre des conscrits qui
doivent être mis en activité de service, ceux de la seconde classe ne sont appelés aux corps que quand ceux
de la première sont tous en activité de service, ainsi de
suite classe par classe. La solde n'est payée aux conscrits
que lorsqu'ils sont en activité de service.

Chaque année, le corps législatif détermine, sur la
proposition du gouvernement, la levée d'hommes nécessaires sur le nombre de ceux qui ont dû s'inscrire au
registre de leur municipalité, aux termes de la loi du
19 fructidor an 6.

On indique en même-temps le contingent que doit fournir chaque département, en proportion de sa population.

Ce contingent déterminé est ensuite réparti par les
préfets entre les divers arrondissements, d'après les bases
de la population générale de chacun d'eux, ayant toutefois égard au nombre d'individus compris dans l'inscription maritime. (*Décret impérial du 8 nivôse an 13.*)

Le contingent fixé par le préfet est réparti par le sous-
préfet entre les divers cantons de justice de paix, d'après
les bases de la population générale, ayant également
égard au nombre des individus compris dans l'inscription
maritime.

D'après le travail des préfet et sous-préfet, il est formé
des listes nominales de tous les individus inscrits pour la
conscription de l'année courante : chaque nom a un
numéro correspondant.

La désignation des conscrits qui doivent former partie
de l'armée se fait par le sort, c'est-à-dire que le sous-

préfet tire par ordre de numéro les bulletins où sont inscrits les noms des individus, jusqu'à concurrence de la
quantité qui est déterminée pour le contingent du canton.

Dans la levée des conscrits, une partie est destinée à
l'armée active et une autre pour la réserve, suivant le
mode indiqué par le décret impérial du 8 nivôse an 13.

Nous ne répéterons pas ici ce que nous avons dit au
chapitre de la population au paragraphe des levées militaires, sur le mode de la conscription et son rapport avec
la population générale de la France ; nous y renvoyons le
lecteur, et passons à l'organisation de l'armée.

N°. 2. *Organisation et Division de l'Armée de terre.*

L'armée se divise naturellement en quatre armes :
l'infanterie, la cavalerie, le génie et l'artillerie.

Infanterie.

Il y a dans l'armée française l'infanterie de ligne et
l'infanterie légère ; l'infanterie de ligne est composée de
112 demi-brigades, dont 93 de 3 bataillons, et 19 de
2 bataillons.

Le grand complet d'une demi-brigade de 3 bataillons
est de 3,230 hommes, ce qui, pour les 93, fait 300,390
hommes ; le grand complet d'une demi-brigade de 2 bataillons est de 2,159 hommes, ce qui fait pour les 19
demi-brigades, 41,021 hommes.

Et par conséquent, pour l'infanterie de ligne, 341,412
hommes, soldats et officiers.

L'infanterie légère est composée de 31 demi-brigades
de 3 bataillons.

Les demi-brigades d'infanterie légère sont organisées,
comme celles de ligne, de 3 bataillons ; ainsi, le grand
complet des 31 fait 100,130 hommes, soldats et officiers.

Cavalerie.

L'arme de la cavalerie, comme celle de l'infanterie,
se divise en cavalerie de ligne et cavalerie légère.

La cavalerie de ligne est composée de 20 régiments,
dont 2 de carabiniers, 8 de cuirassiers et 10 de cavalerie.

Le grand complet d'un régiment de cavalerie de ligne est de 706 soldats; ainsi les 20 que nous venons de nommer, y compris les officiers et états-majors, donnent 14,120 hommes.

La cavalerie légère est composée de 68 régiments, dont 21 de dragons; 24 de chasseurs et 13 de hussards.

Le grand complet d'un régiment de cavalerie légère est de 946 hommes; ainsi le grand complet des 21 régiments de dragons donne 19,866 hommes; celui des 24 régiments de chasseurs donne 22,704; celui des 13 régiments de hussards donne 12,298.

Ce qui porte l'effectif de la cavalerie légère, y compris les officiers et états-majors, à 54,868 hommes.

Celui de la cavalerie de ligne étant de 14,120 hommes, l'effectif de l'arme de la cavalerie est ainsi de 68,988 h.

Artillerie.

L'arme de l'artillerie se distingue en artillerie de campagne et artillerie de siége : la première doit offrir des pièces qui, au mérite d'être d'un calibre assez gros pour bien remplir l'objet du service, présentent aussi celui de la légereté; la seconde est employée dans l'attaque et la défense des places. Cette distinction n'en apporte aucune dans les troupes dont l'artillerie est composée.

Cette arme est formée de 8 régiments d'artillerie à pied, 6 régiments d'artillerie à cheval, 15 compagnies d'ouvriers, 8 bataillons du train d'artillerie, 14 compagnies de canonniers vétérans, et 128 compagnies de canonniers gardes-côtes.

Le grand complet d'un régiment d'artillerie à pied est de 2,582 hommes, soldats et officiers; ainsi le grand complet des 8 régiments à pied est de 20,656 hommes.

Chaque régiment d'artillerie à cheval est composé de 524 hommes; ainsi le grand complet des 6 régiments d'artillerie à cheval est de 3,229 hommes, soldats et officiers.

Le grand complet de chaque compagnie d'ouvriers est de 92 hommes, sur quoi 4 officiers.

Ainsi le grand complet des 15 compagnies d'ouvriers est de 1,380 hommes.

Le grand complet d'un bataillon du train d'artillerie

est de 477 hommes ; par conséquent le grand complet des 8 bataillons est de 3,816, y compris lés officiers.

Quand les bataillons du train d'artillerie sont portés au pied de guerre, ils sont augmentés d'un égal nombre de bataillons de 6 compagnies chacun, et chaque compagnie de 99 hommes, dont 60 de recrues.

Les bataillons de pontonniers sont destinés à la formation et entretien des ponts et bateaux à construire sur les fleuves et rivières, pour le service des armées.

Le grand complet d'un bataillon de pontonniers est de 610 officiers, soldats et ouvriers.

Ainsi le grand complet des 2 bataillons est de 1,220 hommes.

Il y a 14 compagnies de canonniers vétérans ; le grand complet de chacune est de 50 hommes ; par conséquent le total est de 700 hommes.

Cette troupe est particulièrement affectée au service des côtes maritimes.

Les compagnies de canonniers gardes-côtes sont au nombre de 128.

Les unes sont sédentaires, les autres font le service dans les îles qui avoisinent la côte ; elles sont toutes aux ordres des directeurs d'artillerie.

Le grand complet d'une compagnie de canonniers gardes-côtes est de 121 hommes, soldats et officiers ; par conséquent les 128 donnent un complet de 15,488 hom.

En résumant le total de l'arme de l'artillerie, on a 46,489 hommes, tant ouvriers, soldats, qu'officiers.

Génie.

Le corps ou arme du génie est destiné à fortifier nos places, à les entretenir, à les conserver ; il est chargé de toutes les constructions militaires, enfin c'est lui qui dirige les travaux d'attaque et de défense des places.

Il y a deux sortes de génie : le génie militaire et le génie maritime : nous ne parlons ici que du premier.

Ce corps est composé de 5 bataillons de sapeurs, de 9 compagnies de mineurs et d'un nombre d'officiers proportionné aux besoins du service.

Le grand complet d'un bataillon de sapeurs étant de

900 hommes, soldats et officiers, les 5 bataillons donnent 4,545 hommes.

Le grand complet d'une compagnie de mineurs est de 100 hommes, soldats et officiers; par conséquent celui des 9 compagnies en donne 900.

Le corps des officiers du génie est composé de 428 officiers, savoir: 9 officiers-généraux, 35 chefs de brigades, directeurs des fortifications; 71 chefs de bataillons, sous-directeurs; 259 capitaines employés dans les places; 34 lieutenants; 20 sous-lieutenants.

Gendarmerie.

Le corps de la gendarmerie nationale est une force instituée pour assurer dans l'intérieur de l'Etat le maintien de l'ordre et l'exécution des lois.

Ce corps est composé de 1,750 brigades à cheval et 750 brigades à pied.

Chaque brigade est composée d'un sous-officier et de 5 gendarmes.

La totalité de la gendarmerie s'élève à 15,691 hommes, dont 8,750 gendarmes à cheval, 3,750 gendarmes à pied, 169 capitaines, 349 lieutenants, 593 maréchaux-des-logis à cheval, 1,169 brigadiers à cheval, 506 brigadiers à pied, etc.

La gendarmerie est soumise à l'inspection d'un officier général portant le titre d'inspecteur et ayant le grade de général de division.

Garde impériale.

La garde impériale est composée de plusieurs corps, dont les membres sont choisis parmi ceux de l'armée, d'après un mode particulier.

Cette garde est composée, 1°. des officiers de l'état-major-général et de la maison de l'empereur; 2°. de plusieurs corps d'infanterie; 3°. de plusieurs corps de cavalerie; 4°. d'un corps d'artillerie : ces différentes armes réunies forment 8,500 hommes, soldats et officiers.

Nous allons faire connaître brièvement les diverses

sommes employées dans les dépenses de l'Etat pour l'entretien de l'armée et les frais d'administration de la guerre.

§ IV. *Dépenses pour l'Entretien de l'Armée et les Frais d'Administration de la Guerre.*

On voit par le budget de l'an 9, que les fonds destinés aux dépenses que nous venons d'indiquer furent, pour cette année-là, fixées à 238,000,000; par le budget de l'année suivante, qu'elles le furent à 210,000,000.

En l'an 11, ces dépenses allèrent à 257,000,000, savoir : 164,705,799 fr. pour la guerre, et 92,294,201 fr. pour frais d'administration de la guerre.

En l'an 12, elles furent portées à 295,500,000 francs, savoir : 179,000,000 pour les dépenses de la guerre, et 116,000,000 pour l'administration de la guerre.

Le budget de l'an 13 les porte à 271,500,000 francs, savoir : 166,500,000 fr. pour la guerre, et 105,000,000 pour l'administration.

La plus forte partie des dépenses de la guerre est celle qui a pour objet la solde d'activité : voici les détails dont elle se compose, et les dépenses correspondantes pendant l'an 12.

Infanterie, 43,960,587 francs; troupes à cheval, 12,415,476 francs; artillerie, 9,973,118 francs; génie, 2,741,197 fr.; garde impériale, 5,677,695 fr.; vétérans nationaux, 3,010,464 francs; gendarmerie nationale, 14,243,308 fr.; état-major de l'armée, 6,564,133 francs; commandants d'armes, 1,559,819 francs; inspecteurs aux revues, 962,351 francs; commissaires des guerres, 1,300,766 fr.;

Ce qui fait une somme de 102,408,914 fr.

Comme nous avons fait suffisamment connaître les dépenses du ministère de la guerre à l'article qui le concerne, et que ces dépenses rentrent dans le tableau de celles dont il s'agit ici, nous ne nous étendrons pas davantage sur les détails qui s'y rapportent, et nous passerons de suite à l'exposé des forces de mer.

§ V. *Des Forces Maritimes de la France.*

Pour traiter avec intérêt cette partie de la Statistique, nous commencerons par quelques considérations sur l'histoire de la marine française; ensuite nous passerons à l'exposé de son système actuel et aux dépenses qu'entraîne le service de mer.

Apperçu historique de la Marine française.

La marine fut cultivée avec soin par les anciens Gaulois, et l'habileté dans la navigation les servit utilement pour le commerce, pour l'établissement de leurs colonies et la défense de leurs côtes; mais ils n'en ont laissé aucun monument historique qui soit parvenu jusqu'à nous, et l'on est obligé de recourir aux écrivains grecs et latins pour avoir quelque connaissance de l'état des arts relatifs à la navigation chez eux.

Rien ne fait mieux voir combien la marine a été florissante dans l'ancienne Gaule, que le grand nombre de ports célèbres que ses habitants possédaient sur l'une et l'autre mer. Le port d'Arles, sur la Méditerranée, était fameux du temps de César, qui, dans l'espace d'un mois, à compter du jour que le bois fut abattu, y fit construire 12 galères. Celui de Narbonne, qui ne subsiste plus, était une espèce d'entrepôt où abordaient les flottes de l'Orient, celles d'Afrique, d'Espagne et de Sicile; celui d'Aigues-Mortes, que les sables amoncelés par le Rhône ont détruit, et ceux de Montpellier, de Toulon, d'Antibes et de Fréjus, où les vaisseaux d'Auguste se retiraient, étaient tous très-considérables. Sur l'Océan étaient les ports de Bordeaux et de Vannes, ceux de la Saintonge et du Poitou, et celui de Corbilon sur la Loire, que quelques-uns prènent pour Nantes, d'autres pour Blois.

Ce n'est qu'au temps de Jules César que l'histoire peut remonter pour donner une juste idée de la navigation des Gaulois : leur marine paraît alors dans un mouvement extraordinaire. César, pour faire tête à leurs nombreuses flottes, fut obligé de faire construire des vaisseaux dans leurs propres ports, et plus souvent encore de se servir de ceux des Gaulois mêmes qui lui étaient attachés : ainsi, comme il fit usage des forces maritimes des peuples qu'il avait soumis, contre celles des autres nations de la Gaule, on peut juger par la quantité prodigieuse des bâtiments qu'armaient les deux partis, de la force réciproque de leur marine.

La ville de Marseille, fondée à ce qu'on prétend par les Phocéens, a produit de célèbres navigateurs; ses habitants ayant pris de leurs fondateurs le goût de la navigation, se rendirent puissants sur mer et redoutables à leurs voisins. Ils bâtirent des villes au milieu des terres et sur les rivages de la Méditerranée : Nice est une de leurs fondations; ils firent des lois nautiques, à l'exemple des Rhodiens, et leur expérience maritime leur attira la considération des Romains.

Vannes, située à 2 lieues de la mer, était aussi très-puissante. Du temps de César, elle avait une très-grande autorité sur toutes les villes maritimes ; tous les ports des côtes voisines étaient sous sa domination; elle était liée avec l'Angleterre par les intérêts du commerce, et tant par l'habileté de ses navigateurs que par le grand nombre de ses vaisseaux, elle aurait aisément triomphé des Romains sur l'Océan, si ceux-ci n'avaient suppléé par la ruse au défaut de l'expérience.

Les peuples de la Saintonge et les Poitevins étaient aussi puissants sur mer, et César se servit de leurs vaisseaux contre ceux des habitants de Vannes.

Tel était l'état de la marine des Gaulois avant et après leur assujétissement aux Romains. Mais depuis cette première époque jusqu'à Charlemagne, la navigation a été peu connue en France : comme cet État était alors partagé entre plusieurs frères, ils ne s'occupaient que des guerres qu'ils se faisaient les uns aux autres, et n'avaient pas besoin de vaisseaux, puisqu'ils ne portaient point leurs armes au-delà des terres qu'ils se disputaient.

Charlemagne ayant reculé les limites de son Empire au-delà du Danube et du Rhin, prévit sagement que, dès qu'il s'éloignerait de la France, ses côtes sur l'une et l'autre mer seraient exposées aux incursions des barbares. Pour s'opposer à leurs descentes, il établit une bonne garde marine et entretint des vaisseaux gardes-côtes, bien équipés et bien armés, qui croisaient continuellement, soit à l'embouchure des rivières, soit sur les côtes de France et d'Allemagne, et sur celles de Provence et de toute l'Italie. Ainsi, par le moyen de sa marine, il mit non-seulement ses Etats à l'abri des insultes qu'ils avaient si souvent essuyées de la part des Sarrazins et des Normands ; mais ses vaisseaux battirent encore leurs flottes près des îles de Sardaigne, de Corse, de Majorque et de Minorque, prirent et coulèrent à fond plusieurs de leurs bâtiments, leur enlevèrent tout le butin dont ils s'étaient emparés, et revinrent enfin plus d'une fois chargés des étendards qu'ils leur avaient pris, et des prisonniers faits sur eux.

Les guerres continuelles dont Charlemagne fut occupé pendant tout son règne ne l'empêchèrent point de donner la plus sérieuse attention aux affaires de la mer ; il parcourut toutes ses côtes, et les fit mettre en bon état ; il fit rétablir à Bologne un ancien phare bâti par les Romains, et que les habitants de cette ville avaient laissé ruiner par négligence.

Les successeurs de ce prince n'eurent pas fort à cœur l'entretien de la marine : ils laissèrent les Normands et les Sarrazins infester les mers, et désoler leurs Etats par leurs incursions. Les Normands, ces pirates redoutables, courant les mers avec de fortes escadres et quelquefois avec des flottes de 120 ou de 200 voiles, portaient la terreur par toute la France.

Sous les règnes de Louis-le-Débonnaire et de Charles-le-Chauve, ils entrèrent par l'embouchure des rivières qui n'étaient pas défendues, et ravagèrent les plus belles provinces. Ils remontèrent plusieurs fois la Seine, firent de grands dégâts dans la ville de Rouen, répandirent l'alarme dans Paris, tirèrent de grosses contributions de l'abbaye de Saint-Germain-des-Prés, et firent trembler les rois de France sur leur trône. Il fallait capituler avec eux pour les obliger de se retirer, et ce n'était jamais qu'à prix d'argent ou quand ils étaient rassasiés de butin. Ils venaient par la Garonne désoler Bordeaux et Toulouse ; ils exerçaient par la Loire leurs brigandages jusqu'à Orléans ; par le Rhône et la Somme, ils ravageaient les provinces que ces rivières arrosaient : ils paraissaient à l'improviste, attaquaient de même, se répandaient comme un torrent, et laissaient partout de cruelles marques de leur passage; enfin ils forcèrent les Français à les laisser établir dans le royaume de Neustrie, qui, de leur nom, prit celui de Normandie.

Les croisades, qui commencèrent sous Philippe Ier., obligèrent les Français à équiper des vaisseaux, et la marine parut alors se rétablir en France. Cependant du Tillet remarque que les rois de France se servaient, pour ces expéditions, de navigateurs génois, espagnols, et d'autres nations voisines, qui avaient des vaisseaux en mer.

Ce fut dans le temps des croisades, et à proprement parler, sous le règne de Saint-Louis seulement, que la dignité d'amiral de France commença à avoir rang parmi les grandes dignités du royaume : auparavant, le pouvoir d'amiral, qui n'était donné que par commission, se bornait à quelques côtes maritimes, comme celles de Normandie, de Bretagne, de Guienne. Les gouverneurs de ces provinces joignaient à leurs titres celui d'amiral, et les gouverneurs de Bretagne ont été long-temps en possession de ce titre et des droits d'amirauté, dans l'étendue de leur gouvernement.

Les différends survenus entre la France et l'Angleterre, du temps de Philippe-Auguste, se renouvelèrent sous Philippe-le-Bel, et donnèrent lieu à un grand nombre d'expéditions maritimes.

La marine fut languissante sous Charles VII et sous Louis XI. Les guerres du premier pour reconquérir son royaume, et les démêlés continuels du second avec les ducs de Bourgogne et de Bretagne, ne les obligèrent point à des armements maritimes. On voit seulement, sous le règne de Charles VII, que ce prince fit équiper une flotte sur laquelle on embarqua 4,000 soldats, et dont Pierre de Brézé, sénéchal de Normandie, eut le commandement; elle partit de Honfleur le 20 d'août 1457, et cinglant vers les côtes d'Angleterre, alla faire une descente à Sandwich, dans le comté de Kent. Brézé se rendit maître du port, où il prit 3 vaisseaux, s'empara de la ville et la pilla; mais ne pouvant la garder, il fit sa retraite avec un riche butin et beaucoup de prisonniers.

Les projets de Charles VIII l'engagèrent à avoir une bonne marine. Ce prince ayant formé le dessein de conquérir le royaume de Naples, usurpé par la maison d'Aragon, fit sortir de ses ports une flotte de 77 vaisseaux, auxquels étaient joints, selon quelques écrivains, 8 galères et 9 autres bâtiments.

Louis XII, en succédant à Charles VIII, ne perdit point de vue les états d'Italie, auxquels il avait des prétentions. Pour faciliter le succès de ses entreprises, il entretint toujours des vaisseaux sur la Méditerranée; il fit partir de Provence, sous les ordres du seigneur de Ravestein, gouverneur de Gènes, une flotte composée de 16 gros vaisseaux, un desquels portait 1,200 soldats sans compter les matelots, et 200 pièces d'artillerie, dont 14 étaient de gros calibre. A ces bâtiments il en joignit plusieurs autres, propres à faire des descentes ou à transporter des vivres.

François Ier., attaqué en même temps par l'empereur Charles-Quint et par Henri VIII, roi d'Angleterre, ne put se dispenser d'augmenter ses forces maritimes. Il fit venir dans l'Océan les galères qu'il avait sur la Méditerranée, au nombre de 25; elles étaient commandées par le capitaine Polin, plus connu depuis sous le nom de baron de la Garde. Le roi joignit à ces 25 galères 10 navires que les Génois lui fournirent; et avec ceux qu'il avait dans ses ports, il composa une flotte de 150 navires ou gros vaisseaux, et de 60 autres moindres.

Cette flotte fut commandée par l'amiral d'Annebaut, qui fit voile vers l'Angleterre, fit descente dans l'île de Wight et en quelques autres endroits de la côte, qu'il ravagea à la vue de la flotte anglaise qui n'osa jamais s'engager à un combat général.

Henri II se contenta d'entretenir ce qu'il avait trouvé de vaisseaux à son avènement à la couronne, et n'en fit pas construire beaucoup de nouveaux. Il ne laissa pas de se rendre redoutable à ses voisins sur la mer, et il se fit sous son règne quelques expéditions assez considérables.

La guerre civile qui s'alluma en France sous le règne des fils de ce prince, ne leur permit guère de se faire craindre sur la mer, et dans cette conjoncture, Elisabeth, reine d'Angleterre, ayant fait construire un grand nombre de vaisseaux, assura en quelque façon l'empire de cet élément à sa nation.

C'est au temps de ces guerres civiles qu'on doit fixer

la décadence entière de la marine en France. Cette décadence fut telle, que lorsque Henri IV fut parvenu à la couronne, il se trouva exposé sur mer aux insultes des princes ses voisins.

On peut juger de l'état où se trouvait la marine sous le règne de ce monarque, par ce que le cardinal d'Ossat en écrivait à M. de Villeroi. Il se plaignait continuellement à ce ministre de ce que Henri IV n'avait aucuns vaisseaux sur mer ni dans ses ports, quoiqu'il en eût un besoin extrême; il lui représentait qu'il était étonnant que le roi eût été obligé d'emprunter les galères du pape, celles du grand-duc de Toscane et du grand-maître de Malte, pour transporter en France Marie de Médicis; qu'il souffrît que 4 misérables galères du grand-duc désolâssent la France et la tinssent comme enchaînée; et enfin, qu'un royaume tel que la France ne fût pas en état de réprimer l'insolence du moindre pirate. Il est vrai que Henri IV avait résolu de rétablir la marine et le commerce; mais la mort prématurée de ce prince l'empêcha d'exécuter ce dessein.

Le rétablissement de la marine de France paraissait réservé au cardinal de Richelieu, l'un de ces hommes rares qui naissent quelquefois pour relever la gloire d'une nation. Il connaissait le génie des Français capable de tout, et l'expérience lui avait appris par divers essais, que la nation pouvait signaler sa valeur sur la mer aussi bien que sur la terre. Il ne manqua pas d'engager Louis XIII à suivre, par l'exécution, les solides maximes qu'il établit lui-même dans son *Testament politique*.

Les Rochelois ayant pris les armes contre le Roi, quelques vaisseaux marchands qu'on avait armés en guerre furent envoyés contre eux dès l'an 1621; ceux qui les commandaient eurent divers engagements avec les Rochelois, et s'acquittèrent dignement de leur emploi. L'année suivante, on fit venir quelques galères de la Méditerranée; on y joignit plusieurs vaisseaux tirés des ports, et 6 galions de Malte : le duc de Guise commanda cette flotte, et battit les Rochelois.

L'an 1626, le duc de Montmorenci, amiral de France, gagna une autre victoire sur ces mêmes Rochelois, et ensuite remit la charge d'amiral entre les mains du roi qui la supprima, et créa celle de grand-maître, chef et surintendant-général de la navigation et du commerce de France, dont il pourvut le cardinal de Richelieu. Cette charge lui mettait en main toute l'autorité sur la marine, et laissait au roi la liberté de faire commander ses flottes par qui bon lui semblerait, n'y ayant plus d'amiral de France en titre d'office.

Dès l'année suivante, le cardinal eut permission du roi de faire bâtir des vaisseaux. Il établit à Brouages et au Havre-de-Grace des fontes de canons destinés pour les armer. On en établit depuis une autre à Marseille ; et, pour accoutumer les Français à la mer, on fit des compagnies de commerce pour les îles de l'Amérique et pour le Canada.

La prise de la Rochelle en 1628 ôta à Louis XIII un grand sujet d'inquiétude pour son Etat, et lui donna moyen de poursuivre ses desseins pour la marine. On nettoya les ports, on en fortifia quelques-uns, on y fit des magasins : défenses furent faites à tous pilotes, calfateurs, canonniers, charpentiers, matelots, pêcheurs, et tous autres servants à la construction des navires, construction des cordages, etc., d'aller servir hors du royaume chez les princes étrangers. On établit des écoles d'hydrographie, et l'on fit d'autres semblables ordonnances et établissements pour la marine, qui furent suivis avec soin.

La marine commençait à être montée en 1635, lorsque la guerre s'alluma entre la France et l'Espagne. Il se fit dès les premières années de cette guerre plusieurs actions mémorables sur la mer ; 8 nouvelles galères et plusieurs navires de guerre, que le roi avait fait construire, y furent employés avec succès.

Le cardinal mourut en 1642, et il eut la satisfaction de voir avant sa mort les avantages et la gloire que la France tirait des soins qu'il avait donnés au rétablissement de la marine. On construisit de son temps des vaisseaux d'une grandeur considérable ; le plus fameux fut le vaisseau nommé *la Couronne* ; il était de 72 pièces de canon, très-fort de bois ; il avait 200 pieds de longueur et 46 de largeur, et était très-bon voilier : les Anglais, les Hollandais et les autres étrangers habiles dans la marine, venaient le voir par curiosité. Avant la mort du cardinal, Louis XIII, selon un état de la France, avait 35 galères et 60 vaisseaux.

Ce nombre diminua beaucoup sous la minorité de Louis XIV. Cependant, avant les guerres de la fronde en 1649, il y avait encore 25 galères et 30 vaisseaux de haut bord ; mais ces guerres intestines, jointes aux guerres étrangères, causèrent une nouvelle décadence de la marine, et Louis XIV pensa à la rétablir.

Lorsque ce prince prit en main les rênes du gouvernement, la marine de France était peu de chose : il n'y avait point de ces vaisseaux qu'on a appelés depuis du premier et du second rang; il y en avait même peu de ceux des rangs inférieurs, et parmi ceux-ci, il n'y en avait presque point qui fussent en état de servir : de sorte que M. Colbert en fit dépecer quelques-uns, en vendit quelques autres ; et de tout ce qu'il y en avait en 1661, il ne s'en trouvait plus que 8 de service en 1671, 3 du troisième rang, 4 du quatrième rang, et 1 du cinquième rang.

L'artillerie de mer était réduite à 570 pièces de canons de fonte, et à 475 de fer, tant grosses que petites, depuis 36 jusqu'à 2 de calibre. En 1664, pour l'expédition de Gigeri, on ne mit en mer que 15 ou 16 vaisseaux, auxquels se joignirent des vaisseaux de Malte et de Hollande. Tous ces vaisseaux même n'avaient pas été construits en France; car avant 1661, on en achetait des pays étrangers, ou l'on en louait quelques-uns pour un temps. Quant à ceux qu'on bâtissait en France, on faisait un état de tout ce qui était nécessaire pour la construction ; on envoyait cet état en Hollande à un marchand qui achetait le tout, et l'envoyait en France au lieu où le roi avait résolu de bâtir le vaisseau.

Un des premiers soins de M. Colbert fut d'établir des manufactures dans le royaume, pour les fournitures qu'on était obligé de tirer des pays étrangers : par ce moyen, on se passa d'eux pour la construction des vaisseaux, et l'on en bâtit plusieurs.

En 1665, on commença de faire un enrôlement de matelots. M. Colbert du Terron, intendant de la marine en Ponant, fit faire les rôles, et détermina la solde de ceux qui seraient enrôlés, pour se servir d'eux dans le besoin.

En 1667, il se fit un armement considérable à Brest. La flotte devait être de 60 vaisseaux, dont l'amiral était de 80 canons. Il y en avait un de 66 canons, et le reste pour la plupart au-dessous.

En 1668, on s'appliqua plus que jamais au rétablissement de la navigation et de toute la marine, et il se fit un enrôlement général des matelots par classes. On en fit trois classes, qui devaient servir alternativement sur les vaisseaux de guerre du roi et sur les vaisseaux des négociants.

On fit dans la suite cinq classes en Bretagne au lieu de trois, pour la commodité du pays, et les matelots ne devaient servir que de cinq ans en cinq ans sur les vaisseaux du roi, et les quatre autres années sur les vaisseaux marchands, à leur volonté. Ces ordres ainsi exécutés facilitèrent beaucoup les armements des flottes de guerre, sans qu'on fût contraint d'interrompre le commerce et de fermer les ports, comme on était obligé de faire avant l'établissement des classes.

En 1681, il se trouva 60,000 matelots enrôlés, et divisés par classes dans les provinces maritimes du royaume.

On établit un conseil de construction dans les ports, pour délibérer touchant les proportions et le gabarit des vaisseaux qu'on mettait sur le chantier et que l'on construisait dans les arsenaux de marine, et touchant le radoub de ceux qui en avaient besoin.

On continua de construire quantité de vaisseaux, et les plus forts qu'on eût encore vus sur la mer, dont plusieurs portaient 90 et jusqu'à plus de 100 pièces de canon. Le nombre augmenta toujours dans la suite, et Louis XIV eut près de 100 vaisseaux de ligne, outre quantité de frégates légères, de brulots, de galiotes à bombes, de flûtes, et d'autres bâtiments de suite.

On fit cinq principaux arsenaux de marine pour armer ces vaisseaux, savoir : Brest, Rochefort, Toulon, Dunkerque et le Havre.

Dès l'an 1672, Louis XIV se trouva si fort sur la mer, qu'il fut en état de joindre 30 vaisseaux de ligne à la flotte de Charles II, roi d'Angleterre, pour attaquer la flotte hollandaise commandée par le fameux Ruyter.

A l'époque de 1692, les forces de mer de la France

étaient considérables ; nous allons en rapporter le total d'après le tableau qu'en a présenté M. Malouet, ancien administrateur de la marine, aujourd'hui préfet maritime d'Anvers, dans ses *Mémoires sur la Marine*.

On comptait alors au département de Brest, pour l'armée de mer, 40 vaisseaux, 2 frégates et 12 brûlots ; plus, 6 autres vaisseaux, 15 frégates, 10 flûtes, tant pour l'armée de mer, que pour l'Amérique et le Canada ; ce qui donnait un total de 3,700 canons, 660 officiers, et de 23,900 hommes d'équipage.

Au département de Rochefort : 18 vaisseaux et 8 brûlots ; 1,740 canons ; 284 officiers ; 10,913 hommes d'équipage ; plus, 4 vaisseaux de guerre, 15 frégates, 10 flûtes et 6 traversiers, tant en Amérique qu'au Canada, et pour les convois ; 660 canons, 136 officiers et 2,587 hommes d'équipage ; total des forces de mer à Rochefort, 2,400 canons, 420 officiers, 13,500 hommes d'équipage.

A Port-Louis : 4 vaisseaux, 3 brûlots ; plus, 6 flûtes ou bâtiments de charge ; ce qui donne en total 364 canons, 61 officiers, et 2,129 hommes d'équipage.

Au Havre : 2 vaisseaux, 1 frégate ; plus, 6 flûtes ou bâtiments de charge ; faisant 170 canons, 30 officiers, et 810 hommes d'équipage.

A Dunkerque : 6 vaisseaux de guerre et 4 frégates ; 200 canons, 62 officiers, 1,800 hommes d'équipage.

Au département de Toulon, pour passer à Brest : 16 vaisseaux, 3 galiotes à bombe, 6 brûlots ; formant 1,138 canons, 208 officiers, 7,545 hommes d'équipage.

Escadre de Toulon : 4 vaisseaux, 5 frégates, 3 galiotes et 3 flûtes ; total des forces restées à Toulon, 378 canons, 77 officiers, 1,752 hommes d'équipage.

On comptait en outre au port de Toulon, un vaisseau et une frégate pour la course, faisant 85 canons, 12 officiers, et 588 hommes d'équipage.

En résumant toutes ces forces, on trouve pour le total général des canons, officiers et équipages des 110 vaisseaux de guerre et 690 autres bâtiments ci-dessus, 8,436 canons, 1,530 officiers, 52,024 hommes d'équipage, non compris 35 galères armées et sorties de Marseille, portant 220 canons, 250 officiers, et 15,750 hommes d'équipage.

On comptait encore sur 3o vaisseaux en course, de Saint-Malo, de Nantes, de Dunkerque, etc., 600 canons, 100 officiers, 2,900 hommes d'équipage.

Sur 5oo bâtiments marchands, pour transport des troupes et munitions, 5,000 canons, 5oo officiers, 9,5oo hommes d'équipage.

Il restait encore sur les vaisseaux et autres bâtiments marchands aux mers de l'Amérique, Canada, Levant, et pour le commerce du cabotage, au moins 414 canons, 120 officiers, et 17,226 hommes d'équipage.

Total général des forces de mer, en 1692, 14,670 canons, 2,5oo officiers, 97,5oo hommes d'équipage.

La marine française fut négligée sur la fin du règne de Louis XIV, et encore plus sous la régence : les grandes forces que nous venons de faire connaître se détruisirent petit à petit, et la guerre de 1754, terminée en 1763 par le traité de Paris, acheva de les ruiner.

Mais dans la guerre d'Amérique, c'est-à-dire celle qui commença en 1778 par la reconnaissance que fit la France de l'indépendance américaine, jusqu'en 1783 que fut signée la paix, les forces maritimes furent, si non remises au niveau de ce qu'elles étaient sous Louis XIV, au moins portées à un très-haut degré de puissance.

On voit par un état qui en fut publié, qu'à cette époque nous eumes en mer 71 vaisseaux de ligne, et un nombre de frégates proportionné.

En 1789, les forces maritimes de la France consistaient en 81 vaisseaux de ligne, de 118 à 64 canons ; en 69 frégates de 40 à 3o canons ; en 141 autres bâtiments, tels que corvettes, flûtes, avisos, etc. ; le tout armé de 13 à 14,000 pièces de canons, et monté par 70,000 matelots.

On voit aussi par un état authentique, qu'au 1er. juillet 1791, la France avait 134,961 officiers-mariniers, matelots et autres gens de mer, classés pour le service de la marine royale, savoir :

Gens de mer et de service, 81,889 ; mousses, 8,489 ; capitaines, maîtres et pilotes, 9,179 ; volontaires, 868 ; ouvriers non navigants, 13,292 ; hors de service et invalides entretenus, 21,244 ; total, 134,961 hommes.

A la même époque, nous avions 73 vaisseaux, dont 3 de 118 canons, 5 de 110, 54 de 74, 1 de 64 ;

67 frégates , dont 15 portant du 18 , 50 du 12 ;

19 corvettes, dont 7 portant du 8 , 12 du 6 ;

Plus, 29 bricks et avisos , 7 chaloupes canonnières , 15 flûtes , 16 gabarres ;

Total, 226 bâtiments de guerre à flot.

Il y avait de plus 9 vaisseaux de 74 en construction ; 6 frégates , dont 2 portant du 18 et 4 du 12, c'est-à-dire des canons de 18 et 12 livres pesant de balle ; enfin , 2 flûtes.

On appèle vaisseaux de ligne ceux qui peuvent combattre en ligne de bataille : il y en a de trois rangs.

Les vaisseaux de ligne du premier rang ont depuis 130 jusqu'à 163 pieds de long ; 44 pieds de largeur, et 20 pieds 4 pouces de profondeur ; ils ont trois ponts entiers avec deux chambres l'une sur l'autre, outre la sainte-barbe et la dunette. Leur port est de 1,500 tonneaux, ils sont montés depuis 70 jusqu'à 120 canons.

Ceux du second rang ont depuis 110 pieds jusqu'à 120 de longueur, c'est-à-dire de quille , trois ponts entiers , dont le troisième est quelquefois coupé. Leur port est de 11 à 1200 tonneaux , et le nombre de canons, de 70 à 50.

Ceux du troisième rang enfin ont 110 pieds de quille , un port de 8 à 900 tonneaux , et de 50 à 40 canons.

Il n'y en a presque plus de ces derniers dans la marine de guerre.

Les canons des vaisseaux de ligne des premier et second rangs sont du 36, du 24 et du 18 ; du second rang, du 36 ; du troisième rang, du 24, du 18 et du 12.

En temps de guerre, les vaisseaux de 120 jusqu'à 110 canons ont 1,130 hommes, savoir : 21 d'état-major , 1,067 d'équipage , 42 de surnuméraires.

Les vaisseaux de 110 canons jusqu'à 80 ont 1,070 hommes, savoir : 21 d'état-major, 1,007 d'équipage et 42 surnuméraires.

Ceux de 80 canons jusqu'à 74 ont 866 hommes ; 17 officiers , 820 hommes d'équipage , 29 surnuméraires.

Les vaisseaux de 74 canons jusqu'à 64 ont 706 hommes, savoir : 16 officiers, 662 hommes d'équipage , 28 surnuméraires.

Les frégates portant du 18 ont 340 hommes , 11 officiers, 308 hommes d'équipage, 21 surnuméraires.

Celles portant du 12 ont 282 hommes, sur quoi 10 officiers et 17 surnuméraires,

Les corvettes ont en général de 224 à 109 hommes en total, suivant le nombre de canons.

En temps de paix, ce nombre d'hommes est sur les vaisseaux et bâtiments de guerre, en général, réduit d'un peu plus d'un tiers.

Les pertes considérables que la marine française a faites pendant la guerre de la révolution, ont dû la réduire à un état infiniment au-dessous de ce qu'elle peut être ; et comme la notice qu'on en pourrait donner n'offrirait aucun point de comparaison ou d'appréciation des forces que la France peut entretenir sur mer, nous passerons à l'exposé du système actuel de l'administration de la marine.

§ VI. *Système actuel de la Marine française.*

Le système maritime actuel peut être divisé en administration, construction, mouvements des flottes et troupes de la marine.

Administration maritime.

L'administration de la marine repose sur la division du territoire en six arrondissements ou préfectures maritimes.

Conformément à l'arrêté des consuls du 7 floréal an 8, le territoire maritime de la France est divisé en six arrondissements.

Le premier comprend les ports et côtes de la Manche, depuis la frontière de la république batave jusqu'à Dunkerque inclusivement ; le chef-lieu est Anvers.

Le second comprend les ports et les côtes de la Manche, depuis Dunkerque exclusivement jusqu'à Cherbourg inclusivement ; le chef-lieu est le Havre.

Le troisième comprend les ports et côtes de l'Océan, depuis Cherbourg exclusivement jusqu'à Quimper inclusivement ; Brest en est le chef-lieu.

Le quatrième comprend les ports et côtes depuis Quimper

exclusivement jusqu'à la gauche de la Loire; Lorient en est le chef-lieu.

Le cinquième, depuis la rive gauche de la Loire jusqu'aux frontières d'Espagne; le chef-lieu est Rochefort.

Le sixième arrondissement enfin comprend les côtes et ports de France sur la Méditerranée, les îles adjacentes et celle de Corse; il a le port de Toulon pour chef-lieu.

Il y a un préfet maritime dans chaque chef-lieu d'arrondissement maritime.

Ces préfets maritimes, dans leurs ports respectifs, reçoivent immédiatement les ordres du ministre et les font exécuter; ils ont seuls la correspondance.

Ils sont chargés de la sûreté des ports, de la protection de la côte, de l'inspection de la rade et des bâtiments qui y sont mouillés, et enfin de la direction de tous les bâtiments armés qui, par la nature de leur mission et de leurs instructions, n'ont pas été mis hors de leur dépendance.

Il y a outre le préfet, dans chaque arrondissement, un conseil d'administration composé du préfet maritime et des chefs des différents services du port.

Le conseil prend connaissance des marchés, adjudications, entreprises et baux faits dans les ports, et les envoie avec son avis au ministre, pour être soumis à son approbation; il s'assemble tous les dix jours.

Les appointements des préfets maritimes sont fixés ainsi qu'il suit, savoir :

Pour Anvers, 15,000 fr. et 5,000 fr. pour frais de bureau; à Brest, 30,000 fr. et 6 pour frais de bureau; à Toulon, 24,000 francs et 5 pour frais de bureau; à Rochefort, 20,000 francs et 5 pour frais de bureau; à Lorient, 15,000 francs et 4 pour frais de bureau; au Havre, 12,000 fr. et 5 pour frais de bureau; à Dunkerque, 12,000 fr. et 5 pour frais de bureau.

Total de la dépense des préfets maritimes, 159,000 fr.

Mais le ministre ajoute un supplément à ces traitements, suivant que les circonstances l'exigent et qu'il le juge à propos.

Le service des ports et arsenaux de la marine se compose, dans les chefs-lieux d'arrondissements, 1º. des états-majors, officiers et troupes d'artillerie de la marine; 2º. des constructions navales; 3º. des mouvements des ports ; 4°. du parc d'artillerie ; 5°. de l'administration et de la comptabilité.

L'état-major des ports est composé d'un chef militaire et d'un ou plusieurs adjudants et sous-adjudants.

Les chefs militaires des ports de Brest, Rochefort et Toulon, sont contre-amiraux ou chefs de division ; à Lorient et à Anvers, ils sont capitaines de vaisseau ; au Havre et à Dunkerque, les fonctions de chef militaire sont remplies par le chef des mouvements.

Le chef militaire dans chaque port propose au préfet maritime les officiers qui doivent composer l'état-major des vaisseaux en armement ; il destine aussi les officiers de différents services à bord des vaisseaux, tant à l'armement qu'au désarmement et à la mer.

Les chefs militaires adjudants et sous-adjudants doivent être choisis parmi les officiers de vaisseau : les chefs militaires sont nommés par l'empereur ; les autres, par le préfet.

Constructions navales.

C'est une des grandes divisions du système maritime.

Les constructions navales sont sous la direction et l'inspection d'un inspecteur-général des constructions navales, qui agit d'après les ordres du ministre.

Outre cet inspecteur, il y a dans chaque port un chef des constructions, qui a sous ses ordres les officiers du génie maritime de tous grades employés dans l'arrondissement.

Le génie maritime français est composé d'un inspecteur-général, de 6 chefs de construction, de 7 ingénieurs de première classe, de 7 de deuxième classe, de 18 sous-ingénieurs de première classe, de 18 de deuxième classe, de 4 élèves.

Le ministre de la marine les répartit dans les arrondissements suivant le besoin.

Les appointements des officiers de génie maritime sont réglés ainsi qu'il suit : L'inspecteur-général, 12,000 fr. ; chaque chef de construction, 7,000 fr. ; ingénieurs de première classe, trois à 6,000 fr., quatre à 5,400 fr. ; ingénieurs de deuxième classe, 4,200 fr. ; sous-ingénieurs de première classe, 3,300 fr. ; sous-ingénieurs de deuxième classe, 2,400 fr. ; élèves, 1,800 fr.

Ces divers traitements forment 242,800 fr., à quoi il faut ajouter 10,000 fr. de frais de bureau, répartis entre les chefs de construction.

Mouvement des Ports.

Il faut distinguer ce service de celui du mouvement des escadres et vaisseaux de guerre à la mer, dont la direction est confiée aux officiers commandants à bord.

La direction du mouvement des ports est confiée à des officiers de vaisseau, savoir : un chef de mouvement, 3 sous-chefs, 6 lieutenants, 6 enseignes.

Ce nombre varie suivant l'importance des ports, et est moins considérable dans ceux où il y a moins d'armements.

Le chef du mouvement est chargé de l'amarrage, lestage, délestage des bâtiments flottants; de leur garde et conservation dans le port, de la mâture, de l'entrée et de la sortie du bassin, des manœuvres à faire dans le port, des signaux, vigies, et de la surveillance des pilotes-côtiers. Tout bâtiment de guerre en armement est sous la garde du chef des mouvements jusqu'au moment où il est mouillé dans la rade; alors il passe sous l'autorité de celui qui le commande.

Administration et Comptabilité.

L'arrêté du 7 floréal an 8 a attribué les objets suivants à cette partie du service de la marine, et l'a divisée en autant de sections, savoir : 1°. magasin général où se font la recette et la dépense des matières ; 2°. les fonds et revenus; 3°. les armements et prises; 4°. les chantiers et ateliers; 5°. les hôpitaux et bagnes; 6°. les vivres.

Il y a pour administrer ces diverses branches dans chaque port chef-lieu d'arrondissement, un chef d'administration, 4 commissaires de première classe, 3 de deuxième et 3 de troisième; 4 sous-commissaires de première classe, 3 de deuxième et 3 de troisième; 20 commis principaux, 30 commis de première classe, 30 de deuxième et 40 de troisième ; un garde-magasin et un sous-garde-magasin.

Les chefs d'administration de première classe ont 12,000 francs de traitement ; ceux de seconde classe, 10,000 fr. ; les commissaires principaux de première classe, 9,000 fr. ; de seconde classe, 8,000 fr. ; les commissaires de première classe, 6,000 fr. ; de deuxième classe, 5,400 fr. ; de troisième classe, 4,800 fr. ; les sous – commissaires de première classe, 3,000 fr. ; de deuxième classe, 2,700 fr. ; de troisième classe, 2,400 f. ; les commis principaux, 2,100 fr. ; les commis de première classe, 1,800 fr. ; de seconde, 1,500 fr. ; de troisième, 1,200 fr. ; les gardes-magasins de première classe, 4,200 fr. ; de seconde classe, 3,600 fr. ; les sous-gardes-magasins, 2,100 fr.

Nul individu ne peut être reçu en qualité de commis d'administration dans les ports, s'il n'est âgé de 18 ans ; s'il n'a 6 mois de navigation ; s'il ne répond à un examen sur l'arithmétique et la géométrie, et s'il n'est constaté qu'il a une bonne écriture.

Il y a à bord de chaque vaisseau un agent de comptabilité nommé par le préfet maritime, et chargé de tout ce qui tient à l'ordre, à la dépense, à l'emploi des vivres et aux mouvements de l'équipage, etc. ; il fait partie de l'état-major.

L'inspection du service de la marine se fait, dans chaque port, par un inspecteur et plusieurs sous-inspecteurs. Leurs fonctions sont de vérifier l'emploi des hommes et des matières, et de faire observer les lois et règlements dans les actes, adjudications et marchés relatifs au service de la marine.

Les inspecteurs de première classe ont 12,000 fr. de traitement ; ceux de seconde ont 10,000 fr. ; les sous-inspecteurs de première classe ont 5,000 f. ; ceux de seconde, 4,000 fr. ; les commis de l'inspection du service des pors ont depuis 1,800 fr. jusqu'à 1,200 fr., suivant la différence des classes, de première, seconde et troisième ; il y a indépendamment de cela des frais de bureau plus ou moins considérables.

Mouvements des Armées navales.

Le mouvement des armées navales à la mer est confié à la direction, à la surveillance et à la bravoure du corps des officiers de la marine, qui reçoivent les ordres du ministre quelquefois directement, et souvent par l'entremise du préfet maritime de l'arrondissement auquel ils sont attachés.

Le corps actuel des officiers de la marine, à la tête duquel est M. le grand-amiral, était composé de 1,354 officiers, à l'époque de l'an 11; ils étaient répartis ainsi qu'il suit dans les différents grades :

8 vice-amiraux; 16 contre-amiraux; 150 capitaines de vaisseaux; 180 capitaines de frégates; 400 lieutenants de vaisseaux; 600 enseignes de vaisseaux.

Les officiers de tous les grades sont distingués en officiers en activité de service et officiers en non activité. La liste des officiers en activité est arrêtée chaque année par l'empereur.

Cette liste est réglée sur les besoins prévus du service de l'année, et comprend le nombre d'officiers nécessaire, 1°. à former l'état-major de tous les vaisseaux, frégates et autres bâtiments de guerre, pendant le cours de l'année; 2°. pour être employés aux mouvements des ports; 3°. pour le service habituel des ports et arsenaux.

Chaque année, dans les derniers jours de thermidor, le ministre fait à l'empereur un rapport dans lequel, exposant les armements à faire ou à conserver pour l'année suivante, il propose le nombre d'officiers à laisser ou à mettre en activité pour le service de l'année, et en présente la liste nominative.

Le traitement des vice-amiraux est de 12,000 fr.; des contre-amiraux, 8,000 fr.; capitaines de vaisseaux, 4,000 fr.; capitaines de frégate, 2,800 fr.; lieutenants de vaisseau, 1,600 fr.; enseignes de vaisseau, 1,200 fr.

Il faut observer qu'à la mer, l'État nourrit les officiers ainsi que l'équipage, et que le traitement est indépendant de la nourriture, tant que le vaisseau est à la mer.

Artillerie de la Marine.

Il est entretenu pour le service de la marine, pour celui de l'artillerie et la garnison des vaisseaux de l'État, sous la dénomination de *troupes d'artillerie de la marine*, 4 régiments d'artillerie, 4 compagnies d'ouvriers et 4 compagnies d'apprentis canonniers.

Les 4 régiments d'artillerie de la marine forment, au grand complet de guerre, 14,340 hommes, tant officiers que bas-officiers et soldats.

Chaque compagnie d'ouvriers est composée de 150 hommes et 3 officiers; par conséquent, les 4 donnent 600 hommes et 12 officiers.

Les 4 compagnies d'apprentis canonniers font également 600 hommes et 12 officiers.

Nous ne parlerons point du mode d'avancement, recrutement et de la solde des divers corps dont nous venons de parler; nous passerons de suite à l'inscription maritime, comme formant la base sur laquelle repose le système des forces de mer.

Inscription maritime.

On appèle *inscription maritime* l'inscription sur un registre de tous les gens de mer d'un arrondissement déterminé : l'essence ou le but de cette inscription est d'imposer à ceux qui y sont portés l'obligation de remplir, à tour de rôle, le devoir du service maritime sur les vaisseaux de l'État, en temps de guerre et de paix.

Aucun individu navigant ou employé sur mer dans l'étendue d'un arrondissement maritime, ne peut se dispenser de se faire inscrire.

Le service des classes, du classement maritime ou de l'inscription maritime tel qu'il existe aujourd'hui, date de l'ordonnance de 1784; il a été réglé et modifié en quelques parties par la loi du 3 brumaire an 4, et par l'arrêté du directoire du 21 ventôse de la même année.

Aux termes de la loi du 3 brumaire an 4, est compris dans l'inscription maritime tout citoyen âgé de 18 ans révolus, qui, ayant rempli une des conditions suivantes, voudra continuer la navigation ou la pêche :

1°. D'avoir fait deux voyages de long cours; 2°. d'avoir fait la navigation pendant 18 mois; 3°. d'avoir fait la petite pêche pendant deux ans; 4°. d'avoir servi·pendant deux ans en qualité d'apprenti marin.

Chacun des principaux ports de France a un arrondissement maritime, qui est divisé en quartiers composés de syndicats, et ceux-ci de communes.

Les six arrondissements maritimes sont divisés en 84 quartiers.

On estimait, avant la déclaration de guerre en 1793, qu'il existait en France 90 à 100,000 marins classés; un état authentique du 1er. juillet 1791 présente un effectif de 81,889 hommes propres à être embarqués sur les vaisseaux de l'État, indépendamment de l'augmentation résultant de l'exécution de la loi du 7 janvier 1751, qui ordonne que les pêcheurs, hâleurs de Seine, bateliers et mariniers des bacs et bâteaux, seront classés.

Il y a 20 compagnies de conscrits ouvriers pour le service de la marine. Elles sont ainsi réparties : 8 pour Brest, 5 pour Toulon, 5 pour Rochefort, 2 pour Lorient.

Le nombre d'hommes de chaque compagnie est de 111; ainsi les 20 compagnies forment 2,220 hommes effectifs.

Ces ouvriers sont destinés aux travaux des arsenaux de la marine, et choisis parmi les ouvriers qui exercent les professions de charpentiers de bateaux et autres.

Cet apperçu sommaire doit paraître suffisant pour donner une idée de la marine française; passons maintenant aux dépenses qui lui sont assignées.

§ VII. *Dépenses de la Marine.*

L'on doit à M. de Molimont, ancien contrôleur de la marine à Brest, un tableau de l'administration économique de la marine, imprimé en 1790, où l'on trouve une notice des dépenses qui s'y rapportent, depuis 1689 jusqu'en 1789. Nous croyons devoir en donner ici l'apperçu, avant de parler de ce que coûte la marine aujourd'hui.

Époque de 1689 à 1715. Les dépenses générales de la marine ne coûtèrent à la France, année commune, qu'environ 16,000,000 pendant la paix, et 46,000,000 pendant cette guerre si active et si célèbre par le nombre des combats maritimes.

Epoque de 1716 *à* 1743. Pendant la paix, la dépense pour la marine fut de 18,000,000 , année moyenne.

De 1744 *à* 1754. La guerre de 1744, moins active il est vrai que celle de 1689, n'exigea qu'un fonds annuel de 43,000,000. L'année commune de paix coûta 24,000,000 ; mais la marine donna des secours considérables à la compagnie des Indes.

De 1755 *à* 1764. La dépense, année commune, de la guerre de mer de 1755, s'éleva à 46,000,000 ; à la paix, la dépense revint à 24,000,000.

De 1765 *à* 1771. La dépense, année moyenne, fut de 30,000,000 ; mais on y comprit celles du port de Lorient, de l'île de France, de Poudichéri, etc., cédées au roi par la compagnie des Indes.

De 1772 *à* 1775. La dépense, à cette époque de paix, fut, année commune, de 38,000,000.

De 1776 *à* 1789. La dépense, année moyenne, s'est élevée pendant la guerre à 160,000,000 ; et depuis la paix, à 63,000,000.

Ainsi, dans la première époque, les dépenses de la marine française ont été de 582,000,000 pour 27 ans.

Dans la seconde, 504,000,000 pour 28 ans.

Dans la troisième, 360,000,000 pour 11 ans.

Dans la quatrième, 560,000,000 pour 10 ans.

Dans la cinquième, 210,000,000 pour 7 ans.

Dans la sixième, 190,000,000 pour 5 ans.

Dans la septième époque, 1,498,000,000 pour 13 ans.

Total, 3,904,000,000 pour 101 ans.

Suivant l'état des finances présenté par le ministre, en l'an 11, on voit que les fonds assignés pour les dépenses de la marine, pendant l'an 9, se sont élevés à 95,000,000.

Que pour l'an 10, ils ont été de 105,000,000.

Que pour l'an 11, ils ont été de 143,000,000.

Que pour l'an 12, ils ont été de 195,000,000.

Cependant, dans le budget pour l'an 13, ces mêmes dépenses ne sont portées qu'à 140,000,000.

Comme nous avons déjà traité des dépenses de la marine en parlant du ministre de ce département, nous ne croyons pas devoir répéter ici ce que nous avons déjà dit, et nous y renvoyons le lecteur.

Les forces de terre et de mer sont sous la direction suprême de l'empereur; lui seul a droit d'en disposer pour la défense et la sûreté de l'Etat.

Dans les autres actes de souveraineté, il prend avis du conseil-d'état, auquel les ministres font le rapport de tout ce qui entre dans les attributions du gouvernement

Mais comme il n'est point de notre objet de parler du régime politique de la France; que ce que nous avons dit de ses moyens de puissance, de richesse et de prospérité, suffit pour en apprécier la force et en donner une juste idée, nous terminerons ici le tableau statistique que nous avions entrepris d'en tracer.

Il est le seul où l'on ait réuni les éléments de la fortune publique, les sources et les causes des richesses, les produits de l'industrie, ceux du commerce et de la navigation; le seul où, sur tous ces points, les principes soient appliqués aux faits, et où les faits sont classés dans un ordre propre à les graver dans la mémoire et à faciliter aux jeunes gens, que nous avons eus en vue, l'intelligence de connaissances abstraites, rendues plus difficiles encore à acquérir par l'aridité des matières qui en sont l'objet.

F I N.

TABLE

DES CHAPITRES.

CHAPITRE PREMIER.

CHAPITRE II.

CHAPITRE III.

CHAPITRE IV.

CHAPITRE V.

Pages.

CHAPITRE VII.

FIN DE LA TABLE DES CHAPITRES.

TABLE.

ALPHABÉTIQUE

DES MATIÈRES.

Pages.

Pages.

FIN DE LA TABLE DES MATIÈRES.